中国环境学科发展报告
（2012年）

中国环境科学学会　主编

China Report on Advances in Environmental Science

化学工业出版社
·北京·

“十二五”是我国环保事业充满希望的五年，继编写“十一五”中国环境学科发展报告之后，我会再举全学会之力，调动各方资源，编写了本书。本书包括一个综合报告和20个专题报告，以回顾、总结近两年来的环境学科领域取得的主要研究进展为重点，从环境基础学科、环境介质及技术要素（水、大气、固体废物等）等视角，对近年来我国环境学科的研究开发进展进行梳理和评述。报告文献来源于实施年度范围内公开发表的国内外该学科（或领域）的重点学术期刊文章，该学科（或领域）的重要国际、国内学术会议文章及专利，力求遵循“严格引证”的原则。

图书在版编目（CIP）数据

中国环境学科发展报告. 2012年/中国环境科学学会主编. —北京：化学工业出版社，2014.5

ISBN 978-7-122-19963-8

Ⅰ. ①中… Ⅱ. ①中… Ⅲ. ①环境科学-研究-中国-2012
Ⅳ. ①X-12

中国版本图书馆CIP数据核字（2014）第042384号

责任编辑：宋湘玲　　　　文字编辑：王新辉
责任校对：程　宇　　　　装帧设计：王晓宇

出版发行：化学工业出版社（北京市东城区青年湖南街13号　邮政编码100011）
印　　刷：北京永鑫印刷有限公司
装　　订：三河市万龙印装有限公司
787mm×1092mm　1/16　印张23　字数589千字　2014年6月北京第1版第1次印刷

购书咨询：010-64518888（传真：010-64519686）　售后服务：010-64518899
网　　址：http: // www. cip. com. cn
凡购买本书，如有缺损质量问题，本社销售中心负责调换。

定　　价：128.00元

编制委员会名单

汪太明　汪群慧　沈珍瑶　沈晓悦　宋　云　宋　宏　宋伟民　宋祥甫　张　旭
张　迪　张　建　张　勇　张　珺　张　斌　张大革　张正洁　张永生　张亚雷
张全喜　张庆竹　张远航　张志刚　张志红　张丽君　张佐男　张迎梅　张林波
张金良　张学庆　张俊丽　张爱茜　张寅平　张婉春　张越美　陈　扬　陈　帆
陈　进　陈　尚　陈　俐　陈　彬　陈　赛　陈义珍　陈长虹　陈克安　陈来国
陈建民　陈春宵　陈栋梁　陈艳卿　陈景文　邵　敏　邵春岩　邵海江　武雪芳
范　庆　范永平　范绍佳　尚　琪　尚洪磊　罗庆明　岳　欣　岳会国　金相灿
周从章　周巧红　周可新　周羽化　周连碧　周泽兴　周培疆　周新宇　郑　烨
郑明辉　郑韶青　孟　伟　孟庆宝　赵　冬　赵　烨　赵世伟　赵由才　赵秀勇
赵妤希　赵学敏　赵荣义　赵勇胜　赵晓丽　郝以党　郝郑平　胡　静　胡永红
胡华龙　胡华斌　胡京南　胡宝贵　胡建信　胡湛波　钟流举　香　宝　侯　琼
侯伟真　俞　海　闾　文　姜　林　姜　霞　姜文锦　宫正宇　贺克斌　骆永明
袁之伦　耿晓音　聂　玮　莫金汉　贾昌喜　夏　光　夏　春　夏世斌　原庆丹
柴立元　柴发合　钱　华　徐广谦　徐广震　徐东群　徐顺清　徐海根　徐琳瑜
徐蓓蕾　殷培红　栾志强　高　玲　高　健　高士祥　高吉喜　高会旺　高增祥
高馨婷　郭　泺　郭新彪　黄民生　黄丽华　曹　勇　曹　健　曹成波　袭著革
崔保山　章北平　梁　威　梁　鹏　彭晓武　彭晓春　葛察忠　董战峰　蒋守芳
蒋建国　韩永伟　韩志强　韩保新　韩继红　辜小安　智秀娟　程明昆　程胜高
程晓斌　焦风雷　焦聪颖　舒为群　舒俭民　曾庆轩　曾维华　温雪峰　谢一淞
谢绍东　谢淑霞　甄　毓　雷　晶　雷阿林　虞左明　詹远怀　鲍晓峰　蔡木林
廖海青　阚海东　谭玉菲　翟国庆　熊向艳　熊建银　虢清伟　潘　苏　潘丙才
潘进芬　魏有权

报告编制人员

综合报告编制组

易　斌　刘　平　胡洪营　高　翔　万　军　乔寿锁　王　睿　韩佳慧　叶俊涛
逯晋英　邵世云　王少霞　王晓飞

专题报告编制组

水环境学科发展报告

编写机构： 水环境分会
负 责 人： 金相灿　姜　霞
编写人员： 金相灿　姜　霞　黄民生　雷阿林　沈珍瑶　宋祥甫　万金保　王　宁　余　辉　张丽君　张永生　尼庆伟　王金枝　王书航　王　坤　陈春宵　王雯雯　王　岩

水环境污染控制理论与技术研究进展

编写机构： 清华大学

负 责 人：胡洪营

编写人员：胡洪营　管运涛　吴光学　吴乾元　李 欢　陶　益　种云霄　刘广立　刘超翔

大气环境学科发展报告

编写机构：大气环境分会

负 责 人：柴发合

编写人员：柴发合　蔡木林　陈长虹　陈建民　陈义珍　范绍佳　高　健　贺克斌　聂　玮　王体健　吴忠标　武雪芳　张庆竹　张远航　赵秀勇　赵妤希　钟流举　朱法华

固体废物处理处置学科发展报告

编写机构：固体废物分会

负 责 人：胡华龙

编写人员：胡华龙　张俊丽　李金惠　李秀金　李　晔　李润东　王　伟　汪群慧　周连碧　赵由才　罗庆明　温雪峰　侯　琼　李香香

环境物理学科发展报告

编写机构：环境物理学分会

负 责 人：杨　军

编写人员：杨　军　毛东兴　陈克安　张　斌　程晓斌　吕亚东　辜小安　卢　力　刘元庆　翟国庆　程明昆　刘丹晓　焦风雷　陈栋梁　邵海江　曹　勇　方庆川　耿晓音

环境化学学科发展报告

编写机构：环境化学分会

负 责 人：郑明辉

编写人员：郑明辉　张爱茜　史建波

环境地学学科发展报告

编写机构：环境地学分会

负 责 人：杨志峰

编写人员：杨志峰　赵　烨　刘静玲　崔保山　陈　彬　徐琳瑜　张　珺

环境法学学科发展报告

编写机构：环境法学分会

负 责 人： 王灿发

编写人员： 王灿发　李艳芳　胡　静　汪　劲　王明远　王社坤　杨素娟

环境规划学科发展报告

编写机构： 环境规划专业委员会

负 责 人： 吴舜泽

编写人员： 吴舜泽　万　军　刘　永　曾维华　闫世辉　王　倩　李　新　姜文锦

环境经济学学科发展报告

编写机构： 环境经济学分会

负 责 人： 王金南

编写人员： 王金南　葛察忠　董战峰　李　娜　李红祥　李婕旦　高　玲　吴　琼

农业生态环境学科发展报告

编写机构： 生态农业专业委员会

负 责 人： 舒俭民

编写人员： 舒俭民　张林波　香　宝　尚洪磊　冯朝阳　郑　烨　王宝良　高馨婷　熊向艳　韩永伟

环境医学与健康发展报告

编写机构： 环境医学与健康分会

负 责 人： 郭新彪

编写人员： 郭新彪　白雪涛　朱　彤　宋伟民　宋　宏　袭著革　舒为群　杨　旭　阚海东　杨林生　邓芙蓉　张志红　张全喜　蒋守芳

土壤与地下水环境学科发展报告

编写机构： 土壤与地下水环境专业委员会

负 责 人： 李广贺

编写人员： 李广贺　张　旭　王　慧　骆永明　李发生　赵勇胜　王红旗　吴吉春　宋　云　姜　林

环境风险评价学科发展报告

编写机构： 环境风险专业委员会

负 责 人： 许振成

编写人员： 许振成　彭晓春　毕　军　王金南　王子健　张金良　徐顺清　徐东群

彭晓武　陈来国　王　鹏　王业耀　韩保新　虢清伟　吕小明　余　刚
石利利　任明忠　徐海根　王孝峰　李俊生　赵学敏

环境监测学科发展报告

编写机构：环境监测专业委员会

负 责 人：王业耀

编写人员：王业耀　宫正宇　汪太明　王　光　李铭煊　张　迪　范　庆　于　勇
焦聪颖

核安全与辐射环境安全学科发展报告

编写机构：核安全与辐射环境安全专业委员会

负 责 人：张志刚

编写人员：张志刚　李　斌　岳会国　王尔奇　曹　健　吴岳雷　潘　苏　徐广震
袁之伦　杨　斌　吴永乐

机动车污染防治技术学科发展报告

编写机构：机动车（船）污染防治专业委员会

负 责 人：鲍晓峰

编写人员：鲍晓峰　李　凯　周泽兴　谢淑霞　岳　欣　胡京南

环境保护卫星遥感学科发展报告

编写机构：环境信息系统与遥感专业委员会

负 责 人：李正强

编写人员：李正强　侯伟真　许　华　赵　冬　谢一凇　张婉春

重金属污染防治学科发展报告

编写机构：重金属污染防治专业委员会

负 责 人：曾庆轩

编写人员：曾庆轩　柴立元　曹成波　陈　扬　程胜高　谷庆宝　蒋建国　潘丙才
孙　华　尚　琪　吴启堂　张亚雷　张正洁　周从章　李咏春

绿色包装学科发展报告

编写机构：绿色包装专业委员会

负 责 人：胡宝贵

编写人员：胡宝贵　徐蓓蕾　许文才　何锦风　王建清　孙容芳　贾昌喜　陈　俐
伍　军　丁　轲　张大革　徐广谦　智秀娟　杜　斌

前 言 CONTENTS

近年来，在科学发展观的引领下，为适应环境保护历史性转变的科技发展要求，我国环境科技面向经济发展和环境保护的主战场，开拓创新，深入落实《国家中长期科学和技术发展规划纲要（2006－2020 年）》的任务部署，大力实施《国家环境保护“十一五”科技发展规划》及《国家环境保护“十二五”科技发展规划》规定的目标和任务，在基础理论和应用基础研究、技术研发和成果转化、能力建设等方面取得了丰硕成果，为各项环保目标的实现奠定了坚实的基础。

按照《中国环境科学学会章程》和《中国环境科学学会分支机构管理办法》的有关规定，编制《环境学科发展报告》已被确立为我会的一项长期工作。“十二五”是我国环保事业充满希望的五年，继编写“十一五”中国环境学科发展报告之后，我会再举全学会之力，调动各方资源，编写了本书。本书包括一个综合报告和 20 个专题报告，以回顾、总结近两年来的环境学科领域取得的主要研究进展为重点，从环境基础学科、环境介质及技术要素（水、大气、固体废物等）等视角，对近年来我国环境学科的研究开发进展进行梳理和评述。报告力求遵循“严格引证”的原则，报告文献均来源于实施年度范围内公开发表的国内外该学科（或领域）的重点学术期刊文章、重要国际国内学术会议文章及专利。

为保证本报告在同行中的认可程度，规范编制工作，我会成立了《环境学科发展报告》编制委员会，共计有 200 多位专家、学者。在此，我会诚挚地向参与学科报告研究工作的专家、学者表示深深的谢意！同时，也向为本书出版付出辛勤劳动的工作人员表示感谢！

由于时间有限，疏漏与不妥之处在所难免，恳请广大读者批评指正。

编 者

2013 年 12 月

目 录 FOREWORD

综合报告 001

专题报告 027

综合报告

中国环境学科发展报告

2012

2011—2012 中国环境学科发展综合报告

一、引言

党的十八大报告科学把握我国经济社会发展的阶段性特征，将生态文明建设提升到社会主义建设全局的新高度，与经济建设、政治建设、文化建设和社会建设形成五位一体的总体布局，这一战略思路的发展，势将深刻影响我国环境科技未来的发展。

“十二五”以来，我国环境保护问题和发展形势发生了明显的转变，环境科技发展也呈现出了一些新的动向。学科领域从自然科学领域向社会学融合的跨学科领域拓展，充分吸纳社会科学的思想、理论与方法；研究领域从单一环境要素向多要素及生态系统整体研究转变，立足宏观与综合视野解决环境问题；研究重点从常规污染物向危害人体健康的各类环境风险物质转变；研究手段从传统方法向大力发展交叉学科促进科技创新转变，化学、生物学等领域的一些新方法逐步渗透于环境科学研究之中。

2011—2012 年期间，我国深入落实《国家环境保护“十二五”规划》，在基础研究、应用基础研究、管理技术研究、技术研发以及能力建设、人才培养等方面取得了诸多进展。本文从环境基础学科与环境介质（水、大气、固体废物、噪声、土壤等）视角，对 2011—2012 年期间我国环境学科的研究进展进行了梳理，以反映这一时期的总体进展。

二、环境科学基础理论研究主要进展

（一）环境化学

近两年来，我国环境分析化学、环境污染化学、环境生态化学、污染控制化学和理论环境化学等环境化学五大分支学科均得到快速发展。

1. 环境分析化学

为满足对环境污染物分析方法高灵敏和高分辨的要求，环境分析化学在移植分析化学最先进的检测理论与方法的同时，在环境样品采集和前处理技术等方面进行深入研究。

在样品采集方面，被动采样因不需动力且可模拟生物采样等优越性得以迅猛发展，新材料的应用亦使得被动采样装置能够满足更多特定污染物环境采样的需求。此外，采样速率校正也取得长足进步，从技术层面确保了采样测定的准确性[1]。

在样品前处理技术方面，鉴于固相萃取依然是最常用的环境水样乃至其他样品前处理关键技术，新型吸附剂的研制成为研究热点，而石墨烯和磁性纳米材料的应用以及免疫吸附、分子印迹、适配体等新方法的发展不仅提高萃取性能，同时代表着一个未来的前处理方法发展方向。与学科研究对象的拓展相适应，有关浊点萃取技术分离富集环境纳米材料的研究成为亮点。充分利用纳米材料进入表面活性剂胶束后不会发生团聚的性质，浊点萃取富集分离的纳米材料能够保持其原有的形貌和大小，为研究纳米材料在环境中的形貌变化提供了有效的技术手段。与此同时，固相微萃取和液相微萃取亦得到快速发展。

2. 环境污染化学

环境污染物多界面传输过程以及相关机理研究一直是环境化学重要的研究方向。随着上海光源等一批大科学装置陆续在国内建成，环境界面过程研究已深入到分子水平。短链氯化石蜡等新型污染物环境分布和界面过程开始受到关注[2]。此外，鉴于土壤污染导致的食品安全隐患，近两年污染生物有效性与界面过程的相关研究再次引起重视[3]。Yang 等揭示土壤中多环芳烃菲的生物有效性主要受控于其在土壤有机质层的扩散[4]，Chen 等证明热解温度对于生物质的结构性质和 1-萘酚等污染物吸附行为有更重要的意义[5]。

在宏观层面，污染物在水体、土壤和大气等不同环境介质中的行为和归趋研究一直是环境化学的主流方向之一。如 Wang 等发现一家 PFCs 生产企业附近灰尘、土壤、水和鸡蛋等中含有高浓度的 PFOS 和 PFOA，但随着与企业距离的增加，污染物浓度迅速降低，风险评估显示 500m 外的地表水和鸡蛋等引起的相关风险处于低位[6]。此外，我国环境化学家积极加入了极地科考，在获取污染全球迁移转化数据方面取得巨大进步[1]。

3. 污染生态化学

我国环境污染形势严峻，与环境污染密切相关的生态破坏与疾病显著上升，污染导致健康危害已获得共识。但污染引发肿瘤等环境相关疾病的分子机制仍是一个国际性科学难题，机体损伤机理至今尚未阐明。污染的联合毒性效应及其与蛋白、核酸等生物分子的交互作用是链接环境污染-生态效应-健康风险的关键环节，污染生态化学研究由生态毒性分析向健康效应机理扩展已成定局，我国在这一新领域的工作亦已起步[7]。

在污染物表观遗传效应探索中，中国学者建立了高灵敏的超高性能液相色谱-串联质谱 DNA 甲基化分析方法，并实现了男性精液甲基化水平的准确定量[8]。组蛋白修饰和非编码 RNA 表达变化方面亦开展了相关工作[9]。

此外，我国有关纳米材料毒性和健康危害的研究仍与国际保持同步，如研究发现 CdSe 量子点暴露会引起啮齿动物肝脏形态学变化和功能损伤等[10]。

4. 污染控制化学

高温焚烧处理仍然是持久性有机污染物降解与控制研究的主题，光催化、生物降解和低温热催化降解等也受到了广泛关注。同时，持久性有机污染物降解机制亦在不断探索中。广泛报道的逐级还原性加氢脱卤机制可使母体的持久性有机污染物降解为低卤代的芳烃类[11]，然而亦有研究表明初始加入的持久性有机污染物和降解产生的低卤代芳烃物质之间不存在物料平衡，由此提出氧化降解是持久性有机污染物另一种竞争性降解路径。但与还原性加氢脱卤机制相比，氧化降解机制的研究相对匮乏。

此外，随着材料制备技术的迅速发展，诸如纳米催化材料等新型催化材料的研发，推动污染物控制研究迈向一个新台阶。在纳米材料中，三维微纳米结构材料是以纳米颗粒为基本单元，使之在一维、二维和三维空间组装排列成纳米和微米结构复合的微纳结构体系。因这种三维微纳米结构材料兼具纳米结构和微米结构的特征和优势而受到众多污染控制化学研究者的青睐。

5. 理论环境化学

近两年来，理论环境化学研究涵盖了环境界面、结构与活性相关理论以及化学污染物环境行为预测等各个方面。如 Zou 等[12]通过计算比较环己烷、苯系衍生物和多环芳烃等不同污染物在单壁碳纳米管上的吸附自由能和吸附模式，揭示了污染物与碳管之间的 π-π 相互作用，并阐明了污染物硝基取代基的吸附增强效应在吸附过程中的贡献；Mu 等[13]采用分子对接/分子动力学模拟与实验相结合的方法，诠释了雌激素受体 α 亚型精氨酸 394 的侧链取向与污染物雌激素效应相关的结构基础等。

（二）环境地学

近两年来，环境地学学科发展不断涌现出新的热点，如中国城市大气污染 $PM_{2.5}$ 及雾霾的环境风险、流域水环境复合污染加剧和土壤重金属污染及修复等大尺度环境热点问题，凸显出环境规划与污染防控急需要大尺度时空的环境地学科学理论作指导。

2011—2012 年，环境地学在全球环境变化方面的研究，主要聚焦在以下四个方面：①环境污染在全球气候变化大背景下迁移转化规律；②全球气候变化下污染物模拟与模型构建；③全球水文循环过程、生态过程与水环境变化过程的耦合与模拟；④全球/国家和区域尺度环境变化史。

在流域环境风险方面，针对现行流域管理制度存在对环境风险的科学评估不足、对环境风险的安全预警不足、对环境风险的综合决策性不强等问题，继续开展流域环境风险评估与管理方面的研究。

在土壤环境恢复方面，我国在土壤环境修复的具体理论和技术方法研究层面，均取得了一定的进展[14~17]。其中，生物修复作为一类高效修复技术，可用于土壤重金属[18~20]、农药[21]、多氯联苯[22]等污染物的污染修复，具有良好的社会-生态综合效益，且易被大众接受，应用前景广阔。

（三）环境医学与健康

2011—2012 年，环境医学与健康学科在气候变化与健康、水污染与健康、二氧化硫与健康、$PM_{2.5}$ 对健康影响及其作用机制等方面取得了诸多进展。

其中，在气候变化与健康方面，我国研究者对主要气候变化与人群健康的关系在不同的健康效应终点上进行了广泛深入的研究，进行了流行病学调查及毒理学毒作用及其机理的探讨。研究者不仅关注其对人群呼吸系统健康的影响，也开始关注对心血管系统、神经系统等的影响及作用机制；研究观察的人群，不仅关注老年人和儿童等敏感人群，很多研究开始关注不同水平的环境污染物对健康成年人健康影响；在研究方法上，学习国外先进方法，将其应用到国内的实际调查研究中，开展了许多时间序列分析、病例交互研究等。此外，还积极主动将传统流行病学的研究方法应用到实际气候变化与健康的研究过程中，取得了很好的结果。

在 $PM_{2.5}$ 对人体健康的影响及其作用机制方面，我国于 2012 年取得了一定的进展，主要包括初步开展了 $PM_{2.5}$ 影响人体健康的主要成分研究、进一步探讨了 $PM_{2.5}$ 影响人体健康的关键机制，以及 $PM_{2.5}$ 与其他因素在影响人体健康中的协同效应。其中，人群流行病学实验研究或准实验研究、志愿者暴露试验以及整体动物和细胞毒理学研究的有机结合，是推进 $PM_{2.5}$ 人体健康影响关键机制研究进一步深入的有效手段。但由于 $PM_{2.5}$ 是多种化学成分组成的一种混合物，其不同化学成分引起健康危害的能力不同，目前对 $PM_{2.5}$ 的化学组成、理化性质与健康效应之间的关系仍不清楚，$PM_{2.5}$ 与其他因素包括气态污染物以及气象条件之间的相互作用也使得其健康效应变得极为复杂。

（四）环境经济学

2011—2012 年，环境经济学学科的基本理论问题研究主要集中在环境资源价值理论、环境公共物品理论、环境外部性理论和环境产权理论等方面，经济系统与环境系统发展关系理论也受到了重视，两者均取得了不同程度的进展。不仅促进了我国环境经济学学科建设，许多研究成果亦对国家环境经济决策发挥了重要作用。

其中，环境资源价值理论方面的文献主要涉及水资源[23~26]、森林资源[27~30]、生态系统服务功能[31~37]和能源[38,39]等方面，且对生态系统服务价值的研究相对较多；环境公共物品理论方面的文献主要集中于农业环境生态[40~42]、生态补偿[43~45]、气候变化[46]和流域污染治理[47]等方面；环境外部性理论方面的文献集中在气候变化[46]、环境税[48~50]、污染企业退出机制[51]、环境责任[52~54]、环境成本[55]和排污权交易[56,57]等方面；环境产权理论方面的文献主要包括资源产权[58~61]、环境产权交易市场建设[62]、生态补偿与土地利用[63,64]和可持续发展[65,66]等。

而关于经济与环境发展关系，我国学者围绕环境库兹涅茨曲线（Environmental Kuznets Curve，简称 EKC）、环境与经济协调发展理论、绿色发展转型理论、环境与中等收入陷阱理论等，对经济与环境相互作用的机理进行了理论上的深入探讨与实证研究，亦取得了一定的研究进展[67~76]。

（五）环境法学

2011—2012 年，我国环境法学界取得了丰硕的理论研究成果。从数量上看，两年间发表在各类期刊上的环境法学论文共计 3353 篇，其中核心期刊论文 874 篇；出版的环境法学著作（含教材、学术专著、译著、论文集）共计 135 部。从内容上看，立足于环境立法、执法和司法实践需求，积极回应重大环境事件，既有对环境法理念、环境公益诉讼、环境权等传统环境法学基础理论的研究，也有对气候变化、《环境保护法》修改、康菲漏油事件、云南曲靖铬污染事件等环境保护热点事件和前沿问题的关注，呈现出全方位、广视角、多元化、重实践的研究特点。

在环境法理念方面，环境法学者主要围绕代际公平、生态文明、环境正义等问题进行了积极探索。而环境法体系愈显复杂，如何站在环境法律体系整体的高度思考环境法体系的内在机理，准确理解各个具体环境法在体系中的地位，从而完善环境法律体系，是近两年重点关注的问题之一。2011 年，全国人大环境与资源保护委员会启动了《环境保护法》的修改程序，引起了环境法学者对《环境保护法》修改相关理论问题的研究热情，如对环境法基本原则的内涵有了较为清晰的表达等。

环境权利理论依然是环境法学研究的热点问题之一。环境权利理论的支持者从环境权研究的方法论、利益指向、与相关权利的关系、法律配置等角度进一步论证了环境权利的必要性和可行性。然而，由于环境权利尚未转化为法定权利，在司法实践中也未获得认同。因此，亦有很多学者对环境权利理论的合理性或可行性提出质疑。

此外，我国环境法学者围绕环境保护实践中的热点、难点问题，对环境评价、环境信息公开、环境许可、生态补偿等环境法基本制度的理论与实践问题进行了探讨；围绕环境侵权的构成、环境损害赔偿、环境公益诉讼、环境刑事责任等方面开展了对环境法律责任的研究。

三、环境科学与技术研究主要进展

（一）水环境科学与技术

在水环境领域，2011—2012年我国主要是对“十一五”水专项等重点项目进行总结和对“十二五”项目进行规划。“十二五”水专项根据国民经济和社会发展规划纲要及国家环境保护规划的要求，紧密结合国家经济社会发展战略、环境污染控制目标和地方政府需求，以改善重点流域（区域）水环境质量为核心目标，以有效控制工业污染、城市生活污染和农业污染负荷为重点，坚持水污染治理和管理控制相结合，综合运用政策、经济、技术和必要的行政手段等解决水污染问题。

从整体性和系统性角度，开展水污染控制是水环境治理的发展趋势。美国在20世纪70年代根据《清洁水法》的要求，提出了控制流域污染的综合地表水管理方法（最大日负荷限值，TMDL）。实践表明，TMDL计划在恢复美国地表水体功能、改善水体水质方面起到了重要的作用。我国水污染控制需要将污染源解析与控制对策、污废水处理、面源污染控制、再生水资源化、受纳水体的污染防治和水生态系统构建等系统规划与实施相结合，形成一套科学的水环境污染控制的综合改善模式与技术体系。

1. 污水处理与资源能源化利用理论与技术

脱氮除磷、污水处理厂节能降耗、污泥资源能源化仍然是目前城市污水技术研究的重点，同时新兴污染物处理、再生水安全利用与风险控制、污水资源能源化利用成为新的发展方向和研究热点。工业废水处理技术发展集中于高浓度、难降解、高含盐等废水的处理。

（1）污水脱氮除磷理论与技术　对于氮磷控制，发达国家已开始研究LOT技术（Limit of Technology，极限技术），TN（总氮含量）和TP（总磷含量）分别控制在3 mg/L和0.1 mg/L以下[77]。我国在敏感水体流域或区域也开始考虑大幅提升TN和TP排放标准，高标准脱氮除磷技术需求日益突显。在技术研发方面，在关注主体工艺中脱氮除磷效率提高的同时，开始关注旁路工艺如脱泥水等含高浓度氮磷污水的处理以降低其对主体工艺处理负荷的影响。厌氧条件下同时去除磷酸盐和氨氮技术、多点进水和多级AO工艺、污水中有机物的反硝化碳源利用技术、基于微藻的深度脱氮除磷技术等的研究进一步深化。将活性污泥、生物膜、厌氧处理工艺、微藻培养与膜分离技术进行科学组合，形成具有同步脱氮除磷功能的复合工艺，成为发展的重点[78~95]。

（2）重金属污染控制技术　重金属污染控制在我国有着长期广泛的需求。近年，在新型重金属螯合剂和沉淀剂、新型重金属吸附材料和吸附机理研究方面取得新的进展。对于含有多种有机物的重金属废水的处理，微波-化学法、微电解-絮凝耦合技术、芬顿-化学沉淀法、微生物电解还原法等组合工艺的研究取得进展[96~144]。

（3）脱盐理论与技术　脱盐是污水处理，特别是污水回用中的关键环节，反渗透（RO）、正向渗透（FO）、电渗析和微生物除盐等方面有较大的发展。反渗透技术相关研究主要包括膜材料的开发、膜工艺运行参数优化与膜污染再生利用。低压、超低压、极低压、高脱盐率、高通量、耐污染和抗氧化等一系列的各种复合膜相继进入市场[145]。微滤与反渗透结合双膜工艺的稳定运行（膜污染控制）和降耗成为关注的热点[146~147]。

正向渗透膜分离技术即让水通过半透膜正向渗透进入一种超强吸水的吸附剂或盐浓度甚至超过海水的溶液或固态物，不需要外界加压，且溶液里的特殊盐分“提取液”很容易蒸发，从而达到高效除盐的目的。正向渗透膜分离技术目前还处理实验室研究阶段，尚存在较多问题[148~152]。

电渗析技术在饮用水及纯水的制备、食品工业和化学工业及其他领域中有较广泛的应用。为提高电渗析处理效率，组合工艺有了一定发展，如扩散渗析-电渗析、混凝-电渗析等方法[153~155]。

微生物脱盐技术取得了一定的进展，在微生物脱盐概念的基础上，发展了堆叠式微生物脱盐反应器，以及将微生物脱盐过程与产氢结合，在辅助电压的作用下实现脱盐过程并回收氢气能源[156~159]。

（4）新兴污染物及去除技术　新兴污染物在工业废水和生活污水中不断被检出，已成为环境领域关注的热点。目前关注的新兴污染物主要包括内分泌干扰物、药品及个人护理品、新型病原微生物、微生物代谢产物、纳米污染物和高毒性消毒副产物等。在我国，已初步掌握了内分泌干扰物等典型新兴污染物在污水、水环境、饮用水的分布特征[160~162]，并结合健康风险和生态风险评价手段，评价了新兴污染物的潜在风险[160]。基于高级氧化和吸附降解的新兴污染物去除技术、雾化曝气臭氧氧化、电-Fenton、臭氧/UV-H_2O_2 等高级氧化技术以及基于磁性吸附纳米材料、改性大孔树脂等吸附技术等得到进一步发展[163~166]。

针对新兴污染物种类多、组成复杂、降解性差异大，单一技术难以将其全部去除的特点，研究者提出了臭氧氧化/膜过滤、化学预氧化/生物过滤和复合土层多效处理等高效组合工艺[167~169]。

（5）再生水安全高效利用理论与技术　污水再生利用是解决水资源短缺的有效途径之一，其关键是如何保障再生水的水质安全。针对再生水利用过程中的安全性问题，基于“源头控制与过程控制相结合、单元优化与系统优化相结合、化学污染物与病原微生物协调控制”基本原则已经用于指导再生水水质安全保障与风险控制体系的构建[160]。

针对再生水风险评价与控制，建立了再生水洗车利用等用途的暴露剂量计算方法，评价了再生水用于洗车、农业灌溉等用途的潜在风险，提出了优先控制污染物指标及其限值建议[170~181]。

针对再生水生物风险控制，抗生素抗性菌等高风险微生物污染控制技术、紫外线-氯联合消毒以及微气泡臭氧消毒等新型消毒工艺的开发受到重视。针对生物稳定性问题，国内建立了基于再生水特征菌群的可同化有机碳（AOC）评价方法，其较饮用水 AOC 检测方法响应更灵敏，更能反映再生水的 AOC 特征[182~190]。

针对再生水景观利用的潜在风险，阐明了再生水中水华藻类生长特征，发现了高效去除氮磷的能源微藻、吞噬水华藻高效去除藻毒素的金藻、通过化感作用抑制水华藻生长的水生植物，为再生水景观水体藻类控制提供了技术支持[191,192]。

（6）污泥处理处置与资源化技术　污泥处理相关技术得到了快速的发展。2011 年建设部发布了《城镇污水处理厂污泥处理处置技术指南（试行）》，对污泥处理处置的单元技术和技术路线以及应急处置和风险管理给出了相应的技术指导。污泥碱性发酵技术、高固体厌氧消化技术和污泥预处理强化厌氧消化技术研究取得进展[193~200]。

高固体厌氧消化是指在污泥浓度 10%～20%的条件下进行厌氧消化，这样可以大幅缩减消化罐体积，减少保温能耗，可以直接处理脱水污泥，适于中小型污水厂及城市建设集中的厌氧消化厂[194]。

2. 雨水收集与利用技术

在我国，雨水利用方面已经取得了一定进展。上海世博园区采用了综合 LID 雨水生态化处理技术，园区的核心区域设有屋面雨水收集系统，同时铺设一定厚度的土壤层以建造屋顶绿化，在降低屋面径流系数的同时，也有效降低了雨水流失量和对雨水进行初步过滤与净化。用收集的雨水进行浇灌、道路冲洗、景观用水，实现雨水的循环利用[201]。

近年来，我国在雨水利用技术，包括屋面雨水的储存与利用技术、雨水分质收集技术、硬化路面雨水收集技术等方面取得进展[202~209]。

3. 水体污染修复理论与技术

水体污染修复主要包括内源污染控制、生态系统恢复以及水质原位净化。水体内源污染控制方面的研究主要集中于环保疏浚技术、低成本的底泥覆盖技术，以及强化微生物修复技术。生态系统恢复方面的研究主要集中在湖滨带构建以及沉水植被重建。水质原位净化方面的研究主要集中于强化人工湿地技术、生态浮岛技术、生物接触氧化技术，以及循环增氧技术等[210~276]。

总之，水环境基准与污染控制标准制定方法学、面向毒性减排的重金属与有毒有害有机物削减技术、污水再生利用与生态和健康风险控制技术、工业废水全过程综合减排优化技术、以节能降耗为目标的污水管网和处理系统全流程优化方法以及区域尺度水循环体系的建立将是今后的发展方向和研究重点。

（二）大气

2011—2012 年，我国新修订了《环境空气质量标准》（GB 3095—2012），发布了《重点区域大气污染防治“十二五”规划》，驱动我国大气环境保护工作逐步从总量控制转向质量改善，从单污染源治理转向多污染源协同减排，从局地管理转向区域联防联控，并对支撑这些战略性转变的科学认识、工程技术和管理方法提出了全新要求。通过国家“863”、“973”、科技支撑计划等各级科技计划和专项基金项目，以及对京津冀、长三角、珠三角等重点城市与区域的大气环境问题的防治实践，在大气复合污染机理、环境监测与探测技术、污染控制理论与技术等研究方面取得了重要进展。

1. 大气环境科学基础理论

伴随着数值模拟技术、探测手段和探测设备的改进和发展，针对非均匀复杂下垫面下多尺度边界层和特殊天气形势下的边界层开展了大量观测研究，揭示了不同情况下边界层的结构演变特征和湍流特征[277~288]，加深了对污染物的输送扩散等复杂大气物理过程的认识。

大气化学反应过程的解析和大气化学反应机理的建立逐步成为研究重点，较为完整地表征了我国大气复合污染状态下大气组分和大气化学过程的特点。

大气污染与人体健康问题已成为我国各界共同关注的焦点问题，在持久性污染物、SO_2、NO_2、$PM_{2.5}$ 等污染物对人体健康影响研究方面取得了可喜进展[289~294]。

大气复合污染临界水平和控制目标区划技术理论、区域大气污染物排放控制总量核算和分配技术方法与模型、多污染物同时控制的系统优化技术体系等研究也取得了长足发展。

2. 大气环境科学技术

对自主研发和生产的一批关键气态污染物和颗粒物的自动在线监测技术提出了更高的要求，推动了新型检测方法及技术的发展和应用。

构建了天地一体化的立体监测技术[295]、大气环境硫同位素示踪技术[296]、气体稳定同位素比例质谱技术[297]、在线大气汞分析技术[298]等新技术和设备也得到了发展，并在广东鹤山启用了全国首个大气超级监测站。

排放清单动态数据处理与分析技术、高时空分辨率排放清单技术方法等关键技术研发取得了重要进展，为辨识和预测区域大气污染源排放强度和排放特征提供了技术支持。

物理模拟技术在提高模拟精度、自动化水平、应用领域等方面取得了较大突破，数学模拟技术在中国特色的大气环境模式[299~301]和空气污染与气候变化耦合模式[302~307]等方面得到进一步发展和应用。

3. 典型大气污染防控技术

（1）固定源颗粒物（PM）控制技术　深化治理 $PM_{2.5}$ 的迫切需求推动了现有除尘装备的升级改造、新除尘技术的研发和应用。静电除尘器仍是我国火电行业的主要除尘装备，并拓展了其在工业锅炉等其他领域的应用。而移动电极式电除尘、低低温电除尘、湿式静电除尘等新技术也得到了完善开发和应用。袋式除尘器（含电袋复合除尘器）在一些重点工业行业的应用比例有所提升，且大型化进展显著，其纤维、滤料、配件和自动控制的技术水平也都得到了一定的发展。

（2）固定源二氧化硫（SO_2）控制技术　SO_2 控制技术主要有石灰石/石灰-石膏湿法、循环流化床半干法、氨法、海水法、活性焦（炭）吸附法、旋转喷雾干燥法、炉内喷钙尾部烟气增湿活化法、密相干塔法、镁法、有机胺法等烟气脱硫技术。新标准的颁布，推动了现有脱硫机组的升级改造，双塔、添加剂增效、吸收塔扩容等脱硫增效改造技术得到了进一步发展和应用；同时，脱硫技术开始规模化应用于钢铁厂烧结机和球团生产线。其中，石灰石/石灰-石膏湿法是火电厂、钢铁厂、工业锅炉等领域应用最为广泛的烟气脱硫技术。

（3）固定源氮氧化物（NO_x）控制技术　具有自主知识产权的低 NO_x 燃烧技术已广泛应用于电站锅炉、工业锅炉、水泥炉窑等领域，选择性催化还原法（SCR）、选择性非催化还原法（SNCR）和 SNCR-SCR 联用等烟气脱硝技术得到了迅速发展和应用。其中，SCR 技术成为火电厂高效控制 NO_x 的主流技术，SNCR 技术在工业锅炉和水泥炉窑脱硝方面获得了较好的应用。脱硝催化剂形成年产能超过 30 万立方米，国内首套自主研发的年再生能力达 $3000m^3$ 的可移动式成套再生装备及核心技术成功应用于 300 MW 燃煤电站机组失活催化剂的活性恢复。此外，化学链燃烧技术、O_2/CO_2 燃烧技术、低温 SCR 脱硝技术等研究也取得了重要进展。

（4）固定源汞（Hg）排放控制技术　燃煤烟气中 Hg 排放控制技术主要包括燃烧前脱汞技术、利用现有污染控制装备的协同控制技术、吸附剂喷射技术及强化脱汞技术。其中，催化剂氧化、添加剂氧化、等离子体氧化、臭氧氧化等强化脱汞技术，湿法脱硫中汞的二次释放抑制与固化稳定化技术等新技术仍处于实验室或工业性示范应用阶段。

（5）工业烟气多污染物协同/联合控制技术　湿法脱硫脱硝、湿法高效脱硫及硝汞协同控制、等离子体或臭氧氧化结合碱液吸收、半干法多种污染物协同控制等多种污染物协同/联合控制技术得到了长足发展，部分关键技术已在电站锅炉、工业锅炉/窑炉上得到工业化应用。开发及应用燃煤烟气多种污染物的高效脱除和协同控制技术，促使燃煤电厂主要烟气污染物超低排放，达到国家燃气排放标准要求，是推进我国大气污染物深度减排、实现可持续发展的一条重要出路。

（6）工业挥发性有机物（VOCs）治理技术　VOCs的治理技术可以分为回收技术和销毁技术两大类。回收技术主要包括吸附技术、吸收技术、冷凝技术及膜分离技术等，销毁技术主要包括高温焚烧、催化燃烧、生物氧化、低温等离子体破坏和光催化氧化技术等。其中，吸附技术、催化燃烧技术和热力焚烧技术是目前应用最为广泛的VOCs治理技术。近年来，国内一些重污染工业园区的VOCs治理试点工作已经进行，VOCs治理技术及产业将进入一个快速发展的时期[308]。

（7）室内空气净化技术　针对挥发性有机化合物及有害气体的净化，目前主要通过吸附、催化氧化和光催化等方法来降低室内有害气体的含量[309]。针对微生物的净化，主要应用气体熏蒸、臭氧氧化、紫外线照射等方法；新技术中高效空气过滤、高强度风管紫外线辐照和室内空气动态粒子杀菌组合空气卫生工程技术显示出了优良的空气杀菌效果[310]。

（8）温室气体减排技术　二氧化碳（CO_2）捕集、利用与封存（CCUS）技术是有望实现温室气体的大规模减排和化石燃料的低碳利用的有效手段。我国在CO_2捕集工程示范、CO_2吸附材料开发、CO_2气驱强化采油（CO_2-EOR）、CO_2资源化利用、农林生态系统固碳减排等方面取得了重要进展。

（9）机动车污染排放控制技术　在节油宝系列燃油净化器、催化剂银/氧化铝和还原剂乙醇组合体系及相应的催化转换器、多种尾气净化用高性能纳米复合材料等关键设备和技术的研发及应用上取得了重要进展。

（10）重点城市与区域的大气污染防治技术　已应用于京津冀地区、长三角地区、珠三角地区等重点区域污染防治的实践，为控制臭氧及细颗粒物污染、城市空气质量达标、区域环境空气质量改善提供了科技支撑。

（三）土壤环境与地下水

2011—2012年，我国土壤和地下水环境污染问题受到国家相关部门的高度重视，土壤污染防治与修复工作已纳入国家科学技术发展规划和环境保护宏观战略部署之中。理论层面上，逐步形成区域土壤环境质量演变及时空分异[311,312]、土壤污染生态过程与环境风险[313]、地下水污染动力学与溶质运移随机理论[314~321]、地下水修复微生物学理论创新体系[321~325]；通过技术、方法与设备研发，在地下水数值模拟技术、土壤和地下水环境风险评估技术与软件研发、污染土壤和地下水物化与生物修复技术装备、全细胞生物传感器、地下水污染风险源识别与防控区划技术、环境友好的绿色生物修复等环境材料等方面取得了较大进展。

1. 土壤污染修复技术与方法

在等离子体修复技术方面，以污染土壤中滴滴涕（DDTs）与多环芳烃化合物（PAHs）为目标污染物，研发了反应釜式和转盘式低温等离子体设备，优化了设备对DDTs与PAHs污染土壤的修复条件。

在生物修复技术方面，微生物-植物联合修复技术已经成为重金属污染农田土壤生物修复研究的主要趋势。该技术可以克服超积累植物生物量低、生长速度慢、固定态重金属不易吸收以及植物连续修复而产生的障碍等问题。近年来，针对我国长江三角洲地区电子废物及冶炼活动影响农田土壤中铜和镉污染问题，建立了重金属污染农田土壤的木霉强化植物修复技术[326~329]。

在热处理技术方面，如何进一步降低能耗和修复成本是该技术的关键问题。研究表明，增加加热温度、延长停留时间以及提高真空度均能起到降低能耗、降低成本的作用。

2. 地下水污染修复技术与方法

对于地下水微生物修复技术，主要研究集中在通过传送营养物质、电子受体、表面活性剂和共代谢基质等以增加微生物的活性和加强污染物的生物可利用性，以及添加生物催化剂以加速生物降解速率等方面。同时，针对半挥发性和难挥发有机物，富集、筛选了高效石油降解菌，研发了具有增溶作用的微生物表面活性剂，研制了具有多种功能的复合修复菌剂。此外，在物化分离、化学氧化剂生物降解的协同技术方面也取得了一定的进展。

（四）噪声与电磁辐射

2011 年以来，为切实解决噪声污染和扰民问题，国家加大重点领域噪声污染防治力度，进一步推动全国的环境噪声污染防治工作，促进了环境声学和噪声污染防治技术与产品的研究与开发。

1. 环境声学研究

在声学材料研究方面，继续开展声二极管的效应、设计、制备与性能优化等研究工作，为各种需要对声能量实现特殊控制的重要场合的应用提供技术支持。对于三明治板治梁动力学特性，提出了针对有限大蜂窝三明治板的隔声预报公式；对于多孔吸声材料，研究了穿孔膜对其声学性能的影响。同时，成功设计了一种声学超材料，使人们能够更加有效地操纵低频声波，具有广泛的应用前景。

在有源降噪技术方面，运用耦合空间理论，先建立低频声在自然通风窗中传播的模型，然后引入有源噪声控制方法，获得自然通风有源隔声窗的完整理论模型，并利用该模型数值仿真研究了等效波导管截面面积大小和模态截取数目对自然通风有源隔声窗模型计算精度的影响、次级声源位于不同位置时单通道有源降噪系统的降噪性能以及有源降噪的物理机理。

在噪声测试技术方面，面向环境噪声和工业过程监测等应用，继续开展分布式噪声传感网的相关研究，建立并优化了多传感器、多传输方式、多级拓扑结构的网络架构，完成了海量数据汇聚、多传感器信息融合、多子软组合等关键技术研究，解决了对象监测范围广、测点多的适应性问题。针对壳内设备源对外壳各响应点贡献问题，展开了基于 OTPA（工况路径分析）的设备贡献量分析方法研究。研制的声音可视化测量专用仪器——声相仪，主要技术指标优于国际同类产品，并得到广泛认可。

在噪声地图技术方面，开发了基于国内道路、铁路声源模型为基础的噪声地图绘制软件，并将噪声地图与国内管理政策相结合，开发了具有自主知识产权的“环境噪声信息管理平台”，通过将先进的自动检测技术、模拟计算引擎和 GIS（地理信息系统）技术进行紧密集成，为城市环境噪声管理提供全方位的解决方案，形成集自动检测、投诉数据管理、功能区管理与评价、城市噪声地图预测、污染源管理、措施评估为一体的可扩展的数字管理平台。

2. 环境电磁学研究

近年来，在高压交直流线路电磁环境的科学技术研究方面取得了较大进展。基于 Deutsch 假设，将高压直流输电线路合成电场二维计算方法扩充至三维；在特高压试验基地进行了直流线路下的人体直接感受试验，基于稳态感受水平的样本分布概率，得出了一些规律；在特高压直流试验基地内的特高压直流试验线段下，建立了直流线路对邻近树木的电晕实验平台，确定了实验研究方法，观测了树冠在合成电场中的电晕放电现象；进行了直流模拟线路下存在建筑物时的合成电场的测量试验，分析了实际特高压直流输电线路附近存在建筑物时的合成电场分布规律。

（五）固体废物处理处置

1. 危险废物利用/处置技术

在焚烧处置技术装置方面，通过引进工业及危险废物焚烧技术，结合中国危险废物特点、技术标准和生产配套体系，再创新形成了危险废物处置专用熔渣回转窑焚烧技术设备，解决了目前国内危险废物处置存在的焚烧对象单一、焚烧不彻底、二次污染大、后处理复杂且处置费用高等矛盾；在资源化方面，苯二甲酸（PTA）残渣资源综合利用与焚烧处理技术已达国际先进水平，并建设了多套万吨级/年的处理装置，经济、社会效益良好。

2. 生活垃圾利用/处置技术

近两年来，我国生活垃圾处理处置技术的进步主要体现在填埋场防渗工程的建设、渗沥液处理工艺的优化、填埋气的收集与利用、焚烧厂灰渣及烟气处理工艺的研究以及生活垃圾的生物降解等方面，大多是对填埋、焚烧等传统工艺的优化。而一些新技术虽有所发展，但仍未成熟，尚不具备进入市场的能力。

3. 电子废物利用/处置技术

针对电子信息产业及社会源产生的电子废物管理难度大、回收处理技术要求高、环境污染重、非正规回收处理现象突出等问题，在国际上首次提出发展中国家电子废物回收处理宜采用最佳实用技术与最佳环境实践的理念，得到了国际同行的普遍认可。自主研发的电子废物整机拆卸技术与装备，已在多家单位得到应用，产生了显著的环境效益、经济效益和社会效益。

四、趋势和展望

“十二五”期间面向改善环境质量、面向污染减排、面向环境风险防范、面向环境保护国际合作、面向环境科技能力建设的“五面向”环境科技工作方针，为新时期我国环境保护科学技术研究工作指明了方向，不断演替发展的资源与环境、环境与健康的严峻形势，迫切要求环境科技破解一系列新的环境难题，我国环境保护的科技支撑体系已进入新的建设阶段，我国环境科技将呈现向更深更广发展的新局面。

（一）环境科技发展趋势

1. 学科领域从自然科学领域向与社会学融合的跨学科领域扩展，需要充分吸纳社会科学的思想、理论、方法，完善环境科学的学科体系

环境保护不仅仅限于生态环境系统的污染治理与生态保护，更多地与社会经济发展、城镇建设、资源开发等经济活动相结合。随着社会环境意识的增强和环境理念的发展，环境因素已成为国家安全、社会稳定、人民福祉的重要内容，环境伦理、环境权益、环境公共服务等也日渐成为环境科学研究的重点领域。环境科学研究的对象与方法除了传统自然科学的监测、实验、模拟和实证方法外，已经出现与更多社会学、心理学和经济学的思想与方法进行

跨学科交叉与融合的趋势。

2. 研究领域从单一环境要素解析向生态系统整体研究转变，立足宏观与综合视野解决环境问题

环境科学基础研究方面，已经进入以地球生态系统为对象的综合集成研究阶段，并通过数字地球技术，建立了高度综合的环境信息网络，实现环境要素的长期连续观测，能够在更大程度上揭示人类活动对地球系统的影响机制。我国在环境基础研究中，也加强了天地一体化、多环境要素交互影响的区域生态系统研究。在具体研究领域，表现出研究过程从微观到宏观，研究内容由单一因素到多元因素，研究范围由小尺度到区域，以至全球性大尺度的转变。

3. 研究重点从常规污染物向危害人体健康的各类环境风险转变

随着对环境污染与人体健康损害关系认识的逐步深入，在关注以化学需氧量、二氧化硫、氮氧化物等为代表的常规污染物及其控制的同时，国内外越来越关注重金属、持久性有机污染物以及纳米材料等新型化学物质对人体健康的影响，关注环境污染导致的突发性和累积性健康风险。环境健康风险防范已成为国内外环境与健康领域的研究热点。研究环境污染的人体暴露和健康风险评估技术、环境健康基准、标准及法律法规，建立环境健康风险评估、预警和应急体系等是我国环境与健康领域的发展方向。

4. 研究手段从传统技术方法向大力发展交叉学科促进技术创新转变

针对复杂的自然过程及重大的资源、环境、生态问题，需要加强学科间的交叉、渗透和综合集成。与此同时，其他学科的一些基本思想也不断融入到环境科学的研究中。分子技术、生物技术、信息技术等在环境领域的应用不断拓宽和深入，使环境科研与高技术发展融为一体。在环境监测与信息管理方面，已由常规监测向集多种类型、多种手段监测分析为一体的综合技术方向发展。

（二）环境科技发展的重点领域

“十二五”乃至更长一段时期，环境科技重点需要在以下领域有所突破。

（1）污染减排与环境质量改善、风险防范的机理、过程与控制技术模式研究　围绕着改善环境质量，分析污染减排与环境质量改善的机理，综合输入输出响应模型和投入产出分析，建立更加有效的污染减排管理和技术模式；研究建立重点区域、重点流域污染减排与环境质量改善的响应、效应关系，建立中长期污染减排与环境质量改善的战略路线图；在深入控制化学需氧量（COD）、二氧化硫的基础上，建立氮、磷、氮氧化物、工业挥发性有机物（VOCs）等污染物总量控制的技术、设备和管理政策；在削减污染物排放总量、改善环境质量的同时，在区域、流域和城市层面上，探索风险防范的内在机理。

（2）结合绿色发展的全过程减排技术与政策研究　研究经济结构调整、发展方式、发展模式转变的减排驱动机理，研究生产、流通、消费全领域的污染减排政策、技术和管理制度；研究全行业前段准入、清洁生产、过程控制、综合回用、末端治理等全过程的污染减排技术和管理政策；研究将生活源纳入减排控制的技术政策。

（3）跨区域、流域的污染物扩散、复合演变与污染防控　紧密结合区域大气污染控制、流域水污染防治，研究污染物跨区域传输、扩散、沉降机理；研究多种污染物在不同气象、水文条件下复合、降解、转化的机理；研究一次污染物、二次污染物分级分区防控的技术方法和管理模式；研究多污染物、跨区域传输与演变的监测、评估和预警技术；突破城市群区域氮氧化物、臭氧、细粒子控制技术模式。

（4）天地一体的环境监测、跟踪、评估系统研究　完善监测业务体系，修改完善现有的空气、地表水、噪声、污染源、生态、固体废物、土壤、生物和辐射等环境要素的环境监测技术路线；研究近岸海域、振动、酸沉降、光污染、热污染和沙尘暴等环境监测技术路线；研究突发性环境污染事件应急监测技术路线、地下水和农村等环境监测新领域的技术路线，完善环境标准体系；研究利用卫星遥感、定位站、监测站网、移动监测车船等设备，构建天地一体的环境监测体系的技术、设备和管理体系。

（5）环境风险评估、防范机制、体制与技术研究　研究建立环境风险评估的指标体系、技术政策，环境风险调查、评估、区划和管理的技术体系；研究重点区域、重点领域、重点行业和突发重大灾害事件的环境风险防控技术体系；建立环境风险方法处置的评估、赔偿机制。

（6）环境污染与人体健康机理、管理制度研究　研究重点区域、流域环境健康相关特征污染物、优控污染物调查和筛选技术；区域/流域多介质、多途径或复合污染物的人体暴露评价方法；重金属、有毒有害有机污染物、放射性物质等对人体健康的影响机理和剂量——反应关系；研究大气污染对人群健康影响前瞻性队列和风险评估关键技术和方法；研究环境影响评价中的健康风险评估技术、国家环境健康风险区划和分级技术与方法。在环境健康检测与防控方面，研究环境健康综合监测、数据采集和数据标准化技术；典型地区环境污染物相关人群生物监测技术；慢性累积性和突发性环境健康事件处理处置方法；环境污染导致健康危害快速识别技术；我国不同地区、不同类型环境健康风险的阻断、控制、防范和预警技术方法等。

（7）结合全球变化的生态保护模式与政策研究　在全球变化的情境下，研究建立不同尺度、不同区域、不同类型生态系统的监测、评估、模拟技术体系；研究建立生态系统服务功能的监测、评价和维护改善技术模式；研究构建碳排放源控制、碳汇、碳捕捉技术体系；研究生态系统监测指标和典型生态系统恢复模式等。

（8）融合自然科学、社会科学的环境管理的理论、方法和政策研究　以积极探索环保新道路为主体，丰富完善环境保护的理论体系；研究构建符合自然科学规律和社会发展规律的环境管理政策体系；建立以空间管控为核心的城市环境总体规划制度，完善环境规划体系；研究建立符合经济规律的环境经济政策，深入开展环境伦理学研究，完善环境法学体系和环境影响评价制度，探索构建符合中国国情和历史发展阶段的环境保护管理体制和制度体系。

参考文献

[1] Li YM, Geng DW, Liu FB, Wang T, Wang P, Zhang QH, Jiang GB. Study of PCBs and PBDEs in King George Island, Antarctica, Using PUF Passive Air Sampling. Atmos Environ, 2012, 51: 140-145.

[2] Gao Y, Zhang HJ, Su F, Tian YZ, Chen JP. Environmental Occurrence and Distribution of Short Chain Chlorinated Paraffins in Sediments and Soils from the Liaohe River Basin, P. R. China. Environ Sci Technol, 2012, 46: 3771-3778.

[3] Luo XS, Yu S, Li XD. The Mobility, Bioavailability, and Human Bioaccessibility of Trace Metals in Urban Soils of Hong Kong. Appl Geochem, 2012, 27: 995-1004.

[4] Yang Y, Shu L, Wang XL, Xing BS, Tao S. Mechanisms Regulating Bioavailability of Phenanthrene Sorbed on a Peat Soil-Origin Humic Substance. Environ Toxicol Chem, 2012, 31: 1431-1437.

[5] Chen ZM, Chen BL, Zhou DD, Chen WY. Bisolute Sorption and Thermodynamic Behavior of Organic Pollutants to Biomass-derived Biochars at Two Pyrolytic Temperatures. Environ Sci Technol, 2012, 46: 12476-12483.

[6] Wang Y W, Fu J J, Wang T, Liang Y, Pan Y Y, Cai Y Q, Jiang G B. Distribution of Perfluorooctane Sulfonate and Other Perfluorochemicals in the Ambient Environment Aound a Manufacturing Facility in China. Environ Sci Technol, 2011, 44 (21): 8062-7.

[7] Zhao B, Zheng MH, Jiang GB. Dioxin Emissions and Human Exposure in China: A Brief History of Policy and Research. Environ Health Persp, 2011, 119(3):A112-A113.

[8] Wang XL, Suo YS, Yin RC, Shen HQ, Wang HL. Ultra-Performance Liquid Chromatography/ Tandem Mass Spectrometry for Accurate Quantification of Global DNA Methylation in Human Sperms. J Chromatogr B, 2011, 879: 1647-1652.

[9] Wang J, Zhang Y, Zhang W, Jin Y, Dai J. Association of perfluorooctanoic acid with HDL cholesterol and circulating miR-26b and miR-199-3p in workers of a fluorochemical plant and nearby residents. Environ Sci Technol, 2012, 46 (17): 9274-81.

[10] Liu W, Zhang SP, Wang LX, Qu C, Zhang CW, Hong L,Yuan L, Huang ZH, Wang Z, Liu SJ, Jiang GB. CdSe Quantum Dot (QD)-Induced Morphological and Functional Impairments to Liver in Mice. PloS One, 2011, 6(9): e24406. doi:10.1371/journal.pone.0024406.

[11] Jia MK, Su GJ, Zheng MH, Zhang B, Lin SJ. Development of Self-Assembled 3D FexOy Micro/Nano Materials for Application in Hexachlorobenzene Degradation. J Nanosci Nanotech, 2011, 11(8): 2100-2106.

[12] Zou M, Zhang J, Chen J, Li X. Simulating Adsorption of Organic Pollutants on Finite (8,0) Single-Walled Carbon Nanotubes in Water. Environ Sci Technol, 2012, 46 (16): 8887-94.

[13] Mu YS, Peng SF, Zhang AQ, Wang LS. Role of Pocket Flexibility in the Modulation of Estrogen Receptor Alpha by Key Residue Arginine 394. Environ Toxicol Chem, 2011,30(2): 330-336.

[14] 黄蔼霞, 等. 赤泥对重金属污染红壤修复效果及其评价. 水土保持学报, 2012,26(1).

[15] 贺庭, 赵烨, 等. 重金属污染土壤木本-草本联合修复研究进展. 中国农学通报, 2012,28(11):237-242.

[16] PEDRONF, PETRUZZELLIG, BARBAFIERIM, TASSIE. Remediation of a Mercury-Contaminated Industrial Soil Using Bioavailable Contaminant Stripping. Pedosphere, 2013,23(1):104-110.

[17] 周启星, 等. 污染土壤修复基准值推导和确立的原则与方法. 农业环境科学学报, 2013, 32(2):205-214.

[18] Dhal B, Thatoi H N, Das N N, Pandey B D. Chemical and microbial remediation of hexavalent chromium from contaminated soil and mining/metallurgical solid waste: A review. Journal of Hazardous Materials, 2013, 250-251(15):272–291.

[19] Reginald B Kogbara. Encouraging microbial activity in cementitious systems: an emerging frontier in contaminated soil treatment. J Chem Technol Biotechnol, 2013, 88:501–507.

[20] Niti C, Sunita S, Kamlesh K, Rakesh K. Bioremediation: An emerging technology for remediation of pesticides. Research Journal of Chemistry and Environment, 2013, 17(4):88-105.

[21] Helena I Gomes, Celia Dias-Ferreira, Alexandra B Ribeiro. Overview of in situ and ex situ remediation technologies for PCB-contaminated soils and sediments and obstacles for full-scale application. Science of the Total Environment, 2013, 445-446(15): 237-260.

[22] 《中华人民共和国国民经济和社会发展第十二个五年规划纲要》, 北京: 人民出版社, 2011.

[23] 甘泓, 秦长海, 汪林, 张小娟. 水资源定价方法与实践研究. 水资源价值内涵浅析.水利学报,2012,43 (3): 289-295.

[24] 刘倩, 王京芳, 陈琳. 水资源经济价值影响因素的分析. 环境保护科学,2011, 37 (1): 45-48.

[25] 刘世强. 我国流域生态补偿实践综述. 求实, 2011,(3):49-52.
[26] 王一, 马云泽. 山东省水资源承载力及其提升措施研究. 山东社会科学,2012, 3, (25):119-122.
[27] 江泽慧. 开展森林资源核算推动绿色 GDP 发展——在全国政协十一届四次会议上的发言. 中国城市林业,2011,9 (1):5-6.
[28] 黄丽君, 赵翠薇. 基于支付意愿和受偿意愿比较分析的贵阳市森林资源非市场价值评价. 生态学杂志,2011,30 (2):327-334.
[29] 周经纬, 张勇. 林木资产价值评估方法探讨. 商业会计,2011,(1): 66-67.
[30] 李蕾, 郭峰, 王鑫. 南宫山国家森林公园旅游资源价值评价. 江西农业学报,2011,23(2):184-186.
[31] 陈彩虹, 肖默. 长株潭城市群城市森林生态系统服务功能的价值评估. 中南林业科技大学学报: 自然科学版, 2011, 31(2): 50-54.
[32] 李东. 生态系统服务价值评估的研究综述. 北京林业大学学报: 社会科学, 2011,10:59-64.
[33] 王科明, 石惠春, 周伟, 郑凤娟, 孙宏山. 干旱地区土地利用结构变化与生态服务价值的关系研究——以酒泉市为例. 中国人口资源与环境, 2011,21,(3):124-128.
[34] 吴海珍, 阿如旱, 郭田保, 孙紫英. 基于 RS 和 GIS 的内蒙古多伦县土地利用变化对生态服务价值的影响. 地理科学,2011, 31 (1): 110-116.
[35] 岳东霞, 杜军, 巩杰, 降同昌, 张佳静, 郭建军, 熊友才. 民勤绿洲农田生态系统服务价值变化及其影响因子的回归分析. 生态学报, 2011, 31(9): 2567-2575.
[36] 张振明, 刘俊国, 申碧峰, 刘培斌, 魏炜, 高鹏杰, 张艺. 永定河 (北京段) 河流生态系统服务价值评估. 环境科学学报,2011, 31 (9): 1851-1857.
[37] 周嘉, 高丹, 常琳娜. 生态系统服务功能评估在土地利用总体规划环境影响评价中的应用——以黑龙江省大庆市为例. 经济地理,2011, 31 (6): 1014-1018.
[38] 崔和瑞, 马涛, 艾宁. 秸秆发电的环境价值分析. 经济研究导刊,2011, (11):32-33.
[39] 李泓泽, 郭森, 王宝. 我国风力发电的环境价值分析. 能源技术经济,2011, 23 (7): 35-39.
[40] 张玉启, 李彤, 郑钦玉, 郭锐利. 论三峡库区农业面源污染控制的生态补偿措施. 西南师范大学学报: 自然科学版, 2011, 36(4): 230-234
[41] 郑开元, 李雪松. 基于公共物品理论的农村水环境治理机制研究. 生态经济, 2012,(3):162-165.
[42] 刘召, 羊许益. 农村生态环境危机及其治理——基于公共物品理论的视角. 农村经济,2011, (3):104-108.
[43] 李镇炎. 我国流域生态补偿法律制度研究. 昆明: 昆明理工大学, 2011.
[44] 熊璐璐. 基于公共产品理论的公益林分类补偿研究. 北京: 中国林业科学研究院, 2012.
[45] 赵晓光. 水质资源有偿使用的制度设计及受偿意愿研究. 北京: 中国环境科学研究院, 2011.
[46] 朱超. 公共产品、外部性与气候变化. 上海: 华东师范大学, 2011.
[47] 徐艳. 淮河流域水污染治理政策研究. 合肥: 安徽大学, 2012.
[48] 郑昕. 环境税 (水污染方向) 的微观经济效应分析——基于外部性理论和博弈论视角. 时代金融, 2012, (3):55.
[49] 孙晓阳. 构建我国环境保护税收制度问题研究. 长春: 东北师范大学, 2011.
[50] 彭昭锋. 我国环境税法律制度研究. 长春: 吉林大学, 2011.
[51] 王小华. 基于外部性理论的国内老工业基地重污染企业退出机制设计. 全国商情: 经济理论研究, 2011, (3): 21-23.
[52] 李雪峰. 再论限塑令——环境外部性法律规制的失衡及对策. 兰州: 兰州大学, 2011.
[53] 毕克. 基于外部性理论的企业社会责任研究. 经济研究导刊, 2011, (3): 26-29.
[54] 张文雯. 政府环境责任在现行环保法中的完善. 济南: 山东师范大学, 2011.
[55] 张艳. 环境系统再生产理论下的煤炭环境成本研究. 青岛: 山东科技大学, 2011.
[56] 刘晓芳. 中国排污权交易问题研究. 吉林: 吉林大学, 2011.
[57] 王道臻, 李寿德. 排污权市场中厂商势力对产品市场结构的影响. 系统管理学报, 2011, 20 (4):510-512.

[58] 吴世彬. 大气资源产权制度的理论构建. 学术交流, 2012, (10): 67-70.

[59] 李胜兰, 曹志兴. 构建有中国特色的自然资源产权制度. 资源科学, 2000, 22 (3): 9-12.

[60] 谭静婧. 我国森林碳汇资源所有权制度初探. 北京: 中国政法大学, 2011.

[61] 杨友孝, 曹芳. 中国农村可持续发展下的环境资源产权制度创新. 湖南师范大学: 社会科学学报, 2004, 33(1):82-86.

[62] 温军, 史耀波. 构建完善的环境产权交易市场研究——以西部地区为例. 学术界, 2011, (8): 201-208.

[63] 魏楚, 沈满洪. 基于污染权角度的流域生态补偿模型及应用. 中国人口资源与环境, 2011, 21(6): 135-141.

[64] 许恒周, 郭忠兴. 农村土地流转影响因素的理论与实证研究——基于农民阶层分化与产权偏好的视角. 中国人口资源与环境, 2011, 21 (3): 94-98.

[65] 李志磊. 陕西经济与环境可持续发展问题研究. 西安: 西北大学, 2011.

[66] 常修泽. 天地人产权论——当代人的发展多维产权探讨. 上海大学学报：社会科学版, 2011, 18(3): 1-16.

[67] 冯兰刚, 张敏, 周雪, 等. 环境库兹涅茨理论发展与思考. 电子科技大学学报：社科版, 2011,13(3):62-65.

[68] 彭俊铭, 吴仁海. 不同工业化阶段环境库兹涅茨曲线研究——以广州、佛山与肇庆市为例.2012,19(1):110-115.

[69] 杨林, 高宏霞. 经济增长是否能自动解决环境问题——倒 U 型环境库兹涅茨曲线是内生机制结果还是外部控制结果. 中国人口资源与环境, 2012, 22(8): 160-165.

[70] 张可云, 易毅, 张文彬. 生态文明取向的区域经济协调发展新内涵. 广东行政学院学报, 2012,24(2):77-81.

[71] 杨志梁. 我国能源、经济和环境 3E 系统协调发展机制研究[D]. 北京：北京交通大学博士论文, 2011.

[72] 曹东, 赵学涛,杨威杉.中国绿色经济发展和机制政策创新研究. 中国人口资源与环境, 2012, 22(5):48-54.

[73] 邓远建, 张陈蕊, 袁浩. 生态资本运营机制:基于绿色发展的分析. 中国人口资源与环境, 2012,22(4):19-24.

[74] 蔡昉. “中等收入陷阱”的理论、经验与针对性. 经济学动态, 2011,(12):4-9.

[75] 陆文强. “中等收入陷阱”的理论分析与思考. 经济改革与发展,2011(21):48-50.

[76] 伍业君,张其仔. “中等收入陷阱”的理论解释. 产业经济评论,2011,10(4):69-80.

[77] Bott CB, Parker DS, Jimenez J, *et al*. WEF/WERF study of BNR plants achieving very low N and P limits: evaluation of technology performance and process reliability. Water Science and Technology, 2012, 65(5): 808-815.

[78] 张刚, 贾晓珊, 陈环宇, 等. 一种厌氧同时脱氮除磷的新现象. 环境科学学报, 2012, 32(3): 555-567.

[79] 谢淘, 汪诚文. 污水处理厂温室气体排放评估. 清华大学学报: 自然科学版, 2012, 52(4): 473-477.

[80] Won SG, Ra CS. Biological nitrogen removal with a real-time control strategy using moving slope changes of pH(mV)- and ORP-time profiles. Water Research, 2011, 45(1): 171-178.

[81] 夏岚, 朱书全, 刘艳臣, 等. 不同工况条件对 Carrousel 氧化沟脱氮除磷影响研究. 环境工程学报, 2012, 6(1): 73-76.

[82] 郭海燕, 郭祯, 柳志刚, 等. 不同曝气强度下 SBMBBR 和 SBR 脱氮除磷性能对比研究. 环境科学学报, 2012, 32(3): 568-576.

[83] 王淑莹, 曹旭, 霍明昕, 等. 两种分段进水工艺脱氮除磷性能对比. 北京工业大学学报, 2012, 38(11): 1704-1709.

[84] Zhang M, Lawlor P, Wu G, *et al*. Partial nitrification and nutrient removal in intermittently aerated sequencing batch reactors treating separated digestate liquid after anaerobic digestion of pig manure. Bioprocess and Biosystems Engineering, 2011, 34(9): 1049-1054.

[85] 刘智晓, 等. 污泥作为污水厂内碳源的水解特性及工艺选择. 中国给水排水, 2012, 27(22): 30-35.

[86] Li X, Chen H, Hu L, *et al*. Pilot-scale waste activated sludge alkaline fermentation, fermentation liquid separation, and application of fermentation liquid to improve biological nutrient removal. Environmental Science and Technology, 2011, 45(5): 1834-1839.

[87] Chu L, Wang J. Nitrogen removal using biodegradable polymers as carbon source and biofilm carriers in a moving bed biofilm reactor. Chemical Engineering Journal, 2011, 170(1): 220-225.

[88] 张树军, 韩晓宇, 张亮, 等. 污泥发酵同步消化液旁侧脱氮. 中国环境科学, 2011, 31(11): 19-24.

[89] 林静, 慕志波, 杨琦, 等. A2/O+硫黄填料柱组合工艺脱氮除磷的效果. 环境工程学报, 2012, 6(6): 1780-1784.

[90] 袁玉玲，李睿华. 硫黄/石灰石自养反硝化系统脱氮除磷性能研究. 环境科学, 2011, 32(7): 2041-2046.

[91] 彭永臻，王建华，陈永志. A2O-BAF 联合工艺处理低碳氮比生活污水. 北京工业大学学报, 2012, 38(4): 590-595.

[92] 刘旭，王淑莹，彭永臻，等. SBR 双颗粒污泥系统脱氮除磷性能研究. 环境科学学报, 2012, 32(7): 1537-1541.

[93] 史静，吕锡武，张怀玉，等. 双污泥反硝化聚磷系统污泥的培养与驯化. 土木建筑与环境工程, 2012, 34(3): 138-145.

[94] 吴鹏，计小明，沈耀良. ABR/MBR 复合反应器处理城市污水的启动研究. 中国给水排水, 2012, 28(11): 18-21.

[95] 冯翠杰，王淑梅，陈少华. 复合生物膜-活性污泥反应器同步脱氮除磷. 环境工程学报, 2012, 6(9): 3106-3114.

[96] 唐文伟，桂文池，曾新平，等. 聚硫酸铁铝制备改进及其处理重金属废水. 深圳大学学报：理工版, 2011, 28(3): 276-282.

[97] 马超，成应向，王强强. 高聚复配絮凝沉淀技术处理湿法炼锌废水中试应用研究. 水处理技术, 2012, 38(6): 82-85.

[98] 邹敏敏，陈足意，曾冬铭. 硫酸亚铁处理电镀废水中重金属离子的研究. 电镀与环保, 2012, 32(3): 49-51.

[99] 周芬，汪晓军. 化学-混凝沉淀处理含氰含重金属废水研究. 环境工程学报, 2012, 6(2): 445-450.

[100] 张楠，陈天虎，周跃飞，等. 铜陵相思谷尾矿用于处理酸性矿山排水的实验研究. 环境科学, 2012, 33(4): 1272-1277.

[101] 朱华静，陈则立，张青. 电气石净化处理含 Pb^{2+}、Cu^{2+}、Cd^{2+}废水的研究. 煤炭技术, 2011, 33(11): 205-207.

[102] 程源. 电气石处理重金属离子废水实验研究. 武汉理工大学学报, 2012, 34(5): 91-95.

[103] Phuengprasop T, Sittiwong J, Unob F. Removal of heavy metal ions by iron oxide coated sewage sludge. Journal of Hazardous Materials, 2011, 186(1): 502-507.

[104] 林梅莹，尚小琴，李淑妍，等. 氨基改性淀粉重金属废水处理剂的制备及应用. 化工进展, 2011, 30(4): 854-856.

[105] 令玉林，周建红，李国斌. 高效重金属螯合剂 RDTC 的研制及处理含铜废水性能. 环境化学, 2011, 30(8): 1390-1395.

[106] 王风贺，王国祥，王志良，等. 重金属捕集剂 XMT 处理电镀废水中 Cu^{2+}的试验研究. 水处理技术, 2011, 37(10): 100-102.

[107] 程宝箴，程正平，邹丹慧. 几种重金属离子捕集剂处理铬鞣废水的研究. 中国皮革, 2011, 40(15): 60-63.

[108] Akbal F, Camci S. Copper, chromium and nickel removal from metal plating wastewater by electrocoagulation. Desalination, 2011, 269 (1-3): 214-222.

[109] Tofighy MA, Mohammadi T. Adsorption of divalent heavy metal ions from water using carbon nanotube sheets. Journal of Hazardous Material, 2011, 185(1): 140-147.

[110] Gong J, Liu T, Wang X, *et al*. Efficient removal of heavy metal ions from aqueous systems with the assembly of anisotropic layered double hydroxide nanocrystals@carbon nanosphere. Environmental Science and Technology, 2011, 45(14): 6181-6187.

[111] Cao C, Qu J, Yan W, *et al*. Low-cost synthesis of flowerlike α-Fe_2O_3 nanostructures for heavy metal ion removal: adsorption property and mechanism. Langmuir, 2012, 28(9): 4573-4579.

[112] Boparai HK, Joseph M, O'carroll DM. Kinetics and thermodynamics of cadmium ion removal by adsorption onto nano zerovalent iron particles. Journal of Hazardous Materials, 2011, 186(1): 458-465.

[113] Huang J, Cao Y, Liu Z, *et al*. Efficient removal of heavy metal ions from water system by titanate nanoflowers. Chemical Engineering Journal, 2012a, 180: 75-80.

[114] Sdiri A, Higashi T, Hatta T, *et al*. Evaluating the adsorptive capacity of montmorillonitic and calcareous clays on the removal of several heavy metals in aqueous systems. Chemical Engineering Journal, 2011, 172: 37-46.

[115] Bée A, Talbot D, Abramson S, *et al*. Magnetic alginate beads for Pb(Ⅱ) ions removal from wastewater. Journal of Colloid and Interface Science, 2011, 362(2): 486-492.

[116] Mansour MS, Ossman ME, Farag HA. Removal of Cd(Ⅱ) ion from waste water by adsorption onto polyaniline coated on sawdust. Desalination, 2011: 272(1-3): 301-305.

[117] 杜玉成，范海光，王利平. ECS 电解活化微孔材料吸附净化处理含铊污水研究. 非金属矿, 2012, 35(5): 62-65.

[118] Katsou E, Malamis S, Tzanoudaki M, *et al*. Regeneration of natural zeolite polluted by lead and zinc in wastewater treatment systems. Journal of Hazardous Materials, 2011a, 189(3): 773-786.

[119] Li G, Zhao Z, Liu J, *et al*. Effective heavy metal removal from aqueous systems by thiolfunctionalized magnetic mesoporous silica. Journal of Hazardous Materials, 2011, 192(1): 277-283.

[120] 王坎, Giovanni Colica, 刘永定, 等. 水华蓝藻生物质对 Cu 和 Cr 金属离子的生物吸附. 水生生物学报, 2011, 35(6): 1056-1059.

[121] 李巧云, 曾清如, 廖柏寒, 等. 沉水植物对沉积物中铜锌铅的富集. 水土保持学报, 2012, 26(5): 177-181.

[122] 张饮江, 易冕, 王聪, 等. 3 种沉水植物对水体重金属镉去除效果的实验研究. 上海海洋大学学报, 2012, 21(5): 784-791.

[123] 余俊, 黄芃芃, 梁秋琴, 等. 美人蕉生态浮床处理含铜废水. 安徽农业科学, 2012, 40(12): 7331-7333.

[124] 罗丽卉, 谢翼飞, 刘庆华, 等. 生物硫铁生成菌的选育及其在重金属废水处理中的应用. 应用与环境生物学报, 2012, 18(1): 115-121.

[125] 柳迪, 方迪, 武攀峰, 等. 硫酸盐废水生物处理产生的硫化物处理含 Pb^{2+}、Zn^{2+}的钢丝酸洗废水. 环境化学, 2012, 31(5): 687-691.

[126] 严平, 谢翼飞, 李明. 重金属吸附菌处理含锌废水的研究. 工业安全与环保, 2012, 38(4): 7-9.

[127] Javaid A, Bajwa R, Shafique U, *et al*. Removal of heavy metals by adsorption on Pleurotus ostreatus. Biomass and Bioenergy, 2011, 35(5): 1675-1682.

[128] Wu N, Wei H, Zhang L. Efficient removal of heavy metal ions with biopolymer template synthesized mesoporous titania beads of hundreds of micrometers size. Environmental Science and Technology, 2012a, 46(1): 419-425.

[129] Feng N, Guo X, Liang S, *et al*. Biosorption of heavy metals from aqueous solutions by chemically modified orange peel. Journal of Hazardous Materials, 2011, 185(1): 49-54.

[130] 潘文刚, 张水水. 全膜法处理电镀含镍漂洗水的零排放技术. 复旦学报: 自然科学版, 2012, 51(2): 255-258.

[131] 王德全, 张永胜, 刘新杰, 等. 电镀综合废水处理工艺研究. 环境科学与技术, 2012, 35(6): 144-147.

[132] 王乐译, 李文国, 王炳厚. 膜法处理电镀废水. 水处理技术, 2012, 38(7): 131-135.

[133] 张连凯, 张尊举, 张一婷, 等. 膜分离技术处理印制电路板重金属废水应用研究. 水处理技术, 2011, 37(7): 127-136.

[134] Zeftawy MAM, Mulligan C. Use of rhamnolipid to remove heavy metals from wastewater by micellar-enhanced ultrafiltration (MEUF). Separation and Purification Technology, 2011, 77(1): 120-127.

[135] Li X, Zeng G, Huang J, *et al*. Simultaneous removal of cadmium ions and phenol with MEUF using SDS and mixed surfactants. Desalination, 2011, 276(1-3): 136-141.

[136] Landaburu-Aguirrea J, Pongráczb E, Sarpola A, *et al*. Simultaneous removal of heavy metals from phosphorous rich real wastewaters by micellar-enhanced ultrafiltration. Separation and Purification Technology, 2012, 88: 130-137.

[137] Camarillo R, Péreza A, Cañizaresa P, *et al*. Removal of heavy metal ions by polymer enhanced ultrafiltration: Batch process modeling and thermodynamics of complexation reactions. Desalination, 2012, 286: 193-199.

[138] Song J, Oh H, Kong H, *et al*. Polyrhodanine modified anodic aluminum oxide membrane for heavy metal ions removal. Journal of Hazardous Materials, 2011, 187(1-3): 311-317.

[139] Tian Y, Wu M, Liu R, *et al*. Electrospun membrane of cellulose acetate for heavy metal ion adsorption in water treatment. Carbohydrate Polymers, 2011, 83(2): 743-748.

[140] 成应向, 王强强, 钟振宇, 等. 微波-化学法处理高浓度重金属废水. 环境化学, 2011, 30(12): 2099-2105.

[141] 杨津津, 徐晓军, 王刚, 等. 微电解絮凝耦合技术处理含重金属铅锌冶炼废水. 中国有色金属学报, 2012, 22(7): 2125-2132.

[142] Katsou E, Malamis S, Loizidou M. Performance of a membrane bioreactor used for the treatment of wastewater contaminated with heavy metals. Bioresource Technology, 2011, 102(6): 4325-4332.

[143] Fu F, Xie L, Tang B, *et al*. Application of a novel strategy—advanced fenton-chemical precipitation to the treatment of strong stability chelated heavy metal containing wastewater. Chemical Engineering Journal, 2012, 189-190: 283-287.

[144] Qin B, Luo H, Liu G, *et al*. Nickel removal from wastewater using the microbial electrolysis cell. Bioresource Technology, 2012, 121: 458-461.

[145] 高从堦, 杨尚保. 反渗透复合膜技术进展和展望. 膜科学与技术, 2011, 31(3): 1-4.

[146] 伊学农, 洪德松, 范彦华. 反渗透处理高含盐废水的实验研究与膜污染分析. 水资源与水工程学报, 2011, (2): 109-111.

[147] 郭健, 邓超冰, 冼萍, 等. “微滤+反渗透”工艺在处理垃圾渗滤液中的应用研究. 环境科学与技术, 2011, 5: 170-174.

[148] Shaffer DL, Yip NY, Gilron J, *et al*. Seawater desalination for agriculture by integrated forward and reverse osmosis: Improved product water quality for potentially less energy. Journal of Membrane Science, 2012, 415: 1-8.

[149] Qin JJ, Lay WCL, Kekre KA. Recent developments and future challenges of forward osmosis for desalination: a review. Desalination and Water Treatment, 2012b, 39(1-3): 123-136.

[150] Phuntsho S, Shon HK, Hong S, *et al*. Fertiliser drawn forward osmosis desalination: the concept, performance and limitations for fertigation. Reviews In Environmental Science and Bio-technology, 2012,11(2): 147-168.

[151] Yangali-Quintanilla V, Li ZY, Valladares R, *et al*. Indirect desalination of Red Sea water with forward osmosis and low pressure reverse osmosis for water reuse. Desalination, 2012, 280(1-3): 160-166.

[152] Zhao SF, Zou LD, Mulcahy D. Brackish water desalination by a hybrid forward osmosis-nanofiltration system using divalent draw solute. Desalination, 2012, 284: 175-181.

[153] 郑淑英. 双极膜电渗析的理论研究进展与应用. 化学工程与装备, 2011, 10: 161-164.

[154] 沈越. 扩散渗析-电渗析法回收盐酸酸洗废水中的酸和铁. 环境保护与循环经济, 2011, 31(5): 43-46.

[155] 邱瑞芳, 程芳琴, 王菁. 混凝-电渗析耦合法治理汾河污染的实验研究. 长春理工大学学报: 自然科学版, 2011, 2: 161-164

[156] Chen X, Xia X, Liang P, *et al*. Stacked microbial desalination cells to enhance water desalination efficiency. Environmental Science and Technology, 2011, 45(6): 2465-2470.

[157] Luo HP, Jenkins P, Ren ZY. Concurrent desalination and hydrogen generation using microbial electrolysis and desalination cells. Environmental Science and Technology, 2011, 45(1): 340-344.

[158] Chen S, Liu G, Zhang R, *et al*. Development of the microbial electrolysis desalination and chemical-production cell for desalination as well as acid and alkali productions. Environmental Science and Technology, 2012, 46: 2467-2472.

[159] Chen S, Liu G, Zhang R, *et al*. Improved performance of the microbial electrolysis desalination and chemical-production cell using the stack structure. Bioresource Technology, 2012b, 116: 507-11.

[160] 胡洪营, 吴乾元, 黄晶晶, 等. 再生水水质安全评价与保障原理. 北京: 科学出版社, 2011.

[161] 范庆, 邓述波, 周琴, 等. 城市污水处理厂中全氟化合物的存在及去除效果研究. 环境污染与防治, 2011, 33(1): 30-35.

[162] Jiang WW, Yan Y, Ma M, *et al*. Assessment of source water contamination by estrogenic disrupting compounds in China. Journal of Environmental Sciences, 2012, 24(2): 320-328.

[163] 赖波, 秦红科, 周岳溪, 等. 铁碳微电解预处理 ABS 凝聚干燥工段废水. 环境科学, 2011, 32(4): 1055-1059.

[164] 韦朝海, 朱家亮, 吴超飞, 等. 焦化行业废水水质变化影响因素及污染控制. 化工进展, 2011, 30(1): 225-232.

[165] 任艳, 蒋进元, 周岳溪, 等. 电-Fenton 法预处理腈纶聚合废水的影响. 环境科学研究, 2011, 24(3): 301-308.

[166] 徐武军, 张国臣, 郑明霞, 等. 臭氧氧化技术处理含抗生素废水. 化学进展, 2010, 22(5): 1002-1008.

[167] Hu ZF, Wen XH, Zhang ZY, *et al*. Elimination of endocrine disrupting chemicals by synthetic secondary effluent fouled ultrafiltration membrane. IWA Regional Conference on Membrane Technology 2012, Buenos Aires, 2012.

[168] Zhu HT, Wen XH, Huang X. Membrane organic fouling and the effect of pre-ozonation in microfiltration of secondary effluent organic matter. Journal of Membrane Science, 2010, 352: 213-221.

[169] 周岳溪, 宋玉栋, 蒋进元, 等. 工业废水有毒有机物全过程控制技术策略与实践. 环境工程技术学报, 2011, 1(1): 7-16.

[170] 陆韻, 侯凌燕, 胡洪营, 等. 毒理基因组学研究进展. 生态环境学报, 2010, 19（9）: 2232-2239.

[171] Wu QY, Hu HY, Zhao X, *et al*. Characterization and identification of antiestrogenic products of phenylalanine chlorination. Water Research, 2010, 44(12): 3625-3634.

[172] Wu QY, Li Y, Hu HY, *et al*. Removal of genotoxicity in chlorinated secondary effluent of a domestic wastewater treatment plant during dechlorination. Environmental Science and Pollution Research, 2012c, 19(1): 1-7.

[173] 黄璜, 胡洪营, 杨扬, 吴乾元. 二级出水内毒素活性及紫外线消毒对其的影响. 中国给水排水, 2011,27(7): 33-36.

[174] Huang JJ, Hu HY, Lu SQ, *et al*. Monitoring and evaluation of antibiotic-resistant bacteria at a municipal wastewater treatment plant in China. Environment International, 2011a, 42:31-36.

[175] 吴乾元, 李永艳, 胡洪营, 等. 再生水在洗车利用中的暴露剂量研究. 环境科学学报, 2013, 33(3):844-849.

[176] 赵欣, 胡洪营, 谢兴, 等. 基于健康风险评价的再生水生物学标准制定方法. 给水排水, 2010, 36（5）: 43-48.

[177] 陈卫平, 张炜铃, 潘能, 等. 再生水灌溉利用的生态风险研究进展. 环境科学, 2012, 33(12): 4070-4080.

[178] 潘能, 陈卫平, 焦文涛, 等. 绿地再生水灌溉土壤盐度累积及风险分析. 环境科学, 2012, 33(12): 4088-4093.

[179] 李玮, 何江涛, 马文洁, 等. 北京市东南郊再生水灌区地下水多环芳烃污染风险评估. 农业环境科学学报, 2012, 31(4): 713-720.

[180] 孙艳, 黄璜, 胡洪营, 等. 污水处理厂出水中雌激素活性物质浓度与生态风险水平. 环境科学研究, 2010, 23(12): 1488-1493.

[181] 宫飞蓬, 张静慧, 李魁晓, 等. 城市污水再生利用中病原菌指示微生物及其限值研究. 给水排水, 2011, 37(4): 45-47.

[182] Pruden A, Pei RT, Storteboom H, Carlson KH. Antibiotic resistance genes as emerging contaminants: Studies in northern Colorado. Environ Sci Technol, 2006, 40: 7445-7450.

[183] Munir M, Wong K, Xagoraraki I. Release of antibiotic resistant bacteria and genes in the effluent and biosolids of five wastewater utilities in Michigan. Water Research, 2011, 45(2): 681-693.

[184] LaPara TM, Burch TR, McNamara PJ, Tan DT, Yan M, Eichmiller JJ. Tertiary-Treated Municipal Wastewater is a Significant Point Source of Antibiotic Resistance Genes into Duluth-Superior Harbor. Environ Sci Technol, 2011, 45: 9543-9549.

[185] Huang JJ, Hu HY, Tang F, Li Y, Lu SQ, Lu Y. Inactivation and reactivation of antibiotic-resistant bacteria by chlorination in secondary effluents of a municipal wastewater treatment plant. Water Research, 2011b, 45: 2775-2781.

[186] McKinney CW, Pruden A. Ultraviolet Disinfection of Antibiotic Resistant Bacteria and Their Antibiotic Resistance Genes in Water and Wastewater. Environ Sci Technol, 2012, 46: 13393-13400.

[187] Guo MT, Huang JJ, Hu HY, *et al*. UV inactivation and characteristics after photoreactivation of Escherchia coli with plasmid: health safety concern about UV disinfection. Water Research, 2012, 46(13): 4031-4036.

[188] 郝瑞霞, 万宏文, 张庆康. 顶空进样-GC-MS-ΣSIM 分析再生水中三卤甲烷. 北京工业大学学报, 2011, 37(2): 243-248.

[189] Huang H, Wu QY, Hu HY, *et al*. Dichloroacetonitrile and dichloroacetamide can form independently during chlorination and chloramination of drinking waters, model organic matters and wastewater effluents. Environmental Science & Technology, 2012b, 46(19): 10624-10631.

[190] Huang H, Wu QY, Yang Y, *et al*. Effect of chlorination on endotoxin activities in secondary sewage effluent and typical Gram-negative bacteria. Water Research, 2011d, 45(16): 4751-4757.

[191] Wu YH, Yu Y, Li X, *et al*. Biomass production of a Scenedesmus sp. under phosphorous-starvation cultivation condition. Bioresource Technology, 2012b, 112: 193-198.

[192] Zhang X, Hu HY, Warming TP, et al. Life history response of daphnia magna to a mixotrophic golden alga, poterioochromonas sp., at different food levels. Bulletin of Environmental Contamination and Toxicology, 2011, 87(2): 117-123.

[193] 苏高强, 彭永臻, 汪传新, 等. 污泥类型对污泥碱性发酵的影响. 化工学报, 2011, 62(12): 3492-2497.

[194] 刘晓玲, 李十中, 刘建双, 等. 应用高固体浓度厌氧消化工艺转化污泥产沼气研究. 环境科学学报, 2011, 31(5): 955-963.

[195] Duan N, Dong B, Wu B, *et al*. High-solid anaerobic digestion of sewage sludge under mesophilic conditions: Feasibility study.

Bioresource Technology, 2012, 104: 150-156.

[196] 刘峰林, 左剑恶, 林甲, 等. 高含固率污泥预处理方法及其在污泥厌氧消化中的作用. 中国沼气, 2012, 30(6): 3-6.

[197] 严媛媛, 陈汉龙, 何群彪, 等. 热碱预处理改善低有机质污泥厌氧消化性能的效果. 中国给水排水, 2012, 28(23): 9-13.

[198] 赵云飞, 刘晓玲, 李十中, 等. 餐厨垃圾与污泥高固体联合厌氧产沼气的特性. 农业工程学报, 2011, 27(10): 255-260.

[199] 池勇志, 季民, 李玉友, 等. 微波碱解处理剩余污泥的厌氧消化性能. 城市环境与城市生态, 2011, 24(5): 21-24.

[200] Li H, Li C, Liu W, *et al*. Optimized alkaline pretreatment of sludge before anaerobic digestion. Bioresource Technology, 2012, 123: 189-194.

[201] 张绿水, 张青萍. 上海世博园区雨水生态化处理技术分析. 南京林业大学学报. 自然科学版, 2011, 35(4): 131-135.

[202] 裴青宝, 张建丰, 吴书赢, 李涛. 屋面储存雨水水质随时间变化的研究. 人民长江, 2011, 42(5): 43-46.

[203] 王一均, 欧阳志云, 郑华, 崔彤. 雨水回用利用生态工程及其应用——以中国科学院研究生院怀柔新校区为例. 生态学报, 2010, 30(10): 2687-2694.

[204] 靳军涛, 管运涛, 陶霞, 等. 城市道路雨水初期径流快速处理工艺设计. 中国给水排水, 2010, 22: 72-75.

[205] 陶霞, 管运涛, 刘佳. 城市道路雨水收集利用工程方案设计分析. 北京: 2010 年中国城市雨洪控制利用高级研讨会论文集, 2010: 274-278.

[206] 姜昀, 张升堂.城市硬化路面集雨潜力研究. 人民黄河, 2011, 33(9): 71-73.

[207] 张玲玲. 新城市雨水管理的景观设计研究. 长沙: 湖北工业大学, 2012.

[208] 陈睿智, 陈岩锋.成都市武侯祠景区雨水收集利用景观研究. 生态经济, 2011, 2: 155-158.

[209] 彭世瑾, 王莉芸, 蒋兴林. 深圳建科大学绿色建筑节水设计. 中国给水排水, 2011, 27(2): 45-49.

[210] 辛小康, 叶闽, 王凤. 河道疏浚工程悬浮物影响预测模型. 水利水电科技进展, 2011, 31(1): 8-10.

[211] 涂保华, 雷春生, 魏永, 等. 竺山湖底泥疏浚对内源磷释放控制作用研究. 安徽农业科学, 2011, 39(3): 1675-1676.

[212] 涂保华, 李有纯, 雷春生, 等. 竺山湖底泥疏浚对内源氮释放的控制作用研究. 中国给水排水, 2011, 27(21): 86-88.

[213] 余居华, 钟继承, 张银龙, 等. 湖泊底泥疏浚对沉积物再悬浮及营养盐负荷影响的模拟. 湖泊科学, 2012, 24(1): 34-42.

[214] 王雯雯, 姜霞, 王书航, 等. 太湖竺山湾污染底泥环保疏浚深度的推算. 中国环境科学, 2011, 31(6): 1013-1018.

[215] 姜霞, 王雯雯, 王书航, 等. 竺山湾重金属污染底泥环保疏浚深度的推算. 环境科学, 2012, 33(4): 1189-1197.

[216] 张润宇, 王立英. 红枫湖后午沉积物磷形态与生物有效磷的垂向分布及疏浚深度推算. 地球与环境, 2012, 40(4): 554-560.

[217] 吴贵江, 侯方东, 聂小保, 等. 疏浚水体底泥再淤积过程研究. 供水技术, 2012, 6(6): 30-34.

[218] 李涛, 张志红, 唐保荣. 太湖疏浚底泥堆场黏土防渗层阻隔污染物的试验研究. 岩土力学, 2012, 33(4): 993-998.

[219] 杨莉, 梁启斌. 滇池草海疏浚底泥脱水实验. 中国资源综合利用, 2012, 30(2): 37-40.

[220] 王松, 魏新庆, 王立彤. 环保疏浚联合土工管袋用于湖库底泥的脱水减容. 中国给水排水, 2011, 27(8): 47-51.

[221] 陈海滨, 郑世华, 钟煌亮. 湖泊疏浚淤泥固化试验研究. 水运工程, 2012, 473(12): 230-233.

[222] 刘臣, 樊雪红, 戴仲怡. 环保疏浚技术改善水库水源水质的工程实践. 中国给水排水, 2011, 27(22): 65-68.

[223] 司马小峰, 朱文涛, 方涛. 疏浚对巢湖双桥河水环境容量的影响. 环境工程学报, 2012, 6(7): 2207-2214.

[224] 沈乐. 重污染河道疏浚对菹草水生态环境的影响. 水资源保护, 2012, 28(3): 32-37.

[225] 王琦, 李中华. 太湖梅梁湖生态疏浚工程实施效果研究. 中国港湾建设, 2012, 183(6): 21-23.

[226] 陈蕾, 郑西来, 刘杰. 改性凹凸棒土覆盖抑制底泥磷释放的影响和效果. 环境科学学报, 2011, 31(9): 1962-1967.

[227] 张卫, 熊邦, 林匡飞, 等. 不同覆盖方式对底泥内源营养盐释放的控制效果. 应用生态学报, 2012, 23(6): 1677-1681.

[228] 王丹, 潘纲, 代立春, 等. 改性当地土壤湖泊综合修复技术对浮游植物群落变动的影响. 环境工程学报, 2012, 6(7): 2159-2164.

[229] 周莹, 潘纲, 陈灏. 土壤原位覆盖对底泥的修复作用研究. 环境工程学报, 2011, 5(11): 2459-2463.

[230] 潘纲, 代立春, 李梁, 等. 改性当地土壤技术修复富营养化水体综合效果研究Ⅰ. 水质改善的应急与长期效果与机制. 湖泊

科学, 2012, 24(6): 801-810.

[231] 包先明. 沙土覆盖和沉水植物措施对污染沉积物氮磷释放的影响. 水土保持通报, 2011, 31(1): 22-27.

[232] 唐艳. 几种覆盖材料抑制湖泊污染底泥氮释放的试验研究. 安全与环境工程, 2012, 19(4): 27-30.

[233] 杨文参, 谢海建, 陈培雄, 等. 考虑降解时污染物在底泥及覆盖层中的运移解. 土木工程学报, 2011, 44(增刊): 181-185.

[234] 刘晓伟, 谢丹平, 李开明, 等. 城市河道底泥污染生物修复技术研究. 生态科学, 2011, 30(6): 630-635.

[235] 胡湛波, 刘成, 周权能, 等. 曝气对生物促生剂修复城市黑臭河道水体的影响. 环境工程学报, 2012, 6(12): 4281-4288.

[236] 刘广容, 叶春松, 钱勤, 等. 电动生物修复湖泊底泥中直链烷基苯磺酸钠. 环境科学与技术, 2011, 34(9): 59-62.

[237] 杨磊, 孔兰芳, 胥峥, 等. 复合酶生物促进剂在底泥生物修复中的应用. 中国环保产业, 2011, 11: 41-44.

[238] 吴卿, 高亚洁, 李东梅, 等. 高羊茅对河道底泥中复合重金属污染的修复. 水土保持学报, 2012, 26(6): 219-223.

[239] 刘树娟, 陈磊, 钟润生, 等. 硝酸钙对河流底泥中含硫化合物嗅味原位控制. 环境科学研究, 2012, 25(6): 691-698.

[240] 张丹. CaO_2 对控制河道底泥磷释放效果的研究. 环境工程, 2012, 30(增刊): 532-534.

[241] 周彦波, 王英秀, 周振华, 等. 过氧化钙缓释氧剂的制备及其释氧特性研究. 中国给水排水, 2012, 28(7): 64-67.

[242] 苏俊峰, 黄廷林, 李倩, 等. 应用于景观水体异养硝化细菌的筛选鉴定及效果研究. 安徽农业科学, 2011, 39(14): 8526-8528.

[243] 赵恒芝, 戴世鲲, 孙伟, 等. 溴代阻燃剂污染底泥与未污染底泥中细菌群落结构之比较分析. 微生物学报, 2011, 51(3): 377-385.

[244] 李阳, 周驰, 曹秀云, 等. 巢湖陆向湖滨带常见野生植物对磷缓冲能力的影响. 长江流域资源与环境, 2012, 21(Z2): 18-24.

[245] 周驰, 李阳, 曹秀云, 等. 风干和淹水过程对巢湖流域土壤和沉积物磷吸附行为的影响. 长江流域资源与环境, 2012, 21(Z2): 10-17.

[246] 刘学勤, 邢伟, 张晓可. 巢湖水向湖滨带生态修复工程实践. 长江流域资源与环境, 2012, 21(Z2): 51-55.

[247] 宋春雷, 李阳, 周驰, 等. 巢湖迎风面直立堤岸生态修复技术研究. 长江流域资源与环境, 2012, 21(Z2): 56-61.

[248] 叶碧碧, 曹德菊, 储昭生, 等. 洱海湖滨带挺水植物残体腐解特征及其环境效应初探. 环境科学研究, 2011, 24(12): 1364-1369.

[249] 庞燕, 叶碧碧, 储昭生, 等. 洱海湖滨带茭草收割管理关键参数研究. 中国环境科学, 2011, 31(6): 1007-1012.

[250] 章铭, 于谨磊, 何虎, 等. 太湖五里湖生态修复示范区水质改善效果分析. 生态科学, 2012, 31(3): 240-244.

[251] 胡小贞, 刘倩, 李英杰. 滇池福保湾植被重建对底泥再悬浮及营养盐释放的控制. 中国环境科学 2012,32(7): 1288-1292.

[252] 种云霄, 张珺蓉, 吕丹. 一种除磷抑藻的“水下草坪”及其构建方法, 专利号: ZL 201010160558.8.

[253] 曹雪莹, 种云霄, 余光伟, 等. 人工湿地不同区域基质磷含量的差异分析. 环境科学, 2012, 33(11): 4033-4039.

[254] 侯庆杰, 裴海燕, 胡文容. XP1 菌株强化湿地植物脱氮及其对根际微生物的影响. 环境科学研究, 2011, 24(8): 857-864.

[255] 廖日红, 许萍, 李军. 北京市再生水分质利用及水环境整治技术集成与工程示范. 建设科技, 2012, 20: 70-73.

[256] 潘留明, 王秀朵, 赵乐军, 等. 天津中心城区景观水体功能恢复与水质改善研究. 中国给水排水, 2012, 28(21): 9-11.

[257] 王朝旭, 祝贵兵, 王雨, 等. 岸边带湿地对富营养化河流的净化作用研究. 环境科学学报, 2012, 32(1): 51-56.

[258] 黄炳彬, 何春利, 易作明, 等. 北方地区受污染河湖水体潜流湿地净化技术研究与工程应用. 环境科学学报, 2012, 32(1): 19-29.

[259] 刘婧, 邢奕, 金相灿, 等. 复合垂直流湿地去除模拟河水中氮磷的研究. 环境工程技术学报, 2012, 2(1): 29-35.

[260] 张依然, 王仁卿, 张建, 等. 大型人工湿地生态可持续性评价. 生态学报, 2012, 32(15): 4803-4810.

[261] 王敬富, 陈敬安, 濮培民, 等. 红枫湖富营养化水体生态修复中水生植物化学成分. 生态学杂志, 2012, 31(9): 2312-2318.

[262] 濮培民, 李裕红, 张晋芳, 等. 用生态修复调控浮游植物种群局部控制富营养化——以贵州红枫湖水质生态修复工程为例. 湖泊科学, 2012, 24(4): 503-512.

[263] 李海福, 王铁良, 时圣玉, 等. 不同浪高条件下生态浮岛稳定性模拟分析. 环境工程学报, 2012, 6(11): 3877-3881.

[264] 时圣玉, 李海福, 苏芳莉. 河流沉坠式人工生态浮岛固定方式试验. 中国水土保持科学, 2011, 10(4): 100-103.

[265] 高明瑜, 谢慧君, 王文兴. 新型生物岛栅中污染物去除的微生物机制研究. 环境科学, 2012, 33(5): 1550-1555.

[266] 马强, 高明瑜, 谭伟, 等. 新型生态浮岛在改善水中的作用及生物膜载体微生物特征研究. 环境科学, 2011, 32(6): 1596-1601.

[267] 张晓红, 宋肖锋, 蔡国强, 等. 生态修复综合技术在杭州虾龙圩河的应用. 环境工程学报, 2012, 6(12): 4535-4542.
[268] 刘鲁建, 聂忠文, 冀雪峰, 等. 生物接触氧化填料在梁滩河综合治理中的应用. 三峡环境与生态, 2012, 34(6): 39-41.
[269] 金竹静, 杨逢乐, 叶金利. 生物接触氧化法原位修复受污染河水的效果. 中国给水排水, 2012, 28(3): 36-39.
[270] 谭南中, 吴为中, 李德生, 等. 低温下曝气生物滤池预处理污染河水的试验研究. 生态环境学报, 2011, 20(4): 711-715.
[271] 王曼, 李冬, 张杰, 等. 生物接触氧化用于河道治理的快速启动性能研究. 水处理技术, 2011, 37(10): 27-31.
[272] 胡孟春, 张永春, 王文林, 等. 瘦西湖风光电能驱动的曝气生物接触氧化水净化系统结构域功能. 环境工程学报, 2012, 6(1): 21-25.
[273] 陈玲, 张晟, 顾礼明, 等. 城市滞留河道黑臭发生及控制研究. 环境科学与技术, 2012, 35(8): 175-180.
[274] 王凌云, 张锡辉, 宋乾武. 重污染型河水中典型内分泌干扰物的臭氧氧化去除研究. 环境科学, 2011, 32(5): 1357-1363.
[275] 马越, 黄廷林, 丛海兵, 等. 扬水曝气技术在河道型深水水库水质原位修复中的应用. 给水排水, 2012, 38(4): 7-13.
[276] 曹金玲, 许其功, 席北斗, 等. 我国湖泊富营养化效应区域差异性分析. 环境科学, 2012, 33(6): 1777-1783.
[277] 邹钧, 孙鉴泞, 刘罡. 城市近地层湍流特征分析. 气象科学, 2011, 31(4): 525-533.
[278] 黄鹤, 李英华, 韩素芹, 等. 天津城市边界层湍流统计特征. 高原气象, 2011, 30(6): 1481-1487.
[279] 陆春松, 牛生杰, 岳平, 等. 南京冬季雾多发期边界层结构观测分析. 大气科学学报, 2011, 34 (1): 58-65.
[280] 杜云松, 彭珍, 张宁, 宋丽莉. 南京地区一次降水过程湍流特征研究. 南京大学学报: 自然科学, 2011, 47(6): 703-711.
[281] 彭珍, 宋丽莉, 胡非, 等. 台风“珍珠”登陆期间动量通量的多尺度分析. 热带气象学报, 2012, 28(1): 61-67.
[282] 张容敛, 张秀芝, 杨校生, 等. 台风莫拉克(0908)影响期间近地层风特性. 应用气象学报, 2012, 23(2): 184-194.
[283] 王林, 覃军, 陈正洪. 一次暴雪过程前后近地层物理量场特征分析. 大气科学学报, 2011, 34(3): 305-311.
[284] 黄菲, 马应生, 黄健. 春季华南沿海海-气边界层动力参数的观测研究. 中国海洋大学学报. 2011, 41(7/8): 001-008.
[285] 张翔, 李云波, 张学宏, 张永刚. 大连海域近海面湍流结构及谱特征. 海洋通报, 2012, 31(1): 9-14.
[286] 王敏仲, 魏文寿, 何清, 等. 风廓线雷达对塔克拉玛干沙漠晴天边界层的探测分析. 气象, 2012, 38(5): 577-584.
[287] 王柯, 何清, 王敏仲, 胡月宏, 李晓辉. 塔克拉玛干沙漠腹地边界层风场特征. 中国沙漠, 2012, 32(4): 1029-1034.
[288] 李晓岚, 张宏升. 2010 年春季北京地区强沙尘暴过程的微气象学特征. 气候与环境研究, 2012, 17 (4): 400-408.
[289] Ren A, Qiu X, Jin L, *et al*. Association of selected persistent organic pollutants in the placenta with the risk of neural tube defects. Proc Natl Acad Sci U S A, 2011, 108(31): 12770-5.
[290] Chen R, Kan H, Chen B, *et al*. Association of particulate air pollution with daily mortality: the China Air Pollution and Health Effects Study. Am J Epidemiol, 2012, 175(11): 1173-81.
[291] Cao J, Yang C, Li J, *et al*. Association between long-term exposure to outdoor air pollution and mortality in China: a cohort study. J Hazard Mater, 2011, 186(2-3): 1594-600.
[292] Cao J, Xu H, Xu Q, Chen B, Kan H. Fine particulate matter constituents and cardiopulmonary mortality in a heavily polluted Chinese city. Environ Health Perspect, 2012, 120(3): 373-8.
[293] Huang W, Cao J, Tao Y, *et al*. Seasonal variation of chemical species associated with short-term mortality effects of PM(2.5) in Xi'an, a Central City in China. Am J Epidemiol, 2012, 175(6): 556-66.
[294] Wu S, Deng F, Wei H, *et al*. Chemical constituents of ambient particulate air pollution and biomarkers of inflammation, coagulation and homocysteine in healthy adults: A prospective panel study. Part Fibre Toxicol, 2012, 9(1): 49.
[295] 大气环境综合立体监测技术应用及设备产业化. 中国科技成果, 2011,12(16):72.
[296] 张苗云, 王世杰, 马国强, 等. 大气环境的硫同位素组成及示踪研究. 中国科学：地球科学, 2011,41(2):216-224.
[297] 刘立新, 周凌晞, 夏玲君, 等. 气体稳定同位素比质谱法分析本底大气CO_2的$\delta^{13}C$和$\delta^{18}O$. 环境科学学报, 2012,32(6):1299-1305.
[298] 陈枳君, 曾立民. 在线大气汞分析仪渗透管标定方法研究. 环境科学学报, 2011, 31(5): 1192-1197.
[299] Wu Qizhong, Wang Zifa, Chen Huansheng, *et al*. An evaluation of air quality modeling over the Pearl River Delta during November 2006. Meteorol Atmos Phys,2012, DOI 10.1007/s00703-011-0179-z.

[300] Wang Tijian, Jiang Fei, Deng Junjun, *et al*. Urban air quality and regional haze weather forecast for Yangtze River Delta region. Atmospheric Environment, 2012, 58: 70-83.

[301] Zhou Chun-hong,Gong Sunling, Zhang Xiao-ye, *et al*. Towards the improvements of simulating the chemical and optical properties of Chinese aerosols using an online coupled model - CUACE/Aero. Tellus B, 2012, 64: 18965.

[302] Zhuang Bingliang, Jiang Fei, Wang Tijian, Li Shu, Zhu Bin. Investigation on the direct radiative effect of fossil fuel black-carbon aerosol over China. Theor Appl Climatol, 2011, 104: 301-312.

[303] 沈凡卉, 王体健, 庄炳亮, 李树. 中国沙尘气溶胶的间接辐射强迫与气候效应. 中国环境科学, 2011, 31(7): 1057-1063.

[304] 李树, 王体健, 庄炳亮, 等. 不同云滴数浓度参数化方案对硝酸盐气溶胶第一间接效应影响的比较研究. 气象科学, 2011,31(4): 475-483.

[305] Zhang Hua, Wang Zhili, Wang Zaizhi, *et al*. Simulation of direct radiative forcing of aerosols and their effects on East Asian climate using an interactive AGCM-aerosol coupled system. Clim Dyn, 2012, 38: 1675-1693.

[306] Zhu J, Liao H, Li J. Increases in aerosol concentrations over eastern China due to the decadal-scale weakening of the East Asian summermonsoon. Geophys. Res. Lett., 2012, 39, L09809, doi:10.1029/2012GL051428.

[307] Han Zhiwei, Jiawei Li, Xiangao Xia, Renjian Zhang. Investigation of direct radiative effects of aerosols in dust storm season over East Asia with an online coupled regional climate-chemistry-aerosol model. Atmospheric Environment, 2012, 54: 688-699.

[308] 中国环境保护产业协会废气净化委员会. 我国有机废气治理行业 2011 年发展综述. 中国环保产业, 2012, (9):33-37, 42.

[309] 陈培珍, 刘俊劭, 江慧华. 吸附法降低室内甲醛的研究. 武夷学院学报, 2012, 31(2): 33-36.

[310] 徐火炬. 高中效空气过滤、高强度紫外线和动态离子杀菌组合空气卫生工程新技术在手术中的应用. 洁净与空调技术, 2012, 3: 77-93.

[311] 中国科学院南京土壤研究所. 中国科学院土壤环境与污染修复重点实验室年度报告. 2012.

[312] 骆永明, 等著. 长江、珠江三角洲土壤及其环境. 北京：科学出版社, 2012.

[313] Zhu YG, Johnson TA, Su JQ, *et al*. Diverse and abundant antibiotic resistance genes in Chinese swine farms. PNAS, 2013, 110(9): 3435-3440.

[314] 施小清, 吴吉春, 刘德鹏, 江思珉, 孙媛媛, 徐红霞. 重非水相液体在饱和介质中运移数值模拟及敏感性分析. 南京大学学报: 自然科学版, 2011, 47(3): 299-307.

[315] 施小清, 姜蓓蕾, 吴吉春, 徐红霞,姜月华,苏晶文. 非均质介质中重非水相污染物运移受泄漏速率影响分析, 水科学进展, 2012, 23(3): 379-385.

[316] 施小清, 吴吉春, 吴剑锋, 姜蓓蕾, 徐红霞. 多个相关随机参数的空间变异性对溶质运移的影响. 水科学进展, 2012, 23(4): 509-515.

[317] Nan Tongchao, Wu Jichun. Groundwater Parameter Estimation via Ensemble Kalman Filter with Localization. Hydrogeology Journal-HJ-2009-1468.R1, 2011, 19(3): 547-561.

[318] Jianguo Jiang, Jichun Wu. A Transition Rate Transformation Method For Solving Advection-dispersion Equation. Journal of computational physics, 2011, 23(14): 5556-5563.

[319] Jianguo Jiang, Jichun Wu. Simulation of continuous-time random walks by the pruned-enriched method. Physical Review E, 2011, (843).

[320] Wu Jichun, Lu Le,Tang Tian. Bayesian analysis for uncertainty and risk in groundwater numerical model predictions.Human and Ecological Risk Assessment, 2011, 17(6): 1310-1331.

[321] Deng H. A review of diversity-stability relationship of soil microbial community: What do we not know? Journal of Environmental Sciences, 2012,24:1027-1035.

[322] Maron P-A, Mougel C, Ranjard L. Soil microbial diversity: Methodological strategy, spatial overview and functional interest.

Comptes Rendus Biologies, 2011,334:403-411.

[323] 吴才武, 赵兰坡. 土壤微生物多样性的研究方法. 中国农学通报, 2011:231-235.

[324] Markert B, 王美娥, Wünschmann S, 陈卫平. 环境质量评价中的生物指示与生物监测. 生态学报, 2013:33-44.

[325] 刘朋虎, 林冬梅, 林占熺, 李晶. DNA 测序技术及其应用研究进展. 福建农业学报, 2012:1130-1133.

[326] Lasken RS, Lombardo M-J, Novotny M, Yee-Greenbaum J, Grindberg RV. DNA Sequencing of Uncultured Microbes from Single Cells: Caister Academic Press, 32 Hewitts Lane, Wymondham Nr 18 0ja, Uk; 2011.

[327] Thompson JF. Single Molecule Sequencing Technology: the Applications and Implications for Biological Research. In Vitro Cellular & Developmental Biology-Animal, 2011,47:S14-S14.

[328] Arora R, Bell EM. Biotechnological Applications of Extremophiles: Promise and Prospects; 2012.

[329] 张闻, 陈贯虹, 高永超, 黄玉杰, 王加宁, 卢媛, 等. 石油和重金属污染土壤的微生物修复研究进展. 环境科学与技术, 2012:174-181, 205.

专题报告

中国环境学科发展报告

2012

水环境科学发展报告

摘要 近年来，我国水环境科学发展迅速，随着水环境科学研究观念的更新，环境监测、分析技术的提高，水环境科学研究的理论、方法及学科进展出现了一些新动向。本文总结了我国在污染源控制、生态修复、水环境管理等方面取得的新进展，以期为水环境的科学发展提供参考信息。

一、引言

水环境是地球表层系统各圈层水体所处环境的总称，与生物圈、大气圈、岩石圈中的生物等关系密切。水环境科学包括湖泊环境科学、河流环境科学、地下水环境科学和城市水环境科学，涵盖了地理学、地质学、气象气候学、物理学、化学、生物学和生态学等多门学科。近几十年来，随着全球气候变暖和人类活动的加剧，水环境污染加剧，生态与环境日趋恶化，可利用水量减少，灾害频发，经济损失剧增，水环境已成为区域自然环境变化和人与自然相互作用最为敏感、影响最为深刻、治理难度最大的环境问题之一。

水资源事关人类生存、经济发展和社会进步。一个地区的水环境是制约当地改革开放和建设的瓶颈，也是可持续发展的关键所在。近年来，我国非常重视水环境保护和利用问题，尤其是对于河流、湖泊水库、地下水和海域的污染防治力度不断加大，增加投资，对改善水环境质量、提高人民生活质量起到了积极的作用，但水环境污染的突发事件时有发生、城市内河和河流城市河段的污染问题比较严重、湖泊水环境改善艰难、城市地下水污染严重等仍然存在。

二、水环境科学理论与技术进展

（一）元素循环及蓝藻水华形成

1. 氮磷及重金属元素循环

太湖流域七条河流沉积物的氮整体上以有机氮为主，约占84.06%，无机氮以 NH_3-N 为主。因某些河底沉积物受航运影响扰动较大，沉积物氮具有较高释放风险和生物有效性，多数河流表层沉积物氮含量沿程变化明显[1]。大洪港草/藻状态转换研究表明，总磷（TP）、总氮（TN）是影响水质变化的主要成分；TP 浓度变化影响草/藻型状态转换，冬季草型，春季转换为草-藻，夏秋季维持草-藻；系统从草型向藻型转换的湖水 TP 阈值为 61μg/L，从草-藻向藻型转换的 TP 阈值为 115μg/L。可经控源、底泥疏浚、构建沉水植被区等改善湖区生境，使 TP 浓度降至 61μg/L 以下，以维持大洪港处于草型[2]。

王圣瑞等[3]模拟研究了有机质对太湖贡湖和五里湖沉积物不同形态氮释放动力学的影响，并从沉积物有机质官能团、各形态可转化态氮含量及离子释放量变化等方面探讨机理。研究表明，随沉积物有机质含量增加，其各形态氮释放平衡时间延长，释放量先速增后缓趋平衡；NH_3-N 最大释放量呈下降趋势，硝氮（NO_3^--N）和溶解性有机态氮（DON）最大释放量先增后速降；随有机质（OM）含量增加，沉积物 SOEF-N 含量增加，IEF-N、SAEF-N 和 WAEF-N 含量降低；HPO_4^{2-}和 SO_4^{2-}释放量降低，溶解性有机碳（DOC）释放量先增后降；随有机质含量增加，沉积物脂肪族官能团减少，极性官能团增加；影响各种离子释放量和可转化态氮向稳定态转化，抑制各形态氮释放。

通过对巢湖沉积物中 TOC、TN、C/N 比、TP、N/P 比、C/P 比、颗粒大小和稳定碳氮同位素的研究，分析了自然和人类活动对大型浅水富营养化湖泊在过去 100 年的影响。在 1960 年之前，巢湖经历了低生产率和相对稳定的低营养盐的输入。自 1960 年以来，巢湖建大坝、大量化肥的施用、人口增加引起 TOC、TN、TP、$\delta^{13}C$ 和$\delta^{15}N$ 浓度增加，使得藻类大量生长。20 世纪 80 年代以后，人口剧增、城镇化及工农业的发展使得营养盐输入大幅增加[4]。

Fe 与 Al 对各形态磷含量及分布有不同影响，对 Fe-P、Al-P 和 NaOH-P 影响较大，对 NH_4Cl-P 影响较小；Fe-P、Al-P 和 BD-Fe 之间存在相关关系，主要与 Fe、Al 吸附部分沉积物释放的磷有关；Fe-P 是活性磷的主要存在形式，沉积物向水体释放的磷主要来自 Fe-P，其内源性磷负荷与水体富营养化程度密切相关[5]。腐殖酸能够显著降低针铁矿对磷的吸附量，pH 为 4.5 时加入 100mg/L 和 40mg/L 的腐殖酸，针铁矿对磷的最大吸附量分别降低了 26.6%和 25.6%，pH 为 7.0 时加入 100mg/L 和 40mg/L 的腐殖酸，磷的最大吸附量分别降低了 26.8%和 23.1%。总有机碳和红外光谱特征表明，腐殖酸和磷在针铁矿表面吸附点位形成竞争吸附，并且针铁矿表面的羟基在吸附磷和腐殖酸的过程中起到了一定的作用[6]。

选用合适的稳定剂能调节和改变重金属理化性质，使其产生沉淀、吸附、离子交换、腐殖化和氧化-还原等，降低其在环境中的生物有效性和可迁移性，减少重金属元素毒性。研究表明，在壳聚糖、单宁酸和羟基磷灰石三种稳定剂中，羟基磷灰石对 Pb、Cu、Zn 和 Cd 4 种重金属的稳定效率最高，添加后使 Cu、Zn、Pb 和 Cd 的稳定态比例分别增加 16.83%、11.43%、30.55%和 15.39%，单宁酸的稳定效率次之，而壳聚糖对 Zn 的稳定效率随添加量增大而略降[7]。

对温榆河重金属分布及赋存状态变化研究表明，Fe、Al、Cu、Pb 等元素主要以颗粒态存在，Mn、Zn 主要以溶解态存在，而 Cr 在颗粒态和溶解态中含量相当。温榆河沿程各点金属元素在胶体态和真溶解态中均有分布，Mn、Al、Zn、Pb 等多为真溶解态，Fe、Cr、Cu 等多为胶体态，其中，河流中的 Cu 分布受外界影响严重，Cr 和 Mn 分布不易受外界影响，Fe 分布易受总含量影响，Al 和 Zn 分布易受 pH 值影响，Pb 分布易受河流富氧状态影响。温榆河中胶体态 Fe、Mn、Zn 及 Al 主要以无机形式存在；而胶体态 Cu、Cr 和 Pb 主要以有机形式存在[8]。

2. 蓝藻水华形成

范帆等[9]对巢湖市水源保护湖区不同水深及区位的铜绿微囊藻藻团粒径的抽样调查得知，湖区铜绿微囊藻藻团出现在 4 月中旬至 5 月中旬，内湖湾与外湖区点位表层的藻团粒径与中、底层的均存在显著差异。粒径小于 200μm 的藻团在各水深的分布都较均匀；粒径在 200～800μm 范围内的藻团更易集中在湖水表层；粒径超过 800μm 的藻团更易集中在湖水底层。各月份外湖区点位藻团粒径平均高于内湖湾点位。因易受短时气象条件的影响，藻团粒径按月时间尺度变化的规律性不强。藻团形状在整个空间分布上无显著差异，但随季节变化，逐渐由狭长形向规则形变化。在 2010 年 7 月巢湖蓝藻水华暴发期，采集了 11 个点位表层水样，分析了叶绿素含量、DOC、不同形态氮磷及各种碳水化合物浓度。结果表明，NO_3^--N 浓度是影响 DOC 的重要因素，总溶解性碳水化合物占 DOC 的比例最高达 26%，多糖和单糖占比分别为 21%和 6%，叶绿素浓度与 DOC、各碳水化合物间不具显著相关性，说明在巢湖蓝藻水华暴发期，除了浮游植物，陆源输入可能也是 DOC 及各种碳水化合物的重要来源[10]。

储昭升[11]等研究表明，厌氧条件底泥浸出液促进鱼腥藻生长速率，而抑制微囊藻生长；与添加厌氧底泥浸出液比，添加好氧底泥浸出液对鱼腥藻生长速率有一定促进作用，但对微囊藻生长影响不明显。在添加厌氧底泥浸出液的培养基中增加铁，则微囊藻最大生物量显著增加，底泥浸出液对微囊藻生长的影响可能是较高浓度的 OM 与铁的结合影响了微囊藻对铁的利用。尚丽霞[12]等研究表明，高密度蓝藻堆积发生厌氧分解可释放大量有机物和溶解态营养盐至水体，且随蓝藻密度升高，污染物释放强度增大。故水华期应及时打捞蓝藻，以避免蓝藻大量堆积死亡导致水源区水质下降并影响自来水水质。

吴挺峰[13]等研究表明，梅梁湾及贡湖湾表层湖流对风场变化响应敏感，而中层及底层流场对风场变化响应存在显著滞时。在偏南风作用下，梅梁湾表层湖流能快速形成顺时针环流。在偏西风作用下，贡湖湾表层湖流流向虽未偏转，但湖流流速显著减小并导致流速沿水体垂向呈递增分布。观测期水动力强度对太湖北部湖区叶绿素 a 浓度垂向分层及蓝藻水华水平漂移均具重要影响。在水动力滞缓水域，蓝藻水华易在水表漂移堆积。在水动力强度较大水域，强烈垂向混合能使蓝藻沿水深方向混匀，降低水华暴发风险。相对于水动力条件，营养盐对叶绿素 a 浓度空间分布的影响较弱。

代然等[14]研究表明，伪空胞破裂对铜绿微囊藻、孟氏浮游蓝丝藻和螺旋鱼腥藻的生长影响不同，前两者的细胞生长不受伪空胞破裂影响，而螺旋鱼腥藻生长初期出现了 5 天延滞期；伪空胞破裂对 3 种藻光合作用影响较小，其中铜绿微囊藻和螺旋鱼腥藻的光合作用未受影响，而孟氏浮游蓝丝藻在饱和光强时最大光合作用速率降低了 12.6%。铜绿微囊藻、孟氏浮游蓝丝藻及螺旋鱼腥藻细胞在伪空胞破裂后恢复较快，在 3～5 天内又重新生成了大部分伪空胞。

许海等[15]通过批量培养实验研究了不同磷水平下 N/P 比对铜绿微囊藻（蓝藻）和斜生栅藻（绿藻）生长速率的影响，并在太湖蓝藻水华暴发期间，监测了梅梁湾和湖心区水体叶绿素 a 浓度和氮磷营养盐结构变化，以探讨 N/P 比对蓝藻优势形成的影响。结果表明，N/P 比对铜绿微囊藻和斜生栅藻生长的影响并不表现在一个确定值上，而与水体氮磷的绝对浓度有关，在 0.02mg/L 磷浓度下，铜绿微囊藻和斜生栅藻在 N/P 比为 4∶1~32∶1 范围内生长速率均较低（0.067～0.074d^{-1}，0.018～0.022d^{-1}），说明受营养盐的限制；当磷浓度达 0.20mg/L 时，铜绿微囊藻在 N/P 比为 32:1 时生长速率达最大值（0.240d^{-1}），斜生栅藻在 N/P 比为 64∶1 时生长速率达最大值（0.380d^{-1}）；而在磷浓度升到 2.00mg/L 时，不同 N/P 比下铜绿微囊藻和斜生栅藻均达最大生长速率（0.24～0.25d^{-1}，0.378～0.381d^{-1}），说明氮磷浓度均较充足，N/P 比对生长速率已无影响。可见 N/P 比对两种藻的生长影响更大。与斜生栅藻比，铜绿微囊藻对氮磷营养的生理需求和最大生长速率均相对较低，属 K 策略物种，易在低氮磷浓度下形成优势。梅梁湾在水华暴发期氮浓度一直远低于水华较轻的湖心区，而磷浓度远高于湖心区，导致梅梁湾 N/P 质量比（低于 20∶1）在水华期一直低于湖心区（124∶1），低 N/P 比是蓝藻水华暴发导致氮浓度下降、磷浓度升高的结果。

（二）污染源控制理论与技术

在大规模推进工业污染源治理“提标升级”和城镇污水处理厂建设的形势下，点源污染得到了有效控制，而城市、农村生活污水和农田径流等面源污染形势越来越严峻，已经成为受纳水体富营养化以及水环境质量退化的重要原因之一，是目前水环境污染控制的重点和难点，受到广泛重视。面源污染面广量大、污染主体多，污染排放具有分散性、复杂性、隐蔽性、不确定性和难监测性。因此，面源污染控制和治理成本高，难度大。

1. 城市面源污染控制

城市面源污染是在降水的条件下，雨水和径流冲刷城市地面，污染径流通过排水系统的传输，使受纳水体水质污染。目前，污水溢流和雨水径流是城市面源污染的重要因素。我国非常重视城市面源污染的治理，例如，武汉市正在四新地区进行植草沟示范工程的规划设计。面积达 3400 m^2 的植草沟建成后，将会实现对城市雨水收集、滞留、储存、输送的全程控污，收集和处理周边地区的降雨径流，削减洪峰流量和减少地表径流，实现雨水分流、处理和分质利用，构建以生态技术为主体的新型雨水地表排放和控污调蓄系统，并在四新地区进行推广示范[16]。

2. 农村生活源污染控制

随着我国农村经济的发展和农村人民生活水平的不断提高，农村生活污水引起的环境污染日趋加重。农村生活污水具有有机物含量较高，可生化性好；重金属等有毒有害物质含量低；水质水量波动大等特点。农村生活污水的随意排放已成为我国农村地区水环境污染的主要原因之一。2010 年江苏省太湖流域主要水污染物排放情况显示，农村生活污染源已经成为造成太湖水体富营养化的主要污染源之一， 太湖氮磷排放量的 46.6%和 57.1%来自于农村生活污水[17]。

上海部分农村地区采用改良型化粪池/地下土壤渗滤系统组合工艺处理农村生活污水，通过对构筑物的改进设计以及参数的合理选取，取得了较好的处理效果，出水水质达到《城镇污水处理厂污染物排放标准》（GB 18918—2002）的一级 B 标准。系统运行稳定，处理效果好，操作简单，维护成本低，占地面积小，对于农村地区生活污水治理具有推广应用价值[18]。吴迪等[19]在厌氧-3 级好氧/缺氧生物膜工艺的基础上开发出间歇曝气连续回流生物膜工艺。结果表明该工艺对 COD、BOD_5、NH_3-N、TP 和 SS 的平均去除率分别为 75%、83%、51%、60%和 82%。桂双林等[20]采用厌氧/射流充氧生物滤塔/人工湿地组合工艺处理农村生活污水，实验结果表明：该组合工艺对污染物具有较好的去除效果，在稳定工况下，组合工艺对 COD、NH_4^+-N、TN 和 TP 的平均去除率分别为 85.4%、74.5%、75.9%和 78.3%。生物滤塔能有效完成对有机物的降解和硝化作用，人工湿地进一步去除氮、磷等污染物。

3. 农田污染控制

随着我国人口数量的增加，人民为了追求高产，在农业生产过程中施入大量的肥料和农药，过度施肥现象导致氮磷肥等利用率低下[21]，造成土壤氮磷的大量盈余。盈余的氮、磷、农药及其他有机或无机污染物质，从非特定的地域，通过地表径流、淋溶、侧渗以及挥发和沉降等方式进入水体，严重影响水环境质量，导致水体富营养化发生[22]。Zhao 等[23]通过对太湖西北部典型稻-麦轮作区连续 3 年的长期观测，发现通过径流和渗漏年氮损失率约为 69.2 kg N/ha，其中 82%～93%的氮损失是通过径流进入水体的。

我国在农田面源污染控制方面起步较晚，但在探索适合国情的控制技术方面取得了较大进展。其核心理念是“低投少排-阻断拦截-循环利用-生态修复”，即在源头进行减量、减排，在污染物输移过程中进行阻断和拦截，对部分氮磷等养分资源进行循环利用，最终实现水环境的改善和生态系统的修复。为了从源头上降低流域内 N、P 排放进入水体，开发了缓释型复混肥的施用。刘芳荣等克服现有高吸水树脂成本高、对环境不友好，难以在农业领域推广应用的缺点，开发出以植物秸秆为原料的新型高吸水性树脂，缓释复混肥料可将肥料利用率提高 20%，渭河流域陕西段每年化肥流失后造成的环境污染量减少 57% [24]。吴永红等[25]针对我国农业面源污染发生和发展的特征，以及当前中国农业经济发展模式（以户为单元、分散式种植；以化肥代替农家肥；追求经济效益最大化等特征），提出了“减源-拦截-修复”（3R）理论，并以此指导了多项农业面源污染控制工程的实践。以 3R 理论为依据，在太湖流域宜兴市大浦镇的水网区实施系统的设计及分段控制，使入湖河口断面与河网生态修复区的水质较示范工程建设前提高一个标准等级，河网生态修复示范工程出水口 BOD 去除率 60%～80%，COD 去除率 40%～50%，TN 去除率 50%，TP 去除率 70%以上。

4. 畜禽养殖污染控制

现代化养殖业的迅速发展，在带来巨大经济效益的同时，也对周边环境造成很大的影响，这其中主要体现在畜禽粪便的排放上。畜禽粪便中的氮和磷受到广泛关注。饲料中的氮一部分以蛋白质、肽和氨基酸的形式被动物利用，其余则随粪尿排出体外，粪尿氮一部分以氨挥发的形式释放到大气中，严重时造成酸雨，其余大部分氮和磷则通过地表径流等形式进入水体，造成水体酸化和富营养化。

在畜禽养殖污染控制技术方面，国内外主要在生态化养殖、环保型饲料的研发、废弃物减量化与资源化处理等方面进行了研究，逐步由末端治理向源头污染消减与污染防控相结合发展，单项工艺技术研发向生态养殖污染消减、废弃物高效生态资源化处理、循环利用等集成技术方面发展。曲浩丽等[26]以上海崇明种畜场的养猪废水为试验对象，采用废弃物处理系列装备及配套工艺，结果表明废水中 COD 和 NH_3-N 的去除率分别达到 99.8%和 90.1%，对 SS、P 的去除亦有较好效果，出水水质基本满足《GB 18596—2001 畜禽养殖业污染物排放标准》的要求。黄婧等[27]从养殖污水中分离纯化得到 1 株高效氨氮降解菌，初步鉴定该菌株为苍白杆菌属（*Ochrobactrum* sp.），对养殖污水中氨氮的降解率为 12.3%。2012 年 12 月湖南省微生物研究所完成了长沙市科技计划项目“畜禽用凝结芽孢杆菌制剂产业化关键技术研究”，认为凝结芽孢杆菌制剂是一种畜禽用饲料添加剂，具有无毒副作用、无耐药性、无药物残留和无污染的优点，在促进畜禽生长、提高养殖收益的同时，可降低养殖污染，减少或替代非治疗用抗生素和其他化学添加剂的使用。杭小帅等[28]研究发现红色黏土通过吸附作用能够有效处理畜禽养殖废水中的磷，例如，含磷浓度分别为 29.3mg/L 和 93.7 mg/L 的畜禽养殖废水，经过 2 种红色黏土处理后可达到我国相应的排放标准。

5. 内源污染控制

湖库内源负荷主要指能够通过释放或者分解维持水体中营养盐含量的湖内污染负荷。内源污染控制包括物理措施、化学措施、生物措施和生态调控措施等。其中，物理措施包括底泥疏浚、机械捞藻、机械推流（水体的垂直或水平流动）、机械爆氧等；化学措施包括化学杀藻剂、化学絮凝剂、化学锁磷剂、化感剂、化学底泥覆盖剂（如石灰）等；生物措施包括微生物法、生物操纵法、生物浮岛法等；还有利用大型水利工程改善水质，如换水或引流稀释等措施。目前尚缺乏能同时满足安全、高效、低成本、标本兼治、应急与长效兼备的湖库内源污染以及水华和富营养化综合控制的技术体系。

针对上述问题，潘纲等[29]提出并不断改进了改性当地土壤湖泊综合修复技术，改性土壤技术在利用絮凝除藻快速改善水质后，可通过改性沙/土分层底泥调控分别达到对藻絮体再悬浮的物理控制和营养盐再释放的化学控制，通过将亚表层底泥中的藻细胞分解并被沉水植物根系吸收，可实现对底泥中水华蓝藻复苏和水体富营养化的长效生态控制。与对照区域相比，围隔内的 TN、NH_4^+-N、NO_3^--N、TP 和 PO_4^{3-}在处理后 11 个月内的平均值分别降低了 39.8%、52.3%、48.5%、18.8%和 60%。滇池水生植被的重建工程有效地控制底泥再悬浮量、氮和磷向水体的释放量，同时发现沉水植物对底泥再悬浮的抑制效果相对挺水植物明显[30]。姚国峰和汪海波[31]详细介绍近年来国际上在水体中有害蓝藻水华的控制机去除技术方面开展的大量研究工作及其主要研究成果，在重点评价各种控藻和除藻技术优点的同时，也指出了现有控藻技术的施用所带来的有毒物质释放、外种入侵、除藻剂引起的二次污染等生态及环境风险性是今后开展控藻研究必须考虑的因素之一。

通过分析博斯腾湖、滇池和鄱阳湖沉积物有机碳与多环芳香烃（PAHs）间的关系，发现 PAHs 与 TOC 存在正相关关系。PAHs 的分布主要受 TOC 的次要成分影响。来源于藻类的 TOC 对低分子量的多环芳香烃的分布比在沉积物中高分子量多环芳烃的影响更大[32]。

（三）生态修复理论与技术

1. 生境修复理论

生境修复指采取有效措施，恢复或重建受损生境的过程。水生境修复对象包括水体及与水体相关的生物地理环境，而不同水域形式，因其物理、化学及生物环境不同，需不同修复技术体系。

（1）河流生境修复技术　包括缓冲区恢复、植被恢复、生物-生态恢复、生态修复耦合系统等。

河流缓冲区具有分蓄、削减洪水功能，是影响河流物种多样性的重要因素，其修复的主要手段是在缓冲区内配植物。植被恢复是最普遍的河流修复技术，植被通过影响河水流动、河岸抗冲刷强度、泥沙沉积和河道形态等对河流产生巨大影响，合理分布的植被利于构建河流生态廊道，改善局域气候，保护生物多样性，减轻水利灾害，并通过水质改善提供景观休闲场所和多种生态服务功能。生物-生态修复技术实质是用自然生态系统自净能力，主要包括人工曝气复氧、生物强化人工河道、生态沟渠、生态护岸等，具有管理费低、能源消耗少，并持续发挥治污作用等优势，实用价值很高。生态修复耦合系统是综合人工湿地、微生物及水生生物协同净化等原理而设计的生态修复系统，优化景观并利用植物、动物、微生物协同作用去除污染物，改善河水水质，建成水生植物系统，修复河流水环境。

（2）湖泊水库修复技术　湖泊水库修复主要强调恢复水生态系统的服务功能与恢复受损或受干扰湖水水生态系统的结构和生态功能等两方面，终极目标之一是湖库生态健康，主要包括底泥修复、藻类控制、湖滨缓冲带修复、湖库内植物修复等内容。

底泥是湖库中的内污染源，有大量污染物积累其中，包括营养盐、难降解的有毒有害有机物、重金属离子等。底泥中有害物释放到水体中会急剧恶化水质。常见的底泥修复方式有疏浚、钝化、氧化和覆盖。底泥疏浚可彻底去除其中的有害物质。疏浚技术主要包括确定疏挖底泥体积、选择挖泥机、计算压头和功率、设计底泥堆放场及底泥利用；应注意防止底泥泛起，并合理处置底泥而避免二次污染。欧洲多国均用过该技术，效果显著，我国在滇池、太湖、巢湖及很多城市湖泊都用过该技术。

秦伯强等[33]的研究表明，浅水湖泊水生植物恢复的关键技术参数包括水深不能超过2m、总氮浓度不能超过2mg/L、总磷浓度不能超过0.08mg/L、风浪吹程不宜太大等，在此基础上通过恢复水生高等植物驯化与引种等恢复措施，引导生态系统向草型生态系统发展，逐步形成健康稳定的生态系统。并在国内外首次提出，水生植物恢复的关键条件是真光层深度（D_{eu}）与水深（D_W）的比值（D_{eu}/D_W）≥1。

为明确沉水植物对沉积物-水界面环境特征的影响机制，在采自于太湖草、藻型湖区的沉积物柱状样中种植沉水植物后进行破坏性采样，测定沉积物-水界面以上5cm上覆水的营养盐含量和沉积物含水量、中值粒径、w（TOC）、w（TON）、w（TP）、金属元素含量等的垂直分布和氧气侵蚀深度。结果表明，种植沉水植物对沉积物-水界面环境特征的主要影响有：①显著降低了上覆水中磷酸盐浓度和草型湖区上覆水中DOC浓度，但未引起上覆水中NO_3^--N和NH_3-N的显著差异；②明显提高表层沉积物含水量，减小草型湖区沉积物表层中值粒径；③降低草型湖区沉积物表层2cm内w（TOC）和w（TON），增加草型湖区上层沉积物中w（TP）；④明显降低草型湖区沉积物中w（Ca）和w（Mg），但对草、藻型湖区沉积物中的Al、K、Cu、Pb和Zn含量影响都不明显；⑤藻型湖区沉积物中氧气侵蚀深度由1.6mm增至3.0mm，草型湖区沉积物由3.7mm增至24.0mm[34]。

另外，还研究了改性黏土辅助沉水植被的修复效果，在实验期内每3天一次的水质监测表明，黏土处理可显著改善水质，水体TN、TP、正磷酸盐和叶绿素a含量分别比对照下降了20.7%、74.6%、31.0%和80.4%，透明度（SD）升高了90.4%；黏土辅助植被修复改善水质效果最长稳，水体TN、TP、PO_4^{3-}-P和叶绿素a含量分别比对照下降了36.2%、64.0%、28.6%和71.1%，SD升高了76.4%；低盖度苦草群落单独处理对水质改善效果不显著。在三种处理中，黏土辅助植被修复改善底质效果最好，使间隙水的TN、TP、PO_4^{3-}-P、NH_4^+-N分别比实验前下降了15.6%、61.7%、55.8%和82.8%。研究表明，改性黏土辅助沉水植被修复可作为重富营养水体中水质改善的整合技术，但其长期生态效应仍需谨慎评估[35]。

钟爱文[36]等研究表明，随外源铵态氮浓度（0～10 mg/L）增加，苦草和穗花狐尾藻对铵态氮的吸收速率先增后渐降，在外源铵态氮浓度为1mg/L时吸收速率最大。同种植物在光照条件下对铵态氮的吸收率不低于黑暗条件下；相同光强条件下穗花狐尾藻对铵态氮的吸收率不低于苦草。黑暗条件下，外源铵态氮浓度为1mg/L时，穗花狐尾藻对铵的吸收速率是苦草的2.42倍；光照条件下，外源铵态氮浓度为1mg/L和10mg/L时，穗花狐尾藻对铵态氮的吸收速率分别是苦草的2.47倍和1.79倍。因此，在富营养湖泊治理中，在沉水植物可耐受铵态氮浓度范围内，可优先把穗花狐尾藻作为植物修复的先锋物种。

吴功果[37]等研究表明，1980—2009年，洱海水体TP、TN与气温均呈升高趋势。气温、水体TP和TN均能显著促进浮游植物增长。统计表明，气温对浮游植物增长的促进作用不受水体TN、TP影响；水体TP对浮游植物增长的促进作用不受气温影响，受水体TN影响；水体TN对浮游植物增长的促进作用不受气温和水体TP的单独影响而受它们共同影响。因此，气候变暖与营养水平增加共同促进了洱海的富营养化。

2. 水源涵养林生态修复

2011年，我国国家质检总局正式发布了《水源涵养林建设规范》，进一步推动了水源涵养林修复技术的发展，并在湖库水源地涵养林森林生态功能和水源涵养能力恢复方面取得了一定进展。

近两年，清水产流机制在重庆长寿湖、云南抚仙湖和洱海流域得到了较好的应用，在太湖流域等也得到了较好的应用，旨在保护和修复清水产流机制。河流清水产流机制的修复与河流流域的污染源的系统控制密不可分。

绿色流域的建设与清水产流机制的保护与修复也成为我国目前正在大力推进的水质良好湖泊保护的重要目标[38]。金相灿与胡小贞[38]提出了“流域清水产流机制”的概念，即根据不同湖泊流域的自然与社会经济现状特点，在调整流域经济结构、构建绿色流域的基础上，通过流域水源涵养与水土流失的控制保证源头清水产流，通过河流小流域的污染控制与生态修复实现河流汇流的清水养护与清水输送通道，通过湖滨缓冲区构建与湖滨带生态修复最终使“清水”入湖。山地水源涵养区、入湖河流区、湖滨区分别作为清水产流机制的源头区、污染物净化与清水养护区（径流通道）和湖滨入湖区，这是构成清水产流机制的 3 个关键环节。

根据结构与功能统一原理，从林分空间结构、树种结构和林木健康状况三方面选择混交度、大小比数、竞争指数、角尺度、空间密度指数、目的树种指数和健康指数 7 个指标构建林分空间结构均质性指数，并以均质性为目标，建立水源涵养林多功能经营空间结构优化模型，以南洞庭湖湿地区域现实次生林典型林分为应用实例，对比优化经营前后均质性指数及各子目标均达预期效果，使水源涵养林林分空间结构逐渐朝理想状态转化，且模型所用参数易检测，可操作性强[39]。

黄丹等[40]研究表明，间伐 1 年后不同强度间伐对林分胸径和树高生长的影响差异不明显。间伐 2 年后间伐样地的胸径和树高生长量均大于对照。但不同强度间伐对 2 种林分生长的影响不同：65%间伐强度最利于杜英纯林林分生长，30%间伐强度最利于香樟重阳木混交林生长。人工干扰后不同强度间伐的木本植物种类差异不明显，优势种未变，而草本植物 Simpson 和 Shannon-Wiener 多样性指数均高于对照样地。不同强度间伐林下草本植物 Simpson 和 Shannon-Wiener 多样性指数不同。相对较大间伐强度最利于林下植物生长和更新。

3. 湖库流域湖荡湿地生态修复

湖库流域湖荡等各种类型的湿地修复技术在“十一五”期间取得了很大进展，尤其是在湿地修复的理念上有了一定程度的提升并付诸了相应实践。近两年，湿地修复的重点在坚持“十一五”期间不断研究完善污染源控制技术、生态清淤技术以及湖荡区植被修复提高水体自净能力等技术的基础上，加强了生态驳岸设计、湖库岸带湿地重建技术、复杂水文条件下的湿地生境修复与植物空间配置技术、湖荡区的漂浮湿地重建技术等的研究，同时还加强了湿地生态修复管理技术的研究[41]。

4. 入湖河流生态修复

入湖河流的生态修复在以“十一五”期间形成的污染物入河-入湖全过程着眼，以削减入湖污染负荷为目标，以入河污染治理-河道污染削减-河口污染拦截为主线，依托重点工程着力解决入湖河流的污染物消减问题为主线的修复技术基础上，加强了不同尺度下的入湖河流生态修复技术、以加强恢复河流生态系统结构和功能的恢复技术以及河流生态健康评价体系的研究。

针对当前大多的研究和工程实践偏重于入湖河流水质的改善，“十一五”以来的研究加强了对河流生态系统结构和功能修复的研究和实践。如在河岸带的修复中根据河道的横向自然结构采用沉水植物、挺水植物、湿生植物进行修复，以改善土壤剪切力和河道的生物多样性[42]。

在河流生态修复理论方面进一步拓展了河流生态健康评价的方法研究。在指标赋权过程中采用熵值法等增强了河流生态健康评价的客观性和科学性[43]。同时，还探索了不同尺度下的河流生态健康评价方法，如在小尺度上考虑底栖生物完整性以及中尺度生物群落的河流生态健康评价[44]，另外还包括尺度转化条件下的河流健康评价和基于环境管理需要的河流生态健康评价问题的研究[45]。

5. 调水引流

调水引流是指在保证防汛安全、生产生活用水、航运及重要区域水环境的前提下，充分利用清水资源，通过水闸、泵站等工程设施的合理调度，改善河湖水动力条件，提高水体自净能力，增加河湖环境容量，从而改善区域水体质量的一种水资源调度方式。

我国自20世纪80年代中期上海市利用水利工程进行引清调度的先例开始了进行水利工程调度改善水质的实践，随后太湖、滇池、巢湖、苏州、南京、杭州、张家港、福州等地陆续开展了通过水资源调度改善水环境的试验研究和实践。实践证明，调水引流改善湖泊水环境是行之有效的办法和途径。李大勇等[46]利用生态系统动力学模型 ELCOM-CAEDYM 研究引江调水对太湖贡湖湾水环境的影响，发现调水具有较好的降低贡湖湾水体蓝藻生物量的作用。李宏祥评价了太浦河调水对黄浦江上游水环境的影响，发现太浦河贯通后通过水闸放水和水泵调水，松浦大桥断面水质得到一定改善[47]。陈昌才等[48]分析与评价了生态调水对巢湖东西半湖的水质影响。调水期间，环巢湖支流汇入湖水量 $5.02\times10^9m^3$，出湖水量 $6.31\times10^9m^3$，湖体 TP、TN 分别增加 77.6 t 和 619.0 t，COD_{Mn}减少了 517.0 t。调水试验结果表明，调水结束后东半湖 TP 浓度增加了 7.6%，TN、COD_{Mn}、叶绿素 a 浓度分别减小了 40.3%、8.2%、41.8%；西半湖 TP、TN、COD_{Mn}、叶绿素 a 浓度分别增加了 82.5%、1.2%、3.9%、711.8%；西半湖浓度增加的同时，东半湖浓度在降低，调水效果明显。田丰等[49]利用模型 CAEDYM 模拟结果显示，调水对巢湖西半湖和中部湖区叶绿素 a 的改善效果明显，可使叶绿素 a 的峰值从 69μg/L 下降到 57μg/L，对巢湖的蓝藻有较好的改善效果。

王超等[50]提出了跨区域或跨流域调水引流工程的理论方法。马倩[51]等提出望虞河西岸主要入望支流河道水质的总磷总氮浓度值高于干流，且在调水引流期常有入望水量，对干流水质有较大影响；长江水体总磷经过望虞河到太湖入湖处其浓度值总体来说有所降低，但 TN 浓度值却增加。近年来引江济太望虞河调水入太后，贡湖湾沉积物重金属 Cd 存在较高生态风险。

在实施引江调水之前，太湖水源除少部分（约 20%）来自南部山区外，大量补充的水源来自湖西上游的数十条中小河流，其补湖水源绝大多为Ⅴ类、劣Ⅴ类水。在不断优化调水方案后，自 2007 年以来，累计从望虞河引江调水 $105\times10^9m^3$，经望亭立交枢纽直接入太 $50\times10^9m^3$，并结合其他补充水源和雨洪资源利用，向下游地区供水 $73\times10^9m^3$。同时，为加快梅梁湖湖湾水体交换，运用梅梁湖泵站常年抽排梅梁湖水体，累计抽出湖水 $29\times10^9m^3$。通过大规模引江调水、向下游供水和对部分湖湾区抽水出流，不仅改善了水质，而且增加了湖体环境容量。实践表明，调水引流优化了湖体水源结构，削弱了蓝藻暴发强度，直接减少梅梁湖内源污染，促进了湖河良性互动。

6. 湖滨带生态修复

我国湖滨带生态修复理念不断更新，在湖滨带的修复过程中不仅考虑维护湖滨带的物理空间，同时还注重湖滨带的生态结构和生态功能的整体修复。如在太湖[52,53]和洱海[54]以及云贵高原湖泊[55]的湖滨带修复中，对于湖滨带植被的恢复充分考虑了植被的横向阶梯形的结构，同时兼顾其相应的生态功能，确保了湖滨带植被恢复的稳定性。在一些典型湖泊湖滨带的修复上，湖滨带生态修复理论和生态修复效果的评价研究一直是我国湖滨带修复研究的薄弱环节，“十一五”以来也进行了有益的探索研究。在修复理论研究方面，结合湖滨带修复的新理念，综合修复的环境条件需求，在集成现有工程技术的基础上凝练出了一套浅水区自组织修复的实施框架，并在巢湖开展应用[56]，为湖滨带生态修复提供了新的思路。针对湖滨带修复的工程实践采用经济手段和 RS/GIS 手段研发了适用于湖滨带生态修复效果评价的技术方法[57]。

7. 生物操纵

针对中国富营养化湖泊蓝藻水华严重的问题，科学家提出了生物操纵理论，即通过调节滤食性鱼类（如鲢鱼和鳙鱼）的数量直接控制蓝藻[58]，这一理论已经在多个试验中得到了证实，在多个湖泊水污染治理中得到应用。王丽卿等[59]研究淀山湖鲢鱼、鳙鱼不同密度对藻类生长的影响，结果表明，鲢鱼、鳙鱼放养密度为 80 g/m^3 时对叶绿素 a 的去除效果最好，且围隔蓝藻比例明显下降。向文英等[60]研究发现由水生植物和滤食性鱼类组成的小型生态系统对富营养化水体的总氮、总磷及叶绿素 a 均有较好的去除效果，其对富营养化水体的净化效果优于滤食性鱼类单一物种的净化效果。马帅等[61]为了解氮磷浓度对生物操纵效果的影响，以小球藻、大型蚤和金鱼藻分别作为浮游植物、浮游动物和大型沉水植物的代表，研究不同氮磷浓度对三者生长的影响，发现在磷浓度在 0.05～2 mg/L 条件下，大型蚤数量和金鱼藻生物量均有不同程度提高，且小球藻数量得到了有效抑制。提出合理的生物操纵和大型水生植物群落的构建相结合，可以有效地控制浮游植物的过量生长，净化水体。

（四）水环境管理技术

1. 水环境质量目标管理体系

流域水环境质量目标管理技术体系是以流域水生态系统健康为目标，以水生态功能分区为基础，以水环境质量基准标准、控制单元污染物容量总量控制为核心手段的一整套水环境综合管理技术体系。其中，水生态功能分区、水环境质量基准标准和控制单元污染物容量总量控制是该体系的三大核心内容。

水生态功能分区建立了以水生态系统特征为基础管理单元，开始注重水生态系统健康的保护，从化学指标向生物评价指标转变，形成反映水生态系统差异的分区技术体系，为我国水环境管理从污染控制向生态管理的转变奠定了基础。水环境质量基准标准提供了基于分区的水环境管理依据，综合考虑本土物种特征和流域水环境差异，构建了适合我国的水环境基准和标准方法体系。控制单元污染物容量总量控制支撑了基于水质标准的水环境管理实施。我国目标总量控制以行政区为单位，采用“一刀切”的排放限制管理模式，但往往存在污染物消减与水质改善脱节现象。在考虑污染物空间差异基础上有效衔接污染排放与水质标准要求，形成了控制单元容量总量控制技术体系，为下一步排污许可证的实施提供了有力支撑。

2. 流域水生态功能分区

水生态功能分区是水生态系统分区管理中不可缺少的科学依据之一，而我国虽然已经取得了陆地生态功能分区、主体功能区划等分区研究成果，但针对河流、湖泊等流域水生态系统特征的水生态功能分区研究长期处于空白状态，数据积累不足，相关研究基础薄弱。

以松花江、辽河、海河、淮河、东江、黑河、太湖、滇池、巢湖、洱海 10 个不同类型流域为重点对象，于 2009—2011 年期间开展了 2～3 期流域水生态系统调查，共调查断面 2500 余个，收集水生生物数据十余万个，以此为基础分析了水生态系统与流域陆地生态系统之间的依存关系，揭示流域水生态系统区域差异。借鉴国内外各类分区研究成果，依据流域生态区域分异和复合系统理论，在水环境功能分区的基础上提出了中国水流域水生态功能分区一、二、三、四级分区体系，筛选了一、二、三级分区的目的、依据、思路和分区指标体系，提出了流域水生态功能一、二、三级分区技术，完成了10个重点流域水生态功能一、二级分区方案。

3. 水环境基准体系

我国水环境标准体系不够精细，缺乏水生生物、营养物等生态学指标，同时忽视了水生态系统的区域差异性。结合我国流域水环境特征实际状况，研究建立了我国流域水环境特征污染物筛选技术，提出了辽河、太湖等重点流域特征污染物名单；研究制定了包括水生生物基准、水生态学基准、沉积物基准、水质基准向标准转化、特征污染物筛选等5类我国主要流域水环境质量基准及标准相关的技术导则规范，初步构建了我国流域水环境基准的技术方法框架体系；研究提出了3大类12种代表性特征污染物的流域水环境质量基准阈值，包括镉、铬、铜、氨氮、硝基苯、硝基酚、毒死蜱的水生生物基准，叶绿素a、氨氮、总磷、总氮的水生态学基准，镉、铜、铅、锌的沉积物基准，并初步建立了我国应急流域水质标准方法学技术，提出了当前我国流域水环境中镉、铜、铅、锌、汞、铬（六价）、砷（五价）7种重金属的分级应急水质标准推荐值。

4. 水生态承载力

流域水环境问题的形成与恶化，根本原因是没有根据流域水生态承载力的要求，协调流域经济社会发展与水生态健康保护需求，导致流域人口、资源、环境失衡。针对流域水质改善、水生态保护与经济社会可持续发展的需求，形成了以维持及恢复流域水生态完整性为导向，以保障水资源可持续利用、水体功能达标、水生态健康、经济社会可持续发展的流域水生态承载力理论体系与分区调控技术。根据维持水生态系统良好状态、支持最大的经济社会福利、达到“人水和谐”的流域水生态承载力调控目标，建立了流域水生态承载力评估与调控指标体系，提出了流域水生态承载力主要变量预测与关键指标阈值确定方法。形成了适应流域水生态系统时空分异性、流域社会经济布局及经济活动强度的空间差异性特点、流域经济社会发展空间格局优化调整需求的流域水生态承载力分区耦合系统动力学模型方法，克服了以往基于流域集总模型思路的流域水环境或水资源承载力系统动力学模型成果在空间及时间尺度上的差异性指导不足的缺点。在此基础上编制了《流域水生态承载力评估技术导则》。

构建了辽河太子河流域、太湖滆湖水系及赣江袁河流域的流域水生态承载力分区评估调控系统动力学模型，对上述3个流域或区域内各控制单元现状及不同水文频率年的水生态承载力状况进行了系统评估，揭示了流域水生态承载力分区及分期（水期或季节）特征与问题，并按照控制单元水文水资源、水生态及经济社会的分异特点，提出了流域水生态承载力分区分期优化调控方案，取得了良好的示范应用效果。

5. 流域容量总量控制

我国流域水污染控制管理中存在的水陆（陆域污染控制方案与水域水质目标）关联度差，总量控制目标没考虑水环境容量和水生态承载力，往往使污染物削减与水质改善相脱节，水质改善效果不够明显。

建立了面向流域水生态系统健康、兼顾流域水文过程及化学过程的自然属性和社会属性的流域水质目标管理控制单元区划技术；形成了满足流域经济社会发展空间格局优化调整需求的流域水生态承载力分区评价与调控理论及模型方法，形成了对流域资源环境与社会系统的优化调控方案；建立了由水环境问题诊断、污染负荷估算与核定、水质响应模拟、水质目标确定、水文条件设计、水环境容量计算、安全余量设计、负荷总量分配、负荷削减方案优化等组成的容量总量控制技术链，形成了流域-控制单元、控制单元-污染源的容量总量控制管理技术体系；建立了以流域水生态承载力与容量总量控制相关模型库为核心的流域数字水环境系统集成技术，初步形成了示范流域水生态承载力调控与容量总量管理平台。

构建的面向流域水生态系统健康、基于流域水质目标管理控制单元区划的流域水生态承载力分区调控理论和流域容量总量计算分配技术体系，在示范流域形成了“分区、分类、分级、分期”的水环境容量总量控制方案，为实现流域水环境管理从行政区域管理向流域综合管理转变、从目标总量控制向容量总量控制转变、从水污染控制管理向水生态健康管理转变奠定了基础。

6. 水环境监测、预警及应急

（1）水环境监测　水专项流域水污染防治监控预警技术与综合示范主题“国家水环境监测技术体系研究与示范项目”重点突破了关键技术：流域水环境监测网络点位优化调整技术，流域水环境质量监测指标优选与新技术评估方法，污染源流量测量、减排核算以及污染物溯源技术，流域水环境监测质量控制指标与数据质量评价技术，流域水环境信息集成、评价、表征技术，流域水环境遥感数据反演处理与同化等共性关键技术与流域水环境监测管理模式创新。

（2）水环境预警及应急　针对我国水质评价主要还是采用理化指标，对于生态风险评价还没有全面开展，尚未建立相应的水环境风险管理体系、水环境预警能力等，水专项流域水污染防治监控预警技术与综合主题“流域水环境风险评估与预警技术研究与示范”项目开展了相关研究。该项目主要分为共性技术与技术示范两类课题，其中共性技术类课题是按照“污染源→质量评估→风险预警→平台建设”理念设计，技术示范课题是对上述四项技术在太湖流域、辽河流域和三峡库区全面示范。建立了流域突发性水环境风险评估预警技术体系；有 2 项标准规范（建议稿）纳入国家环境标准制修订计划；完成了辽河、太湖与三峡示范流域水环境风险评估预警信息平台的构建。其中，“辽河流域水环境风险评估与预警平台”能够实现环境监测日常三监控，为辽河办、监察局、应急处等环境管理部门提供应急管理和决策分析，初步实现集监测、预警、应急、决策于一体的数字化管理；构建的太湖流域重污染区、河网区、湖荡区以及全流域“四位一体”风险预警信息平台中的重金属模块在 2011 年 3 月 27 日黄浦江水源保护区红先河水质出现异常事件中，为排污事故责任认证、风险评估和应急处置提供了依据。

三、水环境科学能力建设进展

1. 水环境管理信息平台构建

在水环境管理信息平台基础建设方面，已完成管理、实验和产学研 3 类平台建设。

（1）管理平台　建立了流域水质目标管理技术平台、太湖流域水环境监测信息共享平台等 4 个管理平台。

流域水质目标管理技术平台在流域综合数据库和专业模型的基础上，采用 3S 技术，开发集数据处理、数据传输与网络共享、生态评估与水环境容量计算、水环境模拟、水质目标管理等为一体的综合信息平台。太湖流域水环境监测信息共享平台构建了太湖流域水环境监测信息集成、共享与决策支持平台。流域水环境风险预警平台初步构建了辽河、太湖与三峡示范流域水环境风险评估预警信息平台，支撑示范流域水环境风险管理科技需求。建成了我国 5 个行业 13 个子行业水污染防治技术数据库，储存了约 1000 个企业水污染防治技术调查数据，70 余个最佳可行技术，5 项验证评估技术。

（2）实验平台　目前，拥有环境基准与风险评估国家重点实验室、国家环境保护监测仪器工程技术中心和水污染防治生物处理技术验证评估平台 3 个实验平台。

环境基准与风险评估国家重点实验室于 2011 年 6 月建成，实验室定位于瞄准“科学确定基准”的国家目标和国际科学前沿，重点开展环境质量特征与分区、环境基准和环境风险评估研究三方面的基础与应用基础研究。依托水专项，国家环境保护监测仪器工程技术中心依托单位购置了 3750 余万元的研发和检测设备，配备了较为完备的光电测量技术和产品开发科研设施，形成了光谱、色谱、质谱、电化学及湿法化学分析、生物传感、硬件开发及测试、软件开发及测试等多个实验室，将有助于开展更多的技术成果转化研究及先进模式探索工作。水污染防治生物处理技术验证评估平台是我国第一个水污染防治生物处理技术验证评估平台，平台包括验证评估移动工作站、验证评估实验室及相应的技术支持体系，将有助于推动环保新技术的产业化进程。

（3）产学研平台　产学研用合作平台联合体由杭州聚光环保科技有限公司等 8 家仪器生产企业、环境监测总站等 8 家事业型研究院所以及华中科技大学等 3 家高等院校共同组成。科研机构和高校主要负责科学研究和技术研发，高科技环保公司负责中试研究、技术完善、产品标准化、产业化和成果推广。上述分工合作充分利用了研究所、高校的基础研究和人才优势，发挥了企业的市场优势，结合了监测机构的管理特点，探索了由企业、高校、科研院所共同参与的监测技术合作研发模式，形成“产学研用”于一体的成果转化实施机制，促进了科研成果的产业转化，构建了产学研合作的良好环境和平台，有助于加速国家水环境监测产业快速、健康、有序发展。

2、论文、专利发表情况

2011—2012 年间，水环境科学领域发表论文约 6.83 万篇，其中湖库方面发表论文约 2.83 万篇，河流流域方面发表论文约 3.04 万篇，城市水方面发表论文约 0.96 万篇。

2011—2012 年间，水环境科学领域发布专利约 3800 项，其中湖库方面发布专利约 900 项，河流流域方面发布专利约 1300 项，城市水方面发表专利约 1600 项。

参考文献

[1] 卢少勇, 远野, 金相灿, 等. 7 条环太湖河流沉积物氮含量沿程分布规律. 环境科学, 2012, 33(5):1497-1502.

[2] 陶花, 潘继征, 沈耀良, 等. 漏湖大洪港草、藻状态转换的磷阈值. 应用生态学报, 2012, 23(1):264-270.

[3] 王圣瑞, 赵海超, 王娟, 等. 有机质对湖泊沉积物不同形态氮释放动力学影响研究. 环境科学学报, 2012, 32(2):332-340.

[4] Zan F, Huo S, Xi B, *et al*. A 100-year sedimentary record of natural and anthropogenic impacts on a shallow eutrophic lake, Lake Chaohu, China. Journal of Environmental Monitoring, 2012, 14(3): 804-816.

[5] 王振华, 王圣瑞, 刘元英, 等. Fe 和 Al 对湖泊沉积物中磷赋存形态的影响. 环境科学研究, 2012, 25(5):556-562.

[6] 宋康, 符志友, 赵晓丽, 等. 腐殖酸对针铁矿吸附磷的影响机理. 环境科学研究, 2012, 25(8): 904-910.

[7] 黄鸽, 姜霞, 完颜华, 等. 不同稳定剂对污染沉积物中重金属的稳定效果. 环境科学研究, 2012, 25(5):563-567.

[8] 杜晓丽, 曲久辉, 刘会娟, 等. 温榆河水体中重金属含量分布及赋存状态解析. 环境科学学报, 2012, 32(1):37-42.

[9] 范帆, 李文朝, 柯凡. 巢湖市水源地铜绿微囊藻(*Microcystis aeruginosa*)藻团粒径时空分布规律. 湖泊科学, 2013,

25(2):213-220.

[10] 叶琳琳, 史小丽, 张民, 等. 巢湖夏季水华期间水体中溶解性碳水化合物的研究. 中国环境科学, 2012, 32(2):318-323.

[11] 储昭升, 张玉宝, 金相灿, 等. 底泥对洋河水库微囊藻和鱼腥藻生长影响的研究. 环境科学, 2012, 33(3):844-848.

[12] 尚丽霞, 柯凡, 李文朝, 等. 高密度蓝藻厌氧分解过程与污染物释放实验研究. 湖泊科学, 2013, 25(1):47-54.

[13] 吴挺峰, 朱广伟, 秦伯强, 等. 前期风场控制的太湖北部湖湾水动力及对蓝藻水华影响. 湖泊科学, 2012, 24(3): 409-415.

[14] 代然, 储昭升, 于秀娟, 等. 压力下伪空胞破裂 3 种水华蓝藻生长及光合作用的影响. 环境科学研究, 2012, 25(1):30-35.

[15] 许海, 朱广伟, 秦伯强, 高光. 氮磷比对水华蓝藻优势形成的影响.中国环境科学,2011,31(10): 1676-1683.

[16] 王健, 尹炜, 叶闽, 等. 植草沟技术在面源污染控制中的研究进展. 环境科学与技术, 2011, 34(5): 90-94.

[17] 李林林, 朱英存, 张卫国, 等. 太湖流域农村生活污水处理技术探讨. 中国环境管理干部学院学报, 2012, 22(1): 60-61.

[18] 闫亚男, 张列宇, 席北斗, 等. 改良化粪池/地下土壤渗滤系统处理农村生活污水. 中国给水排水, 2011, 27(10): 69-72.

[19] 吴迪, 高贤彪, 赵琳娜, 等. 间歇曝气连续回流生物膜工艺处理农村生活污水. 中国给水排水, 2012, 28(7): 68-71.

[20] 桂双林, 王顺发, 吴永明, 等. 生物滤塔人工湿地组合工艺对农村生活污水净化效果研究. 环境工程学报, 2011, 5(10): 2312-2314.

[21] Ma L, VelthofGL, WangFH, *et al*. Nitrogen and phosphorus use efficiencies and losses in the food chain in China at regional scales in 1980 and 2005. Science of The Total Environment, 2012, 434: 51-61.

[22] 杨林章, 施卫明, 薛利红, 等. 农村面源污染治理的"4R"理论与工程实践——总体思路与"4R"治理技术. 农业环境科学学报, 2013, 32(1): 1-8.

[23] Zhao X, ZhouY, MinJ, *et al*. Nitrogen runoff dominates water nitrogen pollution from rice-wheat rotation in the Taihu Lake region of China. Agriculture Ecosystems & Environment, 2012, 156: 1-11.

[24] 刘芳荣, 赵沛, 吴茜, 等. 渭河流域非点源污染 (N, P) 控制关键——缓释复混肥料的研发及应用评价. 环境科学与管理, 2011, 36(7): 44-47.

[25] 吴永红,胡正义,杨林章. 农业面源污染控制工程的 "减源-拦截-修复"(3R) 理论与实践[J]. 农业工程学报, 2011, 27(5): 1-6.

[26] 曲浩丽, 朱德文, 陈明江, 等. 畜禽养殖废弃物处理工艺及关键装备试验研究[J]. 中国农机化, 2012, 5: 107-109.

[27] 黄婧, 吴若菁, 陈彪, 等. 畜禽养殖污水中高效氨氮降解菌的筛选、鉴定及生长条件研究. 环境工程学报, 2011, 5(8): 1779-1784.

[28] 杭小帅, 王伟, 张镭, 等. 红色黏土对模拟及畜禽养殖废水中磷的去除. 环境科学学报, 2012, 32(6): 1399-1405.

[29] 潘纲, 代立春, 李梁, 等. 改性当地土壤技术修复富营养化水体综合效果研究: Ⅰ. 水质改善的应急与长期效果与机制. 湖泊科学, 2012, 24(6): 801-810.

[30] 胡小贞,刘倩,李英杰. 滇池福保湾植被重建对底泥再悬浮及营养盐释放的控制. 中国环境科学, 2012, 32(7): 1288-1292.

[31] 姚国峰,汪海波. 水源水体中有害蓝藻水华的控制和去除技术研究进展. 安徽化工, 2011, 37(4): 70-72.

[32] Wu F, XuL, SunY, *et al*. Exploring the relationship between polycyclic aromatic hydrocarbons and sedimentary organic carbon in three Chinese lakes. Journal of Soils and Sediments, 2012, 12(5): 774-783.

[33] 秦伯强等.《太湖湖体氮磷污染与蓝藻水华控制技术与工程示范》课题结题报告, 2012.

[34] 王永平, 朱广伟, 洪大林, 等. 沉水植物对沉积物-水界面环境特征的影响. 环境科学研究, 2012, 25(10):1133-1139.

[35] 汤鑫, 曹特, 倪乐意, 等. 改性黏土辅助沉水植物修复技术维持清水稳态的原位研究. 湖泊科学, 2013, 25(1):16-22.

[36] 钟爱文, 曹特, 张萌, 等. 光照和黑暗条件下苦草(*Vallisneria natans*)和穗花狐尾藻(*Myriophyllum spicatum*) 对铵态氮的吸收. 湖泊科学, 2013, 25(2):289-294.

[37] 吴功果, 倪乐意, 曹特, 等. 气候变暖和营养水平对洱海浮游植物的长期影响(1980—2009 年). 湖泊科学, 2013, 25(2):209-212.

[38] 金相灿,胡小贞.湖泊流域清水产流机制修复方法及其修复策略. 中国环境科学, 2010,30(3) :374-379.

[39] 李建军, 张会儒, 王传立, 等. 水源涵养林多功能经营结构优化模型初探. 中南林业科技大学学报, 2012, 32(3):23-28.

[40] 黄丹, 惠晓萍, 韩玉洁, 等. 不同强度间伐对奉贤区水源涵养林及其林下植物多样性的影响. 上海交通大学学报: 农业科学版, 2012, 20(6):41-46.

[41] 沈士华, 朱弘, 董铸梁. 浙江余杭湿地生态修复现状及技术措施, 湿地科学与管理, 2012,8(3) :46-47.

[42] 杨俊鹏, 王铁良, 范昊明, 等. 河流生态修复研究进展, 水土保持研究, 2012,19(6):299-304.

[43] 山成菊, 董增川, 樊孔明, 等. 组合赋权法在河流健康评价权重计算中的应用. 河海大学学报: 自然科学版, 2012,40(6) :622-628.

[44] 金小娟,陈进. 河流健康评价的尺度转换问题初探.长江科学院院报, 2010,27(3):1-4.

[45] 黄艺, 文航, 蔡佳亮. 基于环境管理的河流健康评价体系的研究进展. 生态环境学报, 2010,19(4): 967-973

[46] 李大勇, 王济干, 董增川. 引江调水改善太湖贡湖湾的水环境效应. 水力发电学报, 2011, 30(5): 132-138.

[47] 李宏祥, 梁国康, 程溶. 太浦河调水对黄浦江上游水环境的影响监测.人民长江,2012,43(12):30-32.

[48] 陈昌才,王化可,唐红兵. 生态调水对巢湖水环境的改善效果研究. 安徽农业科学, 2011, 39(17): 1038-1039.

[49] 田丰, 钱新, 陈众. 调水对巢湖浮游植物群落演替模式的影响. 中国环境科学, 2012, 32(12): 2224-2229.

[50] 王超, 王沛芳, 侯俊, 钱进. 流域水资源保护和水质改善理论与技术. 北京: 中国水利水电出版社, 2011.

[51] 马倩, 刘俊杰, 闻亮. 望虞河对调水引流水质的影响分析[C]. 中国水文科技新发展, 2012.

[52] 叶春, 李春华, 陈小刚, 等. 太湖湖滨带类型划分及生态修复模式研究. 湖泊科学, 2012,24(6): 822-828.

[53] 李春华, 叶春, 陈小刚, 等. 太湖湖滨带植物恢复方案研究. 中国水土保持, 2012,(7):35-38.

[54] 庞燕, 叶碧碧, 储昭升, 等. 洱海湖滨带茭草收割管理关键参数研究. 中国环境科学, 2011,31(6):1007-1012.

[55] 李隐, 田昆, 肖德荣, 等. 云南高原湿地湖滨带植物不同空间配置对生活污水 N、P 去除的影响. 生态学杂志, 2012,31(6):1425-1431.

[56] 刘学勤, 邢伟, 张晓可. 巢湖水向湖滨带生态修复工程实践. 长江流域资源与环境, 2012, 21(2):51-55

[57] 冯冠宇. 湖滨带生态恢复综合效益评价研究[D]. 内蒙古师范大学硕士学位论文, 2010.

[58] 王军霞, 张亚娟, 刘存歧, 等. 生物链调控技术防治湖泊富营养化研究进展. 湖北农业科学, 2011, 50(9): 1735-1738.

[59] 王丽卿, 许莉, 陈庆江, 等. 鲢鳙放养水平对淀山湖浮游植物群落影响的围隔实验. 环境工程学报, 2011, 5(8):1790-1794.

[60] 向文英, 王晓菲. 不同水生动植物组合对富营养化水体的净化效应. 水生生物学报, 2012, 36(4): 792-797.

[61] 马帅, 王程丽, 张亚捷, 等. 氮磷浓度对藻-溞-草间相互作用的影响. 水生生物学报, 2012, 36(1): 66-72.

水环境污染控制理论与技术研究进展

一、水环境污染控制理念与模式

在水环境领域，2011—2012 年我国主要是对“十一五”水专项等重点项目进行总结和对“十二五”发展进行初步规划开展的时期，根据《国民经济和社会发展规划纲要》和《国家环境保护规划》等要求，紧密结合国家经济社会发展战略、环境污染控制目标和地方政府需求，以改善重点流域（区域）水环境质量为核心目标，以有效控制工业污染、城市生活污染和农业污染负荷为重点，坚持水污染治理和管理控制相结合，综合运用政策、经济、技术和必要的行政等手段解决水污染问题。

从整体性和系统性角度，开展水污染控制是水环境治理的发展趋势。美国在 20 世纪 70 年代根据《清洁水法》的要求，提出了控制流域污染的综合地表水管理方法（最大日负荷限值，TMDL）。实践表明，TMDL 计划在恢复美国地表水体功能、改善水体水质方面起到了重要的作用。我国水污染控制需要将污染源解析与控制对策、污废水处理、面源污染控制、再生水资源化、受纳水体的污染防治和水生态系统构建等系统规划与实施相结合，形成一套科学的水环境污染控制的综合改善模式与技术体系。

二、污水处理与资源化利用理论与技术

城市污水处理重点仍集中在脱氮除磷工艺开发，以及以提高处理效率和节能降耗为目标的污水处理厂自动监测、运行控制与管理技术。工业废水处理技术发展集中于高浓度、难降解、高含盐等废水的处理。随着水资源的匮乏，污水再生利用也成为水资源化的重点，其中新兴污染物的控制与再生水安全利用与控制技术也是发展的重要对象。伴随着污水处理量的增加，所产生的污泥的安全有效处理处置技术也得到快速发展。

（一）污水脱氮除磷理论与技术

随着污水处理水平的提高，氮磷去除标准也相应得到提升。随着对环境水体保护水平的提高，污水排放一级 A 标准已不能满足水生态健康发展的需求，发达国家已开始研究 LOT（limit of technology）技术，主要指标 TN 达到 3 mg/L 以下，而 TP 一般要求低于 0.1 mg/L[1]。我国在敏感水体流域或区域也开始考虑大幅提升 TN 和 TP 出水标准，对 TN 要求达到 8 mg/L 和进一步达到 5 mg/L 以下的技术需求突显。针对高标准污水处理的需要和大部分污水存在碳源不足现象，近两年在脱氮除磷领域开展了一系列研究，尤其是除了关注主体工艺中脱氮除

磷效率的提高，也开始关注旁路工艺如脱泥水等含高浓度氮磷污水的处理以降低其对主体工艺处理负荷的影响。具体研究包括以下几个方面。

1. 污水生物脱氮除磷新理论

张刚等[2]发现了一种厌氧同时脱氮除磷的新现象，在厌氧条件下能够同时去除磷酸盐和氨氮。污水处理运行技术性能和稳定性等评价技术和理论也得到较快发展，如技术性能统计方法（technology performance statistics，TPS）被应用于污水厂运行性能评价[1]；同时，基于可持续发展理念，温室气体排放等指标也被广泛研究和纳入污水处理厂运行评价体系[3]。新型污水处理工艺自动化控制技术和理论也应用于污水处理，以提高脱氮除磷工艺的运行效率[4]。

2. 基于新理论的脱氮除磷工艺技术优化

在污水处理工艺优化方面，一方面主要是采用优化曝气方式，尤其是采用低溶解氧等模式，强化同步硝化反硝化和反硝化除磷功能，提高脱氮除磷效率[5,6]；另一方面，主要是采用多点进水和多级 AO 工艺相结合，优化进水中碳源的合理利用，同时强化不同阶段 AO 过程中同步硝化反硝化等功能，实现强化脱氮除磷的目的[7,8]。针对污水低碳特征，开展了活性污泥或初沉污泥水解酸化产生内碳源，以强化污水脱氮除磷效率[9,10]。优化外源碳源利用，引入固体反硝化碳源，促进反硝化脱氮，同时作为生物膜生长的载体强化脱氮[11]。引入厌氧氨氧化等理论，开展污泥旁路系统中污水强化脱氮技术研究[12]。基于微藻的深度脱氮除磷技术继续得到高度关注。

3. 基于工艺组合的脱氮除磷技术发展

通过组合传统 A2O 工艺和硫黄填料柱强化脱氮除磷，尤其是利用硫作为电子供体强化反硝化脱氮效率[13,14]。彭永臻等[15]采用 A2O-BAF 联合工艺处理低碳氮比污水，主要是限制好氧阶段硝化能力，而硝化主要发生在 BAF 阶段以消除活性污泥好氧段污泥回流对厌氧段功能的影响；同样的理念，也应用于双泥系统，将硝化作用限制于其中一个反应器，强化脱氮除磷效率[16,17]。将活性污泥、生物膜、厌氧处理工艺、膜分离技术进行科学组合，形成具有同步脱氮除磷功能的复合工艺，有效提高脱氮除磷效率，仍然是污水脱氮除磷领域研究和技术开发的重点[18,19]。

（二）重金属污染控制技术

我国重金属污染形式较为严峻，2011—2012 年期间不断发生铅、镉、铊等重金属污染事件，特别是珠三角、长三角地区有大量生产电镀及印刷线路板企业，在废水处理运行中不能实现稳定达标排放，给当地的河流、土壤和近海造成严重的重金属污染。重金属污染控制在我国有着长期广泛的需求。2011—2012 年，在废水中重金属消减及控制技术方面取得系列进展。

1. 沉淀法

沉淀法工艺操作简单，管理方便，但对投加药剂的要求较高，因此 2011—2012 年诸多研究集中于开发新型重金属螯合剂和沉淀剂方面。常规铁铝盐絮凝剂复配及改性[20~23]、新型无机絮凝剂合成及应用[24~27]、改性高分子絮凝剂[28]、高分子金属螯合剂及捕集剂[29~31]以及电凝聚[32]等的合成与应用取得了系列研究成果。但各种新型重金属沉淀剂应用的技术可行性及经济适用性仍需进一步评价和研究。

2. 吸附法

吸附材料的性质决定了吸附去除重金属的效果，价廉高效吸附材料的开发一直是吸附技术研究与应用中所关注的核心问题，2011—2012 年在新型吸附材料、吸附机理等方面取得了一定的进展，如新型纳米材料[33~37]、天然矿物及其改性材料[38~42]、磁性载体吸附材料[43]。生物物质吸附材料因其来源广泛、成本低且二次污染风险较小也受到广泛关注，如藻类[44]、沉水植物[45,46]、美人蕉[47]、微生物及其代谢产物[48~53]。纳米吸附材料因其具有极强的吸附能力而备受关注，但其较高的生产成本仍是限制规模化应用的主要问题之一；生物吸附剂大部分尚处于实验室小试阶段，但是其独特的优势仍被认为是未来吸附剂发展的方向之一。

3. 膜分离技术

膜分离技术去除重金属的优点在于操作简单、截留效果好，且在分离过程中不会发生相变化，这有利于分离后溶液的回收与利用。2011—2012 年，膜分离技术作为一种有效的重金属分离方法而得到了较为广泛的研究和应用，特别是在电镀废水处理与回用的实践中，取得了较好的效果[54~57]。借助物理或化学过程，增大重金属离子粒径的胶束强化超滤[58, 59]、聚合物强化超滤[60,61]等取得了较多的研究成果。反渗透几乎可以实现重金属的完全去除和废水的回用，但是其操作压力大，处理成本较高限制了其广泛应用，膜污染仍然是膜技术应用过程中需要解决的一大问题。无机膜[62]、复合膜[63]等抗污染、性能优良膜的开发仍然是膜技术研究的重点。

4. 生物化学及电化学组合工艺

由于重金属废水组分较为复杂，且往往含有多种有机物，在实现重金属去除的同时也需要考虑对废水中 COD 的降解效果，单一工艺往往不能满足处理要求，组合工艺在重金属污水处理中得到了越来越多的研究。微波-化学法[64]、微电解-絮凝耦合技术[65]、膜生物反应器[66]、芬顿-化学沉淀法[67]、微生物电解还原法[68]等组合工艺由于能够同时发挥不同处理方法的优势，可取得较好的重金属处理及有机物去除效果，在重金属污水处理中具有广阔的应用前景。

（三）脱盐理论与技术

脱盐就是从含盐类污水中去除盐类的过程；主要去除可溶性的阴阳离子，也即将离子与水的分离过程。传统的废水生物处理方法对盐类的去除效率较低，因此脱盐技术主要采用物理与化学处理方法，如蒸发法、多效蒸发、膜过滤方法（反渗透、电渗析等）、吸附方法（电容吸附法）以及微生物除盐方法。在 2011—2012 年间，反渗透（RO）、正向渗透（FO）、电渗析和微生物除盐有较大的发展。

1. 反渗透技术

反渗透技术，即在浓溶液上外加压力，使溶液中的水透过半透膜进入稀溶液，从而获得盐度低的水的技术。相关研究主要包括膜材料的开发、膜工艺运行参数优化与膜污染再生利用。低压、超低压、极低压、高脱盐率、高通量、耐污染和抗氧化等一系列的各种复合膜相继进入市场[69]。在最佳工艺条件下，COD_{Cr} 的去除率大于 90%，TDS 的去除率大于 99%；膜受污染后采用化学清洗和水力清洗相结合的方法可使膜的透水量恢复 97.5%[70]。微滤与反渗透结合双膜法脱盐率维持在 85.1%以上，回收率控制在 65%~70%，先碱洗后酸洗有利于反渗透膜通量的恢复，膜通量可恢复到新膜渗透通量的 95%[71]。

2. 正向渗透膜分离技术

正向渗透膜分离技术即让水通过半透膜正向渗透进入一种超强吸水的吸附剂或盐浓度甚至超过海水的溶液或固态物，不需要外界加压，且溶液里的特殊盐分“提取液”很容易蒸发，从而达到高效除盐的目的。FO 单一处理技术目前还存在较多问题，需要与其他单元联合。与二级反渗透相比，FO-RO 联合工艺对海水的淡化能耗更低，但第二级的 RO 又是必不可少的部分[72]，经济上要比单级 RO 高[73]，仍需进一步优化，如经 FO 系统稀释后的部分盐溶液可作为肥料以减少处理成本[74]，或者第二级为低压反渗透也能降低部分成本[75]。FO-纳滤的联合系统对苦咸水的脱盐效果也优于单一的反渗透，且工作压力更小、能耗低，清洗后膜恢复能力更高[76]。

3. 电渗析技术

电渗析利用选择透过性的半透膜分离不同的溶质离子，通过多组阴阳离子半透膜，以及外加电场，分离离子与水，能耗低，同时脱盐率也低于反渗透技术。2011—2012 年间，对双极膜的研究和应用趋于成熟。在饮用水及纯水的制备、食品工业和化学工业及其他领域中有了广泛的应用[77]；同时为提高电渗析处理效率，组合工艺也有了一定发展，如扩散渗析-电渗析[78]、混凝-电渗析[79]等方法。

4. 微生物脱盐技术

现有的脱盐及海水淡化技术在应用过程中均需要较高的能耗，而且在脱盐过程中还会有一定量的浓水产生，存在二次污染的风险。在 2011—2012 年度，微生物脱盐技术取得了一定的进展，在微生物脱盐概念的基础上，发展了堆叠式微生物脱盐反应器[80]，以及将微生物脱盐过程与产氢结合，在辅助电压的作用下实现脱盐过程并回收氢气能源[81]。脱盐产生浓盐水的处理处置一直是较难解决的问题，通过将产电微生物与传统电渗析过程耦合，可使得在电场力的作用下阴阳离子分别向酸室和碱室（阴极室）移动，阴离子到达酸室后与 H^+结合形成酸溶液；阳离子在碱室内与 O_2 在阴极催化剂的作用下得电子形成的 OH^-结合产生碱溶液，形成微生物脱盐产酸产碱过程[82]。对于海水淡化，可通过微生物脱盐产酸产碱技术实现阶梯回收海水中的各种阴阳离子，电子转化效率在 90%以上，远高于传统的电渗析过程，将 NaCl 转化为 NaOH 和 HCl 分别回收，这样有望实现海水的全面资源化，而回收后的酸碱等物质可抵消大部分脱盐的费用，使得脱盐过程在较低的成本下运行[83]。微生物脱盐技术为未来海水淡化工艺提供了新的思路。

（四）新兴污染物及去除技术

新兴污染物已成为环保领域日益受到关注的焦点。现有的新兴污染物包括内分泌干扰物、药品及个人护理品、新型病原微生物、微生物代谢产物、纳米污染物等。许多新兴污染物在工业废水和生活污水中不断被检出，部分污染物有毒有害、威胁人体健康和生态安全。因此，新兴污染物控制技术已成为水污染防治领域重要和迫切的课题。在 2011—2012 年期间，国内外在新兴污染物控制技术方面取得以下进展。

1. 新兴污染物污染特征与风险评价研究

针对新兴污染物潜在风险，我国研究人员初步掌握了内分泌干扰物等典型新兴污染物在污水、水环境、饮用水的分布特征[84~86]，并结合健康风险和生态风险评价的手段，系统评价了新兴污染物的潜在风险，为优先控制新兴污染物的识别与控制提供依据[84]。

2. 基于生物处理的新兴污染物控制技术

生物处理过程是削减 COD、氮磷等常规污染物的重要过程，研究发现其对于许多新兴污染物亦具有一定的去除作用。传统活性污泥法、膜生物反应器等可部分去除内分泌干扰物等新兴污染物，其去除效率与污泥龄、水力停留时间等参数密切相关，去除机理主要为活性污泥吸附和生物降解[87,88]。此外，针对部分难降解新兴污染物，可从活性污泥等介质中筛选到高效降解菌，以有效去除新兴污染物，如卡马西平、红霉素等[89,90]。虽然生物处理对新兴污染物污染负荷削减起到重要作用，但是生物处理后的出水中往往还存在一定的新兴污染物，存在潜在的生态和健康风险。因此，需要将生物处理技术与其他工艺相结合，才能有效控制新兴污染物的风险。

3. 基于高级氧化和吸附降解的新兴污染物去除技术

许多新兴污染物具有可生化性差、毒性较高、在微克/升甚至纳克/升水平上便可产生风险。因此，我国许多研究者针对这一问题，建立了雾化曝气臭氧氧化、电-Fenton、臭氧/UV-H_2O_2等高级氧化技术以及基于磁性吸附纳米材料、改性大孔树脂等吸附技术，高效地去除典型新兴污染物及其转化产物，有效地控制了新兴污染物的风险，为实现污废水安全回用提供了技术支持[91~94]。

4. 基于多重屏障的新兴污染物控制组合工艺

新兴污染物种类多、组成复杂、降解性差异大，单一技术难以将其全部去除，需要对各单项技术进行组合，实现各项技术的优势互补。近年来，研究者提出了臭氧氧化/膜过滤、化学预氧化/生物过滤、复合土层多效处理等高效组合工艺[95,96]，形成了有毒有机物全过程控制技术策略[97]，为构建多重安全控制体系提供支持。

（五）再生水安全高效利用理论与技术

污水再生利用是解决水资源短缺的有效途径之一，其关键是如何保障再生水的水质安全。在 2011—2012 年期间，国内外研究者提出了再生水安全高效利用理论，围绕污水再生处理、再生水输配储存、再生水利用等城市污水再生利用的主要环节和过程，开展再生水安全性评价研究，研发处理与输配安全保障技术、利用过程风险控制技术、水系统构建技术与规划方法，为保障再生水安全高效利用提供支撑。

1. 再生水安全保障与风险控制理论

针对再生水利用过程中的安全性问题，提出了完整的再生水安全保障与风险控制体系[98]。再生水安全保障应坚持“源头控制与过程控制相结合、单元优化与系统优化相结合、化学污染物与病原微生物协调控制”的基本原则，构建再生水水质安全保障与风险控制体系。如图 1 所示，该体系包括再生水水质标准体系、水源水质保障与生物毒性控制体系、再生处理系统、再生水输送与储存安全保障系统、再生水利用途径优化与暴露控制体系、再生水水质监控体系。

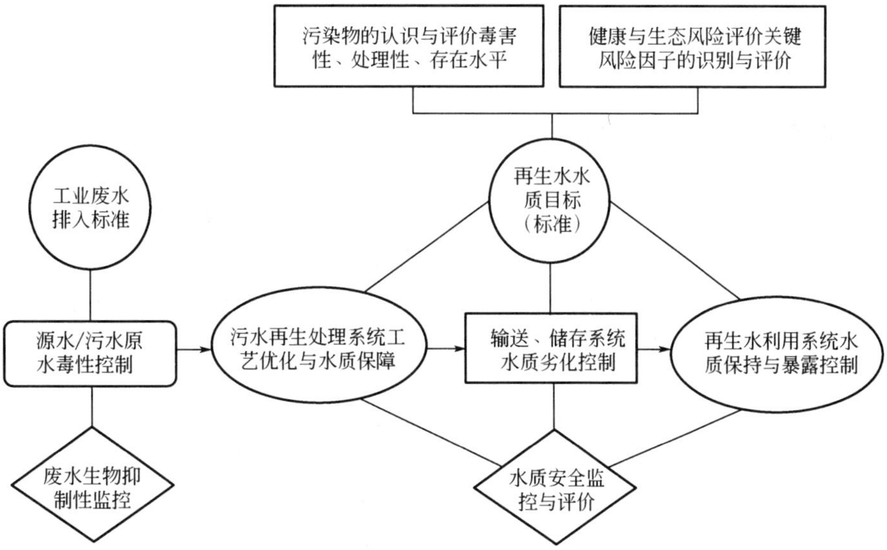

图 1 再生水水质安全保障与风险控制技术体系[98]

2. 再生水安全性评价方法

针对再生水中有毒有害污染物和病原微生物的潜在风险，国内外建立了再生水遗传毒性、内分泌干扰性、大型溞慢性毒性、毒理基因组测试方法[99~101]以及抗生素抗性菌、抗性基因、内毒素活性测定方法[102,103]，并应用于再生水安全性评价。针对再生水利用过程中的风险问题，建立了再生水洗车利用等用途的暴露剂量计算方法[104]，评价了再生水用于洗车利用、农业灌溉等用途的潜在风险，发现洗车利用、灌溉利用导致病原微生物传播的健康风险不容忽视[105,106]，再生水灌溉利用中盐分和有毒有害污染物积累问题值得关注[107,108]，并提出了优先控制污染物指标及其限值[105,109,110]。

3. 再生水生物风险控制技术

再生水中存在的有害微生物以及有害化学物质在再生水利用过程中会产生生物风险。其中抗生素抗性病原菌已经成为一类备受关注的高风险病原微生物，具有很高的生物风险[111]。近年来，多项研究表明城市污水处理厂处理出水中存在较高比例的抗性菌，且相当一部分抗性菌可以抵抗超过 1g/L 浓度的抗生素[103]。因此，污水处理厂出水是导致自然水体抗性菌污染的一个重要污染源[112,113]。

为控制再生水中的有害微生物，消毒是必要的手段。传统消毒工艺如氯消毒对二级出水中的抗生素抗性菌具有一定灭活效果。研究表明，10 mg/L 氯投加可以使总异养菌群及抗生素抗性菌灭活率达到99%以上，但同时在 10 mg/L 氯消毒后再生水中氯霉素抗性菌的比例上升至近 100%，表明氯消毒对特定抗性菌具有二次筛选作用[114]。紫外线消毒可以在有效灭活抗生素抗性菌的同时破坏抗性基因[115]，但紫外线无持续抑菌效果，消毒后抗性菌复活情况显著[116]。因传统消毒工艺对灭活抗生素抗性菌存在的局限性，包括紫外线-氯联合消毒以及微气泡臭氧消毒等在内的新型消毒工艺的开发受到重视，其中微气泡臭氧消毒工艺通过提高臭氧利用率，可有效提高灭活效率。

再生水对生物的毒害作用也是水质生物风险研究需要关注的重要方面。再生水消毒过程是导致再生水毒性升高的重要环节。在消毒过程中，再生水可与氯等消毒剂反应产生有毒有害消毒副产物，导致毒性升高[100,101]。2011—2012 年期间，国内外系统评价了三卤甲烷、卤乙酸等常规消毒副产物[117]以及卤代乙酰胺等新兴高毒性含氮消毒副产物生成特性[118]。国内外研究亦发现，氯消毒在灭活细菌等微生物的同时，亦使得细菌内毒素释放，导致内毒素活性升高[119]。

4. 再生水管网水质劣化控制技术

管网输配是影响再生水水质及建设运营成本的重要环节。如何控制微生物生长、保障水质生物稳定性和化学稳定性，是再生水管网输配过程中关注的重要问题。针对生物稳定性问题，国内建立了基于再生水特征菌群的可同化有机碳（AOC）评价方法，其较饮用水 AOC 检测方法响应更灵敏，更能反映再生水 AOC 特征[120]。研究发现再生水中含有较高浓度的 AOC[121]，可促进管材表面微生物膜生长，并初步提出了基于氯消毒的再生水管网生物膜控制方法和控制剂量[122]。

针对化学稳定性问题，研究发现利用球墨铸铁内衬水泥砂浆再生水管网输配反渗透出水过程中，反渗透出水无机盐含量低、酸碱缓冲能力较弱，使得管网水泥砂浆内衬表层的碱性物质释放、腐蚀管网并使再生水中钙镁离子含量和 pH 值大幅升高。针对该问题，初步提出了基于再生水出厂时 pH 值调节和氯消毒的再生水化学稳定性控制方法[123]。基于化学稳定性和生物稳定性的再生水管网管材选择方法和再生水输配过程中水质安全保障技术有待开发。

5. 再生水利用过程的风险控制技术

针对再生水景观利用的潜在风险，阐明了再生水中水华藻类生长特征，发现了高效去除氮磷的能源微藻、吞噬水华藻高效去除藻毒素的金藻、通过化感作用抑制水华藻生长的水生植物，筛选出了有效控制水华藻类的杀藻剂，建立了再生水景观水体藻类控制技术体系[34,124,125]。

6. 再生水系统构建技术与规划方法

基于未来可持续型城市再生水系统的构建需求，开发出面向再生水利用的建筑排水源分离技术[126]，从源头上对城市生活污水进行分离、收集、输送、处理、利用，并应用于奥林匹克森林公园，年服务人口达 600 万。建立了基于再生水高效利用的城镇供水系统模拟与用户优化配置方法，指导大兴新城水系统规划[127,128]。

（六）污泥处理处置与资源化技术

“十二五”以来，国家和地方政府进一步推动污泥处理处置工作，同时，在各级科技部门的支持下，污泥处理相关技术得到了快速发展。2011 年建设部发布了《城镇污水处理厂污泥处理处置技术指南（试行）》，对污泥处理处置的单元技术和技术路线以及应急处置和风险管理都做了相应的技术指导。

1. 污泥碱性发酵技术

通过控制污泥厌氧消化停留在产酸阶段，从而分离短链脂肪酸为污水脱氮除磷提供碳源，已经获得了广泛研究。碱性发酵方法以其更高的短链脂肪酸产率，近两年获得了深入研究。在 pH 为 10 的条件下，微生物可以逐渐适应并进行碱性厌氧发酵。污泥性质对发酵产物有一定影响，通常剩余污泥生成短链脂肪酸的能力高于混合污泥，更高于初沉污泥[129]。由于碱性发酵过程也会增加污泥液相的氮、磷含量，可以通过鸟粪石法回收发酵液中的氮、磷，同时消化污泥脱水性能还可以得到改善。

2. 污泥磷回收技术

除碱性发酵过程中产生发酵液外，普通污泥厌氧消化废液中的磷、氮含量也较高。由于矿物磷属于难以再生的资源，磷回收已经获得了学术界和工业界的普遍关注。除鸟粪石沉淀法外，研究者还提出了多种利用结晶或沉淀从消化废液中回收磷或同步回收氮、磷的方法。例如，利用白云石提供钙、镁源通过沉淀法回收污泥厌氧消化液中的磷[130]，利用造纸白泥和粉煤灰同步调节 pH 值和提供钙、镁离子[131]。对于消化废液中的磷回收，一方面需要进一步提高这些方法的回收率，另一方面，虽然有些报道中污泥消化废液中磷浓度可以达到 40～250 mg/L，但也有许多消化废液中磷含量很低，如何降低回收成本仍然是主要问题。

3. 高固体厌氧消化技术

高固体厌氧消化是指在污泥浓度 10%～20%的条件下进行厌氧消化，这样可以大幅缩减消化罐体积，减少保温能耗，可以直接处理脱水污泥，适于中小型污水厂及城市建设集中的厌氧消化厂[132]。该条件下，挥发性脂肪酸、游离氨等中间产物浓度会显著升高，但并未对厌氧消化构成明显不利影响[132,133]。高浓度条件下改善污泥的搅拌、输送，缩短处理周期，是该方法需要重点解决的问题。例如，采用 100℃低温热处理[134]，或热碱预处理[135]，可以有效改善高浓度污泥的消化性能。此外，通过补充餐厨垃圾，可以调节污泥碳氮比，也可以改善高固体厌氧消化的效果，但餐厨垃圾比例较高时，需要控制避免出现脂肪酸抑制[136]。

4. 污泥预处理强化厌氧消化技术

热预处理方法是用于厌氧消化最为成熟的技术。除此之外，针对污泥颗粒水解速率慢开发的其他破解预处理技术也获得了持续关注。例如，微波与碱预处理共同作用，可以改善中温或高温厌氧消化的性能并保持稳定[137]；通过优化的碱预处理，可以实现污泥产气量增加30%～50%[138]；而对于初沉污泥为主的厌氧消化，还可以抽取部分消化污泥进行碱处理，再回流至反应器，也可以增加污泥产气量30%左右。预处理技术的效果已经获得了广泛认可，如何通过参数或工艺调整保持效果的稳定性并降低处理成本，是目前需要重点解决的问题。

三、面源污染控制理论与技术

随着点源污染物质的有效控制，面源污染形势越来越严峻。面源污染控制主要指城市面源污染和农业面源污染控制。城市面源污染主要是由降雨径流的淋浴和冲刷作用产生的，特别是在降雨初期，由于降雨径流将地表的、沉积在下水管网的污染物，在短时间内，突发性冲刷汇入受纳水体，而引起水体污染。农业面源污染是指在农业生产活动中，农田中的泥沙、营养盐、农药及其他污染物，在降水或灌溉过程中，通过农田地表径流、壤中流、农田排水和地下渗漏，进入水体而形成的面源污染。由于城市和农业面源的产生特点不同，在就其污染控制方面的理论和技术也有所区别。

（一）面源污染控制理论

1. 城市面源污染控制

由于城市化进程的快速发展，城市面源污染已经成为我国亟待解决的水环境问题之一。为此，提出一套具有中国特色的城市面源污染控制理论是控制城市面源污染的重中之重。近些年来，我国的研究学者通过对城市面源污染特征的深入探索，提出实施流域性的全过程控制是城市面源污染控制的最佳途径，主要从空间上的“发生源-迁移途径-末端排放”进行逐级控制，其主要特点在于以层层削减城市流域的径流水量和污染负荷为目标，并结合空间地貌和景观结构设计设施，选择相应的技术类型，以雨水径流的流动过程为主线，实施优化的空间链式布局。

发生源是全过程控制的重点。它是指将污染物尽量控制在源区，限制其进入迁移和输出的过程。我国的研究学者通过大量的研究工作发现，在源头减少径流输出可以从优化源区不透水下垫面面积比例[139]，增加入渗技术的使用，例如土壤改良、入渗、绿化等[140]来完成。源头减少污染物累积可以通过规范人的行为、加强污染物清理和综合教育等实现。迁移控制一方面对径流的滞缓、下渗、存储，增加径流输出的空间路线长度，来达到延缓污染径流输出的时间和减少负荷[141]；另一方面通过拦截、沉降、吸附、沉淀等作用把污染物存储、去除、净化在迁移系统中。迁移控制的优化方案包括对水和营养物资源的循环利用。汇控制是流域末端控制，其重点在于径流的存储滞留，即利用传统的塘系统、湿地和河岸湖边带等生态过程来净化污染物。

2. 农业面源污染控制

农业面源具有来源复杂和分散、发生随机、污染物浓度较低且难以治理等特征[142]。针对我国农业面源污染的特点，“十一五”期间我国学者提出了“减源-拦截-修复”（reduce-retain-restore）的理论，简称3R理论，以此来指导农业面源污染控制工程的实践[143]。

3R 理论，即在农业面源污染控制工程建设过程中，从污染物产生的源头开展污染物的减量化工程，在污染物迁移过程中开展污染物的拦截与阻断工程，并对面源污染物进行深度处理与再净化，在此基础上对农业生态系统进行环保修复，实现农业生态系统自我修复功能的提高和系统的稳态转换。“减源”、“拦截”、“修复”三者的关系为阶梯式，只有当前一步骤顺利实施后，后续的工程措施才能有效实施并达到预期目标。通过以上三级措施的实施，最终实现整个农业生态系统结构、功能从本质上提高和优化，实现农业面源污染物质的最小量输出和“有害”物质的最大化利用，并建立具有消纳农业面源污染物质的健康农业生态系统。

（二）面源污染控制技术

1. 城市面源污染控制技术

随着城市化进程的不断加快、人口的持续增长，对自然环境，尤其是水环境带来了巨大的压力。然而，传统的城市开发方法不但没能缓解这种压力，反而使其加剧。面对城市水环境不断恶化，人们逐渐认识到土地开发和工程方法可以减少这些不利的环境影响，这种方法被称为低冲击开发模式（low impact development，简称 LID），其最初的内涵是通过有效的水文设计，综合采用入渗、过滤、蒸发和蓄流等方式减少径流排水量，使城市开发区域的水文功能尽量接近开发之前的状况。

我国一些较为发达的城市和地区近两年已经逐渐将 LID 理念应用到市政建设中，同时国家重大的研究专项也对该类研究给予了大力支持。例如在国家水重大专项—“低影响开发雨水系统综合示范与评估”的支持下，深圳市光明新区将 LID 模式应用到市政道路的建设中，成为我国 LID 技术的优秀示范区。该区路面均采用透水沥青，路两侧同时配有下凹式植物滞留槽，通过与普通道路的对比监测发现，LID 道路有效减少了径流量，对面源污染控制具有重要意义[144]。

我国目前在 LID 城市面源污染技术方面已经取得了一定的进展。“十一五”期间主要的研究方向是对 LID 设施技术中的重要参数进行优化，达到最优的雨水处理效果。同时，也有学者关注了雨水的收集和利用，逐步由传统的“雨水排放”到“雨水利用”的观念转变。

（1）LID 雨水处理技术的参数优化　LID 技术包括了多种雨水处理系统、如雨水花园（或称生物滞留池[145]）、人工湿地[146]、土壤渗滤系统、植被草沟等。尽管这些技术的设计以及用途有所不同，但都是通过汇聚并收集雨水径流，通过植物、土壤及各种功能填料的综合作用使雨水径流得到净化。为了使这些系统达到最优的处理效果，我国的学者对其设计参数的优化做了大量的工作，如 LID 系统的填料及基质的选择和优化、道路初期雨水的快速处理技术、植物的优化与选择技术、基于面源污染物冲刷过程特点设计的雨型选择技术等[147,148]。

（2）雨水收集与利用技术　城市化进程对人类生存与发展必不可少的水资源及城市水环境的影响愈来愈显著，主要表现为城市水资源紧缺、城市水资源污染、城市洪涝灾害和城市地下水位下降等。我国具有丰富的雨水资源，对雨水进行收集再利用是改善城市生态环境的有效手段，也是实现水资源利用与水环境可持续发展的重要途径之一[149]。

我国在“十一五”期间在雨水利用方面已经取得了一定进展。例如上海世博园区采用了综合 LID 雨水生态化处理技术，园区的核心区域设有屋面雨水收集系统，同时铺设一定厚度的土壤层以建造屋顶绿化，在降低屋面径流系数的同时，也有效降低了雨水流失量和对雨水进行初步过滤与净化。用收集的雨水进行浇灌、道路冲洗、景观用水，实现雨水的循环利用。如主题馆下沉广场中跌水和水池中的水就是利用雨水收集系统将屋面上的雨水进行回收、处理而来[150]。

我国在“十一五”期间雨水利用技术研究工作也包括屋面雨水的储存与利用技术[151]、雨水分质收集技术[152,153]、硬化路面雨水收集技术[154,155]等。其中硬化路面雨水收集技术是通过人工砌筑的边沟、渠道及其配套的雨水管网作为雨水收集系统的一部分，为雨水收集提供条件。例如在管网中设置一定数量的拦污网、过滤网及蓄水池，雨水经过初步过滤进入蓄水池，在蓄水池中经过进一步沉淀，即可用于一些水质要求不高的地方，也可通过进一步净化处理实现更多的利用价值。研究表明，若集雨路面到 50%，则汛期可集雨量为 543 万立方米，经济收益将超过 1357.5 万元。雨水利用也与城市景观有密切联系。例如生态水塘技术就是通过收集处理后的雨水径流，通过扬水曝气和设置 N 级跌水的方法维持水质，从而达到雨水处理、雨水利用和景观效果相结合的目的[156,157]。目前在全国范围内已经建造了多处关于雨水利用和景观设计相结合的示范工程，如深圳建科大楼雨水回收和利用[158]等。

2. 农村面源污染控制技术

（1）农业化学品减量化技术　农业化学品主要包含化肥和农药，如何减少这两类污染物负荷是农业面源污染控制的重要内容之一。针对化肥类污染控制，近年来的控制技术包括氮肥运筹优化技术、种植制度优化技术、施加土壤改良剂控制氮磷流失等。Qiao 等[159]的研究证实，在太湖地区水稻产区通过两年连续试验，削减 50%的施氮量（相对于常规施氮量）并未显著影响水稻产量。姬红利等[160]以滇池设施农业土壤和坡耕地土壤为研究对象，采用外源施用土壤改良剂和土壤消毒剂的办法，研究了土壤改良剂对土壤解吸过滤液中 TP 和 TDP 浓度变化的影响，发现土壤改良剂的施用对降低磷流失具有明显效果。这些技术对我国农业面源污染生态化控制提供了重要的技术支持。

（2）污染物质的生态拦截技术　农业面源污染物质大部分随降雨径流进入水体，在其进入水体前，通过建立生物（生态）拦截系统，有效阻断径流水中的 N、P 等污染物进入水环境，是控制农业面源污染物的重要技术手段。设置宽广的生物隔离能够控制 N、P 的径流迁移，如一种“草地-树木过滤带系统”，可以显著降低径流的污染物含量[161]。唐晓燕等[162]研究了生态拦截带对农田径流污染的控制效果，发现河道水生植物栅 TN 的平均去除率为 14.0%，TP 的平均去除率为 16.8%；而农田径流缓冲湿地处理系统则使汇入径流平均 TN 浓度由 3.88 mg/L 下降为出水的 1.28 mg/L，降低了 67%，TP 浓度的下降率也可达 55.4%。

前置库技术也是我国当前所研究的控制水体因面源污染而导致富营养化的重点。其运行机理是在汇水去河流入口处设置前置库用于调节进水的滞留时间，使泥沙和吸附在泥沙上的污染物在库中沉淀，从而达到减少进入水体的污染物负荷。目前该项技术已在面源污染控制中得到应用，如深圳茜坑水库等[163]。

四、水体污染修复理论与技术

水体污染修复主要包括内源污染控制、生态系统恢复，以及水质原位净化。水体内源污染控制方面的研究进展集中于环保疏浚技术、低成本的底泥覆盖技术，以及强化微生物修复技术。生态系统恢复方面的研究进展主要集中在湖滨带构建，以及沉水植被重建。水质原位净化方面的研究进展主要集中于强化人工湿地技术、生态浮岛技术、生物接触氧化技术，以及循环增氧技术等。

（一）内源污染控制技术

沉积物是受污染水体重要的内源污染来源。输入水体的外源污染物质在沉积物中不断蓄积，形成污染物质的汇，并可在特定环境（溶解氧、pH、温度、水体扰动等）条件下重新释放进入水体，形成水体的内源污染。典型的内源污染物质包括有机物、总氮、总磷、重金属、致嗅物质等。控制沉积物内源污染释放是受污染水体水环境修复的必要措施之一。内源污染控制技术可分为异位处理技术和原位控制技术：异位处理技术将受污染沉积物移出原址再进行处理，主要包括疏浚、淋洗等技术；原位控制技术在污染水体原位采取阻断或降解措施控制沉积物中污染物质向上覆水释放，主要包括覆盖、钝化、生物修复等技术。

底泥疏浚技术是最主要的异位处理技术，其利用专用疏浚设备清除受污染沉积物，并将其输运至堆场进行安全处置。底泥疏浚能有效减少内源污染负荷，对于内源污染释放具有一定改善效果。但疏浚过程易加剧细颗粒沉积物悬浮扩散，并对底栖生物产生不利影响。疏浚工程成本高，疏浚底泥安全处置过程可能引起二次污染。2011—2012 年底泥疏浚技术研究进展主要包括疏浚环境风险预测、疏浚深度推算、疏浚后底泥再淤积、疏浚底泥安全处置、疏浚工程效果跟踪评价。河道疏浚对水体悬浮物浓度影响的数学模型被用于实际工程的环境影响评价中[164]。模拟实验结果表明底泥疏浚对内源氮磷释放和沉积物再悬浮过程具有较好的控制效果[165~167]。确定环保疏浚深度是保障疏浚工程效果的重要指标，其计算方法可分为三个步骤：第一步将底泥柱状样品由上至下分为氧化层、污染层、污染过渡上层、污染过渡下层和正常湖泥层，分析各层中氨氮、总磷、总氮、烧失量、重金属等指标的垂向分布规律；第二步通过各分层氮、磷吸附/解吸附实验以及重金属生态风险评估确定各层污染物释放风险；第三步利用拐点法推算出底泥环保疏浚深度[168~170]。疏浚后底泥将逐渐再次淤积，模拟实验结果表明疏浚后底泥淤积速率显著提高，再淤积底泥颗粒粒径大，含水率和有机质含量高[171]。疏浚污染底泥在堆放期间可能污染土壤及地下水，在堆场下部设置黏土层对于疏浚底泥中的污染物具有吸附阻隔效果[172]。疏浚底泥含水率高，采用硫酸铝作为疏浚底泥脱水剂，投加量 380 mg/L 时，脱水效果较好，上清液达到一级 B 标准[173]，土工管袋充填也有助于底泥脱水减容[174]。疏浚底泥强度低，影响其工程化利用，初始含水率 2.5 wL 是能否进行固化处理的临界值[175]，模拟实验表明掺入 4%的水泥和 9%的粉煤灰能有效提高强度，利于疏浚底泥的资源化[176]。研究者们陆续报道了深圳市长流陂水库[177]、巢湖双桥河[178]、苏州南园河[179]、太湖梅梁湖[180]等地环保疏浚对水质、水环境和水生态的改善效果。

覆盖技术是指通过向水体中投入无污染物质，在污染底泥上方形成覆盖层，阻止污染物质释放，同时覆盖材料对于底泥释放的污染物质具有吸附、降解等作用。常用的覆盖物质包括无污染底泥、土工布、砾石、沙土、方解石、天然沸石、改性沸石、凹凸棒土等。2011—2012 年底泥覆盖技术研究进展主要包括覆盖材料比选、污染物控制效果、覆盖厚度优化。不同底泥覆盖材料对于污染物质释放的控制效果各不相同，实际应用中应依据底泥污染特征选择适宜的覆盖材料[181,182]。当地土壤及改性土壤是较为安全和低成本的覆盖材料。太湖围隔实验表明投加改性当地土壤有助于短期降低并长期控制水中总氮、硝氮、氨氮、总磷、磷酸盐和叶绿素 a[183]。室内模拟实验结果表明，改性土壤覆盖底泥处理有助于提高水中绿藻和硅藻的比例，并缩短蓝藻水华暴发周期[184]，改性土壤絮凝除藻和沙土覆盖组合处理引起水-沉积物界面的氧化还原电位和溶解氧显著提高，磷酸盐和氨氮通量显著降低，苦草种子生长良好[185]。底泥覆盖结合沉水植物重建有助于提高底泥污染的控制效果。模拟实验结果表明沙土覆盖层上种植菹草处理组的氮磷释放速率显著低于未种植处理组[186]，覆盖层厚度与控制氮磷污染物释放正相关[187]。模型计算结果表明底泥释放污染物质在覆盖层中的生物降解作用对于污染物浓度分布有显著影响[188]。

生物修复技术是指通过向水体中投加光合细菌等微生物，投加药剂以强化功能微生物生长环境，以及种植水生植物等方法抑制底泥中污染物释放。2011—2012 年底泥生物修复技术研究进展主要包括强化微生物修复技术、投加硝酸钙等药剂改变微生物群落对底泥污染物的控制效果，以及微生物修复菌种筛选。强化微生物修复技术研究方面，模拟实验结果表明投加土著微生物菌剂与曝气增氧联用能显著提高底泥生物降解性并控制底泥氮磷释放[189]，使用间歇曝气协同生物促生剂处理能降低运行成本[190]，生物修复与电动技术联用能显著提高直链烷基苯磺酸钠的降解效果[191]，投加复合酶生物促进剂能显著提升受萘污染底泥的生物修复效果[192]。小试试验结果表明高羊茅对于重金属污染底泥中铬的去除率达 61%，对于铅的去除效果不显著[193]。投加硝酸钙等电子受体能改变底泥中微生物群落，有效控制并降解底泥中的污染物质。模拟实验研究发现，向污染底泥中注射 1.58～2.22 g/kg 硝酸钙，硝酸盐作为电子受体促进底泥中反硝化菌大量繁殖，能有效控制底泥中挥发性硫化物释放[194]，对于土臭素和二甲基异莰醇也具有一定的控制效果，底泥中脱氮硫杆菌、反硝化细菌等成为优势菌株。张丹[195]通过模拟实验发现向污染河道底泥样品中投加 CaO_2（浓度为 3 g/200 ml 底泥），水体溶解氧和氧化还原电位显著升高，TP 释放受到显著抑制。周彦波等[196]研究了经硬脂酸包埋的过氧化钙缓释氧剂的制备方法。在生物修复菌种的筛选方面，有研究者利用 SBR 反应器富集培养后分离鉴定优势菌种[197]，有研究者通过对比溴代阻燃剂污染严重的河流底泥与当地未污染底泥样品中细菌多样性差异，分析可能微生物修复菌种[198]。

（二）湖滨带构建技术

湖滨带对于维持湖泊水质和生态系统完整性具有重要作用。受围湖造田、江湖阻隔、堤岸硬化、环境污染等影响，我国许多地区湖滨带严重萎缩，生态系统退化，湖泊水质恶化，生物多样性下降。构建湖滨带有助于削减入湖污染，提高水环境生物多样性，并能改善景观，是湖泊水环境修复的一项重要内容。

2011—2012 年湖滨带构建技术所取得的研究进展主要包括：深入研究了陆向湖滨带缓冲磷扩散机制，探索了消落区干湿交替对磷释放的影响，研发了适用于水向湖滨带的浅水区自组织生态修复技术，以及适用于硬质岸线的直立堤岸基底改善与生态修复技术，提出了湖滨带植物收割管理方法。李阳等[199]提出植物吸收和土壤吸附是湖泊陆向湖滨带缓冲磷扩散的重要机制。湖滨带消落区干湿交替显著促进沉积物中生物可利用性磷的释放，向底泥中添加氯化铁和硝酸钙能有效控制磷释放[200]。环湖湖滨带可分为水向湖滨带和硬质岸线，其生态修复的方法不同。针对水向湖滨带生态修复，研究者提出浅水区自组织生态修复技术框架并开展工程示范，水生植物多样性和盖度显著提高[201]。硬质环湖岸线缺乏植物和土壤覆盖，不具备污染缓冲能力，且物理结构不稳易崩塌。宋春雷等[202]研发了直立堤岸基底改善与生态修复技术，通过优化生态混凝土配比提高其透水性、稳固性和植生性，采用添加铁盐和铝盐的原位土壤提高基底吸附性能，应用于巢湖迎风面直立堤岸生态修复工程中，有效提高植被覆盖率和生物可利用磷削减率。湖滨带植物死亡腐烂引起溶解氧和 pH 迅速降低，植物中总磷大量释放[203]，因此对湖滨带植物进行适宜的收割管理是日常维护的重要工作。庞燕等[204]通过室外与现场模拟确定了洱海湖滨带茭草收割管理的时间、频次、高度等参数。

（三）沉水植被重建技术

中度富营养化的浅水湖泊水体，可以通过重建或回复沉水植被来控制藻类的爆发，维持较高的水环境质量，但往往具有较高的难度，修复或重建技术一直是富营养化水体治理的热点。2011—2012 年，在大型自然湖泊和小型的景观水体方面，沉水植被构建技术都取得了一定的进展。在东湖、东太湖[205]和滇池[206]，利用围隔、改善底质、消除鱼类等工程技术措施，在部分湖湾区域都成功实现了沉水植被的恢复，同时改善了水环境质量，但这些成果仅限于较小的湖湾区域，如何在更开阔的湖心区进行大区域的恢复，实现全湖水环境质量的提高及恢复后沉水植被维护管理还有待进一步研究。借鉴自然湖泊沉水植被修复技术措施，在小型景观水体中，通过清除淤泥、降低水位及大型溞滤食浮游藻类等技术措施，都实现了黑藻、高大型沉水植物定植及发育，但这些高大型沉水植被的发育在改善景观水环境质量的同时带来了新的问题，即整个水体被填满的沉水植被“湖泛”现象，针对这一问题，一些矮生性沉水植物被研究尝试引入景观水体沉水植被构建中[207]。

（四）水质原位净化技术

1. 人工湿地技术

2011—2012 年，人工湿地运行过程中填料、植物根系物理化学特性的变化及对污染物去除影响方面取得了一些研究进展。氧化铁在填料和植物根表之间的迁移转化及对污水磷去除的影响受到特别关注[208]，铁的迁移转化与氮磷及有机物迁移都可耦合，因此铁迁移对人工湿地整体污水处理效能的影响值得进一步深入研究。在强化人工湿地运行效果方面，模拟试验结果表明将反硝化细菌接种于湿地根系土壤能显著提高人工湿地的总氮去除率[209]。旁路人工湿地在北京、天津等地景观河道湖泊的循环过滤处理中得到应用，使目标水体水质得到显著改善[210~212]。其中，复合垂直流人工湿地具有硝化-反硝化效率高、抗淤堵能力强、节约用地的特点，但其地上生物量对于水质净化贡献率低于 5%[213]，因此研究者进一步探索了以沸石为基质的无植物复合垂直流湿地对于模拟入湖河流的净化效果[214]。人工湿地的科学管理及长期优化运行对于保障人工湿地处理效果具有重要意义。研究者研发了人工湿地生态可持续性评价方法，用于评价人工湿地的运行效果并指导运行管理[215]。

2. 生态浮岛技术

生态浮岛技术是指利用填料与植物共同组成的漂浮型水体净化装置，通过植物根系、根系及填料上着生微生物生物膜的吸收、吸附和分解作用，净化水体中的氮、磷、有机物等污染物质。2011—2012 年，在浮岛植物选择、浮岛覆盖率及间距确定、新型浮岛研发方面取得了一定研究进展。在浮岛植物净化污染物质的机制研究方面，在多种植物必选试验中菹草和伊乐藻去除氮磷的效果较好，植物叶中氮磷含量高于根和茎[216]，当围隔试验浮岛覆盖率超过 1/5～1/3，浮游植物优势种由修复前的微囊藻属、角甲藻属转变为硅藻门的直链藻属，试验期内未发生蓝藻水华，水体透明度提高至 120～220 cm[217]。依据不同固定方式，生态浮岛可分为立桩式、索道式以及沉坠式，各类型生态浮岛的稳定性、绳索张力和沉坠位移指标各不相同[218]，高流速河道中浮岛布设间距与水流速度成正比[219]。研究者们研发出一种新型的生物浮岛——生物岛栅[220]，其具有独特的生物膜微生物群落结构，对于水中 COD、总氮、总磷的去除效果显著优于普通浮岛[221]。

3. 生物接触氧化技术

生物接触氧化技术采用附着在填料上的生物膜去除水中有机物、氨氮等污染物质，通过底部鼓风曝气供给填料微生物所需要的氧气。2011—2012 年生物接触氧化技术所取得的研究进展主要包括：清洁能源供给、用于河道修复的长期效果跟踪评价、快速启动性能，以及低温对处理效果的影响。近年来生物接触氧化在昆明、杭州、重庆等地的重污染河道修复、入湖河道水质净化等工程中得以采用[222,223]，长期运行效果较为稳定[224]，低温下仍能取得较好的氨氮及有机物去除效果[225]，但生物膜启动时间长达 30 天[226]，因此难以应对突发污染情况。曝气供氧需要消耗大量能源，风光电能等清洁能源开始用于河湖原位修复时的能量来源[227]。

4. 循环增氧技术

污染水体中有机污染物质的分解过程消耗溶解氧，易引起水体特别是水-沉积物界面出现缺氧甚至厌氧状态，加剧底泥污染物质的释放，同时抑制氨氮向硝酸盐的转化过程。采用曝气增氧方法提高水体溶解氧水平，是污染水体原位修复的措施之一。2011—2012 年循环增氧技术研究进展主要包括：用于修复重污染河道的曝气方式以及污染物质去除效果。研究结果表明，间歇曝气与连续曝气的效果相似，采用间歇曝气能有效降低成本[190]，采用空气曝气处理能有效控制污染水体黑臭现象[228]，采用臭氧曝气能去除水中典型内分泌干扰物[229]。采用扬水曝气技术修复水库水体能保持水-沉积物界面溶解氧浓度高于 2 mg/L，有效控制沉积物中总磷和氨氮的释放过程，抑制藻类生长[230]。

（五）湖库水体营养物基准制定

氮磷浓度升高是水体藻类暴发的物质基础，防治水体富营养化的关键和前提是制定相应的氮磷含量基准，水中氮磷浓度与藻类生长的关系是基准制定的重要依据。2011 年至今，国内在湖泊富营养化营养基准区域化差异方面开展了系统研究[231]，发现我国不同区域湖泊中，TN 和 TP 对浮游藻类的影响不同，有些主要受 TN 影响，有些受 TP 影响，还有一些是受 TN 和 TP 共同控制，并尝试对湖泊氮磷的控制目标进行了生态分区。但这些研究结果更多的是基于多年湖泊氮磷及叶绿素含量的年均统计数据，具体的实施效果有待进一步研究检验。

五、发展展望

（一）水环境基准标准与风险控制技术

1. 水环境基准与水污染控制标准

水环境基准与污染控制标准制定方法学研究是今后水环境领域研究的热点。在未来，应针对重金属和有毒有害有机物的潜在风险，研究污染物生态毒性特征，进一步完善基于毒性的水环境基准制定方法，提出水生生物基准、人体健康基准和营养物质基准的修订工作指南，包括优控污染物筛选、中国敏感人群暴露参数确定、毒性检测方法标准化，并开展我国水环境基准的制定工作。基于水环境基准，开展水污染控制标准制定方法学研究，针对污水排放、再生水利用等环节，提出基于风险评价的水质控制目标制定方法。

2. 面向毒性减排的重金属与有毒有害有机物削减技术

削减工业废水和生活污水中的重金属和有毒有害有机物，保障水环境安全是今后水处理领域研究的热点。但是水中有毒有害污染物种类多、生物效应复杂，工业废水和生活污水排放控制指标应从重视常规指标向同时关注和重视水质安全和综合生物毒性指标转变。

在“十二五”期间，我国应针对重点行业污水中重金属和有毒有害有机物的潜在风险，研究污水综合生物毒性的控制目标制定方法、优先控制毒性因子的识别方法，开发以生物毒性及其毒性因子为控制目标的关键技术与组合工艺。具体技术与工艺包括高效化学沉淀、吸附和高级氧化技术及配套的新型试剂、材料，低成本的膜、离子交换等新型分离技术及配套的功能材料，耐冲击负荷和高毒性的固定化生物处理技术及稳定运行方法。

3. 面向生态和健康风险控制的污水再生处理与利用技术体系

如何保障再生水水质安全、控制再生水利用的风险是影响我国污水再生利用推广的关键问题。再生水风险控制涉及再生水处理、管网输配等多个环节。因此，我国在“十二五”期间，应研究再生水健康和生态风险评价方法，开发再生水深度处理与安全消毒技术、管网水质劣化控制方法，提出再生水回用与典型回用目标的风险控制技术体系，以保障再生水水质安全。

（二）污水治理发展趋势

1. 工业废水全过程综合减排优化技术体系

工业废水中的污染物组成复杂、危害大，且与排放源密切相关，仅靠综合污水处理厂的末端治理难以保障水环境安全。因此，我国在“十二五”期间应建立基于源头削减-过程控制-末端治理的工业废水全过程综合减排优化技术体系，通过生产工艺与污水处理厂之间的协同优化，实现污染物的高效减排。

在源头削减和过程控制方面，研究者应在识别废水有机物排放源的基础上，改进生产工艺和管理方式，削减污染物的产生量。在末端治理方面，技术研发应从重视废水处理单一技术研发向同时重视废水处理技术集成与处理工艺优化方法研究转变，处理模式从不同种类废水混合收集集中处理向分类收集分别处理优先转变。

2. 以资源和能源生产为目标的污水处理工艺

污水处理工艺设计理念从“处理工艺”向“生产工艺”转变。在未来的新型污水处理系统中，关注点不应仅局限于污染物的去除，而应将污水处理和以污水为“资源”的生产过程相耦合，在处理污水的同时，以污水为原料获取“新”资源（水、有用物质）和“新”能源，从而可实现污水处理系统从“处理工艺”向“生产工艺”的转化，以缓解当前资源匮乏和能源紧缺的形势。

污水中物质的浓度差别较大，针对低浓度物质的回收、浓缩技术和工艺还有待于进一步深入，需要借鉴材料、化学、生物等学科的新成果，开发高效、低耗、低成本的能源与物质回收处理技术及相应材料，进一步开展关键技术及组合工艺的实用化研究，实现经济效益、环境效益和社会效益之间的平衡。

3. 以节能降耗为目标的污水管网和处理系统全流程优化方法

污水处理系统的运行效率与能耗不仅与末端处理工艺有关，亦与污水管网收集系统密切相关。因此，我国在“十二五”期间应以动态系统和全流程的观点，统筹考虑城市污水处理厂和污水管网的运行和控制，从生化单元优化、污水处理工艺优化、厂网优化三个层面，降低整个污水收集及处理系统的能耗。在生化处理单元优化层面，研究者应进一步注重高效、经济的生物脱氮除磷技术研究，包括反硝化除磷、同时硝化与反硝化、短程硝化反硝化、厌氧氨氧化、好氧反硝化等技术；在污水处理工艺优化层面，研究者应将一级处理、二级处理和深度处理视为一个流程加以系统分析和统筹考虑，开发污水处理厂优化运行方法；在厂网优化层面，研究者应针对管网来水水量多变、工业废水中有毒物质冲击性排放等问题，研究排水管网运行调度方法、工业点源排水及污水厂进水的生物抑制性预警系统及应对策略等，建立厂网整体优化运行方法。

（三）区域水循环体系

水污染控制需要从水的社会循环和自然循环角度进行全程规划控制与利用。全程控制以削减污染负荷、控制水污染趋势、实现水环境有效监控为出发点，坚持以水体质量改善为目标导向，重视工程与非工程技术措施，建立水污染防治长效机制，落实全过程污染负荷控制技术措施。同时需要提高水体循环与雨污水再生利用效率，降低水污染物排放负荷，提升水环境生态健康与水质质量。

参考文献

[1] Bott CB, Parker DS, Jimenez J, *et al*. WEF/WERF study of BNR plants achieving very low N and P limits: evaluation of technology performance and process reliability. Water Science and Technology, 2012, 65(5): 808-815.

[2] 张刚, 贾晓珊, 陈环宇, 等. 一种厌氧同时脱氮除磷的新现象. 环境科学学报, 2012, 32(3): 555-567.

[3] 谢淘, 汪诚文. 污水处理厂温室气体排放评估. 清华大学学报: 自然科学版, 2012, 52(4): 473-477.

[4] Won SG, Ra CS. Biological nitrogen removal with a real-time control strategy using moving slope changes of pH (mV)- and ORP-time profiles. Water Research, 2011, 45(1): 171-178.

[5] 夏岚, 朱书全, 刘艳臣, 等. 不同工况条件对 Carrousel 氧化沟脱氮除磷影响研究. 环境工程学报, 2012, 6(1): 73-76.

[6] 郭海燕, 郭祯, 柳志刚. 等. 不同曝气强度下 SBMBBR 和 SBR 脱氮除磷性能对比研究. 环境科学学报, 2012, 32(3): 568-576.

[7] 王淑莹, 曹旭, 霍明昕, 等. 两种分段进水工艺脱氮除磷性能对比. 北京工业大学学报, 2012, 38(11): 1704-1709.

[8] Zhang M, Lawlor P, Wu G, *et al*. Partial nitrification and nutrient removal in intermittently aerated sequencing batch reactors treating separated digestate liquid after anaerobic digestion of pig manure. Bioprocess and Biosystems Engineering, 2011a, 34(9): 1049-1054.

[9] 刘智晓, Larsen SB, Petersen G, 等. 污泥作为污水厂内碳源的水解特性及工艺选择. 中国给水排水, 2012, 27(22): 30-35.

[10] Li X, Chen H, Hu L, *et al*. Pilot-scale waste activated sludge alkaline fermentation, fermentation liquid separation, and application of fermentation liquid to improve biological nutrient removal. Environmental Science and Technology, 2011a, 45(5): 1834-1839.

[11] Chu L, Wang J. Nitrogen removal using biodegradable polymers as carbon source and biofilm carriers in a moving bed biofilm reactor. Chemical Engineering Journal, 2011, 170(1): 220-225.

[12] 张树军, 韩晓宇, 张亮, 等. 污泥发酵同步消化液旁侧脱氮. 中国环境科学, 2011, 31(11): 19-24.

[13] 林静, 慕志波, 杨琦, 等. A^2O+硫黄填料柱组合工艺脱氮除磷的效果. 环境工程学报, 2012, 6(6): 1780-1784.

[14] 袁玉玲, 李睿华. 硫黄/石灰石自养反硝化系统脱氮除磷性能研究. 环境科学, 2011, 32(7): 2041-2046.

[15] 彭永臻, 王建华, 陈永志. A^2O-BAF 联合工艺处理低碳氮比生活污水. 北京工业大学学报, 2012, 38(4): 590-595.

[16] 刘旭, 王淑莹, 彭永臻, 等. SBR 双颗粒污泥系统脱氮除磷性能研究. 环境科学学报, 2012, 32(7): 1537-1541.

[17] 史静, 吕锡武, 张怀玉, 等. 双污泥反硝化聚磷系统污泥的培养与驯化. 土木建筑与环境工程, 2012, 34(3): 138-145.

[18] 吴鹏, 计小明, 沈耀良. ABR/MBR 复合反应器处理城市污水的启动研究. 中国给水排水, 2012, 28(11): 18-21.

[19] 冯翠杰, 王淑梅, 陈少华. 复合生物膜-活性污泥反应器同步脱氮除磷. 环境工程学报, 2012, 6(9): 3106-3114.

[20] 唐文伟, 桂文池, 曾新平, 等. 聚硫酸铁铝制备改进及其处理重金属废水. 深圳大学学报:理工版, 2011, 28(3): 276-282.

[21] 马超, 成应向, 王强强. 高聚复配絮凝沉淀技术处理湿法炼锌废水中试应用研究. 水处理技术, 2012, 38(6): 82-85.

[22] 邹敏敏, 陈足意, 曾冬铭. 硫酸亚铁处理电镀废水中重金属离子的研究. 电镀与环保, 2012, 32(3): 49-51.

[23] 周芬, 汪晓军. 化学-混凝沉淀处理含氟含重金属废水研究. 环境工程学报, 2012, 6(2): 445-450.

[24] 张楠, 陈天虎, 周跃飞, 等. 铜陵相思谷尾矿用于处理酸性矿山排水的实验研究. 环境科学, 2012, 33(4): 1272-1277.

[25] 朱华静, 陈则立, 张青. 电气石净化处理含 Pb^{2+}、Cu^{2+}、Cd^{2+}废水的研究. 煤炭技术, 2011, 33(11): 205-207.

[26] 程源. 电气石处理重金属离子废水实验研究. 武汉理工大学学报: 2012, 34(5): 91-95.

[27] Phuengprasop T, Sittiwong J, Unob F. Removal of heavy metal ions by iron oxide coated sewage sludge. Journal of Hazardous Materials: 2011, 186(1): 502-507.

[28] 林梅莹, 尚小琴, 李淑妍, 等. 氨基改性淀粉重金属废水处理剂的制备及应用. 化工进展: 2011, 30(4): 854-856.

[29] 令玉林, 周建红, 李国斌. 高效重金属螯合剂 RDTC 的研制及处理含铜废水性能. 环境化学, 2011, 30(8): 1390-1395.

[30] 王风贺, 王国祥, 王志良, 等. 重金属捕集剂 XMT 处理电镀废水中 Cu^{2+}的试验研究. 水处理技术, 2011, 37(10): 100-102.

[31] 程宝箴, 程正平, 邹丹慧. 几种重金属离子捕集剂处理铬鞣废水的研究. 中国皮革, 2011, 40(15): 60-63.

[32] Akbal F, Camci S. Copper, chromium and nickel removal from metal plating wastewater by electrocoagulation. Desalination, 2011, 269 (1-3): 214-222.

[33] Tofighy MA, Mohammadi T. Adsorption of divalent heavy metal ions from water using carbon nanotube sheets. Journal of Hazardous Material, 2011, 185(1): 140-147.

[34] Gong J, Liu T, Wang X, *et al*. Efficient removal of heavy metal ions from aqueous systems with the assembly of anisotropic layered double hydroxide nanocrystals@carbon nanosphere. Environmental Science and Technology, 2011, 45(14): 6181-6187.

[35] Cao C, Qu J, Yan W, *et al*. Low-cost synthesis of flowerlike α-Fe_2O_3 nanostructures for heavy metal ion removal: adsorption property and mechanism. Langmuir, 2012, 28(9): 4573-4579.

[36] Boparai HK, Joseph M, O'carroll DM. Kinetics and thermodynamics of cadmium ion removal by adsorption onto nano zerovalent iron particles. Journal of Hazardous Materials, 2011, 186(1): 458-465.

[37] Huang J, Cao Y, Liu Z, *et al*. Efficient removal of heavy metal ions from water system by titanate nanoflowers. Chemical Engineering Journal, 2012a, 180: 75-80.

[38] Sdiri A, Higashi T, Hatta T, *et al*. Evaluating the adsorptive capacity of montmorillonitic and calcareous clays on the removal of several heavy metals in aqueous systems. Chemical Engineering Journal: 2011, 172: 37-46.

[39] Bée A, Talbot D, Abramson S, *et al*. Magnetic alginate beads for Pb(Ⅱ) ions removal from wastewater. Journal of Colloid and Interface Science, 2011, 362(2): 486-492.

[40] Mansour MS, Ossman ME, Farag HA. Removal of Cd(Ⅱ) ion from waste water by adsorption onto polyaniline coated on sawdust. Desalination, 2011: 272(1-3): 301-305.

[41] 杜玉成, 范海光, 王利平. ECS 电解活化微孔材料吸附净化处理含铊污水研究. 非金属矿, 2012, 35(5): 62-65.

[42] Katsou E, Malamis S, Tzanoudaki M, *et al*. Regeneration of natural zeolite polluted by lead and zinc in wastewater treatment systems. Journal of Hazardous Materials, 2011a, 189(3): 773-786.

[43] Li X, Zeng G, Huang J, *et al*. Simultaneous removal of cadmium ions and phenol with MEUF using SDS and mixed surfactants. Desalination, 2011, 276(1-3): 136-141.

[44] 王坎, Giovanni Colica, 刘永定, 等. 水华蓝藻生物质对 Cu 和 Cr 金属离子的生物吸附. 水生生物学报, 2011, 35(6): 1056-1059.

[45] 李巧云, 曾清如, 廖柏寒, 等. 沉水植物对沉积物中铜锌铅的富集. 水土保持学报, 2012, 26(5): 177-181.

[46] 张饮江, 易冕, 王聪, 等. 3 种沉水植物对水体重金属镉去除效果的实验研究. 上海海洋大学学报, 2012, 21(5): 784-791.

[47] 余俊, 黄芃芃, 梁秋琴, 等. 美人蕉生态浮床处理含铜废水. 安徽农业科学, 2012, 40(12): 7331-7333.

[48] 罗丽卉, 谢翼飞, 刘庆华, 等. 生物硫铁生成菌的选育及其在重金属废水处理中的应用. 应用与环境生物学报, 2012, 18(1): 115-121.

[49] 柳迪, 方迪, 武攀峰, 等. 硫酸盐废水生物处理产生的硫化物处理含 Pb^{2+}、Zn^{2+}的钢丝酸洗废水. 环境化学, 2012, 31(5): 687-691.

[50] 严平, 谢翼飞, 李明. 重金属吸附菌处理含锌废水的研究. 工业安全与环保, 2012, 38(4): 7-9.

[51] Javaid A, Bajwa R, Shafique U, *et al*. Removal of heavy metals by adsorption on *Pleurotus ostreatus*. Biomass and Bioenergy, 2011, 35(5): 1675-1682.

[52] Wu N, Wei H, Zhang L. Efficient removal of heavy metal ions with biopolymer template synthesized mesoporous titania beads of hundreds of micrometers size. Environmental Science and Technology, 2012a, 46(1): 419-425.

[53] Feng N, Guo X, Liang S, *et al*. Biosorption of heavy metals from aqueous solutions by chemically modified orange peel. Journal of Hazardous Materials, 2011, 185(1): 49-54.

[54] 潘文刚, 张水水. 全膜法处理电镀含镍漂洗水的零排放技术. 复旦学报: 自然科学版, 2012, 51(2): 255-258.

[55] 王德全, 张永胜, 刘新杰, 等. 电镀综合废水处理工艺研究. 环境科学与技术, 2012, 35(6): 144-147.

[56] 王乐译, 李文国, 王炳厚. 膜法处理电镀废水. 水处理技术, 2012, 38(7): 131-135.

[57] 张连凯, 张尊举, 张一婷, 等. 膜分离技术处理印制电路板重金属废水应用研究. 水处理技术, 2011, 37(7): 127-136.

[58] Zeftawy MAM, Mulligan C. Use of rhamnolipid to remove heavy metals from wastewater by micellar-enhanced ultrafiltration (MEUF). Separation and Purification Technology, 2011, 77(1): 120-127.

[59] Li G, Zhao Z, Liu J, *et al*. Effective heavy metal removal from aqueous systems by thiolfunctionalized magnetic mesoporous silica. Journal of Hazardous Materials, 2011, 192(1): 277-283.

[60] Landaburu-Aguirrea J, Pongráczb E, Sarpola A, *et al*. Simultaneous removal of heavy metals from phosphorous rich real wastewaters by micellar-enhanced ultrafiltration. Separation and Purification Technology, 2012, 88: 130-137.

[61] Camarillo R, Péreza A, Cañizaresa P, *et al*. Removal of heavy metal ions by polymer enhanced ultrafiltration: Batch process modeling and thermodynamics of complexation reactions. Desalination, 2012, 286: 193-199.

[62] Song J, Oh H, Kong H, *et al*. Polyrhodanine modified anodic aluminum oxide membrane for heavy metal ions removal. Journal of Hazardous Materials, 2011, 187(1-3): 311-317.

[63] Tian Y, Wu M, Liu R, *et al*. Electrospun membrane of cellulose acetate for heavy metal ion adsorption in water treatment. Carbohydrate Polymers, 2011, 83(2): 743-748.

[64] 成应向, 王强强, 钟振宇, 等. 微波-化学法处理高浓度重金属废水. 环境化学, 2011, 30(12): 2099-2015.

[65] 杨津津, 徐晓军, 王刚, 等. 微电解-絮凝耦合技术处理含重金属铅锌冶炼废水. 中国有色金属学报, 2012, 22(7): 2125-2132.

[66] Katsou E, Malamis S, Loizidou M. Performance of a membrane bioreactor used for the treatment of wastewater contaminated with heavy metals. Bioresource Technology, 2011b, 102(6): 4325-4332.

[67] Fu F, Xie L, Tang B, *et al*. Application of a novel strategy—advanced fenton-chemical precipitation to the treatment of strong stability chelated heavy metal containing wastewater. Chemical Engineering Journal, 2012, 189-190: 283-287.

[68] Qin B, Luo H, Liu G, *et al*. Nickel removal from wastewater using the microbial electrolysis cell. Bioresource Technology, 2012a, 121: 458-461.

[69] 高从堦, 杨尚保. 反渗透复合膜技术进展和展望. 膜科学与技术, 2011, 31(3): 1-4.

[70] 伊学农, 洪德松, 范彦华. 反渗透处理高含盐废水的实验研究与膜污染分析. 水资源与水工程学报, 2011,(2): 109-111.

[71] 郭健, 邓超冰, 冼萍, 等. “微滤+反渗透”工艺在处理垃圾渗滤液中的应用研究. 环境科学与技术, 2011, 5: 170-174.

[72] Shaffer DL, Yip NY, Gilron J, *et al*. Seawater desalination for agriculture by integrated forward and reverse osmosis: Improved product water quality for potentially less energy. Journal of Membrane Science, 2012, 415: 1-8.

[73] Qin JJ, Lay WCL, Kekre KA. Recent developments and future challenges of forward osmosis for desalination: a review. Desalination and Water Treatment, 2012b, 39(1-3): 123-136.

[74] Phuntsho S, Shon HK, Hong S, *et al.* Fertiliser drawn forward osmosis desalination: the concept, performance and limitations for fertigation. Reviews In Environmental Science and Bio-technology, 2012,11(2): 147-168.

[75] Yangali-Quintanilla V, Li ZY, Valladares R, *et al.* Indirect desalination of Red Sea water with forward osmosis and low pressure reverse osmosis for water reuse. Desalination, 2012, 280(1-3): 160-166.

[76] Zhao SF, Zou LD, Mulcahy D. Brackish water desalination by a hybrid forward osmosis-nanofiltration system using divalent draw solute. Desalination, 2012, 284: 175-181.

[77] 郑淑英. 双极膜电渗析的理论研究进展与应用. 化学工程与装备, 2011, 10: 161-164.

[78] 沈越. 扩散渗析-电渗析法回收盐酸酸洗废水中的酸和铁. 环境保护与循环经济, 2011, 31(5): 43-46.

[79] 邱瑞芳, 程芳琴, 王菁. 混凝-电渗析耦合法治理汾河污染的实验研究. 长春理工大学学报: 自然科学版, 2011, 2: 161-164.

[80] Chen X, Xia X, Liang P, *et al.* Stacked microbial desalination cells to enhance water desalination efficiency. Environmental Science and Technology, 2011, 45(6): 2465-2470.

[81] Luo HP, Jenkins P, Ren ZY. Concurrent desalination and hydrogen generation using microbial electrolysis and desalination cells. Environmental Science and Technology, 2011, 45(1): 340-344.

[82] Chen S, Liu G, Zhang R, *et al.* Development of the microbial electrolysis desalination and chemical-production cell for desalination as well as acid and alkali productions. Environmental Science and Technology, 2012a, 46: 2467-2472.

[83] Chen S, Liu G, Zhang R, *et al.* Improved performance of the microbial electrolysis desalination and chemical-production cell using the stack structure. Bioresource Technology, 2012b, 116: 507-11.

[84] 胡洪营, 吴乾元, 黄晶晶, 等. 再生水水质安全评价与保障原理. 北京: 科学出版社, 2011.

[85] 范庆, 邓述波, 周琴, 等. 城市污水处理厂中全氟化合物的存在及去除效果研究. 环境污染与防治, 2011, 33(1): 30-35.

[86] Jiang WW, Yan Y, Ma M, *et al.* Assessment of source water contamination by estrogenic disrupting compounds in China. Journal of Environmental Sciences, 2012, 24(2): 320-328.

[87] 夏晗, 王荣昌, 夏四清, 等. 生物法去除污水中内分泌干扰物的研究现状. 工业水处理, 2011, 31(8): 5-10.

[88] 聂亚峰, 强志民, 张鹤清, 等. 内分泌干扰物在城市污水处理厂中的行为和归趋: 综述. 环境科学学报, 2011, 31(7): 1352-1362.

[89] 毛菲菲, 刘畅, 何梦琦, 等. 红霉素降解菌的筛分及其降解特性的研究. 环境科学与技术, 2013, 36(7): 9-12.

[90] 杨林, 薛罡, 刘亚男, 等. 卡马西平降解菌的筛选分离及其降解机理. 环境工程学报, 2012, 6(5): 1559-1564.

[91] 赖波, 秦红科, 周岳溪, 等. 铁碳微电解预处理 ABS 凝聚干燥工段废水. 环境科学, 2011, 32(4): 1055-1059.

[92] 韦朝海, 朱家亮, 吴超飞, 等. 焦化行业废水水质变化影响因素及污染控制. 化工进展, 2011, 30(1): 225-232.

[93] 任艳, 蒋进元, 周岳溪, 等. 电-Fenton 法预处理腈纶聚合废水的影响. 环境科学研究, 2011, 24(3): 301-308.

[94] 徐武军, 张国臣, 郑明霞, 等. 臭氧氧化技术处理含抗生素废水. 化学进展, 2010, 22(5): 1002-1008.

[95] Hu ZF, Wen XH, Zhang ZY, *et al.* Elimination of endocrine disrupting chemicals by synthetic secondary effluent fouled ultrafiltration membrane. IWA Regional Conference on Membrane Technology 2012, Buenos Aires, 2012.

[96] Zhu HT, Wen XH, Huang X. Membrane organic fouling and the effect of pre-ozonation in microfiltration of secondary effluent organic matter. Journal of Membrane Science, 2010, 352: 213-221.

[97] 周岳溪, 宋玉栋, 蒋进元, 等. 工业废水有毒有机物全过程控制技术策略与实践. 环境工程技术学报, 2011, 1(1): 7-16.

[98] 胡洪营, 吴乾元, 黄晶晶, 等. 城市污水再生利用安全保障体系与技术需求分析. 中国建设信息水工业市场, 2010, 8: 8-12.

[99] 陆韻, 侯凌燕, 胡洪营, 等. 毒理基因组学研究进展. 生态环境学报. 2010,19（9）: 2232-2239.

[100] Wu QY, Hu HY, Zhao X, *et al.* Characterization and identification of antiestrogenic products of phenylalanine chlorination. Water Research, 2010, 44(12): 3625-3634.

[101] Wu QY, Li Y, Hu HY, *et al.* Removal of genotoxicity in chlorinated secondary effluent of a domestic wastewater treatment plant during dechlorination. Environmental Science and Pollution Research, 2012c, 19(1):1-7.

[102] 黄璜，胡洪营，杨扬，吴乾元．二级出水内毒素活性及紫外线消毒对其的影响．中国给水排水，2011,27(7): 33-36.

[103] Huang JJ, Hu HY, Lu SQ, *et al*. Monitoring and evaluation of antibiotic-resistant bacteria at a municipal wastewater treatment plant in China. Environment International, 2011a, 42:31-36.

[104] 吴乾元，李永艳，胡洪营，等．再生水在洗车利用中的暴露剂量研究．环境科学学报，2013, 33(3):844-849.

[105] 赵欣，胡洪营，谢兴，等．基于健康风险评价的再生水生物学标准制定方法．给水排水，2010, 36(5): 43-48.

[106] 陈卫平，张炜铃，潘能，等．再生水灌溉利用的生态风险研究进展．环境科学，2012, 33(12): 4070-4080.

[107] 潘能，陈卫平，焦文涛，等．绿地再生水灌溉土壤盐度累积及风险分析．环境科学，2012, 33(12): 4088-4093.

[108] 李玮，何江涛，马文洁，等．北京市东南郊再生水灌区地下水多环芳烃污染风险评估．农业环境科学学报，2012, 31(4): 713-720.

[109] 孙艳，黄璜，胡洪营，等．污水处理厂出水中雌激素活性物质浓度与生态风险水平．环境科学研究，2010, 23(12): 1488-1493.

[110] 宫飞蓬，张静慧，李魁晓，等．城市污水再生利用中病原菌指示微生物及其限值研究．给水排水，2011, 37(4): 45-47.

[111] Pruden A, Pei RT, Storteboom H, Carlson KH. Antibiotic resistance genes as emerging contaminants: Studies in northern Colorado. Environ Sci Technol, 2006, 40: 7445-7450.

[112] Munir M, Wong K, Xagoraraki I. Release of antibiotic resistant bacteria and genes in the effluent and biosolids of five wastewater utilities in Michigan. Water Research, 2011, 45(2): 681-693.

[113] LaPara TM, Burch TR, McNamara PJ, Tan DT, Yan M, Eichmiller JJ. Tertiary-treated municipal wastewater is a significant point source of antibiotic resistance genes into duluth-superior harbor. Environ Sci Technol 2011, 45: 9543-9549.

[114] Huang JJ, Hu HY, Tang F, Li Y, Lu SQ, Lu Y. Inactivation and reactivation of antibiotic-resistant bacteria by chlorination in secondary effluents of a municipal wastewater treatment plant. Water Research, 2011b, 45, 2775-2781.

[115] McKinney CW, Pruden A. Ultraviolet disinfection of antibiotic resistant bacteria and their antibiotic resistance genes in water and wastewater. Environ Sci Technol, 2012, 46: 13393-13400.

[116] Guo MT, Huang JJ, Hu HY, *et al*. UV inactivation and characteristics after photoreactivation of Escherchia coli with plasmid: health safety concern about UV disinfection. Water Research, 2012, 46(13): 4031-4036.

[117] 郝瑞霞，万宏文，张庆康．顶空进样-GC-MS-ΣSIM 分析再生水中三卤甲烷．北京工业大学学报，2011, 37(2): 243-248.

[118] Huang H, Wu QY, Hu HY, *et al*. Dichloroacetonitrile and dichloroacetamide can form independently during chlorination and chloramination of drinking waters, model organic matters and wastewater effluents. Environmental Science & Technology, 2012b, 46(19): 10624-10631.

[119] Huang H, Wu QY, Yang Y, *et al*. Effect of chlorination on endotoxin activities in secondary sewage effluent and typical Gram-negative bacteria. Water Research, 2011d, 45(16): 4751-4757.

[120] Zhao X, Hu HY, Liu SM, *et al*. Improvement of the assimilable organic carbon (AOC) analytical method for reclaimed water. Frontiers of Environmental Science & Engineering, 2013, 7(4): 483-491.

[121] 赵欣，蒋丰，李明堂，等．超滤/臭氧氧化工艺对再生水中 AOC 的去除效果．中国给水排水，2012, 28(23): 18-21.

[122] 王海波，胡学香，胡春，等．模拟再生水配水管网生物稳定性的研究．环境工程学报， 2011, 5(5): 967-970.

[123] 石晔，石宝友，蒋玉明，等．高品质再生水专用管网材质的选择．中国给水排水，2012, 28(19): 59-62.

[124] Wu YH, Yu Y, Li X, *et al*. Biomass production of a *Scenedesmus* sp. under phosphorous- starvation cultivation condition. Bioresource Technology, 2012b, 112: 193-198.

[125] Zhang X, Hu HY, Warming TP, *et al*. Life history response of daphnia magna to a mixotrophic golden alga, *poterioochromonas* sp., at different food levels. Bulletin of Environmental Contamination and Toxicology, 2011, 87(2): 117-123.

[126] Xu KN, Wang CW, Wang XX, *et al*. Laboratory experiments on simultaneous removal of K and P from synthetic and real urine for nutrient recycle by crystallization of magnesium-potassium-phosphate-hexahydrate in a draft tube and baffle reactor. Chemosphere, 2012, 88(2): 219-223.

[127] 董欣, 陈吉宁, 曾思育, 等. 基于物质流分析的城市污水系统比较. 给水排水, 2011, 37(1): 137-142.
[128] 杜鹏飞, 曾思育, 董欣, 等. 城市综合节水及其规划方法. 建设科技, 2011, 19: 24-27.
[129] 苏高强, 彭永臻, 汪传新, 等. 污泥类型对污泥碱性发酵的影响. 化工学报, 2011, 62(12): 3492-2497.
[130] 梅翔, 杨旭, 张涛, 等. 利用白云石回收污泥厌氧消化液中的磷. 环境工程学报, 2012, 6(11): 3809-3816.
[131] 李小建, 冯文谦, 王德汉, 等. 造纸白泥和粉煤灰的添加对污泥消化液中氮磷回收的影响 环境工程学报, 2012, 6(12): 4655-4660.
[132] 刘晓玲, 李十中, 刘建双, 等. 应用高固体浓度厌氧消化工艺转化污泥产沼气研究. 环境科学学报, 2011, 31(5): 955-963.
[133] Duan N, Dong B, Wu B, *et al.* High-solid anaerobic digestion of sewage sludge under mesophilic conditions: Feasibility study. Bioresource Technology, 2012, 104: 150-156.
[134] 刘峰林, 左剑恶, 林甲, 等. 高含固率污泥预处理方法及其在污泥厌氧消化中的作用. 中国沼气, 2012, 30(6): 3-6.
[135] 严媛媛, 陈汉龙, 何群彪, 等. 热碱预处理改善低有机质污泥厌氧消化性能的效果. 中国给水排水, 2012, 28(23): 9-13.
[136] 赵云飞, 刘晓玲, 李十中, 等. 餐厨垃圾与污泥高固体联合厌氧产沼气的特性. 农业工程学报, 2011, 27(10): 255-260.
[137] 池勇志, 季民, 李玉友, 等. 微波碱解处理剩余污泥的厌氧消化性能. 城市环境与城市生态, 2011, 24(5): 21-24.
[138] Li H, Li C, Liu W, *et al.* Optimized alkaline pretreatment of sludge before anaerobic digestion. Bioresource Technology, 2012, 123: 189-194.
[139] 苏伟忠, 杨桂山, 陈爽. 基于 VIS 模型的南京江宁新区下垫面格局分析. 河海大学学报:自然科学版, 2012, 40(6): 686-691.
[140] 李晶. 城市雨水径流污染控制理论与技术研究. 天津: 天津大学, 2012.
[141] 孙艳伟, 魏晓妹, Pomeroy CA. 低影响发展的雨洪资源调控措施研究现状与展望. 水科学进展, 2011, 22(2): 287-293.
[142] 饶静, 许翔宇, 纪晓婷. 我国农业面源污染现状、发生机制和对策研究. 农业经济问题, 2011, 8: 81-87.
[143] 吴永红, 胡正义, 杨林章. 农业面源污染控制工程的"减源-拦截-修复"（3R）理论与实践. 农业工程学报, 2011, 27(5): 1-6.
[144] 丁年, 胡爱兵, 任心欣.深圳市光明新区低影响开发市政道路解析. 城市研究, 2012, 6: 96-101.
[145] Huang T, Wang B, Xu J, *et al.* Pollutants removal performance of runoff ecological vegetation. Sustainable Environmental Research, 2011c, 21(3): 161-166.
[146] 梁雪, 贺锋, 徐栋, 吴振斌. 人工湿地植物的功能与选择. 水生态学杂志, 2012, 33(1): 131-138.
[147] 管运涛, 许光明, 陈俊, 等. 一种雨水处理系统及其雨水处理方法. 中国发明专利 2011100853104.
[148] Fu YJ, Chen X, Lu AC. A comparative study on the growth and nitrogen and phosphorus uptake characteristics of 15 wetland species. Chemistry and Ecology, 2011, 27(3): 263-272.
[149] 王健. 住宅校区雨水生态处理与利用技术研究. 石家庄: 河北工程大学, 2011.
[150] 张绿水, 张青萍. 上海世博园区雨水生态化处理技术分析. 南京林业大学学报: 自然科学版, 2011, 35(4): 131-135.
[151] 裴青宝, 张建丰, 吴书赢, 李涛. 屋面储存雨水水质随时间变化的研究. 人民长江, 2011, 42(5): 43-46.
[152] 王一均, 欧阳志云, 郑华, 崔彤. 雨水回用利用生态工程及其应用——以中国科学院研究生院怀柔新校区为例. 生态学报, 2010, 30(10): 2687-2694.
[153] 靳军涛, 管运涛, 陶霞, 等. 城市道路雨水初期径流快速处理工艺设计. 中国给水排水, 2010, 22: 72-75.
[154] 陶霞, 管运涛, 刘佳. 城市道路雨水收集利用工程方案设计分析. 2010 年中国城市雨洪控制利用高级研讨会论文集, 2010: 274-278.
[155] 姜昀, 张升堂.城市硬化路面集雨潜力研究. 人民黄河, 2011, 33(9): 71-73.
[156] 张玲玲. 新城市雨水管理的景观设计研究. 武汉: 湖北工业大学, 2012.
[157] 陈睿智, 陈岩锋.成都市武侯祠景区雨水收集利用景观研究. 生态经济, 2011, 2: 155-158.
[158] 彭世瑾, 王莉芸, 蒋兴林. 深圳建科大学绿色建筑节水设计. 中国给水排水, 2011, 27(2): 45-49.
[159] Qiao J, Yang L, Yan T, *et al.* Nitrogen fertilizer reduction in rice production for two consecutive years in the Taihu Lake area. Agriculture, Ecosystems & Environment, 2012, 146(1): 103-112.

[160] 姬红利, 颜蓉, 李运东, 等.施用土壤改良剂对磷素流失的影响研究. 土壤, 2011, 43(2): 203-209.

[161] Duchemin M, Hogue R. Reduction in agricultural non-point source pollution in the first year following establishment of an integrated grass/tree filter strip system in southern Quebec (Canada). Agriculture, Ecosystems & Environment, 2009, 131(1/2): 85-97.

[162] 唐晓燕, 胡孟春, 张毅敏, 等.生物拦截技术在农村面源污染防治中的应用研究. 2011 中国环境科学学会学术年会论文集(第一卷): 2011.

[163] 赵双双. 前置库及半透水坝的结构设计研究. 广州: 华南理工大学, 2011.

[164] 辛小康, 叶闽, 王凤. 河道疏浚工程悬浮物影响预测模型. 水利水电科技进展, 2011, 31(1): 8-10.

[165] 涂保华, 雷春生, 魏永, 等. 竺山湖底泥疏浚对内源磷释放控制作用研究. 安徽农业科学, 2011, 39(3): 1675-1676.

[166] 涂保华, 李有纯, 雷春生, 等. 竺山湖底泥疏浚对内源氮释放的控制作用研究. 中国给水排水, 2011, 27(21): 86-88.

[167] 余居华, 钟继承, 张银龙, 等. 湖泊底泥疏浚对沉积物再悬浮及营养盐负荷影响的模拟. 湖泊科学, 2012, 24(1): 34-42.

[168] 王雯雯, 姜霞, 王书航, 等. 太湖竺山湾污染底泥环保疏浚深度的推算. 中国环境科学, 2011, 31(6): 1013-1018.

[169] 姜霞, 王雯雯, 王书航, 等. 竺山湾重金属污染底泥环保疏浚深度的推算. 环境科学, 2012, 33(4): 1189-1197.

[170] 张润宇, 王立英. 红枫湖后午沉积物磷形态与生物有效磷的垂向分布及疏浚深度推算. 地球与环境, 2012, 40(4): 554-560.

[171] 吴贵江, 侯方东, 聂小保, 等. 疏浚水体底泥再淤积过程研究. 供水技术, 2012, 6(6): 30-34.

[172] 李涛, 张志红, 唐保荣. 太湖疏浚底泥堆场黏土防渗层阻隔污染物的试验研究. 岩土力学, 2012, 33(4): 993-998.

[173] 杨莉, 梁启斌. 滇池草海疏浚底泥脱水实验. 中国资源综合利用, 2012, 30(2): 37-40.

[174] 王松, 魏新庆, 王立彤. 环保疏浚联合土工管袋用于湖库底泥的脱水减容. 中国给水排水, 2011, 27(8): 47-51.

[175] 丁建文, 洪振舜, 刘松玉. 疏浚淤泥流动固化处理与流动性试验研究. 岩土力学, 2011, 32(增刊 1): 280-284.

[176] 陈海滨, 郑世华, 钟煌亮. 湖泊疏浚淤泥固化试验研究. 水运工程, 2012, 473(12): 230-233.

[177] 刘臣, 樊雪红, 戴仲怡. 环保疏浚技术改善水库水源水质的工程实践. 中国给水排水, 2011, 27(22): 65-68.

[178] 司马小峰, 朱文涛, 方涛. 疏浚对巢湖双桥河水环境容量的影响. 环境工程学报, 2012, 6(7): 2207-2214.

[179] 沈乐. 重污染河道疏浚对菹草水生态环境的影响. 水资源保护, 2012, 28(3): 32-37.

[180] 王琦, 李中华. 太湖梅梁湖生态疏浚工程实施效果研究. 中国港湾建设, 2012, 183(6): 21-23.

[181] 陈蕾, 郑西来, 刘杰. 改性凹凸棒土覆盖抑制底泥磷释放的影响和效果. 环境科学学报, 2011, 31(9): 1962-1967.

[182] 张卫, 熊邦, 林匡飞, 等. 不同覆盖方式对底泥内源营养盐释放的控制效果. 应用生态学报, 2012, 23(6): 1677-1681.

[183] 王丹, 潘纲, 代立春, 等. 改性当地土壤湖泊综合修复技术对浮游植物群落变动的影响. 环境工程学报, 2012, 6(7): 2159-2164.

[184] 周莹, 潘纲, 陈灏. 土壤原位覆盖对底泥的修复作用研究. 环境工程学报, 2011, 5(11): 2459-2463.

[185] 潘纲, 代立春, 李梁, 等. 改性当地土壤技术修复富营养化水体综合效果研究: Ⅰ. 水质改善的应急与长期效果与机制. 湖泊科学, 2012, 24(6): 801-810.

[186] 包先明. 沙土覆盖和沉水植物措施对污染沉积物氮磷释放的影响. 水土保持通报, 2011, 31(1): 22-27.

[187] 唐艳. 几种覆盖材料抑制湖泊污染底泥氮释放的试验研究. 安全与环境工程, 2012, 19(4): 27-30.

[188] 杨文参, 谢海建, 陈培雄, 等. 考虑降解时污染物在底泥及覆盖层中的运移解. 土木工程学报, 2011, 44(增刊): 181-185.

[189] 刘晓伟, 谢丹平, 李开明, 等. 城市河道底泥污染生物修复技术研究. 生态科学, 2011, 30(6): 630-635.

[190] 胡湛波, 刘成, 周权能, 等. 曝气对生物促生剂修复城市黑臭河道水体的影响. 环境工程学报, 2012, 6(12): 4281-4288.

[191] 刘广容, 叶春松, 钱勤, 等. 电动生物修复湖泊底泥中直链烷基苯磺酸钠. 环境科学与技术, 2011, 34(9): 59-62.

[192] 杨磊, 孔兰芳, 胥峥, 等. 复合酶生物促进剂在底泥生物修复中的应用. 中国环保产业, 2011, 11: 41-44.

[193] 吴卿, 高亚洁, 李东梅, 等. 高羊茅对河道底泥中复合重金属污染的修复. 水土保持学报, 2012, 26(6): 219-223.

[194] 刘树娟, 陈磊, 钟润生, 等. 硝酸钙对河流底泥中含硫化合物嗅味原位控制. 环境科学研究, 2012, 25(6): 691-698.

[195] 张丹. CaO_2对控制河道底泥磷释放效果的研究. 环境工程, 2012, 30(增刊): 532-534.
[196] 周彦波, 王英秀, 周振华, 等. 过氧化钙缓释氧剂的制备及其释氧特性研究. 中国给水排水, 2012, 28(7): 64-67.
[197] 苏俊峰, 黄廷林, 李倩, 等. 应用于景观水体异养硝化细菌的筛选鉴定及效果研究. 安徽农业科学, 2011, 39(14): 8526-8528.
[198] 赵恒芝, 戴世鲲, 孙伟, 等. 溴代阻燃剂污染底泥与未污染底泥中细菌群落结构之比较分析. 微生物学报, 2011, 51(3): 377-385.
[199] 李阳, 周驰, 曹秀云, 等. 巢湖陆向湖滨带常见野生植物对磷缓冲能力的影响. 长江流域资源与环境, 2012, 21(Z2): 18-24.
[200] 周驰, 李阳, 曹秀云, 等. 风干和淹水过程对巢湖流域土壤和沉积物磷吸附行为的影响. 长江流域资源与环境, 2012, 21(Z2): 10-17.
[201] 刘学勤, 邢伟, 张晓可. 巢湖水向湖滨带生态修复工程实践. 长江流域资源与环境, 2012, 21(Z2): 51-55.
[202] 宋春雷, 李阳, 周驰, 等. 巢湖迎风面直立堤岸生态修复技术研究. 长江流域资源与环境, 2012, 21(Z2): 56-61.
[203] 叶碧碧, 曹德菊, 储昭生, 等. 洱海湖滨带挺水植物残体腐解特征及其环境效应初探. 环境科学研究, 2011, 24(12): 1364-1369.
[204] 庞燕, 叶碧碧, 储昭生, 等. 洱海湖滨带茭草收割管理关键参数研究. 中国环境科学, 2011, 31(6): 1007-1012.
[205] 章铭, 于谨磊, 何虎, 等. 太湖五里湖生态修复示范区水质改善效果分析. 生态科学, 2012, 31(3): 240-244.
[206] 胡小贞, 刘倩, 李英杰. 滇池福保湾植被重建对底泥再悬浮及营养盐释放的控制. 中国环境科学 2012,32(7): 1288-1292.
[207] 种云霄, 张珺蓉, 吕丹. 一种除磷抑藻的"水下草坪"及其构建方法, 专利号: ZL 201010160558.8.
[208] 曹雪莹, 种云霄, 余光伟, 等. 人工湿地不同区域基质磷含量的差异分析. 环境科学, 2012, 33(11): 4033-4039.
[209] 侯庆杰, 裴海燕, 胡文容. XP1 菌株强化湿地植物脱氮及其对根际微生物的影响. 环境科学研究, 2011, 24(8):857-864.
[210] 廖日红, 许萍, 李军. 北京市再生水分质利用及水环境整治技术集成与工程示范. 建设科技, 2012, 20: 70-73.
[211] 潘留明, 王秀朵, 赵乐军, 等. 天津中心城区景观水体功能恢复与水质改善研究. 中国给水排水, 2012, 28(21): 9-11.
[212] 王朝旭, 祝贵兵, 王雨, 等. 岸边带湿地对富营养化河流的净化作用研究. 环境科学学报, 2012, 32(1): 51-56.
[213] 黄炳彬, 何春利, 易作明, 等. 北方地区受污染河湖水体潜流湿地净化技术研究与工程应用. 环境科学学报, 2012, 32(1): 19-29.
[214] 刘婧, 邢奕, 金相灿, 等. 复合垂直流湿地去除模拟河水中氮磷的研究. 环境工程技术学报, 2012, 2(1): 29-35.
[215] 张依然, 王仁卿, 张建, 等. 大型人工湿地生态可持续性评价. 生态学报, 2012, 32(15): 4803-4810.
[216] 王敬富, 陈敬安, 濮培民, 等. 红枫湖富营养化水体生态修复中水生植物化学成分. 生态学杂志, 2012, 31(9): 2312-2318.
[217] 濮培民, 李裕红, 张晋芳, 等. 用生态修复调控浮游植物种群局部控制富营养化——以贵州红枫湖水质生态修复工程为例. 湖泊科学, 2012, 24(4): 503-512.
[218] 李海福, 王铁良, 时圣玉, 等. 不同浪高条件下生态浮岛稳定性模拟分析. 环境工程学报, 2012, 6(11): 3877-3881.
[219] 时圣玉, 李海福, 苏芳莉. 河流沉坠式人工生态浮岛固定方式试验. 中国水土保持科学, 2011, 10(4): 100-103.
[220] 高明瑜, 谢慧君, 王文兴. 新型生物岛栅中污染物去除的微生物机制研究. 环境科学, 2012, 33(5): 1550-1555.
[221] 马强, 高明瑜, 谭伟, 等. 新型生态浮岛在改善水中的作用及生物膜载体微生物特征研究. 环境科学, 2011, 32(6): 1596-1601.
[222] 张晓红, 宋肖锋, 蔡国强, 等. 生态修复综合技术在杭州虾龙圩河的应用. 环境工程学报, 2012, 6(12): 4535-4542.
[223] 刘鲁建, 聂忠文, 冀雪峰, 等. 生物接触氧化填料在梁滩河综合治理中的应用. 三峡环境与生态, 2012, 34(6): 39-41.
[224] 金竹静, 杨逢乐, 叶金利. 生物接触氧化法原位修复受污染河水的效果. 中国给水排水, 2012, 28(3): 36-39.
[225] 谭南中, 吴为中, 李德生, 等. 低温下曝气生物滤池预处理污染河水的试验研究. 生态环境学报, 2011, 20(4): 711-715.
[226] 王曼, 李冬, 张杰, 等. 生物接触氧化用于河道治理的快速启动性能研究. 水处理技术, 2011, 37(10): 27-31.
[227] 胡孟春, 张永春, 王文林, 等. 瘦西湖风光电能驱动的曝气生物接触氧化水净化系统结构域功能. 环境工程学报, 2012, 6(1): 21-25.
[228] 陈玲, 张晟, 顾礼明, 等. 城市滞留河道黑臭发生及控制研究. 环境科学与技术, 2012, 35(8): 175-180.
[229] 王凌云, 张锡辉, 宋乾武. 重污染型河水中典型内分泌干扰物的臭氧氧化去除研究. 环境科学, 2011, 32(5): 1357-1363.
[230] 马越, 黄廷林, 丛海兵, 等. 扬水曝气技术在河道型深水水库水质原位修复中的应用. 给水排水, 2012, 38(4): 7-13.
[231] 曹金玲, 许其功, 席北斗, 等. 我国湖泊富营养化效应区域差异性分析. 环境科学, 2012, 33(6): 1777-1783.

大气环境学科发展报告

摘要 2011—2012年间，我国密切关注大气氧化性与细颗粒物污染研究，在关键大气污染物的来源、相关物理化学过程及健康影响方面取得了重要进展。借助于先进测量技术和模拟手段，基本明确了不同下垫面环境和不同天气条件下的边界层结构与演变规律及湍流特征，探索了 HO_x 自由基与日间 HONO 的主要来源及转化机理，进一步揭示了气态前体物的非均相转化与二次气溶胶的生成机制，发现农业秸秆燃烧对细颗粒物污染有重要影响。我国区域性细颗粒物与臭氧等二次污染依然严峻，流行病学研究表明城市 $PM_{2.5}$ 污染会带来严重的健康危害与巨大的经济损失。

在大气环境监测与探测技术方面成果显著，自主研发了一系列测量技术与仪器，实现了对大气颗粒物质量浓度、数浓度与主要化学成分以及 VOCs 的实时在线检测；同时针对大气湍流和卫星遥感研制了专门的探测系统。排放清单编制工作进展迅速，建立了覆盖重点污染源和关键污染物的多尺度高分辨率区域动态排放源数据分析与处理系统，开发了大气污染源动态排放信息平台。在提高环境风洞实验模拟精度、自动化、应用领域等方面取得了较大突破，大气环境模式、空气污染与气候变化耦合模式得到进一步评估和广泛应用。

大气污染控制理论与技术得到长足发展，针对我国大气复合污染现状提出了一系列协同控制与管理方法，同时修订了《环境空气质量标准》及一系列行业排放标准。新的排放标准推动火电燃煤烟气与工业废气净化技术的进步，各种室内空气净化技术、温室气体减排技术与机动车尾气排放控制技术不断涌现。京津冀、长三角与珠三角重点区域的大气污染防治工作初见成效，一次污染物浓度有所下降，但部分二次污染物浓度有升高趋势，区域大气污染联防联控工作仍需加强。

2011—2012年，大气环境科学领域研究成果喜人，获得国家及部级奖励9项；学术刊物影响力不断提升，其中清华大学主办的《环境科学与工程前沿》首次获得SCI影响因子；优秀人才不断涌现，有四名科学家获得国家杰出青年科学基金；基础研究平台发展迅速，验收通过了三个环保部重点实验室。

一、引言

近两年，我国的大气污染防治工作取得了一定进展。新版《环境空气质量标准》的发布与实施，在促进环境空气质量改善、完善环境空气质量评价体系的同时，对我国环保工作提出了更高的要求。从基础理论和技术的研究到成果应用，从工程减排到结构减排和管理减排，从局地治理到区域联防联控，在保持经济持续增长的同时，通过科技创新和科技进步促进大气环境保护的跨越式发展，实现节能减排，改善大气环境质量，已成为我国大气环境学科工作者面临的巨大挑战。

针对 2011—2012 年期间大气环境学科的关注问题和发展历程，本报告主要论述学科基础理论体系建设、学科技术研发、学科技术的重大成果和科学技术研究能力建设四个方面的研究进展和成果。

二、大气环境学科基础理论研究进展

（一）大气环境物理

大气环境物理以大气边界层物理、云雾物理和大气辐射为主要研究内容。大气边界层中的动力和热力结构直接关系到污染物的输送和扩散，因此，大气边界层湍流和扩散的研究直接推动了大气环境的研究。大气边界层以外场观测试验和模拟技术为研究手段，用于揭示边界层结构的演变规律及其对污染物输送和扩散的重要影响。

近年来，大气物理和大气环境的研究在原有的基础上有了更长足的发展。期间开展了大量的外场综合观测试验，并结合先进的模拟技术，揭示了边界层结构的演变特征，并进一步促进了其在大气污染物的输送、扩散以及来源解析等方面影响上的认识，同时提高了对城市及空气质量预报中的精度。此外，伴随着数值模拟技术、探测手段和探测设备的改进和发展，还开展了非均匀复杂下垫面下多尺度边界层研究和特殊天气形势下的边界层研究。通过对大气物理规律的研究，进一步促进了人们对污染物的输送、扩散等复杂大气物理过程的认识，并在此期间取得了丰硕的成果。

近两年在不同下垫面环境和不同的天气条件下针对边界层结构和湍流结构的特征开展了大量的观测研究，并揭示了如城市地区、沙漠、海上以及台风前后、雾日和非雾日、降水前后、暴雪前后、沙尘暴前后边界层的结构演变特征和湍流特征[1~12]，使得人们对其有了更加全面和深入的认识。通过研究城市冠层动力和热力非均匀性的影响，首次指出了粗糙子层和惯性子层的湍流特性存在系统偏差，需要用不同的参数化方案分开描述[1]。城市复杂下垫面特征主要影响风速的水平分量方差，对风速垂直分量方差影响不大[2]。不同的天气背景下，边界层结构特征特别是温度层结存在明显的差异：在有雾发生的情况下，雾日平均雾顶之上温度日较差增大，雾顶之下则减小；非雾日主要为单层贴地逆温，并时常出现短时的双层结构，雾发展成熟时逆温则脱离地面[3]。在有降水过程发生时，湍流强度突变增大，归一化湍流动能也变大，湍流活动增强[4]。强沙尘暴过境时，不同高度向下的湍流动量输送、向上的湍流热量输送和湍流动能明显加强[12]。此外，通过观测还进行了台风过程前后以及降雪过程前后边界层特征物理量场的差异分析[5~7]，指出台风前后的近地层气象要素发生了急剧的变化，台风中心经过前后 3h，近地层通量以向下输送的中尺度通量为主，湍流通量的贡献相对于中尺度通量较小，也是向下输送的；而在其他时段，近地层通量主要以向上输送的湍流通量为主，中尺度通量量值很小。暴雪前，风向转变，水平风速和垂直风速明显增大，湍流通量的输送较活跃，湍流动能和湍流强度有显著峰值出现；降雪过程结束后，湍流动能再次增大后缓慢减弱。除外场观测试验外，室内的水槽实验进一步揭示了混合层和夹卷层的湍流特征的差异[13]。

数学模型在大气环境物理研究方面得到了进一步的广泛应用。数值试验证明了大涡模拟能够较好地再现地表非均匀加热对边界层湍流特征的影响[14]；后向轨迹模型是用于分析污染气团来向和不同地区污染源输送类型[15]中不可或缺的重要工具；WRF 等中尺度模型能够较为全面地用来分析下垫面变化、城市热岛效应等城市化进程给边界层带来的影响[16,17]。大量的实践工作证明，数值模式的应用对大气环境物理的发展具有非常重要的贡献，它们也将在未来的研究工作中扮演非常重要的角色。

（二）大气环境化学

大气环境化学以对流层和平流层中的大气组分和大气化学过程为主要研究对象，其研究手段涉及外场观测、实验室模拟和数值模拟等多个方面。在国际上，受区域污染控制、全球气候变化和平流层臭氧损耗等重大环境问题驱动，目前大气化学研究已成为一个快速发展的前沿交叉领域。近年来，围绕大气自由基的直接检测和收支闭合分析、大气活性挥发性有机物（VOC）降解机理的开发和验证、气溶胶核化机理分析、气溶胶光学性质的闭合分析、二次气溶胶的生成和增长以及非均相和多相反应等多个核心课题，在检测技术方面集成了现有光谱学、色谱学和质谱学分析方法的最新发展水平，在光化学和界面化学等若干基础理论研究方面都取得了显著成果，初步表征了人类和自然界对地球大气化学环境的作用和影响。

在“十五”和“十一五”计划中，受多项 863 和 973 计划支持，在我国典型城市群地区（北京、上海和珠三角地区）开展了多次综合性外场观测，在实际大气条件下针对新粒子生成、气溶胶吸湿性、气溶胶光学性质、二次有机气溶胶生成、HONO 未知来源、HO_x 自由基化学和活性 VOC 降解等问题展开了系统研究，较为完整地表征了我国大气复合污染状态下大气组分和大气化学过程的特点，在研究平台和研究方法方面均实现了对国际先进水平的有效追踪。这其中，在大气自由基化学和界面化学的研究方面发现了一些新的现象和新的问题，如 OH 自由基未知再生机制、VOC 的未知反应活性、气溶胶表面 HONO 的光增强生成和化肥施用导致的地面排放、高凝结汇条件下的新粒子生成等。在上述成果的推动下，国家自然科学基金委员会和中国科学研究院（简称中科院）在“十二五”计划的开局之初就安排了多个重要研究项目（如国家自然科学基金重大项目和中科院先导专项）对我国复合污染条件下的大气化学机理展开研究。

未来我国的大气化学研究重点将开始从大气组分的表征转向针对大气化学反应过程的解析和大气化学反应机理的建立。预计在“十二五”计划期间，关键活性物种或参数的野外在线监测和收支闭合分析、针对反应过程的实验室模拟研究、量化计算和相关模式模拟研究将是发展热点。国内各主要研究小组的研究动向也基本符合上述发展预期，简要综述如下。

在已有综合观测研究中，对 HO_x 自由基化学的来源和转化机制进行了深入探讨，发现 O_3、HONO、HCHO 和双羰基醛类的光解是珠三角和北京地区白天 HO_x 自由基的主要初级来源；而 O_3 和 NO_3 对活性烯烃的氧化则是夜晚近地面 HO_x 自由基的主要初级来源。此外，高层大气中 PAN_s 等自由基储库分子的向下输送也可能成为近地面 HO_x 自由基的重要初级来源。进一步地，结合近期研究发现之 LIF 测量 HO_2 自由基干扰问题，探讨了此干扰对于之前发现 OH 自由基未知再生机制的影响。结果表明未知再生机制的反应形式可能更为简单，即 $HO_2+X\rightarrow OH$，这与最近全球大气化学（IGAC）会议上报道的量化计算结果也更为接近。在国内各种典型大气环境中都观测到了显著的 HONO 日间浓度和显著的 HONO 未知源，土壤排放、吸附态硝酸的光解和 NO_2 水解的光增强反应被认为是可能的 HONO 日间来源机制。在香港地区基于 CIMS 技术实现了对 NO_3 自由基及其储库分子 N_2O_5 的原位在线测量，在白天发现了 $NO_3+N_2O_5$ 的峰值，约为 1ppm（10^{-9}）；此观测值不能被现有的光化学机制所解释，结合 HONO 未知源的问题，说明目前对于活性含氮化合物循环转化的认知也存在较大问题。OH 总反应性的闭合实验表明一半左右的大气 OH 反应活性来源是未知的；而模型模拟的结果则指出含氧有机物（OVOC）是这些未知活性的主要来源，其贡献最大分子的多为 HCHO，这与我国不同大气环境中观测到高浓度 HCHO 相一致。此外，在多相反应的研究方面，基于 MCM 和 CAPRAM 机理初步尝试了对气相和气溶胶液相化学的耦合模拟，结合高山地区观测结果，追踪了云中化学过程，解析了云水中污染物的氧化和酸度变化。在二次气溶胶的生成方面，基于气态 H_2SO_4 的直接测量对新粒子生成过程进行了解析，发现新粒子生成事件的发生取决于气相氧化过程和凝结汇的竞争；基于 AMS 的测量结果，初步建立了一次源排放和二次生成有机气溶胶的标准质谱图，对二次有机气溶胶的产生和老化过程进行了解析。在受体模型的源解析方面，基于北京地区的观测结果较为系统地分析了光化学反应对活性 VOC 来源解析的影响。

在实验室模拟研究中，现阶段大量的工作都集中于 SO_2、NO_2、HCHO 和一些低挥发性含氧有机物等在各种基底气溶胶表面摄取系数的测量方面，也有部分工作对亨利系数进行了定量，积累了不少基础物性参数，将可为后续模式模拟研究提供支持。在液相反应方面，主要关注了异戊二烯及其两个主要氧化产物甲基乙烯基酮（MVK）和甲基丙烯醛（MACR）的液相氧化过程，包括 OH 自由基和 O_3 的氧化。在气相反应方面，现有研究相对零散、不成体系，但一些单位已经建立了容积较大、监测项目较为全面的烟雾箱实验平台，在完成基础表征工作（如壁效应和光化通量等）之后，将有希望对我国大气环境中一系列活性烯烃和芳香烃的降解机制展开系统性研究。此外，基于烟雾箱平台，一些研究小组也尝试定量了不同 VOC/NO_x 混合体系中二次有机气溶胶的产率，在可控条件下初步表征了二次有机气溶胶的老化过程和吸湿性。

在模式模拟方面，臭氧在局地和区域尺度上的敏感性研究在我国更多典型大气环境中得到了应用。通过集成多尺度模型的表征结果，臭氧敏感性研究结果更为可靠，解析范围也从单点扩展到区域，从近地面扩展到垂直廓线分布，从结果的整体判断发展到过程追踪。基于多重嵌套的全球模型，对我国范围内有机气溶胶的来源和去除过程进行了探讨，研究表明二次有机气溶胶的贡献在夏季可达总有机气溶胶的 62%，其中双羰基化合物摄取的贡献显著。基于区域模型和卫星观测数据，对活性物种源清单（如 NO_x、NH_3、生物源排放 VOC 等）进行了反演。基于区域模型，对 HONO 新增源的区域效应（如灰霾形成）进行了初探；对华北大气氧化性区域分布和来源进行了研究，模型分析指出我国华北地区一次污染严重，但同时大气氧化能力也很强，因而光化学反应将快速发生，预期二次污染将十分严重。

除了上述三种大气化学领域内的传统研究手段，在国际上量子化学计算也开始被更多地应用到大气气相反应和非均相反应以及气溶胶核化过程的研究中来。在我国一些研究单位亦有开展；但其中关于 OH 自由基与大分子有机化合物的计算较多，而 OH 自由基与活性 VOC 的反应等仍需得到进一步强化。

综合而言，预期在未来五年中，伴随基础科研平台的全面升级，我们将有望初步理清实际大气条件下 OH 自由基在高 VOC 低 NO_x 条件下的非传统再生机制、初步揭示大气粒子核化和新粒子生成过程、初步定量二次有机气溶胶的生成和老化过程、初步完成活性含氮化合物和活性 VOC 的来源解析和多相分配等核心科学问题；夯实复合污染条件下的大气化学基础理论，从原理上提高模型对于污染过程的预测和预报能力。

（三）大气环境污染特征及其健康效应

1. 大气环境污染的主要特征

传统煤烟型污染有所下降，氮氧化物污染继续上升，臭氧和细颗粒物等二次污染依然严峻，区域性、复合型污染有所加重，农业秸秆生物质燃烧重污染事件频发，这是我国近两年来大气环境污染的主要特征。

（1）总体污染形势依然严峻　得益于火电烟气脱硫的大规模实施和能源结构调整，煤烟型污染逐渐削弱，2010 年全国火电二氧化硫排放 926 万吨，比 2009 年下降约 2.3%，比 2005 年下降 28.80%。由机动车排放产生的 NO_x、颗粒物污染增加迅速，截至 6 月底，全国机动车保有量为 2.33 亿辆，与 2011 年年底相比，增加 826 万辆，增长 3.67%。全国 8 个省的机动车保有量超过 1000 万辆，其中山东省和广东省机动车保有量超过 2000 万辆，机动车污染排放控制面临挑战。

（2）臭氧和细颗粒物等二次污染十分严重　随着城市机动车保有量的迅速上升，大气氮氧化物、挥发性有机物和一氧化碳等光化学前提物浓度不断攀升，而 VOCs 尚未有国家行业分类排放标准。光化学烟雾污染和高浓度臭氧频繁出现在珠江三角洲地区、长江三角洲地区等区域，臭氧污染仍可能加重。

随着国家 $PM_{2.5}$ 标准的公布，多个城市对 $PM_{2.5}$ 细颗粒物污染实施了公布，对公众了解污染状况起到积极作用，但调控措施非常缺乏，$PM_{2.5}$ 污染可能进一步加剧。在北京、上海、广州等多个城市公布 $PM_{2.5}$ 监测数据以来，中国许多城市 $PM_{2.5}$ 日均浓度远远超过世界卫生组织推荐的空气质量标准，大气细颗粒物污染在京津塘、长三角和珠三角地区表现得尤为突出。大气复合污染引起二次细颗粒物大量增加，是造成大气能见度下降的主要原因。大气细颗粒物污染是我国当前灰霾事件频发的根本原因，已经成为许多城市的共同忧患。

（3）黑炭污染受到密切关注　来自石油、煤、生物质不完全燃烧、机动车排放、二次形成的黑炭，是 $PM_{2.5}$ 中数量最多、危害最大的污染物之一，近年来密切受到关注，而人们对其组成、结构、反应活性等知之甚少。我国农业秸秆燃烧依然严重，加重了粮食收获季节秸秆燃烧造成的城市和区域污染，2011 年一项研究报道我国主要农业秸秆燃烧释放到大气及颗粒物组分上的多环芳烃多达 1.09 Gg。

2. 大气健康效应

大气与健康逐渐成为研究前沿和热点问题。我国大气与人体健康研究领域起步较晚，在近两年来取得了可喜的进展，对促进环境保护和居民健康起了积极作用。在山西地区开展的病例对照研究显示，胎盘中多环芳烃等持久性污染物浓度增加，会增加新生儿患神经管畸形的风险[18]。常见的大气污染物 SO_2 对脑线粒体功能具有显著影响，高剂 SO_2 暴露促进 mtDNA 含量大量增加[19]，SO_2 对神经系统有损害，发现其损害机理主要是刺激环氧化酶-2（COX-2）上升和活化 NF-kappa B 活性[20]。高剂量 NO_2 暴露，导致活体白鼠脑重量与体重比率减少、轻度脑病理变化、神经细胞凋亡、改变抗氧化剂（Cu/Zn-SOD、Mn-SOD、GP_x 和 NO）活性等症状[21]。

在大气污染物流行病学方面的研究，我国科研工作者在全国尺度分析了主要大气污染物（如细颗粒物 $PM_{2.5}$）对居民急性和慢性健康效应的影响[19,20]，并着重分析了不同颗粒物成分对居民心肺系统健康的影响[21~24]；这些研究表明，颗粒物中的元素碳、有机碳、镍、钒等成分，对居民健康危害较大，且这些组分多来自化石燃料（包括燃煤和机动车排放）的燃烧过

程以及大气 SO_2/NO_x 形成的二次颗粒物污染。北京、上海、广州、西安这四个重点城市作为研究案例，提出若四个城市 $PM_{2.5}$ 浓度不能改善，在 2012 年四城市因 $PM_{2.5}$ 污染造成的早死人数将高达 8572 人，经济损失高达 68.2 亿元（来自于北京大学公共卫生学院完成的《危险的呼吸——$PM_{2.5}$ 的健康危害和经济损失评估研究》）。我国也有学者发现，重金属成分（如砷）与人体糖尿病和代谢综合征等疾病相关[25]。展望未来，针对我国环境与健康的迫切需求，有必要以环境化学物与人体交互作用为核心，围绕我国环境化学物健康危害特征和作用机制这一关键，加强相关基础研究，如采用先进的环境化学分析仪器，对环境化学物进行详细物理、化学表征的基础上，开展流行病学和毒理学研究，获得环境化学物物理化学特征及其健康影响的深入认识。

（四）大气污染控制理论

通过国家 863 计划项目《重点城市群大气复合污染综合防治技术与集成示范》的研究，主要在大气复合污染控制理论方面取得了进展和突破。

1. 大气复合污染临界水平和控制目标区划技术理论

城市群地区大气酸沉降临界负荷的确定与量化技术、酸沉降临界负荷确定酸性化合物目标负荷的方法与量化技术、基于酸沉降临界负荷的区域酸沉降控制目标的优化分配方法、应用动态模型模拟酸沉降控制长期战略目标和动态目标方法，以及城市群大气 O_3 控制目标的方法与量化技术和大气 $PM_{2.5}$ 控制目标的方法与量化技术等技术和理论取得发展。

2. 大气复合污染物的排放总量核算和分配技术方法

以区域大气复合污染环境容量为基础，并实现总体控制成本最小的区域大气污染物排放控制总量核算和分配技术方法与模型取得突破：①充分考虑区域复合污染的多来源、多因子、多过程、多效应等特点，可以同时考虑多种一次污染和二次污染因子对于前体污染物排放的约束，突破了以往方法同时仅考虑一种污染因子的限制；②控制技术措施可以考虑对多种污染物的治理或去除效果，突破了以往方法中一种措施仅针对一种污染物的限制；③采用“差距闭合法”并通过软边界技术建立环境质量的约束条件，有效保证了方案的合理性和可行性，解决了以往方法中的绝对环境目标和硬约束条件所存在的问题。

3. 大气复合污染前体物源排放协同控制技术

基于大气复合污染各物种之间复杂的反应关系，形成了多污染物同时控制的系统优化技术体系，大气复合污染前体物源排放协同控制技术得到发展和应用。

4. 大气污染控制区域协调管理机制理论

传统的环境管理体制是属地管理的机制，区域大气复合污染跨越了城市的行政边界，因此，创立了新型的污染控制管理机制——区域尺度大气污染控制联防联控。基于利益相关者分析框架体系，现行环境管理体制中的地方利益、部门利益与公众缺位是当前区域大气环境管理面临的主要障碍，提出了“三位一体”的区域环境管理体系，即区域内各城市之间的协商管理、行政管理部门的整合管理和公众参与的公共管理，构建了“科学-决策-执行”的管理体制：①科学机构根据区域监测、动态污染源和模拟技术提出区域大气污染削减目标和分配方案；②决策机构在科学工具的基础上确定减排方案；③各城市作为执行机构提出实施方案并落实；④科学机构通过后评估技术审核实施方案的执行情况，并提出新的区域大气污染防治控制规划。

三、大气环境科学技术研究进展

（一）大气环境科学技术研究

1. 监测技术

随着我国社会经济的快速发展和工业化城市化的高速进程，基数庞大的能源消耗排放所带来的复合型空气污染问题，在短短十数年间迅速出现，其中最为显著的现象，是以细粒子（$PM_{2.5}$）为特征的灰霾频繁出现，引起了社会各界的高度关注。越来越多的科研机构和环境监测部门开始了对大气复合污染演变规律进行研究，特别是在大气中细粒子质量浓度和化学成分[26]、大气挥发性有机化合物[27]（VOC）及重金属[28]等方面，因此，对上述物种的快速检测技术，以及新型检测技术[如傅氏转换红外线光谱技术（-FITR）等]提出了更高的要求。

（1）$PM_{2.5}$　目前对 $PM_{2.5}$ 的质量浓度自动测量方法主要有三种，包括β射线法、微量振荡天平法和光散射法。我国参考美国 EPA 对 $PM_{2.5}$ 自动监测仪器的认证方法，以手工监测方法为标准方法，在不同地域，对不同厂家、不同原理的环境空气自动监测仪进行单机比对测试。自 2012 年 1 月起，中国环境监测总站组织北京和上海、广东、重庆、山东等几个有代表性的城市和区域，对十余种国内外的 $PM_{2.5}$ 自动监测仪器开展了 4 期比对工作，比对时间涵盖了春、夏、秋、冬四季，历时 1 年。我国还基于微量振荡天平法研发了大气颗粒物质量浓度的准恒重称量装置[29]，使自动监测仪器的称量环境与手动监测方法尽量一致。

$PM_{2.5}$ 的理化特征一直是备受关注的研究方向之一。我国自行研制生产的颗粒物粒径分析仪和大气细粒子谱分析仪可以分别测量 0.5～20μm 和小至 5nm 的细颗粒物数谱分布[30]；气体-气溶胶在线监测仪（GAC）和 EC/OC 在线分析仪可高时间分辨率测量 $PM_{2.5}$ 中 Cl^-、NO_3^-、SO_4^{2-}、NH_4^+、Na^+、K^+、Ca^{2+}、Mg^{2+}、EC、OC 等组分的小时变化。

（2）VOC　低温预浓缩和气相色谱-质谱（GC-MS）联用技术日趋完善，成为我国大气挥发性有机物分析最主要的方法。在线分析技术由于其具有不需人工前处理、快速等优点，越来越受到人们的青睐。我国研制的在线气相色谱-氢离子火焰检测器（online GC-FID）和 Online GC-FID/GC-MS 联用技术可以定量分析烷烃、烯烃、苯系物、卤代烃、醛酮类等大气挥发性有机物，最高时间分辨率达到了 1h。

（3）重金属　大气颗粒物中可携带多种有害重金属，由于颗粒物的长距离飘移性，成为重金属长距离运移的重要途径。为克服液体进样前处理消耗的人力物力较多、适用于固体进样的电感耦合等离子体-原子发射光谱仪使用成本高等问题，科研工作者设计了一种简便的固体粉末直接进样装置[31]，以微波等离子体矩-原子发射光谱法为基础，构建了一种新的检测方法和仪器，为大气颗粒物中重金属元素的分析提供了一种新的技术工具。

（4）傅氏转换红外线光谱技术（FITR）　傅氏转换红外线光谱技术（Fourier Transform infrared spectroscopy，FTIR）是利用红外线光谱经傅里叶转换进而分析杂质浓度的光谱分析方法。FTIR 是一种新兴的遥感监测方法，具有高灵敏度、高分辨率、高信噪比和较宽的波段覆盖范围等优点，测量过程中无需采样，无需对样品进行预处理。开放光路 FTIR 系统正被越来越多地应用于大气污染物，特别是有机物的在线监测[32]。

2. 探测技术

2011—2012 年，我国大气环境探测在“十一五”广泛应用风廓线雷达[33~35]、激光雷达[36~38]、太阳光度计[39]、基线测风[40]、GPS 探空[41]、飞机[42]等探测手段进行边界气象、气溶胶粒子和大气污染监测，开展各种卫星探测技术研究[43~49]，发展了天地一体化的立体监测技术[50]，国际著名大气环境期刊“Atmospheric Chemistry and Physics”专辑发表了 2006 年珠江三角洲区域空气质量加强观测试验（PRIDE-PRD）的成果[51~57]。此外，还发展了大气环境硫同位素示踪技术[58]、气体稳定同位素比质谱技术[59]、质子转移反应质谱在线测量技术[60]、在线大气汞分析技术[61]，探讨了一些研究区域大气污染影响的新方法[62~64]。由科研院所研发了一些技术达到国际同类产品先进水平的大气环境监测技术设备。

针对城市大气环境问题，我国较全面的探测实验有：2001—2003 年在北京开展的北京空气污染观测试验（BECAPEX），2004 年开展的北京城市边界层观测试验（BUBLEX），2004 年、2006 年和 2008 年在珠三角开展的珠江三角洲区域空气质量加强观测试验（PRIDE-PRD），2005 年和 2006 年开展的南京市城市边界层观测等。2011 年 6～7 月和 2012 年 3 月，在京津唐地区开展了 2 次天地一体化气溶胶多参数综合观测实验，进行地面与航空的同步测量，结合卫星观测数据，系统地观察和研究气溶胶发生、变化、清除和传输的过程。2012 年 11 月，全国首个大气超级监测站在广东鹤山启用，监测仪器包括颗粒物粒径分布仪、激光雷达、可旋转颗粒物粒径分布采样器等，对大气颗粒物的化学组成、气溶胶散射系数等重要非常规污染参数进行分析，可监测的指标达 200 余项，能更准确地检测到大气污染程度。

2011 年 7 月，在北京举办的“城市气象观测与模拟国际研讨会”，交流和研讨了城市陆面与边界层过程、城市化对天气气候影响及城市气象观测等方面的成果。2012 年 11 月，国家自然科学基金委员会在合肥召开的第十届大气边界层研究战略研讨会，主题为“大气边界层探测技术及观测实验进展”，重点交流了“大气边界层的数学物理基础”“大气边界层物理探测技术的前沿”“大气边界层观测试验研究进展”“大气边界层物理参数化过程研究对探测技术的需求”和“我国大气边界层主要探测技术的研发和应用”，讨论了在高原、沙漠、河流、海洋、城市等多种地表环境下，雷电、晴空、大风、沙尘、高低温等不同气候条件下，大气边界层在热动力、辐射、生态、沉降、光学谱线等方面呈现的不同特征，以及发展的主被动、卫星遥感等各类观测技术手段。

2012 年 3 月，我国研制的“高精度光纤大气光学湍流强度与结构测量系统”通过验收，在国际上率先研制了光纤大气光学湍流传感器，实现了局域微弱大气折射率起伏的直接测量和大气光学湍流空间结构的分布式探测。该仪器的研制成功，为湍流研究提供了先进的测量技术手段。

2012 年 10 月，我国研制的“UAT-2 型超声风速温度仪和湍流专用局域网测量系统”通过了专家鉴定。“UAT-2 型超声风速温度仪和湍流专用局域网测量系统”是国内唯一、整体水平已达到国际先进水平，并在实时、同步组网观测、垂直度实时高频测量和广义可靠性等方面国际领先的系统，可满足国内外需求，改变大量进口国外超声风速仪的现状。

2012 年 12 月，卫星载荷大气成分探测系统通过了评审。大气成分探测系统包括“大气主要温室气体监测仪”“大气痕量气体差分吸收光谱仪”和“大气气溶胶多角度偏振探测仪”三个载荷，利用主被动相结合的光学遥感探测技术，随着卫星在轨飞行实时获取并记录飞行路径上一定范围内的 CO_2、O_3 浓度，大气污染气体（SO_2、NO_2、O_3 等）浓度，大气气溶胶光学性质和微物理性质等信息。

3. 排放因子与排放清单编制技术

针对我国经济快速发展情况下的复杂源排放特点，准确辨识和预测区域大气污染源排放强度和排放特征，开发了覆盖重点污染源和关键污染物的多尺度高分辨率区域动态排放源数据分析与处理模型系统，开发了适用于主流空气质量模型、工程化决策模型和预测预警模型的源清单。在关键技术研发上取得了一系列进展。

（1）开发了排放清单动态数据处理与分析技术　构建了既符合中国国情又与国际接轨的区域大气污染源排放清单共性技术体系，包括污染源分类技术、针对重点污染源关键污染物的排放特征测试与分析技术、基于技术信息的固定源排放模型技术、基于交通流的城市机动车排放模型技术等。将源分类由 3 级提高为 4 级，源识别范围从原来的 10～20 种增加到了 400 多种，明显提高了排放清单对污染源的辨识精度；建立了技术演化模型，将清单更新频率从 5～10 年提高到 1～2 年。

针对燃煤电厂、道路机动车、民用燃烧源等重点排放源开展了排放因子测试方法及排放因子数据库研究，通过一系列的工作，将排放因子的本土化率由 20%提高到 70%，排放因子的数据质量从 D 级提高到了 B 级以上。我国的科研人员还测定了机动车、燃煤、溶剂使用等排放源的 VOC 排放源谱特征，初步建立了符合我国国情的 VOC 源谱数据库。

（2）建立了高时空分辨率排放清单技术方法　我国研发了一套涵盖活动水平分解、排放因子确定、排放清单更新的源排放清单编制技术，准确辨识和预测区域大气污染源的排放强度和排放特征，具有快速响应性和良好的可扩展性。基于这一技术，针对不同区域和污染物编制了全国、区域和城市三重嵌套的高分辨率网格化一次污染物和二次污染前体物排放清单。

建立了针对复杂源构成的包括时空和化学组分分配等功能的排放信息平台，通过空间分配和时间分配，主要污染物排放信息的空间分辨率精确到 1km，时间分辨率精确到 1h。针对化学物种分配，建立了 VOC 排放-源特征谱-化学机制之间的映射关系，计算出 500 多个 VOC 物种，可以满足国际上 6 种主要大气化学模型机制，提供适用于主流空气质量模型、工程化决策模型和预测预警模型的高分辨率排放输入数据，能满足不同尺度空气质量模拟和区域/特大城市空气质量控制的迫切需要。

（3）自主研发了大气污染源动态排放信息平台　在国家 863 重大项目支持下，开发了覆盖重点污染源和关键污染物的多尺度高分辨率区域大气污染源排放可视化动态信息平台技术，可提供适于主流空气质量模型、工程化决策模型和预测预警模型的源清单，研发了针对复杂源构成的包括时空和化学组分分配等功能的动态数据库技术，为各类大气化学模式和气候模式提供高精度排放数据。进一步开发了中国多尺度排放清单模型（multi-resolution emission inventory for China）的在线数据库，开发了基于网络浏览器的实时在线排放清单动态处理系统，实现了海量数据的实时处理，可通过网络随时随地按需获取网格化排放数据。

4．模拟技术

（1）物理模拟技术　大气环境物理模拟技术能够相对真实地再现大气环境中物理过程的发展变化，可以在可控条件下开展复杂大气环境的科学规律研究，是大气环境研究的重要手段。其理论发展已经比较完善和成熟，进一步提高实验仪器、设备精度以及实验过程的自动化，进一步建设功能更全面的物理模拟实验室，拓展其研究应用领域是大气环境物理模拟发展的重点。

近年来，国内科学家一直致力于实验室仪器设备的发展。科研人员根据其 ZD-1 边界层风洞的结构特点，并借鉴了国内其他风洞实验室的被动模拟装置，设计了具有双重无级调节机构的多功能尖劈隔栅组合装置，该装置可以在数天内精确调试出符合规范标准的各类指数型大气边界层流场，节约了大量的人力、物力。

在提高设备精度和实验自动化的基础上，应用领域也不断拓展。

我国的科研人员利用环境风洞实验研究了我国西北地区不同防沙堤的流场结构和不同防风林的高度、疏透性的防风效应；在自主开发 48 点自动采样仪和引进粒子图像速度场仪 PIV 等先进仪器设备的基础上开展了我国燃煤电厂“烟塔合一”环境空气影响研究，特别是针对大风条件下冷却塔后空腔区的产生、发展、形成过程进行大量有效测试；开展了正在建设的世界首条穿越大风区的高速铁路兰新第二双线铁路采用挡风墙对列车进行防风沙控制的效果研究；在低速风洞-循环水槽实验室设备设计阶段引入 CFD 数值模拟手段，根据模拟结果调整设计参数，很好地克服了该串列式风洞由于截面积相差较大，风洞试验段难以形成均一流场的难题。

虽然我国在提高环境风洞实验模拟精度、自动化、应用领域等方面取得了较大成就和突破，进一步提高实验仪器、设备精度和实验过程的自动化仍是今后大气环境物理模拟的发展重点。

（2）数字模拟技术　数学模拟是研究大气环境的一个重要手段。大气环境数字模拟的一个发展趋势是模式能够比较全面细致地描述大气物理、化学和生物等非线性过程，综合考虑不同物种之间的相互影响与转化，同时进行多尺度、多种污染过程的模拟；另一个发展趋势是将大气化学模式与气候模式有机结合起来，可用于研究空气污染和气候变化的相互作用。

国内科学家一直致力于发展适用于中国地区的大气环境模式，包括中科院大气物理研究所的嵌套网格空气质量预报系统（NAQPS）、中国气象科学研究院的 GRAPES-CUACE 和南京大学的区域大气环境模拟系统（RegAEMS），这些模式对空气污染、沙尘暴、大气能见度和霾天气等都具有一定的模拟能力。近两年来，上述模式得到了进一步的发展和更广泛的应用。中科院大气物理研究所的 NAQPS 耦合了一个辐射传输模型，从而使得模拟系统具有考虑气溶胶影响对流层光解率和光化学过程的能力，为此能够利用其来研究污染区域大气氧化能力的变化[65]。其次，评估了不同大气环境模式（包括 NAQPS、CMAQ 和 CMAX 等）之间的优劣性，指出不同模式在对大气物理和化学过程进行模拟过程中的优缺点，以便更好地利用不同的模式进行业务应用和理论研究。比较发现，NAQPS 在模拟 NO_2 方面的性能优于其他模式[66]。RegAEMS 的应用范围也由南京市扩展到整个泛长三角地区，对该模式的模拟效果进行评估，表明其在霾天气的预报上具有较好的模拟能力，在上海的预报准确率接近 80%[67]。此外，这两年 CUACE/Aeroz 模式也得到较大的发展和完善，在气溶胶的时空演变特征方面，其表现出良好的模拟能力，将其与 MM5 进行耦合，并对耦合的模式系统进行评估发现模式还能够捕捉到 PM_{10} 的基本变化特征[68]。上述中尺度大气环境模式的完善和发展能够为未来多模式的集合预报提供良好的前提。

在空气污染和气候变化的科学问题上，综合利用区域和全球的气候-化学耦合模式系统能够更全面和深入地认识气溶胶与气候、季风的相互作用，国内在空气污染与气候变化的耦合模式的研究中取得了一定进展。南京大学发展的区域气候-化学在线耦合模拟系统 RegCCMS，能够很好地模拟东亚地区特别是中国地区人为和自然排放气溶胶的时空分布特征，利用其评估了气溶胶的直接和间接气候效应[69~71]。通过对模式系统的完善（如区域边界的优化），其能够被用来研究东亚季风气候与气溶胶的相互作用。除了发展区域的模式系统外，大尺度全球大气环流模式 BCC_AGCM 与气溶胶模式 CAM 进行了耦合，对东亚地区气溶胶及其气候效应具有一定的模拟能力，并指出东亚地区人为排放的气溶胶在一定程度上造成了东亚夏季风的减弱[72]。此外，东亚夏季风的减弱又反过来引起气溶胶的积聚[73]。中科院大气物理研究所发展了区域环境集成模拟系统 RIEMS，能够更加准确地模拟雨带的演变特别是夏季降水的空间分布及东亚地区雨带季节性演变，间接地改善了大气污染物湿清除模拟。通过在区域地球模式系统 RIEMS 中耦合大气化学/气溶胶过程，研发了 RIEMS-Chem。它包括了人为和自然气溶胶（如硫酸盐、硝酸盐、铵盐、黑炭、有机碳、沙尘、海盐等）在大气中经历的主要物理/化学过程（如排放、化学反应、平流、扩散、干湿沉降等）及其与大气辐射和动力之间的相互反馈过程。该耦合模式系统可用于研究区域气溶胶的时空演变以及对大气辐射和气候系统的影响[74]。

此外，数值模拟在突发性大气污染事件应急响应方面得到越来越多的应用，并推动了大气扩散模式与健康风险评估的发展[75~77]。为了快速确定事故的发展及可能影响的区域，通常采用大气污染扩散模式。大气污染扩散模式通过气象场及事故源信息，在事故发生后迅速模拟出污染物未来可能扩散路径、影响范围等，这些信息将为之后应急救援行动的展开提供重要的依据。目前广泛投入使用的应急响应大气扩散模式主要有 LTA-HGDM、DEGADIS、SLAB、DISPLAY、ALOHA 等。

（二）大气环境管理科技支撑研究

按照中央关于落实有关解决影响人民群众身体健康和可持续发展的问题的精神，环境保护部多次组织修订《环境空气质量标准》，力争使环境空气质量与人民感观相一致，促进我国环境空气质量的改善。该标准首次发布于 1982 年。1996 年第一次修订，2000 年第二次修订，2012 年为第三次修订。新版《环境空气质量标准》（GB 3095—2012）规定了环境空气功能区分类、标准分级、污染物项目、平均时间及浓度限值、监测方法、数据统计的有效性规定及实施与监督等内容。修订的主要内容包括取消了环境空气质量功能区的三类区，增设了 $PM_{2.5}$ 指标、臭氧 8h 平均浓度限值等。具体包括以下四个方面。

（1）改进环境空气功能区分类和标准分级管理方案，将三类区（特定工业区）并入二类区（城镇规划中确定的居住区、商业交通居民混合区、文化区、一般工业区和农村地区）。

（2）首次设置 $PM_{2.5}$ 平均浓度限值和臭氧 8h 平均浓度限值，并收紧 PM_{10}、二氧化氮、铅和苯并[α]芘等污染物的浓度限值；在环境空气质量标准中制定推荐污染物浓度限值，有利于地方环境空气质量标准制定及修订。

（3）针对我国环境空气质量监测数据管理的实际情况，制定了符合中国环境空气质量管理实际需求的监测数据统计有效性规定，将有效数据要求由 50%～75%提高至 75%～90%。国际上通常为 75%。

（4）改进环境空气质量标准的实施方式，按照分期、分区的要求实施。具体来说，2012 年，京津冀、长三角、珠三角等重点区域以及直辖市和省会城市实施新标准；2013 年，113 个环境保护重点城市和国家环保模范城市实施新标准；2015 年，所有地级以上城市实施新标准；2016 年 1 月 1 日，全国实施新标准。

新版《环境空气质量标准》的发布实施将进一步促进我国环境空气质量的改善，完善我国环境空气质量评价体系，也将对我国环境管理思想和理念带来深刻的影响。一方面，新标准是环境保护以人为本、保护人体健康的重要体现，对于环境空气质量标准逐步与国际接轨、提高环境空气质量评价工作的科学水平、正确指引公众健康出行、消除或缓解公众感观与监测评价结果不完全一致的现象、提升我国政府的公信力和国际形象具有重要意义；另一方面，解决 $PM_{2.5}$、臭氧等问题必须实现从控制局地污染向区域联防联控、从控制一次污染物向控制二次污染物、从单独控制个别污染物向多污染物协同控制、从主要控制工业行业向城市规划、公共交通、建筑、生态保护等众多领域控制转变，这些转变都将对我国环保工作提出更高的要求。

四、大气污染防治技术

（一）重点行业的大气污染防治技术

虽然我国已经在“十一五”期间在大气污染控制方面取得了显著的成果，但是我国大气环境污染依然比较严重，减排形势依然严峻。并且我国大气污染形势也有较大的变化，已由过去的燃煤型污染向复合型污染转变，光化学烟雾、灰霾天气、酸沉降等多种问题并存，环境问题日益复杂化。我国政府出台的《国家环境保护“十二五”规划》中已明确规定了“十二五”期间主要大气污染物的减排目标：二氧化硫减排 8%，氮氧化物减排 10%。这些均给现有的大气污染控制技术的开发和创新提出了新的挑战，但同时也带来了机遇。此外，全球变暖和室内空气污染也受到了国内外的关注，也成为控制技术开发的热点。

1. 火电燃煤烟气控制技术

电力行业是我国大气污染物的排放大户，烟尘、SO_2、NO_x 和汞的排放量都居全国各行业前列。针对我国严峻的大气污染形势，新的《火电厂大气污染物排放标准》（GB 13223—2011）再次大幅度提高了对燃煤发电厂烟尘、SO_2 和 NO_x 等排放限值的规定，并首次提出了重金属汞排放限值低于 $0.03mg/m^3$ 的要求，这在很大程度上推进了燃煤烟气净化技术的发展。同时，由于全社会对 $PM_{2.5}$ 的关注程度逐渐升高，对 $PM_{2.5}$ 及其前体物强化控制的技术也在不断涌现。

（1）燃煤烟气细颗粒物的治理　目前，我国火电厂的除尘装置仍以电除尘器为主，还有一定量的袋式除尘器和较少量的电-袋复合除尘器。但静电除尘只对尺寸在 PM_{10} 以上的颗粒去除率高（>99%），而燃煤烟气中的 $PM_{2.5}$ 及更小的颗粒物难以去除，成为大气中细微污染物的主要来源之一。为了提高其对 $PM_{2.5}$ 的捕集效率，国内进行了诸多探索，如对机电多复式双区电除尘技术、湿式电除尘技术以及电凝并技术的研究[78]等。此外，还有对新型旋转电极式电除尘器的研究和开发[79]。对于袋式除尘器来说，$PM_{2.5}$ 超细颗粒物正好处于惯性和扩散混合控制区，脱除效率也很低[78]。国内也有部分电厂采用电-袋复合式除尘技术，该技术可以通过过程优化和多场协同强化 $PM_{2.5}$ 的脱除，但还需要在延长滤袋寿命等关键环节上做更多工作[80]。

（2）火电厂烟气脱硫技术　新的《火电厂大气污染物排放标准》中 SO_2 的排放限值为 $100mg/m^3$，这对燃用中、高硫煤的火电机组的烟气脱硫技术是一项重大挑战。石灰石-石膏法依然是最主要的脱硫技术。其次，海水脱硫技术在沿海地区电厂、电石渣-石膏法在火电规模的自备电厂也逐渐得到一定的应用，而循环流化床烟气脱硫技术也为一些发电厂所采纳[81]，但随着新排放标准的出台，其应用将受到了较大的限制。新标准的颁布正推动现有火电机组脱硫技术的升级改造，双塔、添加剂增效、吸收塔扩容、吸收塔构件优化等脱硫增效改造技术得到了进一步发展和工业化应用。

国内一些学者也提出了很多新的烟气脱硫技术，如开发出 $FeSO_4$/AC 新型脱硫剂、磁流化床技术应用于烟气脱硫的新理念以及电晕放电的半干法烟气脱硫工艺[82]。大幅度提升现有烟气脱硫技术的稳定性，开发高效可靠、副产物可资源化利用等脱硫关键新技术、新工艺，是今后火电厂烟气脱硫技术发展的重点。

（3）火电厂脱硝技术　环境保护部门已明确提出将 NO_x 纳入“十二五”总量控制指标。目前，我国火电脱硝技术研究主要集中在燃烧中和燃烧后 NO_x 控制技术上。

国内对低 NO_x 燃烧技术研究较为成熟，已有近 80%的火电机组应用该技术 [83]。此外，新研发的以化学链燃烧技术和 O_2/CO_2 燃烧技术为主的无氮燃烧技术，基本根除了 NO_x 的生成，对解决 NO_x 环境污染问题是一个重大突破[84]。

随着 NO_x 排放新标准的执行，烟气脱硝将成为主流 NO_x 控制技术。目前国内电力行业所采用的工艺技术主要是 SCR（约占 96%）[85]，而 SNCR 脱硝效率低 [86]，不能达到排放要求，目前还是与 SCR 联用为主。国内已涌现出一批很有实力的脱硝工程公司，也建成多条催化剂生产线，自主产权的催化剂配方也已实现了产业化应用。同时，国内首套自主研发的年再生能力达 3000 m^3 的可移动式成套再生装备及核心技术已成功应用于 300 MW 燃煤电站机组失活催化剂的活性恢复。

宽温度窗口、低 SO_2/SO_3 转化的高效脱硝协同汞氧化催化剂、高效脱硝协同二噁英降解催化剂、稳定的高性能低温 SCR 脱硝催化剂、催化剂再生及处置技术等脱硝催化剂关键技术和产品仍处于开发或中试示范应用阶段。

（4）燃煤电厂汞污染控制技术　汞是燃煤电厂继烟尘、SO_2、NO_x 后要严加控制的污染物之一。“十二五”期间的重点工作即为有选择地进行汞减排技术试点和示范工程（如三河电厂脱汞项目）。目前，汞排放控制技术的研究主要集中在燃烧后烟气脱汞技术，这也是未来电厂汞污染控制的主要方式[87]。

烟气脱汞技术中，如何结合现有的污染控制设备提高脱汞效率将成为研究重点。湿法脱硫（WFGD）设施是目前脱汞最有效的净化设备[87]。目前新的研究有光催化氧化和氧化剂氧化技术以提高 WFGD 的脱汞效率 [88]。也有利用 SCR 脱硝工艺也能加强对 HgO 氧化从而增强去除率的新报道[87]。此外，脱汞吸附剂也在燃煤电厂脱汞控制方面具有重要作用。研究较多的吸附剂有改性活性炭、飞灰、钙剂吸附剂以及矿物吸附剂等。新型吸附剂有高分子化合物壳聚糖及贵金属等 [89]。

（5）多种污染物联合去除技术　烟气脱硫、脱硝、除尘和脱汞联合/协同去除将成为我国燃煤电厂今后烟气污染治理的一个方向[90]。国内针对湿法高效脱硫及硝汞协同控制、电子束法同时脱硫脱硝、脉冲电晕放电协同脱除多种污染物和半干法协同脱除多种污染物等技术研究都取得一定的进展。此外，还研究了几种新的联合去除方法，如“烟气治理岛”模式[90]、三段炭层吸附床联合脱除烟气污染物[91]及臭氧氧化结合碱液吸收脱除多种污染物[92]等。

在当前我国能源资源和节能减排的双重约束下，开发及应用燃煤烟气多种污染物的高效脱除和协同控制技术，促使燃煤电厂主要烟气污染物超低排放，达到国家燃气排放标准要求，是推进我国火电行业大气污染物深度减排、实现其可持续发展的一条重要出路。

2. 重点行业工业废气净化与资源化技术

在我国完整独立的工业体系中，各个行业基本都存在排放大气污染物的可能，但不同行业排污特性各异。钢铁、有色金属、石化和建材行业中常需使用锅炉/炉窑，是重点排污行业。“十一五”期间，我国围绕上述四个行业的排污特性，积极探索和开发适合其排放特征的治理技术，已经初见成效。近两年，随着《炼钢工业大气污染物排放标准》（GB 28664—2012）

等一系列新的行业排放标准的实施，排放限值日趋严峻。同时，社会对空气质量特别是 $PM_{2.5}$ 的关注以及《环境空气质量标准》（GB 3095—2012）的颁布，工业废气净化和资源化技术面临新的挑战和机遇。

（1）工业锅炉/炉窑除尘技术　目前，在我国的工业锅炉/炉窑中，应用最广泛的除尘技术为电除尘和布袋除尘技术。电除尘和布袋除尘技术在我国已得到了飞速发展，但是一系列新的行业排放标准的实施和 $PM_{2.5}$ 的减排新形势，已有的除尘设备还面临巨大挑战。

近年来，旋转电极式电除尘、烟尘预荷电微颗粒收集技术、湿式电除尘、低低温电除尘等新技术也正得到积极的研发和推广应用[93]。高频电源是具有优异性能的新一代电除尘器供电电源，在提高除尘效率、节约能耗方面有着突出的技术优势[94]。布袋式除尘技术的进展主要集中在耐高温、耐腐蚀的特种纤维滤料的开发上，如复合型耐高温针刺过滤毡——氟美斯（FMS）滤料、PTFE 和玻璃纤维混织的高温滤料等。

（2）工业锅炉/炉窑脱硫技术　在工业锅炉/炉窑脱硫方面，目前主要应用的烟气脱硫技术包括石灰石-石膏法、氨-硫铵法和烟气循环流化床法等，其中石灰石-石膏湿法仍是主要采用的脱硫方法[95]。随着火电厂新标准的出台，工业锅炉/炉窑的排放标准也必然随之变得更加严格。由于工业锅炉/炉窑自身的特点，目前脱硫技术面临的主要问题有：①燃用中、高硫煤的锅炉/炉窑如何适应未来更为严苛的标准；②脱硫石膏的再利用问题；③“石膏雨”问题。在新技术方面，如电石渣-石膏法脱硫技术、内外双循环流化床烟气脱硫技术、离子液体吸收脱硫技术和有机胺吸收脱硫技术等技术得到了进一步的研发和应用。

（3）工业锅炉/炉窑脱硝技术　SCR、SNCR、SNCR-SCR 技术仍然是国内目前主要的烟气脱硝技术。在 SCR 技术中，催化剂至关重要。目前国内厂家纷纷引进国外技术组建了自己的脱硝催化剂生产基地，同时也在积极组织脱硝催化剂的研究和开发。而 SNCR 技术仍然以引进国外技术为主，但一些研发能力强的单位已形成具有自主知识产权的技术，正开始推广应用。较高脱硝效率的 SNCR 技术在工业锅炉和水泥炉窑脱硝方面获得了较好的应用，显现出广阔的应用前景。随着“十二五”规划的出台，设计灵活的 SNCR-SCR 混合脱硝技术将得到更大的发展。在烟气脱硝新技术方面，有微生物脱硝法、氧化吸收法、微波脱硝法、液膜法、脉冲电晕法等[96]。

（4）工业锅炉/炉窑同步脱硫脱硝技术　烟气同步脱硫脱硝技术是在一套系统内实现脱硫与脱硝，经济性好，管理简便，具有广阔的发展前景。国家科技部已将烟气同步脱硫脱硝技术的开发列入了“863”计划，已到了中试阶段。目前，我国同时脱硫脱硝技术仍处在探索研究阶段，实际推广应用较少[97]。干法/半干法烟气同步脱硫脱硝技术有脉冲电晕法、电子束辐照法、CuO/γ-Al_2O_3 催化吸收法、添加剂氧化结合钙基吸收法等。湿法烟气同步脱硫脱硝技术主要有钙基吸收剂催化氧化法、$KMnO_4$ 氧化吸收法、$NaClO_2$ 氧化吸收法、臭氧氧化结合吸收法等。

（5）工业锅炉/炉窑脱汞技术　随着我国国力的不断提升，人们对环境质量的要求越来越高，国家已将汞污染控制纳入了议事日程，数个火电厂示范项目正处于部署阶段，汞将成为重点防治污染物。对于重点行业的汞污染控制来说，情况比较复杂，如工业锅炉可以采用类比于火电厂的脱汞技术，但针对有色冶炼等汞排放浓度高的行业，需要对尾气进行一定的回收处理后，再进行排放控制。

脱汞技术在重点行业的应用更应突显经济性。我国重点行业烟气脱硫技术普及率较高，其中湿法脱硫技术占据主导地位；为降低除汞成本，充分利用湿法脱硫技术进行同步吸收除汞的综合控制技术，以及液相中汞二次释放的抑制及其固化技术，是我国燃煤汞污染防治技术的发展方向之一[98]。

（6）工业挥发性有机污染物（VOCs）治理技术　随着经济的迅猛发展，VOCs 的排放量也日益加剧，由此引起的二次污染使得城市和人口密集区域的空气污染越来越严重，治理和改善势在必行。VOCs 的治理技术可以分为回收技术和销毁技术两大类。回收技术主要包括吸附技术、吸收技术、冷凝技术及膜分离技术等，销毁技术主要包括高温焚烧、催化燃烧、生物氧化、低温等离子体破坏和光催化氧化技术等。其中，吸附技术、催化燃烧技术和热力焚烧技术等传统有机废气治理技术是目前应用最为广泛的 VOCs 治理技术。此外，低温等离子体-催化协同降解挥发性有机物技术等一些新技术的开发为行业技术发展注入了新的方向和活力。近年来，国内一些重污染工业园区的 VOCs 治理试点工作已经进行，但绝大多数城市和地区还未足够重视。可以预见，继除尘、脱硫和脱硝后，我国 VOCs 治理工作将会得到快速发展，VOCs 治理技术及产业将进入一个快速发展的时期。

3. 室内空气净化技术

现代人的生活，有 80%～90%的时间是在室内度过的。由于室内空气污染的危害性及普遍性，有专家认为，继“煤烟型污染”和“汽车尾气污染”之后，人类已经进入以“室内空气污染”为标志的第三污染时代[99]。对室内空气净化技术的研究成为当前一项重要而紧迫的任务。

（1）挥发性有机化合物及有害气体的净化　目前主要通过吸附、催化氧化和光催化等方法来降低室内有害气体的含量[100]。我国近年对吸附技术研究较多，在探索新型吸附剂方面做了大量工作，如氨基化聚合物[101～104]。催化氧化技术可以将污染物完全降解，但能耗较大。从化学工艺及应用成本考虑，开发新型高效低温且廉价的催化剂是今后的研究重点，代表性的有 Ag/Co_3O_4 和结合存储-放电（CSD）等离子体催化剂 Ag/HZSM-5[105,106]。光催化法降解有很好的应用潜力，但尚存在如光催化剂效率较低等很多问题，需要开发高效的催化剂。新型的催化剂有：{001}晶面暴露的锐钛矿型 TiO_2 纳米单晶、吸附-光催化一体化微孔 TiO_2 等[107,108]。

（2）可吸入固体颗粒的净化　颗粒物是影响室内空气质量的主要污染物，而室内与健康密切相关的可吸入颗粒物以细颗粒 $PM_{2.5}$ 为主[109]。空气净化器主要采用过滤或静电除尘的原理来消除室内的颗粒物（含 PM）污染。使用 HEPA 过滤器可对直径为 0.3μm 以上的细颗粒予以高效滤除[110]。

（3）微生物的净化　净化微生物主要应用气体熏蒸、臭氧氧化、紫外线照射等方法。空气中的细菌和病毒往往吸附在颗粒漂浮物上，目前大多数空调系统都装有空气过滤组件，可以净化室内微生物。新技术中高中效空气过滤、高强度风管紫外线辐照和室内空气动态离子杀菌组合空气卫生工程技术显示出优良的空气除菌效果[111]。

（4）关键设备研究　2011 年 12 月 21 日，中国质量认证中心发布了《空气净化器环保认证规则》，实施空气净化器环保认证，有助于推进空气净化器技术的发展。近年来我国在室内空气净化设备的开发方面取得了重大进展，具有代表性的就是由中国科学院生态环境研究中心研发的“室温催化氧化甲醛和催化杀菌技术及其室内空气净化设备”。目前，空气净化器技术已从解决室内环境中的化学性污染逐渐向提高室内空气品质方向发展，如复合型空气净化器开发，在对空气净化的同时提供对人体有益的负离子，提高空气品质[112]。另外随着私家车的普及，针对车用空气净化器的研究有很大进展[113～117]。

室内 $PM_{2.5}$ 和 VOCs 等复合型污染治理技术，烹饪污染排放控制及其治理技术，地下停车场、公路隧道等（半封闭空间）特殊场所的空气净化技术，是今后发展的重要方向。

4. 温室气体减排

二氧化碳捕集、利用与封存（CCUS）技术用于减少大气中原位排放或现有 CO_2，是有望实现温室气体的大规模减排和化石燃料的低碳利用的有效手段。此前二氧化碳捕集与封存（CCS）是温室气体减排的焦点，近几年，随着 CO_2 的资源化利用途径不断拓展，CO_2 的捕集与利用（CCU）成为更大的研究热点[118]。

（1）CO_2 的捕集分离　在 CCUS 技术中，CO_2 捕集的相关研究占 80%，而捕集的关键在于 CO_2 的分离，目前 CO_2 的分离方法主要有吸收分离法、膜分离法、吸附分离法、低温蒸馏法以及新发展的化学循环燃烧法、电化学法、水合物法、生物回收分离法等[119,120]。2011—2012 年间，我国在 CO_2 捕集工程示范与 CO_2 吸附材料的开发上均取得了一定的成果。

CO_2 溶剂吸收分离法最为成熟，我国已运行的醇胺吸收法装置有华能北京热电厂、重庆合川发电有限责任公司双槐电厂、华能上海石洞口二厂 3 套。2013 年，我国又完成了 100t 规模的乙醇胺吸收工艺[121]、1.5 亿标方/年电厂烟气二氧化碳超重力法捕集纯化成套工业示范线以及 1500 万标方/年超重力法撬装式油田伴生气二氧化碳捕集纯化成套工业示范线[122]。吸收法主要的新技术有膜吸收技术以及离子液体吸收技术等[123,131]。吸附法工艺简单、对设备腐蚀性小、吸附剂回收再生能耗低，因而受到青睐，开发选择性好、耐热性高、吸附力强的 CO_2 固体吸附剂成为 CO_2 捕集的研究热点。目前 CO_2 的吸附剂主要有多孔材料吸附剂[124]（包括炭质吸附剂[125~127]、纳米管吸附剂[128]、金属有机骨架[129,130]、沸石分子筛和介孔材料等）、金属氧化物和水滑石类混合物吸附剂、盐类吸附剂（包括锂盐和钛酸钡等）和胺类等有机吸附剂。

（2）CO_2 封存与利用　目前，对 CO_2 规模化回收利用技术的开发和应用已经在全球范围内展开，主要分为 CO_2 的捕集与封存（CCS）技术和 CO_2 的捕集与利用（CCU）技术[132]。

中国神华鄂尔多斯盆地（Ordos）项目于 2010 年已进入计划阶段，2011 年在我国渤海湾盆地（BBB-Nm）开展了咸水层封存 CO_2 中试研究。我国的大庆油田、胜利油田及吉林油田等则开展了 CO_2-EOR 工作，在注入工艺等方面都取得了一些初步成果[133]。另外，我国在 CO_2 资源化利用技术方面也取得了不错的进展。国家 863 计划项目“二氧化碳-油藻-生物柴油关键技术研究”的顺利完成，可有效利用油藻的光合作用吸收二氧化碳来生产生物柴油。此外，采用光催化、电催化或光电催化，实现高效率及高选择性催化还原 CO_2 为当前 CO_2 资源化研究的热点，而开发催化效率高、选择性好的催化剂一直是该类研究的难点与重点[134~136]。除上述研究外，国内还有研究者采用细菌法、等离子堆反应器等生物化学和物理多种手段来还原 CO_2，但是尚都处在初步探索阶段[137]。

（3）生态系统温室气体减排　利用植物生态系统固定 CO_2，促进温室气体减排是一种温和、绿色、有效的减排方式。2012 年验收的“十一五”国家科技支撑计划“主要农林生态系统固碳减排技术研究与示范”项目，初步创建了林地、草地、农田、湿地和农林复合等生态系统温室气体减排和增汇的技术支撑体系，形成了中国农田生态系统提高固碳量、减少温室气体减排的技术方案。

研发低能耗的燃烧前、燃烧后及富氧燃烧、碳捕集流程工艺及关键技术，常规污染物与 CO_2 的协同减排技术，CO_2 资源化利用技术，微藻制油技术等，并围绕发电、钢铁、水泥、化工等重点行业开展 CO_2 捕集、利用与封存技术的综合集成与示范，是我国温室气体减排关键技术发展的重要方向。

5. 机动车污染控制技术

近年来，我国机动车污染问题日益突出。2010 年全国机动车保有量达到 1.9 亿辆，机动车尾气排放已成为我国大气污染的主要来源，是造成灰霾、光化学烟雾污染的重要原因。据测算，“十二五”期间我国还将新增机动车 1 亿辆以上，新增车用汽柴油消耗 1 亿～1.5 亿吨[138]，由此带来的环境压力十分巨大。

2011 年我国新修订了《环境空气质量标准》，对 $PM_{2.5}$ 的治理工作提出了更高要求，机动车污染防治成为改善环境空气质量的关键领域。环保部在 2012 年 10 月 29 日发布的《关于加强机动车污染防治工作推进大气 $PM_{2.5}$ 治理进程的指导意见》中也提出了一系列的政策措施，逐步形成了“车、油、路”协调发展的机动车污染减排格局。

从技术范畴上看，控制机动车排放可从燃油品质、内燃机技术和内燃机机外排放控制技术三方面同时着手[139]。我国在“十一五”期间已通过“973”、“863”计划及自然科学基金等渠道对机动车排放控制技术的研究进行资助，成果显著。在燃油品质控制方面，开发出了节油宝系列燃油净化器。这是一种具有汽车清净剂国际标准技术功效，能克服内燃机制造极限，改善燃烧而节油减排的燃油添加剂产品[140]。在尾气处理方面，进行了满足国Ⅳ排放标准的机动车污染控制技术集成与产品示范，打破了国外净化器在我国市场的垄断；开发了具有自主知识产权的催化剂银/氧化铝和还原剂乙醇组合体系，催化转换器在柴油发动机台架试验中显示出良好效果，能够满足欧III标准[141]；研制出多种尾气净化用高性能纳米复合材料，应用组合技术开发成功的 FD 净化器能满足欧Ⅳ、欧Ⅴ等超低排放的要求等[142]。

目前，对机动车尾气催化剂的研究已经从传统的三效催化剂[143]（Pt、Rh、Pd）逐渐转向全 Pd 催化剂、非贵金属催化剂（尖晶石型和钙钛矿型）、稀土三效催化剂等，以期开发出高活性、高稳定性、长寿命且廉价的新型催化剂。同时，一些学者对传统催化剂载体（金属、堇青石[144]、蜂窝陶瓷）以及新材料催化剂载体如纤维多孔陶瓷、导电型 SiC 多孔陶瓷材料、多孔金属间化合物等的应用也进行了研究，重点考察了多孔陶瓷材料的气孔率及力学特性、快速导热性、高热及化学稳定性、可重复使用性、经济性等[145]。

（二）重点城市与区域的大气污染防治

1. 京津冀

（1）污染现状　“十一五”期间，京津冀地区加快优化调整产业和能源结构，大力推进治污工程建设，主要污染物二氧化硫排放总量显著下降，排放强度明显降低。2009 年京津冀地区二氧化硫排放总量为 104.8 万吨，与 2005 年相比，污染物排放量减少了 84.4 万吨，下降幅度为 44.6%。

“十一五”以来京津冀地区空气质量逐年改善，平均来看，全年空气质量二级和好于二级的天数从 2005 年的 276 天增加到 2010 年的 307 天，达标比例达到 84.1%，较 2005 年提高了 8.5 个百分点。空气中主要污染物浓度全面下降，2010 年二氧化硫（SO_2）、二氧化氮（NO_2）和可吸入颗粒物（PM_{10}）年均浓度分别为 $0.044mg/m^3$、$0.043mg/m^3$ 和 $0.099mg/m^3$，比 2005 年分别下降了 37.7%、11.6%和 14.1%。京津冀地区自 2013 年开始实行包含 O_3、$PM_{2.5}$ 和 CO 在内的空气质量评价方法，并开展了对各项污染物的例行监测。由监测数据显示，北京 2012 年年均 $PM_{2.5}$ 浓度在 $80\mu g/m^3$ 左右，近 5 年来呈持续下降趋势。但从卫星反演 NO_2 柱密度数据看，京津冀地区是我国增长幅度最大的地区之一。不可否认，京津冀地区目前仍是我国空气污染严重的地区，尤其从 2011—2013 年数次发生的严重灰霾污染事件，为该地区以牺牲环境为代价的经济发展模式敲响了警钟。

（2）重点地区大气污染防治　为遏制大气污染加重的趋势，北京市政府从 1998 年开始采取了控制大气污染的紧急措施，经国务院批准发布了《北京市人民政府关于采取紧急措施控制北京大气污染措施的通告》。1999 年 3 月开始第二阶段控制，提出以控制扬尘污染为重点，加大治理煤烟型污染和机动车排气污染力度。第三阶段至第十阶段的控制措施主要以颗粒物控制为主。2005 年进入第十一阶段，继续采取综合防治措施，努力控制和削减大气污染物排放总量。2007 年开始的第十三阶段控制措施，在原有颗粒物污染的基础上，进一步将臭氧提上了议事日程。经过多年的努力，特别是第 29 届奥运会后，由国家环保部和北京市政府牵头，周边五省市参加，进行了区域协调联防联控治理，并取得了很好的效果，促进了我国联防联控机制的形成，也是我国大气污染跨区域联防联控的首次成功实践。2010 年北京市进入控制大气污染措施的第十六个阶段，该阶段着力构建污染物总量控制体系，深化污染排放总量削减，加强污染治理与监管。

天津市大力实施蓝天工程，每年发布蓝天工程实施方案，明确年度目标和任务，对影响天津市大气环境质量的主要污染因素开展综合治理。开展煤烟型污染治理，实施燃烧设施改燃清洁能源和拆除并网工程，有效控制燃煤产生的低空面源污染，对电力和非电力燃煤锅炉实行烟气脱硫治理，减少二氧化硫排放总量；在扬尘污染防治方面，每年组织相关政府职能部门开展对施工工地、道路运输洒漏和拆迁工地的扬尘污染统一执法检查；控制机动车尾气污染，加快高排放老旧在用车辆的更新淘汰，加强对在用机动车排放的监督管理，相关部门每年对行驶中的机动车进行抽测，开展冒黑烟公交车专项执法检查；推进油气回收治理，控制挥发性有机物污染；防治工业废气及恶臭污染，落实工业企业调整搬迁；开展保护臭氧层工作，逐步淘汰消耗臭氧层物质。

河北省省委、省政府在“十一五”期间紧紧围绕持续改善城市环境空气质量、确保实现二氧化硫减排目标为中心，大力实施“双三十”节能减排示范工程，加强全省 726 家重点排污企业的环境监管，加大淘汰落后产能力度，圆满完成国家下达的“十一五”环境保护和二氧化硫总量减排指标，特别在 2008 年奥运会期间圆满完成首都北京的空气质量保障工作；有序推进机动车污染防治工作，实施城镇面貌三年大变样环保行动计划，深化城市环境综合整治，使得河北省城市空气质量得到明显改善，11 个设区市空气质量二级及以上天数平均达到 334 天，比 2005 年增加了 39 天，提前实现“十一五”规划目标。河北省大气环境质量改善工作在省委、省政府及相关职能部门的不懈努力和积极配合下取得了巨大成绩，为“十二五”期间河北省经济发展提供了更大的增长空间。

（3）科研支撑　近年来，在国家环境保护部、中国科学研究院、科技部及京津冀各级地市研究经费的支持下，环保科研部门针对京津冀地区大气灰霾污染特征及控制，建立了 $PM_{2.5}$ 质量浓度及化学成分与大气能见度的关系，阐明了环渤海地区灰霾污染特征及规律，通过综合观测手段和卫星遥感及区域模式，对重污染过程成因进行解析等；围绕新空气质量标准颁布后的挑战，开展城市空气质量达标及改善方案研究，在针对城市源清单制定技术、城市空气质量评价办法、大气颗粒物源解析等共性技术方面取得了突破；开展空气污染物控制技术研究，针对燃煤锅炉、机动车排放、城市低矮面源、挥发性有机物控制技术等进行研制、开发、评估和示范；在空气质量管理技术等方面进行了深入细致的研究，对城市空气质量达标对策及规划、管理体系建设、区域联防联控机制等进行了持续支撑。

以科研支撑具体项目为依托，以科研数据为基础，系统阐述了京津冀区域大气复合污染及灰霾污染的特征和形成机理，为控制臭氧及细颗粒物污染、城市空气质量达标、区域环境空气质量改善提供了科学支持。

（4）“十二五”期间大气污染防控目标与工作重点　2012 年 10 月，环保部《重点区域大气污染防治“十二五”规划》（以下简称《规划》）经国务院批复，《规划》制定了“十二五”期间我国重点区域大气污染防治目标，规定到 2015 年，重点区域二氧化硫、氮氧化物、工业烟粉尘排放量分别下降 12%、13%、10%，挥发性有机物污染防治工作全面展开；环境空气质量有所改善，可吸入颗粒物、二氧化硫、二氧化氮、细颗粒物年均浓度分别下降 10%、10%、7%、5%，臭氧污染得到初步控制，酸雨污染有所减轻；建立区域大气污染联防联控机制，区域大气环境管理能力明显提高。京津冀、长三角、珠三角区域将细颗粒物纳入考核指标，细颗粒物年均浓度下降 6%；其他城市群将其作为预期性指标。其中，京津冀地区以北京为代表的城市中颗粒物污染控制指标相对其他地区较严格，尤其是北京的控制目标为 15%，对北京市政府提出颗粒物及相关污染物减排工作提出了非常高的要求。

因此，根据“十二五”规划要求，京津冀区域将进一步深化二氧化硫和氮氧化物控制；淘汰落后产能和开展重点城市清洁生产；加强典型工业源颗粒物排放控制并实施硫、氮、汞、重金属同脱控制；加强移动源排放污染控制，推进清洁燃料和高效公共交通建设；建立针对重污染过程的预报预警、监测评估、应急管理等能力建设；完善挥发性有机物控制，推进重点企业的定量核查及总量衡算；完善京津冀区域大气污染联防联控机制，建立综合监测、评估、预报、监管、控制、管理平台。

2. 长三角

（1）能源消耗巨大　长江三角洲（简称长三角），包括江、浙、沪两省一市，是全球第六大城市群，同时也是我国经济活动量最大、能源消费最为集中、大气污染物排放密度最高、大气复合污染最突出的区域之一。2010 年长三角地区煤炭消费总量达到 4.29 亿吨，其中火力发电和供热用煤量为 2.96 亿吨，占煤炭消费总量的 68.9%，终端直接燃煤 0.99 亿吨，占 23.1%。整个地区的焦炭生产量达 2251.48 万吨，原油加工能力 7935.70 万吨。长三角煤炭消费总量是京津冀的 1.2 倍，发电用煤量是京津冀的 2.0 倍，供热用煤量是京津冀的 1.7 倍，终端直接燃煤量是京津冀的 90%，焦炭产量为京津冀的 40%，原油加工能力是京津冀的 2.0 倍。

（2）大气污染物排放量　研究结果显示，长三角两省一市全年 SO_2、NO_x、PM_{10}、$PM_{2.5}$、VOCs 和 NH_3 排放量分别达到 205 万吨、300 万吨、416 万吨、199 万吨、489 万吨和 86 万吨，SO_2 和 NO_x 分别占全国排放总量的 8%和 17%，VOCs 排放量占全国排放总量的 21%，是京津冀和珠三角地区的 2.0 倍以上。

（3）环境空气质量状况　高强度的能源消耗和高密集的集中排放，使得长三角呈现严峻的大气复合污染。根据全国 153 个环境空气质量监测自动站 133 万组监测数据的统计分析，长三角地区大气中 SO_2、NO_2 和 PM_{10} 年均浓度分别为（33±48）$\mu g/m^3$、（43±32）$\mu g/m^3$ 和（93±114）$\mu g/m^3$，其中 PM_{10} 和 NO_2 的年均浓度明显高于京津冀和珠三角；而长三角地区因全年多雨，SO_2 的年均浓度略低于京津冀，但是酸雨频率却明显高于京津冀。根据国家环保部的总体部署，长三角两省一市分别于 2012 年 6 月前后公布了 $PM_{2.5}$ 的监测数据。尽管到目前为止还没有完整的年均数据，但是长三角地区大气 $PM_{2.5}$ 监测试点城市给出的结果显示，试点城市大气 $PM_{2.5}$ 的年均浓度基本保持在 $50\mu g/m^3$ 以上。卫星观测资料显示，长三角区域近地面大气 O_3 浓度自 2005 年以来一直保持增加趋势。大气复合污染的全年变化呈现秋冬春灰霾、夏季臭氧的交替污染态势。

（4）科研为污染防控提供了强大的技术支撑　为了改善当前城市和区域大气复合污染状况，近年来江、浙、沪两省一市在国家和地方政府的支持下，围绕气溶胶的污染特征、化学组成特点、关键消光组分、气溶胶污染来源解析以及污染防治对策等污染防控的核心问题，先后组织开展了长三角地区大气灰霾特征与控制途径研究、大气灰霾污染形成机制及基于中尺度化学模式的灰霾预报技术研究、复合型大气污染预测预报及决策支持平台研究、典型霾污染主要污染源控制与相关监管对策、大气有机气溶胶化学组分来源及控制对策、大气污染监控预警及应急关键技术应用性研究、主要大气污染物总量减排管理技术体系研究、典型黑炭气溶胶排放特征及控制对策研究、长三角区域大气污染防治“十二五”规划等重大研究。

这些研究初步解释了长三角区域大气复合污染的基本特征、细颗粒物（$PM_{2.5}$）和臭氧关键前体物及其来源，同时为环境管理部门制定各省市环境空气质量达标管理提供了深厚的科研基础。“十二五”期间，江、浙、沪两省一市将深入贯彻“国务院关于重点区域大气污染防治‘十二五’规划的批复”，以解决二氧化硫、氮氧化物、细颗粒物（$PM_{2.5}$）等污染问题为重点，严格控制主要污染物排放总量，实施多污染物协同控制，强化多污染源综合管理，着力推进区域大气污染联防联控，切实改善环境空气质量。

（5）建设能力得到大幅度提升　2011—2012 年期间，长三角环境空气质量监测能力得到大幅度提升，江、浙、沪两省一市先后配备了一批 $PM_{2.5}$、水溶性离子组分、碳质气溶胶、BC、O_3、VOCs、激光雷达等在线监测设备以及大气污染超级观测站，并实时公布 SO_2、NO_2、CO、PM_{10}、$PM_{2.5}$、$O_3$1h、$O_3$8h 监测数据，为城市和区域大气污染防控提供了重要的数据支撑。

（6）“十二五”期间大气污染防控目标与工作重点　“十二五”期间，江、浙、沪两省一市的环境空气质量目标为：二氧化硫（SO_2）年均浓度下降的比例为 11%~12%，二氧化氮（NO_2）年均浓度下降的比例为 9%~10%，可吸入颗粒物（PM_{10}）年均浓度下降的比例为 10%~14%，细颗粒物（$PM_{2.5}$）年均浓度下降的比例为 5%~7%。

根据“十二五”规划要求，江、浙、沪两省一市将在加强能源清洁利用的基础上，推进煤炭消费总量控制；在进一步深化二氧化硫污染治理的同时，开展氮氧化物总量控制；强化工业烟粉尘治理，实施多污染协同控制；开展重点行业挥发性有机物的治理，完善挥发性有机物的防治体系；强化机动车污染防治，有效控制移动源排放；加强扬尘控制、秸秆焚烧环境监管、推进油烟污染治理；建立区域大气污染联防联控工作机制、联合执法监管机制、大气污染预警应急机制；完善挥发性有机物等排污收费政策，实施重点行业的环保核查，推进城市环境空气质量达标管理；建设统一的区域空气质量监测网络，加强重点污染源监控。

3. 珠三角

（1）区域大气污染联防联控制度和机构建设进一步落实　2008 年珠三角地区建立了大气污染联防联控领导机构——珠三角区域大气污染防治联席会议制度，随后又成立区域大气环境质量科学研究中心，印发实施《广东省珠江三角洲大气污染防治办法》，修订《广东省机动车排气污染防治条例》。制定了《珠江三角洲地区空气质素管理计划》、《珠江三角洲地区改革发展规划纲要（2008—2020 年）》、《珠江三角洲清洁空气行动计划》等中长期改善区域空气质量的规划，为实现珠三角空气质量的长期稳步改善提供保障。

2011 年 7 月，广东省政府印发实施《广东省环境保护和生态建设“十二五”规划》，强调要突出联防联控的重要作用，珠三角地区要通过联防联控机制强化区域复合污染治理。同年 12 月，为落实《国务院关于加强环境保护重点工作的意见》和全国第七次环保大会精神，广东省委、省政府印发《关于进一步加强环境保护推进生态文明建设的决定》，强调要加强大气污染联防联控，完善机制，推进珠三角地区环保一体化，着力解决区域性大气污染问题。

（2）区域大气防治工作政策和标准体系逐渐完善　为全面推进重点区域大气污染防治工作，经广东省政府批准，印发实施《广东省机动车排气污染防治实施方案》、《广东省机动车环保分类标志管理办法》，陆续出台《广东省火电厂大气污染物排放标准》、机动车排气检测三项工况法标准以及遥测法标准、广东省汽柴油四项标准（粤Ⅲ油、粤Ⅳ油）、《工业锅炉大气污染物排放标准》、《水泥行业污染物排放标准》及印刷、表面涂装、家具、皮革制造4个行业的挥发性有机物排放标准等13项标准，建立了较为完善的珠三角大气污染联防联控工作政策标准体系。2011年，印发《珠江三角洲清洁空气行动计划2011年度实施方案》、《广东省环境保护厅关于机动车排放污染物定期检测委托的管理实施办法》和《广东省机动车环保专家管理办法（试行）》，明确2011年区域联防联控工作思路和全部工作任务，规范机动车检验机构委托工作程序，建立了机动车环保专家库。

（3）区域大气复合污染监测预警体系逐步完善　以常规空气监测网和粤港区域空气监控网为基础，依托国家863重大项目“重点城市群大气复合污染综合防治技术与集成示范”课题，建立了包括城市站、区域站、超级站、背景站、农村站、路边站、专题站7类站点的空气质量监测网络。针对2012年3月颁布的环境空气质量新标准要求，对珠三角地区城市站进行全面升级改造，包括全面配置$PM_{2.5}$自动监测设备。2012年6月，共有城市子站、区域站和超级站等62个站点参与和支持了基于新标准的区域空气质量实况发布工作。围绕珠三角区域大气复合污染立体监测网络建设，应用863课题研发的监测网络设计和优化技术、监测技术集成、配置和规范、网络化QA/QC体系及关键技术、监测数据管理与集成展示等关键技术，建成一个可满足大气复合污染监控预警和综合决策需要的集成系统平台。支持了2010年广州亚运会和2011年深圳世界大学生运动会空气质量保障工作，为实现“绿色亚运”和“绿色大运”提供了有力技术保障。

（4）粤港珠三角区域空气质量管理合作取得良好进展　广东省和香港特别行政区政府已率先启动对珠江三角洲城市群区域大气复合污染联合控制，在粤港《改善珠江三角洲地区空气质素的联合声明》和广东省“珠江三角洲环境规划”的指导下，确立了珠江三角洲区域污染控制的战略格局，在区域联合控制和区域协调上取得了一系列成果，如“粤港区域空气质量研究（2000—2002）”“建立粤港区域空气质量监控网络可行性研究（2003—2005）”“粤港源清单编制研究（2005—2007）”“粤港空气质量管理评估与回顾（2007—2010）”“粤港珠江三角洲空气质素管理计划（2002—2010年）”等系列研究工作。粤港两地政府在2009年8月签署了《粤港环保合作协议》，要求推进落实《珠江三角洲地区空气质素管理计划（2011—2020年）》，在国家“十二五”环保规划的基础上结合区域实际需求，共同研究珠三角地区2010年以后的空气污染物排放总量控制目标及减排方案，为粤港政府的区域空气质量管理、大气污染综合防治工作提供有力的科技支持。

（5）珠三角大气污染联防联控成效　“十一五”期间，珠江三角洲地区大力推进工程减排、结构减排和监管减排，严格环境准入和环境执法，对二氧化硫（SO_2）、氮氧化物（NO_x）、可吸入颗粒物（PM_{10}）和挥发性有机化合物（VOCs）四种主要大气污染物进行联合减排。与“十五”末相比，珠江三角洲地区二氧化硫排放总量下降32.3%，超额完成国家“十一五”削减目标（15%）；据测算，与1997年相比，2010年珠三角氮氧化物、可吸入颗粒物和挥发性有机化合物排放量分别下降20.2%、58.7%和26.2%；四项污染物整体减幅显著。

2006 年以来，珠三角区域空气质量有所改善，2010 年二氧化硫年均浓度为 0.026mg/m^3，较 2006 年下降 32.3%；可吸入颗粒物年均浓度为 0.058mg/m^3，较 2006 年下降 11.9%；二氧化氮年均浓度为 0.040mg/m^3，较 2006 年下降 6.0%。2006—2011 年珠三角地区城市空气质量监测网络数据分析表明，二氧化硫、二氧化氮和可吸入颗粒物年均浓度均有不同程度的下降，下降幅度分别为 41.0%、11.6%和 9.1%，区域空气质量整体持续改善。

五、大气环境科学的主要成果

2011 年和 2012 年，大气环境学科领域获奖情况见表 1 和表 2。

表 1　2011 年度获奖情况

获奖种类	获奖项目	获奖单位
国家技术发明奖二等奖	室温催化氧化甲醛和催化杀菌技术及其室内空气净化设备	中国科学院生态环境研究中心、中国科学院过程工程研究所、北京亚都空气污染治理技术有限公司
	全高程、全天时大气探测激光雷达	中国科学院武汉物理与数学研究所
国家科技进步奖二等奖	我国二氧化硫减排理论与关键技术（原名称：我国二氧化硫减排理论与实践）	清华大学、中国环境科学研究院、环境保护部环境规划院
	大气环境综合立体监测技术研发、系统应用及设备产业化	中国科学院合肥物质科学研究院、中国科学院遥感应用研究所、中国科学院大气物理研究所、淮北师范大学、安徽蓝盾光电子股份有限公司、合肥金星机电科技发展有限公司
高等学校科学研究优秀成果奖自然科学奖二等奖	大气气溶胶的形成和转化机制及其对城市空气质量和全球变化的影响	复旦大学
环境保护科学技术奖一等奖	大气痕量气体柱浓度及其廓线在线监测技术与应用	中国科学院合肥物质科学研究院（安徽光学精密机械研究所）
环境保护科学技术奖二等奖	燃煤烟气脱氮脱硫脱汞新技术研究与开发	中国环境科学研究院、广东天瑞科技有限公司、广州钢铁股份有限公司
	1000MW 超超临界机组配套电除尘器	浙江菲达环保科技股份有限公司、绥中发电有限责任公司
	全国机动车污染源排放系数研究与应用	中国环境科学研究院、清华大学、北京理工大学、国家摩托车质量监督检验中心（天津）
	烟气脱硫工程技术规范研究	中国环境保护产业协会、北京国电龙源环保工程有限公司、武汉凯迪电力股份有限公司、浙江天蓝环保技术有限公司、江苏新世纪江南环保有限公司
	国家“十一五”环境保护规划研究	环境保护部环境规划院、中国环境科学研究院、清华大学、中国环境监测总站、国务院发展研究中心产业经济研究部
	上海市大气污染物排放清单的动态更新及其在 AIRNow-I 中的应用	上海市环境监测中心
	烧结烟气密相干塔脱硫技术及应用	北京科技大学、首钢总公司环保产业事业部
	东莞市大气复合污染自动监测网络开发应用	东莞市环境保护监测站

表 2　2012 年度获奖情况

获奖种类	获奖项目	获奖人
高等学校科学研究优秀成果奖自然科学奖二等奖	大气颗粒物单颗粒的物理化学特征研究	中国矿业大学（北京）、山东大学、中原工学院、上海大学、湖南科技大学、北京市理化分析测试中心
环境保护科学技术奖一等奖	电力行业二氧化硫排污交易技术和实施研究	环境保护部环境规划院、清华大学、南京大学、北京思路创新科技有限公司
	特大型电袋复合除尘技术开发与应用	福建龙净环保股份有限公司、清华大学、福州大学、郑州裕中能源有限责任公司
环境保护科学技术奖二等奖	有机废气排放规律研究和资源化关键技术开发应用	常州大学
	国家污染源监测数据管理系统	中国环境监测总站、北京思路创新科技有限公司
环境保护科学技术奖三等奖	火电厂氮氧化物防治技术政策研究	北京市劳动保护科学研究所、中国环境科学研究院、中国环境保护产业协会
	烧结烟气多污染协同控制技术	武汉都市环保工程技术股份有限公司
	SCR 法烟气脱硝技术的国产化研究及应用	中国华电工程（集团）有限公司、华电环保系统工程有限公司
	中美联合经济研究：电力行业节能减排政策的经济分析	环境保护部环境与经济政策研究中心、环境保护部环境规划院、国家发展和改革委员会能源研究所
	上海市固定污染源烟气排放连续监测系统管理和应用研究	上海市环境监测中心、上海市环境监察总队

六、大气环境科学技术研究能力建设进展

（一）学术刊物

在学术期刊方面，国内相关期刊层出不穷。其中，中国环境科学学会主办的《中国环境科学》、中国环境科学研究院主办的《环境科学研究》、中国科学院大气物理研究所主办的《大气科学进展》以及中国科学院生态环境研究中心主办的《环境科学学报》等在大气环境科学研究领域占有相当重要的地位，其影响力及所刊登论文的质量逐年提高，社会效益显著增长。另外，清华大学主办的《环境科学与工程前沿》也于 2012 年首次获得 SCI 影响因子，并展现出良好的发展势头。这些期刊的发展，为大气环境研究领域的学者提供了更为宽广的交流平台。

（二）人才培养

近年来，大气学科领域涌现出大量的中青年人才。其中 2011—2012 年间申请并获得青年杰出基金资助的有北京大学邵敏教授、中科院广州地球化学研究所张干研究员和中科院大气物理研究所王自发研究员。另外，又有多名青年科学家通过“青年海外高层次人才引进计划”（青年千人计划）回国参与到我国大气环境学科的建设发展当中，这些高层次人才的发展和加

盟将有助于提高我国环境学科的整体学术水平。

（三）基础研究平台发展

目前，环保部在大气环境学科领域通过验收并命名的重点实验室有 5 个，其中 2011 年以后验收的有 3 个，见表 3。但是现有重点实验室数量仍然较少，难以覆盖大气学科各个研究领域。

表 3　环保部重点实验室名单（大气环境学科领域）

项目	实验室名称	依托单位	批准文号	批准时间
通过验收并命名的重点实验室	恶臭污染控制重点实验室	天津市环境保护科学研究院	环发[2002]128 号	2002 年 9 月 12 日
	城市空气颗粒物污染防治重点实验室	南开大学	环函[2007]138 号	2007 年 4 月 23 日
	卫星遥感重点实验室	中国科学院遥感应用研究所 环境保护部卫星环境应用中心	环函[2011]255 号	2011 年 9 月 20 日
	环境光学监测技术重点实验室	中国科学院合肥物质科学研究院	环函[2011]298 号	2011 年 10 月 28 日
	大气有机污染物监测分析重点实验室	沈阳市环境监测中心站	环函[2011]198 号	2011 年 7 月 25 日

除国家重点实验室以外，野外观测站点也得到了显著发展，成为我国大气环境监测和研究以及相关人才培养的基地和中心。其中南京大学建立的“地球系统区域过程观测站（SORPES）”于 2012 年 5 月份正式挂牌运行。作为一个大气环境和全球变化的综合观测平台，SORPES 的建立及长期运行可以有效地推进我国大气环境学科的发展，以及各相关学科的交叉合作。

基础研究平台的发展将紧跟国际前沿，不断加强平台建设、人才培养和国际合作与交流，促进大气相关学科的持续快速发展。

参考文献

[1] 邹钧, 孙鉴泞, 刘罡. 城市近地层湍流特征分析. 气象科学, 2011, 31(4) : 525-533.

[2] 黄鹤, 李英华, 韩素芹, 等.天津城市边界层湍流统计特征. 高原气象, 2011, 30(6): 1481-1487.

[3] 陆春松, 牛生杰, 岳平, 等. 南京冬季雾多发期边界层结构观测分析. 大气科学学报, 2011, 34 (1): 58-65.

[4] 杜云松, 彭珍, 张宁, 宋丽莉. 南京地区一次降水过程湍流特征研究. 南京大学学报: 自然科学, 2011. 47(6):703-711.

[5] 彭珍, 宋丽莉, 胡非, 等. 台风“珍珠”登陆期间动量通量的多尺度分析. 热带气象学报, 2012, 28(1): 61-67.

[6] 张容焱, 张秀芝, 杨校生, 等. 台风莫拉克(0908)影响期间近地层风特性. 应用气象学报, 2012 ,23(2): 184-194.

[7] 王林, 覃军, 陈正洪. 一次暴雪过程前后近地层物理量场特征分析. 大气科学学报, 2011, 34(3): 305-311.

[8] 黄菲, 马应生, 黄健. 春季华南沿海海-气边界层动力参数的观测研究. 中国海洋大学学报. 2011, 41(7/8):001-008.

[9] 张翔, 李云波, 张学宏, 张永刚, 大连海域近海面湍流结构及谱特征. 海洋通报，2012, 31(1): 9-14.

[10] 王敏仲, 魏文寿, 何清, 等. 风廓线雷达对塔克拉玛干沙漠晴天边界层的探测分析. 气象, 2012,38(5):577-584.

[11] 王柯, 何清, 王敏仲, 胡月宏, 李晓辉, 塔克拉玛干沙漠腹地边界层风场特征. 中国沙漠, 2012.32(4): 1029-1034.

[12] 李晓岚, 张宏升. 2010 年春季北京地区强沙尘暴过程的微气象学特征. 气候与环境研究, 2012, 17 (4): 400-408.

[13] 卢超, 袁仁民, 罗涛, 吴徐平, 孙鉴泞. 模拟的对流边界层光学湍流的特征尺度分析. 光学学报, 2012, 32(2): 1-7.

[14] 殷雷, 孙鉴泞, 刘罡. 地表非均匀加热影响对流边界层湍流特征的大涡模拟研究. 南京大学学报: 自然科学，2011, 47(6): 643-656.

[15] 刘子锐，王跃思，刘全，刘鲁宁，张德强. 鼎湖山秋季大气细粒子及其二次无机组分的污染特征及来源. 环境科学，2011, (11):3160-3166.

[16] 张璐，杨修群，汤剑平，等. 夏季长三角城市群热岛效应及其对大气边界层结构影响的数值模拟. 气象科学，2011, 31(4) :431-440.

[17] 张弛，束炯.土地利用类型变化对城市大气边界层特征影响的数值模拟. 华东师范大学学报：自然科学版， 2011, 4: 83-93.

[18] Ren A, Qiu X, Jin L, *et al.* Association of selected persistent organic pollutants in the placenta with the risk of neural tube defects. Proc Natl Acad Sci U S A, 2011, 108(31): 12770-5.

[19] Chen R, Kan H, Chen B, *et al.* Association of particulate air pollution with daily mortality: the China Air Pollution and Health Effects Study. Am J Epidemiol, 2012, 175(11): 1173-81.

[20] Cao J, Yang C, Li J, *et al.* Association between long-term exposure to outdoor air pollution and mortality in China: a cohort study. J Hazard Mater, 2011, 186(2-3): 1594-600.

[21] Cao J, Xu H, Xu Q, Chen B, Kan H. Fine particulate matter constituents and cardiopulmonary mortality in a heavily polluted Chinese city. Environ Health Perspect, 2012, 120(3): 373-8.

[22] Huang W, Cao J, Tao Y, *et al.* Seasonal variation of chemical species associated with short-term mortality effects of PM(2.5) in Xi'an, a Central City in China. Am J Epidemiol, 2012, 175(6): 556-66.

[23] Wu S, Deng F, Huang J, *et al.* Blood Pressure Changes and Chemical Constituents of Particulate Air Pollution: Results From The Healthy Volunteer Natural Relocation (HVNR) Study. Environ Health Perspect, 2012.

[24] Wu S, Deng F, Wei H, *et al.* Chemical constituents of ambient particulate air pollution and biomarkers of inflammation, coagulation and homocysteine in healthy adults: A prospective panel study. Part Fibre Toxicol, 2012, 9(1): 49.

[25] Sun L, Yu Y, Huang T, *et al.* Associations between ionomic profile and metabolic abnormalities in human population. PLoS One, 2012, 7(6): e38845.

[26] 杨春雪，阚海东，陈仁杰. 我国大气细颗粒物水平、成分、来源及污染特征.环境与健康杂志， 2011, (08):81-84.

[27] 陈颖，李丽娜，杨常青，等.我国 VOC 类有毒空气污染物优先控制对策探讨.环境科学, 2011, (12):12-18.

[28] 方凤满. 中国大气颗粒物中金属元素环境地球化学行为研究. 生态环境学报, 2010, (04):229-234.

[29] 师建中，郝华杰，岳玎利，等.震荡天平法大气颗粒物质量浓度监测的准恒重称量装置和方法.专利号:ZL201110147484.9.

[30] 颗粒物粒径分析仪[Z].国家科技成果.

[31] 张晓尉.微米级大气颗粒物有害重金属元素直接检测技术与仪器的初步研究[D].杭州:浙江大学, 2012.

[32] 冯明春，高闽光，徐亮，等.反射式 FTIR 监测温室气体浓度及其变化规律.激光与红外, 2011, (11):27-30.

[33] 林中庆，曹亚平，赵小伟，风廓线雷达资料在一次强对流天气过程中的应用. 气象研究与应用, 2011, 32(3): 19-23.

[34] 邓闯，阮征，魏鸣，等. 风廓线雷达测风精度评估.应用气象学报， 2012 , 23 (5):523-533.

[35] 胡明宝，张鹏. 风廓线雷达测量性能分析.气象科技, 2011,39 (3):315-319.

[36] 黄宝库. 激光探测大气典型气体的研究进展.激光与红外, 2012,42 (11):1222-1225.

[37] 黄忠伟. 气溶胶物理光学特性的激光雷达遥感研究[D]. 兰州：兰州大学博士论文, 2012.

[38] 郭劲秋，中低层大气温度和气溶胶廓线的拉曼激光雷达探测研究[D]. 南京：南京信息工程大学, 2012.

[39] 李礼，余家燕，杨灿，等.CE-318 太阳光度计在大气环境监测中的应用.环境科学与管理, 2012,37 (2):107-110.

[40] 张人文，范绍佳，李颖敏.2008 年秋季从化山谷风观测研究.热带气象学报, 2012,28(1):134-139.

[41] 赵美，黄文杰，李永，等.探空高度与雷达高度的比较研究.气象科技, 2012,40 (6):906-909.

[42] 陈鹏飞，张蔷，权建农，等.北京上空气溶胶浓度垂直廓线特征.环境科学研究, 2012,25(11):1215-1221.

[43] 高大伟，徐宏辉，郁珍艳，等. MODIS 气溶胶光学厚度在临安大气颗粒物监测中的应用.环境科学研究, 2012,25(7):739-744.

[44] 马再忠，郭英华，王斌.GPS 掩星观测的发展及其在气象业务中的应用现状.气象学报, 2011,69(1):208-218.

[45] 王中挺，王子峰，厉青，等.环境一号卫星在监测大气 PM_{10} 中的应用.中国环境科学， 2011,31(2):202-206.

[46] 赵少华，秦其明，张峰，等.基于环境减灾小卫星(HJ-1B) 的地表温度单窗反演研究.光谱学与光谱分析, 2011,31 (6): 1552-1556.

[47] 薛庆生，林冠宇，陈伟.用于大气临边探测的高光谱成像仪研制.仪器仪表学报, 2012,33 (5):1167-1173.

[48] 黎游.基于卫星平台的大气二氧化碳浓度探测方法研究，哈尔滨:哈尔滨工业大学, 2011.

[49] 李丙瑞，刘顺林，席颖，等.面向全球气候变化的极地环境遥感关键技术与系统研究. 中国地球物理, 2012:351-352.

[50] 刘文清，刘建国，谢品华，等.大气环境综合立体监测技术应用及设备产业化.中国科技成果, 2011,12(16):72.

[51] XiaoR, TakegawaN, ZhengM, *et al.*Characterization and source apportionment of submicron aerosol with aerosol mass spectrometer during the PRIDE-PRD 2006 campaign. Atmospheric Chemistry and Physics, 2011,11: 6911-6929.

[52] ShaoM, HuangD, GuD, *et al.* Estimate of anthropogenic halocarbon emission based on measured ratio relative to CO in the Pearl River Delta region, China. Atmospheric Chemistry and Physics, 2011, 11: 5011-5025.

[53] FanSJ, FanQ, YuW, *et al.* Atmospheric boundary layer characteristics over the Pearl River Delta, China, during the summer of 2006: measurement and model results , Atmospheric Chemistry and Physics, 2011, 11: 6297-6310.

[54] LuKD, RohrerF, HollandF, *et al.*Observation and modelling of OH and HO_2 concentrations in the Pearl River Delta 2006: a missing OH source in a VOC rich atmosphere. Atmospheric Chemistry and Physics, 2012, 12: 1541-1569.

[55] HuWW, HuM, DengZQ, *et al.*The characteristics and origins of carbonaceous aerosol at a rural site of PRD in summer of 2006. Atmospheric Chemistry and Physics, 2012, 12, 1811-1822.

[56] LiX, BrauersT, HäselerR, *et al.* Exploring the atmospheric chemistry of nitrous acid (HONO) at a rural site in Southern China. Atmospheric Chemistry and Physics, 2012 , 12: 1497-1513.

[57] DongHB, ZengLM, HuM, *et al.*Technical Note: The application of an improved gas and aerosol collector for ambient air pollutants in China. Atmospheric Chemistry and Physics, 2012, 12: 10519-10533.

[58] 张苗云，王世杰，马国强，等.大气环境的硫同位素组成及示踪研究.中国科学：地球科学, 2011, 41(2):216-224.

[59] 刘立新，周凌晞，夏玲君，等.气体稳定同位素比质谱法分析本底大气 CO_2 的 δ^{13} C 和 δ^{18} O. 环境科学学报, 2012, 32(6): 1299-1305.

[60] 刘芮伶，黄晓锋，何凌燕，等. 质子转移反应质谱在线测量大气挥发性有机物及来源研究——以深圳夏季为例. 环境科学学报, 2012,32(10):2540-2547.

[61] 陈枳君，曾立民. 在线大气汞分析仪渗透管标定方法研究. 环境科学学报, 2011,31 (5):1192-1197.

[62] 杨柳林，王雪梅，陈巧俊. 区域间大气污染物相互影响研究的新方法探讨. 环境科学学报, 2012,32 (3):528-536.

[63] 薛泽春，李连之，刘颖.降雪中金属元素组成与城市大气环境的关系探讨. 中国环境监测, 2011,27 (2):42-44.

[64] 王迎春，梁旭东，苗世光，等. 城市气象研究动向的思考. 气象, 2012,38(l):1232-1237.

[65] Li J,Wang Z,Wang X, *et al.*Impacts of aerosols on summertime tropospheric photolysis frequencies and photochemistry over Central Eastern China .Atmospheric Environment,2011,45: 1817-1829.

[66] Wu Qizhong, Wang Zifa, Chen Huansheng, *et al.* Meteorol Atmos Phys,2012, DOI 10.1007/s00703-011-0179-z.

[67] Wang Tijian, Jiang Fei, Deng Junjun, *et al.* Urban air quality and regional haze weather forecast for Yangtze River Delta region . Atmospheric Environment, 2012, 58: 70-83.

[68] Zhou CHun-hong,Gong Sunling, Zhang Xiao-ye, *et al.* Towards the improvements of simulating the chemical and optical properties of Chinese aerosols using an online coupled model - CUACE/Aero . Tellus B, 2012, 64: 18965.

[69] Zhuang Bingliang, Jiang Fei, Wang Tijian, Li Shu, Zhu Bin. Investigation on the direct radiative effect of fossil fuel black-carbon aerosol over China . Theor Appl Climatol, 2011, 104: 301-312.

[70] 沈凡卉，王体健，庄炳亮，李树.中国沙尘气溶胶的间接辐射强迫与气候效应. 中国环境科学, 2011, 31(7): 1057-1063.

[71] 李树，王体健，庄炳亮，等.不同云滴数浓度参数化方案对硝酸盐气溶胶第一间接效应影响的比较研究.气象科学，2011,31(4):

475-483.

[72] Zhang Hua, Wang Zhili, Wang Zaizhi, *et al.* Simulation of direct radiative forcing of aerosols and their effects on East Asian climate using an interactive AGCM-aerosol coupled system . Clim Dyn, 2012, 38: 1675-1693.

[73] Zhu J, Liao H, and Li J. Increases in aerosol concentrations over eastern China due to the decadal-scale weakening of the East Asian summermonsoon. Geophys. Res. Lett., 2012, 39, L09809, doi:10.1029/2012GL051428.

[74] Han Zhiwei, Jiawei Li, Xiangao Xia, Renjian Zhang. Investigation of direct radiative effects of aerosols in dust storm season over East Asia with an online coupled regional climate-chemistry-aerosol model. Atmospheric Environment, 2012, 54, 688-699.

[75] 安俊岭，向伟玲，韩志伟，郑毅，王自发，王歆华，吴剑斌，晏平仲，李杰，屈玉，陈勇，李嘉伟. 突发性大气污染监测与预报技术集成移动平台. 中国环境科学, 2011,31 (8):1241-1247.

[76] 蒋自强，张欣，王体健. 突发性泄漏事件大气环境与健康风险评估系统研究. 安全与环境学报, 2010,10(6):127-132.

[77] 张欣，王体健，蒋自强，王勤耕，杜婷婷. 突发性大气污染事件数字化动态应急预案系统及其应用. 安全与环境学报, 2012,12(1):254-260.

[78] 陈晓雷. 火电厂 $PM_{2.5}$ 治理技术探讨. 中国环保产业, 2012,07:26-29.

[79] 赵永水. 燃煤电厂 $PM_{2.5}$ 微细颗粒物控制新技术——旋转电极式电除尘性能特点及安装技术. 能源环境保护,2012,04:1-4.

[80] 刘后启，刘启元，张晓梅. 电-袋组合式除尘技术应用评述. 中国环保产业, 2012,10:27-30.

[81] 我国脱硫脱硝行业 2011 年发展综述. 中国环保产业, 2012,06:20-26.

[82] 周丽. 烟气脱硫工艺进展综述. 石油化工安全环保技术, 2012,04:55-58,8.

[83] 朱法华，刘大钧，王圣. 火电厂 NO_x 排放及控制对策审视. 环境保护, 2009,21:40-41.

[84] 汪琦，方云进. 烟气脱硝技术研究进展和应用展望. 化学世界, 2012,08:501-507,512.

[85] 姚立英，张东国，王伟，白文娟，王红宇. 燃煤工业锅炉氮氧化物污染防治技术路线. 北方环境, 2012,04:79-82.

[86] 陈强. 火电厂烟气脱硝技术的应用与展望. 化学工程与装备, 2012,05:150-151.

[87] 王圣，刘红志，陈辉. 国内外燃煤电厂汞排放控制技术比较分析. 中国环保产业, 2012,07:42-46.

[88] 赵宝江. 火电厂脱汞技术综述.能源环境保护, 2012,02:1-4.

[89] 韩粉女，钟秦. 燃煤烟气脱汞技术的研究进展. 化工进展, 2011,04:878-885.

[90] 郭俊，马果骏，阎冬，王建春，吴雪萍. 论燃煤烟气多污染物协同治理新模-兼谈龙净环保"烟气治理岛"模式. 电力科技与环保, 2012,03:13-16.

[91] 王翠苹，徐承浩，袁婉丽，刘娜. 三段炭层吸附床联合脱除烟气污染物的实验研究. 青岛大学学报：工程技术版, 2012,02:85-89.

[92] 张相，朱燕群，王智化，张莉莉，周俊虎，岑可法. 臭氧氧化多种污染物协同脱及副产物提纯的试验研究. 工程热物理学报, 2012,07:1259-1262.

[93] 郦建国，舒英钢，朱建波，孙真真. 适应新烟尘排放标准的电除尘集成技术. 石油石化节能与减排, 2012,04:35-42.

[94] 我国电除尘行业 2010 年发展综述. 中国环保产业, 2011,05:28-34.

[95] 我国脱硫脱硝行业 2011 年发展综述. 中国环保产业, 2012,06:20-26.

[96] 宋闯，王刚，李涛，郭猛. 燃煤烟气脱硝技术研究进展. 环境保护与循环经济, 2010, 01:63-65.

[97] 罗龙海. 烟气同步脱硫脱硝研究进展. 广州化工, 2011,21:31-33.

[98] 汪洋，沈煜晖，陶爱平. 工业化烟气脱汞技术应用现状. 华电技术, 2011,05:58-62,80.

[99] 孟宪谦，薛友祥，吕华，等. TiO_2 光触媒担载多孔陶瓷室内空气净化元件的研究. 现代技术陶瓷, 2004,2:16-18.

[100] 陈培珍，刘俊劭，江慧华. 吸附法降低室内甲醛的研究. 武夷学院学报, 2012, 31(2):33-36.

[101] 胡润华. 甲醛吸附剂的合成与表征及其吸附性能的研究[D]. 武汉：武汉理工大学, 2011.

[102] 蔡志红，李彩亭，文青波，等. 改性粉煤灰对空气中甲醛的吸附研究. 中南大学学报：自然科学版, 2011,42(7):2156-2161.

[103] 李珍，王力，陆志宏. 动态法测试沸石吸附剂净化室内甲醛的性能评价研究. 广州化工, 2012,40(15): 98-100.

[104] 孔德彧，管昊，张倩，等. 含钛高炉渣制备甲醛吸附剂的研究. 钢铁钒钛，2012,33(1):40-43.

[105] 申世近，曲振平，陈丹，等. Ag/meso-Co_3O_4催化剂制备及其对甲醛的催化氧化[C]. 第六届全国环境化学学术大会论文集, 2011:85.

[106] 范红玉，李小松，刘艳霞，等. 循环的存储-放电等离子体催化新过程脱除室内空气中甲苯. 化工学报, 2011,62(7):1922-1926.

[107] 陈坤洋，朱利中. {001}晶面暴露的二氧化钛纳米单晶光催化降解气相苯[C]. 第六届全国环境化学学术大会论文集, 2011:2.

[108] 吕金泽，朱利中. 微孔 TiO_2 吸附-光催化一体化净化室内空气中低浓度环己酮[C]. 第六届全国环境化学学术大会论文集, 2011:82.

[109] 李慧，邵龙义，孙珍全，等.公共场所室内可吸入颗粒物的污染特征.环境与可持续发展, 2007,(2):53-55.

[110] 李文明，付大友，夏开飞，等. 室内空气净化器结构部件选材比较. 广州化工，2011,39(7):36-38.

[111] 徐火炬. 高中效空气过滤、高强度紫外线和动态离子杀菌组合空气卫生工程新技术在手术中的应用. 洁净与空调技术, 2012,3:77-93.

[112] 柏智勇. 带消毒杀菌和空气负离子的空气净化器: 中国, CN201120437015. 6[P]. 2012.7.25.

[113] 曾国明. 车载空气净化器: 中国, CN201120520504.8[P].2012-8-22.

[114] 上海纳米技术及应用国家工程研究中心有限公司. 全方位抗菌智能型车用空气净化器: 中国，CN201110431285.0[P]. 2012-7-4.

[115] 漳州金龙客车有限公司. 一种安装于客车的空气净化器: 中国, CN2011100920 78.7[P].2012-10-17.

[116] 太仓东能环保设备有限公司. 一种车载便携式太阳能空气净化器: 中国, CN20 1210251861.8[P].2012-10-10.

[117] 苏州工业园区七星电子有限公司. 一种汽车空气净化系统: 中国, CN20121025 7176.6[P].2012-10-24.

[118] 谢和平，谢凌志，王昱飞，朱家骅，梁斌，鞠杨. 全球二氧化碳减排不应是 CCS，应是 CCU. 四川大学学报: 工程科学版, 2012,04:1-5.

[119] 肖远牲，刘光全，尹先清. 二氧化碳捕集技术及机理研究进展. 化工中间体, 2012,10:1-5.

[120] 张慧明，周德群，曹杰，葛世龙. 温室气体减排技术研究进展. 中国科技论坛, 2011,09:104-109.

[121] 厉向杰，张秋禹，张宝亮，范新龙，雷星锋. 固体吸附剂吸附二氧化碳的研究进展. 现代化工, 2012,02:24-27.

[122] 师彬. 超重力法吸收模拟工业废气中 CO_2 和 SO_2 的研究[D]. 北京: 北京化工大学, 2010.

[123] 晏水平，陈竟翱，艾平，王媛媛，张衍林. 利用膜吸收技术分离沼气中 CO_2. 农业工程学报, 2012,11:196-204.

[124] 郝广平，李文翠，陆安慧. 纳米结构多孔固体在二氧化碳吸附分离中的应用. 化工进展, 2012,11:2493-2510.

[125] Shen W, Zhang S, He Y, *et al*. Hierarchical porous polyacrylonitrile-based activated carbon fibers for CO_2 capture. J. Mater. Chem., 2011, 21 (36):14036-14040.

[126] Liu L, Deng Q F, Ma T Y, *et al*. Ordered mesoporous carbons: Citric acid-catalyzed synthesis, nitrogen doping and CO_2 capture. J. Mater. Chem., 2011, 21(40):16001-16009.

[127] 郝广平，米娟，李多，等. 分等级孔道含氮多孔炭作超级电容器电极材料的研究. 新型炭材料, 2011, 26(3): 197-203.

[128] LiuJ, LiuY, WuZ, *et al*., Polyethyleneimine functionalized protonated titanate nanotubes as superior carbon dioxide adsorbents. Journal of Colloid and Interface Science, 2012, 386(1): 392-7.

[129] 侯洪蕾. 有机胺改性 MCM-41 吸附富集 CO_2[D]. 大连: 大连理工大学,2012.

[130] Lin J B, Xue W, Zhang J P, *et al*. An ionic porous coordination framework exhibiting high CO_2 affinity and CO_2/CH_4 selectivity. Chem. Commun. , 2011, 47(3):926-928.

[131] RenS, HouY, WuW, *et al*., CO_2 capture from flue gas at high temperatures by new ionic liquids with high capacity. RSC Advances, 2012, 2(6): 2504-2507.

[132] 尉晓妮，王宁波，张君涛. CO_2 规模化回收利用及研究进展. 洁净煤技术, 2012,04:86-90.

[133] 李义曼，庞忠和，李捷，孔彦龙. 二氧化碳咸水层封存和利用. 科技导报, 2012,19:70-79.

[134] 周天辰, 何川, 张亚男, 赵国华. CO_2的光电催化还原. 化学进展, 2012,10:1897-1905.

[135] LiuQZ, TianY, ChenZP, GaoXY, ZouJ, Z G. Zn_2GeO_4 crystal splitting toward sheaf-like, hyperbranched nanostructures and photocatalytic reduction of CO_2 into CH_4 under visible light after nitridation. Journal of Materials Chemistry, 2012, 22(5): 2033-2038.

[136] LiZ, ZhouY, ZhangJ, *et al*., Hexagonal Nanoplate-Textured Micro-Octahedron Zn_2SnO_4: Combined Effects toward Enhanced Efficiencies of Dye-Sensitized Solar Cell and Photoreduction of CO_2 into Hydrocarbon Fuels.Crystal Growth & Design, 2012,12(3):1476-1481.

[137] 周天辰, 何川, 张亚男, 赵国华. CO_2的光电催化还原. 化学进展, 2012,10:1897-1905.

[138] 中华人民共和国环境保护部. 关于加强机动车污染防治工作推进大气 $PM_{2.5}$ 治理进程的指导意见: 2.

[139] 贺泓, 翁端, 资新运. 柴油车尾气排放污染控制技术综述. 环境科学, 2007,06: 1169-1177.

[140] 节油宝系列燃油净化器. 创新时代, 2011,(8):86.

[141] 钱伯章, 朱建芳. 汽车尾气净化减排技术进展. 中国环保产业, 2010,(3):20-24.

[142] 肖益鸿, 蔡国辉, 郑勇, 魏笑峰, 魏可镁. 满足超低排放要求的 FD 净化器研制. 厦门大学学报: 自然科学版, 2011,50:24-25.

[143] 陈默, 曹端林, 李永祥, 王建龙. 车用三效催化剂的研究进展. 化工中间体, 2011,08(5):1-4.

[144] 王炜, 吴晓东, 翁端, 黄妃慧, 潘吉庆. 机动车尾气净化用堇青石蜂窝陶瓷研究中的若干问题. 科技导报, 2011,29(31):70-74.

[145] 夏建国, 王少洪, 侯朝霞. 多孔陶瓷在汽车尾气处理中的研究进展. 兵器材料科学与工程, 2012, 35(4): 93-97.

固体废物处理处置学科发展报告

摘要 随着环境保护工作的深入，社会对固体废物污染防治的认识也在不断深入。对于环境污染治理工作而言，废水、废气、污染土壤的治理并不是污染治理的终点，固体废物污染防治在很大程度上承担了环境治理的最后压力。本文介绍了固体废物利用/处置技术的发展脉络和知识体系总体情况，归纳总结了固体废物基础理论及研究进展，着重对 2011—2012 年间固体废物利用/处置技术领域的重要成果进行阐述，基于其战略需求分析，并对固体废物利用处理行业的发展趋势进行了展望。

一、引言

固体废物是污染物的“汇”和“源”，对于环境污染治理而言，废水、废气、土壤的治理并不是污染治理的终点[1,2]，现有技术条件下，水、气、土壤治理的结果是污染物被转移到污泥、脱硫渣、废渣等固体废物当中。固体废物中的污染物仍有向水、气、土壤迁移的风险，固体废物特别是危险废物，是造成水体、大气、土壤等环境污染问题的重要因素之一，处理不当会危害人体健康，破坏生态环境[3]。固体废物污染防治在很大程度上承担了环境治理的最后压力。只有控制了固体废物的环境风险，才能从根本上保护水、气、土壤污染治理的成果，并最终从整体上改善环境质量。另一方面，固体废物管理涉及生产、流通、消费、资源回收、综合利用和最终处置等众多环节，单纯的末端污染控制已无法有效解决其环境问题，更应兼顾其废物和资源属性，强调过程控制和综合管理，我国的废物管理重心应由污染防治、安全处置向实施综合的废物资源管理转变。因此，提升固体废物污染防治水平是整体改善水、大气和土壤环境质量的重要保障[4]。目前，固体废物污染防治问题进入绿色转型发展阶段，同样面临着严重的挑战和问题。在“十二五”期间，固体废物领域必须要实施如下几个方面的工作。

一是固体废物污染防治领域要进入国家绿色转型发展的轨道，并要成为实现绿色转型发展的重要领域。这是因为多年来我国自然资源的粗放开采、利用造成了废弃物产生量巨大，资源可利用“品位”不高，回收利用率低，环境污染严重 [3]，不但导致经济社会发展的不可持续问题，而且绿色转型发展也失去了以自然资源的高效利用和废物资源的循环利用为特征的物质基础[4]。

二是固体废物治理应与水、气、土壤治理统筹考虑，同步进行。目前各地日益凸显的重金属、化学品、危险废物和土壤污染等问题无一不涉及固体废物，是多年来固体废物污染防治遗留下来的欠账，这是环境安全和污染事故的最大隐患。如果没有国家层面上强有力的政策和制度，想从根本上得到解决是不可能的，这就要求我们在绿色转型期间必须实施国家层面上的大型工程。

三是在绿色转型发展时期，必须要构建废物资源循环利用的经济机制和制度，改变以往主要依靠政府行为的局面，而且为实现这一目标进一步调整相关法规和政策。只有使绿色转型发展成为全社会的共同理念和自觉行动，形成了政府、企业、社会多方行动的良性格局，全国上下都树立了废物排放出来是污染物、回收利用是资源的新观念，才能实现资源节约型社会的可持续良性发展。

随着我国经济的飞速发展，“减量化、再利用、再循环”和“循环经济”的理念已经纳入了固体废物环境管理工作当中，固体废物环境管理体系基本建成，基础理论体系有了更深的发展，成熟技术有了更大规模的应用，处置设施的建设加快，重大成果不断涌现。下面针对2011—2012年间固体废物污染防治中的研究进展进行介绍，在进行共性描述的同时，对获得环境保护科学技术奖的科研成果进行着重阐述。

二、固体废物利用/处置技术基础理论研究进展

固体废物无害化处置与资源化利用研究的目的是为实现可持续的固体废物管理目标提供技术支撑，并通过持续的理论创新和技术发展起到引导固体废物管理实践向可持续化方向发展的作用。为达到这一目的，固体废物无害处置与资源利用研究的范围包括[6,7]：固体废物产生特征及其性质的表征分析；固体废物可处理与可利用特性的识别方法；固体废物物理分离、化学与生物转化过程及其产物的资源化利用原理与方法；通过物理隔离和分离、化学与生物转化，减轻固体废物环境危害特性和隔断其污染途径的原理与方法；固体废物处理（储存、输送、分离、转化）过程及其衍生物排放与利用过程的环境安全性评价与控制方法；固体废物无害处置与资源化利用技术过程的环境与生态效应评价方法等。

“十一五”期间，我国在固体废物利用/处置的技术理论研究方面取得了较大的进展，为初步构建固体废物利用/处置技术理论体系提供了科技支撑。2011—2012年间，在发展循环经济环境保护技术方面有所突破。

中国环境科学研究院与北京科技大学合作，通过方法创新研究，系统地进行了重点行业发展循环经济环境保护技术途径导则的研究，构建了行业发展循环经济环境保护导则的标准体系。导则从污染预防、过程控制、末端治理、废物的资源化利用等全过程污染控制以及发展循环经济的保障角度，对行业发展循环经济提出了相对应的措施和要求。其研究成果已经转换成《钢铁工业发展循环经济环境保护导则》（HJ 465—2009）和《铝工业发展循环经济环境保护导则》（HJ 466—2009）。

三、固体废物利用/处置科学技术研究进展

根据固体废物利用/处置减量化、无害化和资源化的原则，围绕《国务院关于落实科学发展观加强环境保护的决定》和《国家中长期科学和技术发展规划纲要（2006—2020年）》确定的发展目标，结合我国固体废物产生状况和污染现状，在国家相关部门的支持和引导下，相关单位和研究人员在固体废物处理、处置和利用技术、资源化利用技术以及突发事故应急救援技术的研究及示范等方面做了大量工作。

（一）危险废物

危险废物利用/处置是一个系统工程。2011—2012 年间，我国在危险废物焚烧、综合利用等方面开展了广泛而深入的研究。此外，我国的危险废物管理体系得到不断发展和完善。

1. 危险废物利用/处置技术研究进展

在危险废物焚烧处置方面，中天环保产业集团在引进国外工业及危险废物焚烧技术的基础上，结合中国危险废物特点、技术标准、生产配套体系，消化吸收再创新形成危险废物处置专用熔渣回转窑焚烧设备技术，解决了目前国内危险废物处置存在的焚烧对象单一、焚烧不彻底、二次污染大、后处理复杂且处置费用高等问题。形成了包括熔渣回转窑焚烧技术、耐腐蚀防结焦的全膜式壁危险废物焚烧余热锅炉、液体危险废物焚烧燃烧器及焚烧系统等多项关键技术和装备。经国家环境分析测试中心监测，经该技术处理的焚烧残渣浸出毒性极低，满足欧盟及美国资源综合利用标准，远优于国家相关标准；焚烧炉及余热锅炉的连续运行时间约为国内同类产品的 3 倍，可靠性高，稳定性强；产品应用广泛，可处置包括持久性有机污染物（POPs）在内的各种类及各形态可燃危险废物，主要技术指标均优于或达到国家标准。

在危险废物资源化方面，江苏福昌环保科技集团有限公司和常州大学对苯二甲酸（PTA）残渣资源综合利用与焚烧处理技术进行了研究，实现了 PTA 残渣无害化、减量化、资源化处理目的，符合节能减排要求。典型技术包括：高效固液分离及水回用技术，具有显著节能减排效果；PTA 残渣资源综合利用集成技术，实现总的资源利用率达 60%左右；PTA 残渣免助燃焚烧处理技术，工艺水平达到国际先进水平；双面着火层状燃烧技术；烟气急冷工艺；PTA 焚烧灰渣贵金属提取技术等。该技术已在多地投入使用，每套处理装置达万吨级/年。

2. 我国危险废物管理体系建设进展

2007 年，我国颁布了危险废物鉴别的通则、腐蚀性鉴别、急性毒性初筛、浸出毒性鉴别、易燃性鉴别、反应性鉴别、毒性物质含量鉴别标准以及鉴别技术规范。2008 年我国颁布实施了新制定的《国家危险废物名录》。新危险废物鉴别体系及名录的颁布，进一步加强了对危险废物的管理。

沈阳环境科学研究院、中国科学院高能物理研究所和国家环境保护危险废物处置工程技术中心综合运用实验科学、系统工程学、环境管理学等多种技术手段，从系统保障危险废物焚烧处置设施安全稳定运行和防控环境风险的角度出发，系统开展了焚烧处置设施运行管理技术研究工作，并围绕试烧管理、性能评价、安全运行、监督管理四个关键环节研究编制了多项技术指南和技术规范，提出了我国危险废物焚烧处置设施运行和管理技术体系，由环保部颁布实施了《危险废物（含医疗废物）焚烧处置设施性能测试技术规范》（HJ 561—2010）、《危险废物集中焚烧处置设施运行监督管理规范》（HJ 515—2009）、《医疗废物集中焚烧处置设施运行监督管理规范》（HJ 516—2009）。

（二）电子废物

我国在电子废物利用/处置技术领域的研究工作与发达国家和地区仍存在一定的差距。我国在“十五”、“十一五”期间在废弃电器电子产品的回收体系、废电路板的金属回收、废家电的拆解等方面进行了一些研究和试点工作，通过国家 863 高科技研究发展计划以及其他一些国家科技项目的实施，在有毒有害物质识别、处理技术等方面取得了一些进展。2011—2012年间，在电子废物回收处理管理政策与关键处理技术上有所突破。

清华大学与中国环境科学研究院、伟翔环保科技发展有限公司等单位组成的技术研发团队针对电子信息产业及社会源产生的电子废物管理难度大、回收处理技术要求高、环境污染重、非正规回收处理现象突出等问题，自主研发了LCD液晶显示器专用无害化拆解装备及其资源化技术新方法；基于热爆裂CRT锥屏分离新技术方法及设备，屏、锥玻璃高附加值深度资源化技术；废电路板热拆解自动流水线系统和基于高温蒸汽的热拆解新方法，电路板预处理新技术及其资源化处理成套工艺和设备，以及非金属材料再生利用技术和新工艺；废锂电池再生利用机械破碎+超声波组合工艺和机械破碎+热解组合工艺，废镍氢电池、镍镉电池的资源化回收技术，以及电极材料深度资源利用技术；电子信息产业过程含贵金属废液和线路板含铜蚀刻液处理和回收利用新技术成套工艺，线路板含铜蚀刻液中金属铜资源化回收率为95%。建成人工拆解辅助的电子废物资源化成套技术和装备，形成了年处理规模达万吨级以上的废计算机和电视机类回收处理及其拆解产物高值化再生利用能力，实现了拆解产物全组分高值利用，不可利用残渣小于 1%。规模化电子废物处理成套设施投资建设成本较国外降低 41%。首次提出在发展中国家，电子废物回收处理宜采用最佳实用技术与最好环境实践的理念来解决。

（三）有色金属工业固体废物

我国大多数有色金属矿产资源贫矿较多，品位低，且目前的生产技术水平不高，单位产品的固体废弃物产生量大。北京矿冶研究总院和南京银茂铅锌矿业有限公司针对南京银茂铅锌矿业有限公司矿山多年来伴生元素回收率低及选矿废水、尾矿、硫酸渣和采矿矸石没有得到资源化利用的现状，集成了矿石中有价元素清洁高效综合回收技术、矿山和选矿废水快速回用技术、矿山废弃物资源化利用及减排技术等，应用浮选废水适度处理-分质回用技术和低碱度-电化学在线检测-多项离子调控-选择性强化捕收高效浮选回收的新技术，在保证选矿废水不外排的同时，避免了回水对浮选的不利影响，综合回收了伴生元素银、金、铜、锰、硫、铁等；应用高品质硫精矿浮选新技术，保证高品质硫精矿在焙烧制酸的过程中产出合格铁精矿；通过将尾矿优先作为采场空区胶结充填用充填料、剩余尾矿用作水泥原料等技术措施，实现了尾矿的综合利用。该技术可操作性强，适应面广，目前已推广到多家同类型矿业企业。

（四）石油石化固体废物

在石油石化固体废物处理与资源化方面，中国石油安全环保技术研究院根据石油石化企业固体废物的组成、性质不同，以高效回收资源、妥善处置为目的，以集成多种新型固体废物处理技术为手段，以升级完善配套工程应用工艺技术为途径，开发出了以热洗分离技术（高含油污泥回收油品）和燃料化技术（低含油污泥利用潜在热能）为核心的含油污泥处理成套技术和以破乳析油技术（含油钻井液油品回收）、脱稳分离技术（水基钻井液减量化）、无害化技术为主的钻井废液处理成套技术，形成了石油石化固体废物处理和资源化技术，处理后的固体废物达到国家污染物控制标准，并高效回收矿物油等资源，实现了技术集成化、广谱化、成本最低化、资源利用最大化的目标。2003 年至今该技术已先后在扬州石油化工厂、辽河油田、大庆油田、长庆油田等单位实现工业化应用。

（五）生活垃圾

近两年来，我国生活垃圾利用/处置技术的进步主要体现在填埋场防渗工程的建设、渗沥液处理工艺的优化、填埋气的收集与利用、焚烧厂灰渣及烟气处理工艺的研究，以及生活垃圾的生物降解等方面。但由于传统的填埋、焚烧等工艺技术仍是市场主流，目前相关研究大多致力于传统工艺的优化，尽管一些新兴的工艺技术有所发展，但仍未成熟，尚不具备在市场竞争中盈利的能力。

填埋依然是我国垃圾处理的主要方式，目前在垃圾渗沥液和填埋气的利用、填埋工艺的优化等方面的研究都取得了较大进展，如北京环卫集团环卫服务有限公司、中国环境科学研究院和城市建设研究院共同合作开发了单元包封密闭式填埋工艺。该工艺在路堤结合填埋工艺的基础上，利用旱季垃圾堤坝进行分区，利用渗滤液导排盲沟作为填埋单元分隔，每个填埋单元分为7～10天完成，填埋单元完成后利用HDPE膜进行包封密闭，各个填埋单元相互独立，有自己的渗滤液导排系统和沼气收集系统。单元包封密闭式填埋工艺自2009年首先在北京市阿苏卫垃圾卫生填埋场开始探索研究并实施以来，阿苏卫填埋场2010年减少渗滤液产生量约为7.6万吨，填埋气收集量增加1200万立方米。目前，单元包封密闭式填埋工艺已经在北京市高安屯垃圾卫生填埋场、六里屯垃圾卫生填埋场、北神树垃圾卫生填埋场、安定垃圾卫生填埋场推广使用，并取得一定成效。

而在渗沥液的处理技术及设备研发上，2011—2012年间也有明显突破。北京洁绿科技发展有限公司与中国农业大学、北京环卫集团环境研究发展有限公司等单位合作，采用中温厌氧+MBR+NF/RO为主体工艺进行垃圾渗滤液处理，具有投资少、能耗低、处理量大、运行费用低等优点。该项研究的主要发明包括中温厌氧反应器处理垃圾渗滤液及快速启动技术、双级硝化反硝化浸没式MBR系统集成技术及设备、好氧降温形式的一体化换热冷却塔，浓水减量化处理技术及设备，以及高级氧化浓水处理技术及设备和好氧污泥厌氧减量化系统。

（六）生物质

生物质废物的资源化技术研究在“十一五”期间迎来了前所未有的发展机遇，并得到国家政策的大力扶持。从“十五”末期开始至整个“十一五”期间，国家环保部、农业部、科技部以及城建部等部委组织启动了一系列的生物质废物回收利用项目，各级地方管理部门和企业也启动了多项生物质废物资源化利用项目。2007年9月我国政府发布了《可再生能源中长期发展规划》，将生物能源确立为可再生能源的重要组成部分，明确提出使用沼气、非粮原料燃料乙醇和生物柴油等生物能源来部分替代传统化石能源的目标。在以上政策和经费的支持下，近两年我国生物质废物的利用和处置体系正在向减量化、资源化的方向加速转变。

北京农学院等单位自主筛选建立畜禽粪便资源化处理高效菌种资源库，自主研制以土著微生物为主的4种高效复合菌剂，显著加快堆肥腐熟，缩短发酵周期，用于猪、牛、羊、鸡粪处理，解决了“三素”难降解的难题。自主研发了“新型智能翻堆增氧设备”“新型湍旋式废气处理装置”。通过系统集成自主研发菌剂、设备，建立畜禽粪便无害化生产高效有机肥生产线（固液分离设备）。目前，已在顺义北郎中万头猪场、延庆旧县镇、沈家营镇万头奶牛养殖区、门头沟斋堂镇及河北定州、正定建立共约220亩（1亩=667m^2）畜禽粪便资源利用示范工厂。

四、固体废物利用/处置产业发展中的重大成果及应用

在2011—2012年期间，在医疗废物处置、垃圾处理、油污泥综合处理等核心技术与装备研发方面取得了一批具有重要影响的成果。

（一）重大成果

2011—2012年期间，环境保护科学技术快速发展，固体废物利用/处置技术和管理方面，共有16项成果获得环境保护科学技术奖励。具体项目见表4。

表4　2011—2012年固体废物领域获奖成果列表

年度	序号	项目名称	奖项类别级别
2012	1	单元包封密闭式填埋工艺的探索与研究	环保科学技术奖二等奖
	2	医废高温焚烧系统关键技术研究和示范工程	
	3	重点行业发展循环经济环境保护技术途径研究	
	4	还原造锍熔炼清洁处置重金属（铅）废料新技术	环保科学技术奖三等奖
	5	贵州典型汞污染土壤快速修复技术	
	6	果园生态性废弃物有机利用及生态调控	
2011	1	农业有机废弃物高效生物发酵资源化技术集成与装备	环保科学技术奖一等奖
	2	低能耗垃圾渗滤液处理系统集成技术及装备	环保科学技术奖二等奖
	3	电子废物回收处理管理政策与关键技术研究	
	4	铅锌矿山废水及固体废弃物的环保资源综合利用集成新技术研究	
	5	危险废物焚烧处置设施运行和管理技术研究	
	6	畜禽粪便无公害资源化自主创新技术系统集成研究及其利用	
	7	油田含油污泥综合处理新工艺	环保科学技术奖三等奖
	8	精对苯二甲酸（PTA）残渣资源综合利用与焚烧处理技术	
	9	危险废物熔渣回转窑焚烧成套设备技术（RZH型）	
	10	石油石化固体废物处理和资源技术研究与示范	

（二）重要工程应用

2003年，我国颁布了《全国危险废物和医疗废物处置规划》（以下简称《规划》），随着《规划》的实施，我国的危险废物利用/处置能力得到了迅猛提高。

1. 危险废物焚烧处置

中天环保产业集团研发的危险废物处置专用熔渣回转窑焚烧设备可处置各形态、各种类的可燃危险废物，处置能力大，推广应用后，预计每年可减少80万吨危险废物及1.5万吨POPs的排放，避免了这部分危险废物对环境的安全隐患；焚烧残渣的浸出毒性低于欧盟与美国资源综合利用标准，可以直接综合利用，节省了常规焚烧技术所需的灰渣固化填埋

费用，每套典型规模[48t/d×1（套）]的产品的应用每年可有效减少 4000t 焚烧残渣的固化安全填埋。各项污染物指标均低于国家标准，部分指标达到欧盟标准对危险物处置厂的要求。该产品能最大限度地利用危险废物本身的热能实现彻底焚烧，焚烧效率高，对节能减排、改善环境、提高资源利用率等都具有重要意义。与同类技术相比，本产品还可以处理 POPs 等剧毒危险废物，有助于减少几百种剧毒危险废物对环境的潜在巨大危害，为我国早日实现《斯德哥尔摩公约》目标做出贡献。该设备产品已经实施 6 套国内大中型危险废物处置项目。此外，该技术的应用对国内危险废物的“减量化、无害化、资源化”做出了一定贡献，对环境保护，尤其是大气、土壤保护和治理都具有重大影响和意义，取得了显著的社会效益与环境效益。

2. 医疗废物处置

上海市固体废物处置中心、上海大学和同济大学共同承担建成的 72 t/d 医疗废物处置示范工程，是迄今为止国际上医疗废物处置能力最大、具有自主知识产权的医疗废物焚烧炉，是国内首条医疗废物焚烧余热利用发电焚烧线，实现了上海医疗废物日产日清的环境管理目标。建成的医疗废物专用焚烧炉自 2009 年 11 月试运行以来，与国家排放标准相比，各项污染物排放值具有明显的先进性，其中二噁英排放值比国家标准降低了 80%，NO_x 降低了 78%，SO_2 降低了 95%，粉尘降低了 95%，各项指标均优于欧盟 2000 标准。基于具有自主知识产权的二噁英净化发明专利技术，医疗废物处置示范工程的二噁英净化效率高达 99.9%；医疗废物可调节恒流量进料系统实现了医疗废物的连续、稳定、可靠进料，源头各项污染物（如 HCl、SO_2、NO_x、二噁英等）波动范围小，确保排放浓度基本稳定在一定范围内，避免了医疗废物处理所造成的二次污染；利用含高浓度氯化氢医疗废物尾气集成处理技术，实现了高浓度 HCl 酸性气体负荷变化易波动情景下，HCL 去除效率稳定高达 99.9%以上，排放浓度小于 10mg/Nm^3，且脱酸剂运行成本低等。该集成设备实现了国产化制造、安装与调试，系统投资省、运行成本低，运行可靠。此外，还发明了医疗废物和危险废物防玻璃结渣技术，解决了医废焚烧关键技术难点——熔渣堵塞出渣口所带来的停炉低运转率问题，减少清渣频率，大大降低了由于玻璃熔渣、启炉所耗费的能源运行费用，保证焚烧系统连续、可靠的运行工况，提高焚烧生产线设备转运率。且目前，在上海嘉定、北京两地形成了处理规模为 25 t/d、72 t/d、22.5 t/d 等系列化、规模化的医疗废物处置生产线。

3. 垃圾渗滤液处理

北京洁绿科技发展有限公司等单位研究出的垃圾渗滤液处理技术，自 2005 年以来，已经成功应用于包括北京最大的 3 个垃圾渗沥液处理工程在内的近 40 个垃圾渗沥液处理工程中，日处理垃圾渗滤液超过 4600t，年处理规模超过 150 万吨，年 COD_{cr} 减排量达 45000t，年氨氮减排量达 3750t，年处理达标或回用总水量超过 120 万吨。本项目针对我国垃圾渗滤液的污染成分和产生特点，开发成功了包括厌氧处理、好氧处理、MBR、膜处理等工艺的低能耗渗滤液处理系统，已经在我国南北方垃圾填埋场、垃圾焚烧厂等 35 个工程中实施应用，突破了渗滤液处理技术的瓶颈，解决了我国生活垃圾处理的难题。处理后达到各种回用及排放标准。与国内同类项目相比，工程投资降低 10%，能耗降低 50%以上，运行成本降低 40%以上。

4. 油田油泥处理

由北京惠博普能源技术有限公司和大庆油田有限责任公司研究的“油田含油污泥综合处理新工艺”在大庆油田采油四厂建成示范工程，日处理含油污泥 240t，油田含油污泥处理后污泥含液小于 70%，处理后污泥中含油率减至 2%以下，可以回收污泥中 90%～95%的原油。

该工程被列为中国石油总公司含油污泥处理示范工程。该项目已进行技术转化，2 年间建设或在建 13 处污泥处理站。

5. 农业有机废物资源化利用

在有机固体废弃物资源化处理方面，中国环境科学研究院、三门峡龙飞生物工程有限公司和郑州牧业工程高等专科学校等单位，对生物有机废弃物高效生物发酵资源化做了深入研究，提出了多阶段接种生物强化发酵技术与 ZZMZ 工程高效菌剂；通过智能化堆肥过程参数优化模型模拟，研发了全堆肥自动化控制系统；设计了年产 25 万吨级大型动态翻转式智能堆肥反应专利装备；研发了低温负压瞬时三级干燥技术；提出有机、无机、生物三位一体高分子半透膜造粒技术，解决了无机、有机养分与工程菌不能共存的难题，开发了 4 项国家认证的新型生物有机肥产品，并获得大面积推广。其中，低温负压瞬时三级干燥技术达到了国际水平，填补了国内技术空白。目前采用本技术，已建成年产 30 万吨生物有机肥生产线。

五、固体废物处置科学技术研究能力建设进展

“十一五”期间，环境科技体制改革不断深化，国家级社会公益非营利性环境保护科研院所得到较快发展，建立了一批科技创新基地。固体废物利用/处置及污染防治领域的科研队伍进一步壮大，涌现出一批学有专长的创新基地首席专家和中青年学术骨干，重大成果不断涌现，支撑决策能力全面提升，为我国固体废物安全无害化处置提供了技术支撑。

（一）研究机构

1. 环境保护部固体废物与化学品管理技术中心。

成立于 2013 年，为环保部直属单位。主要承担固体废物与化学品风险防控和污染防治政策、法规、战略、规划、标准和技术规范等方面的研究工作；开展固体废物污染防治和化学品环境管理相关调查、分析测试、技术鉴别、科学研究和国际合作；受环境保护部委托，协助开展固体废物与化学品环境管理现场检查、日常监督并承担相关行政审批的技术审核，承担对地方固体废物与化学品管理机构的技术指导和服务工作；开展污染场地环境管理、重金属污染防治相关技术支持工作；开展固体废物和化学品环境管理方面的信息分析、技术服务、宣传培训和社会咨询。目前重点在危险废物、电子废物、可用作原料固体废物、污染场地、重金属污染防治方面开展了大量的技术政策研究工作。

2. 固体废物处理与环境安全教育部重点实验室。

成立于 2009 年，依托于清华大学环境学院固体废物控制研究所。主要围绕环境友好型固体废物及有毒有害化学品处理处置、基于循环经济的废弃物循环再生利用、固体废物及有毒有害化学品污染控制系统管理、固体废物及有毒有害化学品管理的环境安全四个研究方向开展研究。

3. 中国环境科学研究院固体废物污染控制技术研究所。

成立于 1991 年，于 2004 年 6 月成为中国环境科学研究院建立的首批科技创新基地。目前已经在污染场地的修复治理、水泥窑共处置危险废物技术、准好氧填埋技术、危险废物特性鉴别、焚烧飞灰熔融处理与重金属回收、堆肥及厌氧发酵处理与能源回收，以及固体废物管理技术等领域形成了自己的研究特色和领先优势。

4. 污染控制与资源化研究国家重点实验室。

建成于 1995 年，依托于同济大学、南京大学环境科学与工程学科群，涵盖环境工程、环境科学和市政工程 3 个国家重点学科和 7 个博士点。主要从事污染物的环境行为与生态效应、水体污染控制理论与技术、固体废物处理与资源化、环境修复与流域污染控制四个研究方向。

5. 浙江大学热能工程研究所。

成立于 1989 年，是我国高等学校在能源清洁利用与环境工程领域的重要研究基地之一，研究所下设废弃物资源化综合利用研究室和循环流化床燃烧与气化研究室。废弃物资源化综合利用研究室研究内容涵盖洗煤泥及洗煤泥与煤矸石混烧流化床技术、污泥和高浓度有机废水流化床焚烧技术、城市生活垃圾焚烧新技术、医疗废弃物无害化热处理技术、燃烧特殊污染物检测和评价、废轮胎热解制取燃油、炭黑技术等方面。循环流化床燃烧与气化研究室研究内容涵盖循环流化床燃烧与气化技术、生物质能综合利用、生物质热裂解制油技术、生物质直接燃烧技术、生物质中热值气化集中供气技术、煤灰渣综合利用技术等方面。

6. 国家环境保护危险废物处置工程技术中心。

建成于 2002 年，依托于沈阳环境科学研究院。主要针对危险废物处置与管理，以组织重大环境科技成果转化、聚集和培养科技创新人才、开展科技交流与合作为宗旨，根据国家需求，对有市场价值的环境科技成果进行工程化开发和系统集成，解决我国危险废物处理处置技术领域中的重大关键性和共性技术；重点开展多氯联苯和二噁英处理处置技术研究工作，在 PCBs 污染控制技术研究、焚烧尾气二噁英减排技术研究、焚烧飞灰处置技术研究、危险废物焚烧处置设施性能测试和评估技术研究等技术研究方面形成独具特色的技术优势。

7. 北京工业大学循环经济研究院。

成立于 2005 年。主要致力于为循环经济发展提供技术支撑研究。该实验室主要研究方向包括电子废物资源化技术研究、废弃矿物有价元素提取技术及经济评价。

8. 北京市高等学校环境污染控制与资源化工程研究中心。

成立于 2010 年，是北京市教委批准成立的市级工程研究中心。其中固体废物处理处置、资源化与高值利用方向重点研究：生物质废物厌氧生物转化生产清洁能源；生物气提纯生产车用“生物燃气”；生物气重整制取“生物基化学品”；有机废弃物堆肥化技术与设备；“生物反应器型”卫生填埋技术；CO_2 捕集与生态农业应用；城市与农业循环经济与低碳技术；固体废物管理政策与策略研究。

（二）研究平台

在能力建设方面，新建的研究平台有固体废物处理与环境安全教育部重点实验室、二噁英污染控制重点实验室、中国环境科学研究院科技创新基地固体废物污染控制技术研究基地、固体废物处理与资源化省部共建教育部重点实验室、斯德哥尔摩公约亚太地区能力建设与技术转让中心、POPs 专业委员会。有关固体废物污染防治方面的国家环保部工程技术中心有 9 个，其中通过验收并已授牌的有 4 个，分别是矿山固体废物处理与处置工程技术中心（2002 年）、清洁煤炭与矿区生态恢复工程技术中心（2007 年）、有色金属工业污染控制工程技术中心（2009 年）和工业资源循环利用工程技术中心（2010 年）。批准建设的有 5 个，分别是危险废物处置工程技术（重庆）中心（2009 年）、污泥处理处置与资源化工程技术中心（2010 年）、危险废物处置工程技术（天津）中心（2011 年）、垃圾焚烧处理与资源化工程技术中心

（2011 年）和国家环境保护废弃电器电子产品回收信息化与处置工程技术中心（2012 年）。有关固体废物污染防治方面的国家重点实验室有 1 个，2011 年新批准建设了煤炭废弃物资源化高效利用技术重点实验室。

（三）固体废物管理信息系统

1. 全国固体废物管理信息系统

2008 年 9 月，国家发展和改革委员会批复关于国家级和省级固体废物管理中心建设项目可行性研究报告，其中全国固体废物管理信息系统建设是重点内容。全国固体废物管理信息系统设计了 6 个业务子系统来分别支持相关的管理工作：固体废物产生源管理系统、危险废物转移管理系统、危险废物经营许可管理系统、危险废物出口核准管理系统、危险废物事故应急管理系统和废物进口许可证管理系统。全国固体废物管理信息系统基础网络充分利用了现有的国家级、省级环保局的网络资源，依托于国家环境保护电子政务外网，实现了国家级与 31 个省级固体废物管理中心、地市级和县级固体废物管理部门的网络互通，还实现了国家级固体废物管理中心与环境保护部、国家海关总署等相关职能部门的互联。

全国固体废物管理信息系统已基本建设完成，将为环境保护部固体废物管理决策提供技术支持和运行保障。目前，已顺利完成了部固废中心和三个试点省市的试运行、28 个省级系统的硬件环境部署调试和软件部署，顺利完成系统使用培训工作、系统软硬件建设初步验收和初验付款工作。

2. 废弃电器电子产品处理管理信息系统

依据 2009 年国务院颁布的《废弃电器电子产品回收处理管理条例》，环保部建设完成“废弃电器电子产品处理管理信息系统”，系统于 2012 年 8 月 13 日上线运行。系统的建成和使用将实现全国废弃电器电子产品拆解处理信息获取、传输、处理和共享的功能，满足我国废弃电器电子产品拆解处理的信息化管理需求，对环保部和各级环境管理部门在废弃电器电子产品拆解处理管理方面提供了有效的支撑作用。

六、固体废物利用/处置科学技术需求及发展展望

目前，固体废物污染控制的研究手段已从传统技术方法向大力发展交叉学科促进技术创新转变，污染防治技术的研究重点从末端治理向全防全控转变，环境应急技术从事后应急向事前预警和事后应急并重转变，研究热点向危害人体健康的各类环境风险防治转变。“十二五”期间，固体废物利用/处置领域的需求主要体现在以下几方面[8~10]。

（一）固体废物利用/处置领域战略需求

1. 固体废物资源化技术体系有待完善

我国固体废物资源化技术标准与再生产品标识体系尚不完善，废弃资源化标准覆盖率不足 10%，迫切需要加强固体废物资源化技术标准研究，制定资源化产品和再制造产品的标识认证标准及办法，为推行固体废物的综合利用技术、避免在综合利用过程中产生二次污染、实现固体废物的资源化提供必要的标准和技术依据。

2. 固体废物污染控制与管理技术研究有待加强

研究不同行业固体废物产生途径、污染特性以及与其相适应的污染控制与管理技术。针

对重金属、危险废物、微量有机污染物、持久性有机污染物等影响人体健康的重大环境问题，探索其控制和削减的技术原理。同时针对重点危险废物产生领域的预防与应急、监测与预警、生态修复与恢复等一系列环境应急管理的理论基础研究有待深入。

3. 固体废物利用/处置设施运营风险需关注

针对固体废物，结合国外发达国家经验，探索和建立污染防治设施建设和运营市场化、社会化机制与模式，从系统保障固体废物利用/处置设施安全稳定运行和防控环境风险的角度出发，开展固体废物利用/处置设施运行风险管理技术研究工作。

4. 危险废物管理和技术支撑能力有待提高

针对危险废物，积极探索源头减量，推广先进的清洁生产技术，科学合理发展危险废物利用/处置和服务行业，加强典型危险废物利用/处置技术的研发和历史遗留危险废物治理，进行非工业源危险废物管理体系研究，创新监管手段和机制，提高危险废物管理和技术支撑能力。

5. 环境科技创新能力有待提升

形成与国家固体废物环境科技需求相适应的环境科技创新能力，以环境保护基础研究和应用基础研究为主要任务，以培育优秀科研团队、提升环境基础科研能力为目的，建设国家环境保护危险废物重点实验室，进行危险废物全过程控制的基础理论研究。

（二）固体废物利用/处置领域技术发展趋势

遵从固体废物管理“三化”原则和“削减总量、改善质量、防范风险” 的环境保护总体思路，结合“十二五”环境保护科技需求以及我国固体废物污染防治领域的战略需求，根据国内外固体废物利用/处置技术的发展趋势，提出如下研究方向和重点领域。

1. 固体废物源头减量和再生利用技术研究

选择化工、有色、钢铁和制药等重点行业，研究一般固体废物和危险废物减量化关键技术，并进行工程示范，提出相关技术经济政策。研究包装废物、低品质塑料、电子废物、废旧轮胎等固体废物的破碎分选和综合利用技术。研究垃圾焚烧飞灰资源化处理技术。开展大宗重金属尾矿渣回收和综合利用示范，深入研究固体废物资源化过程中的污染控制技术。针对含铅废物、无机氰化物废物、石棉废物等产生量大、处置和利用困难的危险废物，开展源头减量、循环利用技术研究。研究以资源消耗、环境安全等评价为核心的固体废物再生利用技术评估方法。针对已经处理的大宗固体废物，研究其长期安全性评估标准以及管理机制。

2. 固体废物无害化、稳定化处理技术研究

开展生活垃圾填埋新工艺研究与工程示范，研发具有自主知识产权的大型垃圾焚烧成套设备、大型炉排生产技术和焚烧工艺控制技术，研发垃圾综合处理及有机物厌氧产沼关键技术与设备，系统研究固体废物焚烧产生的飞灰、持久性有机污染物（POPs）类废物非焚烧利用/处置新技术。研发固体废物工业窑炉共处置关键技术、设备及建筑类废物利用/处置技术。开展污染型尾矿渣无害化、稳定化处理技术研究和示范。研发固体废物填埋场渗漏检测、污染场地探测、堆体稳定化等填埋场安全操作运行技术。

3. 固体废物资源化技术研究

重点选择再生资源、工业固废、垃圾与污泥等量大、面广和污染严重的废物，以清洁化、高值化、规模化为出发点，大力发展废物预处理专用技术与装备，加快废物资源化利用与二次污染控制技术研发，开发一批市场前景好和附加值高的废物资源化产品。选择特色鲜明城市、重点区域，统筹技术研发、创新基地、创新团队、中介服务、公共平台等建设。实施废物资源化技术与示范工程，完善技术标准规范与产品认证体系，优化产业激励政策，健全有利于废物资源化技术研发、成果转化和产业发展的创新环境，为废物资源化提供有力的科技支撑。

4. 危险废物污染控制与管理技术研究

研究不同行业危险废物产生途径、污染特性以及与其相适应的污染控制与管理技术。研发阴极射线管含铅玻璃等危险废物处置和利用技术、疫情期间医疗废物应急处理技术与设备。研发危险废物鉴别分析和标样制备、风险评价等应用技术与配套设施。研究危险废物处置运营、管理技术及技术经济政策。研究危险废物处置设施选址的风险评估技术，突发环境事件中危险废物环境风险评价技术。

参考文献

[1] 李秀金. 固体废物处理与资源化. 北京：科学出版社, 2011.

[2] 赵由才, 牛冬杰, 柴晓利. 固体废物处理与资源化. 北京：化学工业出版社, 2010.

[3] 邵立明, 何品晶. 固体废物管理. 北京：高等教育出版社, 2004.

[4] 环境保护部, 发展改革委, 工业和信息化部, 等. 关于印发《“十二五”危险废物污染防治规划》的通知(环发[2012]123 号), 2012 年 10 月 8 日.

[5] 国家环境保护总局. 关于印发《全国危险废物和医疗废物处置设施建设规划》的通知(环发[2004]16 号), 2004 年 1 月 19 日.

[6] MeadowsDH, MeadowsDL, RamdersJ. Beyond the limits. Vermont, U.S.A, 1992.

[7] 国家自然科学基金委员会工程与材料科学部.学科发展战略研究报告——建筑、环境与土木工程 I (建筑、环境与交通工程卷). 北京：科学出版社, 2006.

[8] 科技部, 发展改革委, 工业和信息化部, 等. 关于印发《废物资源化科技工程十二五专项规划》的通知, 2012 年 4 月 13 日.

[9] 工业和信息化部. 关于印发《大宗工业固体废物综合利用“十二五”规划》的通知(工信部规[2011]600 号): 2011 年 12 月 17 日.

[10] 环境保护部. 关于印发《国家环境保护“十二五”科技发展规划》的通知(环发[2011]63 号), 2011 年 6 月 9 日.

环境物理学科发展报告

摘要 进入“十二五”以来，我国环境物理学研究取得了巨大进步，在声二极管、典型噪声源特性、噪声的主观评价、有源隔声窗等的学术进展成为同行关注的主要热点，阻尼弹簧浮置道床隔振系统、声相仪、噪声地图、高压交直流线路电磁环境等技术在国民经济和环境保护方面得到重大应用。本文就2011—2012年期间环境物理学科的基础理论体系、科学技术发展状况和研究能力建设进展进行总结，并展望了我国环境物理学科发展战略需求和相关科学技术发展趋势。

一、引言

环境物理学是主要研究声、加速度、振动和电磁场等对人类的影响及其评价，以及消除这些影响的技术途径和控制措施的科学，目的是为人类创造一个适宜的物理环境。

世界卫生组织、欧盟联合研究中心及欧洲环境署的最新噪声污染暴露研究结果于2012年12月正式对外发布。调查显示，公路、铁路和航空交通，以及工业生产和城市建设是主要的噪声污染源，已对欧洲公民的健康构成重大威胁；欧洲1/3的公民在白天、1/5的公民在夜晚承受着各种噪声污染的干扰。欧盟联合研究中心于2011年发布的研究报告指出，噪声污染是欧盟规模化城市居民损失100万健康生命年的“罪魁祸首”，成为继空气污染之后影响欧洲公共健康的第二大环境风险因素，呼吁各成员国、地方政府，以及工业界和交通行业，高度重视噪声污染对公共健康的现实威胁。要求各相关方在认真遵守欧盟2002年出台的环境噪声指令（END）的基础上，积极采取政策措施和行动计划，加速针对和减缓噪声新技术的研发，根据研究报告提供的基于公共健康的强有力事实依据，严格控制噪声污染。

在“十一五”和“十二五”期间，我国在噪声污染防治方面陆续出台了一系列防治噪声污染、改善生活环境、保障人体健康、促进经济和社会发展的相关政策文件。最为重要的两个纲领性文件是环境保护部环发[2010]7号文《地面交通噪声污染防治技术政策》和环保部与发展和改革委员会等十一部委联合发布的《关于加强环境噪声污染防治工作改善城乡声环境质量的指导意见》（环发[2010]144号）。这两个纲领性文件的相继发布，对于推进环境噪声振动污染防治行业技术进步，加快声环境质量管理体系建设，具有重要的历史意义与现实意义。

近两年，随着噪声污染防治领域技术政策和标准规范方面的不断完善，我国的声环境指令管理工作逐渐得到了社会各界的高度重视和广泛认可，科学研究和新技术、新产品研究空前活跃。结合国际研究前沿，声学材料、噪声地图、分布式声学监测技术、声学数值计算方法、低频噪声相关的声源特性、评价方法、防治技术等多个领域，在与其他学科的交叉融合中得到迅速发展。

此外，随着社会经济和科学技术的不断发展，伴有非电离辐射的设施和活动日益增多，如电视台、广播站、雷达站、卫星通信站、微波中继站等发射或接收电磁波的设备数量不断增加。从传递和接受信息来说，这些设施发出的信号是有用信号，但同时也增加了环境中的电磁波功率密度，且影响范围较为广泛。为了既支持与非电离辐射相关设施及产业的健康发展，又保护好环境，实现可持续发展的战略目标，对非电离辐射进行科学测试、分析、评价、控制和管理，将非电离辐射的危害降至最低限度，是一项全社会都关注的事业。

我国环境物理学科的一些高水平研究工作不仅在学术领域产生了重要影响，获得了国际同行的肯定，丰富了学科内涵，而且对我国环境物理技术创新及相关管理政策修订发挥了积极作用。然而，严峻的污染现状、不断涌现的新现象和研究热点给学科发展提出了新的挑战。本文就2011—2012年期间环境物理学的基础理论体系、科学技术发展状况和研究能力建设进展进行了总结，并展望了我国环境物理学科发展战略需求和相关科学技术发展趋势。

二、环境物理学基础研究进展

（一）声学材料与结构

在声学结构与材料方面，我国具有几项世界前沿水平的研究工作。

1. 声二极管的设计

2009年，南京大学声学研究所首次提出了有效的声二极管理论模型，引起物理学界的广泛关注[1]。Physical Review Focus 和 Nature News 相继对其进行了专题评述，高度肯定该理论模型意义，认为其打破常规思维，利用医学超声造影剂微泡与超晶格结构的有机组合，成功构建了第一个结构简单却效率极高的声二极管器件，在实验中观测到的最高整流比接近1万倍。

近两年，南京大学继续深入声二极管的效应、设计、制备与性能优化等研究工作[2~4]，对模型进行修改，分析纵波在由超晶格结构与强声学非线性媒质构成的一维声学系统中的传播问题，给出了一种简洁但行而有效的求解方法，并通过数值计算证明了该方法的有效性。这种简单有效的方法可方便得到其透射系数的解析表达式，对于声二极管的设计与制备具有一定指导意义。而由超晶格结构与强声学非线性媒质构成的声二极管理论模型的基本原理以及声二极管原理性器件的基本构造及性能，证明了声二极管尽管结构简单却可在很宽的频段内像电子二极管调控电流一样对声能流实现整流作用。该研究正在不断深入，其成果不但可应用于各种需要对声能量实现特殊控制的重要场合，更有望对医学超声治疗等关键领域产生革命性影响。

2. 机舱壁板的声学特性研究

中国科学院声学研究所围绕大型客机舱室中低频噪声，开展了飞机典型舱壁板结构在湍流激励下振动响应和噪声辐射预测研究[5]，分析了不同湍流模型对预测结果的影响。研究表明，在湍流边界层激励下，具有环向加强筋的大板与长度为两个相连加强筋之间的子板的声辐射相当。同时表明，在湍流边界层激励下，沿来流方向减少板的长度，或在与来流垂直的方向设置加强筋，会显著增加壁板辐射的噪声级，而壁板的振动级几乎不改变。也就是说沿来流方向减少板的长度（或在与来流垂直的方向设置加强筋）不会影响湍流边界层激励的效率，但是显著增加了声辐射效率。就所研究的示例而言，湍流边界层激励谱的波长远小于加强筋之间的距离，湍流边界层激励时几乎感觉不到筋的存在，因此不会影响到激励的效率。而在声辐射的时候，筋的存在会影响到声辐射效率。在湍流边界层激励下测试壁板敷设和未敷设阻尼层时振动级和辐射声强的对比表明，结构阻尼对于湍流边界层激励下壁板的振动和声辐射水平非常敏感，增加壁板结构阻尼可显著降低结构的振动水平和相应的声辐射水平。这是由于占主导的结构响应源于流体动力吻合效应（即当边界层对流速度与结构轴向模态跟踪速度相等时，产生吻合效应，激励的效率极大）。因此，湍流边界层激励下结构的响应属于共振主导模式，对于结构阻尼敏感。

3. 三明治板和多孔材料的声学特性[6,7]

获取相关动力学参数，对于三明治蜂窝结构的隔声预报至关重要。以往对于一维三明治梁动力学特性的研究大多基于理论预报，所获得的结果往往是机理性质的，缺乏工程应用价值。中国科学院声学研究所基于 A.C. Nilsson 提出的三明治梁等效弯曲刚度的预测方法，提出一种针对有限大蜂窝三明治板的隔声预报公式，隔声预报所需的动力学参数可以通过简单的模态试验测出。该方法基于一系列假定，只需得到梁的前几阶共振频率，即可获得三明治蜂窝梁随频率变化的等效弯曲刚度。对于所做的一系列假定，在大多数条件下对三明治蜂窝结构是成立的。

同时，还探索研究了穿孔膜对多孔吸声材料声学性能的影响，选择合适模型计算多孔材料的吸声性质，用 Atalla-Sgard 关于穿孔板的等效流体模型和基于马大猷微穿孔板理论的 Jian Kang 模型计算了微穿孔结构的吸声性能。根据实际参数计算了两层多孔材料、两层多孔材料中间含有聚合物薄膜，以及两层多孔材料中间含有聚合物微穿孔膜这三种结构的吸声系数。研究了同一种玻璃棉中加入一层无孔膜和微穿孔膜时吸声系数的变化，膜的位置以及材料各参数对吸声性能的影响；对于不同密度的玻璃棉组成的材料，分析了玻璃棉的密度和不同密度玻璃棉的放置顺序，以及不同密度玻璃棉组成的结构中各参数变化对吸声性能的影响。计算了两层多孔材料复合后的吸声性能随着材料流阻的变化，另外对于聚氨酯泡沫材料，将不同骨架类型进行了仿真研究，并和试验结果进行了比较研究，取得较好的结果。

4. 自然通风有源隔声窗

使用多层玻璃窗户，且将窗户完全关闭，可以获得 40～50 dB 的降噪量。在实际情况中，常需将窗户打开以满足正常的通风需求，此时外界噪声亦可通过开着的窗户进入室内，因此降噪效果大幅降低。自然通风有源隔声窗是指将有源降噪技术应用于开口错置型自然通风窗户，既能够满足室内通风需求，又能够有效降低室内噪声。

南京大学在多年研究的基础上，运用耦合空间理论，先建立低频声在自然通风窗中传播的模型，然后引入有源噪声控制方法，获得了自然通风有源隔声窗的完整理论模型。并利用上述模型，数值仿真研究了等效波导管截面面积大小和模态截取数目对自然通风有源隔声窗模型计算精度的影响。在此基础上，进一步研究了次级声源位于不同位置时单通道有源降噪系统的降噪性能；分析了有源降噪的物理机理；通过实验研究了初级声源、次级声源和误差传声器的布放位置对单通道和双通道有源降噪性能的影响；分析了不同配置下，系统降噪效果存在差别的原因。通过对两种全尺寸有源降噪隔声窗户样机的降噪效果进行测量表明，窗户开口方向和地面反射对降噪效果影响不大。当窗户开口与地面平行且仅有地面反射时，有效降噪频率上限约为 550 Hz。当初级声源位于混响室时，此时反射复杂，初级声场包括所有方向反射声，由于参考传声器只能接收从一定角度入射的声波，导致此时窗户降噪效果降低。

（二）新型典型噪声源发声机理和辐射特性研究

1. 高速列车噪声与振动特性[8]

针对我国高速列车振动噪声现状和低噪声舒适性的实际需求，中国科学院声学所开展了高速列车噪声与振动特性研究。研究表明，通过研究外部声压级的变化与速度的关系，可以有效地识别哪些频率段是由空气动力噪声占主导地位和哪些频率段由轮轨噪声占主导地位；发现试验数据常用的预测轮轨噪声的速度指数 3 被 2.5 代替，高铁噪声的过渡速度（气动噪声和轮轨噪声贡献率相同时的速度）是 315km/h，而不是文献里经常提到的 300 km/h。

试验分析的主要结论还包括：车厢内中低频段噪声的变化远快于高频段噪声变化；在低速下，噪声频谱在 630～1000Hz 和 2000～2500Hz 范围内分别有一个明显的峰值，前一个峰值由轨道声辐射产生，后一个峰值由车轮声辐射产生；在高速下，车轮及轨道产生的噪声峰值被宽频带的气动噪声覆盖；气动噪声和轮轨噪声对车厢内噪声贡献相当的过渡速度为 380～345km/h；车厢内部噪声取决于低中频段噪声成分。在高速工况下，内部噪声级的大小主要由受电弓、转向架和车厢连接处的低频气动噪声经过空气传播至车厢引起。此外，产生低频噪声的另一个途径是火车表面湍流边界层的结构激励和车轮/轨道的振动通过一级和二级悬挂装置的结构连接传入。在高速工况下，外部轮轨噪声通过空气传播途径传入车厢内，主导内部噪声的高频成分。

2. 京沪高铁环境效应的试验研究

2011 年京沪高速铁路开通运营前，铁道科学院进行了有关的环境效应试验，系统研究了我国高速铁路最高运行速度达 420km/h 时的环境噪声、环境振动、电磁干扰以及高架车站候车环境噪声与振动影响状况等内容的试验研究。通过试验研究，首次得出了我国 CRH380 各高速车型整车及各节车的声源组成、空间分布位置、频率构成及各主要噪声源贡献量；掌握了 350～420km/h 动车组运行时辐射噪声源强及声场分布特性，掌握了动车组在 350～420km/h 运行时辐射噪声源强与车速、水平距离、垂向高度等的变化规律；探索了声屏障插入损失值与动车组运行速度的关系。

针对我国高速铁路站桥合一及站桥分离两种典型高架站建筑结构特征，系统探索了高架车站候车厅及站台层的噪声振动试验分析方法，初步掌握了高速铁路高架候车厅、线下候车厅、高架站台层等候车环境的噪声、振动影响状况及噪声振动传递规律。

同时，首次得出 380km/h 以上高速动车组通过时干扰场强全频段频率特性及受影响信号电缆长度与感应电动势的实测规律；在综合接地测试中采用 GPS 受试方法，解决了空间相距较远的多个测点高精度时间同步的问题；得出了钢轨电位及贯通地线电位同一位置不同时刻分布规律和同一时刻不同位置分布规律。

以上研究成果为优化和完善我国高速铁路动车组、线路条件以及高架车站的优化设计，为高速列车噪声源和高架车站噪声振动控制技术、相关环境噪声、振动标准制修订以及相应的环境管理等提供了科学依据和技术支撑。

3. 风电场和特高压变电（换流）站噪声

随着城市能源告急和人类可持续发展意识的提升，风能作为除水能外技术最成熟的可再生能源，已在全世界范围内广泛利用。然而，风电机组的噪声问题已成为限制风电场选址和风电机组大规模布置的一个重要因素。同时，随着新建和扩建变电站数量的不断增加，变电站噪声扰民及投诉事件急剧增多，变电站噪声对于公众的实际影响及其控制方法备受关注。

浙江大学[9]通过对天台山等多个风电场风电机组进行的噪声测量和分析表明，距风电机组塔基 10m 处和 45m 处的噪声特性基本相似，噪声最大声压级出现在低频段，随着 1/3 倍频带中心频率的增加，声压级显著下降。风电机组上、下风向测点处噪声的低频段能量均占总能量的 90%以上，风电机组噪声具有显著的低频特性。

同时，通过对于典型 110kV、220kV、500kV 变电站噪声的现场测量，确定了在冷却风扇开和不开两种工况下主变噪声源强（A 计权声功率级）及其频率特性，为开展变电站噪声影响预测评价提供了更重要的声学特性参数。

4. 城市高架复合道路噪声特性

近十多年来，城市道路建设取得了很大的进展，作为大运量的交通工具——轨道交通发展迅速，高架复合道路等立体交通建设里程数不断增加，但其噪声对邻近居民的影响不容忽视。浙江大学对此进行了系列的研究工作。

研究结果表明，高架道路噪声对临街建筑影响较大。高架复合道路平直段与设有上下匝道段临街建筑平面噪声分布规律基本一致，即底层噪声级较小，随立面高度的增加，噪声级逐渐加大，在某一高度上达到最大值后，噪声级随高度增加而减小。其中平直路段临街建筑（距离高架复合道路中心线为 25～30m）受噪声影响最大的楼层是第 9 层和第 10 层，影响最小的为第 1 层和第 2 层；靠近上下匝道段噪声影响最大的楼层为第 6 层和第 7 层，影响最小的楼层为 11 层以上。在高架道路边设有 2.38m 高声屏障时，距离高架道路中心线约为 30m 的临街建筑 1～5 楼里面噪声比未受声屏障保护建筑立面噪声低 3～5dB，即声屏障对距离高架道路中心线约为 30m 的建筑 1～5 层的降噪量小于 5dB。

（三）环境噪声的主观评价研究

1. 低频噪声源声学特性数据库以及典型低频噪声效应-剂量关系

随着高铁、特高压输变电、风电场等新型噪声源的出现，我国低频噪声污染影响日益突出，污染纠纷频发，扰民投诉呈高发态势。依托环保部公益性行业科研专项，2012 年，浙江大学牵头完成了“低频噪声效应、评价方法及其环境管理技术研究”，建立了国内首个可提供典型低频噪声采样文件、声源运行工况、声场景录像、声源照片及声源特性等完整信息的低频噪声源及其声学特性数据库；掌握了不同声环境功能区噪声、单一/混合交通噪声以及风电场、变电站等新型低频噪声剂量-效应关系（美国联邦机构噪声委员会推荐将噪声限值设置在剂量-效应曲线中人群高烦恼率为 15%或更低时所对应的声级）；探索了长期高强度（我国现有标准限值下）飞机噪声、高铁噪声等暴露对受体脑电、学习记忆等行为、血浆神经递质、神经细胞超微结构、蛋白表达等的生理影响，并提出了低频噪声评价和管理建议。

2. 不同电压等级变电站噪声主观烦恼研究

目前，我国还没有专门针对变电站的噪声排放标准，变电站噪声排放执行《GB 12348—2008 工业企业厂界环境噪声标准》。由于 110kV、200kV 和 500kV 变电站噪声的低频成分丰富，更容易引起人群烦恼，往往在噪声排放值没有达到《工业企业厂界环境噪声排放标准》时，噪声暴露人群已有不适感觉。为确定变电站噪声主观烦恼度的阈值，通过主观评价试验研究发现，在满足高烦恼率≤15%和烦恼度平均值≤0.5 情况下，220kV、500kV 主变噪声限值应为 54dB 和 57dB。考虑到同一级噪声在夜间对居民的干扰要远大于昼间，参照我国现行《工业企业厂界环境噪声排放标准》，夜间限值可在昼间限值的基础上再严格 10dB，分别为 44dB 和 47dB。

此外，由于对公众可能产生噪声影响的110kV、220kV和500kV户外变电站多建于1类和2类声环境功能区，考虑到与现行GB 12348—2008标准的衔接，提出了位于1类和2类功能区的变电站厂界噪声排放采用的限值。对于位于3类和4类声功能区的变电站，由于周边声环境敏感建筑较少，且所在区域背景噪声较高，建议仍执行现行标准。

（四）环境噪声预测与评价

1. 室内二次结构噪声评价方法及限值的讨论[10]

（1）地铁运行引起室内结构噪声的评价指标　近年来，随着我国城市交通的发展和建设，城市地下轨道交通得到迅猛发展。地下轨道交通运行时激发隧道的振动，经过土层的传播和衰减，进而激发地面建筑物振动，形成建筑物内的二次噪声辐射，成为位于线路附近的居民投诉的最主要原因。

由于传统的噪声评价量A计权声级明显低估了噪声的低频成分对烦恼度的影响，其在评价由地铁振动引起的噪声辐射时，不能正确反映居民的主观烦恼度。因此，需要对地铁振动引起的低频噪声的烦恼度进行研究，并建立可以恰当反映低频噪声烦恼度的评价参量和评价体系。同济大学通过研究获得低频噪声烦恼度与频率关系的变化曲线，并进一步提出了LF计权曲线，用于评价地铁运行引起的二次结构噪声，所获得的计权函数如下所示：

$$R_{\mathrm{LF}}(f)=\begin{cases}20\times[\log_{10}(f/50)]^2-21.8 & f<100\mathrm{Hz}\\ -20\times[\log_{10}(f/1000)]^2 & 100\mathrm{Hz}<f<500\mathrm{Hz}\\ \dfrac{12200^2 f^4}{(f^2+20.6^2)\sqrt{(f^2+107.7^2)(f^2+737.9^2)}(f^2+12200^2)} & f>500\mathrm{Hz}\end{cases}$$

采用实际地铁噪声信号的主观烦恼度评价值与通过修正计权获得的计算LF声级进行相关分析，两者的相关系数达到0.97。同时，检验了LF计权曲线在评价其他类型低频噪声烦恼的有效性，结果表明，LF计权曲线在评价其他类型低频噪声烦恼时也具有较好的适用性。

（2）室内二次结构噪声限值的讨论　我国现行结构传播固定设备室内噪声排放限值得到的评价结论经常与噪声的实际影响程度不一致，主要表现为当室内噪声未超过标准限值，如31.5Hz或63Hz倍频带声压级接近但低于限值水平时，人们抱怨噪声影响较大，或者虽然250Hz或500Hz倍频带声压级超标，但人们经常感受不到噪声影响。浙江大学在环保部公益性项目的支持下，提出将质量评价指数（QAI）、受结构传播噪声污染前后任何一个倍频程上声压级增量小于5dB同时作为排放标准限值之一，这样可有效避免符合标准限值情况下，由于室内噪声各频带能量分布严重失衡对室内声环境产生较大影响案例的发生。

2. 普铁与高铁噪声评价量及限值对比研究

由于高速铁路噪声在声源特性上与普通铁路噪声有显著差异，国际上许多国家和地区针对高速铁路噪声单独制定了相关标准或限值。浙江大学通过对两种铁路噪声影响的对比研究发现，在相同 L_{Aeq} 下，高铁噪声主观烦恼度、行为干扰度分别比普铁噪声高出13.0～13.2dB和15.6～16.0dB。在等主观烦恼度、行为干扰度水平下，普铁噪声 L_{Aeq} 比高铁噪声高出6.3～6.4dB

和 7.5～7.7dB。若仍以 L_{Aeq} 作为铁路噪声评价量，高铁线路两侧区域环境噪声限值建议比普铁噪声严格 7dB 为宜。与 L_{Aeq} 相比，铁路噪声（包括高铁与普铁噪声）主观烦恼度及行为干扰度与单一声学参量 $L_{AF_{max}}$ 或 $L_{AS_{max}}$ 的决定系数更高，其中以与 $L_{AF_{max}}$ 的决定系数为最高。与单一声学参数相比，组合声学参量 $L_G=1.74L_{AF_{max}}+0.008\,L_{AF_{max}}(L_p-L_A)$ 更适用于评价铁路噪声，L_G 更适合作为两种类型铁路噪声的统一评价指标。对 L_{Aeq} 为 70dB（或 60dB）的普通铁路噪声与 L_{Aeq} 为 63dB（或 53dB）的高速铁路噪声主观感受基本相同，对应的 L_G 则均为 145（或 126）。

3. 高铁线路两则区域环境噪声限值的建议

我国《GB 3096—2008 声环境质量标准》中规定新建铁路两侧区域昼间、夜间环境噪声 L_{Aeq} 限值为 70dB 与 60dB，该限值当初是针对普通铁路制定的。浙江大学的研究表明，在等主观烦恼度与等行为干扰度条件下，普铁噪声比高铁噪声平均高出 7dB。根据中国现行普铁两侧区域环境噪声限值，在等主观烦恼度和等行为干扰度的条件下，新建高铁两侧区域环境噪声限值应比普铁严格 7dB，即昼间、夜间环境噪声 L_{Aeq} 限值分别为 63dB 和 53dB。

（五）环境电磁学科基础研究进展[11～13]

我国目前主要采用国外的经验公式来分析线路的电磁环境。通过对国内运行线路的电磁环境实测表明，我国在输电线路设计中的无线电干扰和可听噪声的测试结果与采用国外经验公式计算结果相差较大。目前，我国已经建成了交直流特高压电晕笼、不同海拔高度的交直流特高压试验场和试验线段、1000kV 交流特高压试验示范工程，800kV 直流特高压输电工程也于 2009 年年底投运，这些为交直流特高压线路的电晕机理和电磁环境特性的研究提供了重要的研究手段。加之国内外在气体放电理论和电磁场数值计算技术的发展，瞬态电场、高速照相机等各种新型测量技术的出现，取得电晕放电机理特性、物理模型及电磁环境特性的基础研究的突破已是学科发展的必然。

中国电力科学研究院、国家电网电力科学研究院、清华大学、华北电力大学、重庆大学等单位结合我国实际，对输电线路的电晕机理及其电磁环境特性开展了初步研究和探索，首次提出了超/特高压同塔双回直流线路电磁环境最优、电晕损耗最小的极导线布置方式。与其他方案相比，采用该方案布置极导线，噪声减小 8～10dB，为控制同塔双回直流线路的电磁环境和节省投资提供了重要技术依据。研究得出了特高压直流线路与交流线路同走廊和同塔架设时的交直流混合电场计算方法；研制出交直流混合电场测试系统，结合人体感受试验，提出了交直流混合电场控制值和评价方法。研究成果为解决走廊紧张地区输电线路设计遇到的新难题提供了重要技术手段。

由于国际上通用的直流线路可听噪声预测公式已不能满足我国特高压直流发展需求，迫切需要研究符合我国国情的直流线路可听噪声预测公式。中国电力科学研究院在电晕笼中开展了多种超/特高压直流工程中常用分裂导线的可听噪声试验研究，得出了有自主知识产权的直流线路可听噪声计算公式，解决了国外计算公式不能计算直流输电线路 8 分裂导线可听噪声的难题，为国家电网公司即将建设的±1100kV 特高压直流线路的可听噪声预测、控制以及线路设计提供了必不可少的手段。

在无线电台影响方面，第一次通过实测得到了计算模型参数及铁塔辐射特性，并且进行了示向度误差测试，获得了示向度误差与频率、方位角、距离、测向体制的关系；按实际直流线路建模，研究了无源干扰、示向度误差和保护间距的数值计算方法，通过现场试验验证；计算获得线路各参数对示向度误差的影响规律，研究提出了几种新的无源干扰防护措施，并应用于工程设计。由于成功应用该研究成果，解决了其对上海无线电监测站的影响问题，实现了向家坝—上海线与上海无线电监测站的兼容，避免大量房屋拆迁。仅此一项就节约了拆迁费用 6.8 亿元，而且保证了工程的如期完成。

在直流线路对地磁台的电磁影响方面，结合工程实际参数，计算确定了向家坝—上海、锦屏—苏南±800kV 直流线路对西昌等地磁台的防护距离，比传统计算方法确定的防护距离减小 70%。还实测了±500kV 和±800kV 直流线路运行时对邻近地磁台的实际影响程度，计算了±500～±1100kV 各电压等级、不同容量、不同运行状态下的磁场水平，并提出了降低电磁影响的防护措施。由于这项研究成果同时实现了与邻近无线电台站和地磁台的友好共存，实现了工程的环境友好性。其计算方法、防护距离和防护措施还可推广应用于其他类似工程，这将带来更大的经济效益和社会效益。

在油气管道的影响研究方面，开展特高压交流示范工程对油气管道以及±800kV 直流线路对地磁台、无线电台等的电磁影响研究，分析了发生单极接地故障时对油气管道的电磁影响，提出有效防护措施并实施，解决了工程中遇到的重大技术难题，大幅节省工程投资，也为建设技术先进、资源节约和环境友好型超/特高压工程提供了重要技术支撑。

三、环境物理学科学技术研究进展

（一）声学材料与结构的研发与应用

1. 多功能声学材料的开发与应用

随着材料工业的技术进步，各类新型声学材料的研发和应用层出不穷。“耐候、安全”型和“宽频、复合”型声学材料得到广泛关注和大量应用。由于考虑到重量和空间的限制，大量不同类型的复合声学材料被研发，如阻尼-吸声复合材料、阻尼-吸声-隔声复合材料等。在一些情况下，希望声学材料集多种功能于一体，除吸声、隔声、阻尼等声学能外，还具有其他功能，如电磁屏蔽、射线屏蔽、防火阻燃以及其他防护功能。近年来，在声学材料领域涌现出一批具有规模化生产能力的企业，开发的新型纤维性吸声材料、护面材料、轻质隔声材料、阻尼材料等为噪声控制工程师拓宽了可供选择的空间。

2. 轨道隔振技术产品研发[14]

随着国民经济的高速发展，我国城市轨道交通的建设全面展开。为解决其穿过文化区、科技区、居民稠密区和文物古迹保护区等一些敏感路段的振动和固体噪声影响，近年来各类新型轨道隔振器具已作为轨道交通建设的必备隔振降噪措施，并在全国各地城市地铁和轻轨交通建设工程中获得了日益广泛的应用，总量直线上升，得到业界普遍认可的有阻尼弹簧浮置板轨道隔振技术，并相继开发了预制钢筋笼拼装一体化工艺和预制短板等快速施工工艺。其中由北京市劳动保护科学研究所暨北京九州一轨隔振技术有限公司等单位联合开发的国产化阻尼弹簧浮置板轨道隔振技术更是实现了拥有自主知识产权的多项技术创新，填补了国内空白，打破了国外技术十余年的独家垄断，彻底改变了同类产品完全依赖进口的局面。

3. 新型阵列式消声器的研发与工程应用[15]

深圳中雅机电实业有限公司设计开发了应用于地铁和建筑风道等大风量系统的阵列式

消声器，可以有效解决在城市轨道交通建设中消声降噪设备要提高消声能力、降低能耗、节省空间，同时又要方便运输、搬运以及安装施工的问题。在保证消声效果和造价不变的情况下，阵列式消声器的应用更符合绿色节能、“低碳”减排的环保理念，在占用空间相同的前提下，拓宽了消声频带，提高了消声器的整体消声量；在消声量相同的前提下，通风阻力变小，可以在降低风机压头的情况下达到同样的通风量，从而降低整个通风系统的运营能耗。按照达到同样的降噪效果和使用寿命的要求，在不增加造价的情况下，可以比采用传统片式结构消声器节省电能消耗 10.6%～12.5%。同时该设备在结构方面的特殊优势可以满足工程施工对消声设备多样化、人性化的要求，更好地服务于轨道交通建设。

（二）环境噪声识别与测试技术的新发展

1. 分布式噪声监测传感网相关研究

面向环境噪声和工业过程监测等应用，中科院声学研究所继续开展分布式噪声传感网的相关研究，建立并优化了多传感器、多传输方式、多级拓扑结构的网络架构，完成了海量数据汇聚、多传感器信息融合、多子软组合等关键技术研究，解决了对象监测范围广、测点多的适应性问题；针对测量中测点分散的特点，研制成功基于 WiFi 的无线网络传感器和无线传输节点，解决了多级网络架构下的无线网络传感器管理问题，实现智能化管理，降低服务器的负担，同时实现了与原有噪声监测系统的无缝连接；研究了无线网络传感器和无线节点的稳定性问题，提出完善的通讯协议，提高了数据传输的鲁棒性，采用了有效的内存管理方案，解决了内存泄露和碎片的问题，确保长期稳定运行。提出并完善了高速信号传输异步模型，即 HiDMF 模型，实现了系统中海量数据的传输，重点解决了传输稳定性和高可复用性问题。在此研究基础上，最终建立一套集有线、无线为一体的分布式数据采集系统，为后续的故障识别定位研究提供可靠的数据采集和处理平台。

2. 基于 OTPA 的设备贡献量分析方法

在多声源和振源的系统中，响应测点的振动信号是多个振源通过各自路径传递过来的能量的叠加，在实际工况条件下，由于各个设备振源同时存在，且相互之间可能存在耦合或串扰，估计各振源对响应测点贡献大小的传统方法是通过人工激励来获取传递函数，但这种方法并未考虑不同的载荷条件对复杂结构传递特性的影响，同时于我们这样的大系统而言，可操作性也不强，实验烦琐。

中科院声学研究所针对壳内设备源对外壳各响应点贡献问题，开展了基于 OTPA（工况传递路径分析）的设备贡献量分析方法研究。通过对获取的不同工况下同一时刻激励点与响应点数据采用 OTPA 方法，以分析内部设备源的贡献量，并利用 PCA 方法去除设备源之间的串扰，建立壳内设备源与外壳响应点间的传递函数模型，基于搭建的舱段实验模型进行实验验证，即可利用获取的设备与外壳测点之间的贡献量知识，结合相干分析以及经验知识，建立设备相关性列表，圈定声学故障区域。为此，利用工况数据来直接获取结构的传递特性，实际的载荷条件也将被考虑进来，这样获取的结构传递特性质量也将随之提高。设备振动噪声源与响应测点之间的关系通过统计方法来实现。

3. 声相仪

中国科学院声学研究所研制了系列声相仪产品，第一类是 64 元平面螺旋传声器阵列，有直径 1m、2m、3m 三种规格，有多种工作模式，声相图像素 41.8 万，声像分离检测频率范围 200Hz～6kHz，成像速度 4～25fps，主要指标均超越国际同类产品。第二类是球形声相仪。声相仪阵元采用了 1/2 吋测量级驻极体电容传声器，同时配置了一款专门设计的微型前置放大器，这种组合极大限度地避免了阵元对声场的干扰，即使在最严酷的电磁环境中，阵上信号检测电路也具有良好的抗电磁干扰能力。此外，声相仪结构紧凑，操作简便。

目前，国内尚没有其他与声相仪相同的声成像测量分析产品，通过与德国 Acoustic Camera 公司（GFal）、德国 BBM 公司、丹麦 B&K 公司、比利时 LMS 公司、法国 ACB 公司、挪威 Norsonic 公司同类产品对比，声相仪超越国外同类产品的性能主要有：①阵型最优化设计，具有很好的虚像抑制能力；②针对实际应用环境而开发，在复杂声环境下仍能正常工作；③使用最高精度的测量传声器及微型前置，特别适合测量机器设备的噪声，国外产品由于使用咪头型传声器，不适合测量机器噪声；④阵型尺寸大，适合测量机器的低频噪声，而国外产品在国内市场尺寸多小于 1m；⑤阵元数多（64），噪声抑制能力强，国外有些产品为 36 或 48 阵元；⑥信噪比高出 14dB，声相图更清晰；⑦测量频率范围宽：2Hz～20kHz，声像可分离频率范围 200～6000Hz，国外产品的相应范围是 100Hz～10kHz 和 600～6000Hz；⑧测量动态范围 15～120dB；⑨测量速度 25fps，远远超国际同产品；⑩有多种工作模式，可应用于轿车内部测量；⑪总功耗 4W，电池供电方便使用；⑫只有一条 USB 线与计算机连接，无其他浮线，国外产品的连接线复杂。

4. 噪声地图技术

以往国内主要利用国外商用软件和算法开展噪声地图的研究，2008 年以来，国内以北京市劳动保护科学研究所为代表的有关科研机构对噪声地图的绘制技术进行了系统性研究，从国内实际情况出发，对国外声源模型进行了修正，提出了适合北京城市交通特点的预测方法，使得预测精度达到国际领先水平。2011—2012 年期间，又在上述基础上，开发了以国内道路、铁路声源模型为基础的噪声地图绘制软件，并将噪声地图与国内管理政策相结合，开发了具有自主知识产权的“环境噪声信息管理平台”。通过将先进的自动检测技术、模拟计算引擎和 GIS 技术进行紧密集成，平台具有可随时查看城市二维、三维空间噪声地图和进行噪声地图预测与自动监测动态修正引擎的噪声地图管理子系统，可实现城区声功能区划动态调整的声功能区管理子系统，可实现与自动监测数据动态链接，实时反映各监测数据变化情况的自动监测管理子系统，可对污染源空间分布地图、属性信息、业务数据进行简便快捷的浏览、查询、统计分析和对各类污染源进行污染量化分析和治理方案比对的声污染源管理子系统，以及投诉信息管理子系统，为城市环境噪声管理提供全方位的解决方案。该管理平台已在北京市环保局试运行，为噪声地图在国内的普及应用提供了坚实的技术基础。

（三）环境管理科技支撑研究

2011 年，国家环境保护部印发了《2011 年全国污染防治工作要点》，要求进一步推进噪声污染防治，深入贯彻落实环境保护部、发展和改革委员会等 11 部门联合发布的《关于加强环境噪声污染防治工作改善城乡声环境质量的指导意见》，加强人员培训，组织开展重点噪声源确定和环境功能区的划定和调整工作，加大重点领域噪声污染防治力度，切实解决噪声扰民问题。由此进一步推动全国的环境噪声污染防治工作。

在标准制修订方面，《建筑施工场界环境噪声排放标准》（GB 12523—2011）于 2012 年 7 月 1 日起实施，该标准是对《建筑施工场界噪声限值》（GB 12523—90）和《建筑施工场界噪声测量方法》（GB 12524—90）的第一次修订，对场界噪声排放限值和测量采样周期进行了修改，补充了测量条件、测点位置和测量记录要求，增加了背景噪声测量、测量结果评价等内容，标准的修订更有利于对建筑施工噪声排放的监控。此外，《声学　轨道机车车辆发射噪声测量》（GB/T 5111—2011）、《声学　轨道车辆内部噪声测量》（GB/T 3449—2011）、《声学　护听器　第 3 部分：使用专用声学测试装置测量耳罩式护听器的插入损失》（GB/T 7584.3—2011）、《声学低噪声工作场所设计指南　第 3 部分：工作间内的声传播和噪声预测》（GB/T 17249.3—2012）、《声学与振动　弹性元件振动-声传递特性实验室测量方法　第 1 部分：原理与指南》（GB/T 22159.1—2012）、《声学与振动　弹性元件振动-声传递特性实验室测量方法　第 2 部分：弹性支撑件平动动刚度的直接测量方法》（GB/T 22159.2—2012）、《家用和类似用途电器噪声限值　滚筒式洗衣-干衣机的特殊要求》（GB/T 4214.7—2012）、《环境噪声监测技术规范　城市声环境常规监测》（HJ 640—2012）、《环境质量报告书编写技术规范》（HJ 641—2012）、《环境保护产品技术要求　通风消声器》（HJ 2523—2012）于近两年陆续发布。而《工业企业噪声测量规范》、《工业企业噪声控制设计规范》、《城市轨道交通振动与噪声治理工程技术规范》和《汽车加速行驶车外噪声限值及测量方法》正处于征求意见稿阶段。

为进一步规范铁路建设项目环境影响评价管理，环境保护部于 2012 年 1 月下发《关于铁路建设项目变更环境影响评价有关问题的通知》，要求铁路建设项目在设计阶段和开工建设前，或在实施过程中发生变更的变更工程开工前，设计单位和建设单位应对设计和实施方案与环境影响评价文件及其批复进行对照和核查。若工程范围、工程内容以及防治污染、防止生态破坏的措施发生重大变动的，建设单位应在项目开工前或变更工程开工前，依法重新报批环境影响评价文件。

同时，地方有关标准法规也有了很大进展。为适应开展大规模地铁建设的要求，应对可能出现的地铁噪声与振动污染，北京市《地铁噪声与振动控制规范》于 2012 年发布，这是我国在该领域发布的首个地方标准，主要用于指导北京市地铁建设项目噪声与振动环境影响评价工作。该标准规定了地铁建设项目环境影响评价中，地铁列车运行引起的环境噪声与振动控制的原则与方法，首次提出了地铁噪声与振动控制应以保证地铁运营安全为首要前提，遵循优先距离（埋深）控制、稳定达标、经济安全的原则，优先选用产生噪声与振动小的车辆、桥梁、隧道及轨道结构等综合措施等基本要求。并根据地铁地下段振动扰民的特点，特别提出了建设单位要按照振动超标量分级选用减振措施。同时，由北京市劳动保护科学研究所起草的北京市地方标准《北京市公交车车外噪声限值及测量方法》、《北京市轨道交通上盖建筑噪声与振动控制指南》和《北京市城市轨道交通（地面段）环境噪声监测和评价方法》目前正在网上公开征求意见，这些标准将为全面控制北京市道路交通噪声提供有力的技术和管理支撑。

2012 年 9 月，为改善工地周围的环境影响，北京法制办就《北京市建设工程施工现场管理办法（修订草案）》向社会公开征求意见。意见稿中明确了“绿色施工”的概念，即在噪声敏感建筑物集中区域内，夜间不得进行产生环境噪声污染的施工作业。因重点工程、生产工艺上要求连续作业，确需在 22 时至次日 6 时期间进行施工的，建设单位应当在施工前到建设工程所在地的区、县建设行政主管部门提出申请，经批准后方可进行夜间施工。进行夜间施工作业产生的噪声超过规定标准的，对影响范围内的居民由建设单位给予经济补偿。

此外，全国电磁兼容标准化技术委员会研究了电磁兼容和电磁环境技术发展趋势，在对低频现象、高频现象、大功率暂态现象、电磁环境领域的标准进行梳理和完善的基础上，提出了较为科学、合理的技术标准体系，该体系目前包含 79 项国家标准和 17 项行业标准。近两年发布了 8 项标准，分别是《电磁兼容　限值谐波电流发射限值（设备每相输入电流≤16A）》

（GB 17625.1）、《电磁兼容试验和测量技术 HEMP 传导骚扰保护装置的试验方法》（GB/T 17626.24）、《电磁兼容　试验和测量技术　电能质量测量方法》（GB/T 17626.30）、《电磁兼容试验和测量技术　主电源每相电流大于 16A 的设备的电压暂降、短时中断和电压变化抗扰度试验》（GB/T 17626.34）、《电磁兼容　通用标准　室内设备高空电磁脉冲（HEMP）抗扰度》（GB/T 17799.5）、《电磁兼容　环境　高空核电磁脉冲（HEMP）环境描述传导骚扰》（GB/T 18039.8）、《1000kV 输变电工程电磁环境影响评价技术规范》（DL/T 1185）、《1000kV 架空输电线路电磁环境控制值》（DL/T 1187）。

（四）环境电磁科学技术研究进展

为满足工程需要，国内外对电晕的放电特性和计算方法开展了大量研究，得到了诸如计算导线表面电晕起始场强、地面标称电场、合成电场、电晕损耗的许多半物理、半经验公式，也开展了温度、湿度和海拔等对电晕放电影响的规律研究，取得了一些研究成果。但电晕放电基础理论研究甚少，目前的主要理论基础来自于定性物理描述的 Townsend 和 Streamer 放电理论，缺少对工程实际问题的有效指导，且特高压下的电晕形成机理和在以往电压等级下的电晕形成机理有何异同，仍是个未知的领域。从放电过程的微观描述中，可定量分析电晕放电的数学物理模型尚缺乏，对其影响因素的微观分析也未能深入。国内外虽开展了大量的电晕产生机理研究，但至今未取得突破性进展。而特高压输电线路的电晕现象更为严重，放电特性更易受外界因素影响，因此，研究交直流特高压线路电晕放电机理及空间电场特性是必须解决的关键科学问题。从微观的电晕放电机理及其数学物理模型上开展研究，才是指导解决工程实际问题的根本，也是本领域科学发展的需要。

根据高压交直流线路无线电干扰和可听噪声的测试数据拟合得到的经验方法，只反映了无线电干扰和可听噪声的外特性，无法反映输电线路无线电干扰和可听噪声的本质特征，因此其结果对于不同的导线结构缺乏普适性。目前国内外并没有从无线电干扰、可听噪声产生的机理层面来系统地研究解决输变电工程的无线电干扰和可听噪声问题，导致在输电线路设计中无线电干扰和可听噪声的测试结果与计算结果相差较大。因此，需要从电磁场理论、气体放电理论、电声学理论来分析研究电晕放电产生无线电干扰和可听噪声的机理，建立特高压交直流输电线路电晕放电与无线电干扰和可听噪声的关联特性。中国电力科学研究院在高压交直流线路电磁环境的科学技术研究方面的工作取得较大进展。主要表现在以下几个方面。

（1）高压交直流线路三维合成电磁计算方法研究　提出基于 Deutsch 假设的三维合成电场计算方法，通过采用优化模拟电荷法求得标称电场的电力线，然后基于 Deutsch 假设计算直流离子流场的空间合成电场；同时提出，基于上流有限元法的三维合成电场计算方法，即采用有限元方法求解电位泊松方程计算各点的电位和电场强度，然后根据各点的电场强度，采用三维上流有限元格式求解电流连续性方程计算各点的空间电荷密度，再根据新的空间电荷密度求解新的电位与电场强度，直到空间各点的电荷密度和电场强度的计算结果在一定误差范围内同时满足原微分方程和边界条件。

（2）特高压试验基地直流试验线段下的人体感受影响规律的研究　并基于人体感受试验结果，提出为了避免人在直流线路下对合成电场有明显感觉，在直流输电线路下可能有人员活动的地方，合成电场应不超过 30kV/m。

（3）特高压直流试验基地内树木电晕和烧灼试验的研究　对我国常见的乔木和灌木等典型树木进行了调研，在特高压直流试验基地内的特高压直流试验线段下，建立了直流线路对邻近树木的电晕实验平台，确定了实验研究方法，观测了树冠在合成电场中的电晕放电现象。

（4）建筑物周围的离子流密度和合成电场分布规律研究　直流输电线下存在建筑物时，建筑物顶部会出现较高的电场强度，尤其是边缘部分可畸变出较高的电场强度，即使是远离线路的一侧，电场强度仍然较高；随着与线路距离的增大，建筑物表面电场强度迅速降低，但是建筑物顶部电场强度与原来建筑物不存在时的地面合成电场的比例很接近；随着建筑物高度上升，建筑物顶部电场强度明显上升，而对两侧地面处的合成电场屏蔽作用也逐渐增强；建筑物越高、越宽，建筑物与线路之间的距离越远，线路的架设高度越高时，建筑物周围地表的合成电场就越小；建筑物顶部的合成电场较高，必要时应限制人在建筑物顶部活动或在建筑物顶部采取适当的电场屏蔽措施。

四、环境物理学技术在国民经济和环境保护中的重大应用成果

2011—2012 年间，环境物理学学科相关技术在产业发展中得到重大应用，促进了环保科技产业化。

（一）噪声环境影响评价技术的应用成果

京沪高铁是我国目前建设历程最长、投资最大、标准最高的大型工程，2011 年 7 月开通运营，2012 年 5 月通过环保部现场验收，环保部环境工程评估中心对京沪高铁噪声源强、传播规律以及声屏障降噪效果进行了测试和分析。通过调查和研究表明，京沪高铁从可研、环境影响评价（简称环评）以及设计、施工阶段开展了低噪声车辆和线路结果的研究，有效控制了沿线的环境振动水平，实现了环境振动全面达标，大部分敏感点采取了声屏障措施，在沿线公众关注度高的城市建成区设置了连续声屏障，有效地控制沿线的环境噪声影响。目前正持续开展高速铁路低噪声辐射、不同边界条件下声场变化规律、噪声源识别定量研究和噪声污染防治措施有效性等基础研究工作，进一步降低高速铁路的噪声影响。

（二）阻尼弹簧浮置道床隔振系统的产业化推广

由北京劳动保护科学研究所研发的“阻尼弹簧浮置道床隔振系统”显著减少了地铁列车通过时产生的振动和噪声，打破了国外技术十余年的独家垄断，彻底改变了同类产品完全依赖进口的局面。2010 年，在北京市科委的支持下，北京劳动保护科学研究所作为中关村自主创新股权激励试点单位，以“阻尼弹簧浮置道床隔振系统成套技术成果”作价 1000 万元，并吸引政府 1000 万元、社会和个人投资 3000 万元成立股权激励公司，推广科研成果产业化。目前，“地铁钢弹簧阻尼隔振器”已在北京、哈尔滨、武汉、西安、郑州等地轨道交通工程中得到成功应用，约占全国同类产品市场份额的 37%，相关技术及产品已入选《国家先进污染防治示范技术名录》，目前创收已经超 2 亿元。

（三）声相仪技术的应用

中科院声学研究所成功研发出声相仪，目前在国内尚没有与之类似的声成像测量分析

产品。该仪器既可用于环境噪声监测评价，又可作为设备噪声分析的仪器，可以检测由振动或者其他原因导致的声音，可以实现非接触测量。声相仪自问世以来，先后在大亚湾核电站、福氏康、深圳华为、中兴通信、南车集团、福田汽车、南京汽车、长城汽车、上海汽车、金龙汽车、格力电器、深圳 TCL、国电公司及昌平 500kV 变电站、北京康明斯发动机公司，以及数十家大型企业开展了机电产品异常噪声源识别的实验测试，诊断了一系列机器设备的故障，特别是在某汽车发动机生产线上利用声相仪检测出异常啸叫声源，解决了该企业在一年时间内未能解决的问题。声相仪的推出使得声学故障诊断向前迈进了一大步。

（四）噪声地图技术的应用

北京劳动保护科学研究所已绘制完成了一张北京城区部分区域噪声地图，范围 12.7km^2，并开发完成了国内首个基于噪声地图的环境噪声管理平台。目前国内其他城市也在开展一些试点工作。苏州于 2012 年绘制完成了古城区的噪声地图。杭州市完成了两个行政区的噪声地图绘制，并将噪声地图与噪声自动检测设备相结合，进行了新的环境噪声监测、管理方法的探索。上海、江西、重庆、天津、沈阳、武汉等地区也正在进行噪声地图的局部试点，并不断有其他城市加入此行列。深圳市将环境噪声地图纳入《深圳经济特区环境噪声污染防治条例》，并于 2012 年 1 月 1 日起施行。该条例规定，环保部门应当加强环境噪声预测评估研究，组织绘制环境噪声地图，为环境噪声污染防治规划、环境噪声管理和公众参与提供科学依据。同时，环境噪声地图应当定期向社会公布。

（五）噪声控制技术在核电工业和燃气电厂等的应用

近两年，核电工业和燃气电力行业等的噪声控制工作成绩显著。

在核电领域，由中国核电工程有限公司和北京绿创声学工程股份有限公司共同完成的“核电站主控室噪声控制与降噪设计”项目在岭澳二期核电站等主控室的设计中已经得到成功应用，打破了核电领域噪声控制设计完全由外方把持的局面，这是在核电噪声控制设计方面首个具有国内自主知识产权的应用。

北京绿创声学工程有限公司的“燃气电厂噪声控制设计方法与控制技术研究”成果是国内环境噪声领域第一个有关噪声控制整体方法论的研究成果，并且已经在大量的工程实践中得到成功应用，是工业企业环境噪声控制领域的重大进步。

（六）噪声与振动控制污染行业状况[16]

随着“十二五”规划的全面展开，在一定程度上带动了整体经济的复苏与快速增长，作为新兴战略产业之首的环保投入也获得了大幅提升。相应的，环境噪声与振动污染治理行业的经营状况虽较去年略有降幅，但也基本维持了持续高速增长的态势。

据初步统计，2012 年全国从事噪声振动控制相关产业和工程技术服务的专业企业总数约 900 家，从业总人数维持在约 3 万人。噪声与振动污染防治行业总产值达到 160 亿元，行业总产值的复合增长率与 2011 年同比增长率进一步下降，由 2011 年的 25.7%下降到 12.7%；其中噪声控制工程与装备的产值约为 92 亿元，与 2011 年同比增长率下降更为明显，由 2011 年的 28.8%下降到约 8%；噪声控制工程与装备的比重由 2011 年的 59.86%下降至 57.5%。年工业销售和技术服务收入约 20 亿元；专业从事噪声振动控制相关产业、年产值超过亿元的企业约 15 家，主营业务收入超过 2000 万元规模以上企业超过 60 家。噪声控制工程与装备子行业的占比有所下降，噪声控制工程与装备行业的复合增长率仍接近行业平均复合增长率。表 5 和图 2 为近些年噪声与振动污染防治行业的年度总产值。

表 5 噪声与振动污染防治行业的年度总产值

年度	2007 年	2008 年	2009 年	2010 年	2011 年	2012 年
噪声与振动污染防治	40 亿元	60 亿元	80 亿元	113 亿元	142 亿元	160 亿元
噪声控制工程与装备	16 亿元	25 亿元	48 亿元	66 亿元	85 亿元	92 亿元

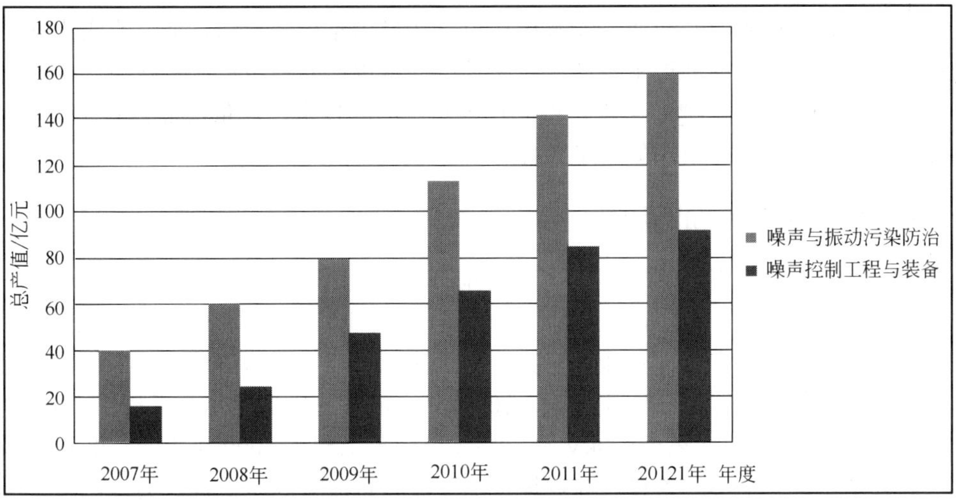

图 2 噪声与振动污染防治行业的年度总产值变化曲线

从噪声振动污染防治的行业发展来看：

（1）我国通用噪声控制设备和产业有了较大的发展，已形成一批系列化和标准化的通用噪声控制设备，设备的工装工艺水平也有了一定的进步，特别是汽车和一些机械设备上应用的消声器、隔振器等配套噪声振动控制产品已经形成自动化和集成化生产能力，基本实现了规模化生产，产品的性能已达到国际同类产品水平，有些产品已取得国际认证。例如有的汽车消声器企业生产能力达到年产 10 万套以上，产值数亿元。全国的汽车消声器产值已经达到 10 多亿元。

（2）交通噪声污染治理方面，我国在公路、铁路两侧建立不同形式、不同材质、不同结构的声屏障已近千条，尤其在 2009 年国家拉动内需项目的带动下，高速铁路声屏障成为本行业阶跃式发展的增量焦点，在建和拟建的声屏障总量达到数千公里。在声屏障的设计、制造、安装等方面也积累了一定的经验，目前已经颁发了《HJ/T 90—2004 声屏障声学设计和测量规范》、《TB/T 3122—2005 铁路声屏障声学构件技术要求及测试方法》等工程技术规范，09MR603《城市道路—声屏障》国家建筑标准设计图集、《客运专线铁路路基整体式混凝土声屏障》通用参考图等专业标准图集相继出版，《公路声屏障设计与施工技术规范》也即将完成修订。这些标准化工作的推进使声屏障的设计安装有法可依、有章可循。另外，以隔声窗为重点的临街建筑噪声防护技术、产品以及降噪工程也取得较大进展。

（3）随着国民经济的高速发展，加速了我国城市轨道交通的建设，但是也给环境带来新的噪声振动污染，尤其对穿过文化区、科技区、居民稠密区和文物古迹保护区等一些敏感路段，影响更为突出。作为轨道交通建设的必备隔振降噪措施，近年来各类新型轨道隔振器件随着我国地铁和轻轨的大规模建设应需而生，在全国各地方兴未艾的城市地铁和轻轨交通建设工程中获得了日益广泛的应用，总量直线上升；弹性支承块式无碴轨道也在西康铁路秦岭隧道和设计速度为160km/h的兰武线乌鞘岭特长隧道等项目中得到应用。高速铁路动车组弹性减振元件也已成为行业增长热点，2009年仅株洲时代新材料科技股份有限公司生产的动车组弹性减振元件营业收入就达到8.7亿元。

（4）我国已经颁发了数十项有关噪声控制设备的测量方法、评价标准和应用规范，包括各类消声器、吸声材料、阻尼材料、隔声门窗、隔声罩等，虽然还不尽完善，但已经发挥了作用。噪声振动控制设备的专业质量检测机构也已通过国家相关部门认证，为噪声振动控制设备的质量控制和产品认证创造了条件。一些具有一定规模的噪声控制设备生产企业已取得ISO 9000，ISO 14000认证，建立了噪声控制设备与产品的技术和质量保证体系。以上均为噪声控制设备和产品打入国际市场创造了条件。

（七）环境电磁学方面的应用

目前国内的高压交直流线路电磁环境相关研究单位承担了国家电网公司晋东南—南阳—荆门1000kV交流特高压试验示范工程、向家坝—上海±800kV直流特高压输电示范工程、中国南方电网公司云南—广东±800kV直流特高压输电示范工程的前期研究工作。研究成果全部应用于工程建设，晋东南—南阳—荆门1000kV交流特高压试验示范工程于2009年1月6日正式投入运行，云南—广东±800kV直流特高压示范工程于2009年12月28日单极正式投入运行，分别是世界上第一条投入商业运行的交流和直流特高压工程。另外，相关单位完成的科技部“十一五”国家科技支撑计划“特高压输变电系统开发与示范”重大项目研究成果，为本项目的研究打下了坚实的工作基础。近年来，在交直流输电技术领域获得多项国家和省部级科技成果，并已在全国电力行业推广应用。

五、环境物理学科能力建设进展

（一）学术团体、机构及学术刊物建设进展

2011—2012年，在众多同行的共同努力下，环境物理学科的相关学术团体及学术刊物研究工作发展迅猛。

在学术团体方面，环境物理学分会、建筑物理分会、中国职业安全健康协会噪声与振动控制委员会、声学学报编委会等进行了换届工作。在学术刊物方面，2012年，《声学学报》中文版被EI收录，英文版被SA收录，中、英文版的用户稳步增长。《应用声学》期刊也已进入中国知网，通过电子浏览的阅读方式，方便了读者，加大了期刊的推广力度。《噪声与振动控制》和《声学技术》等收录了环境声学相关学术会议论文专集。

在环境电磁领域，我国主要学术团体有中国核学会辐射防护学会，目前仍没有专门关于电磁辐射方面的学术刊物，有关论文主要在《中国环境科学》、《环境科学学报》、《环境科学》、《环境监测管理与技术》、《环境科学与管理》等环境类综合期刊上发表。

2011—2012年间，国内环境声学工作者与国际同行广泛开展科研合作与学术交流，组织

了一系列高水平的国际国内会议。由我国和美国声学学会联合主办的2012香港国际声学大会在香港国际会展中心成功召开。国内也相继召开了多个学术交流会议，主要有第十二届全国噪声与振动控制工程学术会议（2011年）、中国环保产业协会噪声与振动控制委员会2011企业家论坛、2012全国环境声学学术会议、2012年“我国城市轨道交通环境噪声和振动控制技术”专题讨论等。通过这些交流活动，对于促进环境物理学科的发展和学科内部的学术交流，对于环境物理污染的控制与产业发展具有重要的意义。

此外，继我国成功主办了第37届国际噪声控制工程大会（Internoise2008）之后，我国又成功获得了2014年第21届国际声与振动大会（ICSV21）的承办权。

（二）人才培养进展

我国环境物理学科的研究人员素质不断提升，国际话语权不断增强。2012年，中国科学院声学研究所田静同志当选为国际噪声控制工程学会（I-INCE）的副理事长，分管亚太地区事务，任期3年。2012年年底，国际声学学会（International Commission on Acoustics，ICA）理事会官员提名委员会正式提名田静研究员为下届（2013—2016年）国际声学学会理事长候选人[选举在2013年加拿大蒙特利尔举行的第21届国际声学大会（21st International Congress on Acousties，ICA2013）上举行]。2012年5月，马大猷院士获美国声学学会荣誉会士称号，为美国声学学会成立100多年来第19个荣誉会士。2012年度“马大猷声学奖”授予海军工程大学何琳教授和中国科学院声学研究所王秀明研究员。北京市劳动保护科学研究所张斌入选科技北京百名领军人才培养工程“科技北京”百名领军人才。

但同时也应当注意，近年来，声学在我国高等教育、研究生教育体系中学科分类地位有下滑的趋势，这主要是由于学科分类造成与声学相关的专业在招生、就业及人才培养方面遇到了瓶颈。

（三）基础研究平台进展[17,18]

“国家环境保护城市噪声与振动控制工程技术中心”、“国家环境保护道路噪声与振动控制工程技术中心”、“中国科学院噪声与振动重点实验室”、“机械系统与振动国家重点实验室”、“国家环境保护道路交通噪声控制工程技术中心”、“公路交通环境保护技术交通行业重点实验室”和“近代声学教育部重点实验室”等平台于“十一五”期间批准建设，近两年陆续通过相关部门验收。2012年，环境保护部批准建设“国家环境保护环境影响评价数值模拟重点实验室”（以下简称“实验室”），实验室设声环境研究室，主要围绕环境噪声影响评价法规模型与标准化、环境噪声影响数值模拟技术与应用、环境噪声源强清单建设与应用、环境噪声影响评价技术数据库建设与应用等方向开展环境影响评价理论创新与技术研究。环境保护部核与辐射安全中心、辐射环境监测技术中心是我国核与辐射领域两个重要技术平台，为我国核与辐射环境保护提供重要技术支撑。

六、环境声学科学技术发展趋势及展望

经过几十年的发展，我国环境物理研究取得了巨大进步，学科基础研究体系已渐趋成熟，学科队伍得到了充分锤炼，同时相关控制技术在我国的环境噪声防护和社会、经济可持续性发展中发挥了应有的作用。尽管环境噪声有关法律和标准体系、有源噪声控制、声学结构与

材料等方面仍处于国际先进水平，但声学仿真计算、新型声学材料、声品质、噪声地图、分布式网络声学监测系统等方面均与国际水平有一定的差距，环境噪声污染防治方面的基础研究工作还存在许多问题，在管理方面也存在不少难点。

环境物理污染防治是一个系统工程，应以立法为主导，以规划为先行，以环境友好为导向，以执法和技术为手段，以改善城市声环境为目的。在未来的5年内，应及时部署和安排以下研究与开发工作。

（1）加强环境噪声管理建设　一方面应开展国内外专项调研工作，抓住当前环境噪声的突出问题、热点问题，结合环境噪声管理中存在的问题和国外的先进经验，在政策、法规、标准、规划、研究等层面做好环境噪声管理顶层设计工作，从法规、规划层面推动战略、规划、建设项目环境噪声影响评价与城市总体规划中的衔接工作。继续加快做好噪声法的修订，以当前国家的环境噪声标准体系为基础，通过合理划分层次，协调相互关系，明确适用对象，增订修订或废止一些标准，使环境噪声标准体系更加科学完善，更好地为环境噪声监督管理服务，逐步形成符合我国特点特色的基础性标准，以便在市场准入和产品竞争中争取主动。

（2）制定和修订各类噪声与振动控制工程设计导则　在等效采用国际标准的基础上，根据我国国情制定有关噪声振动控制导则规范，将噪声振动治理中基本的、通用的技术要求贯穿工程的设计、施工、验收、运行的全过程。

（3）从噪声治理层面制定环境噪声整治方案，优先解决公众投诉集中区域的噪声问题，如机场、交通干线、站场及枢纽、工业企业以及施工场地周围等。

（4）环境噪声预测技术与信息化的结合是未来环境噪声影响评价工作中重点关注的问题。将噪声地图融入现行的噪声管理体系，并进一步提升噪声管理水平是这些城市开展噪声地图试点的主要思路。

（5）加强基础研究和具有前瞻性的创新技术等深层次研究的开发力度　在积极推动对引进技术消化吸收的基础上，坚持自主创新，大力开展自主知识产权的技术创新和新产品研发；建立我国噪声与振动污染源数据库；通过引进和合作，开发适合我国国情的噪声与振动传递规律计算软件和 CAD 优化设计软件系统；注重现代新技术（如计算机技术、数字技术、有源控制技术等）在噪声振动控制中的应用，开发出我国科技含量高、拥有自主知识产权的噪声控制产品，提高我国噪声与振动控制产品在国际市场的竞争力。

（6）加强低频噪声管理相关工作　结合我国实际，加快低频噪声相关标准制定或修订。同时，随着我国低频噪声投诉案件逐渐增多，应尽快研究制定低频噪声投诉案件评价处理程序和方法。结合我国主要城市噪声地图绘制工作，研究可描述低频噪声影响程度的噪声地图绘制技术及方法，服务于城市低频噪声的评价和管理。在低频噪声源及其声学特性数据库基础上，研究建立国家级噪声源数据库及交流、分析平台，有力提升全国噪声评价、监测、控制和管理水平。及时研究制定新型噪声源影响预测技术规范，自主开发切合我国噪声源实际的影响预测软件。

（7）在环境电磁学中，特高压直流线路的设计中导线的电晕效应将成为制约导线选型与线路参数选择的重要因素。有必要从无线电干扰和可听噪声的源头——电晕放电及电晕电流开展介观尺度的研究，从电晕电流的特性寻找其与无线电干扰和可听噪声之间的关联特性，建立反映输电线路无线电干扰和可听噪声的本质特征的计算方法，从本质上解决输电线路电磁环境效应的问题，促进输变电工程建设的环境友好性，同时也确保电力建设的经济性。同时，高海拔下直流线路的电晕特性及电磁环境是我国发展特高压亟待解决的问题。

党的十八大提出了全面建成小康社会的宏伟目标，并将“生态文明”提到更加突出的位置，随着经济的发展及环境保护力度的进一步加强，环境物理学科和环境噪声、振动与电磁污染防治行业必将迎来一个高速发展的时期。

参考文献

[1] Liang B, Yuan, B, Cheng, J C. Acoustic Diode: Rectification of Acoustic Energy Flux in One-Dimensional Systems. Phys. Rev. Lett., 2009, 103, Art. No.104301

[2] 梁彬, 程建春. 声二极管的设计与实现.中国声学学会第九届青年学术会议, 2011.

[3] 顾仲明、梁彬、程建春. 声二极管模型的简化分析.中国声学学会第九届青年学术会议, 2011.

[4] 阚威威, 程建春. 二维声子晶体中的非传播局域化波. 中国声学学会第九届青年学术会议, 2011.

[5] 刘碧龙. 大型客机壁板噪声传递特性研究. 2012 全国环境声学学术会议, 2012.

[6] 中国科学院噪声与振动重点实验室 2012 年度工作报告.

[7] 中国科学院噪声与振动重点实验室 2011 年度工作报告.

[8] 黄华华. 自然通风有源隔声窗研究. 南京: 南京大学, 2011.

[9] 翟国庆. 低频噪声. 杭州: 浙江大学出版社, 2013.

[10] 毛东兴. 地铁运行引起建筑物二次辐射噪声评价量及控制指标. 2012 全国环境声学学术会议, 2012.

[11] 刘元庆, 郭剑, 陆家榆. 基于电晕笼试验的特高压正极直流线路可听噪声频谱特性. 高电压技术, 2013,(06).

[12] 杨晓洪, 陈敬和, 胡士信, 郭剑, 陆家榆. 交流输电线路对输油输气管道的电磁影响现场测试研究. 腐蚀与防护, 2012,(S1).

[13] 严守道, 袁海文, 陆家榆, 崔勇, 赵录兴, 赵永生. 复杂环境下地面合成电场测量系统的研究. 电网技术, 2013,(01).

[14] 邵斌. 轨道交通隔振技术思考与实践. 2012 全国环境声学学术会议, 2012.

[15] 2012 年度噪声振动控制行业发展报告.

[16] 2011 年度噪声振动控制行业发展报告.

[17] 王彦琴, 魏显威. 道路交通噪声污染控制技术发展状况研究. 2012 全国环境声学学术会议论文集, 2012.

[18] 沈毅, 魏显威, 王彦琴. 关于公路交通噪声环境影响评价有关问题的再讨论. 第一届全国环境噪声影响评价研讨会, 2013.

环境化学学科发展报告

摘要 目前，新型污染物和纳米材料的环境问题日益显现，随之而来的环境分析方法成为研究重点之一，环境化学学科的研究对象也从传统化学品扩大至纳米材料层面。与之相适应的环境界面过程微观机制研究成为本学科热点之一，而面向人群健康保障的污染环境治理技术研究面临新的挑战。在研究深度上，环境界面行为的解析已达到分子水平，污染的表观遗传毒性效应机制日趋明朗。在研究尺度方面，我国环境化学家积极参与极地环境科学考察，争取在全球尺度持久性污染物迁移转化上拥有更多话语权。我国的环境化学研究整体上与世界先进水平保持同步，且已从全面跟踪国外研究到部分引领方向发展。

一、引言

环境化学是环境科学的主要基础分支学科之一，在吸收化学、生物、毒理、材料科学等相关学科最新成果促进环境化学学科发展的同时，亦与不断出现的新型污染问题息息相关。近年来新型污染物和纳米材料环境问题日趋受到关注，其环境分析方法和环境界面过程微观机制的研究成为本学科热点之一。健康风险削减相关的污染环境治理技术受到前所未有的重视。环境化学学科研究对象从传统化学品扩大至纳米材料，界面行为的解析已达分子水平，污染的表观遗传毒性效应机制日趋明朗。在环境系统尺度方面，继青藏高原环境介质污染物归趋行为研究之后，我国环境化学家积极参与极地环境科学考察，以期在全球尺度持久性污染物迁移转化上拥有更多话语权。目前，我国的环境化学研究与世界先进水平保持同步，且已从全面跟踪国外研究到部分引领方向发展。“Environ Sci Technol”是国际环境科学领域的权威杂志，自2010年起我国科学家在各国发表的论文数排名中稳居第二。以持久性污染物相关工作为例，5 年来在持久性污染物领域发表 SCI 论文数最多的世界前 10 名机构中有 3 家中国研究单位；相关研究不仅论文发表量位于世界第二，而且论文引用率也已跃升到第二的位置，稳居领域第一方阵。更加喜人的是，近两年环境化学一些高水平的研究工作不仅产生了重要学术影响，而且对我国制定相关环保政策起到了重要的技术支撑作用。

二、环境化学学科基础研究进展

环境化学学科是在将化学原理和方法运用于认识和解决实际环境问题过程中形成的一门环境分支学科。近年来我国环境分析化学、环境污染化学、污染生态化学、污染控制化学和理论环境化学等环境化学五大分支学科均得以发展。在环境样品的采集方面，被动采样因材料科学的成果而得到快速发展，新材料不断被用于研制新型被动采样装置以满足多种污染物采样的需求；而环境样品前处理技术日趋绿色、微型和高效化。同步辐射等先进手段将污染物界面行为研究带入分子水平微观层次，极地科考和西藏高原污染调查项目的实施则开辟了全球尺度持久性有毒污染物环境归趋和行为研究的先河。随着污染致病机制研究趋于深入，环境污染物的表观遗传毒性受到关注。而基于高性能计算的理论模拟与数据挖掘的理论环境化学则在环境过程机制和分子毒理解析方面展现独特魅力。下文从环境化学各分支学科基础研究出发，介绍 2011—2012 年学科发展的主要成果。

（一）环境分析化学研究进展

高灵敏和高分辨是环境污染物因其混合暴露与大多痕量存在的特质而对分析方法提出的要求。为了满足这一需求，环境分析化学除了将分析化学最先进的检测理论与方法移植于环境监测中，还重点在环境样品采集和前处理方法等方面开展研究。在环境样品的采集方面，被动采样因具有不需要外加动力、成本低、可模拟生物采样和可获得时间加权平均浓度等优点而得到快速发展，很多新材料被用于研制新型被动采样装置以满足特定污染物环境采样需求。采样器的采样速率校正技术也得到发展，为提高采样测定的准确性提供了技术支持[1]。在环境样品前处理技术方面，固相萃取依然是最常用的环境水样前处理技术，各种新型吸附剂的研制是固相萃取研究的热点，石墨烯和磁性纳米材料、免疫吸附、分子印迹、适配体等方法的应用显著提高了萃取性能，代表了未来的发展方向。而固相微萃取、液相微萃取和浊点萃取等也得到快速发展。基于 Fe_3O_4 的超顺磁性纳米材料的微固相萃取技术，因为具有吸附容量大、萃取和解吸平衡时间短、易于用外加磁场快速收集等优点，被用于多种有机和无机污染物的分离富集[2,3]。有关浊点萃取技术分离富集环境纳米材料研究是一个亮点。由于纳米材料进入表面活性剂胶束后不会发生团聚，用该技术富集分离的纳米材料可很好地保持其原有的形貌和大小，为研究纳米材料在环境中的形貌变化等环境行为提供了有效的技术手段。Triton X-114 等非离子表面活性剂已经成功用于环境水体和消毒产品中纳米银和银离子的形态分析以及环境水样中 ZnO 纳米材料的富集测定[4]。此外，2011 年中国环境化学家基于效应分析从混合污染暴露中成功甄别了一种具有神经毒性的新型溴代阻燃剂，而仪器辅助增强型萃取继续在提取底泥、污泥、土壤和生物组织等固体或半固体样品中目标化合物方面发挥重要作用[5]。在环境混合物分析方面，Wang 等优化了短链氯化石蜡的色谱分离条件和定量方法，从而成功检测到北京市污水处理厂排放污水受纳水生态系统和北京市通州区污灌区短链氯化石蜡污染的存在。进一步研究确认短链氯化石蜡具有较高生物累积性并沿食物链具生物放大现象[6]。Chen 等根据沉积物和土壤污染现状分析发现辽河流域短链氯化石蜡污染源于当地工业排放，且以五和六个氯取代的 C_{10} 成分为主，工业污水的排放因子是 74.4 mg/t[7]。2011—2012 年期间，环境复杂体系分析检测能力得以显著提高，为及时发现和解决重大环境问题奠定了方法基础。

（二）环境污染化学研究进展

环境污染物多界面传输过程以及相关机理研究一直是环境化学重要的研究方向。随着上海光源等一批大科学装置陆续在国内建成，环境界面过程研究已深入到分子水平，如 Lv 等结合高分辨透射电镜、X 射线衍射和基于同步辐射的扩展 X 射线吸收精细结构光谱等方法，阐明了环境中磷酸盐对 ZnO 纳米颗粒的赋存形态、微观结构以及转化过程的影响[8]；而 Jing 等基于同步辐射的 X 射线荧光显微分析证明在氟存在的条件下，五价砷与新型钛镧氧合物负载的活性炭复合吸附剂 TLAC 中的二氧化钛形成了双齿双核的内层表面络合结构[9]。与此同时，短链氯化石蜡等新型污染物环境分布和界面过程亦开始受到关注[7]。"Acs Nano"上发表了我国科学家关于溶解有机质对于金离子和银离子环境光还原生成金属纳米颗粒的影响的工作[10]，C_{60} 纳米颗粒及天然有机质修饰的 C_{60} 纳米材料显著增强土壤中多氯联苯醚迁移的研究和污染物在土壤界面过程中的对映体选择性发表在"Environ Sci Technol"[11,12]。鉴于土壤污染导致的食品安全隐患，近 2 年污染生物有效性与界面过程的相关研究再次引起重视[13]。Yang 等揭示土壤中多环芳烃菲的生物有效性主要受控于其在土壤有机质层的扩散[14]，Chen 等证明热解温度对于生物质的结构性质和 1-萘酚等污染物吸附行为有更重要的意义[15]。

在宏观层面，环境水体、土壤和大气等环境污染现状与归趋研究仍方兴未艾。如 Wang 等评估了一家 PFCs 生产企业对周围环境 PFCs 污染的影响，表明该企业附近小范围的灰尘、土壤、水和鸡蛋等中含有很高浓度的 PFOS 和 PFOA，但随着与企业距离的增加，它们的浓度降低很快，风险评估发现 500m 外的地表水和鸡蛋等引起的相关风险均较低[16]。Zhai 等对模拟氯消毒过程中的极性溴化消毒副产物进行了分析，检测到许多新型的极性芳香和不饱和脂肪族溴代消毒副产物，消毒时接触氯的时间等因素对形成消毒副产物有重要影响。随着消毒进程的延续，高分子量的溴代消毒副产物会逐渐分解成为分子量相对较小的消毒副产物，最终生成卤代乙酸和三卤甲烷[17]。同一研究组还对游泳池水中新的消毒副产物及它们的皮肤渗透进行了研究，结果表明这些新型消毒副产物有可能通过皮肤渗透进入人体[18]。Shi 等通过对兰州市及其郊区两个监测点在春节前后连续一个月的检测发现，春节期间的烟花爆竹燃放可以显著升高大气中的高氯酸浓度，其环境影响值得关注[19]。Xu 等研究了北京市一个污水处理厂中挥发性甲基硅氧烷的存在和归趋，发现 4 种环形硅氧烷的浓度和检出率高于 2 种线性甲基硅氧烷[20]。此外，我国科学家也加入了极地环境污染化学研究队伍，获取污染全球迁移转化数据[1]。

（三）污染生态化学研究进展

我国环境污染形势严峻，与环境污染密切相关的生态破坏与疾病显著上升。全国死因调查证实，恶性肿瘤等重大疾病发病率和死亡率呈逐年增加趋势，仅肺癌的死亡率就从 30 年前的每 10 万不足 10 人跃升至 71.5 人。污染导致健康危害虽已获得共识，但污染引发肿瘤等环境相关疾病的分子机制仍是一个国际性科学难题，机体损伤机理至今尚未阐明。污染的联合毒性效应及其与蛋白、核酸等生物分子的交互作用是链接环境污染-生态效应-健康风险的关键环节，污染生态化学研究由生态毒性分析向健康效应机理扩展已成定局，我国在这一新领域的工作亦已起步[21]。Zou 等在磺胺类药和其增效剂混合物对发光菌毒性研究中发现急性和慢性毒性的关键靶点存在显著差异，荧光素酶是磺胺类药急性毒性的靶蛋白，而慢性毒性中起关键作用的生物靶是二氢叶酸还原酶[22]。在污染物表观遗传效应探索中，中国学者建立了高灵敏的超高性能液相色谱-串联质谱 DNA 甲基化分析方法，并实现了男性精液甲基化水平的准确定量[23]。组蛋白修饰和非编码 RNA 表达变化方面亦有相关工作，Wang 等[24]对全氟化合物生产厂工人及其附近居民血液中几种常见全氟化合物和脂肪、酶和循环 miRNAs 等血清生物标志物进行的检测表明可在所有的样品中检出全氟辛基磺酸、全氟辛酸、全氟已基磺酸、全氟壬酸和全氟癸酸，且工人血液中全氟辛酸的浓度与高密度脂蛋白胆固醇呈现负相关，血清中的全氟辛酸浓度升高，循环 miR-26b 和 miR-199a-3p 升高。台湾进行的一项研究证明人血清中较高的全氟壬酸与年轻高血压人群较高的血清 adiponecyin 浓度有关[25]。在 2011—2012 年期间，我国有关纳米材料毒性和健康危害的研究仍与国际保持同步，如研究发现 CdSe 量子点暴露会引起啮齿动物肝脏形态学变化和功能损伤等[26]。

（四）污染控制化学研究进展

污染控制是环境研究的最终目标。高温焚烧处理仍然是持久性有机污染物降解与控制研究的主题，光催化、生物降解和低温热催化降解等也受到了广泛关注。Yu 等利用 V_2O_5-WO_3/TiO_2 催化剂在模拟烟气气氛下热催化降解了五氯苯，考察了反应温度、氧气浓度、空速对降解效率的影响，发现 NO 的存在会促进五氯苯降解，而在 SO_2 污染物存在的情况下会发生催化剂中毒[27]。随着材料制备技术的迅速发展，推动了污染物控制研究迈向一个新台阶。Lin 等[28]引入微反-气相色谱联用装置评价材料的降解活性，利用制备的钴铈复合氧化物微纳米结构材料对 1,2,4-三氯苯模型化合物进行了降解研究。该工作发现制备的复合氧化物微纳米结构材料催化活性远高于相应的市售混合物，两种氧化物之间存在显著的协同降解效应。在催化材料研究的同时，持久性有机污染物降解机制仍在不断探索中。广泛报道的逐级还原性加氢脱卤机制可使母体的持久性有机污染物降解为低卤代的芳烃类[29]，然而亦有研究表明初始加入的持久性有机污染物和降解产生的低卤代芳烃物质之间不存在物料平衡，由此提出氧化降解是持久性有机污染物另一种竞争性降解路径。相对于还原性加氢脱卤，氧化降解机制的研究相对来说仍显匮乏。Lin 等[28,30]研究指出 1,2,4-三氯苯在钴基氧化物微纳米结构材料表面上生成氯酚类物质的氧化反应及理论与 Mars-Van Krevelen 氧化-还原机理类似，并借助于电子自旋共振实验报道了亲电性的强氧化剂超氧阴离子自由基在氧化反应中占据了重要的位置。事实上，在许多实际的工业污染源中持久性有机污染物常常与其他污染物同时排放，提高复合污染物的协同去除效率及揭示协同去除机制将是今后污染控制化学研究重点之一。

（五）理论环境化学研究进展

环境化学早期根植于化学这一传统学科理论基础之上，随着环境问题日趋复杂，单纯的传统学科理论借鉴已不能完全满足环境化学学科发展的需要，环境化学逐步建立与发展自身的理论体系。2004 年国家自然科学基金委员会化学科学部组编了《21 世纪的环境化学》一书，理论环境化学作为独立学科分支最终获得承认[31]。作为基本理论化学和环境系统理论相结合的产物，近两年理论环境化学研究涵盖了环境界面、结构与活性相关理论以及化学污染物环境行为预测等各个方面。如 Zou 等[32]模拟分析了环己烷、苯系衍生物和多环芳烃等污染物在单壁碳纳米管上的吸附模式，通过计算比较不同污染物的吸附自由能，定量确定了污染物与碳管之间的 π-π 相互作用和污染物硝基取代基的吸附增强效应在吸附过程中的贡献。Mu 等[33]基于分子对接/分子动力学模拟与实验相结合的方法揭示了雌激素受体 α 亚型关键残基 ARG394 的侧链取向与雌激素效应相关的结构基础。Wang 等[34]利用密度泛理论计算研究了二噁英大气氧化降解解机理，确认氧化反应主要始于羟基在 γ 位置的进攻。在混合物联合毒性预测方面，Liu 等[35,36]在适用于同一毒性作用模式假设的浓度加和模型基础上，成功构建了离子液体混合物荧光素酶活性兴奋效应的预测模型，并进一步发展构建了仅仅依赖于混合物信息的联合毒性预测方法。

三、环境化学科学研究在国民经济与环境保护中的应用成果

环境化学在整个环境学科中处于基础学科领域。即便如此，我国的环境化学工作者仍努力将最新研究成果快速转化为相关专利、仪器、软件与实用技术以满足国家日益增长的环境污染治理需要。例如将环境样品前处理与分析技术与毒性高通量筛查方法进行联用开发成组毒性分析仪器，从而从硬件上实现基于效应分析的环境污染分析技术，并基于该设备从真实环境成功甄别具有神经毒性的新型溴代阻燃剂[5]。面对污染物定量结构活性相关方法在实际环境风险评价中的应用难题，自主研发了部分构效方法的使用软件程序包，使之可直接服务于环境污染物内分泌干扰效应的快速评价和风险管理中，并提出新型结构描述符筛选终止标准以科学描述和掌控模型的稳定性和预测能力[37,38]。在支持持久性有机污染物国际履约行动方面，通过研究焚烧过程中多种非故意产生的持久性有机污染物的相关性，发现二噁英类与多氯萘的生成具有类似的途径。基于该发现，识别了炼焦、再生有色金属冶炼、铁矿石烧结、电弧炉炼钢、原生铜冶炼、原生镁冶炼和焚烧金属导线等一系列潜在的多氯萘（PCNs）排放源，为认识 PCNs 的来源提供了重要的数据[39]。上述成果说明我国环境化学的基础研究成果正逐步转化为实际生产力，在解决国家重大环境需求方面起到重要作用。

四、环境化学学科能力建设进展

国家自然科学基金委员会 2011 年和 2012 年环境化学学科基金资助的面上基金项目总数变化不大，分别为 164 项和 178 项。但是项目的平均资助额度由 2010 年的年均 11.69 万跃升至 2012 年的年均 19.50 万。2011—2012 年间，重大基金项目“典型持久性有机污染物的环境过程与毒理效应”获得国家自然科学基金资助，“持久性有机污染物的环境行为、毒理效应与控制技术原理”的研究（www.973geodata.cn/index.jsp）获得国家重点基础研究发展计划（973 计划）资助。2012 年中国科学院启动战略性先导科技专项“大气灰霾追因与控制”。需要指出的是，虽然我国在这 2 年期间以国家和部委项目形式资助了部分课题进行环境化学研究工作，但是其涉及的分支学科领域和污染物类型与环境问题均很有限，与发达国家相比明显不足。

2011—2012 年间，我国环境化学学科基础理论体系继续完善，学术成果在“Proc Natl Acad Sci USA”“Environ Sci Technol”“Environ Health Perspect”等国际知名期刊上发表，在国际学术界产生了重要影响。已有多位从事环境化学研究的专家学者在“Environ Sci Technol”“Environ Pollut”“Toxicol Sci”“Chem Res Toxicol”“Chemosphere”等本领域国际著名杂志担任副主编或编委。随着学科的发展，国内相关专业期刊《环境化学》2011 年 1 月也由双月刊改为月刊以适应稿件数量的快速增长，而国家自然科学基金委员会邀请数十位长期从事环境化学研究的知名专家和院士参与撰写的《环境化学学科前沿与展望》于 2011 年出版[40]。来自国内外近 1700 名专家学者莅临 2011 年 9 月 21～24 日在上海召开的第六届全国环境化学大会，诺贝尔化学奖获得者、美国加州大学圣地亚哥分校 Mario J. Molina 教授做了大会特邀报告，“Environ Sci Technol”主编 Jerry Schnoor 教授、“Environ Health Perspect”主编 Hugh A. Tilson 教授、“JGR”共同主编 Zhang Renyi 教授、“Atmos Environ”共同主编 Chak K. Chan

教授、“Langmuir”副主编 Tetsuro Majima 教授等著名杂志的主编、副主编参与交流，充分展示了我国环境化学巨大的国际影响力和良好的发展态势。

参考文献

[1] Li YM, Geng DW, Liu FB, Wang T, Wang P, Zhang QH, Jiang GB. Study of PCBs and PBDEs in King George Island, Antarctica, Using PUF Passive Air Sampling. **Atmos Environ**, 2012, 51: 140-145.

[2] Tan ZQ, Liu JF, Jiang GB. Visual test of subparts per billion-level copper(Ⅱ) by Fe_3O_4 magnetic nanoparticle-based solid phase extraction coupled with a functionalized gold nanoparticle probe. **Nanoscale**, 2012, 4: 6735-6738.

[3] Liu Q, Shi J, Sun J, Wang T, Zeng L, Jiang G. Graphene and graphene oxide sheets supported on silica as versatile and high-performance adsorbents for solid-phase extraction. **Angew Chem Int Ed**, 2011, 50: 5913-5917.

[4] Chao JB, Liu JF, Yu SJ, Feng YD, Tan ZQ, Liu R, Yin YG. Speciation analysis of silver nanoparticles and silver ions in antibacterial products and environmental waters via cloud point extraction-based separation. **Anal Chem**, 2011, 83: 6875-6882.

[5] Qu GB, Shi JB, Wang T, Fu JJ, Li ZN, Wang P, Ruan T, Jiang GB. identification of tetrabromobisphenol a diallyl ether as an emerging neuronal toxicant in environmental samples by bioassay directed fractionation and HPLC-APCI-MS/MS. **Environ Sci Technol**, 2011, 45 (11): 5009-5016.

[6] Zeng L, Wang T, Wang P, Liu Q, Han S, Yuan B, Zhu N, Wang Y, Jiang G. Distribution and trophic transfer of short-chain chlorinated paraffins in an aquatic ecosystem receiving effluents from a sewage treatment plant. **Environ Sci Technol, 2011**, 45 (13): 5529-35.

[7] Gao Y, Zhang H, Su F, Tian Y, Chen J. Environmental occurrence and distribution of short chain chlorinated paraffins in sediments and soils from the liaohe river basin, P. R. China. **Environ Sci Technol**, 2012, 46 (7): 3771-8.

[8] Lv J, Zhang S, Luo L, Han W, Zhang J, Yang K, Christie P. Dissolution and microstructural transformation of Zno nanoparticles under the influence of phosphate. **Environ Sci Technol**, 2012, 46 (13): 7215-7221.

[9] Jing C, Cui J, Huang Y, Li A. Fabrication, characterization, and application of a composite adsorbent for simultaneous removal of arsenic and fluoride. **ACS Appl Mater Interfaces**, 2012, 4 (2): 714-720.

[10] Yin YG, Liu J F, Jiang GB. Sunlight-Induced Reduction of Ionic Ag and Au to Metallic Nanoparticles by Dissolved Organic Matter. **Acs Nano**, 2012, 6: 7910-7919.

[11] Wang LL, Huang Y, Kan AT, MB, Chen W. Enhanced Transport of 2,2′,5,5′-Polychlorinated Biphenyl by Natural Organic Matter (NOM) and Surfactant-Modified Fullerene Nanoparticles (nC_{60}). **Environ Sci Technol**, 2012, 46: 5422-5429.

[12] Zhang AP, Liu WP, Yuan H, Zhou SS, Su YS, Li YF. Spatial Distribution of Hexachlorocyclohexanes in Agricultural Soils in Zhejiang Province, China, and Correlations with Elevation and Temperature. **Environ Sci Technol**, 2012, 45: 6303-6308.

[13] Luo XS, Yu S, Li XD. The Mobility, Bioavailability, and Human Bioaccessibility of Trace Metals in Urban Soils of Hong Kong. **Appl Geochem** 2012, 27: 995-1004.

[14] Yang Y, Shu L, Wang XL, Xing BS, Tao S. Mechanisms Regulating Bioavailability of Phenanthrene Sorbed on a Peat Soil-Origin Humic Substance. **Environ Toxicol Chem**, 2012, 31: 1431-1437.

[15] Chen ZM, Chen BL, Zhou DD, Chen WY. Bisolute Sorption and Thermodynamic Behavior of Organic Pollutants to Biomass-derived Biochars at Two Pyrolytic Temperatures. **Environ Sci Technol**, 2012, 46: 12476-12483.

[16] Wang Y W, Fu J J, Wang T, Liang Y, Pan Y Y, Cai Y Q, Jiang G B. Distribution of Perfluorooctane Sulfonate and Other Perfluorochemicals in the Ambient Environment Aound a Manufacturing Facility in China. **Environ Sci Technol, 2011**, 44 (21): 8062-7.

[17] Zhai H, Zhang X. Formation and decomposition of new and unknown polar brominated disinfection byproducts during chlorination.

Environ Sci Technol, 2011, 45 (6): 2194-201.

[18] Xiao F, Zhang X, Zhai H, Lo IM, Tipoe GL, Yang M, Pan Y, Chen G. New halogenated disinfection byproducts in swimming pool water and their permeability across skin. **Environ Sci Technol**, 2012, 46 (13): 7112-9.

[19] Shi Y, Zhang N, Gao J, Li X, Cai Y. Effect of fireworks display on perchlorate in air aerosols during the Spring Festival. **Atmos Environ**, 2011, 45 (6): 1323-1327.

[20] Xu L, Shi Y, Cai Y. Occurrence and fate of volatile siloxanes in a municipal Wastewater Treatment Plant of Beijing, China. **Water Res**, 2013, 47: 715-24.

[21] Zhao B, Zheng MH, Jiang GB. Dioxin Emissions and Human Exposure in China: A Brief History of Policy and Research. **Environ Health Persp,** 2011, 119(3):A112-A113.

[22] Zou XM, Lin ZF, Deng ZQ, Yin DQ, Zhang YL. The joint effects of sulfonamides and their potentiator on *Photobacterium phosphoreum*: Differences between the acute and chronic mixture toxicity mechanisms. **Chemosphere**, 2011, 86: 30-35.

[23] Wang XL, Suo YS, Yin RC, Shen HQ, Wang HL. Ultra-Performance Liquid Chromatography/Tandem Mass Spectrometry for Accurate Quantification of Global DNA Methylation in Human Sperms. **J Chromatogr B**, 2011, 879: 1647-1652.

[24] Wang J, Zhang Y, Zhang W, Jin Y, Dai J. Association of perfluorooctanoic acid with HDL cholesterol and circulating miR-26b and miR-199-3p in workers of a fluorochemical plant and nearby residents. **Environ Sci Technol**, 2012, 46 (17): 9274-81.

[25] Lin CY, Wen LL, Lin LY, Wen TW, Lien GW, Chen CY, Hsu SH, Chien KL, Sung FC, Chen PC, Su TC. Associations between levels of serum perfluorinated chemicals and adiponectin in a young hypertension cohort in Taiwan. **Environ Sci Technol**, 2011, 45 (24): 10691-8.

[26] Liu W, Zhang SP, Wang LX, Qu C, Zhang CW, Hong L,Yuan L, Huang ZH, Wang Z, Liu SJ, Jiang GB. CdSe Quantum Dot (QD)-Induced Morphological and Functional Impairments to Liver in Mice. **PloS One**, 2011, 6(9): e24406. doi:10.1371/ journal. pone.0024406.

[27] Xu ZZ, Deng SB, Yang Y, Zhang TT, Cao QM, Huang J, Gang Yu G. Catalytic Destruction of Pentachlorobenzene in Simulated Flue Gas by a V_2O_5-WO_3/TiO_2 Catalyst. **Chemosphere**, 2012, 87: 1032-1038.

[28] Lin SJ, Su GJ, Zheng MH, Ji DK, Jia MK, Liu YX. Synthesis of Flower-like Co_3O_4-CeO_2 Composite Oxide and Its Application to Catalytic Degradation of 1,2,4-trichlorobenzene. **Appl Cataly B**, 2012, 123-124: 440- 447.

[29] Jia MK, Su GJ, Zheng MH, Zhang B, Lin SJ. Development of Self-Assembled 3D Fe_xO_y Micro/Nano Materials for Application in Hexachlorobenzene Degradation. **J Nanosci Nanotech**, 2011, 11(8): 2100-2106.

[30] Lin SJ, Su SJ, Zheng MH, Jia MK, Qi CS, Li W. The Degradation of 1,2,4-trichlorobenzene Using Synthesized Co_3O_4 and the Hypothesized Mechanism. **J Hazard Mater**, 2011, 192: 1697-1704.

[31] 叶常明, 王春霞, 金龙珠. 21 世纪的环境化学. 北京:科学出版社, 2004.

[32] Zou M, Zhang J, Chen J, Li X. Simulating Adsorption of Organic Pollutants on Finite (8,0) Single-Walled Carbon Nanotubes in Water. **Environ Sci Technol**, 2012, 46 (16): 8887-94.

[33] Mu YS, Peng SF, Zhang AQ, Wang LS. Role of Pocket Flexibility in the Modulation of Estrogen Receptor Alpha by Key Residue Arginine 394. **Environ Toxicol Chem**, 2011,30(2): 330-336.

[34] Wang LM, Tang AL. The Oxidation Mechanism of Polychlorinated Dibenzo-p-Dioxins Under the Atmospheric Conditions - A Theoretical Study. **Chemosphere**, 2012, 89: 950-956.

[35] Ge HL, Liu SS, Zhu XW, Liu HL, Wang LJ. Predicting Hormetic Effects of Ionic Liquid Mixtures on Luciferase Activity Using the Concentration Addition Model. **Environ Sci Technol**, 2011, 45: 1623-1629.

[36] Zhang J, Liu SS, Liu HL, Zhu XW, Mia XJ. A Novel Method Dependent only on the Mixture Information (MIM) for Evaluating the Toxicity of Mixture. **Environ Pollut**, 2011, 159(7): 1941-1947.

[37] 张爱茜, 易忠胜, 穆云松, 蔺远, 高常安, 李富华, 污染物定量结构活性相关模型结构描述符筛选终止的方法. 中国发明专利, 专利号 ZL 2011 1 0110058.8, 2012.10.17 授权.

[38] 环境内分泌干扰物活性预测和模式识别系统软件[简称: EDCAPPR]V1.0. 国家计算机软件著作权登记号 2011SR002274

[39] Liu GR, *et al*., Atmospheric Emission of Polychlorinated Naphthalenes from Iron Ore Sintering Processes. **Chemosphere**, 2012, **89**(4): 467-472.

[40] 王春霞, 朱利中, 江桂斌. 环境化学学科前沿与展望. 北京:科学出版社, 2011.

环境地学学科发展报告

摘要 近年来，在经典地理学最新成果作为理论和技术支撑基础上，环境地学融合与集成生态学、系统科学、工程学、经济学以及社会科学的最新理论、方法与技术，在面对解决大尺度复合环境问题时呈现出独特的科学思维和解决问题的创新方法，为解决全球范围内日益严重的环境危机提供了强有力的理论、方法和技术支撑。2010—2012 年，环境地学学科发展不断出现新的热点，例如中国城市大气污染 $PM_{2.5}$ 及雾霾的环境风险、土壤重金属污染及修复和流域水环境复合污染加剧等大尺度复合环境问题成为热点，凸显出环境规划与污染防控急需要大尺度时空的环境地学科学理论进行指导。本文就环境地学的研究内容、发展动态、研究方法与技术发展状况进行了总结，针对宏观尺度下复合环境问题，阐述了不同空间尺度的学科前沿问题：全球环境变化、区域环境复合污染、流域环境风险、城市/乡村生态系统模拟和土壤环境修复与生态恢复工程，探讨了环境地学亟待解决的科学问题及学科发展展望。

一、方法创新及发展动态

（一）方法创新

1. 全球环境时空变化研究方法

全球环境变化研究领域逐渐加强了对土地利用、土地覆被变化的研究。这主要与该领域具有全球影响的两大组织“国际地圈与生物圈计划”和“全球环境变化人文计划”的推动有关。两组织之所以积极推动这方面的工作，其原因有二。

土地利用、土地覆被变化在全球环境变化和可持续发展中占有重要的地位。人类通过对与土地有关的自然资源的利用活动，改变地球陆地表面的覆被状况，其环境影响不只局限于当地，而远至于全球。而土地覆被变化对区域水循环、环境质量、生物多样性及陆地生态系统的生产力和适应能力的影响则更为深刻。

地球系统科学、全球环境变化及可持续发展涉及自然和人文多方面的问题，在这方面加强自然与社会科学的综合研究已成为两大学科领域众多学者的共识。

土地覆被的变化表现在生物多样性、土壤质量、地表径流和侵蚀沉积及实际和潜在的土地第一性生产力等方面。将其与气候变化、季节性和年际气候波动及臭氧层耗损并列为影响地球生命支撑系统的全球四大环境变化之一。

作为地圈与大气圈的界面，土地覆被及其变化是地圈、生物圈和大气圈中多数物质循环和能量转换过程，包括温室气体的释放和水循环的源汇，陆地和海洋生态系统的土地、水、食物及纤维等资源的丰缺都会受到土地利用、土地覆被变化的直接或间接影响，是全球/区域人类健康和环境安全的保障与支撑。

主要的研究方法创新有以下几点。

（1）土地利用的变化与环境质量交互作用机制　通过区域性个例的比较，研究分析影响土地使用者或管理者改变土地利用和管理方式的自然和社会经济方面的主要驱动因子，分析与环境风险之间的定量关系，建立区域性的土地利用、土地覆被变化与环境质量经验模型，为区域/流域环境管理提供科学依据。

（2）环境质量的变化机制　主要通过遥感图像和环境史分析，了解过去不同年代和年内环境质量的空间变化过程，并将其与驱动因子联系起来，建立解释环境时空变化和预测未来的环境风险的经验性诊断模型，为区域/流域环境风险预测、环境规划和管理提供技术支撑。

（3）区域和全球模型　建立宏观尺度的，包括与环境保护和资源利用有关的各管理部门在内的环境变化动态模型，根据驱动因子的变化来预测区域和全球的环境变化趋势，为制定相应对策和全球环境变化研究服务。

2. 环境监测、评价、规划研究方法

环境监测的目的是通过对影响环境质量的污染因子及反映环境质量的环境因子的测定，评价环境质量（或污染程度现状），并预测其变化趋势。用于环境地学的主要有大气污染监测、水质污染监测、土壤污染监测和生物污染监测等。按照监测对象主要分为物理与化学监测、生物监测等。

环境评价是环境影响评价和环境质量评价的简称。环境质量评价是确定、预测和解释人为活动对环境质量的影响，也称环境影响分析。在地球科学等领域里，对一定区域的自然环境条件或某些自然资源（如水资源、土地资源、土壤肥力、森林资源、气候资源）本来就有评价的传统，现阶段战略环境评价和环境风险评价成为热点研究领域。战略环境评价是在发展战略层面促使国民经济和社会发展与资源环境相协调最有效的手段之一。开展战略环境评价，有利于优化资源配置、控制环境影响、促进经济增长方式转变，有助于在制度层面落实科学发展观，是实现可持续发展的重要途径。区域生态风险评价是在区域尺度上描述和评价环境污染、人为活动或自然灾害对生态系统的结构和功能所产生不利影响的可能性和危害程度，可为区域生态风险管理提供综合、系统、科学的理论借鉴和技术支持，是战略环境影响评价的重要内容。

我国区域性、流域性生态退化和环境污染是环境问题的主要特点，由环境问题引发的大量矛盾和纠纷已经成为影响社会稳定的重要因素。预测和分析区域开发等人类活动可能引发的区域性的生态风险，有助于理清大规模工业化和快速城市化进程与流域性、区域性生态退化等生态后果之间的内在联系，有助于实现从源头预防、控制环境污染和生态破坏的环保管理目标。近年来，生态风险评价在欧美环境管理中的地位越来越突出，已经成为发现、解决环境问题的决策基础，并在法律上得到了确认。主要创新方法的研究集中在：区域生态风险评价中的复杂性问题诊断方法；区域生态风险评价指标体系构建；区域生态风险的累积性影响评价方法；跨界的生态风险转移。

环境规划通过对环境规划的法规、政策、技术规范和标准的研究制定，并进行基础数据分析和模拟模型软件开发应用，为国家、流域、地区、行业等环境规划和环境管理决策提供强有力的技术支撑。主要创新方法的研究集中在：建立环境经济形势分析指数与预警方法，开发短、中、长期环境预测模型系统，识别经济社会发展中的重大环境问题；针对环境规划目标与方案的不确定性问题，建立多情景方案、模型方法及决策支持平台，开展不同规划目标可达性及环境规划多方案的优选模拟理论方法；以投入产出模型、CGE模型、系统动力学模型、费用效益模型等为基础，开展各种政策手段对环境影响的模拟分析研究。

3. 自动监测技术

环境监测是人们认识环境、评价环境、掌握环境质量的重要手段，是制定和执行环境法规、标准，进行环境决策的依据，是实现环境管理科学化的基础，是环境地学工作的重要组成部分。环境自动监测按其监测的对象，可分为大气自动监测、水质自动监测、噪声自动监测等。

（1）大气受环境保护行业管理分类的影响，大气自动监测可分为：①大气环境质量自动监测，目前监测的项目有二氧化硫、一氧化碳、二氧化碳、氮氧化物、臭氧、烃类化合物、飘尘、气象指标、硫化氢、氨、氯化氢等；②大气污染源自动监测，目前监测的项目除了包括上述指标外，还有剩余氧量、流速、动静压、有机废气、湿度等；③汽车尾气污染自动监测，目前监测的项目有一氧化碳、氮氧化物、烃类化合物、黑度等。

（2）水质在线自动监测技术，是加强水资源保护、对区域河流的水质管理、入河污染物的达标排放控制、突发水污染事故的预警预报等实现现代化的重要手段，是实现水质的实时连续监测和远程控制、快速获取水质信息比较先进的一门科学技术[1]。

（3）噪声及其他自动监测包括可用于功能区噪声监测和交通噪声监测。监测的项目有等效声级、电磁波辐射、放射性、振动、热污染自动监测等。

一般来说，应用现代自动控制技术、现代分析手段、先进的通信手段和计算机软件技术，对环境监测某些指标，从样品采集、处理、分析到数据传输与报告汇总全过程实现自动化的系统，称为自动监测系统；应用自动监测系统对需要测定的对象实时连续监测，称为自动监测。环境自动监测技术涵盖了实现整个自动监测过程的技术整体，包括自动控制技术、传感器技术、模拟与数字信号转换技术、信息编码与传输、数据库管理、信息平台发布等[2]。自动监测站技术实用性好，时效性强，拓展性高，自动化无人值守连续工作，并可消除人为误差，可以为环境地学研究和管理提供急需的技术支持。

（二）发展动态

环境地学调查技术与研究方法不断发展与更新，目前发展较成熟的调查技术包括环境监测、环境制图等，同时近年来遥感技术发展迅速，已经成为现代环境地学调查和监测的基本方法，遥感技术主要利用星载或机载传感器摄影或扫描方式获得环境污染的遥感图像，即利用光学、电磁辐射学原理制成的传感器从高空或远距离接受地球表层被测物体的反射或辐射电磁波信息，经过加工处理成为能够识别的图像或计算机数据，以揭示环境要素如大气、水体、土壤与植被等的形状、物质组成、性质及其变化。在卫星遥感和信息技术的支撑下，为国家环境管理与公共政策制定提供大尺度空间环境信息[3~5]。

目前，国产中小型地理信息系统平台软件产品的技术水平已经赶上国外同类软件。它们已经完成了组件化的体系结构改造，实现了空间数据、属性数据一体化存储与管理，建立了初步的分布式网络计算模式，形成了初步的元数据支持机制，完整地实现了平台软件的支持功能。我国涌现出来的优秀基础软件平台有：武汉吉奥信息工程公司开发的GIS软件GeoStar，该系列软件最独有的特征在于矢量数据、属性数据、影像数据、DEM数据高度集成；武汉中地信息工程有限公司开发的大型工具型GIS软件MapGIS，MapGIS是一个面向服务分布式超大型GIS软件，它充分展现了国际最新第四代GIS技术；北京超图公司开发的SuperMap，该软件是在科技部“863”课题和中国科学院知识创新工程支持下，形成的完全自主知识产权的大型地理信息系统平台，SuperMap 软件已经在环境地学研究中获得应用。随着技术的发展，GIS 发展的趋势是：数据标准化，系统集成化，平台网络化。

二、学科前沿及研究进展

（一）全球环境变化

联合国环境规划署 2011 年 12 月发布题为《里约 20 年：追踪环境变迁》的报告，聚焦全球环境变化趋势。报告称，过去的 20 年，环境变化席卷全球。这份报告让我们都回到最基本的问题。报告不仅告诉我们，目前世界的温室气体在迅速增长、生物多样性正在流失，自然资源使用量增加了 40%，甚至超过全球人口的增长率。世界人口不断增长及收入水平日益提高，推动了水、能源、食品、矿产和土地等资源需求的增长，自然资源在不知不觉中被大量消耗逼近枯竭，越来越多地受到生态系统、资源生产率以及气候变化的影响和制约。气候变化成为全球关注的焦点并进入了全球政治视野，成为环境领域的首要议题。碳排放交易已经成为解决气候变化问题的新兴概念和有效方式，而生态补偿机制、栖息地额度交易以及自然保护区储备银行成为新的市场机制框架，可用于减少生物多样性损失并对经济决策产生影响。目前，全球至少有 45 个生态补偿项目和 1100 个补偿银行。消费者对可持续产品的需求推动了相关认证以及生态标识的发展。尽管循环再利用工作在世界各地刚刚起步，但废弃物资源化已经成为主流政策并在全球展开实践。生物质燃料、太阳能和风能商业化进展迅速，已经占据了一定的市场份额。有毒、有害化学品管理得到明显改善，一大批致命的化学品已被禁用，2010 年，全球已经停止生产氟氯化碳（CFC）。纳米技术在能源、健康医疗、饮用水以及气候变化等领域拥有广阔的应用前景，但是仍然要谨慎评估这项新技术的潜在环境风险。

1. 学科前沿

全球环境变化主要包括全球变暖、臭氧层耗竭、酸雨危害加剧、全球生态系统退化及环境安全与国际合作等。全球环境变化中最主要的驱动因子是人文活动。发挥环境地学在学科体系中的特殊地位和作用，综合集成环境地学的基本理论、方法，以环境伦理学在学科体系中的特殊地位和作用，综合集成环境地学的基本理论、方法，以环境伦理作为可持续发展战略的理论支撑，根据各区域系统的特征，加强人类社会行为的整合，使人-地环境复合系统中的各子系统能稳定、有序地耦合在一起，使地球系统尤其是地球表层系统的自然有序与人口-资源-环境-安全子系统的人为导向和谐一致。

2010—2012 年全球变化学主要研究开始聚焦在：①环境污染在全球气候变化大背景下的迁移转化规律；②全球气候变化下污染物模拟与模型构建；③全球水文循环过程、生态过程与水环境变化过程的耦合与模拟；④全球/国家和区域尺度环境变化史的研究。

2. 研究进展

国际全球环境变化人文因素计划中国国家委员会（Chinese National Committee for the International Human Dimensions Programme On Global Environmental Change，英文简称 CNC-IHDP）是在中国科协的直接领导下推动和组织我国参加国际全球环境变化人文因素计划（IHDP）的学术性机构。CNC-IHDP 业务指导部门是中华人民共和国科学技术部国际合作司。IHDP 有 7 个核心科学计划，即：土地利用/土地覆盖变化（LUCC，与 IGBP 共同发起）、全球环境变化的制度因素（IDGEC）、全球环境变化与人类安全（GECHS）、工业转型（IT）、海岸带陆海相互作用（LOICZ Ⅱ），以及新成立的城市化与全球环境变化（Urbanization and Global Environmental Change）和全球土地计划（GLP，与 IGBP 共同发起）。各核心计划通过各自的国际项目办公室（IPO）协调其运作，并接受来自其各自科学指导委员会的科学管理。全球变化研究（PAGES）在认识气候的自然变率、工业化前的全球大气成分、全球温室气体的自然变化及其与气候的关系、陆地生态系统对过去气候变化的响应、过去气候系统的突发性变化方面做出了重要贡献[6~12]。

陶澍等[13~15]（2011，2012）研究微量有毒污染物排放、行为、归趋和效应等区域尺度环境过程；建立了中国高分辨多环芳烃排放和全球多环芳烃排放清单；证明了同分异构多环芳烃在迁移过程中的分异；建立了多介质源解析方法；在污染物区域环境归趋研究中，建立了具有空间分辨率的多介质模型，阐明了决定土壤中持久性有机污染物空间分异的主要机理，建立了多环芳烃从产生、迁移、暴露到健康危害的系统模拟方法，揭示了有机氯农药摄入量与人体组织残留水平之间的定量关系；揭示了多环芳烃呼吸暴露对中国人群的健康危害，将基因易感性等参数的变异特征引入风险模型，定量阐明了健康风险的变异和不确定性。当前全球环境变化研究呈现从一般性全球变化问题向既具有区域性特点又有全球意义的环境问题、从侧重于关注全球变化的自然因素向强调自然与人文因素的综合作用的研究方向发展的总体趋势。

沈国锋、丁俊男等[16~19]（2012）研究了在发展中国家的农村地区，由于清洁能源的使用成本相对较高，而且普及面有限，同时传统的生物质能源和煤炭又比较容易获得，因此，这类固体燃料是居民生活和取暖活动的主要能源，消耗量很大。围绕中国农村地区室内固体燃料，如秸秆、薪柴和煤炭燃烧过程排放的颗粒物和多环芳烃等污染物的排放因子测定工作还比较少。在实际的厨房环境中，模拟了室内煤炭、秸秆和薪柴的燃烧过程，测定了固体燃料的室内燃烧排放特征。并对室内秸秆燃烧产生的PM和PAH排放因子及影响因素进行了阐述。

王戎等[20]（2012）建立了 1949—2050 年在中国的炭黑排放清单。对炭黑排放及其排放后气候效应的准确评估，将成为全球制定相应控制策略的理论依据。

3. 创新成果

在国外全球环境变化（Global Environmental Change，GEC）研究领域兴起和我国环境问题亟待解决与社会可持续发展迫切需要的前提下，我国 GEC 研究从 20 世纪 80 年代中叶开始起步，形成了相当规模的研究队伍，其研究为我国在资源、环境和经济战略上的宏观决策、参与联合国气候变化框架合约谈判等提供了科学依据和技术支持。

中英国际合作项目《全球环境变化下湿地生态流量及调控》研究中，课题主要参与人员杨志峰、陈贺、孙涛、杨薇、尹心安等提出全球环境变化受气候变化和高强度人类活动两种因素的综合影响，以及湿地生态系统对于两者的变化将会发生结构和功能的响应，在揭示全球环境变化下生态流量变化规律的基础上，开发针对性的调控措施。拟解决的关键科学技术问题有：构建全球环境变化下湿地生态流量核算和调控的综合技术方法体系，实现我国生态流量的核算和调控从阈值到流量过程、从被动到主动面对全球环境变化的跨越式发展。

（二）区域环境复合污染

复合污染通常是指两种或两种以上不同性质的污染物或几种来源不同的污染物，在同一环境单元同时存在，并同时对生物体产生胁迫作用的环境污染现象。复合污染的特点是多种污染物同时存在，并共同对大气、水体、土壤、生物和人体产生综合性的污染。现实环境中多数污染属于复合污染。

王子健等[21]（2011）提出了有机污染物生物有效性的评价方法。环境中有机污染物的生物有效性评价对生物修复、生态毒性和环境风险研究有着重要的意义。并概括了影响有机污染物生物有效性的因素，综述了近年来有机污染物生物有效性评价方法的发展与应用，并对该领域的研究趋势进行了展望。

张璐璐、刘静玲等[22]（2013）通过对白洋淀表层沉积物重金属含量和底栖动物群落的时空分布特征进行了分析，探讨了重金属分布对底栖动物群落结构特征的影响。并采用Hakanson潜在生态风险指数法综合评价了白洋淀沉积物中重金属污染状况和潜在风险程度。结果表明，沉积物中重金属含量大小顺序为：Zn>Cr>Cu>Pb>As>Cd>Hg，表层沉积物中重金属的潜在生态风险处于低风险水平。综合潜在生态风险指数为17.55~62.89；各种重金属元素的单项潜在生态风险大小顺序为：Hg>Cd>As>Cu>Pb>Cr>Zn；潜在生态风险分布也存在时间和空间差异。

刘丰、刘静玲等[23]（2013）为全面了解海河南系表层沉积物中多环芳烃的污染特征及生态风险，分析了海河南系自上游水库至河口24个表层沉积物样品中16种优先控制PAHs的污染特征和生态风险。结果表明，PAHs总量在258.77~11296.66ng/g之间。并对各采样点总PAHs的风险熵值进行了计算。

区域性和复合性是环境污染的基本特征（曲久辉，2010—2012），研究以人为干扰为主要影响因素的污染过程、以对生态系统安全和人体健康为主要风险的发生机制、以流域系统为对象的污染综合控制和生态修复、以环境与经济协调为目标的发展模式，是当今生态环境研究领域的重大课题。基于环境污染问题的综合性和复杂性，国内外不断推出了一系列重大研究计划，在流域或区域层次上深入探讨各种环境要素间的交互作用规律及复合污染效应，环境污染所导致的生态与健康风险成为研究热点，以保障流域或区域生态环境安全为核心的集成技术创新和应用成为解决污染问题的重要支撑[24]。

1. 学科前沿

区域环境复合污染包括常见的大气复合污染、水复合污染、土壤复合污染等。如硫氧化物、氮氧化物、烃类化合物、氧化剂、一氧化碳、颗粒物等大气污染物，以二氧化硫为主的各种污染物分别对人体、动植物、材料、建筑物等产生危害（即产生环境效应和生态效应）；同时污染物以各种化学状态存在或相互作用，而造成对环境与生态的综合影响（如光化学烟雾），使大气污染更为复杂而加重其危害程度。水环境和土壤复合污染多指不同种类污染物同时存在于水体中，使其治理难度加大。

李雪梅等[25]（2010）采用基于AHP确定权重的系统分级法确定区域环境质量综合评价标准，尝试对区域环境质量综合评价标准的制定过程进行统一。Han Gui-qi等[26]（2012）选用两种方式（自然条件下的矿区土壤和室内恒温培养试验模式复合污染）研究重金属Cd、Zn、Cu和Pb复合污染对土壤生物活性的影响。结果发现，无论是在自然条件下或室内恒温培养条件下，随重金属污染程度的增加，土壤酶活性和微生物数量及代谢受到的抑制作用均显著增强。恒温培养试验也发现，重金属Cd、Zn、Cu和Pb之间存在着一定的协同或拮抗作用，表现出协同或拮抗作用取决于重金属的种类和含量。说明土壤重金属Cd、Zn、Cu、Pb复合污染的效果并不是单因素污染效果的简单叠加，尤其在自然条件下，复合污染对土壤微生物及酶活性的影响不仅需要考虑重金属种类和含量，同时植被、季节、灌溉、耕作等外界因素也会对研究结果造成一定的影响。

2. 研究进展

当前由于环境污染的复杂性，区域环境复合污染研究逐渐成为研究热点，对于环境问题的研究已逐步从侧重于关注单一污染物的污染问题转向区域环境的复合污染研究。

环境中的化学污染物是一种混合物，由于相互作用，它们潜在的生态毒理作用可能要比单一化学品复杂得多（Zeliger HI，2003）[27]。目前大多数国家现行的水质监测控制，仍主要针对目标化合物的浓度或主要水质参数。而仅对环境立法中规定的化合物进行分析，一方面会忽略对未指定化合物的风险评价，同时理化分析不能检测到水体中所有危险物质及其相互作用的产物，也不能获得水体中所有污染物的信息，另一方面忽略了污染物与生物有效性的相互关系，将导致高估或低估真正的生态危险。因此对环境问题的关注已从单一污染物的研究转向复合污染的形成机理与防治研究，从点源污染控制转向区域环境控制与治理（王雪梅等，2007）[28]。

复合污染的生态毒理研究的核心在生物效应，包括分子、细胞、个体、种群和群落水平上研究生物对污染胁迫的响应及其反馈。常用研究方法除常规的实验室毒理研究、野外调查、试验和定点、定位的研究和监测外，还采用生物传感器、建立实验室规模的模式生态系统（微宇宙）、室外围隔或笼养生物等进行毒性测试，建立生态系统的数学模型（Carlisle，2006）与湿地生态系统管理模型（崔丽娟，2010）等方法[29]。为了更全面地了解污染物的毒性效应和人为干扰对生态系统的影响，研究方法也不断发展：从单一污染物到复合污染物，从短期急性毒性效应到长期的慢性毒性效应，从简单的室内模拟到室外的原位实验，从单一物种到多物种以及生态系统，从单一水平到多水平，但仍存在一些问题，如单一物种毒性并不足以外推来估测群落水平的效果，采用群落水平调查受到缺少简单、规模化方法的限制，因此，研究逐渐采用多营养级的物种组合（Picado.，2008）食物网模型模拟（Zhang Lulu etc.，2012）[30]、生物膜（Sabater.，2007; Ma Muyuan，Liu Jingling，2010）[31]等方法。此外，基因组学、蛋白质组学和代谢组学等新兴技术领域的方法也不断被应用，如通过基因组学和毒理学的结合，可以了解在污染物长期或短期暴露下对生物基因表达的改变，获得其遗传毒性的数据。在技术方面如时间温度梯度电泳、流式细胞仪、高效液相色谱法等的应用也促进了生态毒理的研究[27]。

3. 创新成果

国家科学支撑计划课题《东北规模集约化农区农业面源污染防控技术集成与示范》研究中，课题主要参与人员郝芳华、欧阳威等提出通过探明东北规模集约化农区区域生态水文过程、物质迁移转化过程描述农业面源的迁移转化特征，通过分析识别不同作物、不同耕作措施对污染物的作用机理，将微观和宏观对象结合研究农业活动对环境变化的影响及其调控原理是本项目的特色，发展具有推广价值的面源污染控制技术。“典型水资源区农业面源污染机制与防控技术”成果获得教育部科技进步二等奖 1 项。该项目针对我国典型水资源区农业面源污染的系列研究，由国家自然科学基金项目内蒙古农业灌区磷负荷输移机理研究（40810208）、黄河流域内蒙古农业灌区面源污染机理研究（40471127）、苏北平原农业面源氮污染负荷空间分异模拟研究（40771191）、岸边缓冲带对面源污染控制效应的遥感解析（40671123）和水利部重点项目面源污染匡算技术体系研究等项目构成主体框架。项目以区域生态水文过程和环境过程耦合为主线，从面源污染过程的动力机制入手，在农业面源污染监控技术、面源污染负荷定量评价模型、面源污染负荷削减的生态设计方法以及农业面源污染优化管理方面取得了国际领先的创新性成果：创建了适合我国国情的面源污染负荷估算模式；

提出了适合中国典型水资源区数据情况和规划层面管理需求的面源污染分区分类体系；开创了利用遥感快速监测大尺度面源污染发生过程的新技术；开发了“田间阻控-岸边截留-河流净化”的农业面源污染物控制技术，突破了传统面源污染控制难以纳入生态系统效应的技术障碍；开发了农业面源系统调控、技术优化和风险评估综合管理技术。

中韩非点污染源控制国际交流会议于 2012 年 7 月 5 日在北京举行。会议在学术上，从非点源污染的来源、监测、预测、治理等多角度出发进一步深入了解非点源污染问题并寻求解决办法。此次会议报告主要涵盖了非点源污染来源分析、水质影响、监测技术、遥感技术应用等多个方面，从多个角度讨论了城市、农村不同的非点源污染的内在迁移转化规律，分析了不同土地利用、不同污染物累积差异、污染源等问题。其次，会议交流探讨了目前非点源污染研究技术上的发展方向、限制因素，以及未来气候变化下的影响等。此外，与会专家还进一步对如何提升遥感、建模等新型研究方法在非点源污染研究领域的适用性等问题进行讨论，并详细分析了不同方法下的参数调整以及适用范围的诸多专业问题。

（三）流域环境风险

流域尺度是水环境管理和研究的最佳尺度，从流域尺度综观水环境风险，就是强人类活动干扰对流域水环境产生的一系列破坏。流域水环境风险是指在流域尺度上，综合考虑水质、水量和水生态三个方面，描述和评估环境污染、人为活动或自然灾害等引起的水环境变化对流域生态系统及其组分产生不利作用的可能性和大小的过程。

1. 学科前沿

针对现行流域管理制度存在对环境风险的科学评估不足、对环境风险的安全预警不足、对环境风险的综合决策性不强等问题，流域环境风险管理所需要的科学支撑继续开展研究和探索，流域环境风险因子的筛选与排序、流域环境风险的生态响应机制、流域风险评价模型和流域环境风险效应分析方法已经成为研究热点和前沿领域，理论及方法的创新将为解决中国所面临的流域环境管理急需提供理论指导与技术支撑。

2. 研究进展

流域环境风险管理在技术层面上对流域风险识别、风险监测、风险预警、风险评价、可接受风险水平的确定等方面进行研究；理论层面上对宏观管理方面的环境政策规范等进行研究。

我国目前所面临的流域水污染问题严重，跨界流域问题突出，环境问题已经从局部演变成全流域性问题。在流域环境风险评价的科学技术、评价和预警技术的指标体系、环境风险管理的决策支持系统、处理经济环境的矛盾和应对重大环境风险等方面需加强研究。

3. 创新成果

通过流域环境风险识别，找出主要的环境影响因素和生态敏感因子。李景红等在运用故障树分析法对我国西部某大型石化企业的地表水环境应急设施进行风险识别后，指出了其可能存在的故障，对石化企业加强环境风险管理具有一定的现实意义。突发性环境污染事故监测取得了一定成果，它为事故处理决策部门快速、准确地提供引起事故发生的污染物质类别、浓度分布、影响范围及发展态势等现场动态资料信息，为事故处置快速、正确决策赢得宝贵的时间。流域环境风险评价方面，水质模型的优化提高了评价的准确性。

国家创新研究群体科学基金项目“流域水环境、水生态与综合管理”研究中，杨志峰教授提出研究群体长期以“流域”为研究对象，以“水”为核心问题，瞄准国家中长期科技发展规划重点领域和国际重大科技前沿热点问题，致力于解决我国流域生态系统健康保障基础理论研究的瓶颈问题，开展了一系列基础理论、方法和技术的研究与探索，形成了流域水环境效应、流域水生态过程和流域生态安全调控三个稳定的研究方向。研究成果指导了《第二次全国水资源综合规划》，为首次将生态需水纳入水资源核算体系提供了技术支撑，获得国务院正式批复；应用于南水北调工程总体规划，促进了生态整治工程的落实。其成果已应用于我国七大江河流域，为海河、松花江、辽河、长江等流域水生态保护和恢复、黄河不断流并维持其健康提供了技术支撑[32]。

陈秋颖、刘静玲等[33]（2012）强调流域水环境生态风险评估对水资源管理具有重要意义。如何有效地进行环境管理和系统恢复，例如海河流域，需要全面了解各种应激相关因子影响整个流域的相对重要性。杨涛、刘静玲等[34]（2013）基于可利用水资源的生态功能区划分析了海河流域河流生态系统的时空环境需水量（EFRs）。张璐璐、刘静玲等[22]（2013）对白洋淀表层沉积物重金属含量和底栖动物群落的时空分布特征进行了分析，探讨了重金属分布对底栖动物群落结构特征的影响，采用 Hakanson 潜在生态风险指数法综合评价了白洋淀沉积物中重金属污染状况和潜在风险程度。

（四）城市/乡村生态系统模拟

1. 学科前沿

目前国内外用于城市生态系统动力学演化模型的主要方法有基于数理模型的方法、生态控制论和灵敏度模型、系统动力学模型、多目标规划法等。

在中国城市化进程日益加快的今天，城市环境问题更加严重，如何从根本上解决城市环境危机，城市生态系统模拟研究为此提供了新的思路。

与此同时乡村环境问题也日益凸显，污染向乡村的扩散速率不断加剧，乡村生态系统模拟研究也引起高度关注。

城市/乡村环境污染时、空、量、构和序的耦合规律、动力学机制及调控方法是国内外关注的热点和前沿领域。

2. 研究进展

在理论研究与实践的过程中出现了各种规划模型，如灵敏度模型、多目标规划模型、泛目标规划模型、系统动力学方法等，对于处理复杂系统内部要素之间的变动关系及在决策中预测系统的发展趋势有较好的辅助作用。随着辅助研究手段的改进，城市生态系统动力学模型逐渐呈现出综合化、集成化、大尺度、复杂化的趋势。

苏美蓉、陈晨、杨志峰[35]在回顾生态系统服务功能概念，总结城市湿地生态系统服务功能分类的基础上，着重评述了城市湿地生态系统服务功能最常用的评估方法——市场价值法、旅行费用法、恢复和防护费用法、影子工程法、碳税法、造林成本法、条件价值法、成果参数法，分析了各方法的适用范围与优缺点，并简要介绍了其他几种评估方法。比较了不同城市湿地的生态系统服务功能评估结果，最后提出了城市湿地生态系统服务功能评估的现有问题及发展趋势，为城市湿地生态系统服务功能评估提供了研究进展方面的综述性资料。

北京师范大学陈彬教授所主持的国家 863 重大项目课题“典型城市和区域重大环境污染事故应急技术集成”针对典型城市或区域开发建设以及投产使用的过程中其可能涉及的潜在碳排放源及环境污染事故进行识别和排查，通过构建典型的碳源基础信息数据库和环境污染数据库对区域排放的量化评估建立基于环境保护的排放源分级管理体系，以此实现对区域内生态环境和能源消耗进行动态监控管理，提高城市和区域的资源能源利用效率，促进节能建设、环境保护和低碳经济发展。该国家 863 重大项目子课题选择在经济技术开发区建立项目示范点，希望通过合作研究，为产业园管理以及区域低碳建设与协调发展提供技术支撑，并在北京经济技术开发区低碳高端产业园区中得到实践与检验。

3. 创新成果

刘耕源、杨志峰等[36~39]（2011）采用能值评价方法，结合城市生态系统作为复合系统所具有的生态服务功能，明确提出基于能值进行城市生态系统健康评价的理论框架和技术路线，得出表征城市健康程度随时间的变化走向和比较意义。针对城市生态系统健康表征特性，采用 4 个要素，即活力（V）、组织结构（O）、恢复力（R）和服务功能维持（F），构建了评价城市生态系统健康的新的能值指标——城市健康能值指标（EUEHI）。同时，近年来，农村传统的粗放式发展模式对资源和环境造成了巨大的压力，严重阻碍农村的可持续发展进程，为此，国家在农村大力推行以沼气为重点的农村生态建设，加快建立以沼气为纽带的可持续农业发展模式。因此，对沼气农业生态系统的可持续性进行评价对农村能源生态建设和沼气工程的推广具有重要意义。

杨谨、陈斌等[40]（2011）认为城市化进程所带来的大量能源消费和温室气体排放已成为制约城市健康快速发展的瓶颈因素，并对其进行定量核算和分析。杨谨等[41]（2011）研究分析了复合农业生态经济系统的可持续发展现状，通过能值分析发现案例区域恭城县沼气农业生态系统的特点。

陈绍晴等[42]（2011）着眼低碳城市经济发展模式是当前城市规划管理的热点研究问题，以国家低碳经济试点重庆市为案例，系统核算了 2000—2008 年期间碳排放总量，并研究了 2008 年重庆市包括一次能源消费、二次能源消费的工业分部门碳排放清单。

苏美蓉、杨志峰、陈斌等[44]（2011）鉴于城市生态系统的生命特征，采用比拟思想，引入城市生命体概念到城市生态系统现状评价中，以全面而形象地反映城市生态系统的发展状况。构建了包括生产力、生活态、生态势和生机度的城市生命力指数框架，并进一步给出了具体的评价指标体系、评价模型及评价结果分级标准[43]。并比较了城市生态系统服务功能和自然生态系统服务功能类型，总结了两种生态系统服务功能价值的评估方法。在此基础上，认为应将城市生态系统特质性、人的需求性、受体地域性等作为修正城市生态系统服务功能价值评估方法的依据，并提出了通过实地测量、专家评价、问卷调查等方法来实现修正的初步设想。

吕永龙等根据国际城市生态系统研究与系统科学等相关领域的最新动态，结合城市生态系统复杂性、时滞性、动态性和空间分异性的特点，从思想方法、工作程序和模拟技术等方面对灵敏度模型作了改进，采用了定性与定量相结合的方法，提出了模拟局部生态关系的思想方法，即从问题分析、过程跟踪和政策试验方面入手来模拟城市生态关系。同时运用地理信息系统技术进行城市生态系统空间差异的分析与动态模拟，为宏观决策与城市规划方案在空间的布置与实施奠定了基础。

杨志峰教授负责的科研项目“城市及区域生态过程模拟与安全调控技术体系创建和应用”获国家科技进步二等奖 1 项。面向国家重大需求，立足国际前沿，针对城市及区域环境生态保护技术需求，以保障生态系统健康为目标，以识别生态系统健康胁迫因子、揭示区域及城市生态过程演变规律、制定安全调控方案、提升人类生活品质为切入点，遵循科学突破-技术创新-平台创建-应用示范的系统研发思路，创建一套“城市及区域生态健康诊断-过程模型-安全调控-系统平台”四位一体的自主创新技术体系，为保障国家和区域生态安全及人群健康、建设资源节约型和环境友好型社会提供科技支撑。属于环境科学与技术中环境生态保护技术[45]。

从单项规划走向综合规划，从定性的描述走向定量的模拟是今后城市生态规划发展的一个趋势。这是由城市及区域生态系统的特点决定的，即结构复杂、因子众多、多层次、多属性、多目标。

（五）土壤环境修复

土壤环境修复指使遭受污染的土壤恢复正常功能的技术措施，其主要过程是利用物理、化学、生物的方法转移、吸收、降解和转化土壤中的污染物，使其浓度降低到可以接受的水平，或将有毒有害的污染物转化为无害的物质。土壤环境修复的基本原理主要包括：改变污染物在土壤中的存在形态或同土壤的结合方式以降低其在环境中的可迁移性和生物可利用性；降低土壤中有害物质的浓度。

目前，土壤重金属污染治理和修复主要从两方面着手：第一，活化作用增加重金属的溶解性和迁移性，去除重金属；第二，钝化作用改变重金属在土壤中的存在形态，降低重金属的迁移性和生物有效性[46]。

1．学科前沿

土壤环境修复主要有工程措施、物理化学修复、化学修复、生物修复、农业生态修复几种方法和途径。其中，采用工程、物理化学和化学方法修复重金属污染土壤，具有一定的局限性，难以大规模处理污染土壤，并且能导致土壤结构破坏、生物活性下降和土壤肥力退化。农业生态措施又存在周期长、效果不显著的特点。生物修复是一项新兴的高效修复技术，可以用于土壤重金属[47~49]、农药[50]、多氯联苯[51]等污染物的污染修复，具有良好的社会-生态综合效益，并且易被大众接受，具有广阔的应用前景。

目前，我国所进行的土壤修复工作涉及各种类型的生态系统。

（1）草地土壤环境修复　目前我国在西南石灰质草地土壤环境修复、温带草原土壤环境修复和青藏高原土壤环境修复等方面开展了大量研究与实践工作，采用禁牧、轮牧、围栏封育、调控畜群等措施以使一些处于轻度或中度退化的草原土壤得到恢复，而对一些重度退化的草地则采用工程与管理措施（如改善土壤结构、人工种植牧草、禁牧等）而使土壤环境逐步得到恢复。

（2）湿地土壤环境修复　除人们熟悉的“三江三湖”生态恢复工程外，我国还对其他区域及类型的退化湿地土壤进行修复，如海岸滩涂土壤环境修复工程、河口湿地土壤环境修复工程、红树林土壤环境修复工程、乌梁素海土壤环境修复工程等。

（3）废弃地土壤环境修复　我国在矿业废弃地、工业废弃地、垃圾填埋场等类型废弃地上实施了大量的土壤修复工程。如安徽、山西等省的煤矿废弃地生态恢复，广东、江西、安徽、湖南、湖北、云南、内蒙古等地区的重金属矿业废弃地土壤修复。除此以外，广东等地还对一些采石场实施土壤修复，一些大中城市还对垃圾填埋场实施土壤修复工程。

除了上述方面的土壤修复工程外，我国还开展了城市生态环境治理工程，并对某些处于退化状态的农牧交错带、风蚀水蚀交错区、丘陵山地、干热河谷等实施了土壤生态恢复与重建。

2. 研究进展

近年来，随着工业化进程的不断加快，矿产资源的不合理开采及其冶炼排放、长期对土壤进行污水灌溉和污泥施用、人为活动引起的大气沉降、化肥和农药的施用等原因，造成了土壤严重污染。2012 年 3 月份出台的《“十二五”规划纲要》将节能环保列为七大战略性新兴产业之首[52]。其中，土壤修复是在环保产业的重点发展之列并明确提出要强化土壤污染防治监督管理。

综述总览方面，黄益宗等[53]综述了近年来国内外有关重金属污染土壤修复技术的研究进展，包括物理/化学修复技术、生物修复技术和农业生态修复技术等，对每种技术的基本修复原理、技术特点和应用范围进行了讨论。同时，对国内外典型的重金属污染土壤修复工程实践进行了介绍。

在具体理论和技术方法研究方面，呼红霞、赵烨等[54]采用田间调查采样与可控盆栽试验的方法，研究了我国大面积种植的非食源性经济作物——陆地棉在土壤复合污染条件下对重金属镉（Cd）的耐受与富集特征。黄蔼霞等[55]以赤泥作为原位固定剂探讨不同赤泥用量对重金属污染红壤的固定修复效果。并用毒性淋出试验 TCLP 法对其生态风险进行评价。钱林波等[56]总结了固定化微生物技术的修复原理、微生物固定化载体的选择、高效降解菌的筛选、固定化方法及影响因素等方面，并提出今后的发展方向，为我国开展固定化微生物技术修复有机污染土壤的研究提供参考。贺庭、赵烨等[57]在国内外研究文献的基础上，总结了木本、草本植物在重金属土壤污染修复方面的已有研究，并结合生态位理论，分析了木本-草本联合修复在土壤重金属污染治理中的可行性，提出了木本-草本联合修复尚需解决的科学问题。Menghua Cao 等[58]首次将零价铁/EDTA/空气的芬顿系统用于土壤修复。修复过程后，在土壤中 DDTs 显著退化。EDTA 同时降低，从而避免了土壤修复中的二次污染风险。F.PEDRON 等[59]将生物活性污染物剥离（BCS）定义为通过使用植物的方法来消除污染土壤的重金属的生物可利用量。新的植物-微生物复合修复体系利用土壤中植物吸收毒素，利用微生物来分解受污染土壤中的毒素，以实现永久土壤安全。周启星等[60]对污染土壤修复基准的内涵进行了简要概述，在此基础上，以美国、加拿大、荷兰和丹麦这 4 个国家的研究进展为例，详细阐述了它们对污染土壤修复基准值推导和确立的原则与方法。最后，归纳了国外污染土壤修复基准值推导和确立的总体方法，并且对我国污染土壤修复基准的研究进行了展望。

3. 创新成果

呼红霞、赵烨等[54]在复合污染背景下陆地棉对土壤镉的耐受和富集特征研究中指出了陆地棉在土壤复合污染条件下对重金属镉（Cd）的耐受与富集特征。贺庭、赵烨等[57]认为与传统的工程、物化修复相比，植物修复具有自身的优势。但是，每种修复方法都有各自的优缺点和适应条件，必须根据被修复土壤的环境现状，多种方法相组合，在保证土壤环境和经济效益的前提下，实现重金属污染土壤的合理修复。

国家重点基础研究计划（973 计划）项目“围填海活动对大江大河三角洲滨海湿地影响机理与生态修复”研究中，项目首席科学家崔保山等认为随着全球变化的日渐凸显，大江大河三角洲的滨海湿地，已受到来自围填海等高强度人类活动和气候变化的双重胁迫，直接关系到社会经济发展的立足之本。本项目面向三方面国家重大需求：①围填海工程规划和实施的重大需求；②滨海湿地生态修复实践的重大需求；③我国生态补偿机制建立的重大需求。

国家重点基础研究计划（973 计划）课题“受损湿地生态修复和围填海的生态补偿机制”

研究中，课题主要参与人员崔保山、白军红、刘强、李晓文、许野等提出将针对不同受威胁类型，探索生态修复和补偿目标的选择、生态修复中就地和异地区域或替代区域确定、生态修复和补偿的规模、不同生态修复类型的生态补偿率计算方法和模式等关键问题。通过生态、社会、经济系统网络的综合分析，建立多系统、多目标、多参数、多情景的生态修复补偿机制，实现滨海湿地的有效管理等研究目标。

国家科技支撑计划课题“高寒草地生物多样性综合保护与持续利用技术”研究中，课题主要参与人员董世魁、刘世梁、李晓文、石建斌等[61]特别做出了对高寒草地生境质量变化监测与退化生境修复研究。

三、学科展望

环境地学的新思维和地球观测新技术的发展，必将对环境地学的发展和增强人类管理地球能力的提高继续产生重要的影响。

着眼于地球是个复杂系统，具有多层次结构，各圈层相互作用的演化过程及机制；以动态观点及非线性动力学理论和方法来探索环境演化的特点和环境风险预警的可能性；从不同时空尺度来研究环境变化；环境变化的时间效应成为环境问题研究中一个非常重要的方向；现代新技术在环境地学研究中的应用发展速度更是未来的发展趋势。

环境地学向地球各圈层互相作用系统的研究、大陆水圈演化问题研究、生态环境地质问题研究、环境工程方向等多方面多尺度方向及不同圈层的交互作用发展。

参考文献

[1] 樵地英. 我国环境监测技术的现状与发展趋势的探讨. 资源节约与环保, 2013, 2:39-40.

[2] 蔡同锋, 张艳艳. 环境自动监测技术综述. 污染防治技术, 2010,6: 23(3):87-90.

[3] Michael G. Scale in GIS: An overview. Geomorphology, 2011,130: 5-9.

[4] 储征伟, 杨娅丽. 地理信息系统应用现状及发展趋势. 现代测绘, 2011,34(1): 19-22.

[5] TaylorG, BlewittG. GIS: An Overview, Intelligent Positioning: GIS - GPS Unification, John Wiley &Sons, Ltd, 2006

[6] 地球科学发展战略研究组. 21 世纪中国地球科学发展战略报告. 北京: 科学出版社, 2009.

[7] Evan GR Davies, Slobodan P Simonovic. Global water resources modeling with an integrated model of the social - economic - environmental system. Advances in Water Resources, 2011,34: 684-700.

[8] Anna Augustsson, Monika Filipsson, Tomas Öberg, *et al.* Climate change - an uncertainty factor in risk analysis of contaminated land. Science of the Total Environment, 2011,409: 4693-4700.

[9] Stuart M E, Gooddy D C, Bloomfield J P, *et al.* A review of the impact of climate change on future nitrate concentrations in groundwater of the UK. Science of the Total Environment, 2011,409: 2859-2873.

[10] Moss B. Cogs in the endless machine: Lakes, climate change and nutrient cycles: A review. Science of the Total Environment. doi:10.1016/j.scitotenv.2011,07,069.

[11] Gorka Merino, Manuel Barange, *et al.* Impacts of global environmental change and aquaculture expansion on marine ecosystems. Global Environmental Change, 2010,20: 586-596.

[12] Juergen Weichselgartner, Roger Kasperson.Barriers in the science - policy - practice interface: Toward a knowledge - action - system in global environmental change research. Global Environmental Change, 2010,20: 266-277.

[13] Shen GF, Tao S*, Wei SY, Zhang YY, Wang R, Wang B, Li W, Shen HZ, Huang Y, Yang YF, Wang W, Wang XL, Simonich S.

Retene Emission from Residential Solid Fuels in China and Evaluation of Retene as a Unique Marker for Soft Wood Combustion. Environmental Science & Technology, 2012, 46: 4666-4672.

[14] Wang R, Tao S*, Shen HZ, Wang XL, Li BG, Shen GF, Wang B, Li W, Liu XP, Huang Y, Zhang YY, Lu Y, Ouyang HL. Global Emission of Black Carbon from Motor Vehicles from 1960 to 2006. Environmental Science & Technology, 2012, 46: 1278-1284.

[15] Tao S*, Li L, Ding JN, Zhong JJ, Zhang DY, Lu Y, Yang YF, Wang XL, Li XQ, Cao J, Lu XX, Liu WX. Mobilization of soil bound residue of organochlorine pesticides and polycyclic aromatic hydrocarbons in an in - vitro gastrointestinal model. Environmental Science & Technology, 2011, 45: 1127-1132.

[16] Shen GF, Tao S*, Wei SY, Zhang YY, Wang R, Wang B, Li W, Shen HZ, Huang Y, Chen YC, Chen H, Yang YF, Wang W, Wang XL, Liu WX, Simonich SLM. Emissions of Parent, Nitro, and Oxygenated Polycyclic Aromatic Hydrocarbons from Residential Wood Combustion in Rural China. Environmental Science & Technology, 2012, 46: 8123-8130.

[17] Shen GF, Tao S*, Wei SY, Zhang YY, Wang R, Wang B, Li W, Shen HZ, Huang Y, Chen YC, Chen H, Yang YF, Wang W, Wei W, Wang XL, Liu WX, Wang XJ, Simonich SLM. Reductions in Emissions of Carbonaceous Particulate Matter and Polycyclic Aromatic Hydrocarbons from Combustion of Biomass Pellets in Comparison with Raw Fuel Burning. Environmental Science & Technology, 2012, 46: 6409-6416.

[18] Shen GF, Wei SY, Wei W, Zhang YY, Ming YJ, Wang B, Wang R, Li W, Shen GZ, Ye H, Yang YF, Wang W, Wang XL, Wang XJ, Tao S*. Emission Factors, Size Distributions, and Emission Inventories of Carbonaceous Particulate Matter from Residential Wood Combustion in Rural China. Environmental Science & Technology, 2012, 46: 4207-4214.

[19] Ding JN, Zhong JJ, Yang YF, Li BG, Shen GF, Su YH, Wang C, Li W, Shen HZ, Wang B, Wang R, Huang Y, Zhang YY, Cao HY, Zhu Y, Simonich SLM, Tao S*. Occurrence and exposure to polycyclic aromatic hydrocarbons and their derivatives in a rural Chinese home through biomass fuelled cooking. Environmental Pollution, 2012, 169: 160-166.

[20] Wang R, Tao S*, Wang WT, Liu JF, Shen HZ, Shen GF, Wang B, Liu XP, Li W, Huang Y, Zhang YY, Lu Y, Chen H, Chen YC, Wang C, Zhu D, Wang XL, Li BG, Liu WX, Ma JM. Black Carbon Emissions in China from 1949 to 2050. Environmental Science & Technology, 2012, 46: 7595-7603.

[21] 陈珊, 许宜平, 王子健. 有机污染物生物有效性的评价方法. 环境化学, 2011,(1).

[22] 张璐璐, 刘静玲, James PLassoie, 李毅. 白洋淀底栖动物群落特征与重金属潜在生态风险的相关性研究. 农业环境科学学报, 2013,32(3):612-621.

[23] 刘丰, 刘静玲, 陈秋颖, 王滨滨, 曹志国. 海河南系表层沉积物中多环芳烃的污染特征与生态风险评价. 科学通报, 2013,(12).

[24] 李大鹏. 流域复合污染控制的研究与发展趋势. 环境科学学报, 2010,30(8):1572-1576.

[25] 李雪梅, 等. 污染因子权重及区域环境质量综合评价分级标准的确定. 干旱区资源与环境, 2010,24(4).

[26] Han Gui-qi, Wang Bin. Effects of heavy metal compound contamination of Cd, Zn, Cu and Pb on soil biological activity. Chinese Journal of Eco-Agriculture, 2012,20(9):1236-1242.

[27] Zeliger HI. Toxic effects of chemical mixtures. Arch Environ Health, 2003, 58(1):23-9.

[28] 王雪梅, 刘静玲, 等. 流域水生态风险评价及管理对策. 环境科学学报, 2010,30(2):237-245.

[29] Daren M Carlisle. Frontiers in Ecology and the Environment. Front Ecol Environ, doi:10.1890/100053.

[30] Picado A, *et al*. Ecotoxicological assessment of industrial wastewaters in Trancao River Basin (Portugal). Environmental Toxicology, 2008, 23(4):466-472.

[31] Ma Muyuan, Liu Jingling, Wang Xuemei. Biofilms as potential indicators of macrophyte-dominated lake health. Ecotoxicology, 2011, 20(5):982-992.

[32] 杨志峰, 崔保山, 刘静玲, 等. 北方地区生态环境需水量研究[Z]. 国家科技成果.

[33] Qiuying Chen, Jingling Liu. Development of a relative risk model for evaluating ecological risk of water environment in the Haihe

River Basin estuary area. Science of the Total Environment, 2012, 420:79-89.

[34] Tao Yang, Jingling Liu. Estimation of environmental flow requirements for the river ecosystem in the Haihe River Basin, China. Water Science & Technology, 2012,8(699).

[35] 苏美蓉, 陈晨, 杨志峰. 城市湿地生态系统服务功能评估研究进展. 安全与环境学报, 2012, 12(4).

[36] LiuGY, YangZF, ChenB, ZhangLX. Emergy-based multiple spatial scale analysis framework combining resources and emissions impact for urban ecological economic evaluation. Entropy, 2011,13(3): 720-743.

[37] LiuGY, YangZF, ChenB. Extended exergy analysis of urban socioeconomic system: a case study of Beijing, 1996—2006. International Journal of Exergy, 2011, 168-191.

[38] LiuGY, YangZF, ChenB. Monitoring trends of urban development and environmental impact of Beijing, 1999—2006. Science of the Total Environment, 2011, 18:3295-3308.

[39] LiuGY, YangZF, ChenB. Ecological network determination of sectoral linkages, utility relations and structural characteristics on urban ecological economic system, Ecological Modelling, 2011, 222:2825-2834.

[40] YangJ, Chen*B. Using LMDI method to analyze the change of industrial CO_2 emission from energy use in Chongqing. Frontiers of Earth Science, 2011, 103-115.

[41] YangJ, ChenWC, Chen*B. Impacts of biogas projects on agro-ecosystem in rural areas ——A case study of Gongcheng. Frontiers of Earth Science, 2011, 5(3): 317-322.

[42] ChenSQ, Chen*B. Assessing inter-city ecological and economic relations: An emergy-based conceptual model. Frontiers of Earth Science, 2011,5(1): 97-102.

[43] SuMR, YangZF, ChenB. An emergy-based analysis of urban ecosystem health characteristics for Beijing city. International Journal of Exergy, 2011, 192-209.

[44] JiangMM, Chen*B. Integrated urban ecosystem evaluation and modeling based on embodied cosmic exergy. Ecological Modelling, 2011, 222: 2149-2165.

[45] 杨志峰, 陈国谦, 张妍, 等. 多尺度生态核算与城市生态模拟及调控技术[Z]. 国家科技成果.

[46] 崔斌, 王凌, 等. 土壤重金属污染现状与危害及修复技术研究进展. 安徽农业科学, 2012,40(1):373-375,447.

[47] Li DW, Yang K, Fan M. Research Progress on Heavy Metal Pollution Control and Remediation. Research Journal of Chemistry and Environment, 2013, 17(2):76-83.

[48] DhalB, ThatoiHN, DasNN, PandeyBD. Chemical and microbial remediation of hexavalent chromium from contaminated soil and mining/metallurgical solid waste: A review. Journal of Hazardous Materials, 2013, 250-251(15):272-291.

[49] Reginald B Kogbara. Encouraging microbial activity in cementitious systems: an emerging frontier in contaminated soil treatment. J Chem Technol Biotechnol, 2013, 88:501-507.

[50] Niti C, Sunita S, Kamlesh K, Rakesh K. Bioremediation: An emerging technology for remediation of pesticides. Research Journal of Chemistry and Environment, 2013, 17(4):88-105.

[51] Helena I Gomes, Celia Dias-Ferreira, Alexandra B Ribeiro. Overview of in situ and ex situ remediation technologies for PCB-contaminated soils and sediments and obstacles for full-scale application. Science of the Total Environment, 2013, 445-446(15):237-260.

[52] 《中华人民共和国国民经济和社会发展第十二个五年规划纲要》. 北京：人民出版社, 2011.

[53] 黄益宗, 等. 重金属污染土壤修复技术及其修复实践. 农业环境科学学报, 2013, 32(3):409-417.

[54] 呼红霞, 赵烨, 等. 复合污染背景下陆地棉对土壤镉的耐受和富集特征. 北京师范大学学报：自然科学版, 2011,47(2).

[55] 黄蔼霞, 等. 赤泥对重金属污染红壤修复效果及其评价. 水土保持学报, 2012,26(1).

[56] 钱林波, 等. 固定化微生物技术修复 PAHs 污染土壤的研究进展. 环境科学, 2012,33(5).

[57] 贺庭, 赵烨, 等. 重金属污染土壤木本-草本联合修复研究进展. 中国农学通报, 2012,28(11):237-242.

[58] Menghua Cao, Linling Wang, Li Wang. Remediation of DDTs contaminated soil in a novel Fenton-like system with zero-valent iron. Chemosphere, 2013, 90: 2303-2308.

[59] PedronF, PetruzzelliG, BarbafieriM, TassiE. Remediation of a Mercury-Contaminated Industrial Soil Using Bioavailable Contaminant Stripping. Pedosphere.2013, 23(1):104-110.

[60] 周启星, 等. 污染土壤修复基准值推导和确立的原则与方法. 农业环境科学学报, 2013, 32(2):205-214.

[61] 温璐, 董世魁, 等. 环境因子和干扰强度对高寒草甸植物多样性空间分异的影响. 生态学报, 2011,1844-1854.

环境法学学科发展报告

摘要 2011—2012 年我国环境法学界直面环境保护法制实践的需求，研究范围涵盖了环境法学的基础理论以及对环境保护实践热点和前沿问题的法律分析，呈现出了全方位、广视角、多元化、重实践的研究特点。

基础理论研究方面，一直比较受学者关注的研究领域，如环境权利、环境法的基本制度、环境侵权责任等相关问题，仍然受学者们青睐；而社会发展和现实需要也催生了一些新的研究热点，例如《环境保护法》修改、环境法的实施等问题。环境法律制度与实践研究方面，研究重点则包括《大气污染防治法》的修订、重金属污染防治、渤海漏油事件、生态补偿机制、气候变化应对等热点问题或事件的相关法律课题。

2011—2012 年环境法学研究存在的问题包括：环境法学基础理论研究依然比较薄弱，环境法学的核心任务和研究范围尚未完全明确；研究追求时效性，理论积淀不足，缺乏对具有持久生命力的环境法课题的系统深入的研究；大部分环境法研究成果往往只局限于环境法学理论研究内部，跨学科研究仍有待加强。

未来一段时期，环境法学研究中的对策性研究将持续增多，基础理论研究将在局部得到加强，学科体系化程度和学科知识结构将进一步优化。

一、引言

环境法学是我国法学体系中的新兴学科，是以环境法的理论与实践及其发展规律为研究对象的法学学科。环境法学研究的主要目的是通过对环境法演变与形成的历史考察，研究环境法的内容和本质，探讨人类在经济、社会发展过程中因环境利用行为导致既定社会关系发生改变而出现的一系列新的法律问题及其对策措施，归纳和总结有关环境保护的法律思想和学说，确立和阐明环境法基本原则以及环境保护法律制度的构建原理和方法。

我国环境法学创建于 20 世纪 70 年代末，它与中国环境保护事业的开展和环境立法的发展密切相关。伴随我国环境立法的不断完善和法学界对环境法学教学研究的不断重视，从 1984 年开始环境法学课程纳入教育部颁发的综合大学法学院校法律专业的教学计划。1997 年在对我国法学学科进行重新分类和调整的基础上，教育部将环境法学和自然资源法学两个法学新兴学科合并整合为“环境与资源保护法学”作为法学二级学科。2007 年教育部高校法学学科教学指导委员会决定新增《环境与资源保护法学》为法学核心课程。

2011—2012 年，我国环境法学者取得了丰硕的理论研究成果。从数量上看，两年间发表在各类期刊上的环境法学论文共计 3353 篇，其中核心期刊论文 874 篇；出版的环境法学著作（含教材、学术专著、译著、论文集）共计 135 部。

从内容上看，2011—2012 年我国环境法学界立足于环境立法、执法和司法实践需求，积极回应重大环境事件，既有对环境法理念、环境公益诉讼、环境权等传统环境法学基础理论的研究，也有对气候变化、《环境保护法》修改、康菲漏油事件、云南曲靖铬污染事件等环境保护热点事件和前沿问题的关注，呈现出全方位、广视角、多元化、重实践的研究特点。

二、环境法学基础理论研究进展

2011—2012 年，从总体上看，环境法学研究中一直比较受学者关注的研究领域，如环境法的基本制度、环境侵权责任等相关问题，仍然受学者们青睐；而社会发展和现实需要也催生了一些新的研究热点，例如《环境保护法》修改、环境法的实施等问题在国内环境法研究领域和国际环境法研究领域都产生了大量的研究成果。

（一）环境法理念研究进展

2011—2012 年，环境法学者主要围绕代际公平、生态文明、环境正义等问题，对环境法理念进行了积极的探索。

代际公平理论在我国环境法学研究中具有重要影响，然而过去的两年里围绕代际公平理论却产生了争鸣。以徐祥民、刘卫先为代表的学者对代际公平理论的正当性与合理性进行了批判。他们认为[1]，代际理论产生的基础是集合概念的人类，而该理论又在同时虚构了多个人类主体（即所谓过去世代的人类、现在世代的人类和将来世代的人类），因此犯了将集合概念的人类偷换为类概念的人类的逻辑错误，将“代际公平说”作为一种法律理念或者一种法律理论工具，是完全不可取的。

对此，代际公平理论的支持者也进行了强有力的反击。郭武、郭少青则认为[2]以“集合概念、类概念这两种人类概念的辨析为基础”的预设之路，忽略了逻辑的事实要素，以概念的逻辑为基础而“描述法律讨论的方法”有其不足，并且认为“代际公平”理念具有塑造具备人文关怀、开放沟通品格的环境法律思维方式的理念价值，并且具有建立立体、多维度的法律利益平衡机制的实践功能。

随着生态文明理念的深入，相关的理论研究也逐步跟进。以郑少华为代表的学者们对生态文明建设的相关法律理论问题进行了初步探索。他们认为[3]，面对生态文明社会调节法律体系过于庞杂的现状，需要运用要素量化评估法和法律解释学的方法，对生态文明的社会调节机制进行评估，以发现生态文明调节法律体系的问题和缺陷，进而提出完善该法律体系和加强生态文明法制建设的建议。而对法律文本的要素量化评估和法律适用评估表明我国生态文明市场调节机制还存在着很多问题。解决这些问题需要赋予市场主体参与建设生态文明的权利，并借助价格机制引导市场主体积极参与生态文明建设和生态保护的进程，政府部门也要调整和充实市场职能，从而为市场调节机制提供透明化、公开化的监管环境。

随着公众环境意识的提高，环境正义问题也成为了近两年的研究热点。梁剑琴认为[4]，应当区分伦理规范和法律规范两个层面的环境正义概念，在此基础上通过法律表达环境正义是必要、可行的。环境正义的法律表达应以人际正义为限，法律表达环境正义的性质指向的是环境正义的分配原则，环境正义法律表达的关键是环境利益的识别与平衡，法律表达环境正义的方式则是权利义务。而熊晓青、张忠民[5]则通过对环境司法裁判文书进行定量分析的方法，认为应当正视环境不正义的情形客观存在，并且在实现环境正义的过程中应当重视身份、贫富、地域等元素。

董正爱认为[6]，地区之间和城乡之间的环境利益差异格局和环境利益博弈，必然要求国家以新的时代发展背景、社会发展背景之下的协商性、民主性、沟通性的回应型、反思性和程序性的法律规范理性范式，进行环境资源法律体系的构建，进行生态秩序的法律解构和重塑。

此外，还有学者对环境公民身份、环境法中性别因素等问题进行了探索。秦鹏认为[7]，环境问题凸显、全球环境生态灾难风险强化催生了环境公民身份理论的生成；环境公民身份强调权利和义务的相互依赖性，体现了环境时代公共领域与个体私域的关联互动，民主参与国家治理的良善性互动；其法治价值在于为环境法学提供一种全新的思考资源，为环境法设定公民环境责任的规范创新提供理论向导，推动公民社会发展和生态文明建构。

王欢欢认为[8]，父权制的存在使得环境法漠视社会性别的不平等性，影响了环境法治结构的优化，因而需要全面评估现有环境法治结构中的性别盲点，积极转化国家环境法中的“社会性别条款”，建立环境法治中社会性别主流化的长效机制。

汪再祥认为[9]，在新生态学观念下生态平衡并不适宜作为环境保护的目的。作为替代性概念，生态系统健康可以作为环境立法的目的。生态系统健康不仅承认并采纳生态系统的生物完整性，而且将人的价值、信仰和福利也作为健康的生态系统的一部分，从而将社会经济与传统的生态/环境价值融合在一起。

方印认为[10]，环境法学界对环境法的基本目标、逻辑基础、基本定位、价值追求这四个方面的认识问题上存在着较大的分歧，这四个认识上的分歧在相当程度上影响着环境法的未来发展方向或路径，因而成为影响或决定环境法未来发展方向或路径的四个“风向标”。

柯坚认为[11]，应当以生态实践理性为指导分析环境与资源开发、利用和保护社会集体行动的内在依据，揭示环境与资源保护法律秩序的正当性、合理性基础。环境法学研究应当从环境与资源开发、利用和保护的社会实践活动出发，通过民主的对话、沟通与协商进行生态实践理性的社会构建，并最终促进“生态善”的社会实现。

（二）环境法体系研究进展

随着社会进步和形势发展的需要，环境法体系越来越显得庞杂。如何站在环境法律体系整体的高度思考环境法体系的内在机理，检讨现行环境法律法规，并准确理解各具体环境法在体系中的地位，进而完善环境法律体系，是近两年环境法学者重点关注的问题之一。

周珂认为[12]，改革开放以来，我国环境法制建设所注重的先是如何彻底与经济环境法决裂，然后是行政主导的环境法如何与市场经济法制特别是民法、社会法相结合，现在是如何建立起以可持续发展为基本理念的、以行政、民事、行政综合法律手段调整的新型法律领域。

柯坚认为[13]，部门化、体系化的环境法律部门不仅具有规范、强制、引导、矫正等全方位的法律功能，而且能够推动和促进可持续发展价值观的形成；但对于当代环境问题的法律回应绝不是环境法一个部门法的任务，而应当是整个法律体系的不同法律部门之间在针对环境问题的对话、沟通与互动基础之上形成的协同性回应。

2011 年全国人大环境与资源保护委员会启动了《环境保护法》的修改程序，这也引起了环境法学者对《环境保护法》修改相关理论问题的研究热情。王曦认为[14]，《环境保护法》是一部以规范和制约政府环保履职为主的法律，其修订应当以法律规范政府有关环境的行政决策，约束有关环境的政府行为，杜绝行政懈怠或乱作为，从源头上预防环境问题的产生为目标，为我国环保事业主体的良性、有效互动奠定法律基础。

汪劲认为[15]，《环境保护法》修改成功的关键是要将“有限修改”的基本命题化为“有效修改”的立法行动，涉及的十大课题包括：有效协调修法思路和立法模式；有效解决《环境保护法》自身问题；有效衔接其他环保单项法律法规与国家有关基本法律；有效完善公众参与途径；有效明确政府官员环保责任；有效突破环保行政外部制约；有效强化环保监管；完善环保基本法律制度；有效解决“违法成本低”；有效运用环保司法手段。

王灿发、傅学良认为[16]，《环境保护法》修改的指导思想应当坚持“宏观转向”与“微观重点突破”相结合；修改的模式应当以基本法为目标，以解决重点问题为立足点，向政策法和理念法倾斜；修改的重点内容主要是对原有立法目的和原则进行调整和转变，并对与环境保护要求密切相关的典型问题，如政府环境保护责任、公众环境权益保护、环境法律责任、环境纠纷处理等进行重点突破。

王曦、邓旸认为[17]，环保部门的职能已从“统一监督管理”转向“综合协调”，在修订《环境保护法》时，应当对环保部门的职能重新做出界定，由“统一监督管理”改为“综合协调”，具体内容应包括“统筹协调、指导、监督和服务”四项内容。

（三）环境权利理论研究进展

2011—2012 年，环境权理论依然是环境法学研究的热点问题之一。环境权理论的支持者从环境权研究的方法论、利益指向、与相关权利的关系、法律配置等角度进一步论证了环境权的必要性和可行性。

侯怀霞认为[18]，环境权应当区分人权法上的环境权、宪法上的环境权与私法上的环境权三个层面，私法上的环境权又应当从一般环境权与具体环境权两个层面进行研究；一般环境权是一个开发性、发展中的权利，具体环境权则包括实体性权利和程序性权利两大类。

王社坤认为[19]，环境权理论需要方法论的重构，即人类中心主义的扬弃、整体主义和个体主义的结合、环境多重价值的认知、体系化方法的引入。环境权是在现有的人身、财产等传统权利类型之外，基于保护环境和其他权利的需求而产生的新型权利。环境权的主体只能是生物意义上的自然人，而不能是法人等法律上拟制的人。环境权的客体就是具有生态功能的环境，准确说是合乎人类期望标准的环境，即良好环境。环境权权能包括对良好环境的享受权、排除干预权与环境改善请求权。

王小钢认为[20]，以环境公共利益为保护目标的环境权利理论，可以为环境权利的独立存在提供正当理由，既可以区分公法上的环境权利和现有的各种人权，也可以区分私法上的环境权利和现有的环境人格权、环境相邻权、环境侵权。

蒋红彬认为[21]，福利和尊严是公民环境权配置的正当性基础，公民环境权法律配置的价值追求是实现人与自然和谐共处、可持续生产与生态平衡的最佳协调；内容从抽象、模糊权利向具体、列举性的权利更新；实现方式更加快捷且呈多元化；重视非政府组织（NGO）的作用。

然而，由于环境权并未转化为法定权利，在司法实践中也未获得认同。因此，依然有很多学者对环境权理论的合理性或可行性提出了质疑，并提出了替代方案。

杜建勋认为[22]，环境权的背后其实是环境利益，与其诉诸环境权的无共识和不完备，不如直接以环境利益为重点，进行研究取向的转型和法律制度的构造。

冯庆旭[23]从伦理学的角度对现有的环境权学说进行了评析，认为对环境权概念以“既是权利又是义务”来界定，没有真正了解权利的含义；享用权利说所主张的享受权和使用权与保护环境之间存在着逻辑上的不能自洽及伦理上的不能自证；而良好环境权在人类实际上享有良好环境权时也就被冷落和忽略。

崔金星认为[24]，环境权构架的思考路径难以合理析出环境法解决环境问题的内在机理和逻辑进路，将其作为现阶段环境法的权利基础具有明显的不合目的性，而环境财产权理论则契合了当代财产权发展中环境资源权属从自由利用到商业利用，再到环境保护的功能演进，并且更能为环境危机日趋严峻形势下环境保护运动的推进提供理论支持。

彭运朋认为[25]，环境权是一个有着良好动机的伪命题，环境权所要保护的合理环境利益可以经非法律手段和现有法律手段获得保护。环境法的价值不在于直接保护环境利益，而在于调整在环境利益方面发生重叠的权利，也即在相关主体的权利范围发生重合、权利行使发生冲突时对权利范围和行权规则进行调整，重新确定权利的行使范围，以此达到对背后的环境利益进行衡平的目的。

（四）环境法基本原则研究进展

环境法的基本原则是环境法的核心范畴，对于指导环境法律体系的构建和具体法律制度的设计具有非常重要的指导意义。2011—2012 年，环境法学者对环境法基本原则的研究主要是围绕《环境保护法》的修订展开的。

柯坚认为[26]，环境法原则具有共通性、差异性和规范性。环境法原则在多层次环境法中的共通以及在多元法律文化背景下的共享，反映了环境法律价值、观念和法律秩序的互动关系和趋同化发展；环境法原则的界定、内容、创立方式、法律规范性及其适用等方面，存在着理论和实践上的差异性；环境法原则的规范性建构有助于发挥环境法原则指导环境立法，并实现其引导环境司法解释、弥补环境法律规则不足的司法实践功能。

竺效认为[27]，将公众参与原则作为我国环境法的基本原则是环境法治发展的必然要求，并且有可行的技术方案。具体而言，《环境保护法》总则在规定立法目的、环境的定义和适用范围之后，应紧邻其后编排宣示我国环境保护基本国策和基本原则的条款群。

黄云认为[28]，我国学界对环境领域内公众参与概念的理解普遍存在扩大化倾向，而对其权利本质有所忽略；环境领域公众参与权具有宪政内涵，环境权不应被视为其理论和实践基础；目前我国环境领域公众参与权的法律制度不健全，尤其在相关法律法规制定上存在缺陷；环境信息公开、非政府组织的发展、环境公益诉讼及环境教育等相关法律制度方面的问题与完善对于环境领域内公众参与权的实现具有举足轻重的影响。

朱谦认为[29]，应当通过环境利益代表人制度和大力培育非政府环保组织来引导实现公众环境利益诉求表达的组织化，确立公众参与环境行政决策的信息公开制度，提高公众参与环境行政决策的有效性。

张梓太、王岚认为[30]，在风险社会背景下，预防为主原则面临着在范畴上缺乏风险防范、在实践中成效甚微、重治理轻预防三个困境，应当对其进行重构和拓展，即在思想理念上将预防原则贯穿于立法、司法、执法和守法的全过程中，从治理污染向预防污染转变，从治理风险向预防风险转变；在表述上将预防为主原则向预防原则转变；在内容上增加以弱势形式规定的风险防范原则。

王灿发、傅学良认为[16]，在我国由粗放型发展向科学发展的战略转换的时代背景下，环境法基本原则应由协调发展原则转变为环境优先原则；应由预防为主、防治结合原则转变为风险防范原则；应由达标合法原则转变为不得恶化原则。

从总体上看，现有研究对环境法基本原则的内涵有了比较清晰的表达，但是对于基本原则在执法与司法实践中的规范功能如何发挥则鲜有涉及，环境法基本原则尚未完全实现从口号到规范的转型。

（五）环境法基本制度研究进展

2011—2012年，围绕环境保护实践中的热点、难点问题，环境法学者对环评、环境信息公开、环境许可、生态补偿等环境法基本制度的理论与实践问题进行了有益的探讨。

吕成认为[31]，区域限批存在合法性危机的原因在于对其性质认定不清，应当将其定性为“未型式化行政行为”，区域限批与流域限批和行业限批具有相似性，但是与企业限批则明显不同，后者更贴近行政处罚的特征。

童健等认为[32]，我国环境影响报告书编制存在承担环评业务的环评机构分布不合理、从事环评工作的环评人员业务水平参差不齐、环境现状调查不准确、环境现状监测存在不足、环评报告编制中公众参与未能真正体现、建设项目规模和环境影响等基本信息失真等方面的问题。环境影响报告书审批存在审批权限的划分不合理、审批中评价标准不明确，评审专家的中立性及评价意见的客观性与公正性受到质疑。

王社坤认为[33]，我国应当部分借鉴美国的相关规定对战略环评立法进行完善：在战略环评对象方面应当通过名录的方式进一步明确需要评价的规划的具体范围，并考虑将政策纳入评价范围；在战略评价的主体方面，应扩大行政监督范围，大力发展公众监督，并增加相关部门对战略环评的支持义务；在战略环评程序方面，应将战略环评程序有机融入战略决策程序之中，根据环境影响大小确定评价范围，并增加有关替代方案的规定。

朱谦认为[34]，在环境突发事件中，应当以政府发布的突发环境事件信息为依据，保持公司与政府披露信息的同步阶段性，上市公司信息披露真实性衡量的相对性。上市公司对因自身原因而引发的谣传应当负有澄清的义务。

王灿发认为[35]，我国环境信息公开立法面临着传统管理理念与信息公开法律要求的不相适应、行政机关信息公开的能力与公众和 NGO 信息公开的需求不相适应、立法的模糊性增加环境信息公开的困难、个人对信息公开申请权的滥用等方面的挑战，应当完善环境信息公开的法律规定；环保部门应依法主动公布更多的环境信息，以取得公众的信任和认同，减少自身的负担。

陈海嵩认为[36]，环境信息公开范围的确定需经过事实认定与法律认定两个阶段。目前，我国的环境信息公开制度在精细化上仍存在不足，一方面环境信息的定义过于简单，缺乏对环境信息所涉事项的具体列举；另一方面环境信息公开例外规则欠缺。

姜敏认为[37]，环境行政许可具有风险品性、科技依赖、利益权衡、代际平衡、国际关联五个特征，环境行政许可制度建构，除了需遵循行政许可的一般立法原则外，还需遵循预防、谨慎行事、合理开发利用、污染者负担、科技促进、公众参与、协同合作、国家环境资源主权与不损害国外环境等环境法基本原则。

肖磊、李建国认为[38]，非政府组织是防范、处置突发环境事件的重要支撑力量，但环境应急管理体制的不足和政府的不当应急规制行为限制了非政府组织对环境应急管理的参与度；应当适度放松对非政府组织参与环境应急的管制行为，强化非政府组织的环境应急参与程序，建立法治框架下的合作协商机制。

楚道文认为[39]，应当借鉴《水污染防治法》修改中的成功经验，确立预防原则在大气环境应急管理中的首要地位，加强和改善政府主导的大气环境应急管理模式，保障企业、公众在大气环境应急管理中的权利，建立大气环境应急管理区域合作机制，完善我国大气环境应急管理法律制度体系。

李永宁认为[40]，从经济学视角看，生态补偿分为开发者的还原性修复、污染者的治理性修复、使用者的增殖性修复和使用者的功能性修复四种具体关系形态，法学上的生态补偿只针对使用者的功能性修复，是对功能性修复产生的环境功能性价值的补偿。生态补偿的补偿方为中央政府和省级政府，受偿方为环境功能性价值的创造者，包括个人和企业，以及特定的地方政府。

环境保护法律制度实施不力，也是这两年环境法学者研究的热点问题。大体上看，对环境法律制度实施问题的研究主要是从环境治理机制、环境监管体制等几个维度展开的。

汪劲等认为[41]，中国的环保法律并没有发挥出应有的作用，各项制度都没有完全实现预期目标。造成这种现象的原因主要有五个：第一，将经济增长指标作为领导干部政绩考评的主要指标、财政上的“分灶吃饭”体制，致使地方政府及其部门常常以牺牲环境利益为代价追求短期的经济利益。第二，现有环境与资源保护立法在很多方面还缺少相应的立法；规定太过原则，缺乏可操作性；规定不合理，甚至违反立法目的。第三，环保执法能力不足，执法手段单一，执法威慑力不足，执法不规范以及不作为；环保行政管理体制的设置不合理，环保部门无法实现统一监督管理，分部门监督管理存在交叉重叠和矛盾冲突，地方保护主义对环保执法产生严重干扰。第四，司法机关不积极执行环保部门提交的强制执行申请，对污染受害人的救济不力，怠于追究污染者的刑事责任而热衷于追究“暴力抗污”者的刑事责任。第五，企业环境违法现象非常严重，怠于承担环境社会责任；公众参与的广度和深度明显不够；社会监督机制难以发挥应有的作用。

晋海认为[42]，我国基层政府环境监管失范有政府监管失范和政府官员行为失范两种类型，前者表现为部分基层政府充任污染企业的“保护伞”，后者主要表现在基层政府部分官员的权力寻租和官僚作风两种形式。前者的体制根源主要表现为偏离了以人为本原则的行政考核制度和财税体制，后者的体制根源主要表现在权力监控体制的结构和虚弱问题。为此，要确立人本主义原则，完善行政考核制度和健全财税体制，加强社会监督、立法监督和司法监督，改变过多依赖行政内部监督的原则，还需要强调伦理自由性的非正式制度建设。

张千帆认为[43]，要遏制流域生态环境不断恶化的趋势，必须重视流域环境保护中央与地方关系调节，中央有义务规定流域统一的环保标准及其地方实施义务，并通过司法诉讼等机制让地方义务落到实处；流域环境保护首先要依靠地方选举制度的力量，让地方行政执法直接对当地选民负责，从源头上遏制企业的污染行为；中央应通过行政和司法监督纠正流域环境污染的外部效应，迫使地方政府对其管辖范围内的环境执法负责。

夏雨认为[44]，环保目标考核制在实践中取得了显著成效。但目标考核制度在相当程度上损害了法治主义的特有目的和功能，可能导致衡量懈怠、衡量过度、破坏整体行政等瑕疵，在连续性的行政过程中难以长期维系。因此，应慎重看待环境治理中的目标考核制度。

张雷认为[45]，政府环境责任体系主要由立法责任、司法责任、行政责任和国际合作责任四个方面组成。政府环境责任的履行需要制定完善的环境基本法，建立科学的环境法律规制体系，建立完善的环境责任问责机制。

（六）环境法律责任

2011—2012 年，环境法学者对环境法律责任的研究重心依然是环境侵权的构成、环境损害赔偿、环境公益诉讼、环境刑事责任等方面。

吕忠梅等认为[46]，通过对近千份环境案件裁判文书的分析可以探寻出中国环境司法救济中存在环境司法功能未得到充分发挥、良好的环境法律供给严重不足、法官的环境司法能力不敷使用、法院的审判机制运行不畅等问题，这些问题是立法者和研究者必须着力解决的理论与实践问题。

钭晓东认为[47]，生态文明演进和社会形态变化要求环境法律责任必须突破“禁锢于‘复仇与报应’、局限于‘事后追责’、拘泥于‘损害赔偿’”的传统思维惯性，而应当实现“从复仇到报应到该当”的责任根据演进、环境权益的“恢复、赔偿或补偿”的责任内容复合、社会连带的责任方式填补，最终夯实与彰显环境法律责任机制的社会功能。

陈太清认为[48]，环境损害不等于环境民事侵权，我国目前尚无法律将环境损害作为一种单独的损害类型加以规定，也缺乏专门的损害救济途径。传统的环境侵权救济可以间接起到环境损害救济的作用，但是在救济范围和时效上显得不够。环境损害救济宜采用行政罚款为主导的公法路径，并辅之以必要的行政公益诉讼。

陈红梅认为[49]，基于公平和效率两个方面的考量都应当对环境侵权中的纯粹经济损失给予有限度的赔偿。为实现对环境侵权中纯粹经济损失的赔偿，应完善我国的环境责任保险和损害赔偿基金制度，建立环境责任保险强制制度，并且在确定纯粹经济损失的边界时采取谨慎态度。

刘超认为[50]，环境权利具有公权私权复合性，环境侵权行为同时侵害了环境私益与环境公益，这就从根本上突破了传统民事侵权行为的私益侵害本质而具有异质性。因此，环境侵权救济机制体系应当以公益保护为重点，贯彻权利救济与实现的社会化。中国将来的侵权责任立法体系完善时应当制定专门的《环境侵权救济法》，以系统地规定环境侵权救济机制的基础理论和制度内容。

吕忠梅、张宝认为[51]，《侵权责任法》将环境侵权局限于环境污染致人损害，导致环境侵权体系的不周延与环境侵权适用上的困境，应当将生态破坏致人损害的情形亦纳入到环境侵权的调整范围；以环境侵害为核心制定《环境侵害救济法》，能够体现环境问题诸多的二元性特征，能够统率环境宪法规范、环境私法规范、环境行政法规范、环境刑法规范、环境程序法规范以及国际环境法规范，从而以环境侵害为主线，建立完善的环境法学科体系。

王社坤认为[52]，因果关系推定与举证责任倒置属于不同类型的法律规范，两者在法律效力上存在差异，我国《侵权责任法》第 66 条规定的是举证责任倒置而非因果关系推定，这种规定更大程度地降低了污染受害者的证明负担，更有利于污染受害者保护政策目标的实现。

围绕《民事诉讼法》修正案中的公益诉讼条款，环境法学对环境公益诉讼也倾注了较大的学术精力。

蔡彦敏认为[53]，检察机关可以提起的环境民事公益诉讼，其作为公益诉讼的原告与法律监督者的双重身份并不矛盾，也不会改变民事诉讼中当事人诉讼权利平等之基本原则；在提起环境民事公益诉讼前，检察机关应先建议行政机关依法履行职责，如行政机关没有履行，检察机关再行启动诉讼程序，以原告身份提起环境民事公益诉讼。

杨朝霞认为[54]，环境权、诉讼信托和自然资源国家所有权的理论为环保机关提起环境民事公益诉讼奠定了理论上的正当性基础；环保机关依法履行了环境监管职责，仍不能有效保护环境的，可作为原告，提起旨在维护公共性环境公益的环境民事公益诉讼。

王小钢认为[55]，环境公共利益除具有普通公共利益的均享性、普惠性，还具有共同善和自然人独立享受的特征，是一种与人身利益和财产利益相并列的利益；环境公益诉讼旨在保障环境权利，预防和救济“对环境本身的损害”，而不是预防和救济多数人的人身和财产损害，也不是预防和救济“对动物内在价值”的损害。

随着《刑法（修正案八）》的生效实施，污染环境罪也成了环境法律责任研究的热点问题之一。

赵彩凤认为[56]，应当在刑事法律中对企业进行“新生态人”人性假设，将生态破坏纳入主观过错认定的内容，采取一般社会人的判断标准认定责任，关注“期待可能性”和“违法认识可能性”等超法规的规范性责任要素，将企业环境社会责任转化成一种环境刑法内部改造的动力。

汪维才认为[57]，污染环境罪的主观方面包括故意和过失，在环境刑法中不能适用严格责任；客观方面包括违法前提、危害行为与危害结果三个要素，对本罪行为与结果间的因果关系可引入因果关系推定原则加以认定，但其适用应受到限制；从应然意义上讲，应将本罪由结果犯改为危险犯。

张福德、朱伯玉认为[58]，环境刑法法益应当是人类的生存或安全。首先是人类的生命、健康或重大财产这些直接法益，其次是人类的生命、健康赖于存在的自然生态系统或其中的要素这些间接的法益。我国现有的环境刑事立法比较重视对直接法益的保护，但较少制裁那些没有显现的实害结果却对自然生态系统或其中的要素产生潜在的严重侵害的环境危害行为。我国应当从侵害生命、健康或重大财产的结果犯适当地向生态结果犯过渡，适当增加环境行为犯、环境举动犯、环境危险犯。

三、环境法律制度与实践研究进展

2011—2012 年，围绕《大气污染防治法》的修订，以及重金属污染防治、渤海漏油事件、生态补偿机制、气候变化谈判等热点问题或事件，我国环境法学者在污染防治法、生态保护法、自然资源法、能源法、国际环境法等环境法律制度与实践领域展开了相关研究。

（一）污染防治法律制度与实践的研究进展

朱静认为[59]，针对中国目前严峻的土壤污染现状及现行中国土壤污染防治的漏洞，应当制定《土壤污染防治法》，完善土壤污染防治法体系；设立公平合理的责任认定原则，并根据不同的法律责任主体规定相应的法律责任；制定较为完善的土壤环境标准体系；建立土壤污染防治基金、土壤污染防治的管理、土壤污染预防和预警等相关配套体制或制度。

潘书宏认为[60]，我国大陆地区土壤污染防治立法应以台湾地区为参考和借鉴，立法模式采用专门、单独立法模式；功能定位以事后的整治修复为主，兼顾事前预防；立法导向采用经济利益导向；同步进行内在配套立法、完善外围相关法律法规。

周珂等认为[61]，在我国法律制度尚未对重金属污染防治进行专门规制前，需要重视环境影响评价制度、环境标准、产品生命周期、突发环境应对等对重金属物质、重金属污染具有较强针对性的一般污染防治制度，并考虑重金属污染的特殊性，在实施操作方法上进行有针对性的细化、调整。

罗吉认为[62]，为防治重金属污染，应当完善重金属污染防治的法律法规体系，明确政府重金属污染防治的责任，加强监督管理，强化企业重金属污染防治的责任，加强全程综合防治，建立和完善重金属污染环境的治理和修复，完善公众参与，引导个人消费，健全重金属污染健康危害监测与诊疗体系。

针对《大气污染防治法》的修订，晋海认为[63]，低碳城市建设的推进需要法制保障，但是目前制定法典式的《低碳城市建设法》或者《应对气候变化法》的理论和实践基础尚不成熟，而以框架法模式制定《低碳城市建设法》或者《应对气候变化法》或者在单行法模式下设计低碳城市建设相关制度，均要求在修订《大气污染防治法》时，适时地增设有关温室气体排放控制的相关制度，回应低碳城市建设的制度要求。

王清军认为[64]，初始分配应当被纳入排污权交易制度一体化规范，建立统分结合、权责分明的排污权初始分配体制，根据数量、属性以及污染贡献等确定分配接受主体并细化准入、退出机制，以及建立一种分配方式为主、多种分配方式并存的分配规则结构体系。

徐祥民、朱雯认为[65]，流域承载力的有限性和流域内各主体之间的利益关联性决定了这些利益相关者有相互监督的动力，法律利用这种动力而设置的制衡机制是由所有利益相关者出于对自身利益的关心而相互监督相互制约而形成的机制，是防止出现环境“掠食”者和“搭便车者”的有效机制。

肖萍认为[66]，解决农村环境污染问题，需要在宪法层面赋予公民环境权，并建立以《环境保护法》为基本法、以特殊环境领域单行法为支撑的农村环境法律体系，实现农村环境治理模式的转轨和治理手段的创新，建立完善的、法定化的农村环境责任制度，使农村环境治理成为有法可依、有实体力量支撑的良性制度体系。

（二）生态保护法律制度和实践的研究进展

2011—2012 年，生态保护的立法研究在国内迅速成为一个新的研究热点，其中又以生态保护法的理论基础、生态补偿和生态修复立法研究为重点。

刘国认为[67]，生态法包括主体—客体、目的—手段、有用—有限、自由—限制、利己—利他五对基本范畴；生态法对人开发自然行为的限制，不仅会使人与自然获得更大的自由，而且是人对自然所负责任的要求；人要从自然中获得利益，必须做到人与自然互利互惠，在己他两利中实现人与自然的协调发展。

陈德敏、董正爱认为[68]，流域生态补偿机制的基本价值取向是公平正义，流域生态补偿不仅要从决策模式上积极纠偏，更要切实解决法规范的结构性问题，遵守压制型法——自治型法——回应型法的基本主线，用回应性的、负责任的法规范对社会环境中的各种变化做出积极应对。

王江、黄锡生认为[69]，我国生态环境恢复法的立法理念应当从人类中心主义向生态中心主义转变，遵循生态环境优先原则、共同但有区别的责任原则、破坏者恢复责任原则和公众参与原则。

（三）自然资源法律制度和实践的研究进展

在自然资源法律制度研究方面，自然资源权属制度仍然是关注的热点。

邓君韬、陈家宏认为[70]，我国自然资源使用权侧重于土地中心主义立场，但资源中心主义的立法取向实则更符合人类社会发展和自然生态演进规律，资源中心主义应当成为自然资源立法的基本价值取向。

黄锡生、峥嵘认为[71]，资源社会性理念具有对资源物权和公权力的限制功能；资源社会性理念的立法实现路径包括：把资源社会性理念引入宪法，凸显其在资源社会性立法上的指导意义；把资源社会性理念融入行政法体系，实现公权力的民主、科学和有效运行；把资源社会性理念引入民商法，为物权限制和促使企业承担社会责任提供正当性依据；把资源社会性理念导入经济法，为资源监管提供理论依据和实践动力；在环境资源法领域突出资源社会性理念，为资源利用代内公平和代际公平提供理论支撑和实践路径。

针对《矿产资源法》的修改，陈德敏、王华兵认为[72]，如何体现政府职能由单纯的以行政管理为主导向公共服务的转变，是《矿产资源法》能否适应当前社会经济发展的关键，政府在矿产资源管理中的角色从以行政管理为主导向增强公共服务性发展是亟待修改的《矿产资源法》基本价值导向。

针对矿业权的法律属性，郗伟明认为[73]，矿业权不符合现有物权体系类型，应当将其定义为基于国家矿产资源所有权，由行政机关依法授予具有适格资质条件的市场主体勘探、开采和销售矿产品并维护周边环境的经济权利。他认为，矿业权作为一种公私兼备的经济权利，不仅包括探矿权、采矿权等私权，还包括规划权、信息权等公共规制权利，这一概念应当致力于建立利益引导为特征的激励性规制系统，使权利主体在尊重市场基础上承担社会责任，使矿业管理由行政管控为主过渡到经济激励为主。

刘卫先认为[74]，矿产资源法应当是矿产资源开发与利用综合保护法，而不仅仅是矿产资源经济价值的归属和分配法，而矿业权应当是矿产资源勘探开采活动而形成的一系列权利义务，其中公权力和私权力同时存在，公权力存在于矿产资源的生态价值管理和国家安全等公共利益领域，私权力存在于矿产资源的经济价值领域。

针对《森林法》的修改，周训芳认为[75]，《森林法》的修改应当围绕国土绿化这一核心价值目标，确立森林是城市之肺和城市品位的法律理念，将森林经营法律制度作为基本法律制度，明确作为《森林法》核心法律制度的林权管理制度包括旨在进行林权登记的确权、维护生态公益的限权和确保实现合理补偿的平权。

杜国明认为[76]，在《森林法》领域存在的林地、林木、森林、森林资源等基本概念之间关系混乱，既干扰了《森林法》的正确运行，而且也造成了与上位法的冲突。为此，应对这四个概念进行重构，并建议继续保持通常意义上的“森林”涵义，而以“林地林木”取而代之，《森林法》也更名为《林地林木法》。

高利红、刘先辉认为[77]，可将《森林法》第 2 条拟定为“在中华人民共和国领域内从事森林资源生态价值和其他非经济价值保护、利用的，都必须遵守本法。森林资源，是指森林、林木、林地以及其他各种生物相互作用、相互依存的动态复合体”。

蔡守秋、张百灵认为[78]，环境治理理论的兴起和我国第三部门的发展为滨海湿地综合性法律调整机制的构建提供了理论依据和社会基础，应该通过发展滨海湿地区域的环保产业，建立生态补偿制度，完善公众参与环境影响评价的途径，构建滨海湿地的社区共管模式，综合运用行政指导、经济激励、公众参与等各种法律手段完善我国滨海湿地的保护管理。

张海燕认为[79]，遗传资源权作为一种集体权利，是带有浓厚公权色彩的私权，其权利追求的价值是利益分享。遗传资源的所有人是国家，权利支配人是社区共有人。这种复合式权利主体实现了所有权人与使用权人相分离，可以化解遗传资源权上多元主体的矛盾，使权利的管理和实现更趋合理科学。

王勇认为[80]，遗传资源是国家主权管辖下的财产，体现了国家对自然资源的永久主权。国家对于遗传资源既有所有权和管辖权的主权权利，又有管理、保护和可持续利用等方面的国家责任。中国应该采取措施明确本国遗传资源的法律属性并对其予以保护，制定专门的关于遗传资源的国内立法，建立统一高效的遗传资源的管理体制。

（四）能源法律制度和实践的研究进展

2011—2012 年，能源法律制度和实践的研究重点是《能源法》、《原子能法》制定以及《可再生能源法》实施中的法律问题。

肖国兴认为[81]，竞争性能源市场的建构是能源发展转型的前提，《能源法》应确立竞争性能源市场原则并落实到在具体制度设计中；机会均等、产权效率与政府公平的同一性表明，政府公平对待各种产权主体是能源发展转型的关键，政治制度的变革将成为《能源法》完成使命的契机。

张璐认为[82]，我国能源立法进行体系存在能源基本法缺失、能源产业法覆盖领域的欠缺以及能源公共事业法整体上立法层次偏低等问题，应从对《能源法》进行合理定位、完善能源产业法的覆盖领域以及提升能源公用事业法立法层次等方面推动我国能源法律体系的发展完善。化石燃料立法必须将物权制度作为法律逻辑的起点，并以物权与行政有效衔接、互补为主线进行制度建构；而可再生能源立法只能坚持以行政权作为基本的内生变量，并建立以行政权为主导的可再生能源立法制度结构。

谭柏平认为[83]，能源安全是能源法的首要原则，其内涵不仅包括能源供应安全，而且包括能源使用安全。

曹明德、赵鑫鑫认为[84]，为应对气候变化，中国能源法律制度需要从探索可再生能源技术转让机制、强化国际核安全合作、加强与政府内其他部门间的主动合作来进一步完善。

杨解君认为[85]，中国可再生能源立法应当实现从政策性立法向应用型立法、从“软性”倡导向“软硬”结合、从现实应对向科学前瞻、从政府唱“独角戏”向多主体合作、从分割立法向协调立法转变。

肖国兴认为[86]，围绕财政支持制度构建的《可再生能源法》所能带来的制度激励是有限的，需要从设计国家创新体系、产业投资结构、竞争结构、治理结构与拆除垄断壁垒，特别是培养多元投资权利主体能力等基础制度入手，全面推进能源领域市场化转型，这是中国可再生能源发展的根本路径。

陈兴华认为[87]，目前我国可再生能源产业链发展存在误区，产业投资多聚集于经济效益可观的设备制造业上，而在增加可再生能源的供应量方面做得不够，可再生能源市场监管制度在《可再生能源法》中缺位。

彭峰认为[88]，我国《原子能法》的具体内容应当包括基本概念、立法目的、基本原则、行政管理体制、铀资源的勘察、保障、开采、核材料管制、核设施管理、放射性物质管理、运输和乏核燃料的存储和处置、核事故应急制度、核技术研发的推动、进出口管制、损害赔偿、法律责任等，重点是理顺核能监管体制和建构核污染责任保险制度。

曹明德、马洪超认为[89]，我国合同能源管理机制发展迟缓是经营风险太大、市场诚信度不高所致。因此，应当改进相应的法律政策，制定强制性的环保标准，建立公正权威的节能量认证机构，推进合同能源管理项目融资，并与碳交易相融合。

（五）气候变化应对法律制度与实践的研究进展

随着气候变化国际谈判的深入，国内的气候变化立法、气候变化减缓与适应措施的相关法律问题也成了我国环境法学者的研究热点。

刘明明认为[90]，我国气候变化法应当属于促进型立法，要综合运用“命令-控制”型管制制度和基于市场的管制制度，前者包括温室气体排放标准和能效标准，后者宜采用基线和信用型交易与碳税相结合的方式。

徐以祥认为[91]，我国未来的应对气候变化立法一方面要确认和巩固我国现有政策体系中的规划和计划、目标责任制、地方低碳发展促进制度等一系列政策措施，以推动政策的长期化；另一方面需要通过立法引入碳排放权交易制度、气候环评制度、碳金融制度等一系列新的制度，通过法律的力量推动政策的创新发展。

宋锡祥、高大力认为[92]，借鉴英国《气候变化法》的成功经验，中国应当加快制定《应对气候变化法》，专门设立能源和气候变化委员会，制订温室气体减排中短期计划，构建排放贸易体系，为气候变化提供充足的资金保障，修订、完善与应对气候变化相关的能源方面的法律法规。

谷德近认为[93]，我国气候变化资金机制存在管理体制不科学、运作规则不完善的缺陷，无法保障资金使用效率，并影响应对气候变化的效益。借鉴全球环境基金的管理制度，我国应当建立决策、执行和监督评估分离的管理体制，以及包括业务规划、资助标准、项目程序在内的运作规则，通过气候变化立法的专门条款确立这一制度框架，并辅以配套的法规或规章，才能实现气候变化资金机制的制度目标。

唐双娥认为[94]，在后京都时代，我国既要对我国当前和历史上的碳排放量等效考量，又要扣除“生存型”排放量和适当扣除“转移型”排放量，更要考虑到人均碳排放量，并据此确定后京都时代我国参与碳减排的具体思路和方案。

李挚萍认为[95]，碳交易市场是一种特殊的新兴市场，兼具有环保市场、能源市场和金融市场的特点，因而有必要对其进行严格的监管，监管的主体应当包括经济管理、环保、能源和金融管理等部门，监管制度应包括碳交易信息披露制度、防止市场滥用行为、碳排放额核定制度等。

王志华认为[96]，我国碳排放交易市场顺利开展并有效运作的前提是法律制度的完善，目前，我国宜以自愿性减排为基础，不宜出台强制性减排的立法。

赵云芬、朱琳认为[97]，国内温室气体排放权分配应当以人均排放原则为基础，并且综合考虑东、中、西部地区在经济发展、工业化和城市化方面的进度、产业结构、能源资源禀赋、人口数量、结构和流动情况等方面存在的巨大差异。

曹明德、崔金星认为[98]，发挥法律在碳交易市场创建、交易规则形成、市场规模扩张、交易平台构建、交易形式创新等方面的制度优势，是当前我国碳交易市场化进程的基本途径。

彭峰认为[99]，碳捕捉与封存技术利用过程中存在很大的风险，需要严格监管。在监管权限的分配上，横向权限的分配方面，环境保护行政管理机构应为主管部门，享有管辖权，能源、交通等部门参与管理；纵向权限的分配方面，纵向的行政监管权限的分配主要是指管理权限收归中央集中管理或地方管理，现阶段我国比较适合中央统一集中管理的模式。监管制度设计应包括环境影响评价或环境风险评价制度、封存场地选择管理制度、核准制度、监测制度、安全制度、责任制度、事故应急处理制度等。

涂永前认为[100]，为了实现中国经济从高碳型向低碳型的转轨及影响未来国际碳金融交易的走向，从近期目标来看，中国应出台相关政策支持碳金融业务的发展；从中期目标来看，中国应培育本土性的碳交易市场机制；从远期目标来看，中国应建立自己的碳信用标准体系，从而在国际碳交易市场上赢得话语权。

王福波认为[101]，我国低碳经济立法应着力于以下几个方面：加快战略规划立法，构建低碳经济发展的国家战略框架和规划体系；加强产业政策法律化，促进我国产业发展向低碳经济转型；能源立法的生态化、市场化，形成提高能源效率和开发新能源的长效机制；完善财政金融立法，充分激发市场机制的活力；完善科技立法，促进低碳科研机制的构建；加强消费立法，引导、促进低碳消费模式的形成。

李艳芳、武奕成认为[102]，完善低碳经济法律与政策框架，应当制定《气候变化应对法》，出台《能源法》、《原子能法》，全面修改《煤炭法》、《电力法》，制定《自愿减排交易管理办法》，完善可再生能源发展政策，完善节能政策，出台低碳产品认证政策。

（六）国际环境法律制度和实践的研究进展

2011—2012 年，我国环境法学者在国际环境法的基本原则、实施机制、气候变化应对、生物多样性保护等领域取得了一定的进展。

郭辉、肖玲认为[103]，以罗尔斯正义论为基础的环境正义原则可以引申出两条解决全球化时代环境正义问题的基本原则，即权利原则和差别原则。权利原则要求国际社会确定一个适用于全球范围的针对每一个人的最低限度的接纳环境恶的安全标准和享受环境善的分享标准。差别原则要求环境利益的分配必须要有利于最不发达国家，环境恶的制造者还必须承担较大的补偿责任。

李威认为[104]，未来气候变化的全球治理仍将围绕“共同但有区别责任”的适用而展开，并向“区别而有共同责任”的目标转型；《哥本哈根协议》经由“人类共同关切事项”认同了“共同责任”的内涵，通过实质性公平原则，明确了“区别责任”的要旨，随着《哥本哈根协议》的落实和发展，国际社会将认同《哥本哈根协议》表现出来的“软法”特性，弥合各方分歧。

郭冬梅认为[105]，《京都议定书》缺乏必要的惩罚和激励机制，只对少数发达国家有一定的约束力，而且只是“软约束”。国际环境条约的履行机制应以“震慑型”方案为主。各国应就此问题达成政治共识，并进一步建立和强化新的全球治理框架。

龚宇认为[106]，气候变化损害无论在国际不法行为的认定还是因果关系的确定方面，都对现行国家责任制度提出了挑战。由于诸多障碍的存在，追究气候变化损害的国家责任在目前尚不具备充分的现实可行性。但来自国家责任的潜在压力至少有助于敦促各国积极改善温室气体排放政策，并就气候变化损害的救济尽快制订切实有效的全球性解决方案。

针对欧盟通过征收航空税的形式将航空领域纳入其碳排放交易体系之中的做法，晋海、颜士鹏认为[107]，欧盟单边、强制性、未经其他国家同意的做法违反了《气候变化框架公约》和《京都议定书》，也违反了规制民用航空的《芝加哥公约》，不仅损害了国际气候变化谈判取得的成果，也侵犯了非欧盟国家的合法利益。中国应当在坚持“共同但有区别责任”原则的前提下采取积极应对措施。

胡晓红认为[108]，针对欧盟航空碳排放交易的规制，我国应当尽快启动中欧新双边民用航空运输协定谈判、实施碳税制度并逐步推行碳排放总量控制和交易制度，以便从制度上防范碳成本差异，保护我国企业的市场竞争力。

梁咏、叶波认为[109]，欧盟航空业碳减排规则存在规制主体的合法性问题、规制方式的合理性问题、争端解决机制问题，与现行国际环境法规范、国际民用航空法规范和国际强行法规范无法兼容，诉诸 WTO 争端解决机制可能是解决问题的最有效途径之一。

周长玲认为[110]，我国对生物技术进行专利保护时应当采取慎重的态度，应当在风险预防原则的指导下对其决定是否予以保护，这不仅对维护生物安全具有重要意义，同时，也可以作为限制外国生物技术专利的合法、有效手段。

秦天宝认为[111]，现代生物多样性保护国际法的发展经历了由慢到快、由简单到复杂、由零散到系统的过程，可以分为利用价值保护、内在价值保护和生态系统保护三个发展阶段。生物多样性保护国际法未来的发展趋势是：发展中国家参与生物多样性领域国际立法与实施的作用加强；非国家主体在生物多样性保护国际法上的地位得到确认和提高；生物多样性保护国际法的实施机制建立和健全；生物多样性保护国际法中的责任和赔偿问题获得突破发展。

朱鹏飞认为[112]，以争端解决制度保障国际环境条约实施的传统机制存在缺乏针对性、实际效果差、强制力弱三个问题，以监督、控制条约的遵守为核心的遵守控制程序完善了国际环境条约的程序制度，但两者之间可能发生冲突，解决冲突的关键是以《维也纳条约法公约》第 31 条第 3 款（丙）项的规定为依据，争端解决程序将遵守控制程序的处理结果视为"当事国间关系的有关国际法规则"，在解决争端时一并考虑。

四、环境法学学科发展的问题与展望

（一）环境法学发展存在的问题

1. 环境法学基础理论研究依然比较薄弱

从 2011—2012 年的研究成果看，受重大环境事件频发的影响，环境法学研究的重心偏向了具体制度设计、具体制度构建、具体环境问题分析与解决。这些具体的分析既表现为纯理论上对制度构建的理想化模式的分析，也表现为在实践层面上思考这些具体制度如何与实际需要相吻合、如何与我国实际情况相契合。在这一重心偏移的背景下，环境法学基础理论的研究相较而言略显不足。

然而，环境法学无法回避其作为一门学科的根本性理论问题和制度设计问题。例如，如何为生态文明的法治化提供有说服力的基础理论框架、回应生态主义对环境法律内部和外部造成的矛盾冲突，使得生态主义方法真正地融入到环境法学理论体系，统领环境法学研究学术脉络，形成有共同话语的学术共同体，是摆在环境法学研究者面前的现实挑战。

环境法学表象繁荣的背后隐藏着专业性不强的危机，环境法理论中作为言说基础和前提预设的"法"与作为现代法治基础的"法"存在较大差异，具体表现为法律道德主义色彩浓厚、与科学规律界限不明、主体性缺失、孤立立法、与传统法的关系失当等方面，要想获得理论提升和实践突破，环境法学必须对自己的核心任务和研究范围作出准确定位，牢牢把握法的本质特征，加强本土化研究，尊重现行法，采取现实主义思维，实现向法学的回归[113]。

2. 研究追求时效性，理论积淀不足

2011—2012 年，环境法学研究中的政策性倾向较为明显，热衷于炒作学术新概念的现象较为突出。政策的时效性较强，缺少足够的理论内涵。而学术研究重在对现实进行批判反思，确立稳定独立的研究风范，不能依附于官方政策。否则，就使得原有的概念还未研究透彻，

新的概念又闪亮登场，从而使得学术话语和学术进路难以保持研究的系统性和连续性。

具体表现为学术研究的课题飘忽不定，缺乏对具有持久生命力的环境法课题的系统深入的研究，诸多的环境法课题都被触及过，但都浅尝辄止，没有深挖下去，既有的学术繁荣不是靠学术内涵和品质的提升实现的，而是靠外延的扩张和命题的频繁转换来表现的，由此导致环境法理论的体系化程度不高、环境法学在法学共同体中话语权的缺失。

令人欣慰的是，2011—2012 年环境法学研究中自说自话的现象有所改观，在代际公平理论、环境公益诉讼等研究领域，良性互动的学术讨论和争鸣已经开始出现。

3. 跨学科研究仍有待加强

环境法学理论要成长为一个成熟的理论体系，必然需要从其他学科吸收养分。但是现有的大部分环境法研究成果往往只局限于环境法学理论研究内部，导致研究无法深入。

尽管通过对环境法学论文引证的分析表明，环境法学论文远高于法学论文平均外部引证率，环境法学在保持了法学正统之余，也在某种程度上通过引入外部知识对传统法学进行着“革命”。但不可讳言的是，相当一部分环境法学研究成果中，外部引证只是游离于论文主题之外的时髦点缀，只是一些其他学科的新名词与环境法学研究对象的简单叠加[114]。

（二）环境法学研究展望

“十二五”后半阶段，《环境保护法》、《大气污染防治法》的修订，环境公共财政、绿色金融、环境税费改革、绿色贸易政策、生态补偿、排污权有偿使用和交易、环境价格政策、环保综合名录等环境经济政策的法制化，环境行政执法与司法的相互配合机制、环境污染损害评估鉴定的办法以及污染损害纠纷调处的程序规定、环境公益诉讼，将成为我国环保法治建设的主要任务。与这种实践状况相适应，我国环境法学研究也存在以下发展趋势。

1. 对策性研究持续增多

随着国内、国际环境立法的日趋完善，未来一段时期内环境法学研究的重点将转向环境法的实施问题。气候变化、生态补偿、生态恢复和重建、生物多样性保护、农村环境保护、土壤污染防治等重点、热点环境事件的应对对策研究将成为研究重点。

同时，随着其他学科对环境问题的关注和国家对环境相关研究的重视，跨学科的对话、交流和互相借鉴是学科发展的动力。可以预见，我国环境法学研究将有更多其他学科的学者加入进来，为环境法学带来新思维、新成果。

2. 基础理论研究将在局部得到加强

基础理论研究的突破和创新，离不开具体法律制度全面、系统的研究积淀。环境质量的改善维持、环境风险的防范化解、生态利益的增进保护、公众参与的现实拓展，促使环境法调整机制的深层变革，进而影响环境法基础理论的研究。法律生态化方法和传统法学方法的碰撞组合，会催生独有的生态法律研究范式。在批判性研究的基础上，加强构建性研究，做到有破有立。

3. 学科知识结构优化，学科体系化程度提升

环境法学的学科知识结构将更趋完善，由环境法总论和环境法分论组成。前者由环境问题现象论、环境法本体论、环境法认识论、环境法运行论、环境法关联论组成。后者将继续沿着回应社会现实需求的路径扩展，具体包括污染防治法、生态保护法、自然资源法、能源与气候变化法和国际环境法五大分支领域。

参考文献

[1] 徐祥民, 刘卫先. 虚妄的代际公平: 以对人类概念的辨析为基础驳“代际公平所”. 法学评论, 2012,02:75-82.

[2] 郭武, 郭少青. 并非虚妄的代际公平——对环境法上“代际公平说”的再思考. 法学评论, 2012,04:70-77.

[3] 郑少华, 齐萌. 生态文明社会调节机制: 立法评估与制度重塑. 法律科学(西北政法大学学报), 2012,1:84-94.

[4] 梁剑琴. 环境正义的法律表达. 北京: 科学出版社, 2011.

[5] 熊晓青, 张忠民. 影响环境正义实现之因素研究——以环境司法裁判文书为视角. 中国地质大学学报: 社会科学版, 2012,6:40-48.

[6] 董正爱. 社会转型发展中生态秩序的法律构造. 法学评论, 2012, 5:79-86.

[7] 秦鹏. 环境公民身份: 形成逻辑、理论意蕴与法治价值. 法学评论, 2012,3:78-88

[8] 王欢欢. 环境法治的社会性别主流化研究——从环境法的自主性谈起. 武汉大学学报: 哲学社会科学版, 2012,4:67-72.

[9] 汪再祥. 生态平衡是值得维护的吗?——新生态学兴起背景下对环境立法目的的反思. 中国地质大学学报: 社会科学版, 2011,05:19-24.

[10] 方印. 环境法认识论上的四个“风向标”. 河北法学, 2012,02:81-90.

[11] 柯坚. 环境法的生态实践理性原理. 北京: 中国社会科学出版社, 2012.

[12] 周珂. 部门法体系下环境法理念的坚守. 北京人大, 2011,(05):42-43.

[13] 柯坚. 当代环境问题的法律回应——从部门性反应、部门化应对到跨部门协同的演进. 中国地质大学学报: 社会科学版, 2011,(05):25-32.

[14] 王曦. 《环境保护法》修订应为环保事业主体的有效互动奠定法律基础. 环境保护, 2011,(11):38-40.

[15] 汪劲. 《环境保护法》修改从“有限”实现“有效”必须解决的十大课题. 环境保护, 2011,(11):34-37.

[16] 王灿发, 傅学良. 论我国环境保护法的修改. 中国地质大学学报: 社会科学版, 2011,(03):29-35.

[17] 王曦, 邓旸. 从“统一监督管理”到“综合协调”——《中华人民共和国环境保护法》第 7 条评析. 吉林大学社会科学学报, 2011,(06):85-92.

[18] 侯怀霞. 私法上的环境权及其救济问题研究. 上海: 复旦大学出版社, 2011.

[19] 王社坤. 环境权理论之反思与方法论重构. 山东科技大学学报: 社会科学版, 2012,1:34-45.

[20] 王小钢. 以环境公共利益为保护目标的环境权利理论——从“环境损害”到“对环境本身的损害”. 法制与社会发展(双月刊), 2011,(2):54-63.

[21] 蒋红彬. 福利和尊严:公民环境权的法律配置. 法律适用, 2011,(08):99-101.

[22] 杜建勋. 从权利到利益:一个环境法基本概念的法律框架. 上海交通大学学报: 哲学社会科学版, 2012,04:39-47.

[23] 冯庆旭. 我国环境权概念的伦理审视. 哲学动态, 2012,12:54-60.

[24] 崔金星. 环境财产权制度构建理论研究. 河北法学, 2012,6:132-141.

[25] 彭云朋. 环境权辨伪. 中国地质大学学报: 社会科学版, 2011,(03):49-55.

[26] 柯坚. 环境法原则之思考——比较法视角下的共通性、差异性及其规范性建构. 中山大学学报: 社会科学版, 2011,(03):163-170.

[27] 竺效. 论公众参与基本原则入环境基本法. 法学, 2012,12:127-133.

[28] 黄云. 我国环境领域公众参与之法律探析. 政治与法律, 2011,10:98-107.

[29] 朱谦. 公众环境行政参与的现实困境及其出路. 上海交通大学学报: 哲学社会科学版, 2012,1:34-41

[30] 张梓太, 王岚. 论风险社会语境下的环境法预防原则. 社会科学, 2012,06:103-107.

[31] 吕成. 论区域限批的性质界定. 河南社会科学, 2012,3:65-69.

[32] 童健等. 我国环境影响评价制度若干问题的探讨. 中南林业科技大学学报, 2011,(07) :195-200.

[33] 王社坤. 我国战略环评立法的问题与出路——基于中美比较的分析. 中国地质大学学报: 社会科学版, 2012,3:45-52.

[34] 朱谦. 上市公司突发环境事件信息披露的真实性探讨——以紫金矿业环境污染事件为例. 法学评论, 2012,6:93-100.

[35] 王灿发. 我国环境信息公开立法及面临的挑战. 环境保护, 2011,(11):22-23.

[36] 陈海嵩. 论环境信息公开的范围. 河北法学, 2011,11:112-115.

[37] 姜敏. 环境法基本原则与环境行政许可制度建构. 中国政法大学学报. 2011,(04):132-142.

[38] 肖磊, 李建国. 非政府组织参与环境应急管理: 现实问题与制度完善. 法学杂志, 2011,(02):124-126.

[39] 楚道文. 如何完善我国大气环境应急管理法律制度——以《奥运空气质量保障措施》的长效制度构建为分析样本. 法学杂志, 2011,(09):24-27.

[40] 李永宁. 论生态补偿的法学涵义及其法律制度完善——以经济学的分析为视角. 法律科学, 2011,(02):133-142.

[41] 汪劲主编. 环保法治三十年: 我们成功了吗: 中国环保法治蓝皮书. 北京: 北京大学出版社, 2011.

[42] 晋海. 我国基层政府环境监管失范的体制根源与对策要点. 法学评论, 2012,3:89-94.

[43] 张千帆. 流域环境保护中的中央地方关系. 中州学刊, 2011,(06):94-97.

[44] 夏雨. 多元行政任务下的目标考核制——以当前环境治理为反思样本. 当代法学, 2011,05:58-64.

[45] 张雷. 政府环境责任问题研究. 北京: 知识产权出版社, 2012.

[46] 吕忠梅, 张忠民, 熊晓青. 中国环境司法现状调查——以千份环境裁判文书为样本. 法学, 2011,(04):82-93.

[47] 钭晓东. 论环境法律责任机制的重整. 法学评论, 2012,1:75-82.

[48] 陈太清. 行政罚款与环境损害救济——基于环境法律保障乏力的反思. 行政法学研究, 2012,3:54-60.

[49] 陈红梅. 论环境侵权中纯粹经济损失的赔偿与控制. 华东政法大学学报, 2012,2:12-19.

[50] 刘超. 问题与逻辑:环境侵权救济机制的实证研究. 北京: 法律出版社, 2012.

[51] 吕忠梅, 张宝. 环境问题的侵权法应对及其限度——以《侵权责任法》第 65 条为视角. 中南民族大学学报: 人文社会科学版, 2011,(02):106-112.

[52] 王社坤. 环境侵权因果关系举证责任分配研究——兼论《侵权责任法》第 66 条的理解与适用. 河北法学, 2011,(02):2-9.

[53] 蔡彦敏. 中国环境民事公益诉讼的检察担当. 中外法学, 2011,(01):161-175.

[54] 杨朝霞. 论环保机关提起环境民事公益诉讼的正当性——以环境权理论为基础的证立. 法学评论, 2011,(02):105-114.

[55] 王小钢. 论环境公益诉讼的利益和权利基础. 浙江大学学报: 人文社会科学版, 2011,(03):50-57.

[56] 高清, 赵彩凤. 环境污染犯罪中企业责任问题思考——以“新生态人”为视角. 法学杂志, 2011,(09):12-15.

[57] 汪维才. 污染环境罪主客观要件问题研究——以《中华人民共和国刑法修正案(八)》为视角. 法学杂志, 2011,(08): 71-74.

[58] 张福德, 朱伯玉. 环境伦理视野中的环境刑法法益. 南京社会科学, 2011,01:97-103.

[59] 朱静. 美、日土壤污染防治法律度对中国土壤立法的启示. 环境科学与管理, 2011,(1). 21-26.

[60] 潘书宏. 我国台湾地区土壤污染防治制度评析——兼议对大陆土壤污染防治立法的启示. 海峡法学, 2011,(04):30-37.

[61] 周珂, 林潇潇, 曾媛媛. 我国重金属污染风险防范制度的完善. 环境保护, 2012,18:19-21.

[62] 罗吉. 我国重金属污染防治立法现状及改进对策. 环境保护, 2012,18:22-24.

[63] 晋海. 低碳城市建设与《大气污染防治法》的修订. 江淮论坛, 2012,4:17-22.

[64] 王清军. 我国排污权初始分配的问题与对策. 法学评论, 2012,1:67-74.

[65] 徐祥民, 朱雯. 流域水污染防治应当设置制衡机制. 中州学刊, 2011,(06):98-101.

[66] 肖萍. 论我国农村环境污染的治理及立法完善. 江西社会科学, 2011,(06):214-219.

[67] 刘国. 生态法基本范畴论纲. 甘肃政法学院学报, 2011,(05):47-53

[68] 陈德敏, 董正爱. 主体利益调整与流域生态补偿机制——省际协调的决策模式与法规范基础. 西安交通大学学报: 社会科学版, 2012,3:42-50.

[69] 王江, 黄锡生. 我国生态环境恢复立法析要. 法律科学(西北政法大学学报), 2011,(03):193-200.

[70] 邓君韬，陈家宏. 自然资源立法体系完善探析——基于资源中心主义立场. 西南民族大学学报：人文社会科学版，2011,(08):99-102.
[71] 黄锡生，峥嵘. 论资源社会性理念及其立法实现. 法学评论, 2011,03:87-93.
[72] 陈德敏，王华兵. 《矿产资源法》的修改:以增强政府公共服务性为导向. 重庆大学学报：社会科学版, 2012,1:99-103.
[73] 郗伟明. 当代社会化语境下矿业权法律属性考辨. 法学家, 2012,4:89-102.
[74] 刘卫先. 对我国矿业权的反思和重构. 中州学刊, 2012,2:63-69.
[75] 周训芳. 生态文明、国土绿化与相关立法. 江西社会科学, 2012,(7):139-152.
[76] 杜国明. 《森林法》基本概念重构. 河北法学, 2012,8:82-87.
[77] 高利红，刘先辉. "森林资源"概念的法律冲突及其解决方案. 江西社会科学, 2012,7:153-159.
[78] 蔡守秋，张百灵. 论我国滨海湿地综合性法律调整机制的构建. 长江流域资源与环境, 2011,(05):585-591.
[79] 张海燕. 遗传资源权权利主体的分析——基于遗传资源权复合式权利主体的构想. 政治与法律, 2011,02:91-98.
[80] 王勇. 论国家管辖范围内遗传资源的法律属性. 政治与法律, 2011,01:101-107.
[81] 肖国兴. 能源发展转型与《能源法》的制度抉择——纪念《法学》复刊30周年•名家论坛(八). 法学, 2011,(12):3-14.
[82] 张璐. 论我国能源法律体系的应然构建与完善发展. 北京理工大学学报. 社会科学版, 2011,(05):107-111.
[83] 谭柏平. 我国能源安全面临的挑战及法律对策. 广西师范大学学报:哲学社会科学版, 2012,12:194-198
[84] 曹明德，赵鑫鑫. 从金砖国家国际合作的视角看气候变化时代的中国能源法. 重庆大学学报:社会科学版, 2012,1:104-111.
[85] 杨解君. 论中国能源立法的走向——基于《可再生能源法》制定和修改的分析. 南京大学学报：哲学人文科学社会科学版，2012,6:49-58.
[86] 肖国兴. 可再生能源发展的法律路径. 中州学刊, 2012,5:79-85.
[87] 陈兴华. 《可再生能源法》的立法再审视. 学术交流, 2012,11:68-70.
[88] 彭峰. 我国原子能立法之思考. 上海大学学报：社会科学版, 2011,(06):69-83.
[89] 曹明德，马洪超. 中国合同能源管理的法律与政策分析. 华东政法大学学报, 2011,06:48-53.
[90] 刘明明. 论我国气候变化立法的制度架构. 江西社会科学, 2012,9:144-150.
[91] 徐以祥. 我国温室气体减排立法的制度建构. 企业经济, 2012,8:5-9.
[92] 宋锡祥，高大力. 论英国《气候变化法》及其对我国的启示. 上海大学学报：社会科学版, 2011,(02):87-98.
[93] 谷德近. 气候变化资金机制研究. 政治与法律, 2011,11:10-17.
[94] 唐双娥. 后京都时代我国面临的碳减排挑战及其应对. 法商研究, 2011,(05):29-34.
[95] 李挚萍. 碳交易市场的监管机制研究. 江苏大学学报：社会科学版, 2012,1:56-62.
[96] 王志华. 我国碳排放交易市场构建的法律困境与对策. 山东大学学报：哲学社会科学版, 2012,4:120-127.
[97] 赵云芬，朱琳. 我国温室气体排放权分配之伦理原则. 宁夏社会科学, 2012,5:8-13.
[98] 曹明德，崔金星. 我国碳交易法律促导机制研究. 江淮论坛, 2012,2:110-116.
[99] 彭峰. 碳捕捉与封存技术(CCS)利用监管法律问题研究. 政治与法律, 2011,11:18-26.
[100] 涂永前. 碳金融的法律再造. 中国社会科学, 2012,3:95-113.
[101] 王福波. 我国发展低碳经济的法学思考. 现代法学, 2011,(01):90-99.
[102] 李艳芳，武奕成. 我国低碳经济法律与政策框架:现状、不足及完善. 中国地质大学学报：社会科学版, 2011,(06):18-24.
[103] 郭辉，肖玲. 全球化时代的环境正义——发展中国家的视角. 南京林业大学学报：人文社会科学版, 2011,(04):15-21.
[104] 李威. 责任转型与软法回归:《哥本哈根协议》与气候变化的国际法治理. 太平洋学报, 2011,(01):33-42.
[105] 郭冬梅. 《气候变化框架公约》履行的环境法解释与方案选择. 现代法学, 2012,03:154-163.
[106] 龚宇. 气候变化损害的国家责任:虚幻或现实. 现代法学, 2012,04:151-162.
[107] 晋海，颜士鹏. 欧盟航空排放权交易机制评析及中国的应对. 江苏大学学报：社会科学版, 2012,5:18-23.

[108] 胡晓红. 欧盟航空碳排放交易制度及其启示. 法商研究, 2011,(05):145-151.

[109] 梁咏, 叶波. 欧盟航空业碳减排规则的国际法分析. 欧洲研究, 2012,01:32-50,1-2.

[110] 周长玲. 风险预防原则下生物技术专利保护的再思考. 政法论坛, 2012,2:188-191.

[111] 秦天宝. 生物多样性保护国际法的产生与发展. 江淮论坛, 2011,(03):103-108.

[112] 朱鹏飞. 国际环境条约程序制度的发展及其引发的新问题——以遵守控制程序的勃兴为视角. 江西社会科学, 2011,(11):195-198.

[113] 巩固. 环境法律观检讨. 法学研究, 2011,(06):66-85.

[114] 王社坤. 环境法学研究影响性因素实证分析——基于 CSSCI 法学核心期刊环境法学论文引证的调查. 法学评论, 2011,1:61-68

环境规划学科发展报告

摘要 随着国家环境保护“十二五”规划以及各专项的发布和实施，以及相关课题研究成果的相继发表，环境规划学科发展建设呈现加速上升趋势，学科各领域都取得了长足进展。两年间，环境规划发展呈现以下特征。

（1）环境规划学科的基础理论研究得到进一步拓展和深化 随着生态文明理论体系的不断深化以及美丽中国愿景的提出，结合环境保护重点工作，环境规划理论进一步丰富、完善，如在“美丽杭州”的战略研究中提出自然系统、经济系统、社会系统三个系统稳定共生、良性循环，使得环境规划理论体系进一步深化，同时在自然美、环境美、人居美、产业美、人文美、生活美六大体系及其具体领域扬长补短，为环境规划理论增添了人文主义色彩。

（2）不同尺度上环境规划研究进一步发展，突破局限，取得成效 国家宏观层面环境规划体系更为完善，相互补充，形成网络状结构，明确了环境保护重点方面的工作路线。以青藏高原、重点区域大气、重点流域等为重点规划对象以及空间优化的环境功能区划等规划的编制和研究取得了突破，加强了环境规划在中观层面的指导性。城市环境总体规划在理论体系、核心任务、关键技术、制度创新与试点实践、管理制度等方面均取得了突破进展。

（3）规划技术方法取得新进展 在大气、水及其他重点领域规划研究技术和方法上，多方考证，统筹规划，不断出现新的研究思路与方法，在应用的过程中不断发展。环保信息技术方面，数据库技术、模型模拟技术、可视化技术等计算机技术的出现拓展了环境规划技术方法应用的广度和深度。

（4）规划成果逐渐从理论研究向实际应用转换，更加注重成果应用的创新性和可操作性 环境规划成果在管理上的应用主要在于规划实施、监督考核以及规划技术方法与管理工作相结合等，一系列国家、省（市）“十二五”规划的出台，直接与日常管理工作相结合。

（5）环境规划研究支撑能力建设进展加速推进 截至 2012 年年底，33 家省、市环境规划机构从业人员总数 608 人。2011—2012 年两年间，全国共新增环境规划研究方向的博士生授权点 6 个，拥有环境规划研究方向的硕士授权单位 134 个。同时，国内学者在国际上发表文献的数量及质量均有较大提高。

环境规划学科发展虽然目前存在研究少、架构散、人才缺等问题，然而在未来 5～10 年，环境规划学科的基础性、导向性作用将进一步加强，环境保护规划对区域规划、城市规划、产业规划、土地规划等的基础性作用将进一步凸显。

一、引言

环境规划学科是环境科学的重要分支学科之一，也是环境科学与规划学、系统学、经济学、社会学、统计学、数学及计算机科学等多种学科相结合的交叉性、边缘性学科，具有较强的应用性、指导性及实践性。环境规划作为环境保护管理领域的基本制度之一，作为环境管理的有效手段，是政府履行宏观调控、经济调控和公共服务的重要依据。

“十二五”时期是我国全面小康建设的关键时期，也是需要环境保护规划着力解决重大问题的关键时期。我国的工业化进程、城市化形态、社会氛围、治理结构、政府职能、资源能源消费、区域差异等都发生明显的转变甚至出现转折，新的环境问题也不断涌现，区域发展不平衡、不协调、不可持续问题依然突出，环境保护面临着破解诸多深层次矛盾和问题的困难和挑战。为应对新时期环境保护面临的机遇和挑战，“十二五”以来，广大科研工作者、环境保护管理部门、社会团体、企业和一线环保工作者进行了大量的探索实践，环境保护规划研究取得丰富的成果。

“十二五”以来，随着国家环境保护总体规划和各专项规划的出台，生态文明理论体系的不断深化以及美丽中国愿景的提出，我国环境规划学科的研究和实践取得了长足发展，呈现了一些新的发展态势和特点，对推动环境保护工作起到了全局性、战略性的指导作用。

为清晰地展示“十二五”以来，环境规划学科在基础理论、规划技术与方法、规划应用等方面的发展成就，总结学科发展规律，提出学科存在的问题及未来发展趋势，环境规划专业委员会试图对 2011—2012 年两年间环境规划专业学科各领域的新方法、新技术、新成果及学科能力建设进行全面梳理，把握好环境规划学科未来发展方向及力图突破的重点，为环境规划、环境科学及其他领域学科发展提供一定的借鉴参考作用。

二、环境规划学科基础理论研究进展

“十二五”以来，在环境规划学理论基础研究方面，除了继续将可持续发展理论、生态学理论、环境承载力理论和生态产业理论、复合生态系统理论、循环经济理论、环境容量与环境承载力理论、循环经济与产业生态学理论、人地系统理论、空间结构理论等作为环境规划的理论基础外[1,2]，随着生态文明理论体系的不断深化以及美丽中国愿景的提出，结合环境保护重点工作，环境规划理论进一步丰富、完善。

“美丽中国”理论内涵在环境规划中落地深化。2012 年党的“十八大”把生态文明建设纳入“五位一体”总体布局，提出建立美丽中国的美好愿景。环境保护作为生态文明建设的主战场，环境规划作为实现美丽中国的具体手段，从城市层面开始进行了一系列的理论探讨和战略研究，以环境规划战略为载体的一系列实践探索，尤其在“美丽杭州”的战略研究中提出自然系统（自然生态、环境要素）、经济系统（产业发展、城乡建设）、社会系统（社会文化、社会生活）三个系统稳定共生、良性循环，使得环境规划理论体系进一步深化，同时在自然美、环境美、人居美、产业美、人文美、生活美六大体系及其具体领域扬长补短，为环境规划理论增添了人文主义色彩。

区域、城市层面的规划理论突破空间尺度。以环境功能区划、《青藏高原区域生态建设与环境保护规划》、《重点区域大气污染防治“十二五”规划》等规划为代表的“十二五”专项规划，结合区域性、复合性的环境污染的特征，将规划措施分区分类落地。在城市层面，环境规划的重大理论创新是以福州市环境总体规划为代表，初步建立起城市环境总体规划理论体系，探索形成以提升城市环境功能为目标、以生态红线为抓手的环境总体规划核心框架，以资源环境承载力为基础，将“生态红线”“风险防线”“资源底线”“排放上限”和“质量基线”等核心内容落实于具体空间单元。

“生态红线”理论在规划实践中进一步丰富。2011 年，《国务院关于加强环境保护重点工作的意见》（国发[2011]35 号）和《国家环境保护“十二五”规划》（国发[2011]42 号），提出“在重要生态功能区、陆地和海洋生态环境敏感区、脆弱区等区域划定生态红线”。环境保护部环境规划院在已有的工作基础上，应用于福州、宜昌等城市环境总体规划实践中，构建了以“多要素（领域）、重过程、多分区、全覆盖、含管理”为主要特征的生态红线体系，并研究水、大气、生态不同要素关键技术方法与路线，并对城市生态红线落地过程中与管理制度的衔接进行了研究，形成了较为完整的、具有操作意义的城市层面“生态红线”理论体系框架。

三、不同空间尺度上环境规划研究与实践

（一）国家宏观层面环境规划研究进展

随着环境保护“十二五”各项规划的密集出台，环境规划体系更为完善，环境规划的“研究—编制—实施—评估—考核”体系逐步建立，国家环境规划战略性、全局性、统筹性更加突出，各领域专项规划的精细化、针对性、指导性特征明显。

《国家环境保护“十二五”规划》对“十二五”期间环境保护工作进行了总体设计。其立足于全面建设小康社会的关键历史阶段，由注重环保本身向助力经济发展绿色转型转变，由以污染防治为主向总量、质量、安全、服务管理转变，由以生产领域为主向全领域、全过程环境管理转变，设计了削减总量、改善质量、防范风险、推进基本公共服务均等化四大战略任务，提出了八大重点工程和十二项政策保障措施，并由此展开专项规划体系设计。相对于以往的五年规划，“十二五”规划从战略性的高度处理总量控制与环境质量，为环境风险和公共服务进行制度安排[3]。

国家环境规划体系相互补充，形成网状任务结构，明确了环境保护重点方面的工作路线。“十二五”环保规划体系以《国家环境保护“十二五”规划》为核心，针对重点领域编制了 25 项专项规划，形成了重点突出、任务互补的网络化“十二五”规划体系。主要体现在：以改善民生为基本出发点，兼顾重点行业、重点区域、重点城市，在重点流域、重点海域、地下水、重点区域大气、土壤（城市和农村）三大要素五项规划中体现削减总量、改善质量、防范风险的系统集成；以总量控制为主线，按照环境质量响应、技术可达可控、经济可承受进行综合分析，编制基础条件具备、保障措施可行、全面可达的节能减排“十二五”规划、节能环保产业规划、城市污水垃圾处理规划；以工业污染全防全控为主攻方向，编制实施核安全规划、全国重金属污染综合防治、主要行业持久性有机污染物污染防治、化学品环境风险防控、危险废物污染防治等规划，确保环境安全；编制实施全国生态保护、农村环境整治和国际环境履约等规划，力争重点领域有所突破；体现国家环境与健康发展要求，强化人才保障、科技支撑，完善国家环保标准体系，谋划环境经济体制改革，促进监测事业发展，全面提升国家环境监管能力，体现规划对环保工作的先导性和引领作用。

专栏国家环境保护“十二五”期间环境保护相关规划

国务院印发的规划：

国家环境保护“十二五”规划

青藏高原区域生态建设与环境保护规划（2011—2030）

节能减排“十二五”规划

国务院批复的规划：

重金属污染综合防治“十二五”规划

长江中下游流域水污染防治规划（2011—2015）

全国地下水污染防治规划（2011—2020）

重点流域水污染防治规划（2011—2015）

重点区域大气污染防治规划（2011—2015）

核安全与放射性污染防治“十二五”规划及2020年远景目标

核电中长期发展规划（2011—2020）

土壤环境保护综合性工作方案（2011—2015）

“十二五”近岸海域水污染防治规划（2011—2015）（未发布）

环境保护部发布的专项规划：

国家环境保护“十二五”科技发展规划

国家环境保护“十二五”环境与健康工作规划

全国环保系统“十二五”对口援疆规划

“十二五”全国环境保护法规和环境经济政策建设规划

国家环境监测“十二五”规划

全国农村环境综合整治“十二五”规划

全国主要行业持久性有机污染物污染防治“十二五”规划

“十二五”危险废物污染防治规划

化学品环境风险防控“十二五”规划

生态保护“十二五”规划

生态保护人才发展中长期规划（2010—2020）

环境影响评价“十二五”规划

全国畜禽养殖污染防治“十二五”规划

其他部门发布的有关环保的规划：

全国城市饮用水卫生安全保障规划（2011—2020）

国家能源科技“十二五”规划

废物资源化科技工程“十二五”专项规划

“十二五”全国城镇生活垃圾无害化处理设施建设规划

“十二五”全国城镇污水处理及再生利用设施建设规划

“十二五”节能环保产业发展规划

蓝天科技工程“十二五”专项规划

以完善规划的监督、考核机制促进规划实施的方式更为突出。在以“十一五”期间污染物总量控制核查和《国家环境保护“十一五”规划》中期评估、终期考核机制与方法的基础上[4]，

“十二五”期间丰富完善了规划的实施、评估与考核制度。《国家环境保护“十二五”规划》的重点任务分工首次由国务院印发，共有 8 项规划明确提出了要开展规划的年度考核、中期评估或终期考核的要求，《国家环境保护“十二五”规划》在此基础上要开展年度调度，覆盖国家、省、市三级的规划调度、评估、考核体系，并着手构建基于以上规划体系的数据库建设。

（二）区域层面环境规划进展

“十二五”以来，以青藏高原、重点区域大气、重点流域等为重点规划对象以及空间优化的环境功能区划等规划的编制和研究取得了突破，加强了环境规划在中观层面的解决特征性、复合性、区域性问题的指导性。

1. 环境功能区划

“十一五”期间，提出环境区划是区划的一个分支，由环境功能区划、环境目标分区和环境管理分区三大子体系组成。从空间尺度和要素角度进行区划，并根据国家宏观环境管理的需要，将国家综合环境功能区划划分为环境功能一级区、二级区和三级区；将环境功能一级区划分为调节功能区、利用功能区、保障功能区三类，并针对东、中、西、东北地区不同经济和环境特征，提出分类指导及差别化的经济发展与环境保护政策[5]，特别研究提出了水、大气环境的分区管理政策[6]。

在环境功能区划的技术方法上，完成了环境功能基础评估、环境功能区划体系建立、环境功能区划技术与方法制定、全国环境功能区划方案和控制导则研究、环境要素管理导则编制、环境红线管控体系制定、环境功能区划信息管理系统开发、三个省级区划编制试点八项研究成果。在环境功能界定与划分、环境功能综合评价、红线管控体系规划、基于区划的环境管理体系以及空间信息分析与系统集成等方面取得了技术突破。

2. 青藏高原规划

2011 年 3 月，印发《青藏高原区域生态建设与环境保护规划（2011—2030 年）》，该规划立足于国家生态安全，服务于国家生态安全屏障的战略目标，将青藏高原作为一个完整的生态系统进行保护，基于已有的区域性生态环境保护规划，统筹安排，协调经济社会发展和环境保护的综合规划，提出未来青藏高原生态建设与环境保护的总体框架和总体目标，分为近期、中期和远期，涉及 6 省（区）27 个地区（市、州），将青藏高原划分为生态安全保育区、城镇环境安全维护区、农牧业环境安全保障区、资源区和预留区等其他地区，并制定、实施相应的管理措施。该规划是我国继珠江三角洲环境保护规划（2004—2020 年）后，对区域性具有长期指导意义的区域环境保护规划，对于提升青藏高原区域可持续发展能力、整体维护青藏高原生态安全屏障、维护国家生态安全具有十分重要的作用。

3. “十二五”专项规划中强调区域性、流域性控制

在“十二五”各专项规划的制定过程中，从要素和领域角度，针对区域性、复合性的环境污染特征实行了具体安排。

《重点区域大气污染防治规划（2011—2015）》的发布，首次划定“三区十群”大气污染重点防控区域，实施统一规划、统一监测、统一监管、统一评估、统一协调的区域大气污染联防联控工作机制，打破了仅从行政区划的角度考虑单个城市大气污染问题的方式。

《重点流域水污染防治规划（2011—2015）》明确各重点流域的优先控制单元，实行分区控制，建立“流域—控制区—控制单元”三级分区体系，重点城市（点）、重点支流（线）和重点农业面源（面）的“点、线、面”防治与管理全面推进。《重金属污染综合防治“十二五”

规划》中，突出重点，强调区域与行业控制双结合，确定了5个重点行业，划定了138个重点区域，针对重点区域的重点重金属污染物排放量提出了削减15%的控制目标，并实行省级、重点区域制定规划和年度实施方案的方式进行规划落地。

此外，在地下水污染防治规划研究方面，针对地下水污染防治的主要问题，进行地下水污染防治分区方法、防控目标研究。建立地下水开发利用、流域控制单元、行政区划、地下水污染风险评估分级和地下水污染程度耦合矩阵，进行研究区现状条件地下水污染防治分区划定。在地下水防污性能及污染载荷的基础上，研究建立地下水污染防治区划方法体系，开展了地下水污染防治区划示范研究，为建设项目环评和地下水污染战略布局提供支撑。

（三）城市层面环境规划进展

从国家环境保护“十二五”规划提出的“试点编制城市环境总体规划”工作任务到首批12个试点城市编制工作的顺利推进，标志着城市环境总体规划在理论体系、核心任务、关键技术、制度创新与试点实践、管理制度等方面均取得了突破进展。

城市环境总体规划理论体系的确立，丰富和完善了环境规划基础理论体系。城市环境总体规划核心在于把握规划的总体性要求和空间规划的本质特征，遵循城市自然生态和环境基础要求，明确城镇化、工业化历程中“生态红线”“风险防线”“资源底线”“排放上限”和“质量基线”等。改变了以往环境规划停留在污染防治或环境保护的层次，上升为参与城市综合管理与决策的空间规划，突破了常规环境规划的制度瓶颈，强化了规划的导向性和约束性作用，破解了影响城市发展的底层的、格局性的、战略性的重大环境问题，确立了规划基础性、总体性、前瞻性和战略性地位[7]。

福州城市环境总体规划大纲的完成，确立了总体规划以环境格局和资源环境承载力为基础，通过规划理念、技术与方法的创新，突破现有的规划制度，提升规划效力，从而达到优化城市发展规模与布局的目的。如在福州城市环境总体规划中，基于WRF、CALMET、CALPUFF等大气模型系统，对大气环境系统进行深度解析，采用高分辨率气象场模拟分析技术、污染源布局敏感性模拟技术、污染物聚集敏感性模拟技术、大气环境敏感受体识别技术，构建大气红线体系，强有力地支撑了总体规划的空间性规划与强制性规划的特点；采用高分辨率的模拟技术、地理信息技术、模型技术等计算机技术，为环境规划与土地规划和城市规划提供了技术对接平台，使数字化环保和精细化地块的环境管理成为可能。

四、重点领域环境规划研究与技术新进展

“十二五”以来，环境保护面临着破解诸多深层次矛盾和问题的困难和挑战，突出表现为：公众环境需求不断提高和改善环境质量难度持续加大；资源环境约束强化和要素需求刚性增长；环境问题长期叠加累积和环境风险高危敏感；全社会环保自觉意识淡薄和环境违法行为高发。环境规划研究仍集中在水、气环境规划的研究上，研究的重点逐渐由常规化污染物的消减向影响环境质量改善和风险防范等非传统领域延伸。

（一）大气环境规划研究技术

在大气环境规划研究方面，根据不同空间尺度所要解决的不同大气环境问题，进行了国家、区域和城市大气环境规划方法的研究，并在应用的过程中不断发展。

在国家层面，为了实现全国空气质量总体改善的目标，在大尺度大气污染物排放清单的基础上，使用 WRF/CMAQ 等模型工具，针对主要大气污染物减排长期战略和路线图进行了研究，并使用这些工具，对“大气污染防治行动计划”的制定进行了支撑。与此同时，针对大气污染防治和空气质量改善措施进行的社会经济成本、健康和生态效益等方面的分析方法和工具也有了一定进展，并应用于规划过程中。

在区域层面，为了给区域大气污染联防联控提供技术支撑，综合应用国家尺度和区域尺度大气污染物排放清单，以及 WRF/CMAQ 和 WRF/CAMx 等模型工具，初步进行了区域间大气污染物传输、影响的分析，并在此基础上构建全新的规划方法，以实现对区域大气污染物排放控制策略进行优化，减少区域传输对环境空气质量的影响。

在城市层面，基于高精度城市大气污染物排放清单，结合城市总体规划和城市空气质量达标规划的总体要求，建立相应的规划方法，一方面梳理城市大气污染物排放红线和布局，另一方面在区域规划的背景下，结合定期达标的总体目标，建立分阶段改善的城市空气质量达标规划方法。

（二）水环境规划研究技术

在水环境规划研究中，研究重点及热点既延续了前期关于水污染物总量控制目标分配、水污染防治规划目标指标体系建立、水环境容量、水环境质量、重点流域水环境管理等，同时又出现了新的研究思路与方法，如水环境控制单元划分、河流健康评价、水环境规划新的技术方法等。主要研究进展有以下几方面。

1. 流域水污染防治规划技术与方法

《重点流域水污染防治规划（2011—2015）》统筹考虑我国流域管理中的行政区划和水资源分区特征，首次系统、规范地设计了流域水污染防治规划分区体系和分区方法，分析行政区—水体—水质断面的对应关系，建立流域—控制区—控制单元三级分区管理体系，建立污染物排放—断面水质的输入响应关系，在 8 大重点流域内进行了分区实践（见图 3）。

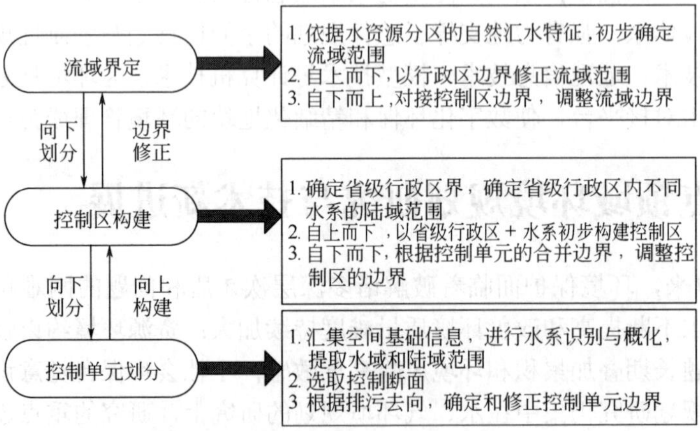

图 3　流域水污染防治规划分区流程图

2. 地下水污染防治规划研究技术与方法

地下水污染防治规划编制和研究中，分别采用健康风险评价、污染成因分析、污染过程模拟等手段，运用污染溯源、复合污染源模拟法等方法，制定区域和双源（地下水饮用水水源地、污染源）不同尺度的水质目标。综合运用多标准决策分析（MCDA）、多目标规划（MOP）、费用效益法、地下水数值模拟（水流运动、污染质运动）等，叠加国家和地方规划中拟进行的规划项目、治理措施等，最终制定地下水环境管理方面的量化目标。

在地下水环境状况调查评估方面，进行了“双源”（地下水饮用水水源和污染源）和区域地下水环境调查和评估方法的研究。制定了针对性的资料收集、现场踏勘、监测布点、采样分析、水质评价及污染评价的调查方法，开展了污染状况综合评估、地下水防污性能评估、健康风险评估和修复（防控）方案评估研究，运用到 GMS 和 VMFLOW 地下水模拟模型，开发地下水防污性能评估计算机软件系统，在 RBCA 健康风险评估模型的基础上，结合我国特定的暴露人群生理特征参数、毒理学参数，建立了地下水健康风险评估方法，并研发了地下水健康风险评估软件。针对不同类型地下水污染特征，编制地下水污染修复（防控）方案。

3. 饮用水环境保护规划技术和方法

在饮用水水源环境保护规划方面，针对不同水源地类型，从水源选址到保护区划分，从调查评估到监管能力建设等，从污染治理到风险防范等方面，进行了详细的方法对策研究，并在应用的过程中不断拓展。

在调查评估与监管能力建设方面，采用资料收集法、现场调查法和遥感法，调查水源地基础信息调查、水质状况调查、污染源调查和管理状况调查。基于调查结果，对饮用水水源环境质量现状做出科学评价。

在污染治理与风险防范方面，提出饮用水水源保护区“分级、分类、分源”的污染防治理念。分级防治是按照饮用水水源地保护区划分的一级保护区、二级保护区和准保护区三个层次进行管理，分类防治是根据饮用水水源地河流型、湖库型、地下水型三种类型提出相应的防护重点，分源防治是依据不同类型的污染源（包括工业污染源、生活污染源、农业污染源、流动污染源等）、污染特点，提出相应的污染控制及环境改善建议。同时，根据固定源、流动源和非点源三种风险类型，对连接水体及保护区周边的风险源建立预警体系，制订应急预案，尤其是对突发环境事件做了定性或半定量的风险评估，确定水源环境风险等级。

此外，在技术方法研究上，有学者对流域生态补偿在补偿主体界定、补偿标准的计算方法、补偿方式与形式、补偿机制的构建等方面的研究取得较大进展[8]。罗小娟等人在总结太湖流域现有生态补偿机制及存在问题的基础上，结合国内外流域生态补偿经验，尝试设计多地区—多主体—多层次的太湖流域生态补偿机制框架，为太湖治理提供政策参考，进而推广到其他流域[9]。陈金毅等人的研究中将水环境容量理论运用于城市发展模式比选，并分析了不同城市发展模式对水环境质量的要求存在的差异[10]。

（三）其他领域规划研究技术和方法新进展

在环境功能区划划定技术中，采取定量与定性评价相结合的方法。定量评价方法从保障自然生态安全、维护人居环境健康和区域环境支撑能力角度出发建立环境功能综合评价指标体系，定性评价方法以主导因素法为主。

在主要污染物总量控制规划编制中，分行业、分领域对减排潜力进行定量分析，采用宏观校核法、强度法、产排污系数法、宏观预测进行排放总量和排放强度预测，在工作程序上采取“二上二下”的方式，最终确定主要污染物减排目标。

在重金属污染防治规划编制与实施中，规划编制过程中编制技术指南，在重点区域筛选确定上以定量为主、定性为辅建立评价指标体系，建立定量、定性相结合的考核指标体系，突出排放量核算技术方法规范，将强度法、产排污系数法、监测法等项目核算法与重点行业宏观产品核算法相结合，建立起较为规范、全面的核算技术方法体系。

此外，学者对于土壤污染防治规划的研究主要集中在对复合污染土壤环境安全预测预警的研究上，如有学者在国内率先建立了基于土壤环境质量评价、生态风险评估和人体健康风险评估的单项预警与综合预警相结合的污染场地土壤环境安全预警体系，另有部分学者结合污染场地修复试点工作的开展情况，对各种土壤重金属污染修复技术、原理、实用性及其国际研究与发展动态等方面做了详细论述。

五、环境规划技术和方法研究与应用

环境规划技术方法作为解决环境问题的有效手段，在环境规划中起着重要作用。常用的技术方法通常包括系统分析法、层次分析法、混沌优化法、情景分析法、环境扩散与容量总量模型（水、大气）、线性规划法、复合不确定性单/多目标环境系统优化调控技术、灰色系统目标规划法、动态规划法、多属性决策、情景分析法、时间序列分析、投入产出规划法和模糊数学规划法等。近年来，随着环境管理转型的不断深化，环境规划作为环境管理的主要手段，其现实需求不断提升，以数据库技术、模型模拟技术、可视化技术等计算机技术的出现为标志，拓展了环境规划技术方法应用的广度和深度。

（一）数据库技术的研究与应用新进展

2010 年以来，我国初步建立了国家与地方各类重点污染源档案和各级污染源信息数据库，并在不断地丰富与完善中。国家污染信息数据库在综合判断我国面临的环境形势、及时掌握环境污染的新情况和新特征、支撑环境管理与综合决策等方面发挥着重要作用。通过对污染源数据的分析与整理，建立基于 ARCSDE 的滇池流域污染源数据库设计，在滇池流域治理过程中发挥着重要作用[11]。

（二）模型模拟技术的研究与应用新进展

环境保护部环境规划院建立了涵盖 SO_2、NO_x、PM_{10}、$PM_{2.5}$ 及其关键组分、VOCs 及其关键组分、NH_3（REAS 数据），并适用于定量模拟多种尺度（全国、区域、城市）、各种大气污染过程的高时空分辨率排放清单，在此基础之上，应用 WRF-CMAQ 空气质量模型，建立了国家层面“污染减排”与“质量改善”响应模拟平台，该平台已在“十二五”大气污染物总量控制环境效果模拟、重点区域大气污染防治“十二五”规划目标可达性分析以及《大气污染防治行动计划》实施的 $PM_{2.5}$ 改善效果预测、“十一五”大气污染物总量控制环境效果回顾性评估等重大环境决策领域应用。

（三）可视化技术的研究与应用新进展

陈伟亚和刘芳芳以实地调研的水文信息数据和监测数据为属性数据，建立基于地理数据库（Geodatabase）模型的水环境信息数据库，成功地将水污染控制规划的空间数据与属性数据相关联，实现规划结果的可视化，为水环境数据管理、空间图形表达和规划决策分析提供了有效的工作平台和技术支持[12]。

六、环境规划成果在管理上的重大应用

环境规划成果在管理上的应用主要在于规划实施、监督考核以及规划技术方法与管理工作相结合等，一系列国家、省（市）“十二五”规划的出台，直接与日常管理工作相结合。主要体现在以下几方面。

（1）“十二五”以来，《国家环境保护“十二五”规划》列入国务院专项规划之一，并在“十一五”的基础上，增加氨氮和氮氧化物两项指标作为“十二五”时期发展的两项约束性指标，通过对环境污染物排放总量分配方法的研究，为制定各省、市更科学合理的总量、质量目标提供了前提；研究提出了总量控制、质量改善、风险防范、环境基本公共服务四大战略任务。

（2）《青藏高原区域生态建设与环境保护规划》（2011—2030 年）将青藏高原区域划分为生态安全保育区、城镇环境安全维护区、农牧业环境安全保障区和其他地区四类环境功能区，规划的制定和实施，将有利于加强青藏高原生态建设与环境保护，对于维护国家生态安全、促进边疆稳定和民族团结、全面建设小康社会具有重要意义。

（3）《重点流域水污染防治“十二五”规划》实施流域—控制区—控制单元分区防控的措施，在构建分区管理—分级控制—分类防治的规划思路、制定评估与考核相结合的规划目标指标体系、优先控制单元输入响应关系分析的基础上，深化淮河、海河等八大重点流域水污染防治工作，实施以控制单元为基础的精细管理，在 300 多个控制单元中，将重点流域水污染防治工作落实于 100 多个优先控制单元，加强了政策的分类指导，优先落实防治措施，加大资金投入力度，确保优先控制单元水质明显改善。

（4）《重点区域大气污染防治“十二五”规划》的研究和出台，标志着我国的环境规划仅从行政区划的角度考虑单个城市大气污染防治的管路模式向区域联防联控的转变，实现区域“统一规划、统一监测、统一监管、统一评估、统一协调”，努力解决 $PM_{2.5}$、臭氧、酸雨等突出的大气环境问题，实现了跨省、跨地区的区域产业发展与环境保护的整体布局。

（5）《全国地下水污染防治规划（2011—2020 年）》首次由国务院批复实施，开展全国地下水环境基础状况调查，深入推进地下水污染防治工作，制定地下水污染防治规划实施评估办法和指南，探索开展地下水污染修复试点。

（6）《重金属污染综合防治“十二五”规划》将全国重金属污染防治的区域划分为重点区域和非重点区域，以重点区域为核心积极推进，在这些产业密集、现状污染严重或者存在潜在风险的重点区域内，实施包括源头减量、过程阻断、清洁生产、综合治理、修复在内的“一区一策”全过程防治，规划的出台促进了重金属污染防治体系、事故应急体系和环境与健康风险评估体系的构建。

（7）在农村环境保护领域，以连片整治区域为重点，加大“以奖促治”政策力度，带动农村环境综合整治。在土壤环境保护领域，以大中城市周边等典型污染场地和受污染农田为重点，开展治理修复试点。在生态保护领域，以自然保护区、重点生态功能区、生物多样性优先保护区为重点，加强保护与生态建设，维护生态安全。

（8）《国家环境保护“十二五”科技发展规划》、《“十二五”节能环保产业发展规划》、《“十二五”全国环境保护法规和环境经济政策建设规划》等促进了环保产业等战略性新兴产业的不断发展壮大，实现了产业的提标升级，促进产业结构结构调整。

七、环境规划研究支撑能力建设进展

（一）环境规划院（所）发展情况

“十二五”以来是环境规划院（所）高速发展的关键时期。据统计，截至2012年年底，国家层面有环境保护部环境规划院；省级层面共有山西、天津、青海、山东4个省份建立了环境规划院，占9.7%；27个省级、副省级（其中25个省级、4个副省级）单位在环境科学院内设立了环境规划所（部、室、中心），占77.4%；有4个省（辽宁、贵州、安徽和西藏）、1个副省级（新疆建设兵团）没有设立，占12.9%（见图4）。

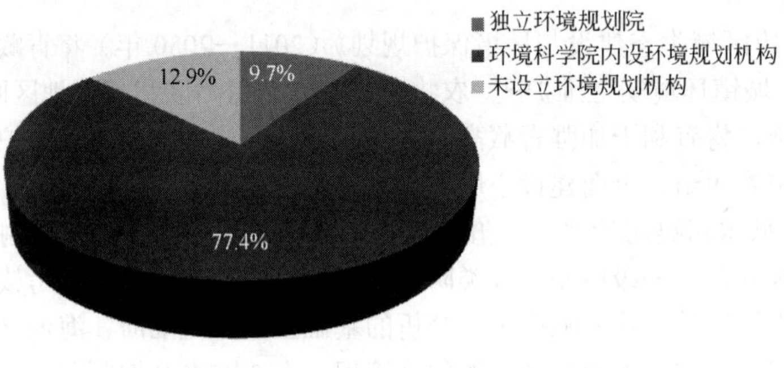

图4　31个省（自治区、直辖市）环境规划机构成立情况统计

截至2012年年底，33家省、市环境规划机构从业人员总数608人，经费由财政拨款（规划、科研经费）和技术咨询收入组成。各环境规划院（所）优势领域涵盖范围各不相同，山西省环境规划院、天津市环境规划院及部分隶属环境科学院的环境规划所具有各自的技术优势，承担国家级项目较多，实力相对较强。隶属于高校的环境规划研究所相对较少，固定研究人员和专职人员较少。

总体上看全国的环境规划院（所）体系建设，已初具雏形，成为规划领域的中坚力量，但仍存在一些障碍和不足，发展任务繁重而艰巨。突出体现在以下方面：一是有机构但尚未形成整体规模，个别省份环境规划院（所）发展较快，但整体发展滞后；二是有任务但主业不突出，业务领域较为繁杂，仍停留在传统的环评、清洁生产、循环经济等领域；三是有人员但与工作需求相距甚远，从事规划人员的数量、知识结构等方面，与规划的现实需求失衡；四是有广阔空间但无准入门槛，缺乏规划设计资质，恶意竞争的现象较为显著；五是基础建设已起步，但仍是短板，能力建设薄弱、经费有限是普遍现象，需要进行提升。

（二）环境规划专业学科发展情况

据初步统计，2011—2012年两年间，全国共新增环境规划研究方向的博士生授权点6个，其中2011年新增4个，分别是北京科技大学、中国农业大学、长安大学和南昌大学；2012年新增2个，分别是北京化工大学和大连海事大学。拥有环境规划研究方向的硕士授权单位134个，研究的主要方向是环境规划与管理。

根据对中国国内环境规划学科的硕士、博士论文发表情况分析，中国环境规划学科研究方向硕士和博士总量呈稳中有降的态势。硕士论文2011年489篇、2012年294篇，博士论文 2011 年 52 篇、2012 年 30 篇。同时，国内学者在国际上发表文献的数量及质量均有较大提高。

（三）环境规划研究及应用平台建设进展

2012 年 4 月，以环境规划与政策的基础理论与方法研究的国家环境保护环境规划与政策模拟重点实验室成立。主要任务是面向国家环境规划与政策的重大需求，围绕环境形势分析与预测、环境规划情景模拟分析和环境规划政策模拟分析等方向开展研究，创新环境规划与政策制定基础理论方法，发展环境规划与政策制定若干关键技术，构建国家、流域、地区等“数据—模型—系统—成果”一体化的环境规划与政策模型平台。并以重点实验室为学术交流与合作平台，促进国内相关领域优势单位和人员的合作交流，培养优秀创新型骨干人才和领军人才。

山西省环境规划院先后研究设计开发了山西省规划环境影响评价信息管理平台、山西省规划环境影响评价公众参与平台、山西省环保信用信息系统、山西省环境经济预测模拟系统、山西省环境与健康信息管理系统、山西省环保规划评估管理系统、山西省环境污染损害鉴定实验室、山西省环境规划与环境风险控制技术中心等 10 项基础性平台能力建设成果。

八、环境规划科学技术发展趋势及展望

（一）环境规划学学科发展的基本趋势

根据国内外环境规划学研究现状和我国环境规划学科建设需求，我们预计，今后 5～10 年环境规划学科发展将呈现四大发展趋势。

（1）环境规划学科基础性、导向性作用进一步加强，加深了环境规划学理论研究深度　环境规划学科经过近些年的发展，其理论发展不断强化，对经济发展规划、环境保护规划的基础性、指导性作用进一步加强。体现在环境规划学的学科体系建设不断完善，微观要素层、中观空间层、宏观战略层三个层级的环境规划理论研究及应用的深度和广度得到不断拓展和延伸。未来 5～10 年，环境保护规划对区域规划、城市规划、产业规划、土地规划等的基础性作用将进一步凸显。

（2）中观、微观层面的环境规划空间指导性将加强　随着环境污染的区域性、复合性等特征的凸显及区域环境保护的科学有效性，未来对区域性的环保一体化规划研究将被更加关注。

（3）以规划技术与方法创新，支撑环境管理创新与转型　高精度大气污染物排放清单的建立，流域—控制区—控制单元分区防控的实施，以及其他分区管理—分级控制—分类防治的规划思路和相关技术的出现与应用，在推动环境管理向精细化、信息化、智能化转型发挥着重要作用。

（4）环境规划从编制型向战略型、过程型、政策型方向转变，提高了环境规划学的科学性与适用性　未来，环境规划将从编制型向过程型转变，环境规划学的研究将更加关注环境与经济关系，更加注重宏观环境政策的研究。

（二）环境规划学科发展存在的问题

目前，我国环境规划仍存在一些问题，主要包括以下几方面。

（1）基础理论研究薄弱，技术方法体系亟待建立　当前，环境规划技术方法研究是环境规划研究领域最活跃的部分，但对于理论体系的研究较少。目前虽然有不少专家从不同领域提出不同的理论，但缺乏统一的理论框架，各种环境规划的理论与理论之间、方法与方法之间、理论与方法之间的衔接性与兼容性差，缺乏对环境规划全过程的认知、分析和解释。

（2）环境规划是跨学科的基础性研究，特别是前瞻性的理论研究仍较为薄弱，还存在应急性研究的现象，技术方法侧重微观尺度研究，宏观尺度上与社会经济的协调、与产业部门的衔接不够紧密，规划区域特征的研究不够，政策机制的成本效益定量分析薄弱。

（3）空间层面的宏观、中观和微观环境规划体系还不完整，相互支撑与互补还有待提高，从前阶段以及这一时期的发展来看，在国际上得到重视的战略层面的研究和应用并没有明显的突破，城市环境总体规划理念的提出虽然使得空间和尺度的结合逐渐上升到一个比较重要的高度，然而仍处于起步阶段。

（4）环境规划人才培养形势不容乐观，硕士、博士培养数量有限，其主要原因在于受研究生毕业对文章发表数量及层次的硬性要求，硕士、博士培养更多关注文献发表的数量，易于发表文章的科研技术及基础理论等学科领域发展较快，而环境规划学是综合性、应用性较强的学科，环境规划专业论文发表及人才培养存在先天劣势。

（三）环境规划学科未来重点发展领域

基于上述分析研究，本文提出环境规划学科未来 5 个重点发展领域。

（1）适应新时期对环境保护与环境规划新的要求，加强基础理论与技术方法体系的研究，构建环境规划理论方法与技术体系。

（2）加强社会经济发展紧密结合的环境影响、环境效应、环境经济形势分析、定量评估预测等技术方法的研究。主要侧重于战略层面研究，充分协调环境、社会、经济之间的矛盾，从战略规划视角研究环境总体规划。定量评估的研究方法如非线性规划模型、系统动力学、面板数据等方法的应用还相对薄弱，一些新的软件开发技术在分区分类控制中有待更新，新的方法论仍是未来研究的重点。

（3）与区域和空间的结合，加强环境规划空间控制、分区分类、污染减排与环境质量改善机理效益等技术方法的研究。

（4）加强环境风险控制、环境安全管理、环境基本公共服务等领域的研究。

（5）加强环境专业建设、环境规划院所等能力建设，加大对环境规划科研课题的支持。

参考文献

[1] 郭怀成, 尚金城, 张天柱. 环境规划学: 北京: 高等教育出版社, 2009.

[2] 海热提. 环境规划与管理. 北京: 中国环境科学出版社, 2007.

[3] 吴舜泽, 洪亚雄. 推进四大战略任务促进“十二五”环境保护工作再上新台阶. 环境保护, 2012, (6):35-38.

[4] 吴舜泽, 周劲松等. “十一五”规划中期评估. 北京: 中国环境科学出版社, 2008.

[5] 张伟, 等. 新格局下统筹区域经济发展与环境保护的战略思考.环境规划与政策, 2010.

[6] 环境规划院, 发改委宏观经济研究所. 区域分类指导的环境保护规划任务与对策措施. 国家环境保护“十二五”规划对外委托课题, 2010.

[7] 万军, 吴舜泽, 于雷等. 城镇化要速度更要质量: 建立城市生态环境保护总体规划制度探究. 环境保护, 2012,(11): 29-31

[8] 乔旭宁, 杨永菊, 杨德刚. 流域生态补偿研究现状及关键问题剖析. 地理科学进展, 2012,(4)31:395-402.

[9] 罗小娟, 曲福田, 冯淑怡, 等. 太湖流域生态补偿机制的框架设计研究——基于流域生态补偿理论及国内外经验. 南京农业大学学报, 2011,11(1):82-89.

[10] 陈金毅, 李念, 李宛怡, 等. 水环境容量核算在城市发展模式比选中的应用. 环境科学与技术, 2011, 34(8): 147-149.

[11] 李菁珊, 施昆. 基于 ARCSDE 的滇池流域污染源数据库设计. 科学技术与工程, 2012, 12(8):1977-1980.

[12] 陈伟亚, 刘芳芳. 地理信息系统在水污染控制规划中的应用. 武汉工程大学学报, 2013, 35(1):21-26.

环境经济学学科发展报告

摘要 2011—2012 年，环境经济学学科无论是基本理论研究，还是技术方法研究均取得了一系列进展，不少研究成果的应用促进了国家和地方环境经济政策的制定和实施，为当前环境保护工作的深入发展提供了科技支持。

环境经济学基本理论方面的研究，主要集中在环境资源价值理论、环境公共物品理论、环境外部性理论、环境产权理论、环境税费“红利”理论等方面，经济系统与环境系统发展关系理论也受到了重视。环境经济科学技术研究集中在环境资源定价方法、环境费用及效益分析方法、测量经济系统实物量变化特征的物质流分析方法、整合环境要素的 CGE 分析方法、环境投入产出方法以及环境经济计量方法等方法学研究。

环境资源定价的研究对象，逐渐由原来的特定自然资源逐渐向生态环境更广的范围扩展，对排污权如何定价的理论和方法研究，这两年也有很多成果。费用效益分析方法在环境审计、环境质量改善措施、环境影响代价、环境管理措施方案的优化比选、环境影响评价及规范政府管理行为等领域均有应用。采用实物期权而非净现值法进行环境投资决策的方式是费用效益分析法的一个改进。对物质流方法的研究主要体现在国家、区域以及企业三个层面，但是还没有形成公认的标准化的方法体系，研究主要集中在探索经济系统内部的物质循环结构的规范分析模型方法等方面。大部分采用 CGE 的研究，集中在分析环境资源利用方式变化对经济系统的影响。环境投入产出产出方法研究，主要集中在产业发展与污染物排放之间的定量关系、能源消耗与碳排放的定量关系、资源环境与经济系统的综合平衡关系等方面。我国环境经济计量模型研究，主要侧重于对资源、能源、环境及社会经济之间的相互关系进行实证研究。

在环境经济学学科能力建设方面，我国已逐步发展形成了 40 余家各有特点的科研团队，在过去两年开展了大量的基础理论、方法和实证应用研究，为我国环境经济学学科的发展做出了重要贡献，在国际上也产生了一定的影响。

一、引言

2011—2012 年，环境问题形势依然严峻，中国环境压力仍在不断加大，如何从经济政策入手推进环境污染防治工作、提高污染减排效率、强化生态服务产品供给、维护生态环境健康等受到中国政府的高度重视。在这种背景下，中国的环境经济政策实践以及有关理论方法创新在快速发展。国家 973 计划项目、国家水体污染重大科技专项、自然科学基金、社会科学基金等对环境经济政策的理论方法与试点示范实证应用研究给予了重视。如 973 计划“中国主要陆地生态系统服务功能与生态安全”设置了生态系统服务价值研究课题；国家自然科学基金批复了“排污权交易”“流域生态补偿”等方面的研究课题；国家社会科学重大项目中设置了“推进环境保护税改革研究”“完善生态补偿机制研究”等主题，以推进环境经济政策的基本理论方法研究，解决环境经济政策中的科学问题以及环境经济学学科发展的基础理论问题。国家水体污染重大科技专项，设置了水环境投融资政策、行业环境费用函数等课题；国家环保行政主管部门的财政预算资金项目中设置了“环境税”“生态补偿”等方面的课题，致力于推动环境经济政策的研究与试点，服务于政府部门环境管理工作。

在环境经济学学科基本理论问题，如环境资源价值理论、环境外部性理论以及环境产权理论等，环境经济技术方法，如环境资源定价方法、环境经济计量方法等均有了不同程度的进展。在环境经济学技术方法研究领域，环境资源定价方法、环境 CGE 分析方法、环境经济计量方法等也取得了不小进展。许多研究成果对国家环境经济决策发挥了重要作用。政府部门出台了不少环境投融资、环境税费、生态补偿等方面的政策，环境经济政策实践也进一步促进了环境经济学学科的发展。

二、环境经济学学科基础研究进展

（一）基本理论问题研究进展

1. 环境资源价值理论

随着人类社会的发展，自然资源和环境问题日益突出并已引起广泛的关注，对资源环境问题的研究已完全摆脱就资源而论资源的狭窄境地，已将资源放在社会大环境中进行考察。不仅研究资源数量、质量，而且正在研究资源的价值量，以便将其纳入国民经济核算体系之中，并运用经济手段对资源环境进行资产化管理。目前指导资源环境定价的价值理论主要有劳动价值论、效用价值论、存在价值论等，这些理论从不同角度来阐述自然资源和环境的价值。但它们对自然资源的价值来源问题各有自己的理论体系，还没有统一。

近两年有关环境资源价值理论的文献主要涉及水资源[1~4]、森林资源[5~8]、生态系统服务价值[9~15]和能源[16,17]等方面，其中对生态系统服务价值的研究相对较多。如李东通过对生态系统服务价值评估进行了研究综述，指出多尺度综合研究与动态参与式评估、物产价值与非物质性服务价值的分离研究、对边际价值的调查与模拟研究、与生态补偿等相关领域的结合研究、非物质性服务价值的市场化研究等是生态系统服务价值评估研究的深化方向[10]。

2. 环境公共物品理论

经济学上将物品分为私人物品、公共物品、俱乐部产品和公共资源。公共物品是能够同时供许多人使用，并且供给它的成本与使用它的效果并不随使用它的人数规模的变化而变化的物品。生态环境和资源是典型的公共物品，这种公共物品的存在使得社会中的每一个成员都愿意享用优美的环境和洁净的资源而不愿意承担保护环境、治理污染的成本费用。生态环境作为一种公共物品具有非竞争性和非排他性。

近两年来，关于环境公共物品的文献主要集中于农业环境生态[18~20]、生态补偿[21~23]、气候变化[24]、流域污染治理[25]等方面。张玉启等认为作为生态环境一部分的农业生态环境也属于公共物品的范畴，农业面源污染是在农业生产中对这种公共物品的不合理使用[18]，进而导致农业生产所依附的大气环境、水环境、土壤环境的恶化。郑开元等基于公共物品理论[19]深入分析当前农村水环境治理中存在的治理主体缺失、治理资金投入不足、环保意识薄弱、二元化的环境治理政策等一系列问题，指出市场失灵和政府缺陷是导致农村水环境治理不足的最重要原因。刘召等基于公共物品理论视角提出农村生态环境问题由风险走向危机，在农村社会治理众多的行动主体中，政府公共物品供给的职能“缺位”是农村生态环境恶化的根本原因[20]。李镇炎认为公共物品由于其具有被使用者“搭便车”的现象[21]，只能由政府提供，但可以通过政府制定政策和建立相关机制来达到目的，而流域生态补偿机制正是能达到此种目的的一种重要机制。朱超[24]提出气候稳定是一种真正意义上的全球公共产品，其公共产品属性将导致过度使用；公共产品的过度使用造成国家之间在狭隘的国家利益观指导下产生矛盾，加强争夺，而这正是中美之间进行气候博弈的主要原因。

3. 环境外部性理论

外部性理论源于英国经济学家、新古典经济学派代表人物之一——阿弗里德·马歇尔（A.Marshall）提出的“外部经济”概念。外部性的评价标准是社会福利最大化，即社会经济活动在社会边际收益等于社会边际成本时实现社会资源最佳配置。英国福利经济学家庇古在马歇尔提出的“外部经济”概念的基础上，首次运用现代经济学的方法，从福利经济学视角对外部性问题进行了系统研究。并通过分析边际私人净产值与边际社会净产值的背离阐明外部性，认为征税和补贴能实现外部效应的内部化，被称为“庇古税”。后来，科斯指出解决外部性问题可以通过市场交易方式即自愿协商代替庇古税手段。科斯是新制度经济学的奠基人，其主要思想被后人阐释和概括，即存在外部性的条件下，若交易过程中不存在交易成本，产权是明确界定的，则无论产权在哪一方，通过私人之间的自愿交易都可使资源达到最优配置，以消除外部性，这就是科斯第一定理。但是在现实生活中，交易费用是客观存在的，不可能存在交易成本为零的市场。在此，科斯第二定理指出，通过清楚完整界定产权，并允许这些权利用于交易，最终实现社会整体福利最大化，解决外部性问题。

近两年，国内关于环境外部性的文献集中在气候变化[24]、环境税[26~28]、污染企业退出机制[29]、环境责任[30~32]、环境成本[33]和排污权交易[34,35]方面。朱超认为温室气体排放必然会对周边邻国的气候环境造成负的外部性[24]，通过“溢出效应”体现为两国之间的问题，最终演变成国际社会的共同问题。郑昕在外部性理论的基础上，分析了政府征收环境税税负对民众增加的额外负担[26]。王小华从外部性理论出发，分析了国内老工业基地重污染企业的外部不经济现象[29]，根据吉巴德-萨特斯维特的操纵定理，构建了以政府为主导，以建立排污交易市场为手段的重污染企业退出机制框架。

4. 环境产权理论

环境产权是产权理论在环境经济领域方面的具体应用。环境配置的产权分析法是由科斯提出的“科斯定理”：假定有关环境的排他性产权能够被清晰界定，它们可以自由交易，且没有任何交易成本，同时假定个人都是利己的，追求的都是个人效用最大化，则环境的不同使用者之间讨价还价，将导致自然环境配置的帕累托最优[36]。

近两年的文献包括资源产权[37~40]、环境产权交易市场建设[41]、生态补偿与土地利用[42,43]、可持续发展[36,44]等。吴世彬根据大气资源稀缺性和在一个国家内，在一定时间、空间范围内具有相对独立性的特点，认为大气资源产权化具有充分的理论基础和现实意义[37]，应科学评估大气资源的承载能力，开展大气资源产权制度研究，构建我国大气资源产权制度。温军针对目前通过市场化交易方式解决资源环境问题的理论研究比较欠缺的现实，阐述了资源环境产权交易是对生态补偿理论的进一步完善[41]，结合西部地区实际，基于政府、市场与企业三方视角探讨了构建并完善西部区域性碳排放交易市场的可行性。魏楚等基于污染权的角度[42]，采用机会成本法和水资源价值法，构建了一个基于计量经济学的流域生态补偿标准测算模型。李志磊在环境产权的理论基础上，对陕西的经济与环境可持续发展问题进行了研究[36]。

5. 其他

（1）环境税费“红利”理论　庇古提出环境税之后的很长一段时间，大多数经济学家都相信环境税能够带来多重收益——环境税可以通过改善环境质量提供“绿色红利”；还可以通过返还收入来削减扭曲的税收税负，减少税制效率的损失，减轻市场的扭曲，甚至提高就业水平而提供“蓝色红利”。Tullock 和 Kneese、Bower 等人在对水资源的研究中率先提出了这些观点，只是当时用的是“超额收益”这个概念，而不是“双重红利”。Terkla 第一次利用局部均衡模型对环境税收替代其他税收的效率改进进行了实证分析，证实了双重收益存在。Pearce 在研究碳税对全球变暖的影响时正式提出了“双重红利”这个概念。他指出，用环境税替代扭曲性税收，不仅可以减少对环境有损害的经济活动，还可以进一步降低税制的效率损失，因而会间接增加社会福利，这就是所谓的环境税的“双重红利”[45]。刘青指出在我国现行税制、劳动供给状况下，以污水税为例分析环境税双重红利效应在短期内难以实现[46]。刘轩昊对碳税的理论基础进行了回顾，包括污染者付费理论、双重红利原则[47]、环境的负外部性等。杨志勇等则认为从环境税的经济效应来讲，环境税的“双重红利”，乃至“多重红利”的积极效应发挥受到现行税制结构和宏观税负状况的约束[48]。

（2）福利经济学在环境保护中的应用　福利经济理论是西方基本经济理论的一个重要组成部分，它的产生以庇古《福利经济学》一书的出版为标志，庇古因而被称为“福利经济学之父”。庇古以边沁的功利主义哲学及马歇尔（A. Marshall）等人的一般经济理论为基础，以完全竞争为前提，系统地论述了福利概念及其政策应用，建立起福利经济学的理论体系。庇古的福利经济学，相对于他以后的福利经济学来说，被称之为旧福利经济学。新福利经济学主要代表有勒纳（A. P. Lerner）、卡尔多（N. Kaldor）、希克斯（J. Hicks）、伯格森（A. Bergson）、萨缪尔森（P. Samuelson）。他们运用“序数效用论”“帕累托最适度”“补偿原理”“社会福利函数”等分析工具来说明政府应当保证个人的自由选择，通过个人福利的最大化来增加“整个社会的福利”，以此实现社会福利的极大化[49]。

姚华军等在福利经济学理论研究的基础上，通过分析我国地质环境保护中存在的问题[50]，指出了构建地质环境保护经济制度体系的紧迫性，分析了地质环境保护中的外部性；高歌等则基于此理论对环境成本进行了不确定性研究[51]；罗晓燕认为，作为福利经济学最重要的分析工具——帕累托最优，特别关注市场对资源配置的作用。排污权交易制度旨在用市场来实现资源的优化配置，在改进一部分人福利水平的同时，不使其他人的福利水平降低，从而使全社会的福利水平得到提高，所以排污权交易是一种可以实现帕累托最优的经济管理手段[52]。

（二）经济与环境发展关系理论研究进展

经济与环境发展关系一直以来均备受关注，围绕环境库兹涅茨曲线、环境与经济协调发展理论、绿色发展转型理论、环境与中等收入陷阱理论等，基于现有研究基础，我国学者对经济与环境相互作用的机理进行理论上的深入探讨与实证研究，取得了一定的研究进展。

1. 环境库兹涅茨曲线

环境库兹涅茨曲线（Environmental Kuznets Curve，EKC）理论自 1991 年被提出以来，一直是关于经济与环境关系研究的热点之一。但是众多研究文献的结论不具有一致性且存在很多缺陷。基于此，冯兰刚等通过对相关文献的梳理，从同质性假设是否科学、是否应考虑生态系统阈值及环境影响因素的复杂关系等进行再思考后重新界定了 EKC 理论的假设，基于数学推理重新解释了 EKC 的运行机理，即规模效应、结构效应、技术效应、国际贸易、需求效应、市场机制、政府作用七种效应。各效应相互交织、错综复杂，造就了类型不一的经济与环境关系曲线[53]。彭俊铭等运用环境库兹涅茨曲线，对广州、佛山、肇庆三个处于不同工业化阶段城市的工业废水排放量、工业废气排放量、工业固废产生量与人均 GDP 的关系进行拟合，并运用灰色关联分析法分析其主要影响因素。分析指出，虽然工业污染排放受多种因素影响，不同工业化阶段主要影响因素各不相同，但经济规模和经济结构对工业污染变化的影响始终是巨大的[54]。杨林等构造了综合污染指数，使用实际污染物排放量和处理后污染物排放量作为对比，探究经济增长是否能自动解决环境问题。结果表明，环境和经济增长的“倒U”形关系不是经济增长内生机制所致，而是诸多外部控制措施作用的结果，环境污染很难随着经济增长而自动减轻 [55]。高宏霞等从规模效应、结构效应、技术效应三个方面分析了 EKC 形成的内在机理，并针对 EKC 形成的内在机制就如何保证环境污染逆转趋势的出现做了分析研究。研究结果显示，中国不同省份转折点到来时间存在较大差异，这种差异主要是不同省份的结构效应和技术效应大小不同造成的。

2. 环境与经济协调发展理论

鉴于现有研究没有全面准确地反映区域经济协调发展的科学内涵，多数定义只是政策理念和具体措施的汇总，大多沿用从具体问题到对策的分析范式，对内涵、评价和机制等基础理论问题的研究则相对薄弱，张可云等对生态文明取向的区域经济协调发展新内涵进行了研究，指出区域经济协调发展是在人口、资源、环境约束下区际经济与社会、政治、文化和生态等因素关联互动的科学发展，包括经济效益、社会公平、生态平衡、政治联合和文化融合五方面要求，生态文明取向的区域经济协调发展新内涵表现为“五位一体”的发展要求，特别是生态平衡与经济效益、社会公平等其他要求的互动关系及其在不同文明形态和发展阶段的实现程度差异[56]。杨志梁基于能源生态系统的视角对我国能源、经济和环境（3E）系统进行系统研究，构建了 3E 系统协调发展评价指标体系，并利用时间序列数据对我国 3E 系统协调度进行了计量分析，探讨了 3E 系统协调发展的理论和方法。结果表明，我国 3E 系统协调发展状态不尽如人意，其原因除了技术和市场因素外，长期以来合理利益协调机制的缺位是主要原因，构建地区和部门合理利益协调机制是未来能源生态系统理论探讨的一个基本方向和任务[57]。

3. 绿色发展转型理论

如何通过恰当的制度创新，进一步推进转型成本效率的提高和体制机制与政策法规质量的改善，加快并深化中国的绿色转型是目前面临的主要问题。曹东等认为解决中国发展绿色经济发展过程中所面临的资源环境制约，必须调整现行以 GDP 为导向的政府和官员绩效考核体系，平衡目前财政分权体系中财权和事权不对应问题，在不同的发展领域，提出具有适应性和包容性的发展策略，包括实施“差异化”区域绿色发展战略、创建绿色服务业体系、推行绿色消费模式等正向促进和反向倒逼经济绿色转型[58]。邓远建等（2012）在全球绿色转型与绿色发展背景下，提出建立健全生态资本运营机制的基本构想和分析框架。研究认为，生态资本运营的内核和目标与绿色发展的要求是完全一致的，完善的生态资本运营机制框架体系应包括生态资本运营的积累机制、转换机制、补偿机制和激励机制。“积累机制”是一般资本运营所具备的步骤，“转换机制”是生态资本运营特有的步骤和内在过程，正是生态资本运营的特殊性，同时需要建立健全“补偿机制”和“激励机制”，这是生态资本运营的外在保障措施。因此，要充分调动政府、市场和社会力量参与生态资本运营的积极性，促进生态资本的可持续利用，最终实现经济社会的绿色发展[59]。

4. 中等收入陷阱理论

我国目前进入了由中等收入国家向中等发达国家迈进的重要爬坡过坎期，近年来围绕陷入“中等收入陷阱”的形成原因、理论解释等开展了一系列的研究与探讨。蔡昉通过文献回顾和论证表明：“中等收入陷阱”与主流的经济增长理论框架是相容的，在中等收入的特定阶段，高速增长的经济体表现出减速甚至增长停滞的趋势，可以借助其分析特定阶段的经济发展现象[60]。陆文强对“中等收入陷阱”进行了理论分析与思考，指出中等收入阶段之所以政治经济社会问题丛生，有其本质的原因：①从低收入到中等收入主要是量的变化，而从中等收入到高收入则主要是质的跨越；②中等收入阶段的资本积累和高收入阶段的智力积累，在市场政策上有很大不同；③中等收入阶段，收入和社会保障容易超出经济能力；④中等收入阶段，收入差距容易扩大，社会矛盾容易发展[61]。伍业君等构建了一个基于比较优势演化的产业升级模型，从产业升级的角度解释了“中等收入陷阱”的形成机理，即进入中等收入水平后由于成本上升及创新的难度等原因，经济体容易发生产业升级断档，这是经济出现增长停滞甚至衰退的根本原因[62]。

三、环境经济科学技术研究进展

（一）研究总体情况

目前的研究集中在环境资源定价方法、环境费用及效益分析方法、测量经济系统变化特征的物质流分析方法、整合环境要素的 CGE 分析方法、环境投入产出方法以及环境经济计量方法等领域。环境资源定价的研究对象逐渐由原来的特定自然资源逐渐向生态环境更广的范围扩展，对排污权如何定价的理论和方法模型研究这两年也有很多成果。在环境资源定价的定量方法中，时间因子被作为重要的参量考虑进来，反映了时间变量在环境资源价值研究中逐渐受到重视。尽管近两年来，费用效益分析在方法原理方面并没有出现显著突破，但已经逐渐应用于我国目前的环境管理实际工作中，在环境审计、环境管理措施方案的优化比选、环境影响评价及规范政府管理行为等领域均有应用。相对过去多采用的净现值法，采用实物期权进行环境投资决策的方式是费用效益分析法的一个改进。目前还没有形成公认的物质流标准化方法体系。研究主要集中在探索经济系统的物质代谢规模和经济系统内部的物质循环结构的规范分析模型方法等方面。大部分采用 CGE 的研究集中在分析环境资源利用方式变化对经济系统的影响，集中在研究环境保护的具体措施、环境、资源税收以及资源价格变动对经济增长和经济主体福利的影响。环境投入产出方法研究主要集中在产业发展与污染物排放之间的定量关系、能源消耗与碳排放的定量关系、资源环境与经济的综合平衡关系等方面。我国环境经济建模的研究进展主要侧重于对资源、能源、环境及社会经济之间的相互关系进行实证研究，旨在探讨不同尺度、不同研究对象资源、能源、环境及社会经济之间的内在规律。

（二）环境资源定价方法

环境资源既包括直接作为生产对象的有形的自然资源，也包括非生产性的、无形的生态环境[63]。对于环境资源价值的构成，其中最著名的是英国人 Pearce 等把环境资源的价值称为总经济价值，包括使用价值和非使用价值，使用价值又进一步分解为直接使用价值和间接使用价值；非使用价值包括存在价值、选择价值以及遗传价值[64]。不同的环境资源价值类型可以有多种价值确定技术（见表 6）[65]。其中，假想市场法（也称意愿调查评估法）、条件价值法、陈述偏好法，是以调查问卷为工具来评价被调查者对缺乏市场的物品或服务所赋予的价值的方法，通过询问人们对于环境质量改善的支付意愿（WTP）或忍受环境损失的受偿意愿（WAP）来推导出环境物品的价值。包括投标博弈法、比较博弈法、无费用选择法及优先性评价法[66]等。

表 6　环境资源的价值确定技术方法

价值类型	确定技术方法
总价值	直接价值+间接价值+选择价值+存在价值+遗传价值
直接价值	市场价格法、生产率法；调查评价法；旅行费用法；人力资本法
间接价值	影子工程法；防护费用法；调查评价法；财产价值法（享乐价格法）
选择价值	调查评价法；机会成本法
存在价值	调查评价法
遗传价值	调查评价法

我国开始完整意义上的环境资源定价的研究起始于 20 世纪 80 年代末[67]，经过多年的发展，研究方法由原来的着重市场价值评价方法转向市场价值、替代市场价值以及假想市场价值评价方法的并用，研究对象由原来的特定自然资源逐渐向生态环境更广的范围扩展，并且随着排污权交易的开展，也逐渐开始对排污权定价的研究。在定价方法研究的基础上，逐渐形成了环境资源价值评估模型，主要有资源价格模型[68]、供求价格模型[69]、影子价格模型[70]和成本价格模型[71,72]。从 2011 年到 2012 年，关于环境资源定价的文献在中国 CNKI 学术总库共计 100 多篇，其中包括对水资源[73~79]、森林资源[80,81]、排污权资源[82,83]、生态系统服务功能[84~88]等的定价，对生态系统服务价值和排污权定价的研究相对较多。从定价方法来看，对生态系统服务价值的定价多集中采用市场价格法和条件价值法；对于排污权的定价多采用直接市场法和替代市场法。考虑某些环境资源的长期性，已经有许多学者开展采用期权对环境资源进行定价的研究。

（三）环境费用效益分析方法

费用效益分析理论是以新古典经济理论为基础，以寻求最大社会经济福利为目的的经济理论。其目标是改善资源分配的经济效果，追求最大的社会经济效益。环境费用效益分析是费用效益分析理论和环境科学结合的产物，是全面评价某项活动综合效益的一种方法[89]。它的基本思路是在分析某些经济活动时，充分考虑其所带来的环境效益，采用一定的方法定量化环境效益，得到综合经济效益。

采用费用-效益分析方法来对某项活动进行经济评价时，任何环保项目或政策的费用和得到的效益与建设周期、工程项目的使用寿命以及政策执行的时间长短有关，同时费用与效益的发生时间也不尽相同。因此，在费用效益分析中，必须考虑时间因素。运用社会贴现率把不同时间的费用或效益化为同一时间的现值，使整个时间的费用、效益具有可比性[90]。在进行环保投资决策时，传统的费用效益分析多采用净现值法，但是这种方法往往忽略了环保投资的灵活性，近年来，采用实物期权进行环境投资决策的方式是费用效益分析法的一个改进。

欧美等一些发达国家已经将采用费用效益分析法进行环境政策评估纳入立法范畴[91,92]。近年来，我国也多采用费用效益分析来进行环境政策评估，但是还没有特定的法律地位。张胜寒[93]等采用费用效益法对电厂湿法脱硫系统进行了评估；霍书浩[94, 95]等应用费用效益评价技术，估算了四川盆地及盆周山地区域内大气污染对林业、农业的直接经济损失和生态经济损失，并进行了经济灵敏度分析；冯文芳[96]采用费用效益分析法和层次分析法，对填埋、堆肥和焚烧处理方案分别进行费用效益分析和经济、技术、环境、政策综合分析，指出通过对在开展或已开展的经济活动进行环境费用效益分析，可以有效地减少项目产生的环境外部性，达到资源的最优配置，提高全社会的经济效益。

陈波[97]、汤孟飞[98]等探求了将环境费用效益分析方法应用于环境绩效审计。王猛[99]等认为人类的任何社会经济活动，包括政策和开发项目都会对环境及自然资源配置造成影响，所以需要评估这些影响的范围，以确定是否应该颁布或执行某项政策，是否应该开发和建设某个项目，提出了费用效益分析方法可以用于评价环境质量的费用和效益。李素芸[100]对应用费用效益分析法进行环境影响经济评价时，如何选取相关评价指标、确定相关计算参数以及制定各评价指标的决策规则进行了讨论，提出应选用环境净现值、环境成本现值、环境内部收益率作为评价指标，而不宜选用现值指数指标；提出应以环保措施是否满足成本效益原则、能否提高资源配置效率等作为各评价指标的决策规则。

（四）物质流分析方法

物质流分析起源于欧洲，此后美国、意大利、荷兰、日本、德国等发达国家都在物质流分析方面进行了大量的实践。物质流分析主要是研究经济系统与生态系统间物质流动的规律，量化输入、输出经济系统的物质量及其留在经济系统中的存量的方法[101]，其分析的物质可包括化学元素、原材料及产品。分析内容有两个方面：一是物质总量分析，即分析一定的经济规模所需要的总物质投入、消耗和总循环量；另一个是物质使用强度分析，即主要关注一定生产或消费规模下，物质的使用强度、消耗强度和循环强度。

我国对物质流的分析应用主要体现在国家、区域以及企业三个层面，但是目前还没有形成公认的标准化的方法体系。孔鹏志结合规范分析方法和定量分析方法探索我国经济系统的物质代谢规模和经济系统内部的物质循环结构，希望为循环经济的建设提供有益的建议[102]。楚春礼等在构建全国铝物质流投入产出模型的基础上，对近几年的全国铝损失的来源进行了解析[103]。李元钊等认为，生态补偿机制需要对机制中涉及的经济活动进行物质流分析，即对物质投入和产出的量化分析，形成物质投入和产出的账户，以便进行以物质流分析为基础的优化管理，达到核算生态价值，增加生态补偿有效性管理，实现生态补偿机制可持续发展的目的[104]。吴开亚等根据物质流分析指标和数据，采用脱钩模型和环境库兹涅茨曲线理论，分析了 1990—2007 年安徽省经济增长与环境压力之间的关系[105]。徐福军在基于物质流分析的区域循环经济分析方法的基础上，以榆林市作为研究对象，对区域物质流分析、循环经济评价和调控对策做了研究[106]。张培引入物质流分析方法（MFA），构建了基于 MFA 的工业园生态效率评价指标体系，从园区直接生态效率、园区总生态效率与整体生态效率三个不同空间层面全面评价工业园的生态效率[107]。程欢针对“低碳澳门”的城市定位，以物质流核算为工具，探讨澳门特区的物质流动，绘制了 2009 年澳门能源消费碳流通图，找出澳门低碳经济发展的主要影响因素和发展潜力，进而提出澳门低碳经济发展的主要政策保障体系[108]。赵卉卉等将物质流分析方法和生态足迹模型相结合，构建可持续发展指标体系，利用因子分析法对安徽省铜陵市 2000—2010 年间的可持续发展状况进行了评价[109]。宋振分析了物质流运行模式对鞍钢的影响，结果表明鞍钢复杂的流程网络使得物质流运行周期加长、连续化程度降低，导致其吨钢能耗明显偏高，得出节能潜力很大的结论[110]。周继程等从炼铁系统物质流和能量流的角度出发，分析了炼铁系统（包括烧结和高炉）的资源和能源消耗情况，并以唐钢南区炼铁系统为例，计算了其炼铁系统由含碳能源引起的 CO_2 排放量[111]。吴开亚等采用物质流分析方法构建了表征环境压力总量的环境载荷指标，对 1990—2007 年安徽省环境载荷变化趋势及其减量化状态进行了定量分析[112]。

（五）环境 CGE 分析方法

目前，大部分采用 CGE 的研究集中在分析环境保护和资源利用方式变化对经济系统的影响方面，特别是研究环境保护的具体措施和环境、资源税收以及资源价格变动对经济增长与经济主体福利的影响。其中，环境问题的研究对象集中在温室气体、地区性空气污染物，如二氧化硫、粉尘及酸雨等；资源性问题的研究则以土地和水资源为重点。根据研究重点不同，可以归纳为以下两个方面。

一是构建环境 CGE 模型分析不同环境管理方案（目标）对经济系统的影响。邓祥征等在两种水质目标情景下，设计四种氮磷排放物调控策略，探究乌梁素海流域的氮磷排放物对江西省以及全国其他地区经济增长的影响 [113]；庞军等通过设计绿色贸易转型的快速转型、中速转型和慢速转型三种具体方案，运用“能源—经济—环境”CGE 模型，对 2010—2020 年期间中国对外贸易引起的进出口虚拟碳排放量、进出口虚拟 SO_2 排放量、进出口虚拟 COD 排放量模拟计算的基础上，考察了不同转型方案对经济产生的影响及减排效果 [114]；秦昌波等基于污染减排目标，利用 CGE 方法，构建了环境经济一般均衡分析系统，对基于减排目标的绿色转型成本效益进行分析 [115]。

二是运用环境 CGE 方法开展环境与资源相关税收制度对经济系统的影响。其一是与碳减排政策分析相关的研究。胡宗义等通过建立中国碳税政策的动态 CGE 模型，模拟低碳经济对中国整体经济发展的影响 [116]；金凤等分析了低碳经济政策对区域发展格局演进的影响 [117]；刘小敏等针对我国碳减排目标，估测了我国 2020 年碳排放量目标执行难易程度 [118]。其二是关于节能政策的分析研究。查冬兰等通过构建分析能源效率影响的可计算一般均衡模型，研究了不同种类能源效率提高 4%对能源消费的影响 [119]。其三是关于水资源问题的分析研究。陈雯等通过构建湖南省水污染税征收的 CGE 模型，模拟征收水污染税对污染物减排、产业结构、宏观经济等方面的影响 [120]。其四是关于资源补偿对社会经济系统的影响。徐晓亮等通过构建资源环境 CGE 模型，从资源环境以及社会福利等方面进行模拟分析，研究资源价值补偿的影响 [121]；根据社会经济发展水平将我国分为不同区域，构建动态多区域 CGE 模型，并以资源为例研究差异化税率设置的影响 [122]。

（六）环境投入产出模型与方法

20 世纪 30 年代，美国著名经济学家瓦西里·里昂惕夫（Wassily Leontief）将现代数学、统计学和经济平衡表结合起来，提出了投入-产出这一经济数量分析方法[123]。该方法运用线性数学知识建立数学模型，以棋盘式平衡表的方式研究经济系统中各个部门之间表现为投入与产出的相互依存关系，从而发现问题，寻找规律。投入产出方法广泛应用于经济、环境、能源、人口、教育、对外贸易等各个方面[124]。在环境经济学领域，投入产出模型与方法的研究主要集中于两大块：一是投入产出表在资源环境方面的实证应用研究；二是环境投入产出扩展建模技术的应用研究。

近两年，环境投入产出表的实证应用可归为以下几个方面。①分析产业发展与污染物排放之间的关系。运用环境经济投入产出表分析污染物来源、污染排放量，以及环境污染与经济结构的关系。黄东梅等人借助投入产出方法对全国 38 个工业行业的直接、间接和总污染负荷状况进行核算与排序[125]；王文治等人基于环境投入产出表研究了制造业中外商直接投资对进入行业的直接排污效应和间接排污效应[126]。②能源消耗与碳排放计算方面的应用。张珍花等人运用投入产出模型中三次产业的能源消耗效率进行分析[127]；赵厚川等编制四川省的实物价值型能源投入产出表，并分析四川天然气能耗强度[128]；朱勤等人建立居民消费品载能碳排放测算的投入产出模型，基于可比价投入产出序列表，对中国居民消费品载能碳排放进行实证分析[129]；高金田等人采用环境投入产出模型测算了我国进出口隐含碳排放量[130]。③在制定和调整环境管理规划中的应用。通过投入产出基本原理研究资源环境与经济的综合平衡关系，将资源环境指标纳入国民经济核算体系，为政府的宏观决策和产业结构调整方面提供依据，如雷明[131]、廖明球[132]等人的研究。此外，一些学者根据实际研究问题，重点探讨了环境投入产出模型的优化与改进，如张亚雄研制了中国区域间投入产出模型[133]等。

在环境投入产出扩展建模方面，应用较为广泛的是数据包络分析方法。该方法最初由 Charnes、Cooper 和 Rhodes 在 1978 年提出，通过数学规划模型评价一系列多输入、多输出决策单元的相对效率。之后众多学者将工业环境排放和资源消耗引入到评价模型中，利用 DEA 方法（数据包罗分析）进行经济-环境效率评价。在实际应用研究中，DEA 方法得到不断扩展与改进，包括倒数法、转换向量法、双曲线法、方向距离函数法和 SBM 法等，以解决经典 DEA 模型的局限性。卞亦文引入非合作博弈思想，提出了基于两阶段非合作博弈的环境效率评价的 DEA 方法，并以中国各地区的工业系统为例进行了实证研究[134]；佟连军等人应用 DEA 和随机前沿分析（SFA）测算了辽宁沿海经济带的工业环境效率和产出弹性[135]；刘睿劼等人采用 WTP-DEA 方法，利用中国工业的基础经济与环境数据，对中国工业进行了经济-环境效率测算，揭示其总体情况和发展趋势[136]；郑立群探讨了在分配总量固定的条件下，利用投入导向的零和收益 DEA（ZSG-DEA）模型进行中国各省区碳减排责任分摊的研究[137]等。

（七）环境经济计量方法

环境经济计量方法在环境经济学研究中具有重要的地位，通过对环境横截面数据（cross-section data）或面板数据（panel data）进行统计量化分析，得到资源、环境、能源、经济社会等数据之间的内在相关性及时间演化性，在确保数据序列间逻辑一致性和正确性的同时，探寻经济发展中资源利用、环境污染等问题，从而为环境管理与规划、产业结构调整等提供决策支持信息。具体来说，环境经济计量方法的作用主要体现在：一是验证环境经济理论或模型能否解释以往的环境经济数据；二是检验环境经济学理论和假说的正确性；三是预测未来环境经济的发展趋势，并提供政策建议。

环境经济计量方法以模型估计和模型检验为核心，主要对环境污染、资源能源、社会经济的截面数据、时间序列数据及面板数据进行模拟检验分析。其中，面板数据分析是当前环境经济计量方法的新研究方向，主要从时间和截面构成的二维空间来反映数据的变化规律，具有减少回归变量之间的多重共线性、控制个体的异质性、更高的估计效率等优点[138]，从而开始被广泛地应用于环境经济学、社会学等学科领域。面板数据分析方法的两个重要步骤是单位根检验和协整检验。单位根检验是为避免面板数据的伪回归，确保估计结果的有效性，采用 LLC（Levin-Lin-Chu）相同单位根检验和 Fisher-ADF 不同单位根检验等多种方法对各面板序列的平稳性进行检验[139]。如果单位根检验结果中变量之间是同阶单整的，此时便可以进行协整检验。该检验是采用显著性检验法来考察变量间的长期均衡关系，包括 Kao、Pedroni、Johansen 等方法[139]。其中，恩格尔（Engle）和格兰杰（Granger）提出的协整理论在面板数据分析中起到很重要的作用，正确地解释了环境经济现象和预测现象。此外，协整检验后还应考虑短期波动，进行误差修正检验；之后通过显著性和截距分析选择面板数据模型，包括混合估计模型、固定效应模型、随机效应模型 3 种类型，再开始进行回归分析。

按照数据类型，可将环境经济计量模型分为：截面数据模型、时间序列模型及面板数据模型。目前，我国环境经济建模的研究进展主要侧重于对资源、能源、环境及社会经济之间的相互关系进行实证研究：吴殿廷等人以世界 112 个独立经济体截面数据为依据，利用统计分析和计量经济学方法建立了环境经济优选模型，分析经济社会发展与碳排放强度的关系[140]；程曦利用 1979—2010 年太湖水质指标的时间序列数据，对太湖水质与经济发展之间关系进行了实证分析[141]；熊艳运用 2004—2008 年中国省际面板数据，采用面板数据模型分析环境规制与经济增长之间的关系[142]；于卫国以中国 1993—2008 年的省际面板数据，使用固定效应和随机效应模型，实证检验了中国经济发展与环境污染之间的关系[143]；毛雁冰、薛文骏等人基于 1985—2009 年统计数据，采用面板协整模型分析了各产业能源消费量、产值和就业人数之间的互动关系[144]等。

四、环境经济科学技术的重大成果应用

（一）科技成果应用总体情况

在国家水体污染控制与治理科技重大专项、国家财政预算资金项目、国家环境保护公益性行业科研专项、国家自然科学基金项目、国家社会科学重点基金项目等的支持下，结合国家和地方环境经济政策制定、试点示范以及政策实施开展了研究。国家水体污染控制与治理科技重大专项在环境战略与政策主题下设置了水污染控制技术经济决策支持系统研究课题，开展了典型工业污染控制投资和运行费用函数研究、农业污染控制投资和运行费用函数研究等，为国家水污染控制技术经济决策提供了技术支持；设置了流域生态补偿试点示范研究课题，在东江、辽河等流域开展了试点示范，推进了流域生态补偿机制建设的探索进程；设置了水环境保护投融资政策与示范研究课题，开展了水环境保护投资需求预测及投资规划技术研究，基于水环境保护事权财权划分的投融资政策研究，并通过开展试点示范研究，推进了水环境投融资科研成果的转化。国家财政预算资金项目在环境税费、环境投资、生态补偿、排污权有偿使用及交易、绿色信贷、环境污染责任险等方面开展了基础理论和方法成果的应用研究，为环保决策提供了技术支持。国家环境保护公益性行业科研专项为支持有关国家环境经济政策的制定，设置了重点环境经济政策研究等课题。国家社会科学基金、国家自然科学基金，在流域生态补偿、矿产资源开发补偿、环境税收体系构建理论与方法研究等方面，侧重于环境经济学在环境公共管理应用中的基础理论和方法研究，不仅为国家环境经济政策制定提供了基础理论方法依据，也进一步丰富了我国环境经济学研究基础理论和学科建设。

（二）环境投融资研究成果应用

近两年，在环境投融资研究方面取得了积极进展。投融资需求、环保专项资金使用绩效、专项资金监管使用、环保对外投资政策的环境影响、环境债券、绿色信贷等领域的研究成果为国家环境投融资政策的制定和实施提供了支持。特别是投融资实证应用研究，为国家环境保护主管部门的有关决策和政策设计与实施提供了有力的支持。

《“十一五”中国环境保护投资分析报告》分析了“十一五”环保投资需求、环保投融资政策、环保投资需求与实际投资对比、重点工程项目投资、环保投资效益等；“年度国家环境保护投资情况分析”分析了年度环保投资进展和环保投资政策实施中存在的问题，为年度环保投资工作提供基础依据；“环境保护专项资金项目的审查以及项目的绩效评价”推进了国家环保专项资金项目的实施；“中国对外投资与贸易的环境保护政策研究”协助环保部和商务部制定了中国对外投资环境保护指南。此外，开展了环境债券、环境污染责任险政策研究，为环保部推进有关政策试点提供了技术支持；“钢铁等行业的绿色信贷试点研究”出台了《中国钢铁行业绿色信贷指南》，在河北进行了绿色信贷政策执行评价试点，开发了绿色信贷数据库系统，为国家绿色信贷政策试点提供了支持。

（三）环境价值评估研究成果应用

从 2004 年以来，我国一直开展着绿色国民经济核算相关研究，采用环境价值核算的定量方法，对全国 31 个省市和各产业部门的水污染、大气污染和固体废物污染的实物量进行核算，分别从虚拟治理成本和环境污染损失的角度对环境污染的价值量进行核算，并得出“经环境污染调整的 GDP 核算”结果。2012 年度最新发布的研究成果表明：“十一五”期间，中国环境退化成本上升 89.6%，直接物质投入上升 55%，2010 年环境退化和生态破坏成本合计 15513.8 亿元，约占当年 GDP 的 3.5%。研究结果为国家有关环境政策制定提供了定量依据。

环境价值评估的重要应用——环境污染损害鉴定评估也取得了进展。一是全面开启环境污染损害鉴定评估制度建设。2011 年，环境保护部发布的《关于开展环境污染损害鉴定评估工作的若干意见》提出了环境污染损害数额计算推荐方法（第 1 版），包括环境污染损害范围认定、环境污染事故损害的评估方法和核算范围等；2012 年完成的《突发环境事件污染损害鉴定评估工作规程（初稿）》以突发环境事件为切入点，为开展环境污染损害鉴定评估工作提供了规范性依据；2012 年，配合审计署编制了《我国环境污染损害赔偿制度不完善，污染事故造成巨额生态环境损害》调研报告。二是以环境污染案例的损害鉴定评估为基础，初步建立环境污染损害鉴定评估技术规范。2011 年，为配合环境污染损害鉴定评估工作开展，出台了《环境污染损害数额计算推荐方法》（第 1 版）；开展了《铅污染环境损害评估技术指南》的编制；2012 年，完成了《环境污染损害鉴定评估技术指南—总纲（初稿）》和《环境污染损害鉴定评估人与鉴定评估机构标准化建设指南（草稿）》的编写。三是环境保护部于 2011 年发布了《环境污染损害鉴定评估工作试点工作方案》，组织河北、江苏、山东、河南、湖南、重庆、昆明五省二市的环境保护厅（局）全面启动了试点工作，七个试点单位都已经成立相应的环境污染损害鉴定评估机构，在国家与试点省市初步形成了环境污染损害鉴定评估工作实战能力，开展了重大环境污染事件评估及应对。

（四）环境税费研究成果应用

环境税是调控企业环境行为有力的经济手段。数年来相关单位持续开展环境税费研究，为配合相关国家行政管理部门推进国家环境税改革，开展了环境税税制方案、环境税计税依据核定、环境税征管模式和能力建设以及配套措施等研究；开展了稀缺资源税费政策以及企业所得税优惠政策、农业面源税费政策、消费税政策等相关研究工作；开展了《环境保护专用设备企业所得税优惠目录》、《环境保护节能节水项目企业所得税优惠目录》实施情况研究，为环境保护部联合财政部、国家税务总局等有关部门制定更有效的针对目录的企业所得税优惠政策提供了支持。国家社科基金重大项目“中国环境税收体系研究（2009—2012）”成果，搭建了中国环境税收改革的体系框架。

有关税收的“绿化”取得积极进展。首先是资源税改革取得积极进展。2011 年，国务院及相关部门围绕资源税改革，出台了《关于修改〈中华人民共和国资源税暂行条例〉的决定》等一系列文件，改革资源税的应纳税额计征方式，进一步完善了资源产品价格形成机制，从而以资源税税额从量计征改为从价计征为核心内容的资源税改革，开始从试点地向全国全面推开。由于资源税是地方税，这项改革有利于资源输出大省在资源开采中获得更多财政收入，提升了地方政府对因资源开采破坏环境的补偿投入能力。

利用税收政策开展资源节约和环境保护的措施继续得到加强。在“十二五”的一些专项规划以及有关部门政策文件中要求有关部门要严格执行并不断完善城市生活垃圾处理税收优惠政策，落实国家支持节能减排所得税、增值税等优惠政策，继续调整完善资源综合利用增值税政策，落实好鼓励秸秆综合利用税收优惠政策；合理调整消费税范围和税率结构，研究将部分大量消耗资源、严重污染环境的商品纳入消费税征收范围，对“高污染、高环境风险”产品，研究调整进出口关税政策等。

（五）环境产权研究成果应用

目前环境产权研究成果最主要的应用是排污权有偿使用和交易政策。近两年，主要污染物交易及碳排放交易试点工作继续推进，国家和地方均出台了一系列的政策文件。2011 年中央政府工作报告提出“研究制定排污权有偿使用和交易试点的指导意见”的要求。环保部与财政部继续在国家层面上推动排污权交易试点，进一步修改《关于推进排污权有偿使用和交易试点工作的指导意见》，并结合国家政策出台和推进试点，继续加强排污权有偿使用和排污权交易关键技术研究，为河南、内蒙古、山西、山东、重庆等地的排污权交易试点提供技术支持。

2011 年主要水污染物排放指标有偿使用和交易平台在江苏省太湖流域地区投入使用。该系统平台由配额申购子系统、排放量核定子系统、配额交易子系统、配额监管子系统组成。配额分配系统根据减排的污染物目标总量，将污染物配额有偿分配给相应企业，并对配额的使用进行管理和监控；污染物排放量核定系统主要是结合环境监测体系，核算企业的实际污染物排放量；排污配额交易系统规定配额交易的模式和规则；配额监管系统由排污配额跟踪子系统、达标判别子系统和账户管理子系统组成，实现对排污配额的变化、流转和影响进行监管。

（六）生态环境补偿研究成果应用

近几年来，国家和地方高度重视生态环境补偿机制建设，流域生态补偿机制建设的进展较为突出。国家水污染控制与治理重大科技专项“流域生态补偿与污染赔偿研究与示范”课题取得一系列成果，国家流域生态补偿与污染赔偿政策框架基本完成，推进了在典型地区的水源保护地、典型流域上下游的生态补偿与污染赔偿政策的试点示范以及机制构建。在生态环境财政转移支付方面，财政部先后印发了《国家重点生态功能区转移支付办法》和《2012年中央对地方国家重点生态功能区转移支付办法》，明确了国家向地方重点生态功能区转移支付的原则、范围、实施办法等，对向国家重点生态功能区财政转移支付的对象、测算方法、管理流程等进行了规范。在立法方面，《生态补偿条例》已进入法律起草阶段，发改委牵头的《关于建立完善生态补偿机制的若干意见》也将报送国务院审议。草原生态补偿快速推进，国家出台了若干政策，要求中央财政加大转移支付支持草原生态建设，并明确了农牧民的补偿标准。

在地方层面，生态补偿政策试点探索稳步推进，部分领域有所突破。

2011 年，新安江跨省流域水环境生态补偿试点、渭河流域省际生态补偿试点相继启动，流域生态补偿政策在流域综合治理中初显成效。部分地区草原生态补偿机制效果明显，内蒙古自治区草原生态补助奖励机制已经进入全面落实阶段，青海省《班玛县 2011 年草原生态保护补助奖励机制实施方案》已经批复实施。

2012 年，生态补偿机制建设得到更快的发展：江苏省徐州市出台了《徐州市南水北调水环境质量区域补偿实施方案（试行）》；广东省印发了《广东省生态补偿办法》；山东省试行了海洋生态补偿方案；河南省继 2010 年《河南省水环境生态补偿暂行办法》又印发了《关于河南省水环境生态补偿暂行办法的补充通知》；上海市闵行区开展了基本农田生态补偿实践；海南省三亚市选择育才镇抱安村实施森林生态补偿试点；云南省昆明市实施滇池污染物提取生态补偿；广州市出台了《广州市生活垃圾终端处理设施区域生态补偿暂行办法》；长沙市出台了《长沙市境内河流生态补偿办法（试行）》。

五、环境经济学学科能力建设进展

（一）研究团队

目前主要以环境经济学、环境经济政策为研究重点的较有影响力的研究院所（中心或室）至少有 40 个，有高等院校也有部委直属研究机构。这些科研团队结合国家环保事业发展的需要，在学术带头人的带领下积极开展环境经济学研究，逐步形成了各自的特色。环保部环境规划院、南京大学环境学院、北京大学环境与经济研究所等科研团队，在过去两年间开展了大量的基础理论、方法模型以及实证应用性研究。在实证研究领域开展的生态补偿、环境税费等研究，为政府部门的政策制定和试点提供了技术支持；在我国环境经济政策的作用机理和作用效果、评估资源环境管理经济手段和政策对改善环境质量提高社会福利的效果等领域开展了大量规范性技术方法研究，在国际上环境研究领域权威期刊上发表论文 30 余篇，在国际上产生了一定的学术影响。环保部环境规划院成立了环境规划与政策模拟实验室，组建了国家环境经济研究与试点技术组，开发了火电行业排污权交易平台；南京大学开发了太湖流域排污交易平台；环保部政策研究中心开发了绿色信贷信息数据库平台，这些基础和应用平台为有关环境经济政策的研究及环保管理工作提供了很好的技术支持。

中国环境科学学会环境经济学分会在学科发展与建设上发挥了特殊的作用。分会每年举办学术年会，联合有关机构召开专题研讨会，发挥分会集聚各方人才资源的优势，促进环境经济学研究人员的沟通、交流和学术网络的形成，紧密结合新时期环境保护工作的政策需求，为特定环境经济学和环境经济政策热点问题的解决做出贡献。

（二）人才培养

环境经济学是环境科学与传统经济学交叉的边缘学科，是探讨以经济学的理论和方法解决环境问题的学科。目前在高校院所有的将环境经济专业设置在经济学学科，有的设置在环境科学。学科建设与人才培养主要集中于硕士、博士研究生的培养，分布在经济管理类学院，环境科学类学院则较少，此外还有西方经济学、政治经济学、产业经济学、区域经济学等专业也招收和培养环境经济学方向的研究生。目前全国设有环境经济博士点的单位约有 30 个，硕士点约有 80 个，提供了很好的环境经济专业人才培养基地。

（三）学术刊物

2010 年，环境经济学分会与中国科学院虚拟经济与数据科学研究中心、环境保护部环境规划院、中国人民大学环境学院联合主办了《环境经济与政策》学术期刊。这是一份环境经济与环境政策的专业学术刊物，每年出版两期，目前采取以书代刊形式出版。该期刊设置了“研究论文”“综述评论”“政策动向”和“书评”等栏目，刊登关于学术理论、学术观点和研究动向的学术论文，已出版多辑。此外，环境经济学分会每年举办环境经济学年度学术会议，分会将会议论文择优选编，以《环境经济研究进展》出版，目前已经出版了六卷，并将持续编辑出版。

中国环境经济网（www.csfee.org.cn）自 2005 年创办以来，一直致力于建设中国环境经济理论和实证研究信息集散地和信息交互沟通平台，打造环境经济研究智库。近两年，环境经济学分会累计上传学术会议信息、国家和地方环境经济政策进展信息 500 余条，上传了不少学术会议的专家发言。网站 2012 年浏览量达 20 万人次，相对 2011 年增加了 60%，浏览量呈快速增加趋势。网络信息平台很好地发挥了信息共享、资源汇集以及研究与实践智力整合的功能，越来越受到环境经济学学界和环境保护各界的关注。

参考文献

[1] 甘泓，秦长海，汪林，张小娟. 水资源定价方法与实践研究. 水利学报, 2012, 43 (3): 289-295.

[2] 刘倩，王京芳，陈琳. 水资源经济价值影响因素的分析.环境保护科学, 2011, 37 (1): 45-48.

[3] 刘世强. 我国流域生态补偿实践综述. 求实, 2011, (3):49-52.

[4] 王一，马云泽. 山东省水资源承载力及其提升措施研究. 山东社会科学, 2012, 3 (25):119-122

[5] 江泽慧. 开展森林资源核算推动绿色 GDP 发展——在全国政协十一届四次会议上的发言. 中国城市林业, 2011, 9 (1):5-6.

[6] 黄丽君，赵翠薇. 基于支付意愿和受偿意愿比较分析的贵阳市森林资源非市场价值评价. 生态学杂志, 2011, 30 (2):327-334.

[7] 周经纬，张勇. 林木资产价值评估方法探讨. 商业会计, 2011, (1): 66-67.

[8] 李蕾，郭峰，王鑫. 南宫山国家森林公园旅游资源价值评价. 江西农业学报,2011, 23(2):184-186

[9] 陈彩虹，肖默. 长株潭城市群城市森林生态系统服务功能的价值评估. 中南林业科技大学学报：自然科学版，2011，31

(2):50-54.

[10] 李东. 生态系统服务价值评估的研究综述. 北京林业大学学报: 社会科学, 2011, 10:59-64

[11] 王科明, 石惠春, 周伟, 郑凤娟, 孙宏山. 干旱地区土地利用结构变化与生态服务价值的关系研究——以酒泉市为例. 中国人口资源与环境, 2011, 21, (3): 124-128.

[12] 吴海珍, 阿如旱, 郭田保, 孙紫英. 基于RS和GIS的内蒙古多伦县土地利用变化对生态服务价值的影响. 地理科学, 2011, 31 (1): 110-116.

[13] 岳东霞, 杜军, 巩杰, 降同昌, 张佳静, 郭建军, 熊友才. 民勤绿洲农田生态系统服务价值变化及其影响因子的回归分析. 生态学报, 2011, 31(9): 2567-2575.

[14] 张振明, 刘俊国, 申碧峰, 刘培斌, 魏炜, 高鹏杰, 张艺. 永定河 (北京段) 河流生态系统服务价值评估. 环境科学学报, 2011, 31 (9): 1851-1857.

[15] 周嘉, 高丹, 常琳娜.生态系统服务功能评估在土地利用总体规划环境影响评价中的应用——以黑龙江省大庆市为例. 经济地理, 2011, 31 (6): 1014-1018.

[16] 崔和瑞, 马涛, 艾宁. 秸秆发电的环境价值分析. 经济研究导刊, 2011, (11):32-33.

[17] 李泓泽, 郭森, 王宝.我国风力发电的环境价值分析. 能源技术经济, 2011, 23 (7): 35-39.

[18] 张玉启, 李彤, 郑钦玉, 郭锐利.论三峡库区农业面源污染控制的生态补偿措施. 西南师范大学学报: 自然科学版, 2011, 36(4): 230-234

[19] 郑开元, 李雪松. 基于公共物品理论的农村水环境治理机制研究. 生态经济, 2012, (3):162-165.

[20] 刘召, 羊许益. 农村生态环境危机及其治理——基于公共物品理论的视角. 农村经济, 2011, (3):104-108.

[21] 李镇炎. 我国流域生态补偿法律制度研究. 昆明: 昆明理工大学, 2011.

[22] 熊璐璐. 基于公共产品理论的公益林分类补偿研究[D]. 北京: 中国林业科学研究院, 2012.

[23] 赵晓光. 水质资源有偿使用的制度设计及受偿意愿研究[D]. 北京: 中国环境科学研究院, 2011.

[24] 朱超. 公共产品、外部性与气候变化——以中美气候合作与博弈为案例. 上海: 华东师范大学, 2011.

[25] 徐艳. 淮河流域水污染治理政策研究. 合肥: 安徽大学, 2012.

[26] 郑昕.环境税 (水污染方向) 的微观经济效应分析——基于外部性理论和博弈论视角. 时代金融, 2012, (3):55

[27] 孙晓阳. 构建我国环境保护税收制度问题研究[D]. 长春: 东北师范大学, 2011.

[28] 彭昭锋. 我国环境税法律制度研究[D]. 长春: 吉林大学, 2011.

[29] 王小华. 基于外部性理论的国内老工业基地重污染企业退出机制设计. 全国商情: 经济理论研究, 2011, (3): 21-23.

[30] 李雪峰. 再论限塑令—环境外部性法律规制的失衡及对策. 兰州: 兰州大学, 2011.

[31] 毕克. 基于外部性理论的企业社会责任研究. 经济研究导刊, 2011, (3): 26-29.

[32] 张文雯. 政府环境责任在现行环保法中的完善. 济南: 山东师范大学, 2011.

[33] 张艳. 环境系统再生产理论下的煤炭环境成本研究.青岛: 山东科技大学, 2011.

[34] 刘晓芳. 中国排污权交易问题研究. 长春: 吉林大学, 2011.

[35] 王道臻, 李寿德. 排污权市场中厂商势力对产品市场结构的影响. 系统管理学报, 2011, 20 (4):510-512

[36] 李志磊. 陕西经济与环境可持续发展问题研究. 西安: 西北大学, 2011.

[37] 吴世彬.大气资源产权制度的理论构建.学术交流, 2012, (10): 67-70.

[38] 李胜兰, 曹志兴.构建有中国特色的自然资源产权制度.资源科学, 2000, 22 (3): 9-12.

[39] 谭静婧. 我国森林碳汇资源所有权制度初探. 北京: 中国政法大学, 2011.

[40] 杨友孝, 曹芳. 中国农村可持续发展下的环境资源产权制度创新. 湖南师范大学社会科学学报, 2004, 33(1):82-86

[41] 温军, 史耀波. 构建完善的环境产权交易市场研究——以西部地区为例. 学术界, 2011, (8): 201-208.

[42] 魏楚, 沈满洪. 基于污染权角度的流域生态补偿模型及应用. 中国人口资源与环境, 2011, 21(6): 135-141.

[43] 许恒周，郭忠兴．农村土地流转影响因素的理论与实证研究——基于农民阶层分化与产权偏好的视角．中国人口资源与环境, 2011, 21 (3): 94-98.

[44] 常修泽.天地人产权论——当代人的发展多维产权探讨．上海大学学报：社会科学版, 2011, 18(3): 1-16.

[45] 钱琴.环境税“双重红利”综述．商业经济, 2011,(20):104-105.

[46] 刘青．基于双重红利理论的水污染税效应分析．经济生活文摘（下半月）, 2011, (8):102-103.

[47] 刘轩昊.论我国开征碳税的理论基础．现代经济信息, 2011, 4:159.

[48] 杨志勇，何代欣．公共政策视角下的环境税．税务研究, 2011, 201, (1), 07.

[49] 陈银娥．西方福利经济理论的发展演变．华中师范大学学报：人文社会科学版, 2000, 39 (4):89-95.

[50] 姚华军，朱清.关于地质环境保护经济制度体系的探讨．资源与产业, 2011, 13, (2):1-5

[51] 高歌，张红凤．基于经济学视角的环境成本不确定性研究. 2011:31-36

[52] 罗晓燕．排污权交易一级市场与二级市场交易模型研究. 2011.

[53] 冯兰刚，张敏，周雪，等．环境库兹涅茨理论发展与思考．电子科技大学学报：社会科学版, 2011,13(3):62-65.

[54] 彭俊铭，吴仁海．不同工业化阶段环境库兹涅茨曲线研究——以广州、佛山与肇庆市为例.2012,19(1):110-115.

[55] 杨林，高宏霞．经济增长是否能自动解决环境问题——倒 U 形环境库兹涅茨曲线是内生机制结果还是外部控制结果．中国人口资源与环境, 2012, 22(8): 160-165.

[56] 张可云，易毅，张文彬．生态文明取向的区域经济协调发展新内涵．广东行政学院学报, 2012,24(2):77-81.

[57] 杨志梁．我国能源、经济和环境 3E 系统协调发展机制研究．北京：北京交通大学博士论文, 2011.

[58] 曹东，赵学涛，杨威杉.中国绿色经济发展和机制政策创新研究．中国人口资源与环境, 2012, 22(5):48-54.

[59] 邓远建，张陈蕊，袁浩．生态资本运营机制:基于绿色发展的分析．中国人口资源与环境, 2012,22(4):19-24.

[60] 蔡昉．“中等收入陷阱”的理论、经验与针对性．经济学动态, 2011, (12):4-9.

[61] 陆文强．“中等收入陷阱”的理论分析与思考．经济改革与发展, 2011(21):48-50.

[62] 伍业君，张其仔．“中等收入陷阱”的理论解释．产业经济评论, 2011,10(4):69-80.

[63] 蔡剑辉，西方环境价值理论的研究进展．林业经济问题, 2003,23(4):191-194.

[64] Pearce, DWD Moran. The economic value of biodiversity. Earthscan publications, 1994.

[65] 施涵，陈松.环境项目和政策的经济评价指南．北京：中国环境科学出版社, 1996.

[66] 吕杰.土地资源环境价值核算研究[D].昆明：昆明理工大学, 2011.

[67] 曹建华.森林资源环境价值核算评价研究综述．江西林业科技, 2002, (5): 36-39.

[68] 李金昌．自然资源价值理论和定价方法的研究.中国人口・资源与环境, 1991,1(1): 29-33.

[69] 李金昌．资源核算论．北京：海洋出版社, 1991.

[70] 曾祯，潘恒．浅谈运用影子价格理论制定水价.技术经济研究与管理, 1999, 22(4): 38-38.

[71] 姜文来，武霞，林桐枫.水资源价值模型评价研究．地球科学进展, 1998. 13(2): 178-183.

[72] 周宇，史久桥，童纪新.水利工程供水成本的数学模型研究．水利经济, 2005, 23(5): 29-31.

[73] 陈易．基于完全成本定价模型的大连市水价研究．水利经济, 2011,(3):42-47

[74] 甘泓.水资源定价方法与实践研究Ⅰ：水资源价值内涵浅析．水利学报, 2012,(3):289-301.

[75] 高兴佑，高文进．基于完全成本和边际机会成本的城市水价研究．人民黄河, 2011,(7):90-92

[76] 郭鹏，王敏，王莉芳．基于 DHGF 算法的水资源定价模型研究．环境保护科学, 2012,(1):45-49.

[77] 秦长海.水资源定价方法与实践研究Ⅱ:海河流域水价探析．水利学报, 2012,(4):429-436.

[78] 王俊能．水环境质量资源定价模型研究．水资源保护, 2011,(1):80-84

[79] 王谢勇，谭欣欣，陈易.构建水价完全成本定价模型的研究．水电能源科学, 2011,(5):109-112.

[80] 杨建州，戴小廷，王湘湘.森林环境资源及其定价理论探讨．林业经济问题, 2011,(6):471-474.

[81] 阮氏春香.森林生态旅游非使用价值的 CVM 有效性研究.南京: 南京林业大学, 2011.

[82] 张培, 章显, 于鲁冀, 排污权有偿使用阶梯式定价研究——以化学需氧量排放为例. 生态经济, 2012,(8):60-62.

[83] 姚恩全, 饶逸飞, 李作奎, 基于重置成本法的排污权定价测算研究——以沈阳市COD排放为例. 辽宁师范大学学报: 自然科学版, 2012,(4):557-562.

[84] 赵忠宝.秦皇岛市森林生态系统服务功能评价研究. 干旱区资源与环境, 2012,(02).

[85] 韩美. 基于价值损失的黄河三角洲湿地生态补偿标准研究. 中国人口・资源与环境, 2012,(6):140-146.

[86] 郭雅儒.河北省小五台山国家级自然保护区森林生态系统服务功能价值评估. 河北林果研究, 2011,(2):129-132

[87] 陈作州. 山东省农田防护林生态系统服务功能价值核算. 生态学杂志, 2012,(1):59-65

[88] 安红岩, 张正肖. 生态服务价值评价在山区城市土地规划中的应用——以万源市太平镇为例. 中国人口・资源与环境, 2011,21(3):465-462.

[89] 李克国.环境费用效益分析及其应用. 上海环境科学, 1992, 11(4): 42.

[90] 傅崇伦, 荆玉兰, 禤红英.环境费用效益分析. 决策咨询通讯, 1997, 2: 32.

[91] Griffiths C, *et al*. US Environmental Protection Agency Valuation of Surface Water Quality Improvements. Review of Environmental Economics and Policy, 2012, 6(1): 130-146.

[92] 王曦.美国环境法概论. 武汉:武汉大学出版社, 1992.

[93] 张胜寒, 张彩庆, 胡文培.电厂湿法烟气脱硫系统费用效益分析. 华东电力, 2011,(2):195-197.

[94] 霍书浩, 丁桑岚.大气污染对林业影响的经济损失分析. 广州化工, 2011,(12):122-124.

[95] 霍书浩, 丁桑岚.大气污染对农业影响的经济损失分析. 广州化工, 2011,(10).

[96] 冯文芳.天津市文明生态村生活垃圾处理方案优选. 环境工程学报, 2012,(3):1025-1029

[97] 陈波, 刘丽君. 浅探资源环境绩效审计的模式和方法——以云南省审计实践为例. 财会月刊, 2011, 59 (527):74-77.

[98] 汤孟飞. 环境绩效审计应用方法研究. 财会研究, 2011, 39 (707):75-77.

[99] 王猛, 李鹏.环境价值与费用效益评估浅议. 科技传播, 2011, 36(3):63-64.

[100] 李素芸.环境影响经济评价中费用效益分析法应用讨论. 财会月刊, 2011,59(830):53-54.

[101] 徐鹤, 李君, 王絮絮.国外物质流分析研究进展. 再生资源与循环经济, 2010, 3(2): 29-34.

[102] 孔鹏志. 我国经济系统的物质流核算与循环结构研究.上海.上海交通大学, 2011.

[103] 楚春礼, 马宁, 邵超峰, 等. 中国铝元素物质流投入产出模型构建与分析.环境科学研究, 2011,24(9):1059-1066.

[104] 李元钊, 吕志贤, 李佳喜, 等. 生态补偿机制中的物质流分析框架及指标体系. 中国石油和化工标准与质量, 2011,(4):148-149

[105] 吴开亚, 刘晓薇, 朱勤, 等. 安徽省经济增长与环境压力的脱钩关系研究——基于物质流分析.地域研究与开发, 2012,31 (4):29-33.

[106] 徐福军. 基于物质流分析的区域循环经济评价.西安: 西北大学, 2011.

[107] 张培. 基于物质流分析的工业园生态效率研究.广州: 暨南大学, 2011.

[108] 程欢. 澳门物质流分析及其在低碳经济中的应用.长沙: 湖南农业大学, 2011.

[109] 赵卉卉, 王远, 谷学明, 等. 基于物质流和生态足迹的可持续发展指标体系构建——以安徽省铜陵市为例. 生态学报, 2012,32(7):2025-2031.

[110] 宋振. 基于物质流对钢铁企业能耗影响的节能分析研究[D].天津: 天津理工大学, 2011.

[111] 周继程, 赵军, 张春霞, 等.炼铁系统物质流与能量流分析. 中国冶金, 2012,22(3):42-47.

[112] 吴开亚, 刘晓薇, 张浩. 基于物质流分析方法的安徽省环境载荷及其减量化研究. 资源科学, 2011,33(4):789-795.

[113] 邓祥征, 吴锋, 林英志. 基于动态环境 CGE 模型的乌梁素海流域氮磷分期调控策略. 地球星系科学, 2010,12(1):26-33.

[114] 庞军, 胡涛, 郭红燕, 曹春苗. “十二五”我国绿色贸易转型方案研究. 环境与可持续发展, 2011,(3):25-30.

[115] 秦昌波, 王金南, 葛察忠. 基于污染减排目标的中国绿色转型成本效益模拟分析. 北京: 环境保护部环境规划院, 2012.

[116] 胡宗义, 刘亦文. 低碳经济的动态 CGE 研究. 科学学研究, 2010,28(10):1470-1475.

[117] 金凤. 基于 CGE 模型求解碳税征收与 CO_2 减排问题. 电脑知识与技术, 2010,6(32) : 9121-9122.

[118] 刘小敏, 付加锋.基于 CGE 模型的 2020 年中国碳排放强度目标分析. 资源科学, 2011,33(4):634-639.

[119] 查冬兰, 周德群.基于 CGE 模型的中国能源效率回弹效应研究. 数量经济技术经济研究, 2010,(12):39-54.

[120] 陈雯, 等. 湖南水污染税的税制设计及征收的一般均衡分析. 财经理论与实践, 2012,33(175):73-77.

[121] 徐晓亮, 吴凤平.引入资源价值补偿机制的资源税改革研究. 中国人口资源与环境, 2011,21(7):107-112.

[122] 徐晓亮. 资源税改革能调整区域差异和节能减排吗?——动态多区域 CGE 模型的分析. 经济科学, 2012,(5):45-54.

[123] 肖强, 胡聃, 郭振, 等. 水资源投入产出方法研究进展. 生态学报, 2011,31(19):5475-5483.

[124] 韩瑞玲, 佟连军, 佟伟铭, 于建辉. 经济与环境发展关系研究进展与述评. 中国人口. 资源与环境, 2012,22(2):119-124.

[125] 黄东梅, 张齐生, 周培国. 基于投入产出的区域主导产业污染负荷核算. 南京林业大学学报: 自然科学版, 2011,35(5):107-111.

[126] 王文治, 陆建明. 外商直接投资与中国制造业的污染排放: 基于行业投入-产出的分析. 世界经济研究, 2011,(8):55-62.

[127] 张珍花, 戴丽亚. 中国产业能源消耗效率变化的实证分析——基于投入产出方法. 生态经济, 2012,(7):91-93.

[128] 赵厚川, 李德山, 刘志杰. 基于能源投入产出表分析四川天然气能耗强度. 中外企业家, 2011,(18):72-73.

[129] 朱勤, 彭希哲, 吴开亚. 基于投入产出模型的居民消费品载能碳排放测算与分析. 自然资源学报, 2012,27(12):2018-2029.

[130] 高金田, 董博, 许冬兰. 基于隐含碳测算的我国进出口贸易结构优化研究. 山东大学学报: 哲学社会科学版, 2011,(5):18-25.

[131] 雷明, 赵欣娜. 可持续发展下的绿色投入产出核算应用分析——基于中国 2007 绿色投入产出表. 经济科学, 2011,(4):16-27.

[132] 廖明球, 岳洋. 绿色 GDP 投入产出表的实证分析: 以北京市为例. 统计与决策, 2012,(21):12-16.

[133] 张亚雄, 刘宇, 李继峰. 中国区域间投入产出模型研制方法研究. 统计研究, 2012,29(5):3-9.

[134] 卞亦文. 非合作博弈两阶段生产系统的环境效率评价. 管理科学学报, 2012,15(7):11-19.

[135] 佟连军, 宋亚楠, 韩瑞玲, 李名升. 辽宁沿海经济带工业环境效率分析. 地理科学, 2012,32(3):294-300.

[136] 刘睿劼, 张智慧. 基于 WTP-DEA 方法的中国工业经济-环境效率评价. 中国人口・资源与环境, 2012,22(2):125-129.

[137] 郑立群. 中国各省区碳减排责任分摊——基于零和收益 DEA 模型的研究. 资源科学, 2012,34(11):2087-2096.

[138] 白仲林. 面板数据模型的设定、统计检验和新进展. 统计与信息论坛, 2010,25(10):3-12.

[139] 王少平, 杨继生, 欧阳志刚. 计量经济学. 北京: 高等教育出版社, 2011.

[140] 吴殿廷, 吴昊, 姜晔. 碳排放强度及其变化——基于截面数据定量分析的初步推断. 地理研究, 2011,30(4):579-589.

[141] 程曦. 太湖水质变化与经济发展关系研究——基于环境库兹涅茨曲线(EKC)方法. 环境与可持续发展, 2012,37(5):73-77.

[142] 熊艳. 基于省际数据的环境规制与经济增长关系. 中国人口・资源与环境, 2011,21(5):126-131.

[143] 于卫国. 中国经济发展与环境污染关系的实证分析. 经济问题, 2011,(1):23-26.

[144] 毛雁冰, 薛文骏. 我国产业能源消耗对经济产出和就业的异质性影响——基于面板协整模型的实证分析. 财经研究, 2012,38(6):102-112.

农业生态环境学科发展报告

摘要　2011 年和 2012 年是“十二五”开始的前两年，归功于国家对农业环保的逐渐重视，农业生态环境学科在理论体系、科学技术、管理支撑以及能力建设方面均快速发展。农村生态文明建设开展有条不紊和农村环境连片整治试点工作大面积开展为农业生态环境学科的发展提供了宝贵的实践论证；生态农业学科的研究围绕农业源污染物减排、农业可持续发展、温室气体排放、农业环境生态安全等从宏观和微观层面上开展了大量研究；《农业环境科学学报》等农业生态环境学科相关的学术期刊的出版以及相关学术会议的召开，为学科的发展提供了很好的讨论平台。

一、引言

党的十七大提出了“建设生态文明”的重大战略思想和任务，是我们党长期以来在探索人口资源环境问题、可持续发展问题等基础上形成的重要理论成果，标志着党对人与自然、发展与环境关系认识上的飞跃。党的十八大把生态文明建设提高到前所未有的地位，是顺应时代变化，是对人民群众的根本利益的呼应。

按照生态文明的内涵，农村生态文明的内涵应包括实现社会生产方式、生活方式特别是人的思维观念的生态化转变，创造经济社会与资源、环境相协调的可持续发展模式，建设经济活动与生态环境有机共生、人与自然和谐相融的文明农村，实现经济、社会、环境的全面、协调、可持续发展。农村生态文明具体是指农民在进行农业生产与生活时，主动、积极地改善和优化农村内部结构，以及建设良好的农村生态环境、塑造良好的农村面貌所取得的一系列物质成果和精神成果的总和。

由于我国农村自然村较小，单个污染产生量比较分散，不容易集中处理，为解决区域性突出环境问题，近几年我国提出了农村环境连片整治项目。对地域空间上相对聚集在一起的多个村庄（受益人口原则上不低于 2 万人）实施同步、集中整治，使环境问题得到有效解决的治理方式。主要包括以下三类方式：一是对地域空间相连的多个村庄通过采取措施实施综合治理，使这些村庄的区域环境质量获得改善。二是围绕同类环境问题或相同环境敏感目标，对地域上互不相连的多个村庄进行同步治理，使同类环境问题得到解决或相同的环境敏感目标得到保护。三是通过建设集中的大型污染防治设施，利用其辐射作用，解决周边村庄的环境问题[4]。

二、农业生态环境学科技术发展研究

2011 年，国务院印发的《“十二五”节能减排综合性工作方案》明确提出“十二五”期间污染减排指标由化学需氧量、二氧化硫两项扩大到四项，增加了氨氮、氮氧化物，减排领域由原来的工业与城镇扩大到交通和农村，减排方案为农业源污染物减排提出了更高的要求。2011—2012 年期间，在农业生态环境学科领域，围绕农业源污染物减排做了大量研究。

（一）农业生态环境与农业源减排控制

1. 种植养殖业污染源控制与治理

2011—2012 年间，种植养殖业面源污染控制方面的技术研究主要围绕在面源污染核算方法的探究、面源污染控制技术和面源污染管理技术等方面。

在面源污染核算方面，研究了全国种植业污染物流失系数测算项目中数据采集、统计、汇总等数据处理方法，设计并实现了基于网络的全国种植业污染物流失系数测算系统，首次将田间监测数据与实验室测试数据采集、统计、汇总、分析等功能全面集成，实现了监测数据的网络化、自动化，提高了面源污染监测数据处理的有效性、可靠性。

面源污染控制技术的研究包含了源头控制、过程管理和末端治理等诸多方面。主要控制技术包括源头上种养殖方式的改变，如稻田养殖方式等生态农业种养模式的筛选、养猪发酵床的方法改进、人工湿地对面源污染控制方面的研究。

在为面源污染提供管理支撑方面，有专家研究了中国畜禽粪便污染现状及产沼气潜力、中国畜禽粪便排放量及其污染物含量、粪便农用地负荷等，并对畜禽粪便中氮磷农用地负荷进行预警分级（见图 5、图 6），同时估算了粪便资源沼气潜力。通过复合预警分级研究，为我国养殖业面源污染控制分区管理提供了参考[3]。

研究结果发现，中国整个牧区与农区中的山西、黑龙江的警报值均低于 0.4，对环境不构成威胁，农区其他地区畜禽粪便中氮素均存在不同程度的环境影响，但未出现“很严重”等级，北京、四川畜禽粪便中氮素农用地负荷最大，对环境的影响等级为“严重”。虽然北京市畜禽粪便氮素的排放量不大（31 个地区中位列第 29 位），但由于其缺乏消纳畜禽粪便的农用地面积（耕地面积仅占全国的 0.19%），导致北京的警报值（1.88）最高。四川省可供消纳畜禽粪便的农用地面积虽然较大，但其粪便排放量位居全国第一，所以警报值也达到了 1.68。湖南、河南、广东、海南、福建、辽宁、江西、河北“较严重”，山东、广西、云南、湖北、上海、重庆、天津、贵州“有”，浙江、吉林、江苏、安徽、陕西“稍有”。

中国牧区畜禽粪便中磷素对环境无影响，农区畜禽粪便中磷素的环境影响普遍存在。北京市的警报值高达 3.50，全国最为严重，环境影响等级为严重的地区有四川、湖南、广东、福建、河南、河北、辽宁、江西、海南、山东、上海和湖北，广西、重庆、天津、浙江、江苏、云南“较严重”，安徽、吉林、贵州“有”，陕西、山西、黑龙江“稍有”。

2. 低碳排放与农业生态环境保护

2009 年末的哥本哈根世界气候大会在全球范围内引发了“低碳”热潮。“低碳”深入到国民经济、国民生活的各个领域。我国作为发展中的农业大国，应该将“低碳”发展理念和方式导入农业领域，才能改变我国农业落后于世界农业强国的现状，解决我国农业现代化进程中面临的问题。

近两年，低碳农业主要围绕农业源温室气体来源测度和减排机理研究、农业源温室气体数量和结构特征核算研究、农业减排技术路径和减排措施经济分析研究、低碳农业必要性和制约因素研究、低碳农业发展路径和发展模式研究和低碳农业发展政策与机制设计研究六个方面。

综观国内外文献研究，国外文献中几乎没有低碳农业这个词，相关做法已融在“环境友好型农业”“可持续农业”和“亲环境农业”中，农业减缓和适应气候变化成为两个相互交织的研究主题；作为中国特色的低碳农业是从低碳经济派生出来的，这是我国期望从自身农业条件，即地少人多、小农户分散经营出发，希望通过技术和政策等协同控制方式来实现资源、能源节约投入、保障粮食安全、保护农业环境等多重目标，以减少农业源温室气体排放的一种新的现代农业发展模式。

国内外低碳农业文献研究存在共性，一是都体现了农业科学等自然科学与社会科学、经济科学多学科交叉视角，基于田野实验提出的减排技术路径基本类似；二是都注重农业源温室气体减排数量结构特征核算及碳排放因素分解；三是都深入分析了农业减排固碳参与碳交易的制度设计；四是都侧重法观层面，对微观主体的研究明显欠缺，具体体现在：偏重减排技术的研究，很少考虑对产量的影响和农户采纳难易程度，即技术本身的实用性和经济性；缺乏通过微观调研获取农户低碳农业技术的实际采用情况及对农户采纳减排技术影响因素方面的研究。从文献研究内容和研究方法匹配看，国外已形成以自然科学“田野实验”为主要研究方法，以减排来源测度、减排机理、风险规避为研究内容和以经济学为主的社会科学“各类模型”为主要研究方法，以减排技术可行性筛选，减排成本收益分析、政策效果分析为研究内容的一体化分析框架；国内研究主要集中在低碳农业内涵、发展模式和路径、必要性和制约分析、政策与机制设计的定性研究方面。

（二）农业生态环境与农业可持续发展

农业生态环境与农业可持续发展方面主要围绕污染物对土壤的影响作用进行了研究，如韩宝禄等[6]研究了污染土壤六六六和 DDT 在温室中的分布特征和动态变化，侯彦林[7]研究了中国农田重金属污染预警系统，陈俊辉等[8]研究了转基因抗虫棉对棉田土壤细菌及群落结构的影响，赵江宁等[2]通过 5 年的定位实验研究了土壤铜污染对水稻产量形成的影响，结果表明土壤铜污染抑制水稻分蘖的发生和生长，使单位面积穗数和每穗颖花数下降进而使水稻减产；土壤铜污染对水稻生长和产量的影响逐年减小，这可能与土壤中可交换态铜含量持续降低有关。陈涛等研究了长期污灌农田土壤重金属污染及潜在环境风险。

另有一些研究集中在秸秆还田方面。例如，刘思春[9]研究了长期秸秆还田对农田土壤水分运动与热力学函数关系，张晶等[10]研究了秸秆炭化还田对不同镉污染农田土壤中镉生物有效性和赋存形态的影响，蔡太义[11]研究了不同量秸秆覆盖对春玉米光和生理的影响，韩新忠等[12]也研究了不同小麦秸秆交换天量对水稻生长、土壤微生物及酶活性的影响，秦俊豪[13]研究了芝麻、花生和田菁秸秆还田的化感效应。

（三）农业生态环境保护制度研究

1. 法律、规划研究

2012 年 6 月，国务院法制办公室发布了关于《畜禽养殖污染防治条例（征求意见稿）》公开征求意见的通知。通知指出，为了保护、改善农村环境，加强养殖业的污染防治十分必要，养殖业属于弱势产业，污染防治不宜给养殖者造成不必要的负担，不宜简单采用工业污染治理的制度和措施。

2012 年年底，环境保护部、农业部近日联合印发了《全国畜禽养殖污染防治“十二五”规划》（以下简称《规划》）。《规划》在系统总结分析我国畜禽养殖污染防治现状、问题和形势的基础上，按照“发展中保护、保护中发展”的要求，遵循“统筹兼顾、突出重点，预防为主、利用优先，因地制宜、分类管控，疏堵结合、双管齐下，多方联动、合力推进”的原则，以推动农牧结合、种养平衡、循环利用为根本手段，以提高农业资源综合利用效益，减少污染物排放，保障区域环境质量和畜牧业健康持续发展等为根本目的，以规模化养殖场（小区）、污染严重的养殖密集区域，重点区域是养殖总量大、污染负荷重、国家水污染防控重点流域和区域等为重点治理单元，对“十二五”时期畜禽养殖污染防治工作目标、主要任务和保障措施提出了明确要求和全面部署。提出到2015年，全国畜禽养殖污染状况基本摸清，畜禽养殖污染防治法规标准体系基本健全，畜禽养殖环境监管和污染防治科技支撑能力明显提升，畜禽养殖废弃物综合利用和污染治理设施建设得到加强，严重危害群众健康的突出畜禽养殖污染问题基本解决，全国畜禽养殖化学需氧量、氨氮排放量较2010年分别减少8%、10%以上，分别新增削减能力140万吨/年、10万吨/年。

2011年12月农业部颁发了《关于加快推进农业清洁生产的意见》，规定了农业清洁生产的源头预防措施、过程控制措施和农业面源污染治理措施。另外，我国还有一系列针对某种类型的化肥的国家标准如尿素国家标准、复混肥料国家标准和微生物肥料行业标准、绿色产品生产肥料施用规则等肥料行业标准，以及关于农药残留限量的国家标准。2012年《国务院全国现代农业发展规划（2011—2015 年）》提出加快发展无公害农产品、绿色食品、有机农产品和地理标志农产品；鼓励施用生物农药、高效低毒低残留农药和有机肥料，回收再利用农膜和农药包装物，治理和控制农业面源污染；加快开发以农作物秸秆等为主要原料的肥料、饲料、工业原料和生物质燃料；扩大草原生态保护、面源污染防控生态奖补范围和规模，探索实施生物农药、低毒农药施用补助政策。

2. 农村环境连片整治相关指南的制定

2012年，为配合农村环境连片整治顺利完成，环保部组织清华大学、中国环境科学研究院、环境规划院等高校和科研机构编写了《农村环境连片整治技术指南（征求意见稿）》（以下简称《指南》）、《农村生活污水处理项目建设与投资技术指南（征求意见稿）》、《农村生活垃圾分类、收运和处理项目建设与投资技术指南（征求意见稿）》、《畜禽养殖污染防治项目建设与投资技术指南（征求意见稿）》、《农村饮用水水源地环境保护项目建设与投资技术指南（征求意见稿）》和《农村饮用水水源地环境保护技术指南（征求意见稿）》。

《指南》的内容包括农村饮用水源地保护项目、农村生活污水连片处理、农村生活垃圾连片处理项目和畜禽养殖污染连片治理项目四项工作的“技术模式选取”“工程建设技术要求”“工程运行维护和管理的技术要求”等方面的内容。

作为农村环境连片整治项目建设与管理的指导性文件，这些指南的发布，对于地方政府依据自身农村环境问题制定相应的技术规范、实施方案等起到引导作用。例如安徽省依据《农村环境连片整治技术指南（征求意见稿）》制定了《安徽省农村环境连片整治示范项目技术指南（试行）》，湖南省制定了《湖南省农村环境连片综合整治示范区环境建设工程技术规范及评估标准（试行）》。在这些技术规范等的指导下，农村环境连片整治工作得以有效开展。

在农业环境保护科研资金方面，为加强农业生态环境保护专项经费管理，提高资金使用效益，农业部2011年10月印发了《农业生态环境保护专项经费管理暂行办法》。根据《农业部关于下达2012年农业生态环境保护项目资金的通知》和《财政部关于批复农业部2012年部门预算的通知》（财预[2012]168号），财政部批复农业部总共4900万元，主要用于开展农产品产地环境污染调查监测、农业面源污染监测与防治、乡村清洁工程示范以及宣传、培训、履约谈判等方面。

三、农业生态环境学科能力建设

农业生态环境学科相关的主要期刊《农业环境科学学报》、《生态与农村环境学报》、《中国生态农业学报》、《农业资源与环境学报》以及《生态学报》、《植物生态学报》等为农业环境学科的学术交流提供了平台。其中，《农业环境科学学报》是国内唯一报道农业环境学科领域最新研究及其进展的学术期刊。《中国生态农业学报》是以农业生态学为理论基础，研究农业生态系统及其稳定发展理论与技术的农业学术期刊，主要报道农业生态学、生态经济学、生态学及资源与环境保护等领域创新性研究成果。《生态与农村环境学报》主要报道生态与农村环境保护领域的研究动态与方向、理论与方法、科研成果与进展。《农业资源与环境学报》主要传播农业可持续发展新思想、新观点、新方略，倡导农业生产、农民生活、农村生态协调发展理念，多视角、多层次、多学科地反映食品安全与健康、资源开发与利用、环境污染与防治、农业清洁生产与农村循环经济等热点问题。

参考文献

[1] 程永, 李素霞, 张杰, 等. 甲氨基阿维菌素苯甲酸盐衍生化条件优化及在土壤残留检测中的应用. 农业环境科学学报. 2012,(12):2506-2512.

[2] 赵建宁, 张贵龙, 杨殿林. 中国粮食作物秸秆焚烧释放碳量的估算. 农业环境科学学报. 2011,(4):812-816.

[3] 张田, 卜美东, 耿维. 中国畜禽粪便污染现状及产沼气潜力. 生态学杂志, 2012,(5):1241- 1249.

[4] 柴晓娟, 周静, 李爱权, 等. 太湖流域地区开展农村环境连片整治的探索. 环境科学与管理, 2013,(1):71-75.

[5] 邓小云. 农业面源污染防治法律制度研究[D]. 青岛: 中国海洋大学, 2013.

[6] 韩宝禄, 薛南冬, 李发生, 等. 污染土壤中六六六和 DDT 在温室中的分布特征及动态变化研究. 农业环境科学学报, 2012,(9):1739-1744.

[7] 侯彦林. 中国农田重金属污染趋势性预测和预报系统. 农业环境科学学报, 2012,(8):1498- 1504.

[8] 陈俊辉, 王扬扬, 郑婕, 等. 转基因抗虫棉对棉田土壤细菌数量及群落结构的影响. 农业环境科学学报, 2012,(4):736-742.

[9] 刘思春, 张红, 吕家珑, 等. 长期秸秆还田对农田土壤水分运动与热力学函数关系初探. 农业环境科学学报, 2012,(9):1791-1798.

[10] 张晶, 苏德纯. 秸秆炭化后还田对不同镉污染农田土壤中镉生物有效性和赋存形态的影响. 农业环境科学学报, 2012,(10):1927-1932.

[11] 蔡太义, 张合兵, 黄会娟, 等. 不同量秸秆覆盖对春玉米光合生理的影响. 农业环境科学学报, 2012,(11):2128-2135.

[12] 韩新忠, 朱利群, 杨敏芳, 等. 不同小麦秸秆还田量对水稻生长、土壤微生物生物量及酶活性的影响. 农业环境科学学报, 2012,(11):2192-2199.

[13] 秦俊豪, 贺鸿志, 黎华寿, 等. 芝麻、花生和田菁秸秆还田的化感效应研究. 农业环境科学学报, 2012,(10):1941-1947.

环境医学与健康发展报告

摘要 根据2011—2012年期间本学科（领域）的研究及相关工作，从问题的提出，研究目的、研究内容、取得的进展和意义等角度，归纳概述了两年来本学科（领域）的研究发展动态。

一、引言

2011—2012年以来，环境医学与健康学科在学科发展、研究进展等方面取得了很大进展，特别是在气候变化与健康、水污染与健康、大气二氧化硫与健康、大气 $PM_{2.5}$ 对健康影响及其作用机制方面。本学科发展报告从各方面对上述内容进行了介绍。

二、环境医学与健康学科基础研究进展

（一）气候变化与健康

气候变化是环境问题，也是关乎人群健康的问题。气候变化在造成人群居住环境改变、气候变暖的同时，极端天气与气候事件的频数与分布的变化也对人群健康产生极大的影响[1]。气候变化带来的威胁，使已存在的环境压力更加恶化，也使人类在寻求社会发展、经济增长、环境保护和人群健康之间的平衡中面临更加复杂的挑战。世界卫生组织（WHO）提出，全球气候变化是21世纪人类面对的最大健康挑战。WHO估计，20世纪70年代中期以来，气候变化相关的居民死亡已达150 000人，伤残调整生命年（DALY）损失5百万人年[2]。

近两年来，我国研究者主要对气候变化与人群健康的关系在不同的健康效应终点上进行了广泛深入的研究，在不同研究方向上取得了一系列气候变化与健康研究成果，进行了流行病学调查及毒理学毒作用及其机理的探讨。研究者不仅关注其对人群呼吸系统健康的影响，更开始关注对心血管系统、神经系统等的影响及作用机制；研究观察的人群，不仅关注老年人和儿童等敏感人群，很多研究开始关注不同水平的环境污染物对健康成年人健康影响的研究；在研究方法上，学习国外先进方法，将其应用到国内的实际调查研究中，开展了许多时间序列分析、病例交互研究等研究。不仅如此，还积极主动将传统流行病学的研究方法应用到实际气候变化与健康的研究过程中，取得了很好的结果[3~8]。

我国有关气候变化与人群健康的研究基本可分为直接健康效应研究、间接健康效应研究、人群脆弱性和敏感性研究及适应性研究、气候变化毒理学和气候变化相关疾病负担的评估。

1. 气候变化对我国人群健康的直接影响

环境温度与人群健康的关系一直备受关注，各种疾病的发病率或死亡率与环境温度都有直接关系。刘方等总结多个研究发现，每日温度与日死亡人数存在“U”“V”“J”形关系，这说明温度-死亡的关系是非线性关系，而且在不同地区或国家每日温度与日死亡人数的曲线形状也不尽相同。日温差（每日最高、最低温度的差值）的改变可以反映全球和区域性的气候变化特征[9]。Kan 等研究了日温差与每日死亡率的关系，发现日温差升高可增加居民死亡风险，日温差每增加 1℃，总死亡风险增加 1.4%，心脏病死亡风险增加 1.9%。继 Kan 等研究之后，Tam 等在香港分析了日温差与居民心脑血管病死亡率的关系，发现日温差的波动在大于 65 岁年龄组人群中的健康效应最为明显[10]。

热浪可以明显增加居民死亡人数，特别是心肺疾病死亡。Tan 等在上海研究了热浪与健康预警系统，结果显示，湿热气团（moist tropical plus，MT+）作为集高温度与高湿度于一身的气团，是造成热浪的主要原因；湿热气团影响上海时，每日超额死亡率达 16%～28%，每日超额死亡数达 35～63 人[11]。Huang 等研究了 2003 年热浪对上海市居民死亡率的影响，发现热浪期与非热浪对照期相比，居民总死亡风险增加了 13%，心脑血管死亡风险增加 19%，呼吸道疾病死亡风险增加 23%[12]。Tan 等还比较了上海市 1998 年和 2003 年热浪期间的每日死亡数的不同，发现 1998 年热浪期间最高每日死亡数是非热浪期平均每日死亡数的 3 倍，而 2003 年热浪期间最高每日死亡数只比非热浪期间平均每日死亡数增加了 42%，社会经济条件的改善被认为是 1998 年和 2003 年热浪健康危害不同的原因[13]。

值得注意的是，气候变化不仅表现在变暖，与越来越多的热浪对应出现的还有寒潮。2008 年，我国的强寒冷冬季造成了广泛的社会影响。钟堃等用病例交叉研究方法分析寒潮天气对居民心脑血管疾病死亡的影响，结果显示，温度降幅大且伴随高气压的寒潮可能会造成心脑血管疾病死亡风险的升高，居民每日心血管疾病、急性心肌梗死和脑血管疾病死亡的风险分别增加 50%、91%、68%[14]。

2. 气候变化对我国人群健康的间接影响

气候变化对人群健康的间接影响是我国公共卫生安全面临的重要挑战。这主要表现在三个方面：气候变化对传染病的影响；气候变化与大气污染物的联合健康效应；气候变化对环境生态系统的影响。

（1）气候变化对传染病的影响　气候变化对传染病的影响表现在多个方面，包括传染性疾病的媒介物与感染性寄生虫流行范围和活动能力改变、经水和食物传播的病原体生态状况改变及对农业生产的不利影响等。其中，气候变化对媒介生物性疾病流行范围的影响最为显著。

钉螺是血吸虫发育和成长的母体，环境温度则是影响钉螺分布的重要生态因子。洪青标等分析了全球气候变暖对中国血吸虫病传播的影响，并测定了钉螺冬眠温度与越冬致死温度。实验结果显示，当温度逐渐降低至 11℃左右，部分钉螺开始出现冬眠现象；环境温度越低，钉螺冬眠率越高，钉螺半数冬眠温度为 5.9℃。当温度降低到 0℃以下时，钉螺开始出现死亡。干燥环境中钉螺半数致死温度为 2.3℃，潮湿环境中钉螺半数致死温度为 2.7℃。此研究结果为血吸虫病流行趋势的预测提供了基础数据[15]。Zhou 等在建立钉螺和日本血吸虫的有效积温模型和绘制出血吸虫病传播指数分布图的基础上，分析了过去 50 年间全国钉螺和日本血吸虫有效积温的波动趋势，预测今后 50 年内血吸虫病潜在流行区北移扩散的可能性和范围[16]；根据全国气温资料对 1950—2000 年的钉螺分布进行分析发现，20 世纪 90 年代起钉螺分布区域出现了明显北移，分布区域向北逐渐扩大，这与全国平均气温在20世纪80年代后期出现升高趋势一致，表明气温升高可能导致全国钉螺分布面积的增加。气候变化也可能影响我国脑炎、流行性出血热、疟疾、登革热等传染性疾病。Zhang 等评估了气候因素与流行性出血热的关系，结果显示，地表温度、降雨量、相对湿度等因素变异与流行性出血热发病率有明显的统计学意义[17]。

（2）气候变化与大气污染物联合健康效应　环境温度与大气环境中的二次污染物的生成密切相关。气温升高加剧光化学反应，臭氧生成增加，进而影响人体健康。同时，极端气象条件和大气污染在对人群的不良健康效应上可能存在着协同作用。我国武汉的一项研究评估了日平均温度和大气颗粒物浓度与人群死亡率的关系，结果发现高温热浪与大气颗粒物对居民总死亡、心血管病死亡和心肺疾病死亡的影响有协同增强效应[18]。

（3）气候变化对环境生态系统的影响　气候变化对环境生态系统的影响是多方面的。随着气候变暖和人类开发利用自然资源的强度加大，环境生态系统可出现明显退化或恶化，对人群健康甚至人类的生存与社会发展构成威胁。

3. 人群脆弱性和敏感性研究及适应性研究

识别脆弱人群并辨别人群敏感性是与气候相关的人群健康研究领域关注的重要方向，目前的研究多关注年龄和性别因素。Tan 等研究结果显示，湿热气团的健康影响在大于65岁年龄组最为明显，提示在热浪期间老年人是较脆弱人群，应给予更多的关注[11]。Huang 等分析了不同年龄组间的相对死亡风险，结果也显示大于 65 岁年龄组对热浪更加敏感[12]。这两项研究提示，大于65岁年龄组人群是气候变化的脆弱人群。Huang 等的研究中也分析了不同性别组间人群对热浪的健康反应，结果显示热浪对男性的不良健康效应（RR=1.16，95%CI：1.06～1.26）稍高于女性（RR=1.10，95%CI：1.01～1.20），但是差别没有统计学意义。我国少有研究关注社会经济因素对气候变化的修饰作用。已有的研究分析多关注城市户籍人群，对于城市流动人群、小城镇及农村居民的关注相对较少。在偏远的乡村，夏天没有空调，冬天没有暖气，居民更容易暴露于高温或寒冷的环境中，但生命统计资料的不完整使得对此类人群健康效应的评估难以实施。

4. 气候变化相关疾病负担的评估

气候变化已经明显影响到人类的健康，并造成疾病负担的加重，因此，开展气候变化对人群疾病负担影响的研究显得尤为重要。目前气候变化疾病负担主要用环境疾病负担（EBD）进行评估，通过伤残调整寿命年（DALY）的计算和风险评估模型（CRA）的应用，通过26个对人类健康有影响的环境、职业、社会、行为危险因子来估计疾病负担。评估主要利用归因和因果推断的思想。评价环境的疾病负担需要 3 种类型的数据：①不同人群中危险因素暴露的分布；②暴露-反应关系信息；③归因于某疾病的DALY 损失。

（二）水污染与健康

水是生命之源，饮用水安全问题是关系到国家安全、社会稳定、人民健康的重大问题，日益恶化的水环境污染和水资源短缺问题严重影响着人民生活质量、身体健康和生命安全。浙江大学、浙江省环境监测中心课题研究组对浙江省 101 个县级以上集中式供水饮用水源地水样进行了采集，对其中可能的176种有机物进行了监测。结果显示，其中44个水源水样中共检出包括微囊藻毒素-LR、微囊藻毒素-RR、草甘膦、邻苯二甲酸二丁酯、邻苯二甲酸二（2-乙基己基）酯和咔唑在内的6种有机物，其中微囊藻毒素和草甘膦农药分布地区较广，检出率较高。2008 年对地市级水源水的监测氨中发现嘉兴地区氨基甲酸酯类农药，包括涕灭威与灭多威有较多检出。

（三）大气 $PM_{2.5}$ 对人体健康影响及其作用机制

在我国，大气 $PM_{2.5}$ 的污染已经成为当前一个严峻而普遍的环境问题。在我国多个地区，尤其是经济发达地区如京津冀、长江三角洲和珠江三角洲地区均出现了 $PM_{2.5}$ 污染加重、灰霾现象频发的现象。虽然国际环境流行病领域近三十年的研究已经确证大气 $PM_{2.5}$ 与人群呼吸系统和心血管系统疾病的发病率、死亡率密切相关，但是由于大气 $PM_{2.5}$ 是多种化学成分组成的一种混合物，其不同化学成分引起健康危害的能力不同，目前对大气 $PM_{2.5}$ 的理化性质与健康效应之间的关系仍不清楚，大气 $PM_{2.5}$ 与其他因素包括气态污染物以及气象条件之间的相互作用也使得其健康效应变得极为复杂。

2012 年，我国在大气 $PM_{2.5}$ 健康危害研究进展方面取得了一定的进展，主要包括初步开展了大气 $PM_{2.5}$ 影响人体健康的主要成分研究，进一步探讨了大气 $PM_{2.5}$ 影响人体健康的关键机制，研究了大气 $PM_{2.5}$ 与其他因素在影响人体健康中的协同效应。

一项有关健康人群心血管生物标志物对大气细颗粒物污染水平改变的早期和持续反应研究显示，尽管城区的大气 $PM_{2.5}$ 污染水平低于郊区，当一群健康青年人从郊区校园迁至城区校园后，其血压、炎症生物标志及同型半胱氨酸水平整体上呈明显上升趋势，而凝血生物标志水平整体呈降低趋势。进一步对 $PM_{2.5}$ 中的成分进行分析显示，城区和郊区 $PM_{2.5}$ 的成分差别较大，城区 $PM_{2.5}$ 中来源于机动车尾气的碳质含量明显高于郊区，而郊区 $PM_{2.5}$ 中来源于二次污染的硝酸根和硫酸根含量明显高于城区。$PM_{2.5}$ 的化学成分中，对血压水平有重要影响的成分包括有机碳、元素碳、氯离子、氟离子、镍、锌、镁、铅和砷等，对心血管生物标志水平有重要影响的化学成分包括锌、钴、锰、硝酸根、氯离子、二次有机碳、铝等。而在大气 $PM_{2.5}$ 健康效应中起关键作用的化学成分主要来源于交通排放、扬尘（含建筑扬尘及远距离输送扬尘）和燃煤等污染源[19~22]。

另一项研究以我国某北方城市为例，首次分析了我国大气 $PM_{2.5}$ 及其关键组分的日均变化与居民每日死亡率变化的关联，研究结果显示我国北方城市冬季采暖期间的 $PM_{2.5}$ 暴露对于呼吸系统和心血管疾病死亡率，特别是慢性阻塞性肺疾病和冠心病的增加，有更为显著的影响，$PM_{2.5}$ 中的二次粒子、元素碳及过渡金属相比其他成分具有更显著的健康危害[23]。

由于大气 $PM_{2.5}$ 来源众多，成分复杂，其毒性作用和机制与组分密切相关。例如，多环芳烃及过渡金属（如铁、锌、铜、镍、钒）可引起活性氧的产生和炎性因子的释放，与 $PM_{2.5}$ 引起的心肺损伤等有关；$PM_{2.5}$ 中含有的致突变物和致癌物（砷、多环芳烃等）可引起的遗传物质损伤等，与癌症和出生缺陷的发生有关。由于 $PM_{2.5}$ 中不同成分的毒性作用不同，目前有关 $PM_{2.5}$ 毒性机制的研究开始逐步转向采用单一成分给动物或细胞染毒从而观察不同成分的效应。一项采用 $PM_{2.5}$ 中碳质成分之一炭黑给小鼠染毒的动物实验结果显示，炭黑暴露可降低小鼠心脏副交感神经活性，且该效应机制独立于心肺组织损伤；活性氧在炭质成分细颗粒物导致心脏副交感神经活性降低效应中起到重要的作用[24]。

分析可见，人群流行病学实验研究或准实验研究、志愿者暴露试验以及整体动物和细胞毒理学研究的有机结合，是推进大气 $PM_{2.5}$ 人体健康影响关键机制研究进一步深入的有效手段。

三、环境医学与健康科学技术研究进展

（一）气候变化与健康

目前研究多采用固定监测站的数据作为人群暴露水平，方法简单易行。但是人群在不同微环境中的暴露水平不一致，固定监测站的数据不能代表人群真实的暴露水平。

1. 个体暴露水平评价方法

便携式个体暴露仪器使精确监测个体暴露水平成为可能。虽然个体暴露水平监测有仪器测定花费高、不适合于大规模的人群流行病学研究、需要研究对象携带仪器难以进行长期的监测等不可回避的缺点，但是与其他暴露评价方法比较，个体暴露水平监测不需考虑研究对象的其他环境影响因素，而且对于移动性较大的人群研究，个体暴露水平监测具有其他方法无法比拟的优势。

2. 生物标志物

生物标志物检测被认为是进行环境暴露水平评价的有效方法。生物标志物检测考虑了人体与环境因素的相互作用，提高了暴露评价的精确度，但是它的应用也有局限之处。包括生物样本的采集涉及研究对象的身体权，执行难度较大，并且生物标志物是一个综合性的指标，它是各种环境因素通过各种途径进入人体并与人体相互作用的综合性结果，目前还没有生物标志物应用于气候变化对人群健康影响的研究。

（二）水污染与健康

在监测数据的基础上，采用 US EPA 推荐水环境健康风险评价模型对浙江省水源水中有机物经饮水途径导致的个人健康风险进行评价，结果提示各饮用水源中有机物引起的健康风险相对较小，远低于国际权威机构推荐的可接受水平。根据监测结果和健康风险评价结果，针对水源水中两类典型有机污染物微囊藻毒素（Microcystin，MC）和氨基甲酸酯类农药进行遗传毒性分析。分别采集 MC 和氨基甲酸酯类农药典型污染的水源水样，对其中的 MC 进行浓集，得到 MC 浓集物；并通过向 MC 污染的水源水中加入 MCLR 和 MCRR 纯品，向氨基甲酸酯类农药污染的水源水中加入草甘膦、灭多威和涕灭威纯品，在天然水体中得到不同浓度的有机污染。对以上两部分样品在基因水平、染色体水平和 DNA 水平上可能具有的遗传毒性进行了检测，结果如下。

Ames 试验显示，无论是否在代谢活化条件下，水源水中微囊藻毒素（MCLR、MCRR）及有机浓集物对 TA97、TA98、TA100 和 TA102 各菌株均未表现出明显的基因突变作用，水源水中 MCLR 较纯毒素相比对 TA98 和 TA100 菌株的回变数有所增加，水源水中 MCRR 较纯毒素相比对 TA97、TA100 和 TA102 有所增加。TA98 菌株对水源水有机浓集物致突变检测敏感性较高，最高剂量组（1L/mL）浓集物回变菌落数接近空白对照组的 2 倍，具有可疑致突变性。在微核试验中，A 水源水中 MCLR、MCRR 达到 100.00μg/L 时与溶剂对照组相比，微核率上升，分别达到 2.50‰±1.29‰和 3.00‰±0.71‰，与阴性对照相比，具有显著性差异。人淋巴细胞彗星试验检测 DNA 损伤结果显示，两水源水中 MCLR、MCRR 各剂量组的 DNA 损伤指标，包括尾部 DNA 百分比、尾长、尾矩、Olive 尾矩与水源水相比均有明显上升，微囊藻毒素污染的水源水可以造成淋巴细胞 DNA 链明显损伤，当水源水中 MCLR 达到

0.10μg/L 以上，MCRR 达到 1.00μg/L 以上时，水源水中的微囊藻毒素引起的 DNA 损伤与相同剂量下相应纯毒素引起的损伤效应之间存在一定差异，这种差异出现的原因可能与水源水中其他组分有关。两水源水有机浓集物显示了明显的 DNA 损伤作用，尾部 DNA 百分比、尾长、尾矩和 Olive 尾矩等 DNA 损伤指标值与对照组相比具有显著性差异。

MCLR、MCRR 纯毒素及水源水中微囊藻毒素在 Ames 试验中未见明显致突变作用；两种纯毒素及 A 水源水中的藻毒素在鲤鱼红细胞微核试验中存在一定染色体损伤效应；水源水中藻毒素及纯毒素在彗星试验中对淋巴细胞 DNA 具有明显损伤作用。水源水有机浓集物最高剂量组（1L/mL）对 Ames 试验 TA98 菌株可疑阳性，最高剂量下对染色体具有一定损伤作用，各剂量组均可引起淋巴细胞 DNA 链断裂，在 DNA 水平上具有明显的遗传毒性，应当引起相关部门的足够重视。

三种农药草甘膦、涕灭威与灭多威 Ames 试验显示所有剂量组均未超过自发回变组的 2 倍，但高剂量组的 TA97 菌株菌落数明显高于自发回变数（$P<0.05$），且水源水溶剂组高剂量组的 TA97 菌株菌落数明显高于去离子水溶剂相同剂量组，经代谢活化后，最高剂量组的 TA100 菌株菌落数明显高于自发回变组。涕灭威在非代谢活化条件下，两种溶剂组的高剂量组 TA97 菌株菌落数均明显高于自发回变组（$P<0.05$），在代谢活化条件下，水源水溶剂组的四个菌落数都有一定增加，最高剂量组的四个菌株菌落数均高于自发回变组（$P<0.05$）。灭多威高剂量组在非代谢活化条件和代谢活化条件下 4 种菌株都有明显增高，水源水溶剂组非代谢活化条件下的 TA97、TA100 菌落数要明显高于相同剂量的去离子水溶剂组（$P<0.05$），在代谢活化条件下，TA97、TA98 菌落数明显高于相同剂量的去离子水溶剂组（$P<0.05$）；微核试验显示草甘膦、涕灭威、灭多威各剂量组与阴性对照组以及水源水对照组相比，均无显著性差异（$P>0.05$）；彗星试验显示两种溶剂配制高剂量组的草甘膦彗星四个指标均明显高于阴性对照组（$P<0.01$），且水源水溶剂组的彗星尾长、尾矩和 Olive 尾距指标要高于相同剂量组的去离子溶剂组（$P<0.01$），涕灭威两种溶剂配制的高剂量组的彗星四个指标均高于阴性对照组（$P<0.05$），而水源水溶剂组的尾长、Olive 尾矩指标要高于相同剂量组的去离子水溶剂组（$P<0.05$），灭多威的 200.00μg/L、20.00μg/L 三个剂量组的两种溶剂配制组的彗星四个指标均明显高于阴性对照组（$P<0.01$），水源水溶剂组的 2.00μg/L 剂量组的彗星所有指标也高于阴性对照组和水源水对照组（$P<0.01$）。

在该试验条件下，草甘膦、涕灭威、灭多威均无明显的致突变性，均为阴性结果，但三种农药在高浓度下都可能具有潜在的致突变性，水源水成分复杂，其中存在的一些物质可能加强了草甘膦的致突变性，但是效应比较小，经代谢活化后，水源水可能加强了涕灭威和灭多威的致突变性。三种农药并未使鲤鱼外周血红细胞微核率明显上升，在本试验剂量下，未出现明显的染色体损伤效应。高剂量组的三种农药，草甘膦 50μg/L、涕灭威 0.2μg/L、灭多威 2μg/L 以上剂量组中均可导致人外周血淋巴细胞 DNA 不同程度的损伤，鉴于水源水中成分复杂，其中可能存在某些物质干扰农药的 DNA 损伤实验，使得高剂量组的彗星指标高于相同剂量组的去离子水溶剂组，推测此三种农药污染的水源水有可能会出现 DNA 损伤作用，并且其也存在潜在的遗传毒性，因此对于农药的管理显得尤为重要。

（三）大气 $PM_{2.5}$ 对人体健康影响作用机制

目前 $PM_{2.5}$ 对心、肺等损伤的毒性机制仍未完全阐明，但其引起的氧化应激、局部和系统炎症作用、自主神经功能改变、血液循环状态改变、血管生理状况改变及直接毒性作用等是目前较为公认的效应机制。事实上，颗粒物进入机体后，对各系统的影响并不像上述论述的相互独立，如颗粒物进入肺部可刺激肺部的自主神经反射直接对心血管系统产生影响；颗粒物在肺局部引起的炎症反应可进一步促进系统炎症的发生，而系统炎症反应可同时对各个系统产生影响；免疫系统的细胞存在于机体的多个系统之中，颗粒物进入组织器官可能对其中存在/定居的免疫细胞产生影响，而颗粒物对机体免疫细胞和免疫因子的影响可引起机体对颗粒物损伤的反应性升高。综合目前研究结果，颗粒物健康效应机制主要有：①颗粒物进入肺组织，引起局部氧化应激和炎症反应，氧化应激可损害生物膜脂质、蛋白质和DNA，与炎性因子共同作用导致呼吸道损伤，引起肺功能降低及呼吸系统疾病发生增加；②颗粒物刺激肺部产生的炎性因子及通过肺毛细血管进入血液循环的超细颗粒物及其组分，可改变循环系统的氧化应激状态和炎性水平，促使炎性因子、趋化因子、黏附分子的表达，引起系统性炎症反应，后者可能对各组织器官产生不良影响；③系统氧化应激及炎症反应可进一步引起血液的高凝状态、内皮功能紊乱、血管舒缩异常、自主神经功能紊乱等，引起心血管系统的损害；④进入系统循环的超细颗粒物或其组分，还可对心血管系统、神经系统等产生直接毒性作用；⑤颗粒物刺激细胞释放活性氧，氧化损伤组织细胞和遗传物质，引起细胞增殖和分裂紊乱，可能导致细胞恶性转化。

$PM_{2.5}$的构成复杂，包括碳质成分、二次污染成分、金属元素、有机物质和生物组分等。颗粒物中含量最多的碳质组分（有机碳和元素碳）与心率变异性、血压、系统性炎症、血液高凝状态等均有关。传统关注的多环芳烃及过渡金属（如铁、锌、铜、镍、钒）可引起活性氧的产生和炎性因子的释放，与颗粒物引起的心肺损伤密切相关。颗粒物中含有的致突变物和致癌物（砷、多环芳烃等）引起的遗传物质损伤，与癌症和出生缺陷的发生有关。另有研究发现，西安市 $PM_{2.5}$ 的化学组分有机碳、元素碳、氨离子、硝酸根离子、氯元素、金属镍与人群总死亡率、呼吸系统和心血管系统疾病死亡率的升高呈正相关；有关该城市同时期 $PM_{2.5}$ 污染与人群总死亡率及呼吸系统疾病死亡率的同类研究也发现了一致的研究结果。因此，大气颗粒物的健康效应与其化学组分是密切相关的，不同化学成分的颗粒物引起健康危害的类型和能力有所不同，深入大气颗粒物化学组分对健康的影响是目前研究的热点和难点.

参考文献

[1] Metz B, Davidson O, Bosch P, *et al*. Climate change 2007: mitigation of climate change; Contribution of Working Group Ⅲ to the 4th Assessment Report of the Intergovenmental Panel on Climate Change [J]. 2007.

[2] WHO. The World Health Report 2008 — primary Health Care (Now More Than Ever). 2010. http://www.who.int/whr/2008/en/index.html.

[3] 丁一汇, 任国玉, 石广玉, 等. 气候变化国家评估报告(Ⅰ):中国气候变化的历史和未来趋势. 气候变化研究进展, 2006,2(1):3-8.

[4] 周雅清, 任国玉. 中国大陆 1956～2008 年极端气温事件变化特征分析. 气候与环境研究, 2010,(4): 405-417.

[5] 王春红等. 1961～2004 年漠河年均温与持续极端气温频数的变化分析. 气候与环境研究, 2009,(5): 546-552.

[6] 郁珍艳, 等. 气候变暖背景下我国四季开始时间的变化特征. 气候与环境研究, 2010,(1): 73-82.

[7] 杨萍, 侯威, 封国林. 中国极端气候事件的群发性规律研究. 气候与环境研究, 2010,(4): 365-370.

[8] 钱维宏, 张玮玮, 我国近 46 年来的寒潮时空变化与冬季增暖. 大气科学, 2007,(6): 1266-1278.

[9] 刘方, 张金良. 气象因素对人类健康的影响. 中国公共卫生, 2005,(3): 115-117.

[10] Kan H, London S J, Chen H, *et al*. Diurnal temperature range and daily mortality in Shanghai, China. Environ Res,2007,103(3):424-431. PMID:17234178.

[11] Tan J, Kalkstein L S, Huang J, *et al*. An operational heat/health warning system in Shanghai. Int J Biometeorol,2004,48(3):157-162.

PMID:14586669.

[12] Huang W, Kan H, Kovats S. The impact of the 2003 heat wave on mortality in Shanghai, China. Sci Total Environ,2010,408(11):2418-2420. PMID:20219235.

[13] Tan J, Zheng Y, Song G, *et al*. Heat wave impacts on mortality in Shanghai, 1998 and 2003. Int J Biometeorol,2007,51(3):193-200. PMID:1703937.

[14] 钟堃, 刘玲, 张金良. 北京市寒潮天气对居民心脑血管疾病死亡影响的病例交叉研究. 环境与健康杂志, 2010, (2):100-105.

[15] 洪青标, 周晓农, 孙乐平, 等. 全球气候变暖对中国血吸虫病传播影响的研究 I：钉螺冬眠温度与越冬致死温度的测定. 中国血吸虫病防治杂志, 2002,14(3):192-195.

[16] Zhou X N, Yang G J, Yang K, *et al*. Potential impact of climate change on schistosomiasis transmission in China. Am J Trop Med Hyg,2008,78(2):188-194. PMID:18256410.

[17] Zhang W Y, Guo W D, Fang L Q, *et al*. Climate variability and hemorrhagic fever with renal syndrome transmission in Northeastern China. Environ Health Perspect,2010,118(7):915-920. PMID:20142167.

[18] Qian Z, He Q, Lin H M, *et al*. High temperatures enhanced acute mortality effects of ambient particle pollution in the “oven” city of Wuhan, China. Environ Health Perspect, 2008, 116(9): 1172-1178. PMID:18795159.

[19] Wu S, Deng F, Huang J, *et al*. Blood pressure changes and chemical constituents of particulate air pollution: results from the healthy volunteer natural relocation (HVNR) study. Environ Health Perspect, 2013, 121: 66-72.

[20] Wu S, Deng F, Wei H, *et al*. Chemical constituents of ambient particulate air pollution and biomarkers of inflammation, coagulation and homocysteine in healthy adults: A prospective panel study. Part Fibre Toxicol, 2012, 9: 49.

[21] Wu Shaowei, Deng Furong, Hao Yu, Masayuki Shima, Wang Xin, Zheng Chanjuan, Wei Hongying, Lv Haibo, Xiuling Lu, Huang Jing, Qin Yu, Guo Xinbiao. Chemical Constituents of Fine Particulate Air Pollution and Pulmonary Function in Healthy Adults: the Healthy Volunteer Natural Relocation Study. Journal of Hazardous Materials, 2013(online).

[22] Wu Shaowei, Deng Furong, Wang Xin, Masayuki Shima, Hao Yu, Zheng Chanjuan, Wei Hongying, Haibo Lv, Lu Xiuling, Huang Jing, Qin Yu, Guo Xinbiao.Association of Lung Function in A Panel of Young Healthy Adults with Various Chemical Components of Ambient Fine Particulate Air Pollution in Beijing, China. Atmospheric Environment, 2013.

[23] 郭新彪, 吴少伟. 大气质量改善的健康效益——北京奥运的宝贵遗产. 北京大学学报: 医学版, 2011, 43: 327–328.

[24] Cao J, Xu H, Xu Q, *et al*. Fine particulate matter constituents and cardiopulmonary mortality in a heavily polluted Chinese city. Environ Health Perspect, 2012, 120: 373-378.

[25] Jia Xiaofeng, Hao Yu, Guo* Xinbiao. Ultrafine carbon black disturbs heart rate variability in mice. Toxicology Letters, 2012, 211: 274-280.

土壤与地下水环境学科发展报告

摘要　基于对我国环境保护与监管重大需求分析，系统阐述了我国土壤与地下水环境学科的关键理论、技术与方法。土壤与地下水环境学科依托国家环境科技发展与环境保护的重大战略布局，在基础理论创新、科学技术方法突破两个层面取得重要研究成果。理论层面上，逐步形成区域土壤环境质量演变及时空分异、土壤污染生态过程与环境风险、地下水污染动力学与溶质运移随机理论、地下水修复微生物学理论创新体系；通过技术、方法与设备研发，在地下水数值模拟技术、土壤和地下水环境风险评估技术与软件研发、污染土壤和地下水物化与生物修复技术装备、全细胞生物传感器、地下水污染风险源识别与防控区划技术、环境友好的绿色生物修复等环境材料等方面取得了重大突破，极大地提升了我国土壤和地下水环境治理能力与水平。结合对“十二五”国家环境科学发展战略、专项研究计划与国家重大规划，以及土壤和地下水环境科学总体进展系统分析，进一步解析了土壤和地下水环境科学技术的重大需求，在战略层面明确了土壤与地下水环境学科的发展方向，提出了土壤和地下水环境科学与技术发展趋势。

一、引言

土壤和地下水是人类赖以生存的物质基础，并支撑着陆地生态系统演变过程。随着我国工业化、城市化、农业高度集约化的快速发展，土壤和地下水环境污染日益加剧，并呈现出多样化的特点，对食品安全、饮用水安全、区域生态安全、人居环境健康、经济社会可持续发展构成了严重威胁。在今后相当长的一段时间里，土壤和地下水环境安全将面临更严峻的挑战，表现在：①耕地土壤污染加剧，严重威胁到国家“米袋子”和“菜篮子”民生工程；②土壤污染的流域性和区域化态势凸现，据调查结果显示，我国流域和区域土壤污染规模较大，呈现以镉、铅、汞的复合污染，部分地区重大污染隐患突出；③企业关停或搬迁，其中近 1/5 存在不同程度的土壤和地下水严重污染。地下水作为我国北方地区，尤其是华北地区的重要水源，正面临严峻的污染形势[1,2]。地下水环境安全问题不容忽视，严重威胁生态安全和饮用水源地安全。地下水安全问题已经逐步成为公众敏感话题，地下水安全已经严重危及供水安全。

《重金属污染综合防治“十二五”规划》、《全国地下水污染防治规划（2011—2020 年）》、《华北平原地下水污染防治工作方案（2012—2020 年）》依次被国务院批复。《国家环境保护“十二五”规划》中明确指出，要切实改善水环境质量，实施多种大气污染物综合控制，加强土壤环境保护。要以“解决饮用水不安全和空气、土壤污染等损害群众健康的突出环境问题为重点”，加大环境保护力度。

土壤和地下水环境污染问题的认识和解决依赖于土壤环境科学与技术的发展，受到国家相关部委的高度重视，由此土壤污染防治与修复工作已纳入国家科学技术发展规划和环境保护宏观战略部署之中。发展土壤环境科学是落实党中央、国务院对环境污染防治工作部署的需要，是保障国家经济社会与资源环境协调发展的需要，是改善土壤环境质量，保障农产品安全、人居环境安全、生态安全的需要，是履行国际环境公约和提升国家环境外交主动权的需要。大力发展土壤环境科学与技术符合国家环境保护中长期科技发展的战略需求。

二、土壤与地下水环境科学基础理论研究进展

（一）土壤环境学科基础理论研究进展

1. 区域土壤环境质量演变及时空分异规律

以长江、珠江三角洲土壤环境数据为主体，结合两个区域内一些典型复合污染高风险区以及矿区的土壤、作物调查与试验数据，以区域土壤环境地球化学与风险管理为主线，在系统分析土壤类型、基本理化特征、肥力质量等的基础上，深入揭示了土壤环境中有毒金属和稀土元素的环境地球化学特征，提出了运用土壤环境地球化学基线进行污染识别的方法。采用磁学特征、铅同位素和多元统计等相结合的方法解析了区域内有毒重金属元素的来源，预测了其在土壤中的分配以及作物富集规律，构建了相关预测模型[3,4]。

多尺度探讨了土壤多环芳烃、持久性有机氯农药、多氯联苯等 POPs 物质的空间分布规律、污染来源与作物富集规律，同时还基于典型剖面中不同发生层土壤中的 POPs 含量，初步揭示了不同化学性质、不同类型土壤中 POPs 在土壤剖面中的垂直迁移规律；运用土壤有机碳库估算了区域典型 POPs 在土壤中的最大存储能力，预测区域尺度的迁移趋势。

针对长江三角洲地区典型农田土壤以及珠江三角洲地区典型金属矿区土壤的污染特点，基于土壤污染物暴露途径与剂量-效应关系，开展了污染土壤的健康与生态风险评估，建立了基于风险的重金属镉、苯并[α]芘的农田土壤环境质量基准值。以典型区为例，结合土壤环境质量现状、风险评估以及地区经济社会发展等相关资料，进一步开展了经济快速发展地区的土壤环境质量的预测、预警研究，初步建立了土壤环境质量预警信息系统，提出了基于驱动力（D）-压力（P）-状态（S）-影响（I）-响应（R）体系（DPSIR）的区域土壤环境质量管理模型，并探讨运用 DPSIR 模型来综合解决长江、珠江三角洲地区土壤环境问题的策略，为其他类似区域乃至全国范围内的土壤环境风险管理提供了借鉴与理论指导。

2. 土壤污染生态过程与生物标志物

以多氯联苯 Aioclor1242 为目标污染物，优化确立了土壤环境中多氯联苯（PCBs）的提取-净化-分离的分析方法。在此基础上，采用多隔层根箱法和磷脂脂肪酸（PLFAS）技术研究了离根表不同距离微域中 PCBs 降解效应，表明 Aroclor1242 的根际消减行为存在距离根表不同距离远近的差异，根际＞根室＞远根际。根际效应的污染物消减特性，有别于传统植物营养学中发现的营养因子根际梯度递减效应。

研究结果表明，受到黑麦草生长及根系分泌物的影响，微生物群落结构在毫米级微域内发生规律性变化，其在诱导 PCBs 快速消减方面起着决定性的作用。根系分泌物的引入激发了土壤中微生物群落结构的明显变化，好氧微生物受到了抑制，而厌氧微生物，特别是甲烷氧化菌和硫酸盐还原菌大量繁殖，进而影响到 2345-CB 的降解速率和降解途径。

采用 mRNA 表达水平的 SYBR Green I 荧光定量 RT-PCR 检测方法，研究表明 SOD 与 CAT 基因可成为潜在的分子生物标志物，用于表征合成麝香污染暴露水平及其毒理效应，利用蚯蚓 MT 基因作为潜在分子标志物，可诊断环境中 Cd 污染及其暴露水平。

3. 土壤风险评估与生物修复原理

采用稳定同位素、污染物指纹图谱等方法解析了污染物来源，阐明了污染物在颗粒表面以及土壤组分中的作用机制。改进了道南膜平衡技术（DMT），测定土壤溶液重金属（镉、汞等）自由离子，建立了污染区稻米中重金属积累的预测模型，揭示了电子垃圾污染农田土壤持久性有机污染物的作物富集规律，建立了基于食物链安全的农田土壤健康风险评估方法，构建了一套从基因、细胞、个体、种群、群落等不同层面的复合污染土壤生物生态研究方法和生态风险评估方法，确定了土壤污染临界值和预测模型[5]。

研究发现了我国原生的镉、锌超积累植物伴矿景天（*Sedum plumbizincicola*）、镉超积累植物皖景天（*Sedum jinianum*），揭示了超积累植物体内重金属的微区分布、吸收积累规律及解毒机制，阐明了重金属复合污染土壤的有机配位强化植物修复机理；首次分离到以苯并[α]芘为唯一碳源的高效降解噬氨副球菌（*Paracoccus aminovorans*），提出了有机复合污染土壤的微生物、植物及其联合修复技术原理[6]。

4. 纳米材料在土壤和地下水环境中的迁移、归趋

近年来，运用环境纳米材料修复污染场地和地下水受到广泛关注并取得良好效果，其中纳米羟基磷灰石（nHAP）由于其对重金属有较强的吸附能力，常被用于固定污染土壤和地下水中的重金属。但国际上关于 nHAP 及其携带重金属在环境介质中的迁移、归趋等次生环境安全问题未见报道。最近，通过荧光标记 nHAP（ARS-nHAP）研究了 nHAP 在饱和多孔介质中的迁移规律，发现腐殖酸通过静电和位阻效应抑制纳米材料的团聚从而增加其迁移能力，而当多孔介质中铁氧化物含量增加时，nHAP 会与铁氧化物表面发生作用影响其迁移能力，且随 pH 变化表现出不同的规律。

针对 nHAP 的环境安全性问题，通过不同环境因子对 nHAP 携带 Cu 在饱和多孔介质中迁移的影响研究，发现增加离子强度显著降低 nHAP 以及 nHAP-Cu 的迁移能力，Ca 离子的抑制效果要高于 Na 离子；当 pH 增加时，nHAP 由于 Zeta 电位增加而迁移能力增强，同时大部分吸附在 nHAP 上的 Cu 随其发生共迁移。nHAP 的空间滞留曲线呈现出超指数滞留关系，纳米材料团聚、表面粗糙度、电荷异质性是引起超指数滞留曲线的主要原因，而团聚起着决定性作用。可见，nHAP 的环境安全性与土壤介质条件密切有关，相关研究为 nHAP 修复污染土壤和地下水提供理论依据[7~9]。

（二）地下水环境学科基础理论研究进展

1. 污染地下水动力学基础理论

近年来，地下水有机物污染动力学问题已成为污染地下水动力学领域中的研究热点，也是污染地下水动力学领域最重要的研究进展。有机污染物进入地下环境，属于多孔介质多相渗流问题，即有机污染物-水-气三相共存的状态，主要表现在不混溶的液相或气相的共同运动，即孔隙介质中的多相流动问题。

前期研究往往假定气相压力等于常数并忽略气相的黏度值，即忽略了气相的作用，与实际的多孔介质水气液多相互不混溶流体相互驱替过程存在差异性。由于气相对土壤的吸力和水的渗透系数产生较大的影响，影响污染物在土壤中的迁移转化。因此，对于污染地下水动力学基础理论的研究，已从单一流体转变为多相流，兼顾涉及物理、化学与生物变化。

研究成果表明，当两种不混溶流体同时存在多孔介质时，由于孔隙空间中两种流体黏性不同导致它们之间相互干扰。当湿润流体饱和度增加，非湿润流体通道中存在孤立的残余非湿润流体，造成湿润流体的渗透率显著低于单相流体饱和时的渗透率。近些年国内学者一直致力于把多孔介质流体力学理论引入到土壤及地下水污染之中，完善多相模型并发展成为二维、三维，使模型更加符合地下水环境有机物污染的实际情况[10~17]。

2. 地下水溶质运移随机理论

由于地下水含水层的几何条件复杂多变，各种水文地质参数都呈现一定的空间变异性，致使污染物在地下水中的运移具有较大的不确定性，为此提出了随机理论方法。随机理论方法可以在有限的数据条件下，从宏观和统计的角度描述地下水溶质运移的空间变异规律，为解决地下水溶质运移提供了新思路。

地下水溶质运移随机理论能有效地刻画非均质性介质、裂隙介质中保守性溶质的运移行为。根据水文地质条件建立地下水污染物迁移模型，与其相关的随机变量可分成三大类：与含水层相关的参数；与污染源相关的参数；与化学相关的参数。假设这些基础随机变量之间是相互独立的，分别用概率分布函数描述随机变量。渗透系数一般情况下被认为是服从对数正态分布的随机变量，而给水度是服从均匀分布的随机变量。由于水文地质参数的随机性，采用参数随机模拟模型能更真实地逼近实际水文地质条件[12~17]。

3. 地下水修复微生物学基础理论

自然界存在着丰富的微生物种群，地球表层大多数元素的地球化学循环，均是由微生物参与的生物地球化学循环。许多地下水中的微生物可以降解天然或人工合成的有机物，微生物可以通过自身的生理特性，自发或人为的遗传、变异等生物过程适应环境的变化，使之能以各种污染物尤其是有机污染物为营养源，通过吸收、代谢等一系列反应，将环境中的污染物转化为稳定无害的无机物。与此同时可逐渐筛选、分离出适合污染物降解的新菌种[17~19]。

研究者利用现代分析、材料和生物学理论与技术，在特定降解与适应性能的菌种分离和纯化、生物降解界面效应理论、微生物活性强化机制、降解菌剂与生物载体制备方面取得研究进展。利用现代微生物学与化学分析技术，量化微生物活性，构建微生物活性指标与微生态环境内在关系，为有机污染地下水系统修复奠定基础[20,21]。

4. NAPL-水界面迁移问题

基于美国环境保护局的报告，地下水中有机污染物大多属于非水相液体（nonaqueous phase liquid，NAPL）污染物，根据其密度与水的密度的比较，又可以分轻非水相液体（LNAPL）和重非水相液体（DNAPL）两大类。当 NAPL 泄漏进入地下含水层后，密度比水轻的 LNAPL 污染物容易“漂浮”在地下水水面上，在含水层上部地下水位附近聚集；而相对重的 DNAPL 污染物则趋向于向下垂向迁移，在含水层底板聚集。通常利用油-水界面仪测定自由相 NAPL 的空间分布。

问题是，在污染地下水中，往往存在多种污染物，如既有 LNAPL 污染物又有 DNAPL 污染物，由于有机污染物之间具有互溶和增溶作用，使得污染物在含水层中的迁移规律复杂化。如化工场地地下水污染，污染物包括苯（LNAPL）、硝基苯（DNAPL）、苯胺等，按一般规律，苯类污染物属于 LNAPL，应在含水层的上部分布（Zhao Yongsheng，*et al*，2000），但在实际取样检测分析后，结果却正好相反，苯的浓度在含水层底部高，在含水层顶部较低，初步分析污染场地苯类污染物之间存在互溶作用，致使 NAPLs 污染物呈现类似于 DNAPL 的迁移特性。

LNAPL 与 DNAPL 污染物共存时，如果发生互溶作用，混合后的 NAPLs 污染物在地下环境中的迁移更为复杂，它的迁移既有可能类似于 LNAPL 污染物，也有可能类似于 DNAPL 污染物，这与混合的 NAPL 污染物的密度、体积等有关。在许多复杂的复合污染场地，有时检测不到 NAPL-水分布界面，似乎没有自由相 NAPL 的存在，但地下水取样分析时，NAPL 污染物的浓度非常高，远远超出了其在水中的最大溶解度，NAPL 污染物在含水层中呈现类似“乳化”的现象。如某化工污染场地，地下水中没有发现硝基苯自由相的分布，但地下水中硝基苯浓度达到 12900mg/L，而硝基苯的水中溶解度仅为 2090mg/L（25℃）。其原因可能与苯和苯胺的存在有关，污染物发生共溶和增溶作用。这种污染情形的修复最为复杂，因为不是自由相 NAPL，不能完全采用回收的方法，而污染物的高浓度，使得污染修复更为困难[10,11]。

三、土壤与地下水环境科学技术研究进展

（一）土壤环境科学技术研究进展

1. 土壤环境监测采样布点方法

不同样点数量条件下，从不同布点模式采用普通 kriging（OK）和回归 kriging（RK）方法，假定土壤直接测定结果信息未知条件下，采用 Stratify_SSA 方法预测的 Cu 元素含量的 100 次预测结果的标准误差（RMSE）最低；完全随机布点 Random 方法的精度均最差，其次为 cLHS 方法。不同空间预测方法比较的结果则表明，无论采用哪种布点方法及样点数量，RK 方法的预测误差均比 OK 方法要高，这表明复杂的空间预测方法并非总是能够提高空间预测精度，相对简单的 OK 方法更为有效，这也表明任何空间预测方法都没有普遍适用性，针对不同区域均需要重新选择合适的预测方法。

从上面的分析中，可以看出 Cu 元素最佳的空间预测方法均为普通 kriging 方法（OK），而对应最佳的布点模式为 Stratify_SSA，图 5 分析了随样点数量变化时 100 次空间预测结果的平均标准化 RMSE 变化规律，从图中的结果可以看出随着样点数量的增加，空间预测误差表现为对数下降，不同重金属预测的 RMSE 与样点数量 NS 的关系见图 5 的公式所示。

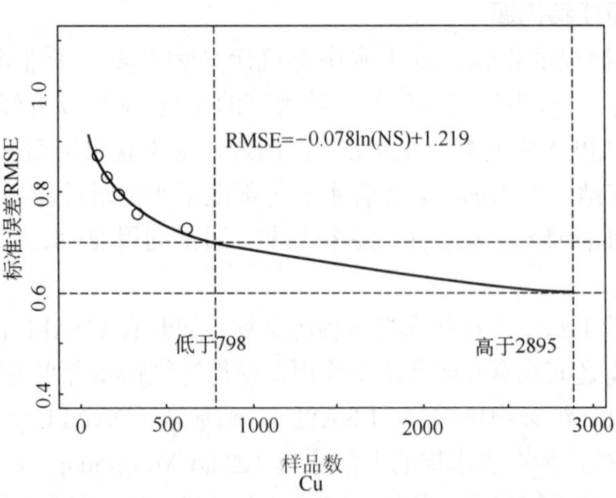

图 5　土壤采样点数量与预测误差的关系及最佳采样点数量范围的确定

（注：NS 为样品数）

2. 土壤环境风险评估技术与软件研发

基于 RBCA、CLEA、Risc 模型，通过重新组合与优化，以美国、英国、荷兰风险评估技术导则为基准，并参照我国场地风险评估技术导则，结合我国场地健康与环境定量风险评估技术及实际应用程序，以及典型土地利用类型，建立了各类土地利用类型的暴露概念模式和多介质污染物迁移分析模型，形成约 300 种污染物物化与毒理参数数据库和有关参数估算方法。基于我国场地土壤类型及相关暴露参数，制定土壤与地下水筛选值，以及土壤总体筛选值的计算方法。编制的风险评价软件包括污染物理化性质数据库、敏感受体暴露参数数据库、污染场地水文地质参数数据库，风险评估计算方法，可视化风险评估计算技术方法的程序设计，设计风险评估软件可视化界面。

3. 基于土壤气中 VOCs 浓度的健康风险评估技术

目前，对于 VOCs 污染场地呼吸途径的健康风险，主要以土壤或地下水中 VOCs 浓度为基准，首先采用相应的分配模型（如三相平衡模型等）预测土壤气中对应污染的浓度，之后结合气相 VOCs 运移模型预测到达暴露点的 VOCs 浓度，最后再结合暴露-剂量模型进行风险计算。

越来越多的研究表明，这种评估方法所获取的结果非常保守，反推的土壤或地下水修复目标甚至低于当前实验室分析方法的报告限值。因此，国外对于 VOCs 污染场地的健康风险，早已基于土壤气中 VOCs 浓度进行风险评估，并且制订了不同暴露情景下基于健康的土壤气风险筛选值。

虽然以土壤气中 VOCs 浓度进行风险评估能在一定程度上克服目前基于土壤中 VOCs 浓度进行风险评估导致结果过于保守的问题，但是，如果能在现有迁移模型中嵌入生物降解模块，考虑迁移过程土壤气中 VOCs 的微生物降解作用，评估的结果将更加客观。

4. 污染土壤低温等离子体修复技术及设备研发

近年来，以污染土壤中 DDTs 与 PAHs 为目标污染物，研发了两台污染土壤的低温等离子体修复技术设备，即反应釜式和转盘式低温等离子体设备，并优化了该设备对 DDTs 与 PAHs 污染土壤的修复条件。反应釜式低温等离子设备增加了单次处理土量，钢棒电极升级为不锈钢柱状电极，优化了等离子体反应器结构、等离子体电源、放电形式与反应器之间的匹配，提高了能量的利用效率。

转盘式低温等离子体设备再次增加单次处理土量，并在一定程度上实现了连续进样，且解决了放电电极长时间工作引起的发热问题。采用介质阻挡放电产生的低温等离子体方法去除土壤中 DDTs 取得了较好的效果，污染物浓度随着处理时间的增加而显著降低。采用反应釜式和转盘式低温等离子体设备去除污染土壤中的 PAHs，在相同处理时间时，反应釜式低温等离子体设备去除土壤中 PAHs 的效果优于转盘式低温等离子体设备。

5. 污染土壤的生物修复技术

基于自然界植物与微生物的共生关系，运用同位素标记方法和分子生物学手段，研究发现紫花苜蓿接种根瘤菌后显著促进了土壤中 PCBs 的降解，增加了土壤联苯降解功能微生物数量，并从分子水平上探讨了紫花苜蓿-根瘤菌共生体系根际土壤的功能基因多态性。表明游离态苜蓿根瘤菌对 PCBs 具有明显的降解作用，对 2,4,4′-TCB 降解率可高达 98.5%。研发了多氯联苯污染农田土壤的根瘤菌-豆科植物及其与禾本科植物间套作修复模式，并已成功应用于 PCBs 污染土壤的修复实践，建立了多氯联苯污染农田土壤的生态修复工程示范区。

微生物-植物联合修复已经成为重金属污染农田土壤生物修复研究的主要趋势。该技术可以克服超积累植物生物量低、生长速度慢、固定态重金属不易吸收，以及植物连续修复而产生的障碍等问题。近年来，针对我国长江三角洲地区电子垃圾及冶炼厂活动造成的农田土壤中铜和镉污染问题，充分挖掘农业有益微生物木霉的环境修复潜力，木霉具有生防作用以及对植物的促生作用，还具有广谱性、适应性等特点，建立了重金属污染农田土壤的木霉强化植物修复技术[22~25]。

6. 土壤热处理技术研究进展

土壤热处理技术用于去除土壤中有机污染物在过去几十年里受到了国内外的广泛关注。通常情况下，根据加热温度的不同，热处理技术可分为低温热脱附技术（100～350℃）、高温热脱附技术（350～600℃）和热分解技术（600～1000℃），热脱附技术通过物理作用使有机污染物从土壤中挥发，热分解技术使污染物成分彻底破坏。

与化学氧化、生物修复、电动力学修复、土壤洗涤等技术相比，土壤热脱附技术因具有高去除率、速度快等优势，而成为非常常见的有机污染物修复通用技术。热脱附技术可用在广泛意义上的挥发性有机物（VOC）和挥发性重金属（如 Hg）、半挥发性有机物（SVOC）、农药，甚至高沸点氯代化合物 PCBs、二噁英和呋喃类污染土壤的治理与修复上。美国“超基金”污染场地在 1982—2008 年期间，共采用热脱附技术 93 次，约占所有技术的 8%，其中约 3/4 采用异位热脱附技术。如何进一步降低能耗和修复成本是影响该技术工程化应用的关键因素之一。

近年来的研究表明，除可通过增加加热温度或延长停留时间等方式提高脱附效率以外，同样可以通过提高真空度（Kunkel，*et al.*，2006）来提高脱附效率，从而降低所需的能耗和相应的修复成本。研究表明，固定温度条件下，土壤中多环芳烃的热脱附过程符合一级动力学反应模型，与常压相比，在负压 0.08 MPa 条件下，土壤中 2-3 环多环芳烃、4 环多环芳烃和 5-6 环多环芳烃的热脱附常数分别提高了 1.6 倍、3.1 倍和 4.6 倍，表明真空度的增加能够显著促进高分子量多环芳烃的脱附效率。因此，在设定的残留量限制条件下，提高真空度可以有效减少脱附时间，从而降低能耗。

（二）地下水环境科学技术研究进展

1. 地下水数值模拟技术

地下水及溶质运移数值模拟是定量评价和合理开发地下水资源、优化设计地下水开采方案及防治地下水污染的重要方法。它是地下水渗流理论、地下水动力学、数学、化学、环境科学和计算机等学科的综合应用。

我国地下水数值模拟的应用已遍及与地下水有关的各个领域，主要的地下水数值模型有各类常系数、变系数水流模型、地下水污染模型、海水入侵模型、高浓度（>100~200g/L）咸/卤水入侵模型、地下水中某些组分运移行为的模型（如海水入侵条件下，交换阳离子运移行为模型）、大区域地面沉降模型（面积超过 17000km^2）、地下水中热量运移和含水层贮能模型、地下水资源管理模型和井渠合理布局模型、各类坝体渗漏模型、渠道渗漏模型、地下水-地表水联合评价调度模型等。

随着地下水数值模拟技术的日益成熟，各类模型在我们的实际工作中的应用也越来越广泛。对于模型参数的设定、精度以及模型的验证的要求越来越高，对数值模拟技术提出了更高的要求。

2. 地下水微生物修复技术进展

研究表明，微生物的降解效果与温度、营养物质、污染物的生物可利用率等因素有关。因此，研究的热点集中在通过传送营养物质、电子受体、表面活性剂和共代谢基质等以增加微生物的活性，以及加强污染物的生物可利用性，或添加生物催化剂以加速生物降解速率等方面。

针对半挥发和重质有机物，富集、筛选了高效石油降解菌，并复配了降解菌剂，研发了具有增溶作用的微生物表面活性剂，研制了具有多种功能的复合修复菌剂。对于苯酚、甲苯、氯酚等一些难降解的有机污染物，研发和发展了微生物固定化包埋技术，提高了微生物活性和目标污染物的降解效率，增强了生物强化作用。同时在物化分离、化学氧化剂生物降解的协同技术方面取得了一定的成绩，为污染场地修复提供了技术支撑。

3. 地下水环境风险监管技术进展

地下水环境风险评价主要考虑地下水固有脆弱性、地下水特殊脆弱性及地下水的价值三个方面，筛选出在其中起主要作用的影响因素，建立地下水环境风险评价指标体系，并在此基础上对风险等级与风险重要性等级进行划分。对环境风险评价的程序为风险识别、源项分析、风险计算、后果评价、风险管理等。基于 IRIS 毒性评价参数，明确污染物与人体健康风险之间的定量关系，通过对暴露估算所涉及的暴露量、接触频率、暴露频率、暴露期、体重和暴露平均时间的识别，确认了地下水健康风险评价的方法。

地下水环境风险评价过程涉及许多不确定性，主要存在三方面的不确定性：污染物自然存在或不能削减的不确定性，即系统本身的不确定性；认识的不确定性，即人们建立的模型（包括概念模型和评价模型）本身与自然实际情况之间存在偏差；参数的不确定性，即不管采用任何方法或手段，获得的评价模型参数与真实值之间都会存在偏差。目前国内外的主要解决办法为 Monte Carlo 法和可靠性方法。基于 Monte Carlo 技术，利用多介质环境风险评价模型模拟结果，构建环境风险评价中不确定性的参数赋值、影响因素灵敏性分析、影响不确定性组分构成等识别方法体系，识别了不同参数体系对结果不确定性产生的影响。正确理解地下水系统中存在的各种不确定性，并合理处理，使地下水污染风险评价结果更切合实际。

4. 全细胞生物传感器研发与应用进展

生物传感器广泛用于环境监测已有很长的历史。从广义角度理解，生物传感器指通过能够对某种底物作出响应的生物学组件，提供可以被测量的信号的系统。基于细胞的生物传感器，又称全细胞生物传感器（whole-cell biosensor，WCB），由一个独立完整的细胞构成传感部件。由于使用活细胞传感，因此待测物的生物可利用度被纳入考量。由于其价格低廉，维护容易，灵敏度高，且不涉及动物伦理问题，而受到广泛的关注[26]。

Co、Cu、Ni、Zn 和 Fe 等金属元素是细胞生长和代谢所必需的微量元素，细胞对这类金属有特定的吸收通道，但当这些核心微量元素在细胞内的含量较高，以至于对细胞产生毒性作用时，细胞会通过调控吸收通道或启动向胞外转运重金属的输出通道控制胞内金属浓度，对于 Pb、Cd、Hg 和 As 等非代谢必需的具有明显毒性的重金属元素，在含量很低时，细胞即会通过输出通道避免细胞受到损伤。上述过程涉及一系列复杂的基因调控和表达过程，通过融合这些调控基因和报道基因，研究者针对多种重金属构建了大量的 WCB 细胞，并开展了大量的应用研究。

Kuncova 等[27]研究者构建了在染色体上融合 *tod::lux*CDABE 基因的恶臭假单胞菌，在甲苯以及相似结构的污染物诱导下发光增强，在地下水温度条件下（15℃）可以对低至

1.325mg/L 浓度的甲苯作出快速响应。利用该 WCB，研究者测试了捷克境内的受苯系物污染的地下水样品，与自配水样不同，地下水中尽管甲苯含量很高，但是 WCB 的响应很慢，暴露于样品 6h 后 WCB 的表达才开始逐渐升高。这一结果也表明将 WCB 应用于实际场地样品时其性能受诸多因素影响，需要进一步考察。

为了构建被烷烃诱导的 WCB，研究者将土壤不动杆菌的调控烷烃代谢的 *alk*M 基因与发光基因融合。该 WCB 可以在接触半小时后，对 C_7～C_{36} 的直链烷烃作出响应，检测限最低可达 0.1mg/L。研究者探索性地将该 WCB 用于分析石油污染土壤，污染土壤的水提液被添加至菌液中，土壤中石油烃含量与 WCB 的发光诱导倍数的剂量效应关系如图 6 所示。结果表明该方法仅需简单的前处理，即可用 WCB 对石油污染土壤进行半定量分析。

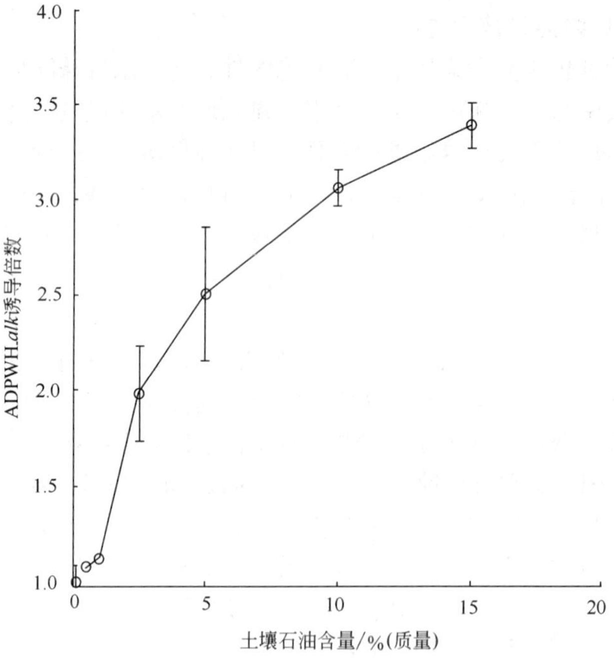

图 6　发光诱导倍数的剂量效应关系曲线图

除了对污染场地中污染物组分以及浓度进行分析，利用 WCB 对污染场地的毒性开展评价也得到进一步发展。研究者利用一株受样品中遗传毒物诱导发光的 WCB 对苯并[α]芘污染土壤进行了遗传毒性的评价。当苯并[α]芘含量为 50mg/L、5mg/L 和 0.5mg/L 时，可以被 WCB 检出的苯并[α]芘占土壤中苯并[α]芘总量的比例分别为 11.5%、5.5%和 2.5%，表明土壤介质对苯并[α]芘具有较强的吸附作用，影响其生物有效性。

若通过索氏抽提萃取污染土壤，几乎可以将土壤中的苯并[α]芘全部提取至液相，表明为了对土壤中苯并[α]芘总量进行分析时，传统的萃取手段可以满足要求，但萃取成分中绝大部分苯并[α]芘对微生物是无效的。采用 WCB 评价有机污染场地的毒性和生物有效性具有相当大的可行性[28~42]。

5. 地下水污染风险源识别与防控区划技术

在地下水污染源识别与分级方法方面，基于地下水污染源的多样性、复杂性和污染物的毒理学理论，结合不同尺度区域环境要素调查，建立了具有污染源分类和评价功能和特征的地下水污染源分类分级方法。结合不同尺度区域地下水污染源与环境要素分析，建立具有尺度特征的污染源评价体系。大尺度区域涵盖污染源种类、污染物产生量、污染物释放可能性及污染距离 4 个指标的污染源评价体系；中尺度区域涵盖污染物性质（毒性、迁移性和降解性）和排放量（或污染源的负荷）2 个指标的污染源评价体系；小尺度区域涵盖污染物级别、处置方式、污染物相对负荷及污染物负荷的持续情况 4 个指标的污染源评价体系。

在地下水污染风险源的识别与分级模型方面，结合污染物输移过程的评价和分析，对地下水污染风险源进行了识别，构建了涵盖地下水污染源及地下水易污性两个因素的风险源分级模型，针对不同尺度区域，分别构建了矩阵法、多因素叠加模型、加权模型进行地下水污染风险源评价。

在地下水污染防控区划指标体系构建方面，基于国内外文献调研，在充分了解和把握地下水污染防控区划技术的研究进展，全面识别进一步研究的空间的基础上，构建了适合我国的地下水污染防控区划的技术框架。它由地下水污染风险源评价和水资源社会属性两部分构成。地下水污染风险源评价旨在评估污染源对地下水实际污染风险能力的大小，水资源社会属性旨在评价地下水资源的预期损害性及对经济社会发展的重要性，主要衡量指标有地下水价值及水源保护区等级划分等。不同尺度区域依据各自的特点选择相应的指标。

在地下水污染防控区划技术与方法方面，按照地下水污染的严重性和紧迫程度，将地下水污染防控区划分为 4 级，分别为一般防护区、重点防护区、一般控制区、重点控制区。其中重点控制区的地下水保护的紧迫性最强，一般防护区的紧迫性最低。

四、土壤与地下水环境学科发展的重大成果

1. 农田土壤复合污染特征、风险评估与生物修复原理

在土壤复合污染的源解析方法、道南膜技术测定土壤溶液中自由金属离子、漆酶氧化修复、豆科植物-根瘤菌联合修复等重要基础性科学问题上取得了突破，揭示了经济快速发展过程中典型区土壤复合污染特征和成因，建立了复合污染土壤的健康与生态风险评估方法，提出了复合污染土壤生物联合修复技术的新原理，为我国土壤环境管理和修复技术发展提供了新理论和新方法，推动了土壤污染与修复等学科的发展。

2. 有机污染场地现场筛选技术

针对国内场地环境调查采用现场采样至实验室检测的传统调查评估方法多导致测试费用高、时间长、不确定性大等问题，研究应用污染场地快速筛选技术和设备。在国内有机污染场地开展了地质雷达探测技术、地电阻技术、土壤气监测技术、地下水被动采样技术和挥发性有机物直接贯入半透膜在线探测技术的优化和现场验证工作。结果表明，快速筛选技术可快速确定并可视化场地地层结构、污染的程度及污染范围，并减少了采样量及检测费用和时间，同时增加现场调查的科学性和可靠性，能有效指导污染场地调查和修复。

3. 土壤和地下水微生物多样性及资源开发

近年来对土壤和地下水微生物资源的开发方面主要集中于具有生物降解和生物修复功能的微生物以及极端微生物的发现和利用等方面。具有降解新型材料（如人工纳米新材料等）和新型污染物功能的微生物筛选和功能研究是一个热点，而对极端微生物的研究也已经获得了很多成果。研究者不仅从各种极端环境条件下利用宏基因组技术提取出相应的微生物 16SrDNA，更从这些菌群中提取出了相关的耐受基因，为基因工程菌的创造打下基础。还有

学者在沙漠的岩石缝隙中发现了微生物的存在，对揭示生命起源提供了重要的线索。

4. 土壤和地下水污染修复微生物技术

土壤和地下水污染治理与修复中，微生物学同样得到迅速发展。为了提高土壤和地下水微生物生物降解、优化土壤和地下水功能微生物种群结构，生物刺激、生物强化、固定化微生物、微生物-植物联用、电动-微生物联用等方法得到了广泛的研究和应用，并推动了土壤和地下水微生物及微生物生态学的理论和应用的发展。

针对石油污染土壤和地下水生物修复过程，功能微生物的筛选、分离及驯化，利用分子生物技术对功能基因的活性和数量的实时监测成为监控土壤和地下水生物修复过程的一个重要方面。同时，基因指纹图谱、宏基因组学、代谢组学也得到了广泛使用，同位素解析技术、高通量的转化产物鉴定技术的发展为污染物代谢方面的微生物群落结构组成、微生物的多样性、功能基因的多样性以及代谢流分析提供了理论基础和技术保障，也加深了对土壤和地下水微生物菌群结构多样性、代谢多样性及其环境敏感性、适应性和污染降解潜力等方面的认识。

5. 土壤和地下水生态毒性的微生物传感技术

由于微生物对环境压力具有极强的敏感性、选择性和适应性，通过对土壤和地下水生物个体、种群或群落对污染物或土壤生境变化所产生的反应，进而对土壤和地下水环境质量进行监测，对土壤和地下水污染的生物/生态毒性及其风险进行评价是微生物学的重要研究方向。筛选生物指标和构建生物传感器来反映土壤和地下水受污染情况并对土壤环境安全进行快速预警在近两年受到了越来越多的重视，我国对生物传感器在土壤和地下水检测方面的应用主要集中于对土壤和地下水重金属生物利用性和酚类污染物的检测。

生物传感器由于有光谱分析法、免疫分析法和电化学分析法等监测技术的支撑而得到更为理想的监测效果。其中，化学修饰电极由于可以有人工自行设计电极表面结构，其变化微妙无穷，因而引起世界各国科学家的广泛研究兴趣。同时，土壤和地下水中指示微生物的筛选和检测也是土壤微生物检测中的重要环节，有研究者发现，黑钙土上产生毒素的真菌可以作为耕作疲劳的指示微生物，在石油污染的土壤上，研究者也发现了多种可作为石油污染指示性微生物的菌属。

6. 地下水污染风险源识别与防控区划技术

通过解析地下水污染源结构，揭示污染物构成与输移过程，分析地下水污染风险源的构成要素，探索地下水污染风险源识别方法。通过地下水污染防控区划构成要素分析，结合地下水使用功能、地下水价值等属性研究，形成地下水污染防控区划的技术体系。基于 GIS 平台，通过不同性质界面的叠加与耦合，建立污染防控区划模型和不确定性分析方法。研究制定地下水污染风险源识别与污染防控区划技术导则，为制定有效的地下水污染防控措施和决策提供技术与方法，对于地下水的污染防治和环境监管有重要意义。

五、土壤与地下水环境学科能力建设进展

（一）学术团体与学术活动

我国土壤和地下水环境学科涉及的主要学术团体包括中国环境科学学会土壤与地下水环境专业委员会、中国土壤学会土壤环境专业委员会、中国微生物学会环境微生物专业委员

会、中国植物生理学会植物生物修复专业委员会、中国地质学会水文地质委员会、中国地质学会环境地质委员会等。近年来，这些学术团体的学术活动活跃，多次组织召开了土壤和地下水污染与修复方面的高水平国际会议、国内研讨会和高端培训班，活动围绕土壤和地下水污染防治政策法规、污染物的转移机制、污染调查和风险评价、场地修复技术等主题展开，为我国污染土壤和地下水修复技术的研究和发展起到了引领和推动作用。

（二）平台建设与人才培养

我国建设了中国科学院土壤环境与污染修复重点实验室、教育部污染环境修复与生态健康重点实验室、北京市工业场地污染与修复重点实验室等。同时，培养了多位与土壤环境相关的国家杰出青年科学基金获得者、中科院“百人计划”和教育部“长江特聘教授”等优秀人才。

六、土壤与地下水环境学科发展趋势及展望

（一）土壤环境科学技术发展趋势

应构建和完善我国污染场地的管理、技术和融资政策体系；有计划、分步骤地开展场地污染调查，建立污染场地的数量、种类、污染程度和环境风险等信息档案库；加强研发污染场地污染识别中的快速监测或筛查技术，发展安全、实用、高效、低廉的修复新技术、新产品和新装备，特别是能服务于多种污染物复合或混合污染、复杂特大场地的土壤/地下水一体化修复技术、多技术联合的原位修复技术、综合集成的工程修复技术、支持现场快速修复的固定式或移动式设备，以及修复过程监控与后评估技术等，建立先进、全面的土壤及场地修复技术与装备体系，促进我国污染场地环境问题的解决。

1. 新方法、新技术成为土壤环境科学发展的重要手段

当前国际土壤环境科学的快速发展，很大程度上依赖于基础理论学科新方法和新技术的应用。如土壤物质形态和性质研究技术方面，同位素生物地球化学法元素识别技术、稳定性同位素等用于土壤-植物系统中污染物循环、迁移和去向研究的标记和示踪；同步光谱显微镜技术和同步辐射技术成为土壤环境界面过程研究的新技术，可探讨微米和亚微米空间化学特征、颗粒物质及其对表面和亚表面水质量及土壤微环境中的影响、亚微米尺度下微生物群落信息、黏土矿物和有机质的相互作用机制以及土壤物理化学生物界面交互作用等，为深入揭示土壤环境中复杂生物地球化学过程提供了可能。而且长期土壤生态系统研究已经纳入美国科学基金会的临界层探测网络，并有望进入国际环境问题科学委员会。

2. 多学科交叉是提升和发展土壤环境科学的重要方向

近年来，土壤环境科学研究新方向和分支学科的发展得益于土壤学分支学科之间以及与其他基础学科的渗透与融合。例如，生物学参与的土壤污染物质和过程的研究，衍生出土壤生态环境研究分支学科；微生物学、微形态学、土壤颗粒与土壤结构的交叉研究派生出土壤微生境和微生态研究方向。

突飞猛进的生物学特别是分子生物学技术的进步，与土壤环境科学的交叉发展了分子土壤环境学；数学、统计学和土壤学的交叉形成了土壤计量学；数字技术、信息技术的发展使得土壤环境信息系统研究和数字土壤研究成为现实，改变了传统土壤学分析的模糊和定性的

形象。

在土壤的环境研究上，土壤学与生态毒理、环境毒理、化学毒理、风险管理等学科的交叉融合奠定了土壤环境与健康风险的研究领域方向。而临界带土壤环境研究，则是整合了微生物学、水文学、生态学、环境科学、地球化学、地质学、大气科学的知识和技术，在考虑土壤环境过程、功能及服务上与地球系统科学接轨，使得土壤环境科学在解决地球各圈层交互作用以及诸如农业与面源污染、土壤环境与全球变化、跨界面和跨流域环境污染与控制等问题的能力大为提高。

3. 宏基因组技术成为土壤微生物群落结构的重要研究手段

“黑箱法”是当前对土壤微生物群落结构以及功能检测的主要方法，其明显的弊端是忽略了土壤微生物群落间内在的关系而仅仅着眼于外在条件对其群落的影响。同时，隔离培养的方式与土壤实际环境相差很大。虽然目前也有采用连续培养的方法进行的相关研究，但数量不多且注入养分的量缺乏理论依据。因此，如何在更加符合实际环境下进行土壤微生物的检测，以及更好地了解土壤微生物菌群间的相互作用，尚需要更有力的理论指导和方法。

宏基因组技术是土壤微生物研究领域的前沿技术，也是目前主流的土壤微生物多样性检测技术，目前，对土壤微生物多样性和结构的检测方法中，第二代测序技术已被广泛使用，但是仍然离不开 PCR 的基础，因此其也就具有了 PCR 所带来的局限性。第三代测序技术脱离了 PCR 的扩增[27]，采用单分子测序作为主要的理论依据，受到了很大的关注。但是，第三代测序技术目前仍然没有成型。总之，未来的几年内三种测序技术将会鼎力于此领域，他们各自具有各自的优势[27]，利用多种测序技术综合分析，将为土壤微生物的领域谱写新的篇章。

（二）地下水环境科学技术发展趋势

1. 污染地下水动力学理论与技术

未来几年，有机污染物在土壤及地下水中迁移转化成为污染地下水动力学的研究重点。急需进一步探索滞后现象对地下水中有机污染物分布的影响，揭示非饱和带中污染物迁移转化机理，探讨复合型污染物迁移转化机理。方法层面上，需要建立表土层、非饱和带及地下含水层整体数学模型，探求各阶段参数的测定方法；进一步研究测定三相同时流动时各相参数，尤其是气相压强和各相的相对渗透系数。在土壤轻质油污染多相流实验的基础上，研究多相同时流动时相间的相互影响和作用，并加强实验机理的理论研究和定量分析，以提高土壤和地下水污染治理预测评价的准确性。

研究溶质运移的基本过程与尺度效应对预测污染物迁移转化具有重要作用，地表水－土壤－地下水复合界面污染物运移与转换的动力学过程分析成为模拟要点，非均质地下介质、胶体易化等对污染物运移与修复过程的控制作用及其尺度效应成为关注的重点。需要通过尺度效应研究，掌握微观机理的宏观表征方式，从而提高地下水污染模拟和预测的精度。微观机制研究包括：表面络合过程、颗粒间的扩散过程和由扩散控制的表面络合过程等。而在尺度效应方面，重点需研究反应速率等参数的升尺度（upscaling）算法，以及非均质性对于反应速率升尺度的影响。

2. 绿色、环境友好的修复技术

绿色、安全、环境友好的土壤和地下水生物修复技术具有技术和经济上的双重优势。随着我国修复市场的逐步完善，在场地土壤和地下水中原有化学物质的基础上添加绿色可降解生物促进剂，利用太阳能和自然植物资源的植物修复、土壤和地下水高效专性微生物资源的微生物修复、土壤中不同营养层食物网的动物修复、基于监测的综合土壤和地下水生态功能的自然修复等，将是 21 世纪土壤和地下水环境修复科学技术研发的主要方向。同时，从常规作物中筛选合适的修复品种，发展适用于不同土壤类型和条件的根际生态修复技术已成为一种趋势。应用生物工程技术如基因工程、酶工程、细胞工程等发展土壤和地下水生物修复技术，有利于提高治理速率与效率，具有应用前景。

3. 重大装备和修复材料

首先，基于现有修复技术的专业、专有工程设备的开发将进一步加快。土壤和地下水修复技术的应用在很大程度上依赖于修复设备和监测设备的支撑，设备化的修复技术是修复走向市场化和产业化的基础。植物修复后的植物资源化利用、微生物修复的菌剂制备、有机污染土壤的热脱附或蒸汽浸提、重金属污染土壤的淋洗或固化-稳定化、修复过程及修复后环境监测等都需要设备。尤其是对城市工业遗留的污染场地，因其特殊位置和土地再开发利用的要求，需要快速、高效的物化修复技术与设备。目前国内市场上能够找到的专门为场地修复生产的专业设备屈指可数，很多情况下是有技术但苦于没有实施手段。因此，开发满足场地污染土壤和地下水修复要求的专业、专有工程设备必然成为一种趋势。同时，一些新的物理和化学方法与技术在土壤和地下水环境修复领域的渗透与应用将会加快修复设备化的发展，将带动新的修复设备研制。

其次，污染场地修复装备向集约化与模块化发展将继续推进。近年来，国外修复设备的发展趋于集约化和模块化，大量的离场式模块设备被研发和应用，各模块可根据污染场地规模、土壤特性、污染物成分及浓度的不同进行调整和优化组合。装备集约化与模块化极大地降低了设备安装时间、占地面积和能量消耗，提高了修复效率。此外，由于异位修复向原位修复技术的发展，原位修复设备的研发与规模化应用市场正不断扩大，针对深层污染土壤和地下水修复的重大装备具有广阔的应用前景。

最后，基于环境功能修复材料的修复技术将迅速发展。黏土矿物改性技术、催化剂催化技术、纳米材料与技术已经渗透到土壤环境和农业生产领域，并应用于污染土壤环境修复，例如利用纳米铁粉、氧化钛等去除污染土壤和地下水中的有机氯污染物。但是，目标土壤和地下水修复的环境功能材料的研制及其应用技术还刚刚起步，具有发展前景。但是，对这些物质在土壤中的分配、反应、行为、归趋及生态毒理等尚缺乏了解，对其环境安全性和生态健康风险还难以进行科学评估。基于环境功能修复材料的土壤和地下水修复技术的应用条件、长期效果、生态影响和环境风险尚有待回答。

4. 污染土壤和地下水防控工程化

在修复技术上，各种原位修复技术、联合修复技术、绿色修复技术的工程化将推进。同发达国家相比，我国属于发展中国家，对技术的经济性要求高。同时，由于我国幅员广阔，污染场地分布在全国各地，地质、水文等差异大，且污染历史久，污染物类型复杂，常常为土壤和地下水同步受到污染，导致对联合修复技术的要求紧迫。因此，原位修复技术、联合修复技术的工程化将在我国推进。

在修复装备上，更多基于成套重大装备的污染场地修复工程不断推进。设备化的修复技术是场地修复走向市场化和产业化的基础。成套重大装备的工程化应用将极大提高修复效率，促进修复工程向现代化发展。

参考文献

[1] 骆永明. 土壤环境和土壤修复发展现状与展望.土壤学学科发展报告. 北京: 中国科学技术出版社. 2011:134-146.

[2] 赵其国, 滕应. 国际土壤科学研究的新进展. 土壤, 2013, 45(1):1-7.

[3] 中国科学院南京土壤研究所. 中国科学院土壤环境与污染修复重点实验室年度报告. 2012.

[4] 骆永明, 等. 长江、珠江三角洲土壤及其环境. 北京: 科学出版社, 2012.

[5] Zhu YG, Johnson TA, Su JQ, *et al*. Diverse and abundant antibiotic resistance genes in Chinese swine farms. PNAS, 2013, 110(9): 3435-3440.

[6] 马文亭, 滕应, 凌婉婷, 李振高, 吴龙华, 骆永明. 里氏木霉 FS10-C 对伴矿景天吸取修复镉污染土壤的强化作用. 土壤, 2012,44(6):991-995.

[7] Wang D, BradfordSA, HarveyRW, GaoB, Cang L, ZhouD. Humic acid facilitates the transport of ARS-labeled hydroxyapatite nanoparticles in iron oxyhydroxide-coated acid. Environ. Sci. and Technol, 2012, 46(5):2738-2745.

[8] Wang D, Paradelo M, Bradford SA, Peijnenburg WJGM, Chu L, Zhou D. Facilitated transport of Cu with hydroxyapatite nanoparticles in saturated sand: Effects of solution ionic strength and composition. Water Research, 2011, 45 (18): 5905-5915.

[9] Wang D, Bradford SA, Paradelo M, Peijnenburg WJGM, Zhou D. Facilitated Transport of Copper with Hydroxyapatite Nanoparticles in Saturated Sand. Soil Science Society of America Journal, 2012, 76: 2: 375-388.

[10] 施小清, 吴吉春, 刘德鹏, 江思珉, 孙媛媛, 徐红霞. 重非水相液体在饱和介质中运移数值模拟及敏感性分析. 南京大学学报: 自然科学版, 2011, 47(3): 299-307.

[11] 施小清, 姜蓓蕾, 吴吉春, 徐红霞, 姜月华, 苏晶文. 非均质介质中重非水相污染物运移受泄漏速率影响分析. 水科学进展, 2012, 23(3): 379-385.

[12] 施小清, 吴吉春, 吴剑锋, 姜蓓蕾, 徐红霞. 多个相关随机参数的空间变异性对溶质运移的影响. 水科学进展, 2012, 23(4): 509-515.

[13] Nan Tongchao, Wu Jichun. Groundwater Parameter Estimation via Ensemble Kalman Filter with Localization. Hydrogeology Journal, 2011,19(3): 547-561.

[14] Jianguo Jiang, Jichun Wu. A Transition Rate Transformation Method For Solving Advection-dispersion Equation. Journal of Computational Physics, 2011, 23(14): 5556-5563.

[15] Jianguo Jiang, Jichun Wu. Simulation of continuous-time random walks by the pruned-enriched method. Physical Review E, 2011, 84(3).

[16] Wu Jichun, Lu Le, Tang Tian. Bayesian analysis for uncertainty and risk in groundwater numerical model predictions. Human and Ecological Risk Assessment, 2011, 17(6): 1310-1331.

[17] Deng H. A review of diversity-stability relationship of soil microbial community: What do we not know? Journal of Environmental Sciences, 2012,24:1027-1035.

[18] Maron P-A, Mougel C, Ranjard L. Soil microbial diversity: methodological strategy, spatial overview and functional interest. Comptes Rendus Biologies, 2011,334:403-411.

[19] 吴才武, 赵兰坡. 土壤微生物多样性的研究方法. 中国农学通报, 2011:231-235.

[20] Markert B, 王美娥, Wünschmann S, 陈卫平. 环境质量评价中的生物指示与生物监测. 生态学报, 2013:33-44.

[21] 刘朋虎, 林冬梅, 林占熺, 李晶. DNA 测序技术及其应用研究进展. 福建农业学报, 2012:1130-1133.

[22] Lasken RS, Lombardo M-J, Novotny M, Yee-Greenbaum J, Grindberg RV. DNA Sequencing of Uncultured Microbes from Single Cells: Caister Academic Press, 32 Hewitts Lane, Wymondham Nr 18 0ja, Uk; 2011.

[23] Thompson JF. Single Molecule Sequencing Technology: the Applications and Implications for Biological Research. In Vitro Cellular &

Developmental Biology-Animal, 2011,47:S14-S14.

[24] Arora R, Bell EM. Biotechnological Applications of Extremophiles: Promise and Prospects. 2012.

[25] 张闻，陈贯虹，高永超，黄玉杰，王加宁，卢媛，等. 石油和重金属污染土壤的微生物修复研究进展. 环境科学与技术, 2012:174-181, 205.

[26] Kalantary RR, Badkoubi A, Mohseni-Bandpi A, Esrafili A, Jorfi S, Dehghanifard E, et al. Modification of PAHs Biodegradation with Humic Compounds. Soil and Sediment Contamination: An International Journal 2013,22:185-198.

[27] Kuncova G, *et al*. Bioluminescent bioreporter Pseudomonas putida TVA8 as a detector of water pollution. Operational conditions and selectivity of free cells sensor. Ecological Indicators, 2011, 11(3): 882-887

[28] 侯启会, 马安周, 庄绪亮, 庄国强. 微生物全细胞传感器在重金属生物可利用度监测中的研究进展. 环境科学, 2013:347-356.

[29] 周仕林, 刘冬. 生物传感器在环境监测中的应用. 理化检验: 化学分册, 2011:120-124.

[30] Stakhurlova LD, Svistova ID. Biomonitoring of chernozems in various biocenoses. Russian Agricultural Sciences 2011,37:495-497.

[31] 贺纪正, 袁超磊, 沈菊培, 张丽梅. 土壤宏基因组学研究方法与进展. 土壤学报, 2012:155-164.

[32] Chen J, ZhuY-G, RosenBP. A Novel Biosensor Selective for Organoarsenicals. Applied and Environmental Microbiology, 2012, 78(19): 7145-7147.

[33] 侯启会，马安周，庄绪亮，庄国强. 微生物全细胞传感器在重金属生物可利用度监测中的研究进展. 环境科学, 2013,34(1):347-356.

[34] Kuncova G, *et al*. Bioluminescent bioreporter Pseudomonas putida TVA8 as a detector of water pollution. Operational conditions and selectivity of free cells sensor. Ecological Indicators, 2011, 11(3): 882-887.

[35] Zhang D, *et al*. Whole-cell bacterial bioreporter for actively searching and sensing of alkanes and oil spills. Microbial Biotechnology, 2012, 5(1): 87-97.

[36] Hnaien M, *et al*. A new bacterial biosensor for trichloroethylene detection based on a three-dimensional carbon nanotubes bioarchitecture. Analytical and Bioanalytical Chemistry, 2011, 400(4): 1083-1092.

[37] Troegl J, *et al*. Pseudomonas fluorescens HK44: Lessons Learned from a Model Whole-Cell Bioreporter with a Broad Application History. Sensors, 2012, 12(2): 1544-1571.

[38] Kumar J, D'SouzaSF. Immobilization of microbial cells on inner epidermis of onion bulb scale for biosensor application. Biosensors & Bioelectronics, 2011, 26(11): 4399-4404.

[39] Lagarde F, Jaffrezic-Renault N. Cell-based electrochemical biosensors for water quality assessment. Analytical and Bioanalytical Chemistry, 2011, 400(4): 947-964.

[40] Zhang D, *et al*. Functionalization of whole-cell bacterial reporters with magnetic nanoparticles. Microbial Biotechnology, 2011, 4(1): 89-97.

[41] Song Y, *et al*. Bacterial Whole Cell Bioreporters in Environmental Health, in Biosensors and Environmental Health, V.R. Preedy and V. Patel, Editors, 2012, CRC Press: Boca Raton, 127-149.

[42] Amaro F, *et al*. Whole-cell biosensors for detection of heavy metal ions in environmental samples based on metallothionein promoters from Tetrahymena thermophila. Microbial Biotechnology, 2011, 4(4): 513-522

环境风险评价学科发展报告

摘要 随着对环境污染问题与人体健康损害关系认识的进一步深入，环境健康风险防范已成为国内外环境与健康领域关注的研究热点。在我国，由于工业化、城市化进程带来的环境污染与健康风险逐步增强，未来的环境健康工作形势严峻。

近两年，我国环境健康风险领域研究方向如下。

（1）重点仍然集中在典型污染物（有机污染物、重金属）、重点污染流域（淮河、太湖、珠三角等）、典型污染场地（多环芳烃），并开始逐渐关注典型人群（儿童、电子垃圾拆解厂工人）的健康问题。

（2）环境健康风险的基础理论研究相对薄弱，有待重视和加强；暴露参数、模型等基础工具手段仍以借鉴国外为主，但已经开始逐渐重视和关注，并取得一些成绩。

（3）国家层面上开始关注、重视环境健康风险研究工作，并已开展大量相关科技项目和调查研究工作，取得初步成效。在《国家环境保护“十二五”科技发展规划》中明确将“环境污染的人体暴露和健康风险评估技术研究”作为重点研究方向。

研究环境污染的人体暴露和健康风险评估技术、环境健康基准、标准及法律法规，建立环境健康风险评估、预警和应急体系等是我国环境与健康领域的发展方向。而环境健康风险工作当务之急应是针对我国环境与健康方面研究分散、基础数据缺乏、风险性大等问题，借鉴国外先进经验，构建环境健康风险评价技术框架，建立和完善健康风险评估相关标准、规范和技术文件，为我国环境风险管理提供技术支撑。

一、环境健康风险评价学科基础研究进展

我国环境健康风险评价学科的基础理论研究相对薄弱，近两年开展的一系列环境健康风险评价工作都是借鉴于国外成熟的风险评价体系和先进经验，或是在其原有的基础上进行一些改进，创新性和自主研发的集成能力尚有待加强。

周荣喜[1]分别从整体和单个指标两方面对饮用水的健康风险进行全面评价。整体评价方面，引入多属性决策方法对饮用水进行覆盖全部指标的健康风险评价。在给出指标不达标阈概念的基础上，提出了以指标从达标到不达标阈的敏感度为依据计算指标权重的方法。单个指标的健康风险评价方面，采用目前美国环保局（EPA）推荐的健康风险评价模型对饮用水中的重金属指标进行健康风险评价，并通过改进该模型，对饮用水中有机物指标的健康风险进行了评价。研究发现，将多属性方法与目前普遍使用的健康风险评价方法结合起来使用，能够实现从整体上和单个指标上对饮用水健康风险进行全面评价，并更具实效性。张青新[2]等应用 SPSS 软件剖析了美国综合风险评估系统（IRIS）参考剂量（RFD）和参考浓度（RfC）

的相关性，提出了以 RfC 为基础的风险评价体系，并尝试应用 RFD 和 RfC 值对沈阳、鞍山、抚顺、葫芦岛四个城市空气中挥发性有机化合物（VOCs）进行非致癌健康风险评价。与 RFD 评价结果对比表明：基于 RfC 的风险评价更能准确反映 VOCs 污染风险。

二、环境健康风险评价学科科学技术研究进展

（一）水环境健康风险评价

水安全一直是关系民生的重大公共卫生问题。近年来随着经济的高速发展，国内各大流域、湖区水的安全事故频发，引起了大家的进一步关注。除了治理已被污染的水体，通过健康风险评价，可以将水环境卫生状况和公众的健康危害联系起来，定量地描述环境污染对公众健康危害的程度，从而建立预警机制，为相关卫生决策和风险管理提供依据。2011—2012 年度，国内大多数健康风险评价分析研究都主要集中在对城市和农村水源地、地下水、饮用水等方面，主要关注重金属、氨氮、有机物（三氯甲烷、多环芳烃）的污染，评价基本采用美国 EPA 健康风险公式。随着国家水体污染控制与治理科技重大专项和环保公益行业科研专项工作的进一步推进，水环境的健康风险评价已覆盖到国内华南、华北、华东、东北、西北、西南等地区，以及太湖、鄱阳湖、滇池、珠江流域、汾河流域、湘江流域等主要淡水流域。

1. 水源地水质健康风险评价

叶剑等[3]针对农村饮水安全中水质不安全的问题，实地采集了名山县 81 个农村饮水水源地的水样，将 ArcGIS 的空间分析功能与美国科学院国家研究委员会推荐的健康风险模型计算相结合，分析了该县农村水源地饮水水质的致癌风险和非致癌风险，并对农村饮水水质进行了致癌物及非致癌物的健康风险单因子和组合因子的综合评价。研究结论揭示了研究区水源地水质健康风险控制指标，为水源地的治理提供了科学的参考建议。张晶等[4]采用美国 EPA 提出的水环境健康风险评价模型，对山西省长治市某县 6 处乡镇集中式饮用水水源水质进行评价，探讨了水体中所含污染物对人体健康的潜在影响，结果表明，水环境健康风险评价模型较传统的水质等级评价体系更能量化表征水体中各污染物对人体健康的潜在危害，有利于明确水体污染物治理的优先顺序。毛雨廷等[5]依据 2001—2010 年的水质监测数据，研究汾河太原段水环境污染对人体产生的健康危害风险，研究结果表明汾河太原段中铬所致健康危害的潜在年风险值一直高于国际辐射防护委员会（ICRP）推荐的最大可接受风险水平，应将其作为首要控制指标。范清华等[6]根据太湖饮用水源地水环境质量监测数据，对 4 个饮用水源地通过饮水途径引起的水环境健康风险进行了评价。白璐等[7]对华东某县的深层井水、浅层井水、地表沟塘水进行采样分析，研究我国农村饮用水源地中内分泌干扰物——多氯联苯对人体健康的影响。杨幸等[8]以黔江区 9 个饮用水源地水质作为健康风险评价对象，选取 2009 年水质监测的部分资料，对该地区 9 个饮用水源地经饮水途径造成的健康风险进行计算和评价。研究表明健康风险主要来源于化学致癌物，其中以铬的风险值最大。刘丽等[9]以湘江株洲段水质监测资料为基础，对湘江株洲段水环境进行健康风险评价，研究表明湘江株洲段各监测断面均存在较严重的健康风险，尤其是与衡阳交界的朱亭断面。

2. 地下水健康风险评价

李鸣晓等[10]以白洋淀淀中村地下水水样采集与分析为依据，采用美国 EPA 推荐的健康风险评价方法综合评价淀中村由于非规范垃圾堆放导致的地下水污染对周边居民造成的健康

风险。研究结果表明，淀中村地下水污染对人体的非致癌风险大于 1，对当地居民人体健康造成的风险应该引起重视。段磊等[11]为了研究关中盆地浅层地下水氮污染对人体产生的潜在健康危害风险，在研究区采集和测试了 232 个水样，采用单因子污染指数法和健康风险评价模型对浅层地下水氮污染进行了评价。罗大成、温海威[12,13]分别运用水环境健康风险评价模型初步评价农村居民饮用地下水中硝态氮、重金属所引起的健康风险。吕利等[14]对四川德阳市地下水进行了健康风险评估，发现经口暴露是地下水影响该地区居民健康并构成风险的最主要途径。

3. 饮用水健康风险评价

魏金波等[15]利用美国 EPA 提出的水环境健康风险评价模型和国际辐射委员会推荐的最大可接受限值，对大连市生活饮用水环境进行评价，根据评价结果可知，在水质治理过程中，应优先治理铬。尤汉虎等[16]对佛山某市 2007—2010 年城市饮用水中三卤甲烷（THMs）健康风险进行评估，计算出 THMs 经口途径暴露的终生致癌风险和危险指数。汤锐等[17]采用美国 EPA 规定的水中优先控制污染物的水体有机物浓度标准，计算云南滇池罗家营水域中污染物的健康风险，并参考美国 EPA 对致癌风险和非致癌风险的相关定义，对这些化合物的环境健康风险进行了评价。郑浩、陈双莉[18,19]分别对江苏省和陕西省饮用水中重金属通过饮水途径所引起的健康风险做出评价。秦雯雯等[20]按照美国 EPA 风险评价模型，对江西省鄱阳湖地区 24 个县市的饮用水中重金属、氨氮和酚进行了健康风险评价。研究结果表明，彭泽县、南昌市、南昌县、湖口县为高风险区，这些地区的饮用水环境健康问题应引起更多的关注。梁庆香、刘洋等[21,22]通过计算出化学致癌物和非致癌物的饮水途径健康危害的平均个人年风险，对柳州和郑州市饮用水环境健康风险进行了评价。

（二）重金属健康风险评价

由于重金属在水环境中不可降解，同时在一定诱导条件下可以发生各种形态的转化以及离散、富集过程，并参与到生物地球化学循环过程，致使其环境危害不断放大，由此引起的环境健康问题一直是国内外学者和各国政府的关注热点。随着我国工业化、农业化和城镇化进程的不断加快，对矿产资源的需求不断加大的同时，富含大量重金属的废水、废气、废渣也排放入环境，对人类健康造成了很大的风险和威胁。

近年来我国重金属污染水体事故频发，因而大部分重金属的健康风险研究集中在污染水体。朱宇恩等[23]为研究城郊污灌土壤——小麦体系中重金属的迁移富集特征及潜在健康风险，选取北京城郊污灌区24 块代表性小麦样地，运用高分辨电感耦合等离子体质谱仪（HR-ICP-MS）测定了土壤及小麦籽粒中消解态 Cu、Cd、Cr、Pb 和 Zn 含量，并在以污灌区小麦粉为主要食源条件下进行了健康风险评价。研究结果表明，北京城郊污灌区小麦籽粒主要消费区域和流通渠道以及由此引发的居民（尤其是郊区儿童和成人）重金属健康风险需要予以关注，以预防食品安全危害的发生。胡春华等[24]通过测定鄱阳湖流域各断面及入湖口水体溶解态重金属的含量水平，并对其引起的健康风险进行了初步评价，其研究结果为鄱阳湖生态经济区水质污染状况研究及治理监管工作提供参考，为其他湖泊重金属监测网络和质量控制提供理论依据。

对土壤、灰尘中的重金属风险评价也是近年的研究热点之一。杨孝智等[25]采集了北京地铁 16 个站点灰尘的样本，采用美国 EPA 风险评价模型和 Spearman 相关系数对重金属污染程度、人体健康风险及来源进行分析。陈奔等[26]采用现场采样及室内测试方法对尤溪铅锌矿集区内表层土壤中 5 种重金属（铬、铜、汞、锌、铅）的含量进行分析，同时应用非致癌风险模型对 5 种重金属进行了健康风险评价，结果表明该地区存在以铅污染为主的重金属污染。林晓峰等[27]采用现场采样及室内测试方法，对泉州市主要工业区土壤中 8 种重金属的含量进行测定分析，并应用健康风险评价模型对这些工业区土壤重金属通过皮肤暴露途径所引起的健康风险作出了评价。

随着三聚氰胺、小龙虾、塑化剂、含砷奶粉等食品安全事故频发，社会各界对食品健康问题越来越关注，水产品、果蔬、大米等食品中重金属的健康风险评价成为近年来研究的新领域。杨胜香等[28]对湘西花垣锰矿、铅锌矿区的部分蔬菜及其种植土壤进行了调查和重金属含量分析，通过污染指数法和经蔬菜途径重金属暴露接触对人体的健康风险进行了系统评价。风险评估结果表明，两矿区居民通过蔬菜途径摄入的 Pb 和 Cd 对其健康存在较大的潜在风险，且对儿童的健康风险高于成年人。因此，矿区土壤上种植蔬菜会对食用这些蔬菜的当地居民产生一定的健康风险，应采取合适的治理措施进行矿区污染土壤的修复。王国莉[29]等对惠州 144 个大米样品进行重金属含量检测，采用单项污染指数和内梅罗综合指数法对其污染状况和健康风险进行分析评价。王学锋等[30~32]分别对广东近海、南海北部以及海南省沿岸等主要港湾的海水养殖贝类进行了采样分析，应用单因子指数法和人体暴露风险系数法评价了贝类重金属对人体暴露的健康风险。王学锋结合历史监测数据分析了广东近岸海域总体及粤东、珠江口和粤西三大主要海区牡蛎体内汞的时空分布规律。

（三）多环芳烃健康风险评价

大部分多环芳烃具有内分泌干扰性、致癌、致畸、致突变作用，其造成的环境污染已经成为世界各国面临的重大环境与公共健康问题之一，其中对土壤和水体的污染问题最为突出。我国多环芳烃污染主要来自大气沉降、污水灌溉、污泥农用等。尽管目前国内水体中多环芳烃一般为痕量水平，但由于其多具有难降解性和生物易累积性，长期暴露仍然会严重威胁人体健康。

胡习邦、许振成等[34]基于珠江三角洲不同环境介质（水体、大气和土壤）及食物中多氯二苯并二噁英 / 呋喃（PCDD / Fs）的研究资料，利用 VLIER-HUMAAN 模型评估了该区域不同暴露途径下 PCDD / Fs 对人群的潜在健康风险[33]。董继元等采用多介质-多途径暴露模型，评价兰州地区对居民暴露于多环芳烃的健康风险，分析风险来源、暴露介质及暴露途径，并结合蒙特卡罗方法分析研究过程中的不确定性。结果表明，兰州地区多环芳烃类污染物对居民人体健康风险度远远高于可接受健康风险度的标准。兰州地区女性对多环芳烃的暴露量高于男性，女性健康风险平均值亦远远高于美国 EPA 标准值，兰州地区女性乳腺癌发病率较高可能与长时间低剂量多环芳烃暴露有一定的关系。李文杰等[35]根据黄河濮阳段多环芳烃的监测数据，应用美国 EPA 的健康风险评价方法对多环芳烃通过饮水、皮肤接触和食用水产品 3 种途径进入人体的健康风险进行了初步评价。结果表明，食用水产品是水体中多环芳烃危害人体健康的最主要途径，其对人体健康总风险的贡献远大于饮水和皮肤接触。冯焕银等[36]以宁波地区土壤中多环芳烃的含量调查结果为基础，采用美国能源部风险评估信息系统的暴露量化方法和美国 EPA 健康风险评估手册的风险表征方法，评估了土壤中 16 种多环芳烃对户外劳作者的健康风险。罗庆等[37]采集并分析了细河流域 9 个地下水样品中 16 种多环芳烃的含量，根据毒性当量因子方法及荷兰公共卫生和环境国家研究院提出的土壤地下水污染现场暴露评价模型（CSOIL 模型），对多环芳烃健康风险进行了初步评价。

（四）污染场地健康风险评价

随着我国经济的发展和城镇建设速度的加快，场地性质的变更越来越频繁。许多工业企业陆续搬出城区，原有用地逐步开发成为住宅用地或者商业圈用地。由于工业企业遗留下的污染场地会对后续用地的地下水、土壤等造成一定影响，并有可能危害居民健康，因此我国污染场地健康风险评价近几年开始逐渐兴起。

崔超等[38]以甘肃省某玻璃仪器厂为例，采用污染场地风险评估技术导则（征求意见稿）中的评价模型，选取苯为关注污染物，对污染场地 5 种暴露途径下人体健康风险进行了估算。计算结果表明，污染物各暴露途径的致癌风险贡献从大到小依次为：吸入室外空气中污染物蒸气＞吸入室内空气中污染物蒸气＞经口摄入＞皮肤接触＞呼吸吸入土壤颗粒物。吴以中等[39]应用美国的 RBCA 模型和荷兰的 CSOIL 模型对某挥发性有机物污染场地中的 2 种主要污染物 1，2-二氯丙烷和 1，2-二氯乙烷进行健康风险评价。何欢、赵毅[40,41]分别以农药厂搬迁土地为研究对象，在监测分析土壤中多种多环芳烃的基础上，对区域进行健康风险和生态风险评价。冯娜娜等[42]对矿区采煤沉陷修复区主要种植作物黄豆进行了针对重金属的健康风险评价。

（五）对特殊人群（儿童）和特殊行业（电子垃圾拆解）的健康风险评价

铅被广泛应用于涂料、工业、蓄电池等领域。当人类长期暴露在低浓度的铅污染环境中，容易对神经系统、血压、心脏、血管、肾等造成长期的累积影响。由于儿童脆弱的免疫系统、特殊的口手习惯，以及与成人相比更高的吸收系数，儿童成为铅污染敏感人群。从 20 世纪 70 年代开始，针对儿童血铅浓度过高的状况，美国已经开展了一系列的铅防治措施，如限制油漆中的铅含量、制定严格的土壤铅标准等，儿童的血铅污染得到了很好的控制，而我国局部地区仍有高血铅暴露事件爆发。董兆敏等[43]通过解析我国现有血铅浓度数据，采用无阈值剂量效应曲线，计算了我国部分地区轻度智力发育迟缓（MMR）的发生概率，并利用 MMR 发生率以及生命周期表，计算了相应的伤残调整寿命年。结果表明我国儿童的铅暴露风险低于非洲、南美以及部分中东地区，远高于北美和欧洲，与除日本以外的其他亚洲国家基本持平。杨彦、于云江等[44]选择我国典型的电子废弃物拆解场为研究对象，以拆解场各环境介质中多氯联苯（PCBs）浓度全面调查为基础，采用美国 EPA 人体健康评价模型，结合问卷调查和实际测量修正暴露参数，对浙江台州拆解区人群进行健康风险评价，结果表明经口暴露的致癌、非致癌风险最大，其次是呼吸暴露。

（六）与环境管理决策相结合的环境健康风险评价

目前，国内学者已经开始从传统模式上引用国外的风险评价体系进行针对某种物质、某片区域等的具体研究，转向前瞻性地为国家环境管理献策而进行探索性的应用研究，这是我国环境健康风险评价的一大步。

李娜等[45]将饮用水健康风险评价与产业结构调整结合起来，基于长江流域、太湖流域和淮河流域饮用水源地 2007—2009 年水质监测数据，应用美国 EPA 推荐的健康风险评价模型计算、分析、评价了江苏省 3 大流域的水环境健康风险。并通过相关性分析，得出健康风险因子与印染、纺织、冶金、造纸、化工等行业排放具有显著相关性，从而将饮用水安全转化为所有涉水产业空间布局的约束条件，由此提出产业结构调整思路，为流域污染调控和产业准入政策制定提供了科学依据。聂静、段小丽等[46]根据我国的实际国情和电子信息产业污染现状，并结合国外先进管理经验和法律法规，提出建立电子信息产业环境健康管理协同监管机制、加大现行电子信息产业环境健康管理执行力度、构建电子信息行业环境与健康风险评估体系等电子信息产业环境健康管理对策和建议。

（七）环境健康风险评价的暴露模型和暴露参数研究

由于我国环境与健康问题十分复杂，相关的研究工作涉及面较窄，开展时间短，缺乏系统性和整体性，暴露参数、模型等作为健康风险评价的技术支撑的基础数据和工具手段缺少。目前开展的环境健康风险评价都是借鉴国外的模型和暴露参数，生搬硬套，缺乏本土的改进与创新。近两年已有相当一部分工作开始以环境健康的基本技术、方法、工具手段为研究重点，暴露模型和暴露参数等方面的研究已取得一些成就。

1. 暴露人群参数调查

2011 年 9 月 21 日，《国家环境保护“十二五”环境与健康工作规划》提出：由中国环境科学研究院环境基准与风险评估国家重点实验室于“十二五”期间首次组织开展中国人群暴露参数调查并发布手册。2011—2012 年发布《中国人群暴露参数手册（成人卷）》。王贝贝、段小丽等[47]采用问卷调查的方式对我国北方典型地区太原的 2860 名受试者进行了时间-活动模式的研究，结合人体能量估算模型，计算出适合该地区居民的呼吸速率参数，并与国内外情况进行对比分析。杨彦等[48]以浙江温岭市人群为研究对象，在借鉴美国 EPA 暴露参数方法学的基础上，以问卷调查方式进行不同途径下人群呼吸、皮肤、经口等暴露参数的研究。向明灯等[49]采用问卷调查方式研究了太湖饮用水源地附近 1500 人的相关暴露参数。

2. 污染场地健康风险评价模型研究

黄瑾辉等[50]综合考虑了参数不确定性、模型不确定性对风险评价结果可信度的影响差异和国内实际污染场地健康风险评价中对已有模型的不当选择可能带来的负面效应，提出相对于参数不确定性的控制，选取了模型理论架构上符合案例情景的美国 EPA 研发的 3MRA、MMSOILS 和美国劳伦斯伯克力国家实验室研发的 CalTOX 等 3 个被广泛使用的污染场地健康风险评价多介质模型，并与蒙特卡洛模拟相结合，载入污染厂址案例对特定受体进行了风险评价。由此定量分析了参数不确定性和模型选择不确定对评价结果可信度的影响程度，并通过对比 3 个模型的内在架构分析了不确定性的可能来源，最后总结提出了“6 步综合评价模式”，该模式能有效提高污染场地健康风险评价的可信度及经济可行性。姜林等[51]在对污染土壤中可发挥性有机物（VOCs）进入大气的 3 个过程进行数学描述的基础上，根据土壤气体中 VOCs 分析物质的浓度，对健康风险计算模型进行了总结与推导，该模型成功应用于北京某焦化厂苯污染区域的风险评价。姜林等以多环芳烃污染土壤为例，提出基于土壤中多环芳烃生物可利用度为基准的风险计算模型，解决了现有模型计算过于保守的问题[52]。

三、国家政策导向以及与环境健康风险相关科技支撑

对于经济社会发展的形势需要，我国环境与健康工作仍显薄弱，能力和水平存在较大差距。特别是改革开放以来，我国经济迅猛发展，物质文化极大丰富，人民群众对生活环境和健康安全的期望不断提高，而环境污染带来的环境质量下降、生态平衡破坏以及公众健康危害，越来越成为制约经济持续增长和影响社会和谐发展的关键因素，切实加强环境与健康工

作，努力解决发展、环境、健康之间的突出矛盾，已经成为当前迫切需要解决的重大问题。近年来，在党中央、国务院“以人为本”“落实科学发展观”的指导思想下，国家环境保护部加强了环境健康工作，并明确提出要把保护人民群众健康的宗旨落到实处。

（一）环境健康风险研究领域规划明确学科发展方向

2011 年 12 月 27 日，环境保护部和卫生部在北京联合组织召开了第二次国家环境与健康工作领导小组（以下简称“领导小组”）会议。会议指出，在肯定成绩的同时，也要清醒地看到，我国环境状况总体恶化的趋势尚未得到根本遏制，一些重点流域、海域水污染严重，部分区域和城市大气灰霾现象突出，农村环境污染加剧，重金属、化学品、持久性有机污染物以及土壤、地下水等污染显现。据统计，“十一五”期间发生的Ⅲ级以上环境事件中，25%涉及环境污染导致健康损害问题。“十二五”期间要将“提高国家环境与健康风险管理能力”作为重点工作之一。

为贯彻落实《国家中长期科学和技术发展规划纲要（2006—2020 年）》和《中华人民共和国国民经济和社会发展第十二个五年规划纲要》的任务部署，提升环境科技创新能力，为探索中国环保新道路构建强大坚实的科技支撑体系，环保部组织编制了《国家环境保护“十二五”科技发展规划》。十二个重点领域与任务中多次涉及了环境健康风险评价相关内容，其中，环境与健康领域研究重点之一是开展环境污染的人体暴露和健康风险评估技术研究。具体研究内容如下：研究区域/流域多介质、多途径或复合污染物人体暴露和历史暴露评估方法。研究重金属、有毒有害有机污染物、放射性物质等对人体健康的影响机理和剂量-反应关系。研究环境健康风险评估和预测的程序、模型和方法，国家环境健康风险区划和分级技术方法，以及环境影响评价中的健康风险评估技术。开展环境污染物的健康基因组学和蛋白质组学研究，开发环境化学品毒性预测模型。“十二五”拟制定环境健康风险评价相关标准主要有《人体健康环评技术导则》《土壤铅污染健康风险评估指南》《新化学物质环境评估导则》《污染土壤风险评价技术规范》和《环境健康损害判定标准 4 项（镉、汞、砷、氟）》等。

（二）环境健康风险相关科技项目逐年增多

近年来，国家环保公益性行业科研专项、重点项目对环境健康风险研究进行了资助，特别是在环保公益行业科研专项涉猎面广、重点突出，取得了一系列可喜成绩。

1. 重点项目

环保部于 2007 年启动的“淮河流域癌症综合防治项目”已经取得阶段性重大成果。项目组在沿淮四省 15 个区县针对环境质量调查、流域特征污染物和优先控制污染物筛选、特征污染物人群暴露和健康风险评价等方面开展了大量工作，包括识别高风险污染物、高风险工业行业以及高风险区域；估算重金属等污染物人群暴露水平和健康风险等，研究结果对淮河流域环境综合防控和深入开展环境健康工作具有较强的针对性和指导性。

2. 环保公益行业科研专项

（1）“污染土壤健康风险评估技术研究”在借鉴发达国家污染土壤健康风险评估技术的基础上，研究提出适合我国国情的污染土壤调查和健康风险评估的程序与方法，编制了《污染土壤健康风险评估技术指南》，研发了相应的风险评估软件。研究成果在江苏、浙江、湖南等地的多个污染土壤调查与风险评估案例中得到应用，并为国家环境保护标准《污染场地风险评估技术导则》（报批稿）的制定提供了支撑。

（2）“危险废物处理处置场地下水风险暴露评估和分级管理技术研究”在危险废物处理处置场地下水污染运移模拟和风险评价方面，对我国不同类型危险废物填埋场地下水特征污染物进行了运移模拟，建立了危险废物处理处置场地下水污染风险评价指标体系（共45个指标），并对危险废物填埋场区域和场地地下水污染风险进行了评价。另外，项目编制了我国危险废物处理处置场地下水风险评估技术指南（草案），发布后将有助于规范我国危险废物处理处置场地下水风险评价指标和技术方法。

（3）“多环芳烃类持久性有机污染物健康风险评估方法研究”是我国首次系统地针对环境中致癌污染物开展的基于环境暴露、个体暴露和内暴露生物标志物三个层面的健康风险评价方法研究，以多环芳烃污染物为代表物，建立了基于环境暴露、个体外暴露和个体内暴露的健康风险模型和评估方法，并编写了相应的技术导则。项目所提出的有关技术规范体系和风险管理理念为《国家环境保护“十二五”环境与健康工作规划》编制和“全国重点地区环境与健康专项调查”提供了参考和依据。

（4）根据“多氯联苯污染控制技术体系研究”应用项目成果编制了《多氯联苯封存点污染特征识别和风险评估技术指南》。

（5）“废铅酸蓄电池收集、处理和处置管理技术研究”项目组开发了铅污染累积风险评估数学模型。

除上述项目以外，还有相当一部分有关环境健康风险评价的环保公益项目研究工作正在开展过程中，如“有毒有害化学品在体脂中的蓄积与健康风险分析”研究内容涉及重点污染物品种、污染来源及潜在健康风险确定；“水源水体中有毒污染物健康效应的测试技术”研究目标为构建一组用于水环境微量有毒污染物快速筛查和定性健康风险评价的离体毒性测试方法和指标体系；“长三角多溴联苯醚（PBDEs）和全氟辛烷磺酸盐（PFOS）污染现状调查及其环境风险评价”选择长三角典型行业和相关区域作为调查对象，多介质大规模采集样品检测PBDEs与PFOS含量，全面分析其污染来源和现状，有针对性地研究其生物毒性、人群负荷与健康效应；“环评中的健康影响评价准则及化学污染因子健康影响评价方法研究”分析我国建设项目的类型、特点和开发趋势，结合我国环境现状和人群健康状况，建立建设项目健康影响评价的基本准则，并探索将环境污染水平与人体健康效应相衔接的方法；“汽油添加剂甲基叔丁基醚（MTBE）污染特征、人群健康风险评估及管理对策研究”探讨环境MTBE污染途径和人群MTBE暴露途径，以评估我国MTBE污染的人群健康风险；“典型矿业城市重金属污染特征与健康风险评估”重点研究重金属污染场地环境影响与健康风险评估。

（三）部分重点行业开始逐步重视健康风险评价

铅锌行业作为我国环境重点监控对象，环保部于2012年3月发布《铅锌冶炼工业污染防治技术政策》。总则中第九条提出：“要采取有效措施，切实防范铅锌冶炼业企业生产过程中的环境和健康风险。”在具体章节“污染防治管理与监督”中规定：企业搬迁或关闭后，拟对场地进行再次开发利用时，应根据用途进行风险评价，并按规定采取相关措施。

四、国内主要研究团队建设进展

目前，国内主要从事环境健康研究的重点实验室有环境基准与风险评估国家重点实验室、国家环境保护环境与健康重点实验室、国家环境保护化学品生态效应与风险评估重点实验室和环境与健康教育部重点实验室。其中，环境基准与风险评估国家重点实验室和国家环境保护化学品生态效应与风险评估重点实验室均依托中国环境科学研究院建设，国家环境保护环境与健康重点实验室依托中国辐射防护研究院和华中科技大学建设，环境与健康教育部重点实验室依托华中科技大学建设。

近年来，上述实验室以环境与健康研究为核心，致力于环境污染物暴露评价和环境污染健康效应等方面的研究，在学科建设、人才培养、设备完善等多方面都取得了较大发展，建设成了以老、中、青相结合，并有国内外著名专家参与的学科团队，主持多项国家“973”“863”及国家自然科学基金多项，并在国家环境保护公益性行业科研专项、环保部专项课题等的资助下，承担国家水专项“流域水环境质量基准与标准技术研究”“新增 POPs 典型环境风险评估技术研究”“基于优先控制化学污染物检测数据的健康危害评价技术研究”“保护人体健康水质基准等效采用程序与方法”“典型重金属污染场地土壤生态毒性诊断技术研究”等研究，这些研究成果为生产和生活环境中有害因素对人体健康危害的防治提供了科学依据，为国家环境安全管理制定和修改环境卫生标准法规、监督和控制环境污染及环境危险度评价提供重要依据和技术支撑。

五、发展建议

我国环境与健康问题十分复杂，相关的研究工作涉及面较窄，开展时间短，缺乏系统性和整体性，目前开展的环境健康风险评价大部分是借鉴国外经验，创新性和自主研发的集成能力相对薄弱。而我国的污染特征与发达国家相比差别很大，如多环芳烃的研究在国外已经不被重视，但在中国仍然是个大问题。因此，中国应该在借鉴发达国家的基础上，结合经济、社会等各种因素建立一套自己的健康风险评价体系。发展建议如下：①针对我国环境与健康方面研究分散、基础数据缺乏等问题，借鉴欧盟的合作方式，加强研究结果的分析凝练，集成各地方、各项目获取的基础数据资料，建立可供参考的统一数据库，列出我国优先治理污染物清单；②站在美国和欧盟基础研究的“肩膀”上，围绕健康风险评价的几个重要环节，开展基础理论、模型、暴露参数等基础性研究工作；③构建环境健康风险评价技术框架，建立和完善健康风险评估相关标准、规范和技术文件，为我国环境风险管理提供技术支撑。

参考文献

[1] 周荣喜, 范福云, 杨晓进. 基于多属性决策方法的饮用水健康风险全面评价. 环境科学与管理, 2011,36(3):158-162.

[2] 张青新, 马成. 辽宁省典型城市空气中挥发性有机物健康风险评价. 环境保护与循环经济, 2012,6:42-45.

[3] 叶剑, 冯坤, 倪福全. 基于 ArcGIS 的水源地水质健康风险研究. 长江科学院院报, 2011,28(4):10-15.

[4] 张晶, 赵海生, 张松柏, 田雄超. 长治市某县乡镇集中式饮用水源水质健康风险评价. 环境科学与管理, 2011,36(7):178-188.

[5] 毛雨廷, 寅海燕, 王钰, 贾云霞. 汾河太原段水环境健康风险评价. 科技情报开发与经济, 2012,22(1):125-127.

[6] 范清华, 黎刚, 王备新, 陈媛, 魏房忠. 太湖饮用水源地水环境健康风险评价. 中国环境监测, 2012,28(1):6-9.

[7] 白璐, 郑丙辉, 许秋瑾, 潘恩春, 梁存珍. 我国华东某县饮用水源地多氯联苯的检测与风险评价. 环境科学研究, 2011,24(12):1441-1446.

[8] 杨幸, 黄沛瑜. 黔江区供水水源地水质健康风险评价. 北方环境, 2011,23(5):147-148.

[9] 刘丽, 秦普丰, 李细红, 贺琳, 朱利权, 陈亚娜, 周惜时, 雷鸣. 湘江株洲段水环境健康风险评价. 环境科学与管理,

2011,36(4):173-176.

[10] 李鸣晓, 安达, 杨昱, 霍守亮, 赵国鹏, 万书明, 宋彩红. 白洋淀淀中村非规范垃圾堆放地下水污染健康风险评价. 环境工程技术学报, 2012,2(5):449-455.

[11] 段磊, 王文科, 孙亚乔, 杨晓婷. 关中盆地浅层地下水氮污染的健康风险评价. 水文地质工程地质, 2011,38(3):92-97.

[12] 罗大成, 卢新卫, 任春辉, 李晓雪. 蓝田县农村居民饮用地下水中硝态氮污染及健康风险评价. 生态与农村环境学报, 2011,27(4):95-99.

[13] 温海威, 吕聪, 王天野, 王禹博, 张凤君. 沈阳地区农村地下饮用水中重金属健康风险评价. 中国农学通报, 2012,28(23):242-247.

[14] 吕利, 吴勇, 孙先锋, 唐艳妮, 王大川, 艾晓艳. 四川德阳地区地下水环境健康风险评价. 地下水, 2012,34(1):4-7.

[15] 魏金波, 郑怀军, 刘欣. 大连市水环境健康风险评价. 环境科学导刊, 2012,31(5):71-73.

[16] 尤汉虎, 肖兵, 张艳萍, 林仰锋. 佛山某区饮用水三卤甲烷健康风险评价. 当代医学, 2011,17(23):156-158.

[17] 汤锐, 郑一新. 健康风险评价模型在水环境安全评价中的应用研究. 环境科学导刊, 2011,30(3):86-89.

[18] 郑浩, 于洋, 丁震, 陈晓东. 江苏省饮用水重金属污染物健康风险评价. 江苏预防医学, 2012,23(4):5-7.

[19] 陈双莉, 冷雪, 江元汝, 赵彬. 陕西某地区饮用水中低浓度重金属的测定及健康风险评价. 应用化工, 2011,40(1):164-172.

[20] 秦雯雯, 杨忠芳, 侯青叶, 曹铁宁. 江西省鄱阳湖地区饮用水健康风险评价. 现代地质, 2011,25(1):182-188.

[21] 梁庆香. 柳州市自来水中重金属污染物健康风险评价. 北方药学, 2011,8(7):40-41.

[22] 刘洋, 赵玲, 于莉, 赵勇, 王谦, 闫春阳. 郑州市饮用水源水环境健康风险评价. 河南农业大学学报, 2011,45(2):247-250.

[23] 朱宇恩, 赵烨, 李强, 陈志凡, 乔捷娟, 吉艳琴. 北京城郊污灌土壤——小麦重金属潜在健康风险评价. 农业环境科学学报, 2011,30(2):263-270.

[24] 胡春华, 周鹏, 黄萍, 杜洁, 周文斌. 鄱阳湖流域溶解态重金属行为特征及健康风险评价. 农业环境科学学报, 2012,31(5):1009-1014.

[25] 杨孝智, 陈扬, 徐殿斗, 贺婷婷, 马玲玲, 李杰, 聂长明. 北京地铁站灰尘中重金属污染特征及健康风险评价. 中国环境科学, 2011,31(6):944-950.

[26] 陈奔, 邱海源, 郭彦妮, 汪立宜, 王宪. 尤溪铅锌矿集区重金属污染健康风险评价研究. 厦门大学学报: 自然科学版, 2012,51(2):245-251.

[27] 林晓峰, 胡恭任, 于瑞莲, 赵阳. 泉州市主要工业区土壤重金属健康风险评价. 有色金属, 2011,63(2):297-301.

[28] 杨胜香, 易浪波, 刘佳, 王辉, 索悠扬. 湘西花垣矿区蔬菜重金属污染现状及健康风险评价. 农业环境科学学报, 2012,31(1):17-23.

[29] 王国莉. 商品大米中 Cd、Pb、Cr 的污染状况及健康风险评价. 基因组学与应用生物学, 2012,31(3):295-302.

[30] 王学锋, 贾晓平, 陈海刚. 广东沿岸牡蛎体内总汞含量变动趋势及其健康风险评价. 农业环境科学学报, 2011,30(12):2408-2415.

[31] 王增焕, 林钦, 王许诺. 南海北部沿岸贝类体内镉含量及健康风险评价. 中国水产科学, 2011, 18(6): 1406-141.

[32] 王晓东, 蔡波, 孙宏飞. 深海鱼体中砷含量的测定与健康风险评价. 安徽农业科学, 2011, 39(9):5253-5254.

[33] 胡习邦, 许振成, 王俊能. 环境多介质中 PCDD / Fs 人群健康风险评价. 生态环境学报, 2011, 20(2): 311-316.

[34] 董继元, 王金玉, 张格祥. 兰州地区人群对多环芳烃的暴露及健康风险评价. 生态环境学报, 2012,21(2):327-33.

[35] 李文杰, 冯精兰, 中君慧. 黄河濮阳段水体中多环芳烃的健康风险评价. 河南师范大学学报: 自然科学版, 2012,40(7).

[36] 冯焕银, 傅晓钦, 赵倩. 宁波土壤中多环芳烃的健康风险评价. 农业环境科学学报, 2011, 30(10): 1998-2004.

[37] 罗庆, 孙丽娜, 张耀华. 细河流域地下水中多环芳烃污染健康风险评价. 农业环境科学学报, 2011, 30(5): 959-964.

[38] 崔超, 窦立宝, 熊婷. 污染场地人体健康风险评估. 研究工业安全与环保, 2011, 37(7).

[39] 吴以中, 唐亮, 葛滢. RBCA 和 CSOIL 模型在挥发性有机物污染场地健康风险评价中的应用. 比较农业环境科学学报, 2011, 30(12):2458-2466.

[40] 赵毅, 臧振远, 申坤, 李培中, 宋云. 有机氯农药污染场地的健康风险评价. 河北大学学报: 自然科学版, 2012,32(1):33-41.

[41] 何欢, 刘廷凤, 孙成, 章霖之, 王荣俊, 蔡焕兴. 农药企业搬迁土地多环芳烃的风险评价. 农业环境科学, 2011,30(3):482-486.

[42] 冯娜娜, 高良敏. 煤矿修复区黄豆重金属含量状况及健康风险评价. 广东农业科学, 2011,16:137-138.

[43] 董兆敏, 吴世闽, 胡建英. 中国部分地区铅暴露儿童健康风险评价. 中国环境科学, 2011,31(11):1910-1916.

[44] 杨彦, 于云江, 李定龙, 杨洁, 陆晓松. 电子废弃物拆解场多氯联苯含量及健康风险评价. 中国环境科学, 2012,32(4):727-735.

[45] 李娜, 开晓莉, 刘宁, 杨莉, 戴明忠, 陆根法. 基于饮用水健康风险评价的江苏省产业结构调整对策研究. 环境保护科学, 2011,37(5):59-62.

[46] 聂静, 段小丽, 王红梅, 张金良. 我国电子信息产业污染及其环境健康管理对策. 环境与可持续发展, 2012,4:60-63.

[47] 王贝贝, 段小丽, 蒋秋静, 黄楠, 钱岩, 王宗爽, 张金良. 我国北方典型地区居民呼吸暴露参数研究. 环境科学研究, 2010,23(11):1421-1427.

[48] 杨彦, 李定龙, 于云江. 浙江温岭人群暴露参数. 环境科学研究, 2012,25(3):316-321.

[49] 向明灯, 于云江, 李琴, 孙朋, 邓飞. 太湖饮用水源地附近居民暴露参数. 环境科学研究, 2012,25(2):179-185.

[50] 黄瑾辉, 李飞, 曾光明, 袁兴中, 梁婕, 张钊, 唐晓娇. 污染场地健康风险评价中多介质模型的优选研究. 中国环境科学, 2012,32(3):556-563.

[51] 姜林, 钟茂生, 夏天翔, 姚珏君, 张丽娜, 贾晓洋, 刘辉. 基于土壤气中实测苯浓度的健康风险评价. 环境科学研究, 2012,25(6):717-723.

[52] 姜林, 钟茂生, 张丹, 夏天翔. 污染场地土壤多环芳烃（PAHs）生物可利用浓度的健康风险评价方法. 生态环境学报, 2011,20(6-7):1168-1175.

环境监测学科发展报告

摘要 本报告主要从技术研究进展和重大成果及其应用两个方面介绍了 2011—2012 年期间环境监测学科发展情况。其中，环境监测技术的研究进展主要体现在完成的一大批科研项目的申请和结题、环境应急监测进一步发展和 $PM_{2.5}$ 科研与监测。重大成果及其应用主要介绍了国家水体污染控制与治理重大科技专项“流域水污染防治监控预警技术与综合示范”主题中的“国家水环境监测技术体系研究与示范项目”。最后展望了环境监测科学技术发展趋势。

一、引言

环境监测学是一门跨学科、跨领域的综合性科学技术学科。相关学科理论和技术的发展，为环境监测科学技术体系的建设提供了重要技术支持。在 2011—2012 年间，环境监测学科在技术研究、管理研究、学科能力建设等几个主要方面取得了一大批研究成果，并在我国环境监测工作中得到应用。

二、技术研究进展

在 2011—2012 年期间，环境监测技术研究的进展主要体现在一大批环境监测科研项目的完成，环境应急监测、环境 $PM_{2.5}$ 监测研究取得积极进展。

（一）监测科研攻关

“2011—2012 年”期间，环境监测科研工作取得重大进展。

国家水体污染控制与治理重大科技专项“国家水环境监测技术体系研究与示范项目”按计划完成。

在国家环境保护公益性行业科研专项项目方面，2011 年与环境监测直接相关的有 11 项，占总量的 18%，其中应急监测 2 项，地下水监测 5 项，生态、大气、固废和生物监测各 1 项。2012 年与环境监测相关的共 13 项，占总量的 27%；其中，重金属监测 2 项，POPs 监测 3 项，氮氧化物监测、黑炭气溶胶监测、固体废物监测各 1 项，生态监测、近岸海域监测、污染场地监测各 1 项，在线监测、应急监测各 1 项。

在国家自然科学基金项目方面，按照项目主题词“监测”检索，涉及环境监测的共有 26 项，其中，仪器开发类 7 项，遥感监测类 5 项，空气监测类 4 项，生态监测类 3 项，生物监测类 3 项，以及噪声监测，海洋监测、应急监测和其他监测类各 1 项。

这些科研项目的实施与完成丰富了环境监测基础理论，储备了测试技术、完善了评价方法、健全了指标体系、拓展了表征技术，提高了环境监测科技创新能力。

（二）环境应急监测

2011—2012 年期间，环境应急监测在前期发展的基础上，沿着先进性、理论化、业务化、正规化的方向取得了新的进展。

1. 技术先进性

突发性环境污染事故具有形式多样性、发生突然性和危害严重等特点，这就决定了及时快速地实施环境应急监测非常必要，同时也决定了环境应急监测与例行监测在技术方法和组织实施上存在较大差异。2011—2012 年期间，研究开发了新的应急监测先进技术。

（1）针对突发水环境污染事故涉嫌风险源快速排查问题，发明了一种突发水环境污染事故涉嫌风险源溯源方法，其步骤如下。

步骤一：风险源信息数据库构建。第一步：建立基于 WebGIS 的流域风险源分布软件系统，系统包括风险源名称、经济产值、所属行业、风险源坐标、污水排放口坐标、受纳水体等风险源基础信息；第二步：建立定时更新的风险源风险物质数据库，通过企业定期申报、不定期现场检查等更新手段，建立流域风险源风险物质数据库，主要包括：有毒有害原料、辅料、产品和废弃物，并定期更新风险源风险物质名称、储量、存储方式、监控手段、存储场所等信息；第三步：建立流域高风险化学品组成信息库，采用环境风险源辨识法，筛选流域内风险源具有的高毒有机物、重金属和油类等高风险化学品，采用内标法测定此类风险化学品的典型标志物，建立流域高风险化学品组成信息库。

步骤二：污染事故应急监测及信息获取。第一步：获取事故污染物组成，接到举报或发现水质异常后，开展事故应急监测，测定事故污染物主要组成；第二步：获取污染带变化信息，采用流动监测（车、船等）、简易监测、低空航测、遥感等监测手段，在事故发现地点上下游获取污染带扩散速率、长度、宽度，以及浓度分布；第三步：计算污染物泄漏总量，基于第二步获取的污染带变化信息，计算事故泄漏的污染物总量[1]。

（2）发明了便携式氰化物分析仪。检测仪器可自动进行待测离子的富集、溶出、数据采集、背景扣除、特征电位判断和浓度计算以及结果显示等过程，避免了传统电化学方法检测过程中人为因素带来的误差。该仪器稳定性好，自动化程度高，检测灵敏度高，检测结果准确，具有适于野外现场和应急检测等优点[2]。

（3）发明了一种便携式傅里叶红外光谱检测装置，利用冷阱吸附和加热解析技术，耦合便携式傅里叶红外光谱仪快速测定空气中的挥发性物质的技术。该仪器克服了现有的傅里叶红外光谱法测定空气中的挥发性有机物灵敏度低的缺点，提高定性和定量的准确性，能快速方便地检测突发性环境污染事故应急监测现场中的空气中挥发性有毒物质[3]。

2. 理论化

主要体现在拓展了环境应急监测的领域，由以水环境应急监测为主，向大气、土壤等方面不断扩展，并加强了环境应急监测教育研究。

（1）开展了基于低空飞艇的突发事件应急监测系统研究　张毛磊等人提出了一种基于低空飞艇的突发事件应急监测系统，系统利用稳像和跟踪技术实现视频预处理和目标跟踪，应用基于 Harris 角点的帧间运动估计稳定视频，使用基于 GPS 航迹信息的 Kalman-平均滤波方法分离主观运动和非主观运动，使用基于 Mean Shift 方法跟踪目标。通过三维云台电机的自动控制以及艇载 GPS 和三维罗盘实现对目标的自动照准及定位，利用小型投掷系统实现远程探测监测。该系统为突发事件应急响应提供了有力支持[4]。

（2）研发了多功能环境应急监测无人机系统　姚新等人发明了一种多功能环境应急监测无人机系统，通过对无人机飞行器平台的改造、对任务载荷组件模块化开发，以及软硬件集成，改善了现有无人机平台兼容任务载荷能力不足的缺点，实现了一机多用；解决了现有环境应急监测体系在复杂地形条件下难以到达、响应速度不高、监控范围有限的问题，提高了环境应急响应能力。

（3）应急环境监测教学内容及形式研究　目前，环境应急监测教学内容和形式还处在探索阶段，大部分高校没有将应急环境监测的教学纳入计划。周旋等人针对以上问题，从应急环境监测的现状出发，在研究分析基本知识、概念以及基本技能的培养等教学主要内容的基础上，认为应急监测的教学形式应包括参观、授课、演示或听讲座、典型案例教学与视频教学、实验、实习以及应急演练和考试考核等[5]。

3. 业务化

应急监测已经成为环境监测工作的一项重要业务，结合日常环境应急监测工作开展的应急监测技术研究，在 2011—2012 年主要是向地方县级环境监测站发展，同时还向企业层面延伸。

（1）2010 年甘肃省环保厅启动了甘肃省重金属污染动态监管信息平台项目。项目研发了 B/S 模式的重金属污染动态监管信息平台，能够监测省、市、县三级区域涉重金属企业的生产和污染排放情况、治理设施运行情况、污染事故、环境应急预案、环境执法及历史遗留问题解决等信息，实现动态管理和紧急情况预警。该平台考虑了重金属污染源监管中涉及的各类信息，研发了 B/S 模式省、市、县三级重金属污染动态监管信息平台，具有重金属污染信息采集、管理、统计和预警等功能；建立了甘肃省重金属污染监管基本状态数据库，包括重金属企业数据库、重金属污染源动态数据库、企业环境管理情况数据库等。同时，平台实现了动态页面加载，增加代码清晰度和可维护性，并为以后跨平台数据交换提供接口。该平台可以应用到甘肃省重金属污染监管中，也可应用于突发性环境事故预测与分析、防灾预警等领域。目前，平台已在甘肃省重金属污染监管中试运行。

（2）在对辽宁省大伙房水库水源的水质、水生态系统健康及污染源排放现状全面系统调查、分析及评价的基础上，建立了大伙房水源生态健康评价的指标体系、常规参数和特征污染物在线监测系统，并将生物在线监测技术应用于水库型饮用水源地水质预警监测系统，实现了对常规污染物、特征污染物、未知污染物的监测预警。该系统将辽宁省环境管理网络和 GIS 功能相结合，监控硬件建设和软件建设相结合，理化监测系统与生物监测系统相结合，渐变性预警和突发性预警相结合，环境监测与监督管理相结合，服务于监测预警系统。实现了监测、预警、应急、决策于一体的数字化支持系统，为水源地全封闭、全自动连续监测预警系统的建立提供了技术示范。

（3）构建了天津市引滦工程尔王庄水库水质预警系统。该系统建立了尔王庄水库水质数据库，解决了该水库一直没有专业水质数据库的问题，为水环境质量管理提供了数据基础；建立了移动水质监测实时采集处理系统，采用水质移动监测设备及全球定位系统，现场实时采集监测站点经纬度、6 参数水质信息。采用 GPRS 无线技术实现信息及时传送，中心站自动接受并入库。系统自动监控移动信息，基于 GIS 平台实时显示移动监测信息，实现了现场移动监测、信息无线传输、数据自动入库、系统动态监控等功能；建立了水质水情信息综合分析系统，基于地理信息系统，实现了尔王庄水库周边所有地理信息的查询，并基于图形和表格方式，实现尔王庄水库水质数据查询、统计和分析功能；建立了水质简报、水质年报、河流评价、水质专用评价等水质评价报告生成系统；探索性建立了尔王庄水库水质变化趋势分析系统，采用神经网络模型和趋势预测方法，基于人工采样观测和应急移动监测的实时水质信息，建立尔王庄水库动态预测模型，实现各水质要素动态预测分析。同时，采用图形和表格方式对尔王庄水库各监测断面的水质状况进行定期趋势分析，分析水质变化趋势。

（4）构建了自来水厂应对突发水源污染事故的应急处理技术体系。该体系对我国饮用水相关标准中的150多种污染物进行了分类研究，研发了针对性的自来水厂应急净化处理技术，建立了应对突发水源污染事故的应急处理技术体系。该体系能应对上述污染物的80%以上，应对超标倍数从数倍至数百倍不等，可大大提高自来水厂应对水源突发污染的能力，提高城镇供水安全保障水平。

（5）针对县级环境应急体系缺乏完善的环境应急监测预警体系以及演练和实战经验等问题，研究人员提出的解决途径主要包括以下几方面。

① 建立完善的应急监测体系。县级监测站应加强各项应急监测、预警监测制度，完善各项技术规范和工作程序，逐步形成高效有力的应急监测体系。同时建立反应快速的预警监测机制，及时跟踪环境质量的动态变化，加强监测成果的分析评估。

② 建设应急监测数据库平台。流动污染源主要是运输车辆泄漏导致的污染事件，具有污染源种类多、处理复杂和处置过程困难等特点，因此应详细调查辖区交通干线分布，深入了解交通干线敏感点的分布及规模，确保污染事故发生后能获得现场一手资料。固定污染源也是应急监测工作的重点，应对现有重污染企业特别是化工企业进行普查，深入调查含有极易导致环境污染事故的原料、中间产物及产品的化工企业，深入研究极易或可能发生泄漏或污染事故的环节，论证风险性因子的处理措施，对每一家环境风险企业均应建立事故应急档案。

③ 合理配置应急监测设备。气体污染应急监测方面，多参数气体检测仪、TVOC检测仪、速测管等仪器设备能够在现场定性、定量测定多达上百种常见气体污染物；室内分析时，气相色谱/质谱联用仪可对大多数环境空气中的有机污染物进行定性、半定量分析。水质污染应急监测方面，便携式水质多参数现场测试仪及水质速测管等仪器可以对数十种水质污染物实施现场快速分析；现场应急仪器一般只能做到定性分析，定量分析则应利用原子吸收光谱仪、气相色谱仪等设备进行监测。放射性污染应急监测方面，主要利用现场 α 射线、β 射线、γ 射线、X射线以及氡污染的监测设备实现事故的应急监测和放射源的日常监督管理。

此外，还应建设一支热爱应急监测事业、技术过硬、经验丰富、专业结构合理、适应形势发展要求的高素质应急监测队伍[6]。

（6）李慧等人根据《环境污染事故应急预案编制技术指南（征求意见稿）》，参考国外应急预案评估指标，构建了企业突发环境污染事故应急预案评价评估方法和指标体系，对某市116 家企业编制的突发环境污染事故应急预案进行了评估。评估结果表明，现有企业突发环境污染事故应急预案中缺少环境敏感区描述、应急疏散方案、应急信息公开等关键内容，对应急监测、应急保障等内容重视不够，影响了企业突发环境污染事故应急预案的有效性[7]。

（7）贾青结合丽水污染企业的实际情况，研究了污染企业环境应急监测平台系统。通过建构系统的体系架构，分析平台软件开发过程中涉及的关键问题，设计系统层次结构，并集成各种信息源数据库，实现对环境应急监测平台软件的设计[8]。

（三）$PM_{2.5}$监测

2011—2012 年，围绕 $PM_{2.5}$ 监测开展了大量的研究，主要有监测标准研究、监测技术研究、$PM_{2.5}$ 评价方法，以及 PM2.5 的监测实践与特征研究。2012 年年初，环保部发布了《环境空气质量标准》（GB 3095—2012），新标准增加了 $PM_{2.5}$ 监测指标，规定年均值为 35 μg/m^3，日均值为 75 μg/m^3。同时发布的还有 $PM_{2.5}$ 的监测方法，至此中国 $PM_{2.5}$ 监测从科研和试点监测阶段步入了全面实施阶段。

1. $PM_{2.5}$ 监测技术

（1）设备开发　合肥市在现有市区 10 个 $PM_{2.5}$ 监测点基础上，拟在 2012 年年底筹建超级灰霾监测站。该站可检测包括比 $PM_{2.5}$ 更小的 PM_1 在内的 100 个参数，准确预报能见度；还可以记录颗粒物的成分，比如黑炭、重金属汞离子、硝酸盐等，查明 $PM_{2.5}$ 的来源。并准备用 2～3 年时间研究灰霾成因，建立灰霾监测预警信息平台[10]。

张涛等对 5 种 $PM_{2.5}$ 和 PM_{10} 颗粒物采样器进行了比对测试研究。利用武汉天虹 TH-16A 型四通道大气颗粒物采样器、美国赛默飞 TEOM1405 型在线颗粒物监测仪、美国 Andersen 240 型双通道采样器、北京地质仪器厂 $PM_{2.5}$-2 型颗粒物采样器、武汉天虹 TH-150A 型中流量采样器对 $PM_{2.5}$ 和 PM_{10} 进行连续的手动和自动观测。结果表明：TH-16A、$PM_{2.5}$-2 与 Andersen 240 型 $PM_{2.5}$ 采样器平行样之间有良好的相关性，R^2 值分别为 0.9735、0.9144、0.885；PM_{10} 的采样器中，TH-150A 的平行样相关性最高，达到了 0.997。Andersen 240 的 $PM_{2.5}$、PM_{10} 监测数据均高于 TEOM 1405，这可能是因为 TEOM 天平室的高温环境（50℃）导致了颗粒物中部分有机物组分的挥发。$PM_{2.5}$ 采样器中，$PM_{2.5}$-2 监测结果与 TEOM1405 最为接近，两者相关性最高。PM_{10} 采样器中，TH-150A 与 TEOM 1405 的监测结果偏差最小，相关性最高，达到 0.974[11]。

（2）质量控制　师建中等研究认为，$PM_{2.5}$ 监测结果的主要影响因素是样品输送管路和采样流量。采用差压式流量计的监测仪器，流量计的连接气管过长或通径过小会增加阻力，进而影响监测结果。对于仅分流小部分样品进行颗粒物浓度测试的石英震荡天平法仪器，应分别使用量程大小适当的标准流量计，检测、校准各流路的采样流量，因此应做好颗粒物截获质量检测控制和精密度控制。

对于颗粒物截获质量检测控制，应定期使用质量已知的标准膜检验和校准 $PM_{2.5}$ 颗粒物监测仪器的质量传感器。实际检验和校准时，使用 2 个以上标准膜同时进行质量传感器的检验和校准，以响应时间与响应读数的相近程度，确定监测仪器质量传感器的检验和校准效果。

对于精密度控制，由于目前不可能制造出低浓度的颗粒物标准膜，而只能使用单一级别的、较高浓度的标准膜对质量传感器进行检验校准，因此在完成有效监测数据获取率指标的前提下，应定期平行测试 PM_{10} 浓度，分析评估 $PM_{2.5}$ 浓度监测的平行精密度控制水平。也可以以 5min 平均值数据建立线性回归方程，以相关系数（例如大于 0.99）、斜率（例如在 1.00±0.05 范围内）和截距（例如在±5 μg/m^3 范围内）作为颗粒物监测仪器精密度的内部质控指标。若发现精密度不满足要求，需全面进行系统气密性、切割头完好性和清洁度、气体样品传输管道的清洁度和温度控制符合性、质量传感器定量准确性等检查，排除和解决存在的问题[12]。

车轩等人针对 $PM_{2.5}$ 测量的不同方法，提出了相应的质量保证/质量控制措施。采用重量法时，采集样品前要做好滤膜检查；每次采样前后进行采样器检漏和流量校准，连续长期采样时，每月检查校准；温度、大气压传感器校准同步进行；称重时，平衡箱（室）和天平室温湿度条件接近，两张“标准滤膜”称量应在原始质量±5 mg（大流量），±0.5 mg（中流量和小流量）范围内；样品连续两次称量后再次平衡 1h；采样前后同一台天平称量，两次质量之差应分别小于 0.4mg 或 0.04mg；应按质控要求做好完整记录。采用仪器自动法时，应采用经国家相关机构比对认证的监测仪器；按照国家相关技术规范要求安装和调试；运行过程中定期比对审核；定期更换滤膜，按时清洁采样系统，重污染天气或污染事故过后也应及时清洗；温度传感器、气压传感器校准每年一次；每年进行一次标准滤膜检查校准；按质控要求做好完整记录[13]。

2. $PM_{2.5}$影响评价

王云彪等[14]人利用秀丽隐杆线虫对长春市典型生活区 $PM_{2.5}$ 健康风险进行了研究。结果表明，热休克蛋白基因 hsp70 缺失型突变体线虫受 $PM_{2.5}$ 影响较大，头摆、咽动和繁殖率等指标与胁迫强度存在较好的线性关系，$PM_{2.5}$ 的毒性效应具有遗传特征，可影响子代幼体的发育。hsp70 在机体对 $PM_{2.5}$ 的胁迫响应中作用明显，秀丽隐杆线虫突变体可作为 $PM_{2.5}$ 的指示生物，对 $PM_{2.5}$ 进行有效的快速风险评价。通过模式生物应激响应，发现 $PM_{2.5}$ 可能对人体行为、免疫以及生殖等方面都有不同程度的影响。

王佳等人采用便携式 $PM_{2.5}$ 采样仪对某钢铁厂下风向某住宅区室内、外 $PM_{2.5}$ 的暴露浓度[以 ρ（$PM_{2.5}$）计]进行同步监测，同时对该区域居民每日活动模式进行问卷调查，评价了居民住宅区内 $PM_{2.5}$ 潜在暴露剂量和暴露浓度及其影响因素。结果表明：区域居民单位体质量、个体的住宅区内 $PM_{2.5}$ 潜在暴露剂量分别为 36.1 μg/(kg·d)、960.8 μg/d，日均暴露浓度为 120.1 μg/m^3。影响居民个体住宅区内 $PM_{2.5}$ 潜在暴露剂量的因素依次为工作日＞周末，影响居民单位体质量住宅区内 $PM_{2.5}$ 潜在暴露剂量的因素依次为体质量＞年龄＞文化程度＞工作日，性别与两者均没有显著相关关系[15]。

柯钊跃等[16]人采用便携式仪器在 2010 年 3 月底至 4 月初对广州市某小学的室内、外 $PM_{2.5}$ 浓度进行了监测，并对学龄儿童在校期间活动模式进行了跟踪调查，评价了学龄儿童在校期间 $PM_{2.5}$ 暴露水平。结果显示，该小学室内外日均 $PM_{2.5}$ 浓度范围为 25.1～145.9 μg/m^3，室内 $PM_{2.5}$ 浓度略低于室外，两者呈明显的正相关关系（R^2=0.65）；使用离子色谱分析了 $PM_{2.5}$ 的阴离子成分，其中 NO_3^- 和 SO_4^{2-} 占阴离子成分总量的 73%～95%。研究显示，道路交通源是 $PM_{2.5}$ 的主要来源之一。学龄儿童在校期间单位体重 $PM_{2.5}$ 日均潜在暴露水平为 7.6 μg/(kg·d)，个体日均潜在暴露水平为 246.8 μg/d。

3. $PM_{2.5}$的监测实践与特征研究

王姣等[17]人用 Thermo RP 1400a 环境大气颗粒物监测仪，于 2008 年 1 月到 2010 年 12 月对北京城市生态系统研究站和北京教学植物园周边大气 $PM_{2.5}$ 浓度进行了连续监测。2010 年同步采集 $PM_{2.5}$ 样品，经微波消解后采用 ICP-MS 和 ICP-OES 测定样品中的 Al、As、Ca、Cd、Co、Cr、Cu、Fe、K、Mg、Mn、Na、Ni、Pb、Se、V、Zn17 种元素的浓度。结果表明，2008 年 1 月至 2009 年 3 月，北京城市生态系统研究站的 $PM_{2.5}$ 平均浓度为 59.1 μg/m^3，比北京教学植物园低 36%；2009 年 4 月至 2010 年 12 月，北京城市生态系统研究站的 $PM_{2.5}$ 平均浓度为 95.5 μg/m^3，比北京教学植物园高 60%。两站点 $PM_{2.5}$ 浓度的差异可能是由于 2009 年 4 月起生态站周边开始的大规模建筑施工活动。地壳元素 Al、Fe、Mg、K、Ca、Na 浓度在两站点的差异最大。北京城市生态系统研究站其余污染元素的富集因子一般也高于北京教学植物园，尤其是 Pb、As 元素，这可能与被污染土壤和建筑物等的二次污染有关。

荆俊山等[18]人 2010 年 7～8 月利用 β 射线颗粒物连续监测仪和黑炭仪对北京西北郊区 $PM_{2.5}$ 和黑炭气溶胶（BC）进行了连续观测。结果表明，北京西北郊区夏季 $PM_{2.5}$ 和 BC 的质量浓度分别是（133.16±81.64）$\mu g/m^3$、（2.89±1.62）$\mu g/m^3$。受明显的山谷风的影响，来自观测点东南方的城区的气流使 $PM_{2.5}$ 和 BC 浓度升高，来自观测点西北方的风则使 $PM_{2.5}$ 和 BC 浓度降低。受局地排放、区域输送和气象条件的共同影响，郊区的 $PM_{2.5}$ 和 BC 浓度表现出明显日变化特征，两者浓度在上午、傍晚和夜间显著上升。

薛立杰等[19]人使用聚四氟乙烯滤膜分别采集北京市城区和郊区大气中的 $PM_{2.5}$，用纯水提取后采用离子色谱法测定水溶性阴离子质量浓度。采样期间大气 $PM_{2.5}$、F^-、Cl^-、SO_4^{2-} 和 NO_3^- 质量浓度几何均数分别为 $55.36\mu g/m^3$、$0.02\mu g/m^3$、$0.46\mu g/m^3$、$6.72\mu g/m^3$ 和 $1.09\mu g/m^3$，四种水溶性阴离子质量浓度总和占 $PM_{2.5}$ 质量浓度的 19.14%；同一季节（春季）郊区监测点大气 $PM_{2.5}$、SO_4^{2-} 和 NO_3^- 质量浓度显著高于城区监测点；城区大气 $PM_{2.5}$ 与四种水溶性阴离子质量浓度秋季高于春季，但差异无统计学意义；大气 $PM_{2.5}$ 与 Cl^-、SO_4^{2-} 和 NO_3^- 质量浓度均高度相关。

（四）环境监测专利

在国家专利局网站，按照题名中“监测”为检索词、“公开（公告）日”为 2011 年进行检索，共检索到获得权利的和正在评审中的专利 3500 项。其中与环境监测相关的共 267 项，占总量的 7.6%。与环境监测相关的专利中，发明专利 113 项、实用新型 141 项、外观设计 13 项，分别占专利数量的 42.3%、52.8%和 4.9%，如图 7 所示。

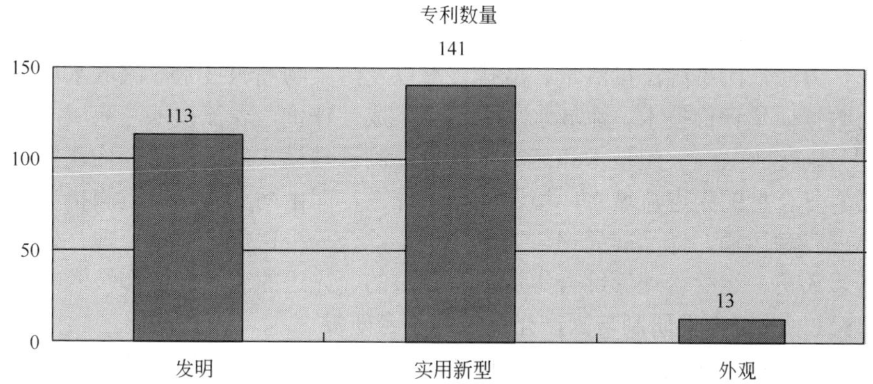

图 7　环境监测相关专利类型

将环境监测相关专利进一步分类，按照水质监测、空气监测、放射监测、生态生物监测、海洋监测、物理监测、土壤监测等环境要素，烟气尾气监测等污染源监测，监测系统、采样、应急监测、温室气体监测等环境监测重点工作和管理方法划分，各部分专利分布见图 8。由图 8 可知，水质监测、空气监测、烟气尾气监测和监测系统是环境监测专利的主要申请方向，占总量的 77.5%，这与目前环境监测的主要工作方向是相一致的。

不同类型专利中发明专利所占比例中，水质监测、空气监测、应急监测和物理监测方面的专利以实用新型为主，分别占 58%、68%、57%和 57%；烟气尾气、监测系统、海洋监测、放射监测的发明和实用新型专利基本各占 50%；生态生物监测和采样以发明专利为主，达到 75%以上；而温室气体监测和土壤监测全部是发明。由此可见，水质和空气监测虽然专利数量众多，但是成果的创新性不及其他专利类型；应急监测和物理监测也缺乏一定创新性，这可能是因为这几类监测通常是常规监测的进一步拓展。其他类型监测均表现出较好的创新性。

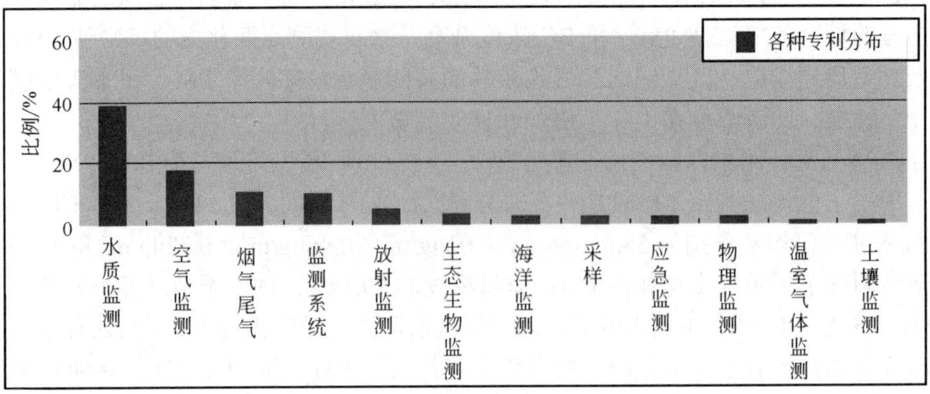

图 8　环境监测相关专利分布

三、重大成果及平台建设

环境监测科学是一门应用学科，其研究成果大都得到广泛应用。在 2011—2012 年期间，最为突出的是国家水体污染控制与治理重大科技专项“国家水环境监测技术体系研究与示范项目”的研究成果。

项目重点突破了流域水环境监测网络点位优化调整技术，流域水环境质量监测指标优选与新技术评估方法，污染源流量测量、减排核算以及污染物溯源技术，流域水环境监测质量控制指标与数据质量评价技术，流域水环境信息集成、评价、表征技术，流域水环境遥感数据反演处理与同化等共性关键技术和流域水环境监测管理模式创新；研究构建多目标、多手段、立体型、复合型的先进流域水环境监测技术体系，即由网点布设、监测指标筛选、采样制样、样品保存和运输、样品前处理、监测分析、综合分析评价、质量管理、仪器装备、标准物质、技术人员、运行管理等综合集成的、完整的、先进的监测业务和技术方法体系。

1. 顺序注射关键部件研制与国产化及技术平台研发

（1）集快速传质反应室与高稳定光电检测功能于一体的反应检测模块　该反应检测单元传质速度快，能够保证液体样品与反应试剂的快速和充分混合，从而提高检测分析的速度。高稳定性的关键检测单元可以保证仪器长期检测的稳定性和可靠性。将快速传质反应单元和高稳定性光电检测单元集成一体化，可以实现对反应室内样品与反应试剂的全过程检测，拓宽反应检测的应用，适用水环境多种参数分析的要求。

（2）高精度注射泵与低残余多通道选向阀　通过注射泵可以实现对液体的双向输送，且液体输送速度可调、液体体积定量准确、输送过程无脉动、工作时密封可靠。多通道选向阀具备通道切换快捷准确、通道试剂残留量低、流路交叉污染少、不容易堵塞、耐压耐腐性能高和响应速度快等特点。通过课题的实施推广及国产化研究，顺序注射分析的核心器件注射泵与多通道选向阀等可替代进口的器件。

（3）顺序注射技术平台的开发完成，并在平台上完成总磷、总氮、六价铬等参数仪表的研制和现场应用测试。

企业参与研制并已实现产业化的仪器有 COD、氨氮、总磷、总氮、六价铬、总铬、高锰酸盐指数、TOC、氰化物、铅、镉、汞、砷等水质在线分析仪等。

2. 基于 SOA 及 Web Service 的水环境监测信息集成技术

为实现流域水环境信息共享，采用 SOA 系统，基于 Web Service 实现统一的流域水环境监测信息采集交换基础架构，技术框架见图 9。

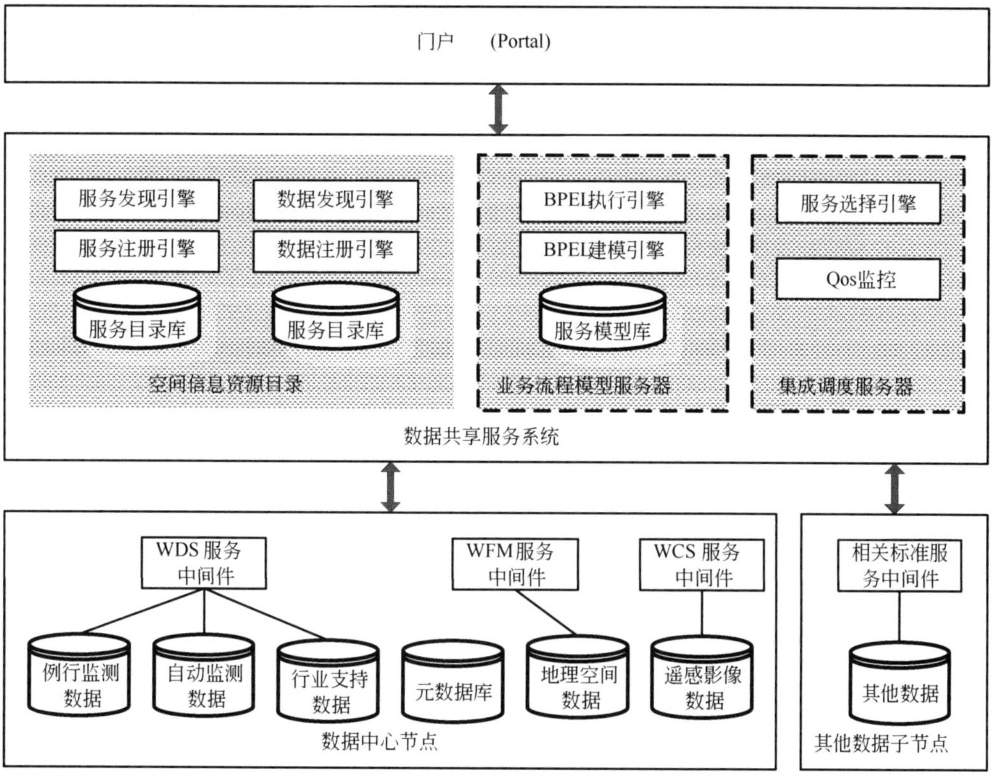

图 9 水环境监测信息共享服务系统技术框架

水环境监测信息共享服务系统将核心的、共性的数据查询、分析、计算、制图等功能抽象出标准，服务提供者按此标准开发信息服务。水环境监测信息资源主要是水环境监测数据、相关行业专业数据、空间地理信息数据和遥感影像数据四大类。环境监测数据和相关行业专业数据可通过 Web Service 实现数据共享；对于空间地理信息数据和遥感影像数据，OGC 在 OpenGIS（Open Geodata Interoperation Specification，开放地理数据互操作规范）中规定了应用程序之间进行互操作的规范和对数据语意的共同理解，实现数据共享时遵循 OGC 相关标准设计数据服务中间件调用接口，有利于服务之间的整合。

3. 基于遥感反射率分类的水质参数反演模型

在原有的经验、半经验模型的基础上，提出了针对我国富营养化光学特性复杂、光学特征区域及时间差异性比较大的特点的新型水质参数遥感反演模型——基于遥感反射率分类的水质参数反演模型，模型流程图见图 10 和图 11。检验数据表明，利用此模型反演太湖水体叶绿素浓度的相对平均误差为 19%，总悬浮物的反演相对平均误差为 18%，与未分类的三波段反演模型相比，模型精度提高了 15%。

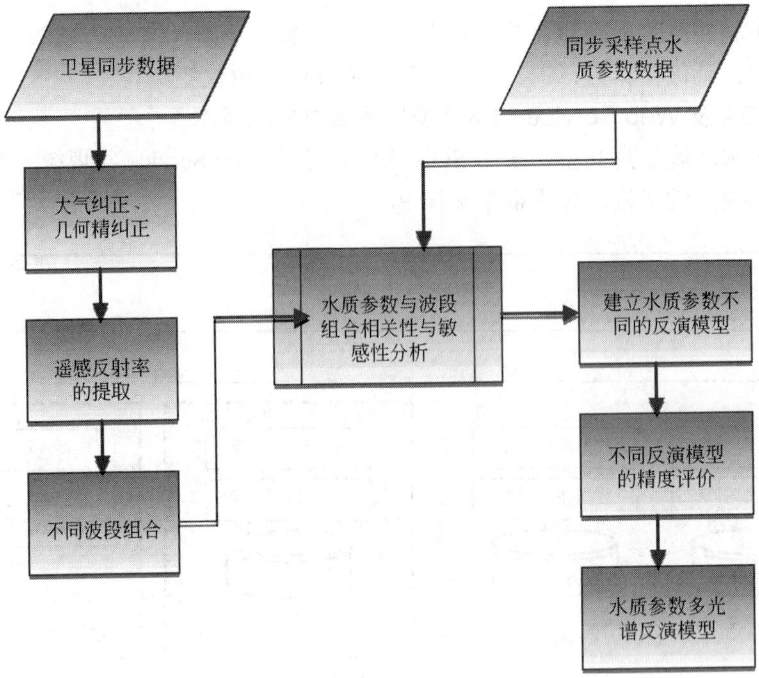

图 10　多光谱数据反演模型建立流程图

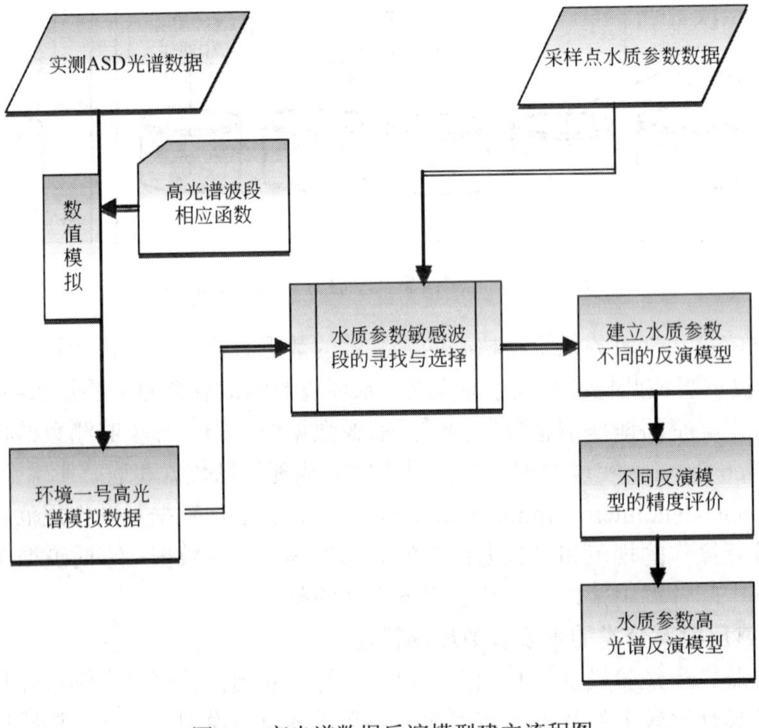

图 11　高光谱数据反演模型建立流程图

4. 平台基地建设

（1）国家环境保护监测仪器工程技术中心　国家环境保护监测仪器工程技术中心于 2011 年 2 月由环境保护部批准，依托聚光科技（杭州）股份有限公司建设，建设期为 2 年。“中心”

目前已建立半导体激光吸收光谱、紫外/可见分光光谱、近红外/红外光谱、原子发射光谱、分子荧光光谱、色谱、质谱、生物发光、阳极溶出伏安分析、顺序注射化学湿法分析等十八大类的仪器分析检测技术平台。基于以上技术平台工程化的系列环境监测仪器涵盖在线监测、现场应急监测和实验室监测三方面应用领域。

（2）产学研合作平台　依托水专项，由杭州聚光环保科技有限公司、河北先河科技发展有限公司等 8 家仪器生产企业和环境监测总站、中国科学院化学研究所等 8 家研究院所，以及华中科技大学、武汉大学等 3 家高等院校共同组建了产学研用合作平台。科研机构和高校主要负责技术研发，高科技环保公司负责中试研究、技术完善、产品标准化、产业化和成果推广，中国环境监测总站主要开展发展策略研究、技术评估和验证体系建设，以及准入和成果转化制度草案起草工作。上述分工合作充分利用了研究所、高校的基础研究和人才优势，发挥了企业的市场优势，结合了监测机构的管理特点，探索了由企业、高校、科研院所共同参与的监测技术合作研发模式，形成“产学研用”于一体的成果转化实施机制，构建了产学研合作的良好环境和平台，为技术成果转化提供了良好氛围和必要的配套措施，促进了科研成果的产业转化，有助于加速国家水环境监测产业快速、健康、有序发展。

（3）产品开发管理平台　杭州聚光环保科技有限公司、河北先河环保和湖南力合等公司引入了先进的完整产品开发（IPD）流程，并在此基础上建立了覆盖产品开发、工艺开发、工程服务、营销服务的并行工程组织管理流程体系，保障了技术成果从产品开发快速实现市场推广，仪器开发项目周期由 3 年缩短至约 1.5 年，为 11 种水质在线分析仪的快速开发和产业化提供了有力保障，组织体系见图 12 和图 13。

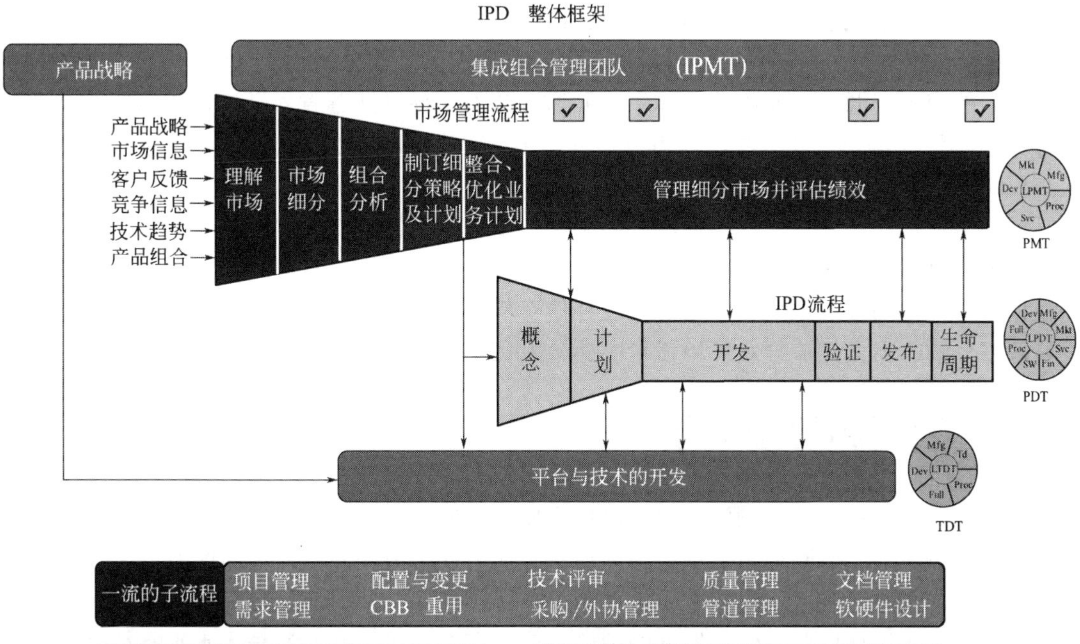

图 12　IPD 整体框架图

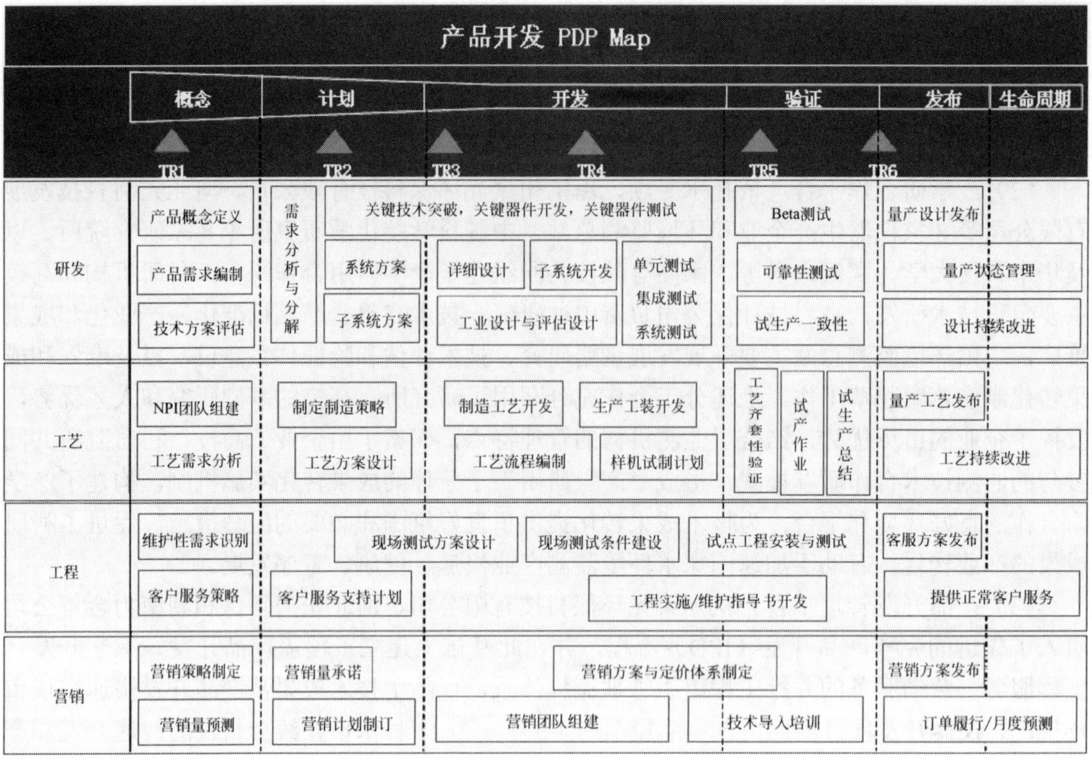

图 13　工程组织管理流程图

5. 江苏省太湖流域试行环境资源区域补偿

2009 年以来，江苏省在示范区域开展了水环境资源补偿环境监测业务试点研究工作，建立了全新的流域资源补偿监测业务体系，并通过政府文件《江苏省太湖流域环境资源区域补偿方案（试行）》的形式在太湖流域得以实际应用。江苏省环保厅会同省水利厅及相关地方环保、水利部门每周对 30 个区域补偿断面开展水质、水量同步监测，每周上、下游环境监测机构开展同步水质监测，每 2 周省环境监测中心与上、下游监测机构共同开展同步监测，每月对水质数据进行汇总核定，对补偿金额进行测算，并按季度通报水质、水量。各地方环保部门根据省环保厅通报的水质、水量数据及补偿金额核算结果，对本辖区内相关断面补偿金额进行测算分解，为太湖流域水环境质量的改善发挥了作用。

四、发展趋势及展望

据有关研究指出，发达国家环境监测技术研究在监测因子、检测手段、污染物种类、分析仪器、分析方法、监测质量管理、环境质量表达方式等方面不断取得新的发展。当前我国环境监测技术与国际发展前沿还有较大差距，总体上表现为：①环境监测基础研究有待进一步完善，一些支撑环境监测学科发展的理论基础还存在不足；②监测技术水平有待进一步提高，这既表现在一些国家环境管理急需的指标监测和环境应急监测技术，也包括具有前瞻意义的生物毒理、痕量/超痕量污染物的监测技术研究；③监测数据评价表征与信息获取共享技术亟需深入研究，环境监测评价方法还过于单一，尚未建立适合不同地区污染现状和发展趋势的评价方法；④环境监测质量控制、生物监测等国家级实验平台急需构建；⑤环境监测仪器设备研发能力落后，虽然环境监测仪器国产化有了较大进步，但是要满足环境监测迅速发展的需要，特别是适应环境现场监测的仪器设备开发还应加强。

参考文献

[1] 彭剑峰, 宋永会, 袁鹏, 等. 一种突发水环境污染事故涉嫌风险源的溯源方法[发明]. 2012.

[2] 乔涛, 朱培德, 吴荣坤, 等. 一种环境检测和监测用便携式氰化物分析仪及测定方法[发明]. 2012.

[3] 杜宇峰, 陈奕扬, 傅晓钦, 等. 一种便携式傅立叶红外光谱检测装置及其检测方法[发明]. 2012.

[4] 张毛磊, 陈建国, 季学伟, 等. 基于低空飞艇的突发事件应急监测系统. 中国安全生产科学技术, 2011,7(5):26-31.

[5] 周旋, 梅明, 刘煦晴, 等. 应急环境监测教学内容及形式的探讨. 新课程研究, 2011,(6):64-66.

[6] 王猛, 印军荣. 关于县级环境应急体系建设的思路和想法. 广东化工, 2011,38(11):232-233.

[7] 李慧, 赵艳博, 林逢春. 企业突发环境污染事故应急预案评估研究. 环境科学与技术, 2011,34(3):175-179.

[8] 贾青. 丽水污染企业环境应急监测平台的研究[D]. 杭州: 浙江工业大学, 2011.

[9] 崔延青, 王春迎, 尚永昌. 大气细粒子（$PM_{2.5}$）监测技术进展. 中国环保产业, 2012,(4):8-13.

[10] 安徽筹建首个超级灰霾监测站可查明 $PM_{2.5}$ 来源. 生命科学仪器, 2012,10(4):54.

[11] 张涛, 张展毅, 曾凡进, 等. 几种 $PM_{2.5}$ 和 PM_{10} 颗粒物采样器比对测试研究. 广州环境科学, 2011,26(4):38-42.

[12] 师建中, 陈丹青. $PM_{2.5}$ 监测数据质量主要影响因素和控制方法探讨. 绿色科技, 2012,(5):179-180,183.

[13] 车轩, 刘小强, 宋文波, 等. $PM_{2.5}$ 的监测技术及质量保证/质量控制措施. 河北环境科学, 2012,(增刊):28-30.

[14] 王云彪, 侯晓丽, 武海涛, 等. $PM_{2.5}$ 对秀丽隐杆线虫的毒性效应. 城市环境与城市生态, 2012,25(6):10-13.

[15] 王佳, 郑君瑜, 柯钊跃, 等. 典型工业源下风向居民住宅区 $PM_{2.5}$ 暴露评价. 环境科学研究, 2012,25(7):745-750.

[16] 柯钊跃, 王佳, 郑君瑜, 等. 广州市学龄儿童在校期间 $PM_{2.5}$ 暴露水平评价. 中国环境科学, 2011,31(10):1618-1624.

[17] 王姣, 王效科, 张红星, 等. 北京市城区两个典型站点 $PM_{2.5}$ 浓度和元素组成差异研究. 环境科学学报, 2012,32(1):74-80.

[18] 荆俊山, 张仁健, 陶俊. 北京郊区夏季 $PM_{2.5}$ 和黑炭气溶胶的观测资料分析. 气象科学, 2011,31(4):510-515.

[19] 薛立杰, 苏领彦, 吴少伟, 等. 北京市大气 $PM_{2.5}$ 中四种水溶性阴离子的水平变化比较. 生态环境学报, 2011, 20(8-9): 1315-1319.

核安全与辐射环境安全学科发展报告

摘要 报告从法律法规、基础理论和核安全审评技术三个方面介绍了我国核安全与辐射环境安全学科的主要研究进展以及重点应用和成果。结合我国的实际情况，报告提出了未来我国在核与辐射安全技术领域的重点研究方向，并对核安全监管能力建设方面提出了建议。

一、引言

随着核能及核技术应用在我国的发展，核安全与辐射环境安全逐渐形成一个独特工业门类，由多个学科交叉而形成的一个专门研究为可确保核设施核技术利用装置以及与之相关的活动对人及环境所造成的影响足够低，满足现行法律法规及标准的要求，并且经济上可行，同时也被公众所接受等问题的学科（领域）。

广义上，核安全与辐射环境安全学科（领域）是指涉及核材料及放射性核素相关的安全问题，目前包括放射性物质管理、前端核资源开采利用设施安全、核电站安全运行、乏燃料后处理设施安全及全过程的防核扩散等议题。而狭义的核安全与辐射环境安全学科（领域）是指在核设施的设计、建造、运行和退役期间，为保护人员、社会和环境免受可能的放射性危害所采取的技术和组织上的措施的综合。该措施包括：确保核设施的正常运行，预防事故的发生，限制可能的事故后果。本文主要是指后者，并且主要介绍核安全与辐射环境安全监管方面的学科进展情况。

核安全与辐射环境安全学科（领域）研究成果及对成果的应用是核能与核技术利用有效发展的前提。我国核能与核技术利用始终坚持“安全第一、质量第一”的根本方针，贯彻纵深防御等安全理念。2011—2012 年，随着我国核电发展速度的加快，国家加大核安全与辐射环境安全学科（领域）建设的力度，尤其在 2011 年 3 月 11 日本福岛核事故后，核安全与辐射环境安全已上升到国家安全的高度，国务院 2012 年先后审议通过了《核安全和放射性污染防治“十二五”规划及 2020 年远景目标》、《核电安全规划（2011—2020 年）》和《核电中长期发展规划（2011—2020 年）》，更从政策上为核安全与辐射环境安全学科（领域）的发展给予了保障。

二、核安全与辐射环境安全学科研究进展

（一）法律法规方面的进展

参照国际原子能机构的安全标准体系，我国逐步制定了核安全与放射性污染防治的法规

标准体系，并在实施过程中不断得到完善。在“安全第一、质量第一”方针的引领下，核安全管理理念得到重视，核安全文化培育得到推进。我国民用核设施基本实现安全可靠运行，放射源与放射性废物基本得到有效控制，从而保证了公众健康和环境安全。

2011—2012 年，核安全与辐射环境安全相关法律法规建设成果喜人，颁布了《放废条例》和《放废运输条例》，正逐步推进《核安全法》的立法工作。其他相关法规导则的制修订工作也在加快进展。

2012 年，核安全标准工作取得突破，国家核安全局和国家能源局联合发布了《核电安全标准认可办法》，这项工作为整个核与辐射安全标准认可工作树立了一个参考与示范。

（二）基础理论研究进展

1. 自然基金项目研究情况

2011 年，国家自然科学基金委员会共受理全国 1985 个依托单位提出的 15.38 万余份各类申请，经组织科学遴选，择优资助了全国 1350 个依托单位的各类项目 34836 项，完成资助计划金额 182.75 亿元。其中与核相关的资助开展的基础研究项目合计 271 项（占总项目数份额为约 0.778%），资助金额合计 17922 万元（占总经费的份额为约 0.981%）。2012 年申请总量继续攀升，比 2011 年增加近 2.3 万项，增幅逾 15%，共受理来自全国 2188 个依托单位提交的 17.7 万余份各类申请，择优资助 1420 个依托单位的各类项目 38411 项，完成了 236.56 亿元的资助计划。其中与核相关的资助开展的基础研究项目合计 280 项（占总项目数份额为约 0.731%），资助金额合计 23629 万元（占总经费的份额约为 0.999%）。

2011—2012 年我国与核相关自然基金资助项目情况表见表 7。

表 7　我国 2011—2012 年与核相关自然基金资助项目情况表

专业领域	2011 年			2012 年		
	资助项数	资助金额/万元	资助率/%	资助项数	资助金额/万元	资助率%
基础物理和粒子物理	73	4357	29.08	76	6048	28.46
核物理与核技术及其应用	75	4937	29.64	90	7678	29.70
粒子物理与核物理实验设备	65	4759	31.40	69	6075	28.75
等离子体物理	58	3869	33.53	45	3828	27.44
合计	271	17922	—	280	23629	—

注：数据来自国家自然基金委员会网站。

由以上的统计数据及表 7 所列数据可知，2012 年与 2011 年相比，国家自然科学基金委员会在涉核项目上资助的经费比例及绝对数额均有所加大，特别是 2012 年，项目资助金额比 2011 年增加了 31.8%。

与此同时，2012 年自然科学基金委员会启动了有关“先进核裂变能的燃料增殖与嬗变”重大研究计划项目，该项目的实施年限拟定为 8 年，投入总经费约 1.5 亿元。该项目的主要研究方向之一就是新型功能材料在乏燃料后处理和高放废物处理与处置中的应用基础研究，从而为乏燃料和高放废物新处置方法提供技术支撑，提高乏燃料和高放废物处理处置的安全性。

2. 国家重大基础研究项目

2011—2012 年国家重点基础研究发展计划（973 计划）中涉及核安全与辐射环境安全的项目进展情况如下。

（1）核主泵制造的关键科学问题　该项目于 2009 年立项，2011—2012 年期间开展了关键零部件高温、高压和高放射性条件下材料摩擦磨损、腐蚀的规律研究，完成了样机试验；搭建了核主泵系统流动性能原理模拟试验台，定量对比分析了 AP1000 核主泵转子固有频率的变化规律等，构建了湿转子动力学性能预测模型；在建立材料界面转移与表面评价理论的基础上，建立了核主泵零部件的表面防护方法与评价办法[1]。

（2）核电站紧急救灾机器人的基础科学问题　该项目于 2012 年正式获批，由上海交通大学、哈尔滨工业大学、北京航空航天大学、中南大学、华东理工大学、中广核集团中科华核电技术研究院、中科院光电技术研究所共同承担。该项目将面对国家核电站事故防范和救援的迫切需求以及核电站紧急救灾机器人的技术发展趋势，旨在揭示机器人与核事故重载灵巧救灾任务适应性规律、无网络环境核事故救灾机器人人机交互与自律协同控制规律、救灾机器人信息采集与控制系统的核辐射损伤机理。

该项目将突破多项核电站事故救灾关键技术，为开发国家急需的核电站紧急救灾机器人提供科学理论和关键技术支撑，提升我国核电站重大事故预防和快速响应与救援能力[2]。

（3）超临界水堆关键科学问题　作为六种第四代未来堆型中唯一的水冷堆，超临界水堆具有经济性、延续性以及可持续性等诸多综合优势，是国家核电技术路线进一步发展的自然选择，是大功率压水堆技术发展的必然趋势，也是清洁能源科学和技术领域的基础研究在国际竞争与合作中重要的前沿与热点之一。

该项目于 2007 年立项，2012 年结题。通过 5 年的研究，完成了超临界水堆关键材料的设计及制备科学研究、关键材料的腐蚀行为研究、关键材料辐照条件下的微结构及力学性能的基础研究、堆芯复杂流道下热质传输机理研究、复杂工况下动态行为研究、堆芯核热耦合及安全性能的基础研究、特定条件下堆芯物理特性的基础研究等研究任务，并达到了预期设定的研究目标，即通过深入展开超临界水堆堆内关键材料微结构及使役行为、热质传输机理和堆芯物理特性的基础研究，多学科综合并创新地解决超临界水堆的关键科学问题与核心技术难题，为未来中国超临界水堆重大技术研发提供理论依据与科学基础，同时也培养了一支技术过硬的研究队伍，为下一步引领工程示范奠定了基础[3]。

3. 战略性先导科技专项

战略性先导科技专项是中国科学院在中国至 2050 年科技发展路线图战略研究基础上，瞄准事关我国全局和长远发展的重大科技问题提出的，集科技攻关、队伍和平台建设于一体，能够形成重大创新突破和集群优势的战略行动计划。

（1）“钍基熔盐核能系统（TMSR）”专项　该项目于 2010 年 9 月 25 日通过了主要由院外高层专家参加的咨询评议，2010 年 10 月 26 日通过实施方案论证，2010 年 12 月 27 日通过预算评审，2011 年 1 月 11 日经院长办公会议审议批准实施。该项目旨在通过设计新型的安全、高效的反应堆，解决我国核燃料稳定供给问题。目前该项目主要由中科院近代物理研究所、中科院高能物理研究所、中科院等离子体研究所、中国原子能科学研究院、清华大学等单位一起承担。研发钍基熔盐核能系统计划要用 20 年左右的时间，所有技术均达到中试水平并拥有全部的知识产权，最终实现产业化。中科院制定了 20 年分三步走的发展规划。

2010—2015 年为起步阶段，要建立完善的研究平台体系，学习并掌握已有技术，开展关键科学技术问题的研究；工程目标是建成 2MW 钍基熔盐实验堆并在零功率水平达到临界。

2016—2020 年为发展阶段，要建成钍基熔盐堆中试系统，全面解决相关的科学问题和技术问题，达到该领域的国际领先水平；工程目标是建成 10MW 钍基熔盐堆并达到临界。

2020—2030 年为突破阶段，要建成工业示范性钍基熔盐堆核能系统，并解决相关的科学问题，发展和掌握所有相关的核心技术，实现小型模块化熔盐堆的产业化；工程目标是建成示范性 100MW 钍基熔盐堆核能系统并达到临界[4]。

（2）“加速器驱动的次临界堆嬗变系统（ADS）”专项　2011 年 1 月，“ADS 嬗变系统”专项正式启动，国家自然基金委员会和地方等也出台一系列相关研究计划和配套措施对此进行支持，计划投资数十亿元人民币研究嬗变处理核废料技术，建成加速器驱动的次临界堆嬗变系统(ADS)。该专项计划利用大约 20 年时间，分三期开展 ADS 原理验证装置 CLEAR-Ⅰ、ADS 实验堆 CLEAR-Ⅱ和 ADS 示范堆研制工作，如图 14、图 15 所示。FDS 团队由于在次临界反应堆领域的长期积累，将承担 ADS 专项反应堆相关项目的研发任务，计划于 2017 年左右建成热功率为 5～10MW 的铅铋冷却反应堆，目前正在开展反应堆设计、铅铋回路和关键设备研制工作[5]。

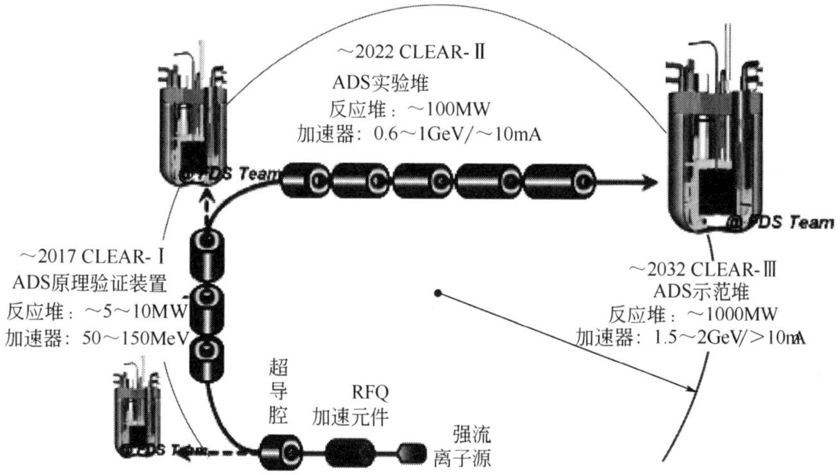

图 14　中国科学院 ADS 嬗变系统发展路线图构想

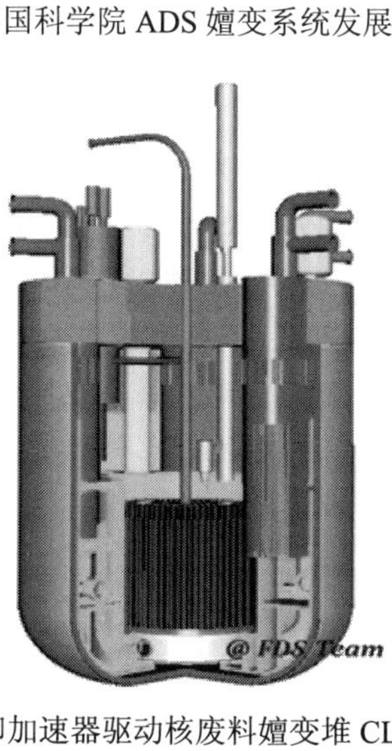

图 15　铅铋冷却加速器驱动核废料嬗变堆 CLEAR-Ⅲ方案设计

（三）核安全审批技术研究进展

为加快核安全监管能力建设，国家核安全局及其相关技术支持单位启动了多项工程技术开发工作，包括全范围验证模拟机开发、独立校核计算程序的开发、信息系统的开发、仪器开发专项、航测系统开发等，下面主要介绍全范围验证模拟机开发和独立校核计算程序开发的进展情况。

1. 全范围验证模拟机建设

为了提升对我国民用核设施和从事放射性有关活动的监管职能提供技术支持与保障的能力，2010 年 9 月 6 日，《中央财政主要污染物减排专项资金核与辐射安全中心核安全监管技术支持系统项目建设方案》获得环保部批复（环办函[2010]959 号），项目总投资 2.0009 亿元，建设内容包括核安全分析软件、全范围验证模拟机以及配套数据库开发三个子项，建设周期 4 年。

该项目将通过引进安全分析软件系统，提升核安全技术审评工作中独立的审核、验证及计算能力，为审评工作提供技术支撑；通过购置全范围验证模拟机，提高事故分析和事故导则验证能力、应急指挥及支持能力、核电厂运行规程安全分析能力，以加强我国核安全监管技术支持工作的科学性和时效性；通过配套数据库开发，建立一个具有先进水平的核与辐射安全监管综合信息系统，具有数据采集、数据存储、数据管理、信息交流、信息发布、统计分析等功能的，具有合理层次结构的资源共享信息基础平台。

2012 年 5 月 9 日，全范围验证模拟机全配置仿真系统（NS-FSS）初步设计审查会通过 FSS 设计审查；2012 年 9 月 28 日，全范围验证模拟机验证仿真系统（NS-VVS）初步设计审查会通过 VVS 设计审查。至此，全范围验证模拟机项目初步设计审查全部完成，标志着全范围验证模拟机建设项目的第一部分全配置仿真系统按时间节点基本建成。

2. 独立校核计算程序的开发

独立校核是核安全与辐射环境安全学科（领域）中，国家监管部门委托研究咨询机构（独立于审批监管部门和核设施运营商的第三方）对核设施建设的各关键建设阶段进行安全分析、评价和预测的主要技术手段之一。我国核电的发展起步比较晚，先后从法国、俄罗斯、加拿大和美国引进了不同的技术路线的反应堆。能否提升我国自身的独立校核能力是确保核电安全发展的关键。为了提升我国独立校核的能力，2012 年，环境保护部核与辐射安全中心（目前我国最大的核安全技术审批和核安全监管技术支持单位）推进了安全分析软件的开发与独立校核计算。开发了 NRC（美国核管制委员会）热工水力计算软件 TRACE 程序、堆芯中子物理计算软件 PARCS 程序，并进行了 PARCS 程序和 TRACE 程序的耦合计算研究，开发了严重事故计算软件 MELCOR 程序、建模辅助软件 SNAP 程序、压水堆组件计算程序等。完成了 CAP1400 国家重大专项数学模型的建模工作及部分校核计算并形成阶段性成果。开展了 AP1000 冷却剂流量全部丧失事故的分析计算，开展了 AP1000 非能动余热排出热交换器及内置换料水箱的建模计算，完成了 AP1000 反射层建模方法，初步完成了“核级管道分析论证专用软件 PIPESTRESS 的应用开发”，并已完成 AP1000 蒸汽发生器排污管线在运行工况下的应力评定计算等。

开展了 M310 堆型的稳压器（安全一级）的模态分析对比验证和 M310 堆型的稳压器（安全一级）疲劳分析的初步计算与评价等独立校核计算。完成了对核安全二级设备安注箱的两种方法建模，并验证两种计算模型的合理性，完成了海阳主管道安装预案审查过程中的独立校核计算。开展了核电关键设计软件自主化技术研究，与国核华清公司合作开展了“软件开发标准、策略及评价方法研究”的研究，完成了《最佳估算程序不确定性分析方法技术方案》和《核安全分析用计算机软件验收规范 V1.0》初稿。

三、核安全与辐射环境安全重点应用

（一）辐射环境应急监测

2011 年日本福岛核事故后，我国辐射环境监测系统迅速启动应急监测，积极开展全国范围的辐射环境监测。全国辐射环境监测机构对我国境内环境 γ 辐射空气吸收剂量率和大气、地表沉降、水、土壤、叶类蔬菜、牛奶、海洋水生生物中的放射性核素进行了监测，并在距日本较近的东北三省和山东省开展取样和监测。

朝鲜进行 3 次核试验期间，为确保我国境内辐射环境安全，在东北三省和山东省开展辐射环境现场监测和取样，重点监测环境中可能由核试验产生的人工放射性核素，开展气溶胶、气碘、惰性气体、地表沉降和雨水中的人工放射性核素进行监测。

（二）全国民用核设施综合安全检查

日本福岛第一核电厂核事故发生后，国务院常务会议立即部署对全国核设施开展综合安全检查。环境保护部（国家核安全局）、国家发展和改革委员会、国家能源局和中国地震局坚决贯彻落实国务院要求，共同组织实施了运行和在建核电厂的检查工作。环境保护部（国家核安全局）组织实施了民用研究堆与核燃料循环设施的检查工作。此次综合安全检查历时 9 个多月。检查范围包括 15 台运行核电机组、26 台在建核电机组、18 座民用研究堆和临界装置、9 座民用核燃料循环设施以及尚未开展主体工程施工的福清核电厂 4 号机组、阳江核电厂 4 号机组和山东石岛湾模块化高温气冷堆核电厂示范机组。检查内容主要涉及厂址选址过程中所评估的外部事件的适当性、核设施防洪预案和防洪能力评估、核设施抗震预案和现场抗震能力评估、多种极端自然事件叠加事故的预防和环境保护措施、全厂断电事故的分析评估及应急预案、严重事故预防和缓解措施及其可靠性评估、环境监测体系和应急体系有效性等 11 个方面。

（三）发布实施《核安全规划》

2011 年 3 月 16 日，国务院针对福岛核事故召开常务会议，要求充分认识核安全的重要性和紧迫性，抓紧编制核安全规划。2012 年 9 月 6 日国务院批准了《核安全与放射性污染防治“十二五”规划及 2020 年远景目标》（以下简称《核安全规划》）。规划总结了以往工作实践，分析了目前的形势与任务，从科学发展观的高度和全局视角，提出了“十二五”末乃至 2020 年我国核安全与放射性污染防治的总体目标和基本原则，是我国核与辐射安全监管的顶层设计。

《核安全规划》是核安全与放射性污染防治领域的综合性规划，涉及了核与辐射安全工作的全领域。规划既注重企事业单位对核安全工作的推动和落实，也注重政府部门对核安全相关活动的管理和规范；既着力弥补当前核安全领域的薄弱环节，对研究堆和核燃料循环设施安全隐患消除、放射性废物治理、铀矿冶环境整治等提出明确的解决措施，也注重安全水平的总体提升，对所有领域均提出了安全改进要求；既着眼核与安全直接相关的生产过程的安全管理，也着眼科学研究、基础能力建设、法律法规体系和国际合作等保障领域对核安全的促进和推动。

（四）经验反馈领域

我国大力推进核电厂运行事件评价与经验反馈工作，建成了运行核电厂事件库系统，收集了我国核电厂迄今所有的运行事件，还取得了国际事件报告系统 IRS 和 INES 的授权，为开展相关工作奠定了良好基础。同时，还开展了对美国核电厂事件分级导则、世界核营运者协会（WANO）的事件分级标准、美国核动力运行研究所（INPO）事件分级准则、美国核管会（NRC）事件报告导则以及国内大亚湾核电厂事件分级准则的研究，并完成了研究报告。在此基础上完成了 12 起运行事件的事件评价和经验反馈；完成了《运行核电厂经验反馈管理办法》并提交国家核安全局发布；完成了《运行核电厂经验反馈体系建设方案》的正式稿；完成了三个工作导则与程序的征求意见稿；完成了《运行核电厂事件根本原因分析方法指南》初稿，并开展了国内核电厂现有事件根本原因分析方法的调研，翻译了美国能源部发布的根本原因分析方法等文献；在各种媒体发布即时重要信息公告、专题报告、国内外典型事故等报告 47 篇。

四、能力建设进展

（一）核与辐射安全学术团队建设及相关能力建设

1. 核与辐射安全监督能力

目前，我国已初步搭建起以环境保护部（国家核安全局）为核心，以华北、华东、华南、东北、西南和西北六个地区核与辐射安全监督站为基础，以核与辐射安全中心为技术支持的监督管理网络，实现了对民用核设施和核技术利用以及其他相关核活动的核安全、辐射安全、辐射环境安全的统一监督管理。监督检查核安全设备持证单位 365 个，在设备制造单位分布较集中的地区建立了 5 个驻厂监督办公室及 2 个境外驻厂监督办公室，对运行和在建核电厂制定了监督大纲，编制出台了核技术利用许可管理规定与监督检查大纲。

作为环境保护部（国家核安全局）的派出机构，六个地区监督站承担所在辖区的核与辐射安全监督执法工作。目前，六个地区监督站人员编制 331 人，基本配备了取证设备、辐射监测设备、个人防护设备、应急响应设备等监督执法设备。华北核与辐射安全监督站是六个地区监督站中最大的监督站，现有人员编制 111 名，肩负着包括首都北京在内的华北地区的核与辐射安全监督工作。此外，还承担着全国的民用核安全设备设计、制造、无损检验活动的监督检查职责，民用核安全设备特种工艺人员资质考核活动的监督检查职责，一类放射性物品运输容器制造活动以及民用核安全设备持证单位和境外注册登记单位的监督检查职责等。

经过“十一五”时期的建设，我国核与辐射安全监督能力已初步完善，为我国核能及核技术利用事业的健康发展奠定了基础。

2. 核与辐射安全审评能力

环境保护部核安全中心（以下简称核安全中心）全面负责我国核与辐射安全监管的技术

支持工作，是我国核与辐射安全的技术审评中心、技术研发中心、信息交流中心和人才培养基地。按规划至“十一五”末，核安全中心人员约600人。在过去二十多年的发展过程中，先后为我国核安全及辐射环境安全监管领域输送了数百名监管人才。随着我国民用核能及核技术利用相关产业的发展，核安全与辐射环境安全监管技术人才队伍也逐步扩大，截止到2012年该中心在职职工429人，其中博士占13.29%，硕士占61.54%人，大学本科占22.14%。在未来的5～10年间，核安全与辐射环境安全监管技术人员数量将进一步得到扩充，到2020年人员总数有望到达1200人。

随着我国核能核技术利用的不断发展，核安全中心业务范围逐渐扩大，审评监督范围已扩大到民用核设施、核安全设备、核技术应用、铀矿和伴生放射性矿、电磁辐射等领域。到目前为止，承担和完成的审评机组数量已经超过40台。核安全中心为我国核与辐射安全监管提供了技术保障。在多年审评经验的基础上，最近几年在重点领域也开展了大量的核安全技术研究工作，如严重事故预防和缓解措施的改进、数字化控制和保护系统的应用以及防止安全壳地坑滤网堵塞的改进等。

3. 辐射环境监测能力

我国现有省级辐射环境监管机构18个、省级辐射环境监测机构32个(31个省和青岛站)；地市级辐射环境监管机构210个、地市级辐射环境监测机构106个；县级辐射环境监管机构113个、县级辐射环境监测机构18个，核与辐射环境监测网络基本覆盖全国。

“十一五”期间，核与辐射环境监测能力建设投入1.85亿元，为各级辐射环境监测机构补充了业务急需的监测仪器设备、个人防护装备、监测取样车辆等仪器设备。我国各级核与辐射安全监测机构的装备能力、核与辐射环境监测的综合能力和整体水平得到提高，确保了核与辐射安全监测的有效性和及时性，为核与辐射安全监管提供了有力的技术支撑。

4. 核与辐射事故应急与反恐应急能力

为积极应对核与辐射恐怖活动对我国安全的潜在威胁，响应“打击核恐怖主义全球倡议”，承担《核电厂核事故应急管理条例》赋予的职责，“十一五”期间，国家加强了核与辐射突发事件预警和应急监测系统建设，编制完成了《环保部核事故应急预案》和《环保部辐射事故应急预案》以及相关实施程序，初步建立了核电站重要安全参数的实时监督与评价、核事故放射性后果评价、实验室分析和应急指挥能力，初步形成了各部门上下联动、反应迅速、监控科学的核与辐射应急和反恐应急能力。特别是出色应对了汶川地震、边境核试验、河南杞县卡源事件、福岛核事故等核与辐射应急事件，圆满完成了北京奥运会、国庆六十周年庆典、上海世博会等重大活动的核与辐射安全保障任务。

5. 人员培训能力

核与辐射安全法规标准种类多、设备仪器技术复杂、对从业人员的专业素质要求较高，必须加强对从业人员的培训及资质管理。“十一五”期间，国家加强了从业人员培养和培训能力建设，一方面，在国际上加大与国际原子能机构（IAEA）、经济合作与发展组织核能署（OECD/ NEA）等国际组织的合作力度，引入美国、法国、俄罗斯等核技术输出国监管当局培训资源；另一方面，在国内加强与核设施业主及各相关研究机构的合作，为人员培养创造条件。在核安全关键岗位人员资质管理方面，制定并发布了注册核安全工程师执业资格关键岗位名录（第一批），执行了注册核安全工程师执业资格考试制度。

（二）国家核与辐射安全监管技术研发基地建设进展

针对核与辐射安全监管存在的主要问题和面临的严峻形势，国务院于 2011 年 10 月颁发了《国务院关于加强环境保护重点工作的意见》（国发［2011］35 号）文件，要求“完善核与辐射安全审评方法，健全辐射环境监测监督体系，推动国家核与辐射安全监管技术研发基地建设，构建监管技术支撑平台”。2012 年 9 月 6 日批复的《核安全与放射性污染防治“十二五”规划及 2020 年远景目标》（以下简称《远景规划》）中也明确提出国家核与辐射安全监管技术研发基地建设项目，并提出“以国家核与辐射安全监管技术研发基地建设为重点，构建核与辐射安全监管技术支撑平台，全面加强核与辐射安全审评、监督、监测、应急、教育、国际合作等能力，不断提升我国核与辐射安全监管水平。”[6]

为落实国务院和核安全规划要求，环保部（国家核安局）组织编制了《国家核与辐射安全监管技术研发基地建设项目建议书》，研发基地建设项目占地 218 亩，总建筑面积 162000m^2，项目共计 10 个重点工程项目，覆盖核设施、核安全设备、核技术利用项目、铀（钍）矿伴生放射性矿、放射性废物、放射性物品运输、电磁辐射装置和电磁辐射环境监管以及核材料管制与实物保护等主要方面，覆盖选址、设计、建造、调试、运行、退役等所有环节。国家核与辐射安全监管技术研发基地建设项目将按照整体规划、分步实施的建设原则，建设周期从 2012 年至 2015 年年末。项目分两期建设完成，目前已完成 10 个重点工程项目前 5 个项目的可行性研究报告的编制工作，其余 5 项的可行性研究报告的编制工作正在进行中。

五、趋势和展望

（一）学科发展趋势

1. 基础研究领域

在基础研究领域将围绕核安全与辐射环境安全及相关专业广泛开展一些基础性的研究工作，包括学科建设体系研究、核安全与辐射环境安全文化体系研究、学科间交叉领域的研究、核安全与辐射环境安全监管技术平台研究等。

2. 技术研究领域

《核安全与放射性污染防治“十二五”规划及 2020 年远景规划》明确指出，一段时期内核安全与辐射环境安全学科重点研究方向的主要内容包括：开展一批为管理决策服务的基础科学和工程技术研究；开展 10 个方面的关键技术研究，即反应堆安全技术研究、核电厂厂址安全技术研究、核安全设备质量可靠性技术研究、核燃料循环设施安全技术研究、核技术利用安全技术研究、放射性物品运输和实物保护技术研究、核应急与反恐技术研究、辐射环境影响评价及辐射照射控制技术研究、放射性废物治理和核设施退役安全技术研究、核与辐射安全管理技术和法规标准基础技术研究等[6]。

（二）重点研究方向

重点研究方向主要包括反应堆安全、严重事故的预防与缓解、核电厂厂址安全、核电厂防止和缓解飞行物撞击措施、核安全设备质量可靠性、核燃料循环设施安全、核技术利用安全、放射性物品运输和实物保护、核应急与反恐、辐射环境影响评价及辐射照射控制、放射性废物治理和核设施退役安全等领域的技术研究，以及核与辐射安全管理技术和法规标准研究。

我国核安全与辐射环境安全学科经过多年的发展虽然已经取得了长足的进展，但与国际先进国家相比仍然存在很大差距。我们必须保持清醒的头脑，高瞻远瞩，采取正确的学科发展战略和策略，落实好《核安全规划》中相关的重点研究方向的研究工作，尤其是对于核安全与辐射环境安全基础研究中原创性理论方法的支持力度。力争到 2020 年，核电安全保持国际先进水平[6]，核安全与放射性污染防治水平全面提升，辐射环境质量保持良好。运行和在建核设施安全水平持续提高，“十三五”及以后新建核电机组力争实现从设计上实际消除大量放射性物质释放的可能性。全面开展放射性污染治理，使得历史遗留期核设施退役取得明显成效，基本消除历史遗留放射性废物的安全风险，完成高放废物处理处置顶层设计并建成地下实验室。全面建成国家核与辐射安全监管技术研发基地和全国辐射环境监测体系。形成功能齐全、反应灵敏、运转高效的核与辐射事故应急响应体系，有一批国际一流并在国际上有重要影响的国家实验室和工程研究中心；有一大批自主创新的重大科技成果转化为生产力，促使我国核安全与辐射安全学科取得长足的进步。

参考文献

[1] 科技部. 核主泵制造关键科学问题研究取得重要进展 [EB/OL]. http://scitech.people.com.cn/n/2013/0108/c1057-20127240.htmh.2013,01,08.

[2] 上海交通大学. 国家 973 计划项目“核电站紧急救灾机器人的基础科学问题”启动会议成功举办[EB/OL]. http://msv.sjtu.edu.cn/News/showDetail.aspx?tid=54.2012,12,25.

[3] 顾汉洋. 973 计划超临界水堆关键科学问题的基础研究项目启动[N]. 中共上海交通大学委员会校报, 2007, 04(02).

[4] 中科院. 钍基核能项目简介[EB/OL]. http://210.72.8.11:8080/web/guest/bggk.2010,12,27.

[5] 中科院. 加速器驱动嬗变堆研究[EB/OL]. http://www.fds.org.cn/jsshows.asp?newsid=436.

[6] 国务院. 核安全与放射性污染防治“十二五”规划及 2020 年远景目标[Z]. 2012.

机动车污染防治技术学科发展报告

摘要　机动车污染防治是大气环境保护的一个重要方面，相关技术包括发动机技术、燃料技术、后处理技术及排放检测技术等，2011—2012 年，我国在以上各方面均取得了一定的学术或应用成果，部分成果达到世界先进水平。本报告概述了 2011—2012 年期间在该领域的研究进展，并对今后的研究开发工作进行了展望。

一、引言

近年来，我国的机动车产量和保有量以较快的速度持续增长。环境保护部发布的《2012 年中国机动车污染防治年报》[1]显示，2011 年全国汽车产销量分别达到 1841.9 万辆和 1850.5 万辆。2011 年，全国机动车排放污染物 4607.9 万吨，比 2010 年增加 3.5%，其中氮氧化物（NO_x）637.5 万吨，颗粒物（PM）62.1 万吨，烃类化合物（HC）441.2 万吨，一氧化碳（CO）3467.1 万吨。汽车是空气环境污染物总量的主要贡献者之一，其排放的 NO_x 和 PM 超过 90%，HC 和 CO 超过 70%。按燃料分类，全国柴油车排放的 NO_x 接近汽车排放总量的 70%，PM 超过 90%；而汽油车 CO 和 HC 排放量则较高，超过排放总量的 70%。

监测表明，随着机动车保有量的快速增加，我国城市空气开始呈现出煤烟和机动车尾气复合污染的特点，机动车污染已是造成灰霾、光化学烟雾污染的重要原因，直接影响人体健康。2012 年 2 月，国务院批准发布新修订的《环境空气质量标准》，对空气中细颗粒物（$PM_{2.5}$）治理工作提出更高的要求，机动车污染防治的紧迫性日益凸显。

我国已于 2011 年 7 月 1 日开始实施轻型汽油车国Ⅳ排放法规，将于 2013 年 7 月 1 日起实施柴油车国Ⅳ排放法规。机动车污染防治技术是一门综合技术，主要包括发动机制造技术、清洁燃油技术、排放后处理技术和排放检测技术四个方面。

本报告阐述了 2011—2012 年我国机动车污染防治技术的发展，展望了未来的技术发展方向。

二、发动机与新能源汽车技术研究进展

发动机和车辆技术是决定机动车污染物排放和能源消耗的关键环节。在目前阶段，汽油机和柴油机作为机动车的传统动力还将长期应用，为实现更高的燃油利用率和更低的污染物排放，还需对其加以改进。新能源和新原理发动机技术已经取得了实质性的进展，也在局部范围得以少量应用，但距离成为机动车的主要动力，存在不小的差距。

（一）发动机新技术（new internal combustion engine）

内燃机作为目前机动车的主要动力，还需要提高能效和改善排放性能，以满足更加严格的法规标准。改进的思路主要包括发动机工作过程的精确控制、燃烧过程组织等，具体包括缸内直喷技术、共轨燃油喷射技术、可变压缩比技术、废气再循环技术等多个方面。

1. 燃油直喷技术（fuel direct injection，FDI）

燃油直喷技术是指将喷油嘴设置在进排气门之间，高压燃油直接注入燃烧室而实现平顺高效燃烧的技术。我国合资品牌汽车发动机已经开始应用该项技术，如大众汽车的 TSI 技术。国内也已经开展了相关研究和试验工作。魏胜利等[2]在直喷柴油机研究中发现，喷嘴喷孔夹角对于柴油的雾化非常关键，154°时氮氧化物的排放最低，而 146°时的颗粒物排放最少。张小矛等[3]研究了进气道类型对于汽油机工作过程的影响，结果显示高滚流比进气道发动机的燃烧在中低速时都有所提前，燃烧更快且更稳定，因此发动机的油耗率明显降低，烃类化合物和一氧化碳的排放性能有所改善，但氮氧化物排放升高。李相超[4]的研究表明，直喷汽油机采用两段式喷油可以减少燃油碰壁，二次喷油时刻越晚，燃油的碰壁量越小，与中央布置方式相比，将喷油器布置在进气阀一侧可以改善油气混合的均匀程度，减少碰壁现象，通过喷孔位置的优化也可以降低燃油碰壁并改善油气混合均匀性。丁宁[5]等研究发现，直喷汽油机在低速工作时，喷油起始角对于燃烧过程有明显的影响，当该角为 420℃A 时，可以获得最佳的燃烧和排放效果，当该角为 380℃A 时燃油碰壁情况增加，且非常规污染物排放增多，当该角达到 460℃A 时，油气混合均匀性下降，烃类化合物和一氧化碳等常规污染物的排放量上升。卢勇等[6]的研究发现，活塞顶的优化设计可以改善进气气流的流动方式，有利于油气均匀混合过程，即使不使用滚流型进气道，也可以达到良好的燃烧效果，降低颗粒物的排放量。赵雪峰等[7]以单片机作为发动机的 ECU 主控芯片，开发了汽油机直喷电控喷射控制系统，实验证明，安装该系统的发动机工作平稳，对于不同转速和负荷所需要的喷射压力控制精度高，热稳定性好。虽然有了一定的技术积累，但我国目前还没有开发出具有自主知识产权的直喷发动机。缸内直喷技术对燃油品质的要求较高，而我国的燃油品质目前还达不到有效应用该项技术的水平，这在一定程度上限制了直喷技术在我国的推广应用。

2. 共轨燃油喷射系统（common rail injection system）

共轨（common rail）燃油喷射技术是指在高压油泵、压力传感器和电子控制单元（ECU）组成的闭环系统中，将喷射压力的产生和喷射过程彼此完全分开的一种供油方式。张学文等[8]的研究表明，对于高压共轨柴油机，适当降低其压缩比可以降低外特性中高负荷的油耗和颗粒物排放量，但对冷启动性能略有不利影响，配合优化的预喷策略，可以将一氧化碳和烃类化合物排放降到国Ⅳ标准水平，氮氧化物和颗粒物排放也符合国Ⅲ标准。文卫晋[9]开发了完整的高压共轨柴油机喷射控制电路系统及控制软件，可以进行喷油量、喷油正时和喷油率的准确控制，实验中喷油电磁阀开关灵敏，性能可靠。吕科[10]也开发了高压共轨柴油机的电控系统软硬件，除喷油控制外，还可对废气再循环技术（EGR）和 SCR（尾气后处理技术）尿素喷射进行控制，实现了柴油机排放净化的各相关功能协调工作，有利于实现更高的排放要求。无锡油泵油嘴研究所[11]证实压电式喷油器的动作执行时间短，性能优于传统的电磁式喷油器，且通过优化驱动电压，其性能还可以进一步改进，具有较好的应用前景。佛威精密仪器有限公司开发了共轨系统高精度油轨的加工技术，打破了国外企业的技术垄断，产品已在国内推广应用，并创造出良好的经济效益。

3. 可变压缩比技术（variable compression ratio，VCR）

可变压缩比技术是一种根据负荷大小，调整发动机的压缩比，实现燃油经济性和排放性能同时改善的技术。此项技术自 21 世纪初开始开发，瑞典、法国和日本等国的汽车企业已经成功生产出使用该技术的发动机产品。我国在此领域的研究刚刚起步，主要集中在整体方案和关键零部件的仿真研究。例如，刘双双等[12]研究了可变压缩比对增压汽油机的影响，发现低转速小负荷的情况下增大压缩比可以改善发动机油耗，降低一氧化碳的排放，高转速大负荷时，减小压缩比可以降低氮氧化物的排放；在关键器件的开发方面，阮见明[13]设计了一系列的可变压缩比发动机活塞，主要包括活塞本体、弹性元件、变力臂位移机构等，并进行了此类活塞在发动机运行过程中的受力分析，发现随着发动机加载速度的提高，可变活塞的变形效果有所减小，只有进一步加大发动机负荷，才可发现继续变形；在发动机整体设计方面，崔彪等[14]开展了可变压缩比汽油机的设计方案研究，并进行了性能仿真研究，所开发的方案在低负荷时，发动机功率提高了约 10%，且油耗降低，在高负荷时，缸压的增加量有所减小，降低了汽油机发生爆震的可能。总体而言，我国的可变压缩比技术还处于研究的起始阶段，还要通过大量的后续研究和试验才能达到应用水平。

4. 废气再循环技术（exhaust gas recycle，EGR）

废气再循环是将少量废气引入进气系统，与空气混合后进入气缸，参与燃烧的一种内燃机技术，它可以降低燃烧室的氧气浓度和最高燃烧温度，使燃烧过程相对平缓，从而减少 NO_x 的产生。通过大量研究，我国已经基本掌握废气再循环单独作用或与其他技术联用时对排放的影响规律，如梅德清等[15]证实，适当的 EGR 率，NO_x 排放的下降与 EGR 率呈线性关系，而颗粒物排放的降低则与之成二阶函数关系，随着 EGR 率增加，小负荷时一氧化碳的浓度随着负荷减小而增大，烃类化合物的变化规律则与之相反；张韦等[16]研究发现，EGR 与富氧进气有机结合可以实现氮氧化物和颗粒物的同时削减，在氮氧化物和颗粒物排放低的工况范围内，EGR 率过高会造成柴油机的动力性能和燃油经济性严重劣化，进气中氧的浓度在一定范围内变化对氮氧化物和颗粒物排放有明显影响，但对油耗与功率影响不大，EGR 率的变化则对排放、油耗和功率都产生影响；胥海波等[17]以步进电机作为 EGR 阀的执行机构，此技术与普通的电磁阀驱动机构相比，具有结构简单、能耗低、精度高、可靠性高等优点，可以有效增加发动机的滞燃期，提高燃油经济性，减少氮氧化物的排放；袁显举[18]开发了电控旋转的 EGR 阀，建立了该 EGR 阀的数学模型和仿真模型，开发了电控软件，并进行了装用该阀柴油机的排放试验，取得了良好的 NO_x 减排效果；赵振海等[19]开发了一套 EGR 电子控制试验系统，可有效控制各种工况条件下的 EGR 率，实现氮氧化物减排的效果。

（二）新能源汽车技术（new energy vehicle）

新能源汽车是指采用非常规的车用燃料作为动力来源，综合车辆的动力控制和驱动方面的先进技术的汽车。新能源汽车包括：混合动力汽车（HEV）、纯电动汽车（PEV）、燃料电池汽车（FCEV）、氢动力汽车以及燃气汽车、醇醚汽车等。新能源汽车是汽车产业的可持续发展方向。

1. 混合动力汽车（hybrid electrical vehicle，HEV)

混合动力汽车是指同时装备两种动力源——热动力源（由传统的内燃机产生）与电动力

源（电池与电动机）的汽车。我国在混合动力车辆技术上已经取得了大量的成果，但在整车的设计开发方面与世界先进水平还存在一定差距。在器件开发方面，李圆晨[20]开发了混合动力汽车大功率双向 DC-DC 变换器，设计了基于 TL494 的 DC-DC 变换控制电路，实现了电动-自动的自动切换，提高了混合动力车辆运行的安全性和稳定性；在整车控制技术方面，葛卫林[21]开发了混联式混合动力汽车动力总成控制系统，包括基于 MC9S12XEP100CAG 的整车控制器和相关控制软件，经过台架试验，该系统可以对总成中的各部件准确控制，各种工作模式之间可以灵活切换；王存磊[22]也开发了相似的整车控制系统，并制订出优化的混合动力汽车运行模式，在实车试验中证实了该模式具有良好的节能与减排效果。科技部支持设立了课题“客车用玉柴中度混合动力总成产业化技术攻关”，广西玉柴机器股份有限公司等项目单位目前成功开发出了发动机、电机、离合器、AMT一体化的动力总成系统，完成了 3 万公里的可靠性测试，取得了较好的节油效果。下一阶段，混合动力汽车在技术继续完善的基础上将有望实现产业化和推广应用。

2. 纯电动汽车（pure electric vehicle）

纯电动汽车是一种采用单一蓄电池作为储能动力源的汽车，通过电池向电机提供电能，驱动电动机运转，从而推动汽车前进。除自身无污染物排放的环保优势外，纯电动汽车可在夜间利用电网的廉价“谷电”进行充电，起到平抑电网峰谷差的作用。我国设立了多项科技项目支持纯电动汽车的技术发展，包括：“863”计划小型纯电动汽车新型整车技术研发、面向新型商业模式的电动汽车技术攻关及示范、电动汽车重大专项纯电动大客车项目等。通过研究，我国目前已经基本掌握了纯电动汽车电池制造、动力匹配、电子控制等全套技术，并开发出中通纯电动客车、京华纯电动客车、长城精灵轿车、海马福仕达、荣威 E50 等纯电动车型。目前电动汽车技术面临的关键问题是电池技术不够成熟，成本高、寿命短，能量密度大大低于化石燃料，电池一次充电行驶距离也较短，车辆运行的经济性不够理想。此外，车辆安全性需要通过更多的试验加以验证，社会保障条件也需要进一步完善，如建设方便快捷的充电设施、设立专门的电动车辆售后服务体系等。

3. 氢动力汽车（hydrogen-powered vehicle，HPV）

氢动力汽车是以氢为燃料的汽车。氢能转化为车辆动力最主要的形式是，首先通过燃料电池将其转为电能，然后由电动机产生驱动车辆前进的动能。氢动力汽车的关键技术包括：氢气的提取、储存、燃料电池和相关控制技术等。由于电解水制氢技术不能体现氢能汽车的技术优点，需要开发其他制氢技术保证车辆的氢气供应。华东理工大学[23]研发了 $Cu-Ni/Al_2O_3$ 催化剂，可以将二甲醚高效转化为氢气，伴生的一氧化碳被降低到极低水平，可以保证燃料电池的持续使用；作为车辆供应氢气的另一种主要形式，周志清[24]对车载储氢技术进行了模拟仿真研究，基本掌握了活性炭作为储氢材料的储放性能，为下阶段车载储氢技术的完善提供了良好的基础；王琦等[25]对车载储氢安全性作了详细的研究与分析，提出了影响氢能汽车发展应用的关键技术。氢能在燃料电池中高效转化为电能是驱动汽车的必要条件，国际上已经有比较成熟的燃料电池设计与制造经验，我国在此方面也开展了大量的研究，在催化剂、极联技术等关键技术上已经取得了重要的突破。总的来说，由于氢能汽车成本过高、部分技术还不成熟，目前国内外都没有大量的生产应用，随着燃料电池的体积功率和质量功率的逐步提高，生产成本的不断降低，制造材料和工艺的进一步改进和完善，氢动力汽车将会得到广泛使用。

三、机动车排放后处理技术研究进展

安装在发动机排放系统中，能降低排气中一种或数种污染物排放量的系统称为排放后处理系统，相关装置的设计、生产与应用技术称为排放后处理技术。

（一）汽油车排放后处理技术（the aftertreatment technology for emissions of gasoline vehicles）

目前，能够满足欧Ⅳ及以上标准的汽油车尾气净化催化剂一般由三效催化剂（three way catalyst，TWC）和紧密耦合催化剂（close coupled catalyst，CCC）组成。三效催化剂技术是目前汽油车排放后处理最有效的方法。汽车排气中的有害气体主要是 CO、HC 和 NO_x。三效催化转换器的作用就是使用贵金属（铂、铑、钯）三效催化剂，在理论空燃比附近，通过氧化和还原反应将 CO、HC 和 NO_x 转化为无害的 CO_2、H_2O、N_2 和 O_2，净化效果达 90%以上。随着排放法规的加严，控制冷起动阶段中 HC 排气成为一个重要的研究课题。紧密耦合催化剂是控制汽车冷起动阶段的排放污染的主要手段。紧密耦合催化剂（前置催化剂）安装在靠近发动机排气口的位置，催化剂在很短时间内达到 HC 起燃所需要的温度，从而大大减少汽车冷起动阶段的排放。随着机动车排放标准的加严，对催化剂的低温活性和耐久性技术提出了更高的要求。

汽车排气净化催化剂主要由载体、涂层、活性组分和助剂四部分组成。常使用的催化剂载体主要是堇青石蜂窝体；常使用的涂层是由具有高比表面积、性能稳定的 Al_2O_3、储氧材料（OSM）和助剂组成。三效催化剂的活性组分主要是 Pt、Pd、Rh 等贵金属，分别有单 Pd 型、PtRh 和 PdRh 型以及 PtPdRh 型。CCC 催化剂的活性组分主要是单 Pd 型。使用助剂可以显著提高催化剂的活性、热稳定性和抗中毒性能，常使用的助剂包括稀土元素、碱土金属元素和碱金属元素。由于贵金属资源匮乏、价格昂贵，应用稀土代替部分贵金属以及非贵金属汽车排气净化催化剂受到重视。

在新型三效催化剂、紧密耦合催化剂开发，降低催化剂的成本、降低催化剂的起燃温度和提高其热稳定性和抗中毒性能等各技术的研究领域，我国均取得若干进展。

1. 催化剂制备技术（catalyst preparing technology）

（1）三效催化剂　贺小昆等[26] 采用不同孔密度载体分别制备了不同贵金属含量、不同涂层涂量的系列三效催化剂，通过模拟计算和发动机台架试验研究了具有不同孔结构载体的催化剂性能。结果表明，提高载体孔密度可明显改善催化剂的起燃特性和空燃比特性，有效降低催化剂中贵金属用量，提高 HC 转化效率。起燃温度变化取决于孔密度和贵金属含量间的协同作用；载体孔密度变化对催化剂空燃比特性产生的影响更强于贵金属含量变化；经高温老化后，贵金属量仍是保持催化剂转化效率稳定性的重要因素。崔亚娟等[27]制备了耐高温的 $Pd/La_2O_3{-}A1_2O_3$ 和 $Pd/CeO_2{-}ZrO_2{-}Y_2O_3$ 储氧材料，以及整体式 Pd/LA 和 Pd/CZY 汽油车尾气净化三效催化剂，考察了它们的三效催化性能和空燃比性能。结果表明，Pd/CZY 催化剂三效窗口明显较宽，且催化氧化 CO 的性能明显更优；对于 CO+NO 反应，Pd/CZY 催化剂的活性较高。闫朝阳等[28]改变前驱体盐溶液的浓度，用共沉淀法制得了一系列 $Ce_{0.5}Zr_{0.5}O_2$ 固溶体材料，以此系列材料为载体制备了负载型单 Pd 三效催化剂。结果表明，所制 $Ce_{0.5}Zr_{0.5}O_2$

材料具有优异的抗高温老化性能和氧化还原性能，且盐溶液的浓度对材料及其负载型 Pd 三效催化剂性能的影响较大。当盐溶液浓度为 0.3mol/L 时，制备材料的结构性能最佳，经 1000℃老化 5h 后其比表面积和孔体积分别为 $53.0m^2/g$ 和 $0.17cm^3/g$。所制得的三效催化剂对 CO、NO 和 C_3H_8 具有低的起燃温度和完全转化温度，表现出最佳的催化性能，具有良好的应用前景。陈山虎等[29]采用不同锆化合物源合成 $Ce_{0.45}Zr_{0.45}La_{0.1}O_{1.95}$ 储氧材料，并制备了 $Pd/Ce_{0.45}Zr_{0.45}La_{0.1}O_{1.95}$ 三效催化剂。在模拟汽车尾气组分和工作条件下，整体型 $Pd/Ce_{0.45}Zr_{0.45}La_{0.1}O_{1.95}$ 催化剂的三效活性试验的结果表明，以 $ZrOCO_3$ 为前驱体制备的整体式 $Pd/Ce_{0.45}Zr_{0.45}La_{0.1}O_{1.95}$ 催化剂对 C_3H_8、CO 和 NO 具有最佳的催化活性。认为 $ZrOCO_3$ 更有利于 Zr^{4+}和 La^{3+}进入 CeO_2 晶格形成均一固溶体，从而提高催化剂的高温稳定性和氧化还原性能。郑婷婷等[30]对贵金属（Pt、Pd、Rh）与载体（Al_2O_3、CeO_2 基复合氧化物）间的相互作用现象和机制的评述表明，贵金属与载体间的相互作用对三效催化剂催化活性和热稳定性起着重要作用。载体能改善贵金属的分散和抑制贵金属烧结；同样，贵金属亦能增强载体的氧化还原性能和储氧能力。目前国外已经开发出三效催化剂的分段涂敷技术，根据各种活性成分的功能特点分别涂敷在载体的不同位置，以实现最优化的净化效果并延长催化剂寿命，我国在此方面还有待于进一步研究。

（2）紧密耦合催化剂　方瑞梅等[31] 制备了（CeO_2-ZrO_2-Al_2O_3）-（La_2O_3-Al_2O_3）新型复合氧化物（CZA-LA）和一系列整体式 Pd/CZA-LA 紧密耦合催化剂（Pd 含量 2.0g/L）。当催化剂经老化处理后，以 1000℃焙烧的载体负载的 Pd 催化剂对模拟汽油车尾气中 C_3H_8 活性最高。可见，该催化剂表现出优异的催化活性和抗老化性能，可以满足欧Ⅳ及更高标准的用于汽油车尾气净化的紧密耦合催化剂的性能要求。姚艳玲等[32]试验了不同 La_2O_3 含量对 Pd 紧密耦合催化剂性能的影响，结果表明：La_2O_3 的添加提高了 Pd 物种的分散，降低了 Pd 的平均颗粒度。La_2O_3 的最佳添加量为 10%；模拟汽车尾气条件下，La_2O_3 的添加能显著提高催化剂对丙烷的转化活性和催化剂的热稳定性。Zhu 等[33]以 $PdCl_2$、$Pd(NO_3)_2$ 和 $Pd(NH_3)_2(NO_2)_2$ 等不同的 Pd 前驱物和不同制备方法制取了 Pd/Al_2O_3 紧密耦合催化剂，经表征和测试发现以 $Pd(NH_3)_2(NO_2)_2$ 为前驱物制得的催化剂表面积大，贵金属分散好，因此具有最好的活性。

（3）不含贵金属催化剂　郭锡坤等[34~37]以 CeZr 氧化物为基础进行了大量的三效催化剂研究，采用共沉淀法和等体积浸渍法，分别研制 Cu-Ce-Zr-Ba-O 复合氧化物催化剂，当 Ce 与 Zr 的摩尔比为 0.2∶0.8、Ba 含量为 4%、Cu 负载量为 5%时，采用等体积浸渍法制备的 Cu-Ce-Zr-Ba-O 复合氧化物具有更好的三效催化活性，能使 C_3H_6、CO、NO 的转化率分别高达 99.4%、97.5%、99.9%；对于等体积浸渍法制备的 $Cu/Mo/CeO_2$-ZrO_2 催化剂，当 Ce∶Zr 的摩尔比为 0.65∶0.35，Mo 添加量为 6%，Cu 负载量为 5%时，CO、C_3H_6 和 NO 起燃温度分别为 103℃、248℃和 244℃；对 $Cu5\%/Ce_{0.5+x}Zr_{0.5-x}Bi_yO_{2+\lambda}$ 催化剂，当 Ce、Zr 和 Bi 的摩尔比为 0.65∶0.35∶0.06、Cu 负载量为 5%时，所制得的 $Cu5\%/Ce_{0.65}Zr_{0.35}Bi_{0.06}O_{2+\lambda}$ 具有更好的催化活性，能使 CO 在 200℃时达到完全转化，NO 在 350℃时达到完全转化；共沉淀法制得的 $Ce_{1-\lambda}Zr_{\lambda}Ni_xO_2$ 载体与 La-Al_2O_3 机械混合浸渍 Cu 所得的催化剂 CO 的起燃温度低于 100℃，NO 和 C_3H_6 的起燃温度分别为 240℃和 250℃，并且 300℃时，CO 和 NO 能完全转化。他们[38,39]还用溶胶-凝胶法制备了一系列钙钛矿复合氧化物物 $La_{0.8}M_{0.2}Fe_{1-x}Cu_xO_3$（M 为 Sr、Ba 和 Ce）与 $La_{0.9}Mg_{0.1}Cr_{1-x}M_xO_3$（M 为 Fe、Cu 和 Ni），两种催化剂都具有良好的三效催化性能，它们的 C_3H_6、CO 和 NO 的起燃温度都较低，分别为 225℃、200℃、280℃和 229℃、202℃、286℃。

扫描电子显微镜和 X 射线衍射测试分析表明，$La_{0.8}Ce_{0.2}Fe_{0.7}Cu_{0.3}O_3$ 和 $La_{0.9}Mg_{0.1}Cr_{1-x}M_xO_3$ 具有良好的钙钛矿型晶体结构，晶粒为纳米级，团聚不严重，这可能是其三效催化性能良好的主要因素。

2. 三效催化剂失活原因研究

郑婷婷等[40] 认为热失活和化学失活是汽车尾气催化剂失活的主要原因。热失活主要包括基体涂层材料和贵金属的烧结、化学失活主要包括 S 与载体材料（如 CeO_2）或贵金属发生化学反应、S 和 Mn 等元素的积垢。催化剂失活可通过基体涂层材料热稳定性改进、元素掺杂、选择合适的载体、利用贵金属与载体间的相互作用抑制贵金属烧结等措施，提高催化剂的耐高温性能和抗中毒能力，从而延长使用寿命。卞龙春等[41]认为汽车三效催化剂失活的主要类型包括机械失活、化学失活及热失活。阐明了目前汽车三效催化剂所面临的主要的失活问题就是涂层基体 γ-Al_2O_3 烧结和贵金属的老化，同时论述了目前对 γ-Al_2O_3 和贵金属的主要改性方法，指出开发新型的耐高温稳定的涂层材料是目前研究的重点。

（二）柴油车排放后处理技术

柴油机排气中的常规污染物是氮氧化物（NO_x）、颗粒物（PM）、一氧化碳（CO）和烃类化合物（HC）。在欧Ⅳ及以上法规实施后，一般需要采用机内净化和后处理相结合的综合技术才能满足严格的法规要求[42~44]。

常用的柴油车排放后处理技术主要包括四种：氧化催化剂技术（DOC）、颗粒物过滤器技术（DPF）、氮氧化物净化技术（de-NO_x）及 NO_x 和 PM 同时净化技术。氮氧化物净化技术主要有选择性催化还原技术（SCR）和氮氧化物储存还原催化技术（NSR 或 LNT）。正在研究发展中的低温等离子体（NTP）技术将会成为一项有应用前景的技术。

从欧Ⅳ到欧Ⅴ阶段，轻型柴油车采用 DOC 和 DPF（即 EGR+DPF）排放控制技术路线。在欧Ⅳ阶段，重型柴油车主要有“EGR+DPF”和“燃烧优化+SCR”两条排放控制技术路线。出于对燃油经济性和燃油品质等多方面的考虑，我国的中、重型柴油发动机企业将“燃烧优化+SCR”作为满足国Ⅳ法规要求的首选技术方案。同时，作为另一条技术选择，“EGR+DPF 路线”的研究也在逐渐开展。

1. 氧化催化剂技术（DOC）

DOC 通常是以陶瓷蜂窝或金属蜂窝为载体，负载氧化物涂层和活性金属组分。活性组分包括 Pt、Pd 等贵金属，稀土或碱土金属作为促进剂。车用柴油机加装 DOC，可以除去排放 PM 中 90%的可溶性有机成分（SOF），从而使 PM 排放减少 40%～50%，同时对排放 HC 与 CO 也有良好的净化效果，但 DOC 除去 PM 中的炭烟（SOOT）的效果较差；DOC 可作为 DPF 再生的辅助装置，氧化喷入排气中的柴油产生热量，提高排气温度，实现 DPF 再生；将排气中的 NO 氧化成 NO_2，促进 DPF 上炭烟（SOOT）低温氧化；DOC 可作为 SCR 反应器的预氧化装置，将排气中的 NO 部分氧化成 NO_2，提高低温下 SCR 反应器的 NO_x 还原效率。

我国在耐硫 DOC 制备、活性评价、耐久性考核及作为满足柴油机的国Ⅳ排放技术等方面开展了研究，并取得进展。钟富兰等[45]比较三种 Pt/CeO_2-ZrO_2-La_2O_3 催化剂的性能和硫中毒性能的结果表明，有较大表面 Ce/Zr 比的催化剂易硫中毒，因而有较高的起燃温度；表面 Pt 的硫中毒致使催化剂的活性衰减；而表面富 Zr 的催化剂上的 Pt 分散性，因此具有优良的催化活性和抗硫性。杨铮铮等[46]以 $Zr_xTi_{1-x}O_2$（x=0.0，0.1，0.5，0.9，1.0）系列复合氧化物为载体制得 $Pt/Zr_xTi_{1-x}O_2$ 催化剂。$Pt/Zr_{0.1}Ti_{0.9}O_2$ 催化剂表现出优异的催化氧化性，HC 和 CO 的起燃温度分别为 185℃和 174℃，完全转化温度分别为 197℃和 201℃；且具有较低的 SO_2 氧化活性，350℃时 SO_2 仅转化 25.5%。张孝武等[47]在 4100QBZL 型柴油机上进行国产 DOC 试验，结果表明：DOC 系统能够明显降低 CO、HC 和炭烟的排放，而对柴油机动力性、经济性以及 NO_x 的排放影响很小；在大于 400℃的高温下，DOC 易发生硫中毒，导致催化活性降低。王军方等[48]试验证明，在不同工况条件下 DOC 均降低颗粒物数量浓度，但在不同转速下，DOC 对颗粒物粒径分布产生的影响并不相同。鲍晓峰[49]开发了轻型柴油车后处理装置耐久性试验的加速运行工况和试验装置，对 DOC 辅助 DPF 再生后处理装置进行了发动机台架和实车耐久性模拟对比试验，观察了 40000km 内 DOC 性能的劣化过程。贾建勋等[50]对采用 EGR 和 DOC 技术路线的某六缸增压柴油机进行的测试结果表明，成本相对低廉的 EGR+DOC 技术路线可以满足该柴油机的国Ⅳ排放要求。

2. 颗粒物过滤器技术（DPF）

DPF 有壁流型（wall-flow）和流通型（flow-through）两种结构。流通型 DPF 能捕捉 30%～75％的 PM，壁流型 DPF 能捕捉 90％以上的 PM。负载氧化催化剂的流通型 DPF 又称为颗粒氧化催化剂（particle oxidation catalyst，POC）。DPF 的研究和发展主要集中在过滤材料和再生两个关键技术上。壁流型 DPF 常用的陶瓷材料是堇青石和碳化硅，其他材料还有钛酸铝、莫来石等；常用的金属材料是烧结金属、泡沫金属、金属丝网等。POC 采用不锈钢金属丝网结构，或具有迂回流路的金属箔基体。

DPF 使用中要周期性进行再生以恢复其性能，再生技术通常分为主动再生（active regeneration）和被动再生（passive regeneration）技术。主动再生是通过外部能量提高排气温度至 600～650℃，实现 DPF 再生，如进排气节流、推迟喷油时间、缸内后喷、燃烧器、电加热、微波加热等。被动再生是指发动机依靠正常运行条件下的排气热量或利用催化剂降低 PM 起燃温度，使其接近颗粒物的最低燃烧温度 250～550℃，而实现 DPF 再生。PM 起燃温度越低越容易实现被动再生。被动再生技术主要包括燃油添加剂（fuel borne catalyst，FBC）技术、催化过滤器（catalyzed diesel particulate filters，CDPF）技术和连续再生过滤器（continuously regenerating technology，CRT）技术。在 DPF 表面涂覆催化剂（CDPF），可将 Soot 的反应温度降至 450～550℃。CRT 技术是在 DPF 前加装 DOC，DOC 将排气中的 NO 部分氧化成 NO_2，NO_2 将 DPF 捕集的 Soot 氧化。目前 CRT 多用于重型柴油机，且往往需要在下游采用降低 NO_x 的后处理技术。由于在 CRT 和 CDPF 中使用催化剂涂层，对燃油含硫量有较高的要求。为在柴油机的全部运行工况下实现 DPF 的可靠再生，通常需要将主动再生和被动再生组合使用，将机内燃烧控制技术和机外再生技术结合使用。

我国在 DPF 组合再生技术、油品的适应性、对发动机动力性和排放（包含非常规污染物）的综合影响等方面的研究中取得了一定进展。姜大海等[51]根据排气流量、温度和背压计算颗粒沉积量，提出了新的再生时机判断方法。研究表明，堇青石过滤体的累积颗粒物的限值为 4g/L，而 SiC 过滤体为 8g/L。伏军等[52]进行喷油助燃再生 DPF 过滤体入口废气温度条件研究，建立了柴油机稳态工况下过滤体入口孔道的再生简化模型，并顺利实现 DPF 的再生过程试验。龚金科等[53]建立了添加铈基 FBC 时 DPF 的催化再生计算模型，并进行了试验验证。田径等[54]在高压共轨重型柴油机上使用铁基 FBC 和碳化硅 DPF 进行微粒捕集与再生试验的结果表明：在 ESC-13 工况测试循环下，采用低含硫量的欧Ⅳ0#柴油可实现 DPF 微粒捕集效率达 90%和可靠再生。该技术适用于 EGR 机内净化耦合 DPF 的欧Ⅳ技术路线。俞妍等[55]研究了轻型柴油车的 FBC 辅助 DPF 再生技术中的燃油添加剂自动加注控制系统，以辅助 DPF 更加充分再生。资新运等[56]进行了一种喷油燃烧器+FBC+DOC 的 DPF 再生台架试验，结果表明，燃油携带催化剂能有效降低颗粒物着火温度，再生效率达到 95%以上。吴钢等[57]在燃油中加入不同含量的铈锰添加剂对微粒捕集装置再生过程的影响的试验结果表明：当铈锰元素含量之比为 75∶25 时，过滤体再生时间最短。王丹等[58]采用缸内次后喷和 DOC 提高排气温度进行 DPF 主动再生的试验结果表明：在中低负荷工况（40%和 50%负荷率），缸内次后喷能够显著提高排气中的 HC 排放，促进其在辅助升温装置 DOC 内的氧化发热，提高 DPF 入口排气温度，满足 DPF 主动再生对高温的需求。方显忠等[59] 开发了一种以耐高温滤袋为过滤元件的柴油机排气微粒过滤器系统。在一台单缸柴油机上进行了验证性试验，结果表明，袋滤器能保证 90%的过滤效率。卜建国等[60]进行轻型柴油车 DPF 系统的 OBD 功能诊断策略的实车试验，结果表明，所设计的诊断策略能满足 OBD 认证法规的要求。张德满等[61]在发动机台架上对 DOC 辅助 DPF 再生系统的研究结果表明：模拟车速大于 60 km/h 便可以进行喷油再生；整个再生时间为 330s；再生方法的经济性较好，二次污染物主要为 HC 和 CO。提出保温处理、分阶段喷油和低速再生三项优化措施。优化后再生过程中 HC 排放降低了 68%，且燃油经济性提高了 21%。赵海光等[62]在柴油机上进行了 POC 催化剂涂覆量对 HC、CO、PM 和烟度的影响规律的研究。涂覆催化剂后，POC 对 PM 的氧化率和捕集率随 POC 前温度的变化呈现相似的规律，最高捕集率与氧化率均出现在 230℃左右，分别为 73.2%和 30.1%。邹振宇等[63]在一台 4 缸增压直喷柴油机台架上的试验结果表明，通过优化喷油提前角及 EGR 阀开度，并且选择正确的 DOC 与 POC 的布置形式，完全可以使柴油机尾气排放达到欧Ⅳ排放标准。

NTP（低温等离子体）反应器产生活性氧物种将排气中的 NO 氧化为 NO_2，在低温下实现 DPF 再生。由于这样的方法不使用催化剂，不受燃油硫含量的影响，具有广阔的应用前景。王军等[64]在 NTP 喷射系统试验台架上，将 NTP 反应器产生的 O_3、O 等活性物质喷入柴油机排气管后，可实现对 DPF 的连续再生。

我国的 PM 燃烧催化剂也有很大进展。朱艺等[65,66]制备的系列 $Ce_{0.5+x}Zr_{0.4-x}La_{0.1}O_2-Al_2O_3$ 催化剂对柴油车排放炭烟具有良好催化燃烧性能，炭烟的起燃温度为 360℃；$MnO_x/Ce_{0.7}Zr_{0.2}La_{0.1}O_2-Al_2O_3$ 催化剂对柴油车排放炭烟颗粒物燃烧的反应性能结果表明，催化剂表面吸附的活性氧物种和 MnO_x 的低温区还原性能是决定催化剂活性的两大关键因素。陈朝辉等[67]将 $La_2Cu_{1-x}Fe_xO_4$（x=0，0.1，0.2，0.3）系列催化剂与炭烟微粒紧密接触，发现 $La_2Cu_{0.9}Fe_{0.1}O_4$ 具有较好的氧化反应活性。在堇青石和 SiC 载体上涂敷催化剂后经试验表明，在 200～350℃温度区间内 2 种材料载体对炭烟微粒的氧化活性相近。发动机台架试验验证了 $La_2Cu_{0.9}Fe_{0.1}O_4$ 能有效氧化柴油机排放的炭烟微粒。

3. 氮氧化物选择性催化还原技术（NO_x Selective catalytic reduction，SCR）

选择催化还原（SCR）技术以 NH_3、HC 和 H_2 为还原剂时，分别构成 NH_3-SCR、HC-SCR 和 H_2-SCR 系统。考虑到 NH_3 的强刺激性、毒性与腐蚀性，实际应用中是以尿素代替氨，即尿素-SCR 技术。目前，尿素-SCR 技术已经大规模应用于柴油车尾气净化，HC-SCR 和 H_2-SCR 技术处于发展中，有望今后能实际应用。

（1）尿素-SCR 技术　尿素-SCR 技术是成熟的 NO_x 后处理技术。典型的车载尿素-SCR 系统包括催化剂、尿素喷射系统以及各种传感器。尿素水溶液通过喷射系统，定量地喷入排气管中，分解生成 NH_3。NO_x 通过催化剂被 NH_3 还原成 N_2。目前欧洲出售的重型车大多使用尿素-SCR 系统来满足 EuroⅣ和 EuroⅤ排放标准，并采用质量分数 32.5%尿素水溶液（AdBlue）

作为还原剂。

为配合国Ⅳ排放标准的实施，我国自主知识产权的重型柴油车尿素-SCR 后处理系统的研发取得较大的进展。胡静等[68]研究了空速、温度、催化剂对 NO_x 的转化效率、催化剂的 NH_3 吸附与解吸附等催化剂特性对重型柴油机 SCR 后处理系统控制策略的影响，所匹配的柴油机达到国Ⅳ排放标准。王谦等[69]在国Ⅳ柴油机发动机台架上进行 SCR 后处理系统稳态循环试验的结果表明，在开环控制策略下 NO_x 排放降低 65％以上；SCR 系统消耗的尿素水溶液仅占燃油的 5.8％，即柴油车运行 100km 大约消耗 2.5L 尿素溶液，且系统氨的排放浓度小于 10ml/L。郭红松等[70]在一台国Ⅳ重型柴油机台架上对 3 种商用尿素-SCR 转化器进行的动力性、经济性和排放等性能匹配试验结果表明，催化器目数越少，其压降越小；起燃温度低、动态响应快的催化器具有较好的 NO_x 控制效果；减少 NH_3、SO_2、N_2O 和 NO_2 排放效果也较好。SCR 尺寸和结构相同时，发动机动力性和经济性基本不受催化剂配方和涂层工艺的影响。薛冬新[71]在发动机台架上 TiO_2-WO_3-V_2O_5 催化剂的 SCR 系统试验结果表明，在温度为 350～500℃、空速为 60000/h 时，NO_x 转化率可达到 50%～60%。陈镇等[72]在发动机排气温度 300℃、排气流量 400kg/h 的条件下，测量了 SCR 催化剂载体前端面的 NH_3 浓度分布。安装混合器能够使 NH_3 分布均匀性指数和 NO_x 转化效率提高约 10%。王凤滨等[73]对 6 台采用 SCR 技术的国Ⅳ发动机进行 NH_3 泄漏特性的研究发现：低速时发动机反拖及小负荷工况下的 NH_3 泄漏量较大；高速时 NH_3 泄漏量较大，且随着负荷的增大呈现增大的趋势；排温突然升高或降低都可能导致 NH_3 泄漏。赵彦光等[74]通过台架试验研究瞬态工况 SCR 系统中氨泄漏与氨存储量的关系，结果表明：不同的升温过程，氨泄漏程度不同；氨存储饱和度对氨泄漏的影响很大，试验中氨存储饱和度小于 58%时，瞬态工况不会出现氨泄漏。ESC 测试结果表明：修改后的控制策略使催化器出口 NH_3 的体积浓度降低到 10ml/L 以下，同时 NO_x 转化效率没有明显下降。刘军等[75]在发动机台架上对 SCR 系统一些主要部件和计量装置进行稳定工况、瞬态工况下的单点喷射试验的对比试验。结果表明，系统计量精确，尿素水溶液雾化效果较好，系统的瞬态响应速度较快，NO_x 转化效率较高，可达到国Ⅳ标准。郭红松等[76]使用商业钒基 SCR 催化转化器和某国Ⅳ重型柴油机，对国产车用尿素进行了相互替代性试验，发现：相同条件下 3 种尿素对 SCR 系统起燃温度基本没有影响，ESC 和 ETC 循环 NO_x 转化率都在 70％以上，同时对其他常规气态排放和 NH_3 泄漏没有明显影响，可以互相替代使用。

高性能 SCR 催化材料开发是 SCR 技术的关键。目前，V_2O_5-WO_3-TiO_2 体系和分子筛体系应用最广泛。V-W-Ti 催化剂在 300～400℃范围内脱硝效率超过 90％，TiO_2 载体具有较强的抗硫中毒性能，但仍存在低温活性不足、高温热稳定性差等缺点。该催化体系存在高温易挥发，产生二次污染环境问题。

非钒基催化剂研究有较大的进展。目前研究较多的主要包括 Fe 基、Ce 基、Mn 基和 Cu 基等金属氧化物催化剂以及 Fe 基和 Cu 基分子筛催化剂。贺泓等[77]成功开发的铁钛复合氧化物（包括 $FeTiO_x$ 和 $Fe_{0.5}Mn_{0.5}TiO_x$）催化剂和 Ce 基氧化物（包括 Ce/TiO_2、$CeWTiO_x$ 及 $CeWO_x$）催化剂体系中，$FeTiO_x$ 催化剂主要在中温段（200～400℃）具有较好的 NH_3-SCR 活性、N_2 生成选择性以及抗 H_2O/SO_2 中毒性能；Ce 基氧化物催化剂体系可在很宽的操作温度窗口内实现 100%的 NO_x 转化率和 N_2 生成选择性，同时具有优异的耐高空速性能、高温热稳定性和抗中毒能力。吴晓东等[78]制备了低温活性催化剂 CeO_2-MnO_x-TiO_2 和 V_2O_5-MnO_x-TiO_2，研究了 Ce 和 V 对 MnO_x-TiO_2 催化剂活性和选择性的影响。江洋等[79]研究了过渡金属离子掺杂对 CeO_2-SO_4^{2-}固体酸催化剂结构、吸附性能、redox 性能和 NH_3-SCR 活性的影响。掺杂 Ni^{x+}和

Zr^{x+}的 $CeO_2-SO_4^{2-}$在 250～360℃温度范围内 NO_x 的转化率可达 80%以上。钟标城等[80]研究了 Fe 掺杂对 MnO_x 催化剂结构性质及低温 SCR 反应机制的影响。对一系列低温锰铁系催化剂上 SCR-NO 反应性能的实验表明：MnO_x 有良好的低温活性，Fe 的引入能在改善其 N_2 选择性的同时保持优秀的低温活性。Wang [81]等研究了活性炭蜂窝载体负载的 Mn 和 Ce 氧化物催化剂（MnO_x-CeO_2/ACH）在低温（80～200℃）用于 NO-SCR 选择性催化还原反应。与 MnO_x/ACH 比较，MnO_x-CeO_2/ACH 有相当高的催化活性和较高的 N_2 选择性；添加 CeO_2 改善了 MnO_x 的分布，增加 NO 氧化为 NO_2。邱春天等[82]考察了 CeO_2、MoO_3 和 WO_3 的添加对 ZrO_2-MnO_2 整体式催化剂上 NH_3-SCR 还原 NO_x 的影响。CeO_2 的添加提高了 ZrO_2-MnO_2 催化剂的低温活性，但反应温度窗口较窄；继续添加 MoO_3 或 WO_3 后，催化剂表现出良好的低温活性和宽的反应温度窗口。吴虎等[83]在不同负载量的镍改性 ZSM-5 分子筛催化剂的 NH_3-SCR 反应结果表明：镍负载量低于 14.9%时，增加镍负载量将提高催化剂的低温活性；当反应温度超过 300℃时，高温催化中心开始起作用，但随镍负载量的增加，高温活性开始下降时的温度逐渐降低。

（2）HC-SCR 技术　HC-SCR 也是当前研究热点之一，被视为富氧条件下除去 NO_x 的一种有潜力的替代技术。相对于成熟的尿素-SCR 技术，HC-SCR 技术可用车载燃料或燃料改质制成的低级烃、含氧烃作为 NO_x 还原剂，不需要安装任何还原剂附加装置，避免了后处理装置需增加尿素系统的问题。性能良好的 HC-SCR 催化剂体系包括 SiO_2、TiO_2、ZrO_2、Al_2O_3 或 Zeolites 负载的 Ag 催化剂。国内对 Ag/Al_2O_3 为催化剂体系的 HC-SCR 技术实用化进行了深入研究[77]。刘致强等[84]用 Cu-SAPO-34/堇青石整体式催化剂，考察了丙烷和 O_2 浓度以及水蒸气对催化剂还原 NO_x 的性能的影响。结果表明，Cu 的加入能显著提高催化剂上丙烷选择性催化还原 NO_x 的活性，在 500～650℃下，NO_x 浓度可降低 60%以上。刘彤等[85]在低温等离子体和催化剂的共同作用下，研究了 CH_4 选择催化还原 NO 的反应。结果表明，$\gamma-Al_2O_3$ 表现出最高的催化活性，当等离子体放电功率为 4.5W、反应温度为 300℃时，NO 转化率为 56.5%。于琴琴等[86]进一步研究了低温等离子体协助催化条件下甲烷选择性催化还原 NO 反应，在一系列催化剂（包括 $\gamma-Al_2O_3$、$Ag/\gamma-Al_2O_3$、$B_2O_3/\gamma-Al_2O_3$、$Ga_2O_3/\gamma-Al_2O_3$、$In_2O_3/\gamma-Al_2O_3$ 等）中，$B_2O_3/\gamma-Al_2O_3$ 表现出最好的催化活性。当反应温度为 300℃时，NO_x 转化率达到最高，与 $\gamma-Al_2O_3$ 催化剂相比，在 10%（质量分数）$B_2O_3/\gamma-Al_2O_3$ 催化剂上 NO_x 转化率从 33.4%提高至 51.0%。蔡忆昔等[87]研究了低温等离子放电环境和添加 C_3H_6 对 $NO/O_2/N_2$ 气氛中 O_3 生成浓度与 NO 转化的影响。结果表明，冷却环境有利于 O_3 的生成和 NO 转化率的提高；激励电压峰值升高时，O_3 生成浓度和 NO 转化率随之升高；添加 C_3H_6 有利于 NO 转化率的升高，且 NO_x 浓度随激励电压峰值升高而下降。

（3）H_2-SCR 技术　H_2-SCR 技术是近年发展起来的以 H_2 取代 NH_3 和 HC 的一种有效柴油机排放 NO_x 处理技术。与 NH_3 和 HC 相比，以 H_2 为还原剂时具有明显的优势：反应温度（一般小于 150℃）远低于 NH_3-SCR(250～400℃)和 HC-SCR (350～450℃)，因此可大幅度降低能耗和对设备的要求；H_2 廉价清洁易得，特别是车载 NTP 柴油改质器制取 H_2 技术的发展和推广使用避免了 NH_3 储藏、运输、使用过程中的问题。目前用于 H_2-SCR 反应的催化剂主要是负载型 Pt 和 Pd 催化剂，载体主要有单一氧化物、复合氧化物和分子筛。国内的 H_2-SCR 技术研究仍处于实验室模拟阶段或小规模试验阶段。李佳等[88, 89]研究了 TiO_2 负载单金属和双金属催化剂上 H_2 选择催化还原 NO 的反应。在 140～200℃温度区间，双金属催化剂 Pd-Ir/TiO_2 催化剂具有良好的活性，其 NO_x 转化率和 N_2 选择性均高于 80%。

4. **氮氧化物储存还原催化剂技术（NO_x storage and reduction catalyst，NSR）**

NSR 技术又称为 LNT（lean NO_x trap catalysts），因具有脱硝效率较高、不需外加还原剂和开发成本较低等优点，有望成为轻型柴油车 NO_x 满足欧Ⅴ排放标准的备选技术方案。NSR 主要由载体、储存组分和活性组分构成。贵金属 Pt 是常用活性组分，通常加入 Rh 促进 NO_x 还原。碱金属和碱土金属是常用的储存组分。一些过渡金属作为储存成分加入 $Pt/Ba/Al_2O_3$ 体系中，制成双金属或多金属协同储存催化剂，有较高活性和抗硫性能。复合氧化物 Mg-Al-O 具有较大的比表面积和碱性，具有载体和 NO_x 储存材料的双重功能，还有低温转化性能好、抗硫中毒能力强等优点，是近年 NSR 催化剂研究的热点。

马爱静等[90]研究表明，在 $La_{0.7}Sr_{0.3}Co_{1-x}Fe_xO_3$（$x$=0，0.2，0.6，1.0）系列钙钛矿催化剂中掺杂 Fe 时，催化剂的抗硫性能都有不同程度的提高，特别是 Fe 掺杂量为 60％的样品具有最佳的抗硫性能和可再生性能；但随着 Fe 掺杂量的增加，催化剂的 NO_x 储存量下降。李锋丽等[91]测试表明：掺杂 Ti 的 $BaFe_{1-x}Ti_xO_3$（x=0.1，0.2，0.3）钙钛矿型催化剂比 $BaFeO_3$ 催化剂抗硫性能好，Ti 掺杂量为 0.2 的样品有良好的 NO_x 储存能力和最佳的抗硫性能。李凯等[92]使用柴油改质器进行了 NSR 再生的发动机台架试验。当柴油改质器中 H_2 浓度为 5％时，即使排气温度降低到 150℃，都可以在短期内完全还原 NO_x，台架试验的排气温度完全可以满足 H_2 还原 NO_x 的条件。

最近的研究表明，在 LNT-SCR 复合系统中，SCR 催化剂原位或被动地储存和使用了 LNT 在富燃清洗再生中生成的 NH_3。与 Urea-SCR 相比，LNT-SCR 系统有如下优点：LNT-SCR 系统仅需用燃油为还原剂，因而排除了将 Urea 喷入排气中使用涉及的问题。另外，还排除了 LNT 的 NH_3 泄漏。Wang 等[93]在低贵金属负载的 Pt/Rh LNT 催化剂和商用 Cu-zeolite SCR 催化剂构成的复合 LNT-SCR 系统上用 $CO+H_2+C_3H_6$ 混合物或单用 C_3H_6 为还原剂进行了 NO_x 的储存－还原试验，证实：在复合 LNT-SCR 系统的 SCR 催化剂上 NO_x 的还原除了 NH_3 途径以外，在 HC 化合物存在时还有第二途径。SCR 催化剂上 NO_x 转化率超过了在同一催化剂上 NH_3 的转化率，说明在稀燃条件下 LNT 泄漏的 NO_x 被储存的 C_3H_6 还原。

5. **低温等离子体处理技术（non-thermal plasma，NTP）**

非热等离子体（NTP）又称为低温等离子体。目前，国内外利用 NTP 去除 NO_x 的方法有：低温等离子体协同催化（NPAC）技术；已浓缩 NO_x 和 N_2 的气体混合物的 N 自由基 NO_x 还原技术。这些技术尚处于实验室试验阶段。

冉冬立等[94]采用一种独立于柴油机排气管之外的 NTP 喷射系统，研究了低温等离子体气体喷射量及柴油机排气温度对 NO 的转化的影响。研究表明：在等离子体喷射下，NO 主要转化为 NO_2，NO_x 总量变化不大；高温不利于 NO 的转化。蔡忆昔等[95] 制备了一种 $La_{0.8}K_{0.2}Mn_{0.5}Co_{0.5}O_3$（LKMCO）纳米催化剂，在发动机台架上研究了 NTP 能量密度和排气温度对转化 NO_x 的影响规律。结果表明：随着能量密度的增加，NO_2 浓度升高，NO 浓度降低。在放电频率为 14.0kHz 的条件下，当能量密度大于 80J/L 时，NO_2 和 NO 浓度开始变化；在温度为 280～350℃时，LKCMO 催化剂发挥活性，NPAC 技术作用下 NO_x 转化效率得以显著提高。王卉等[96]报道，存储 NO 能力改进的天然分子筛（NMOR）在 35℃和 10%O_2 存在下有最高的存储 NO 的能力(1.20mmol/g)。排气中的 H_2O、CO_2 和 SO_2 对 NO 吸附有负影响；而 O_2 则改善了 NO 吸附。通过 NO 吸附-等离子放电方法，Ni-NMOR 表现了除去 NO_x 的高效率。Yu 等[97]使用 zeolite 催化剂，在无外热条件下，由吸附-放电等离子催化法构成的复合系统用于除去 NO_x 时，用的等离子载气对转化率有很大的影响。在 N_2 等离子中吸附 NO_x 的转化率比在 Ar 等离子中要大得多。将固体炭加入催化剂中作为活性氧物种清洗剂改进了在 N_2 等离子中吸附 NO_x 的转化率，在含 8.5%（质量分数）碳-HZSM-5 混合物上得到 97.8%NO_x 的转化率，能量效率为 0.758 mmol NO_x/（W•h）。

国外开展了氮氧化物吸附-脱附联合 N_2-NTP 还原技术研究，可同时获得 NO_x 处理的高能效率和高去除率。

6. PM 与 NO_x 同时去除技术（simultaneous reduction of PM and NO_x technolygy）

近年来，为了满足未来新排放标准中严厉 PM 和 NO_x 的排放要求，国内外正在开发同时去除 PM 和 NO_x 的技术。研究中的 PM 与 NO_x 同时去除技术大致归为单一催化剂技术、多种环境技术的组合技术。这些技术尚处于实验室试验阶段。

(1)单一催化剂技术　基于柴油车排气中的 PM 和 NO_x 具有互为还原剂和氧化剂的特性，有希望在同一催化剂床层上实现 PM 和 NO_x 同时去除。开发中的单一型催化剂有贵金属、金属氧化物和复合金属氧化物催化剂。其中，钙钛矿型和类钙钛矿型催化剂具有独特的结构特征，对 NO_x 和炭烟颗粒的消除表现出良好的催化活性。

朱昌权等[98]对 x%$Mn/Ce_{0.7}Zr_{0.3}O_2$（x=0，5，10，15，30，50）复合金属氧化物催化剂系列同时去除 PM 和 NO_x 的催化活性的评价结果表明，在同时去除 PM 和 NO_x 的催化反应中，Mn 在铈锆固溶体中的掺杂量与催化活性直接相关，30%$Mn/Ce_{0.7}Zr_{0.3}O_2$ 具有较好的同时去除 PM 和 NO_x 的催化活性。李兆强[99]用碱金属（Li、Na、K、Rb）和过渡金属（Fe、Ni、Cu）分别对 Co 基和 Ni 基钙钛矿进行 A 位和 B 位掺杂，考察了掺杂对钙钛矿结构及催化性能的影响。结果表明，Fe 的掺杂提高了 $La_{0.9}K_{0.1}Co_{1-x}Fe_xO_{3-\delta}$ 催化剂的 Soot 氧化性能、NO_x 储存能力以及 NO_x-Soot 同时去除活性。Fe 掺杂量为 10%时，效果最佳。K 和 Ni 同时取代的 $La_{1-x}K_xCo_{1-y}Ni_yO_{3-\delta}$ 可以显著降低 Soot 燃烧温度，提高 NO_x 的储存能力以及 NO_x-Soot 同时消除效率。$LaCoO_3$ 钙钛矿的 A 位和 B 位分别掺杂 K 和 Cu，制得了 $La_{1-x}K_xCo_{1-y}Cu_yO_{3-\delta}$ 系列催化剂上 Soot 燃烧的温度和活化能明显降低，NO_x 储存能力和 NO_x-Soot 同时消除效率也得到大幅提高。Li、Na、K、Rb 掺杂的 $LaNiO_3$ 系催化剂中，随着掺杂元素原子序数的增加，Soot 燃烧温度逐渐降低，NO_x 储存量和 NO_x-Soot 消除效率也逐渐增大。

于文英等[100]用 NTP 辅助 CDPF 的多元催化净化系统的研究结果表明，NTP 辅助的钙钛矿 CDPF 系统对柴油机尾气中 NO_x、PM 等污染物有良好催化净化性能，去除效率分别达 82%、31%。王攀等[101]用 CeO_2-CuO/γ-Al_2O_3 负载型催化剂的发动机台架试验结果表明：NPAC 技术可以有效降低柴油机炭烟排放，炭烟转化效率最高接近 60%；NO_x 排放明显降低。张琳等[102]使用 $LaMnO_3$ 蜂窝状陶瓷催化剂，在台架上研究了能量密度变化对 NTP 辅助 $LaMnO_3$ 催化技术转化 PM 和 NO_x 的影响规律。结果表明，NTP 辅助 $LaMnO_3$ 催化技术显著降低 NO 浓度，NO_2 浓度显著增加，NO_x 浓度降低；随着能量密度的增加，炭烟转化效果越明显，炭烟的不透光烟度最高降低约 83%。结果表明，NTP 辅助 $LaMnO_3$ 催化技术可有效转化 PM 和 NO_x。

（2）组合技术　在轻型柴油车领域，主要集中于 DPF 与 LNT、SCR 的系统集成；对于中重型柴油机，由 DOC、Urea-SCR 和 DPF 构成排放控制系统一般能满足现有严格的 NO_x 和 PM 排放要求。SCRT 技术方案可分为 DPF 在上游和 SCR 在上游两类。DPF 在 SCR 上游时，主动再生起燃特性好，再生时间间隔长，油耗低。SCR 在 DPF 上游时，其突出优点是 SCR 起燃特性好。DPF 上涂覆 SCR 催化剂构成 SCRF 技术是近年来的研究热点，该技术有助于减小后处理系统的尺寸和压力损失。SCRF 对催化剂涂覆要求很高，如果涂覆不均匀，在催化剂涂覆量大的地方流动阻力大，流经的气流少，催化剂的活性位不能得到充分利用。国外已经有把 SCR 催化剂涂覆在普通的壁流式过滤器体上构成的二元 SCR/ DPF 系统（2-way SCR/DPF systems）的技术，这种方案可以减少后处理系统体积和重量，降低成本。国内还有待开展此类研究。

日本将 NTP 和 PM 收集、燃烧，NO_x 吸附、脱附，还原分解多种环境技术结合，发展了同时净化 PM 和 NO_x 的低温等离子（NTP）组合系统，目前已完成了中试。

四、车用油品环保技术研究进展

车用燃料的组分含量及比例等内在性质不仅对发动机排气产生直接影响，而且可能产生沉积、毒害等现象而间接造成机动车的排气质量劣化。燃油有害物质和清净性对机动车污染防治效果有严重影响。

（一）油品法规标准情况

自 2000 年《大气污染防治法》（简称“大气法”）修订以来已有 10 多年时间，10 多年来中国经济高速发展，空气污染不断加剧，特别是机动车产销保有量迅速增加，机动车污染已经成为大气环境最突出、最紧迫的问题。环境保护部适时开展了“大气法”修订工作，2011 年、2012 年一直在持续开展工作。此次修订案中对车用油品的环境管理提出了新思路和制度设计，包括依据机动车排放标准要求核定车用燃料有害物质含量；发布实施车用燃料有害物质控制标准；生产、销售车用燃料有害物质须达标；环保部门会同其他部门开展车用燃料有害物质监管；要求使用车用燃料清净剂、对车用燃料清净剂和添加剂实行核准和备案管理等。如“大气法”能够顺利修订实施，将极大促进车用油品环境管理，促进油品质量提升，降低机动车排放污染。

2011 年 2 月 14 日，环保部发布了国家环境保护标准《车用汽油有害物质控制标准（第四、五阶段）》（GWKB1.1—2011）、《车用柴油有害物质控制标准（第四、五阶段）》（GWKB1.2—2011），两项标准于 2011 年 5 月 1 日起实施。两项标准规定了实施第四、五阶段机动车排放标准要求的车用汽油、柴油的有害物质含量和环保指标，为车用油品升级和供应指明了方向。《车用汽油有害物质控制标准（第四、五阶段）》规定了铅、铁、锰、磷、硫、铜、苯、烯烃、芳烃、甲醇等有害物质含量，按两广、海南和其他地区规定了不同的蒸气压要求，规定了清净性快速模拟和发动机台架方法及限值要求。《车用柴油有害物质控制标准（第四、五阶段）》规定了硫和多环芳烃含量；规定了清净性发动机台架方法和限值。两项国家环境保护标准支持和引导了国家和地方车用汽柴油标准的制修订，对于石化行业组织升级和生产发挥了指引作用。

2011 年 5 月 12 日国家发布了《车用汽油》（GB 17930—2011）标准，规定了第三、四阶段车用汽油产品指标，其中第四阶段指标过渡期至 2014 年 1 月 1 日。2011 年 7 月 1 日发布实施了《普通柴油》（GB 252—2011）标准，规定了第一、三阶段普通柴油产品指标，其中第三阶段指标过渡期至 2013 年 7 月 1 日。2012 年，《车用乙醇汽油（E10）》（GB 18351）标准启动了修订项目，计划修订至第四阶段；《车用汽油》（GB 17930）启动了第五阶段制定项目，《车用柴油》（GB 19147）启动了第四、五阶段制定项目；《车用甲醇汽油（M15）》标准完成了征求意见稿，开始征求意见。2012 年 5 月 7 日北京市发布了《车用汽油》(DB 11/238—2012)、

《车用柴油》（DB 11/239—2012）地方标准，规定了第五阶段车用汽油、柴油指标，该两项标准于2012年5月31日起实施。2012年，环保部组织起草了《柴油发动机氮氧化物还原剂——尿素水溶液环境保护技术要求》，标准已于2012年12月完成报批。

（二）油品供应情况

截至 2012 年，全国范围内，除北京、上海、珠三角、江苏省部分地区外，全国普遍供应第三阶段车用汽油。据中国环境科学研究院在全国范围内取样分析结果，平均硫含量约为130ml/L，与供油标准相符。北京2012年5月31日起供应第五阶段车用汽油；上海、珠三角已经供应第四阶段车用汽油，据中国环境科学研究院取样分析，硫含量接近第五阶段要求；南京市2011年6月1日起供应第四阶段车用汽油，苏州、无锡、常州、扬州、泰州、镇江、南通2012年1月1日起供应第四阶段车用汽油。

到2012年，全国范围内，除北京、上海等地外，车用柴油按GB 19147第三阶段供应，但供应量很小；大部分加油站按GB 252供应普通柴油，为第一阶段标准。（时间）据中国环境科学研究院在全国范围内取样分析结果，少量样品硫含量小于350ml/L，平均硫含量约为1000ml/L，总体上与供油标准相符。北京2012年5月31日起供应第五阶段车用柴油；上海已经供应第四阶段车用柴油，据中国环境科学研究院取样分析，硫含量接近第五阶段要求。

北京市自 2008 年开始在车用汽油中添加清净剂并开展定期检查监管，目前，北京市是全国唯一添加车用汽油清净剂的地区，车用汽油清净性处于较高水平。

五、污染物排放检测技术研究进展

污染物排放检测是环境保护执法和污染控制技术开发的重要保证手段。由于近年来环保法规的要求越来越严格，已有污染物排放限值大大下降和新的污染指标项目的提出都对排放检测技术提出了更加严格的要求。因此，各个政府部门在推进机动车污染控制工作的进程中均加大了检测设备的建设力度。

近几年内，全国各大城市针对污染物排放的检测建立了功能丰富的实验室。中国汽车技术研究中心在北京建设的汽车排放检测实验室已全部完成安装和调试工作，从2011年3月中旬开始正式进入试运行阶段。该实验室主要设备包括2套低温环境仓，2套常低温排放转鼓，目前国内最为先进的汽、柴油排放分析仪，6套轻型车整车耐久转鼓，1套VT-SHED燃油蒸发密闭室，可以完成轻型车整车全项排放（油耗及节能环保产品评价）试验。厦门成立了环境保护机动车污染控制技术中心，并在2011年正式启用。实验室内排放检测仪器设备设施具有国际先进水平，相关检测和研究条件达到和超过了国家机动车污染排放检测相关标准和法规的要求。具备国Ⅳ、欧Ⅳ及欧Ⅴ以上排放标准的检测能力，拥有轻型汽车常温超低排放、低温超低排放、排放耐久性能，发动机排放、重型汽车排放等多个检测实验室，是国内检测设备最新、检验项目最全的机动车排放检测研发机构之一。中心实验室每年分别能完成1000辆次轻型车排放试验、8个10万公里轻型车耐久试验、50台次发动机排放试验、100辆次重型车排放及其他相关试验。其他部门，如各地环境管理部门、机动车与相关配件生产企业等也建立了大量的排放检测实验室，总体上使我国形成了比较强的机动车排放研究和监管技术实力，为排放标准的实施和提高奠定了良好的技术基础。

（一）机动车排放尾气分析系统

在机动车污染物排放检测技术方面，南华仪器公司生产的机动车检测仪器已被广泛应用于各级机动车综合安全性能检测机构、环保监测部门等。产品包括机动车排放检测系统、废气分析仪、前照灯检测仪、烟度计不透光度计四大系列三十多个品种规格。其中最新生产的NHA-501型废气分析仪（五组分）已经广泛用于与我国汽车尾气排放测试中，仪器可测量机动车汽油发动机排放废气中的HC、CO、CO_2、O_2及NO气体浓度，其中对HC、CO、CO_2采用先进的NDIR不分光红外分析技术进行检测，对O_2及NO采用最新的电化学分析技术。可用于检测使用天然气（CNG）、液化石油气（LPG）、乙醇汽油作燃料的汽车发动机排放，符合国家标准GB 18285—2005精度要求和国际标准ISO 3930或OIML R99 Ⅰ级精度要求。

（二）机动车排放污染检测技术

在机动车尾气遥测关键技术研究方面，安徽宝龙环保科技有限公司技术水平居国内领先地位，是国内唯一专业从事机动车尾气激光遥感监测仪器研发的公司。该公司产品主要面向我国环保部门、车管部门等行政管理部门机动车尾气监测，填补了国内机动车尾气遥测领域的空白。该公司的BDH-1型机动车尾气遥测仪是一种非接触式在线自动检测机动车尾气的激光光谱系统，兼有机动车牌照自动识别、速度、加速度测量功能和气象参数测量，系统可用于机动车尾气监测，可测量CO、CO_2、NO_x、HC等气体和烟度。近两年随着我国机动车保有量的上升，该仪器也被更多的城市使用。并完成了发现高排放车辆、限制重污染车辆进入城市、快速筛选排放不达标车辆（黄标车）等使命，从而有效降低车辆尾气排放的污染。

伴随着越来越多的机动车排气污染遥感检测车、尾气激光遥测车的使用，为以后制定机动车排放限值标准提供数据参考。通过对大量监测数据的分析，有针对性地加强对机动车尾气检测场的管理；还能筛选出排放水平较高的机动车类型，加强对这部分车辆的治理；并加大对违标车辆的监管力度。

为弥补传统的车辆和发动机排放检测技术的不足，国外已经开始利用便携式检测设备进行随车排放检测并制定相关检测标准，著名检测设备企业已推出了便携式排放检测仪器。近年来，中国环境科学研究院、清华大学、北京理工大学等专业研究单位已经开始使用便携式排放检测仪器，包括排放气态污染物以及颗粒物的检测，对我国机动车进行车载排放测试，同时也取得了重大突破，获得了大量可靠有效的数据。与此同时，通过购买国外先进的排放检测设备，对其进行细致的研究与借鉴，相信在不久的将来，市场上将会出现属于我国研制开发的便携式排放检测仪器。

六、机动车排放污染防治技术展望

2011—2012年间，我国在机动车污染防治技术领域取得了一定的进展。在市场和相关政策的共同推动下，我国的机动车发动机技术、后处理技术、新能源技术等实现了较大的进步，燃油品质和排放检测技术也得到了一定的提升。因此，在机动车保有量大幅攀升的情况下，污染物排放随之快速增长的势头初步得以遏制，污染防治工作取得了明显的成效。预期我国的机动车保有量还将长期保持高速增长态势，排放标准也将继续加严，排放污染控制工作的压力依然巨大，需要应用更先进、高效的污染控制技术。相对于发达国家和地区，我国的机动车污染防治在技术和经验上还存在一定的差距，因此必须由国家制订必要的计划和规划，建立相应的国家、部门与行业重点实验室，加强相关防治关键技术开发与应用的能力建设，以实现污染减排和改善大气环境质量的目标。

在新能源技术尚未成熟的情况下，内燃机还将在一定时期内作为机动车的主要动力，因此还需结合节能工作需要充分挖掘新型内燃机技术的减排潜力。在混合动力、电动汽车和氢动力汽车逐步投入使用后，将会有力推进节能、减排目标的实现，届时也需要根据新要求调整研究重点。

由于我国内燃机机动车还将长期使用，排放法规也在逐步加严，后处理技术的研究与应用必须满足污染控制目标日益提高的要求。汽油车排气三效催化器的应用相对成熟，今后应重点提高其冷启动净化能力和耐久性，降低贵金属用量以控制应用成本。柴油机排气污染后处理技术比较复杂，应作为后处理技术研究的重点。其中，除了改进现有颗粒物和氮氧化物净化技术、加强相关匹配与集成技术外，还需加强新技术和产品应用过程中还原剂供应、监管手段等配套技术的研究，以达到预期减排效果。此外，还应将后处理技术与等离子体等新型净化技术有机结合，以提升减排效果。

为适应发动机和后处理技术的进步，燃料质量必须进一步提高。燃油中有害物质含量应同步满足更高阶段排放标准的要求，清净性应从改进油品成分和添加高水平清净剂两方面加以保证。为了提高机动车排放监管技术水平和法规标准的执行能力，今后应加强新增污染物监控指标、燃油品质和净化产品性能测定技术研究，以及颗粒物数量浓度计量与车载排放检测设备的开发应用。为了推动新能源汽车应用，必须提高现有氢气等清洁能源在制备、储运与使用中各环节的安全性与可靠性，确保零排放发动机和机动车技术的有效应用。

参考文献

[1] 环境保护部. 中国机动车污染防治年报（2012 年度）.

[2] 魏胜利, 王忠, 毛功平, 等. 不同喷孔夹角的直喷柴油机涡流室燃烧系统性能分析. 农业机械学报, 2011,(11):15-20.

[3] 张小矛, 高卫民, 辛军, 等. 进气道对缸内直喷增压汽油机性能的影响. 内燃机学报, 2011,(4):300-306.

[4] 李相超.先进直喷汽油机喷嘴选型与匹配技术研究. 上海: 上海交通大学, 2012.

[5] 丁宁, 高卫民, 陈明. 均质直喷汽油机喷油起始角对低转速下缸内油气混合过程的影响. 上海汽车, 2011,(6):13-15.

[6] 卢勇, 裴普成, 晁鹏翔. 新型缸内直喷发动机滚流燃烧室设计与研究.西安交通大学学报, 2012,(11):17-22.

[7] 赵雪峰, 于秀敏, 周骥. 直喷汽油机电控喷油系统的开发研究. 车用发动机, 2011,(4):11-14.

[8] 张学文, 申立中, 杨永忠. 满足国III排放标准的高压共轨柴油机燃烧系统开发. 内燃机与动力装置, 2011,(3):35-39.

[9] 文卫晋. 高压共轨柴油机燃油喷射电控系统开发及试验研究. 哈尔滨: 哈尔滨工程大学, 2011.

[10] 吕科. 高压燃油喷射泵柴油机电控系统设计. 武汉: 武汉科技大学, 2012.

[11] 宋国民, 吴小勇, 高崴, 等. 压电喷油器驱动系统性能优化研究. 内燃机工程, 2011,(2):59-63.

[12] 刘双双, 刘恒. 可变压缩比对增压汽油机影响的仿真研究. 轻型汽车技术, 2012,(5/6):25-27.

[13] 阮见明. 可变压缩比活塞结构设计与试验研究. 武汉: 武汉理工大学, 2011.

[14] 崔彪,常思勤,李子非. 一种可变压缩比汽油机的方案设计与性能仿真研究. 拖拉机与农用运输车, 2011,(5):32-35.

[15] 梅德清, 钱俊男, 孙平, 等. EGR 增压柴油机的燃烧及排放特性研究. 车用发动机, 2012,(6):59-62.

[16] 张韦, 舒歌群, 沈颖刚, 等. EGR 与进气富氧对直喷柴油机 NO 和炭烟排放的影响. 内燃机学报, 2012,(1):16-21.

[17] 胥海波, 鄂加强, 程威, 等. 一种实用节能减排型步进式电机控制 EGR 阀. 内燃机, 2012,(10):53-57.

[18] 袁显举. 电控旋转 EGR 控制阀开发及控制系统研究. 西安: 长安大学, 2011.

[19] 赵振海. EGR 控制阀的控制系统研究与设计. 实验技术与管理, 2011,(9):63-68.

[20] 李圆晨. 混合动力客车大功率双向 DC-DC 变换器研究. 哈尔滨: 哈尔滨工业大学, 2011.

[21] 葛卫林. 混联式混合动力汽车动力总成控制系统研究与开发. 南京: 南京林业大学, 2012.

[22] 王存磊. 混合动力发动机电控管理系统开发及排放控制研究. 上海: 上海交通大学, 2012.

[23] 邹卫兵. 二甲醚重整制氢系统的实验研究. 上海: 华东理工大学, 2011.

[24] 周志清. 车用吸附储氢系统的仿真与优化. 武汉: 武汉理工大学, 2012.

[25] 王琦, 罗马吉, 罗仲. 燃料电池汽车车载氢气安全研究. 武汉理工大学学报: 信息与管理工程版, 2011,(2):71-74.

[26] 贺小昆, 栾浩, 刘沁曦, 等. 载体孔结构与三效催化剂起燃特性实验研究. 稀有金属材料与工程, 2011,(7):1220-1224.

[27] 崔亚娟, 何胜楠, 方瑞梅, 等. 整体式 Pd/La_2O_3-$A1_2O_3$ 和 Pd/CeO_2-ZrO_2-Y_2O_3 催化剂上汽油车尾气净化性能的比较. 催化学报, 2012,(6):1020-1026.

[28] 闫朝阳, 兰丽, 陈山虎, 等. 高性能 $Ce_{0.5}Zr_{0.5}O_2$ 稀土储氧材料的制备及其负载的单 Pd 三效催化剂. 催化学报, 2012, (2): 336-341 .

[29] 陈山虎, 姚艳玲, 兰丽, 等. 不同锆源对 $Pd/Ce_{0.45}Zr_{0.45}La_{0.1}O_{1.95}$ 整体式三效催化剂性能的影响. 催化学报, 2012, (11): 1762-1771.

[30] Zheng Tingting, He Junjun, Wang Song, *et al*. A Review on Metal-support Interaction in Automotive Catalysts. Precious Metals, 2012, （S1）:182-188.

[31] 方瑞梅, 何胜楠, 崔亚娟等. (CeO_2-ZrO_2-Al_2O_3)-(La_2O_3-Al_2O_3) 复合氧化物负载的 Pd 密耦催化剂: 载体焙烧温度的影响. 催化学报, 2012, 33(6): 1014-1019.

[32] 姚艳玲, 方瑞梅, 史忠华, 等. La_2O_3 对 Pd 密耦催化剂性能的影响. 催化学报, 2011, (4): 589-594.

[33] Zhu Zengzan, Lu Guanzhong, Guo Yun, *et al*. Influences of Pd precursors and preparation method on the catalytic performances of Pd-only close-coupled catalysts. Journal of Industrial and Engineering Chemistry, 2012, (18): 2135-2140.

[34] 郭锡坤, 彭桂芳, 陈耀文, 等. Cu-Ce-Zr-Ba-O 复合氧化物催化剂的制备与三效催化性能. 汕头大学学报: 自然科学版, 2010, (3): 44-51.

[35] 郭锡坤, 章从根, 李式伟, 等. $Cu/Mo/CeO_2$-ZrO_2 催化剂的制备及其三效催化性能. 汕头大学学报: 自然科学版, 2011, (3): 49-56.

[36] 郭锡坤, 章从根, 李式伟, 等. $Cu5\%/Ce_{0.5+x}Zr_{0.5-x}Bi_yO_{2+\lambda}$ 催化剂的制备及其性能研究. 汕头大学学报: 自然科学版, 2011, (2): 55-62.

[37] 郭锡坤, 舒慧敏, 陈耀文. Cuy $/Ce_{1-\lambda}Zr_{\lambda}Ni_xO_2/La$-$Al_2O_3$ 催化剂的制备及性能研究. 汕头大学学报: 自然科学版, 2011, (1): 47-55.

[38] 郭锡坤, 孟韩, 陈耀文. $La_{0.8}M_{0.2}Fe_{1-x}CuO_3$ 钙钛矿型氧化物的制备及催化性能研究. 汕头大学学报: 自然科学版, 2011, (4): 22-28.

[39] 郭锡坤, 史衍仲, 陈耀文. $La_{0.9}Mg_{0.1}Cr_{1-x}M_xO$ 钙钛矿型氧化物的制备及催化性能研究. 汕头大学学报: 自然科学版, 2012, (4): 9-16.

[40] 郑婷婷, 何俊俊, 吴乐刚, 等. 汽车尾气三效催化剂的失活. 第八届全国工业催化技术及应用年会论文集, 2011.

[41] 卞龙春, 盛世才, 随伟, 等. 汽车三效催化剂失活研究的进展. 浙江化工, 2010, (12): 12-16.

[42] 王建强, 杨建军, 高继东, 等. 柴油车尾气排放控制技术进展. 科技导报, 2011, (11): 67-75.

[43] 帅石金, 唐韬, 赵彦光, 等. 柴油车排放法规及后处理技术的现状与展望. 汽车安全与节能学报, 2012, (3): 200-217.

[44] 李克, 高洋, 刘双喜, 等. 柴油机清洁排放控制技术的发展及展望. 小型内燃机与摩托车, 2012, (1): 88-92.

[45] 钟富兰, 钟喻娇, 肖益鸿, 等. Pt/CeO_2-ZrO_2-La_2O_3 柴油车尾气氧化催化剂活性及抗硫性能. 催化学报, 2011, (9): 1469-1476.

[46] 杨铮铮, 陈永东, 赵明, 等. 具有低 SO_2 氧化活性的 $Pt/Zr_xTi_{1-x}O_2$ 柴油车氧化催化剂的制备及性能. 催化学报, 2012, (5): 819-826.

[47] 张孝武, 沈颖刚, 黄金凤. 柴油机氧化催化转化器降低排放的试验研究. 内燃机车, 2011, (04): 9-12.

[48] 王军方, 丁焰, 尹航, 等. DOC 技术对柴油机排放颗粒物数浓度的影响. 环境科学研究, 2011, (7): 711-715.

[49] 鲍晓峰. 机动车排放污染控制装置公共检测技术课题研究报告. 2011, 国家高技术研究发展计划(863 计划), 2006AA060302.

[50] 贾建勋, 王志伟, 李伟, 等. 采用 EGR 和 DOC 实现柴油机欧Ⅳ排放的试验研究. 汽车技术, 2011, (7): 10-13.

[51] 姜大海, 宁智, 姚广涛, 等. 柴油机颗粒捕集器再生时机的研究. 汽车工程, 2012, (2): 109-115.

[52] 伏军, 龚金科, 吴刚, 等. 喷油助燃再生 DPF 过滤体入口废气温度条件研究.农业机械学报, 2011, (3): 1-5.

[53] 龚金科, 龙罡, 蔡皓, 等. 基于铈基添加剂的微粒捕集器催化再生研究. 内燃机学报, 2011, (6): 515-519 .

[54] 田径, 韩永强, 刘忠长. 柴油机燃油催化微粒后处理器性能与再生. 吉林大学学报: 工学版, 2011, (1): 18-23.

[55] 俞妍, 卜建国, 徐正飞, 等. 轻型柴油车 DPF 复合再生的燃油添加剂自动加注控制系统设计. 车用发动机, 2012, (6): 18-22.

[56] 资新运, 张卫锋, 姚广涛, 等. 柴油机微粒捕集器复合再生策略的试验研究. 汽车工程, 2011, (7): 628-631.

[57] 吴钢, 龚金科, 王曙辉, 等. 采用微波和铈-锰基添加剂的柴油机微粒捕集器复合再生的研究. 汽车工程, 2011, (7): 623-627.

[58] 王丹, 刘忠长, 王忠恕, 等. 柴油机微粒捕集器缸内次后喷主动再生方法. 吉林大学学报: 工学版, 2012, (3): 551-556.

[59] 方显忠, 李国良, 许允, 等. 利用进气反吹缸内燃烧再生的柴油机微粒过滤器. 内燃机, 2011, (4): 43-46.

[60] 卜建国, 张卫锋, 资新运, 等. 基于 OBD 技术的轻型柴油车 DPF 系统诊断策略的研究. 汽车工程, 2011, (3): 203-207.

[61] 张德满, 马士虎, 王晓东, 等. DOC 辅助 DPF 再生的二次污染研究. 车用发动机, 2012, (4): 39-41.

[62] 赵海光, 韩永强, 田径, 等. 催化剂涂覆量对 POC 降低柴油机排放的影响.车用发动机, 2012, (2): 80-83.

[63] 邹振宇, 解茂昭, 毕明昕. 利用柴油机尾气后处理技术实现欧Ⅳ排放标准的试验研究. 车用发动机, 2011, (6): 59-66.

[64] 王军, 蔡忆昔, 赵卫东, 等. 低温等离子体喷射系统降低排放及再生 DPF 的试验研究. 车用发动机, 2010, (3): 79-82.

[65] 朱艺, 王建礼, 陈永东, 等. $Ce_{0.5+x}Zr_{0.4-x}La_{0.1}O_2$-$Al_2O_3$ 催化剂催化燃烧柴油车炭烟. 物理化学学报, 2011, (04): 925-931.

[66] 朱艺, 潘浩, 陈山虎, 等. MnO_x 负载量对 MnO_x/$Ce_{0.7}Zr_{0.2}La_{0.1}O_2$-$Al_2O_3$ 催化剂上炭烟燃烧性能的影响. 催化学报, 2012, (12): 1965-1973.

[67] 陈朝辉, 李志军, 张文斐, 等. $La_2Cu_{(1-x)}Fe_xO_4$ 氧化去除柴油机炭烟微粒的试验分析. 农业工程学报, 2012, (03): 27-32.

[68] 胡静, 赵彦光, 陈婷, 等. 重型柴油机尿素 SCR 后处理系统的控制策略研究.内燃机工程, 2011, (2): 1-5.

[69] 王谦, 周明星, 涂方印. 车用柴油机 Urea-SCR 系统降低 NO_x 的试验研究. 拖拉机与农用运输车, 2011, (5): 36-39.

[70] 郭红松, 姜艳, 包俊江, 等. 尿素-SCR 催化器与发动机性能匹配试验研究. 汽车工程, 2011, (12): 1039-1056.

[71] 薛冬新, 侯文俊, 宋希庚. SCR 系统降低柴油机 NO_x 排放的试验研究. 车用发动机, 2011, (2): 76-78,82.

[72] 陈镇, 陆国栋, 赵彦光, 等. 柴油机尿素 SCR 氨分布均匀性的试验与模拟优化.车用发动机, 2012, (1): 41-45.

[73] 王凤滨, 高俊华, 景晓军. 国Ⅳ SCR 发动机瞬态循环下 NH_3 泄漏特性研究. 车用发动机, 2012, (3): 68-71.

[74] 赵彦光, 胡静, 华伦, 等. 柴油机尿素 SCR 系统动态氨泄漏的试验研究.内燃机工程, 2012, (3): 21-25.

[75] 刘军, 董孝虎, 董晶晶. NO_x 选择催化还原系统添蓝计量供给装置的研制. 汽车技术, 2011, (10): 30-32.

[76] 郭红松, 王传琪, 包俊江, 等. 国产车用尿素可替代性试验研究. 车用发动机, 2012, (1): 32-35.

[77] 贺泓, 刘福东, 余运波, 等. 环境友好的选择性催化还原氮氧化物催化剂. 中国科学:化学, 2012,（4）: 446-468.

[78] Wu Xiaodong, Si Zhichun, Li Guo. Effects of cerium and vanadium on the activity and selectivity of MnO_x-TiO_2 catalyst for low-temperature NH_3-SCR. Journal of Rare Earths, 2011, (1): 64-68.

[79] 江洋, 司知蠢, 吴晓东, 等. 过渡金属离子掺杂 CeO_2-SO_4^{2-}固体酸的结构、redox 性能、吸附性能及 NH_3-SCR 活性研究. 中国稀土学报, 2011, (4): 417-421.

[80] 钟标城, 周广英, 王文辉, 等. Fe 掺杂对 MnO_x 催化剂结构性质及低温 SCR 反应机制的影响. 环境科学学报, 2011, (10): 2204−2209.

[81] Wang Yanli, Ge ChuanZhang, Zhan Liang, *et.al.* MnO_x-CeO_2/activated carbon honeycomb catalyst for selective catalytic reduction of NO with NH_3 at low temperatures. Ind. Eng. Chem. Res., 2012, 51: 11667-11673.

[82] 邱春天, 林涛, 张秋林, 等. 改性 ZrO_2-MnO_2 基整体式催化剂上 NH_3 选择性催化还原 NO. 催化学报, 2011, (7): 1227-1233.

[83] 吴虎, 宋崇林, 宾峰, 等. 镍改性 ZSM-5 催化剂及其 SCR 催化性能. 工程热物理学报, 2012, (7): 1247-1250.

[84] 刘致强, 唐磊, 常丽萍, 等. Cu-SAPO-34/堇青石的原位制备及其催化丙烷还原柴油机车尾气中 NO_x. 催化学报, 2011, (4): 546-554.

[85] 刘彤, 于琴琴, 王卉, 等. 等离子体与催化剂协同催化 CH_4 选择性还原脱硝反应. 催化学报, 2011, (9): 1502-1507.

[86] 于琴琴, 刘彤, 王卉, 等. 低温等离子体协助 B_2O_3/γ-Al_2O_3 选择催化还原 NO（英文）.催化学报, 2012, (5): 783-789.

[87] 蔡忆昔, 孙传红, 王军, 等. 低温等离子体转化 $NO/C_3H_6/O_2/N_2$ 气氛中 NO 的实验研究及机理分析. 汽车工程学报, 2011, (1):64-68.

[88] 李佳, 武光军, 关乃佳, 等. 双金属 Pd-Ir/TiO_2 催化剂上 H_2 选择催化还原 NO. 汽车工程学报, 2011, (1): 64-68.

[89] 李佳, 武光军, 关乃佳, 等. 富氧条件下 Pd 基上 H_2 选择催化还原 NO_x 活性研究. 工程热物理学报, 2012, (7): 1247-1250.

[90] 马爱静, 王绍增, 邹鸿鹄, 等. $La_{0.7}Sr_{0.3}Co_{1-x}Fe_xO_3$ 催化剂氮氧化物储存及抗硫性能. 物理化学学报, 2012, (6): 1474-1480.

[91] 李锋丽, 李凌云, 陈成, 等. $BaFe_{1-x}Ti_xO_3$ 钙钛矿 NSR 催化剂的结构和性能研究. 催化学报, 2011, (7): 1227-1233.

[92] 李凯. 柴油机尾气四效催化技术研究, 中央级公益性科研院所基本科研业务专项结题报告.中国环境科学院, 2011.

[93] Wang J, Ji YY, He ZW, *et al*. A non-NH_3 pathway for NO_x conversion in coupled LNT-SCR systems. Applied Catalysis B: Environmental, 2012, 111-112:562-570.

[94] 冉冬立, 蔡忆昔, 王军, 等. 基于低温等离子体喷射系统的柴油机模拟排气 NO 转化研究. 车用发动机, 2010, (2): 56-59.

[95] 蔡忆昔, 雷利利, 王攀, 等. 低温等离子体协同纳米催化技术降低柴油机 NO_x 排放. 农业工程学报, 2012, (13): 67-71.

[96] 王卉, 于琴琴, 肖丽萍, 等. Superior Storage Performance for NO in Modified Natural Mordenite. Chin. J. Chem., 2012, 30:1511-1516.

[97] Yu Qinqin, Wang Hui, Liu Tong, *et al*. High-efficiency removal of NO_x using a combined adsorption-discharge plasma catalytic process. Environ. Sci. Technol., 2012, (4): 2337-2344.

[98] 朱昌权, 梁红, 李树华, 等. 同时去除炭烟颗粒物和氮氧化物催化剂研究进展. 工业催化, 2011, (5): 1-7.

[99] 李兆强. 用于炭烟燃烧及炭烟与 NO_x 同时消除的钙钛矿型催化剂研究. 天津: 天津大学, 2012.

[100] 于文英, 刘波, 单宝龙. 一种多元催化系统对柴油机排气净化研究. 汽车技术, 2011, (01): 25-29.

[101] 王攀, 蔡忆昔, 李小华, 等. NPAC 技术降低柴油机 NO_x 和炭烟排放的试验研究. 内燃机工程, 2011, (03): 28-31.

[102] 张琳, 蔡忆昔, 王攀, 等. 能量密度对低温等离子体辅助催化转化柴油机颗粒物和 NO_x 的影响. 农业工程学报, 2011, (11): 116-119.

环境保护卫星遥感学科发展报告

摘要 环境保护是卫星遥感技术的重要应用领域之一。在我国，卫星遥感技术在环境监测中的应用已经取得一定进展，但仍然面临很多的问题和挑战，与国外的差距不仅体现在技术方面，更表现在环保领域的应用能力和业务化程度，因此，加强卫星遥感技术在环境保护中的应用开发已势在必行。

本文从大气环境、生态环境、水环境三个方面入手，重点关注卫星遥感技术在环境保护领域方面的发展和应用，介绍了这一学科的历史演变过程，分析了国内外这一领域技术的现状，包括基础理论和技术研究状况、应用研究状况和相关应用成果等。根据我国在环境保护卫星遥感技术上发展的现状，归纳总结了该学科的发展方向，列举了已完成或在研究的相关重大科技项目，反映了主要研究成果，并阐述了学科创新能力和对环保事业的科技支撑作用。报告还在现状分析的基础上，明确了本学科与国外先进技术的差距，并结合我国的科技需求和应用需求，提出了目前存在的主要问题，归纳了我国环境保护卫星遥感学科未来的发展趋势和研究重点及热点。报告紧密围绕当前环境保护的重点工作和中心任务，以及突出的区域环境问题，提出了未来环境保护卫星遥感学科发展思路，并进一步凝练提出了重点研究任务和创新能力建设任务。

一、前言

当前国际上的环境科技发展趋势表现出以下特点：研究过程从微观到宏观，研究内容由单一因素到多元因素，研究范围由小尺度到区域以至全球性大尺度的转变；研究手段从传统技术方法向大力发展交叉学科、促进技术创新转变；环境应急技术从事后应急向事前预警和事后应急并重转变。这需要实现大范围、多尺度、多角度、实时动态的环境监测技术，加强对目标的探测与分析，提高预警能力。因此，卫星遥感技术在环境保护领域中的应用得到快速发展，环境保护成为卫星遥感技术最重要的应用领域之一。

卫星遥感以其覆盖区域广、时间空间分辨率高、探测效率高等特点，通过多角度、多时相观测及多光谱/高光谱技术、微波技术、偏振技术等手段，在资源探测和环保监测方面有十分重要的应用。大气环境、水环境和生态环境是卫星遥感技术应用最广、探测效果最佳的自然环境圈层。

在大气环境卫星遥感监测方面，欧美国家利用美国的 AVHRR/NOAA、EOS-MODIS/TERRA&AQUA 和 MOPITT/TERRA，欧洲太空局（简称欧空局）的 SCIAMACHY/ENVISAT、GOME/ERS-2，日本的 TOMS&TOVS/ADEOS 等卫星传感器，在监测大气气溶胶、臭氧、二氧化硫、二氧化氮、二氧化碳、甲烷等大气成分浓度等方面取得了显著进展，在大气气溶胶、臭氧、沙尘暴监测等方面已经基本达到业务化应用程度，而在 SO_2、NO_2、CO_2、CH_4、CO 等污染气体和温室气体监测方面正在进行科学研究和应用示范。

在水环境卫星遥感监测方面，国际上有代表性的卫星传感器包括美国的 SeaWiFS/Seastar、EOS-MODIS/TERRA&AQUA、欧洲太空局（简称欧空局）的 MERIS/ENVISAT、日本的 GLI/ADEOS 和印度的 OCM/IRS 等。在应用方面，海洋水色卫星遥感已展开业务化运行，监测指标包括叶绿素、悬浮物和水温等，而内陆水体卫星遥感应用方面基本还处于科研和应用示范阶段。

在生态环境卫星遥感监测方面，欧美发达国家已经广泛利用美国 TM&ETM/Landsat 系列、法国 HRV/SPOT 系列和高光谱卫星如美国的 ALI/EO-1 等卫星传感器获得多源遥感信息，并在土地利用、土地覆盖分类、生态环境质量动态监测评价、大尺度生态系统状况评估和生物物理参数信息提取等方面取得了突出成绩。

相比而言，我国环境监测卫星遥感技术虽然已经取得了一定的进展，但与国际先进水平相比有一定差距，不仅表现在技术方面，更表现在应用能力和业务化程度上。因此，加快卫星遥感在环境保护中的应用研究，加强技术示范和推广，促进卫星遥感产品和技术在环保领域应用的产业化和市场化，以提高我国环境综合监管能力，提升我国应对全球和区域环境问题的能力已势在必行。

二、国外环境保护卫星遥感技术发展简介

随着全球环境问题的日益突出、环境灾害与环境事故的频发，卫星遥感技术在环境监测与管理中得到大量应用。美国、日本及欧洲一些国家，近些年来都在大力发展环境保护卫星遥感监测技术。目前在轨运行的和正在计划发展的卫星传感器为环境监测所能提供的数据的空间分辨率、光谱分辨率和时间分辨率越来越高，空间分辨率已从公里级发展到亚米级，重复观测频率从月周期发展到几小时，光谱波段跨越了可见光、红外和微波光谱，光谱分辨率从多波段发展到超光谱，遥感数据获取技术正走向实时化和精确化。卫星遥感技术在环境保护中的应用正在向定量化和业务化快速发展，并迎来了前所未有的机遇与挑战。

（一）大气环境卫星遥感方面

建立了利用大气物质对不同光谱区域太阳辐射的消光作用，探测相应的辐射衰减，结合大气辐射传输模型来获取光谱信息，进而得到大气物质的含量和分布情况的理论与方法，开发了 CH_4、CO、O_3、VOCs 等传感器，并在大气环境监测中得到实际应用，即：利用反射光谱强度信息探测气溶胶，反演大气悬浮颗粒物浓度；利用高光谱技术探测太阳辐射衰减，反演 SO_2、NO_2、O_3 等污染气体及温室气体的浓度和分布。在气溶胶和颗粒物探测方面，MODIS、TOMS、POLDER、GLAS、CALAOP 等卫星组成了天基 A-train 卫星序列，为了解气候变化相关要素（气溶胶、温室气体、云、辐射等）信息，提供了一个空基综合观测平台[1]。MODIS 气溶胶产品首次给出覆盖全球的高空间分辨率的气溶胶光学厚度资料，广泛应用于气候和环境研究[2]。

（二）水环境卫星遥感方面

开展了水体的光学性质、光辐射与水体的相互作用、光在水介质中的传播规律，以及水

体信息的光学探测、遥感等有关技术的基础研究，发展了水体辐射传递理论、水色遥感理论与方法等，海洋水色卫星遥感器得到了应用。水环境遥感技术已广泛应用于水体悬浮物质、混浊度、叶绿素、黄色物质等水环境要素的识别和监测，以及水体热污染、水污染事故、灾害（溢油、赤潮等）等监测。20 世纪 70 年代，美国等一些发达国家利用航空遥感监测入海工业废水和生活污水及区域性海上溢油、赤潮事件；80 年代，航空遥感被广泛应用于监测海水中浮游植物的空间分布和色素浓度[3~5]；利用卫星数据和航天平台的多光谱扫描仪以及成像光谱仪数据进行水质遥感监测；利用 Landsat MSS 预测悬浮物含量；通过 MSS 数据，监测或评价水环境参数和营养状态[6]、混浊度[7]、藻类色素浓度等[7,8]；利用 TM/ETM 与水质参数（如叶绿素 a、悬浮物、透明度）进行统计相关分析，通过经验反演模型估测水体组分含量。法国 SPOT 卫星发射升空后，许多学者在利用 SPOT 卫星图像监测水质方面做过一些工作。此外，许多国外学者使用的卫星数据还有 IRS-1C[9]、AVHRR/NOAA[10]以及 SeaWiFS[11]等。

（三）生态环境卫星遥感方面

遥感技术以其可以节省大量人力、物力获得不同空间和时间尺度的对地观测数据的特点，已在生态学、生物多样性与保护等方面得到广泛应用。生态环境卫星遥感技术主要应用在土地覆盖分类、一体化生态系统度量模型和生态环境变化监测三个方面[12]。生态环境遥感主要用到的遥感数据包括高空间分辨率数据、高光谱数据、热红外数据、小卫星星座数据和激光雷达数据。目前常用于环境研究的商业卫星遥感数据的空间分辨率范围从 0.5m 到 10m 不等；高光谱数据可以获取近似连续的光谱曲线，光谱分辨率大多在 10～20nm，可以进行精细分类和识别，在生物多样性保护和物种识别方面有重要意义；热红外遥感是在热红外波段（3～15μm）监测地表的发射辐射，用于生态环境监测；小卫星星座数据具有适合全球尺度调查、重访周期缩短，以及成本和相互合作上的优势，对植被长势和季内生态系统扰动观测具有一定优势；LIDAR 是用激光来记录后向散射辐射的遥感探测技术，主要用在森林的垂直结构，尤其是森林的华盖高度和地面生物量的估计。在应用技术方面，应用较为广泛的一些算法技术包括图像分类技术、植被指数、反演算法、数据融合以及 RS 与 GIS 一体化技术。在生态环境要素反演模型与方法方面也取得了一系列的成果，并运用到了生态环境监测的各个方面[13~22]。遥感监测向短周期、高精度和动态监测的方向发展，有助于今后更加准确地把握生态环境的动态变化，及时判断扰动的强度及危害[23~25]。

三、我国环境保护卫星遥感技术发展现状

遥感技术在环境保护中的应用在我国开展得较晚，但经过广大科研人员的努力，在大气环境、水环境、生态环境等众多领域开展了多方面的研究探索工作，并取得了一定成果。随着我国环境卫星的研制和成功发射，我国的环境遥感技术研究与应用也取得了令人瞩目的进展。

（一）大气环境卫星遥感技术

1. 气溶胶卫星遥感探测

在气溶胶卫星观测方面，自 1988 年起，我国先后发射了风云一号系列 4 颗极轨气象卫星，其中 FY-1C/1D 卫星已经实现了全球海洋上空气溶胶反演的单通道算法业务化[26]；1997

年和 2000 年又先后发射了两颗静止轨道风云二号气象卫星；2008 年 5 月发射的上午卫星 FY-3A 和 2010 年 11 月发射的下午卫星 FY-3B，其搭载的中分辨率光谱成像仪，可以探测大气、陆地、海洋的可见光反射以及红外辐射，实现陆地和海洋气溶胶定量遥感；中巴地球资源一号卫星（CBERS-1）以及中巴地球资源二号卫星（CBERS-02 和 CBERS-02B）搭载 CCD 相机等传感器，可用于气溶胶探测；2008 年 9 月发射的 HJ-1A /B 卫星上搭载的宽覆盖多光谱 CCD 相机，可实现大气气溶胶、云雾覆盖、沙尘等探测。

在气溶胶卫星遥感反演方面，多通道法反演气溶胶在国内的研究中有较多的应用。常用的多通道反演算法，包括暗目标法、结构函数法、多角度偏振法等。李成才等利用 MODIS 数据用暗像元法分析了中国东部地区气溶胶光学厚度的分布和季节变化特征[27]；王中挺等利用 MODIS 数据采用修正的暗像元法监测北京地区气溶胶，并与 AERONET 数据进行对比验证[28]。结构函数法自提出之后，已有几种结构函数公式用于气溶胶光学厚度的反演。李晓静将结构函数公式用于 MODIS 数据源，反演北京地区的气溶胶光学厚度[29]。孙林提出了适合于城市地区的结构函数公式，并用于北京地区的气溶胶光学厚度反演[30]。李正强基于带偏振的辐射传输计算，充分利用偏振测量的优点，发展了可获取包括单次散射反照率、散射相函数、粒子谱分布及复折射指数等气溶胶光学参数的方法[31]。另外，唐家奎等人尝试利用 TERRA 和 AQUA 双星 MODIS 数据协同反演陆地气溶胶光学厚度信息[32]，实现了地表反射率与气溶胶光学厚度的同时反演，该方法可适用于各种地表反射率类型。段民征、吕达仁等利用云下阴影实现陆地上空气溶胶和地表反射率的同时反演[33]。

在悬浮颗粒物卫星遥感探测方面，国内许多科学家开展了相关研究。李成才等利用 MODIS 气溶胶光学厚度分析了北京、香港、四川等地气溶胶时空分布特点，并将 AOD 与地面观测颗粒物资料比较，得到较好的相关性[34~36]。何秀等利用 MODIS 的 AOD 产品与北京大学站点 PM_{10} 监测浓度进行了长期比较分析[37]，发现基于季节变化的气溶胶标高和湿度校正后，两者之间的相关系数显著提高。郑卓云等分析了 2008 年珠江三角洲及香港地区 5 个站点地面监测悬浮颗粒物质量浓度与反演结果的相关性[38]，结果表明经过气溶胶季节标高垂直订正及相对湿度订正后，两者相关性显著提高。

气溶胶粒子对气候的辐射平衡有重要影响，对大气环境质量和人体健康也有很大的影响，气溶胶相关研究日益受到重视。

国家重点基础研究发展计划项目“中国大气气溶胶及其气候效应的研究”，取得了对中国大气气溶胶特性、分布和变化的准确与系统的科学认识，给出中国地区大气气溶胶的排放量及其对全球气溶胶的贡献，以及中国的大气气溶胶在气候变化中的作用。

国家重点基础研究发展计划项目“气溶胶-云-辐射反馈过程及其与亚洲季风相互作用的研究”（2011 年），目的是研究我国气溶胶-区域性大气污染对天气和气候的影响程度，形成我国新一代气溶胶-云-辐射气候模式系统。

科技部全球变化重大科学研究计划“多尺度气溶胶综合观测和时空分布规律研究”（2010 年），主要包括中国及全球重点区域气溶胶微观特性研究、中国和全球重点区域气溶胶的宏观尺度研究、气溶胶格局特征和变化及人类影响规律解析、气溶胶对气候影响的模拟和评估等方面的内容。

863 计划“多源卫星遥感大气污染综合监测技术”，在灰霾光学厚度、近地面颗粒物浓度、HJ-1 卫星 CCD 数据反演气溶胶、NO_2 和 SO_2 气体反演中 Ring 效应的遥感估算、CH_4 和 CO 气体红外物理反演算法等关键技术上取得了创新性成果，并成功开发了一套多源卫星遥感大气污染综合监测系统，该系统已成功用于国家环保部卫星环境应用中心的业务系统建设。

“十一五”863计划重大项目珠三角“重点城市群大气复合污染综合防治技术与集成示范”中的第三课题“多源卫星遥感大气污染综合监测技术”中，以北京市为例初步开展了基于卫星反演的气溶胶光学厚度获得 PM_{10} 的技术，实现了对重点城市颗粒物污染的区域监测，为评估大气污染的时空分布提供了信息。

另外，国防科技工业民用专项科研技术研究项目“HJ-1卫星数据应用研究”，里面也有专门针对气溶胶研究的课题“HJ星云与气溶胶标准产品研究”。国家自然科学基金也布设了相关课题，如“气溶胶光学厚度垂直订正方法的验证与评价研究”（2013—2015）、“亚洲平流层气溶胶分布特征和变化机理及其气候效应研究”（2013—2016）、“基于时间序列技术的NOAA/AVHRR陆地气溶胶遥感反演研究”（2013—2016）等。

2. 污染气体卫星遥感探测

近些年来，由于工业发展和机动车剧增造成的污染气体排放对我国的大气环境和人们生活健康造成了很大的危害，国家对污染气体探测给予充分重视，设立了一系列支撑项目，取得了一些重要研究成果。主要项目有以下几个。

2004年，国家卫星气象中心与欧洲航天局（ESR）合作开展“龙计划”项目，开展卫星遥感监测大气成分的研究工作，其中包括对 SO_2 等污染气体的监测。

中国气象局风云三号气象卫星遥感开发与应用示范项目“大气成分遥感开发应用”，通过我国关键大气成分地面观测系统及遥感资料地基验证系统的分期完善，逐步提高我国在研究、开发、业务与应用方面有效利用国内外卫星遥感大气成分数据的水平，为研制我国自己的大气成分星载探测器提供技术和经验。涉及的关键大气成分包括 O_3、AOD、CO_2、CH_4、NO_2。其他相关布设项目还有：973项目子课题“长江三角洲土地利用变化与大气污染物时空动态遥感分析”；国家自然科学基金“北京及周边地区对流层 NO_2 的地基MAX-DOAS遥感观测研究”（2011—2013）；国家自然科学基金“基于大气光散射反演主要痕量气体垂直分布”（2012—2014）、“利用卫星遥感资料反演中国地区氮氧化物人为源排放”（2011—2013）等。

国内关于卫星遥感探测CO的相关研究项目还较少，已有项目为：大气一氧化碳近红外波段卫星精确反演方法（2012）、中国东海和黄海中一氧化碳的浓度分布及其时空变化、光化学生产和生物消耗（2010）等。

在大气层臭氧探测方面，国家自然科学基金项目有：“卫星紫外臭氧垂直廓线反演算法精度的定量评估”（2008—2010）、“华北典型地区气溶胶影响臭氧浓度的观测和模拟研究”（2009—2011）、“沙尘气溶胶对对流层臭氧及其光化学过程影响的观测数据分析与模式模拟研究”（2008—2010）和“东亚地区平流层臭氧的多时间尺度变化及其向下游对流层传输的机理研究”（2012—2014）等。

在挥发性有机物VOCs探测方面，国家自然科学基金项目有：“利用甲醛与乙二醛卫星观测反演中国自然源与人为源的挥发性有机气体排放的方法研究”（2012—2015）、“城市大气中甲醛的来源及影响臭氧生成的量化研究”（2011—2013）、“华北地区不同类型站点挥发性有机物的光化学臭氧生成潜势研究”（2012—2015）与“含氧挥发性有机物（OVOCs）的大气化学过程研究”（2011—2013）等。

取得的主要进展如下。

（1）SO_2 探测　到目前为止，我国在轨运行的各类卫星还没获取到 SO_2 气体的资料和数据。现阶段，国内利用卫星遥感对 SO_2 的监测研究大部分是基于 Aura 卫星上搭载的 OMI 传感器所得的大气边界层 SO_2 数据产品，同时尝试利用我国自主研发的风云三号卫星载荷臭氧总量监测仪 TOU 探测 SO_2 气体。张斌才以 OMI 传感器所获得的大气边界层 SO_2 数据产品为依据，结合遥感图像处理技术和 GIS 分析方法，重点分析了甘肃地区的 SO_2 空间分布情况和变化情况[39]。王刚基于臭氧监测仪 OMI 的观测光谱数据，对 BRD 算法原理进行研究，尝试利用风云三号卫星载荷 TOU 探测 SO_2 气体，并且获得了一些结果[40]。这初步证明了利用我国自主研制的卫星载荷探测 SO_2 的能力以及我国在相关领域具有的发展潜力。郭徵采用 OMI 传感器的 SO_2 大气边界层柱浓度产品为主要数据源，结合时间序列 MODIS-EVI 数据和气象站监测数据，分析了浙江省大气边界层 SO_2 的时空分布特征和变化趋势以及不同土地利用类型的 SO_2 柱浓度差异[41]。结果表明，利用 OMI 的 SO_2 产品可以对特定区域大气 SO_2 的时空动态变化进行分析，是进行区域环境遥感监测的有效手段。

（2）NO2 探测　我国对于卫星观测 NO_2 的研究还处于起步阶段。北京大学已开始利用地基 DOAS 观测反演的 NO_2 柱总量，并同 SCIAMACHY 卫星 NO_2 数据进行比较，进而对 NO_2 时空分布进行了相关的研究[42]。中国气象科学研究院也着手这个领域的研究，并利用 GOME 卫星资料对北京大气中的 NO_2 做了初步的分析[43]。张兴赢等[44]结合 GOME 和 SCIAMACHY 资料研究了 1997—2006 年中国 NO_2 的时间变化趋势。陈姗姗[45]等利用 OMI 数据中的 NO_2 对流层浓度值，研究了我国重点城市的 NO_2 浓度时空变化，分析解释了城市气候的"混浊岛效应"。目前国内基于卫星资料主要关注时空分布规律研究，对于氮氧化物排放量估算的研究还很少。除了利用国外的卫星遥感产品进行中国区域 NO_2 时空分布规律研究外，国内还开展了 NO_2 卫星反演算法方面的研究。齐瑾等[46]基于 SCIAMACHY 的原始数据，利用 SCIATRAN 辐射传输模型和 DOAS 算法反演了 2004 年中国区域 NO_2 垂直柱总量月平均分布，并与欧洲 NO_2 产品进行了对比验证，结果表明两者具有很好的一致性。

（3）CO 探测　国内有些学者利用卫星遥感数据资料对我国的 CO 反演进行了研究。王会祥等[47]利用观测站数据分析了 1999 年 5 月至 2000 年 10 月长江三角洲区域地表大气中痕量气态 CO 等污染物的浓度的变化特征。赵春生等[48]利用 TERRA/MOPITT 仪器测量的 2000 年 3 月至 2004 年 5 月的 CO 数据，分析了 CO 的时空分布特征及其变化趋势，并且与瓦里关站 CO 观测结果进行比较验证。石麟[49]主要利用 MOPITT 数据，研究了大兴安岭林区大气中和冻土区土壤中的 CO 浓度分布特征。白文广等[50]利用 SCIAMACHY 和 MOPITT 的 CO 柱总量观测资料进行比较，发现 CO 柱总量卫星观测值可以很好地反映其在我国大气中的时空分布特性。

（4）O_3 探测　在 O_3 总量反演方面，胡筱欣等[51]利用改进的回归反演算法和 NOAA/TOVS 资料对南极中山站地区臭氧洞期间的 O_3 总含量进行了反演。刘年庆等[52]利用 FY 的 SBUS 探测仪和 NOAA SBUV/2 观测资料，监测了 2011 年 3～4 月北极地区臭氧低值事件发生发展的全过程。周秀骥院士利用地面观测资料和美国雨云气象卫星臭氧观测资料，首次发现了夏季在青藏高原上空存在一个明显的大气臭氧总量低值区。该臭氧低值区的发现，是继在地球两极发现大气臭氧异常减少后我国科学家在大气臭氧研究方面做出的重大贡献。

（5）VOCs 探测　我国研究大气 VOCs 污染问题起步比较晚，主要利用 SCIAMACHY 和 GOME-2 等卫星数据对 HCHO 的时空分布进行研究，并利用 HCHO 浓度近似地反映 NMVOC 的分布。尉鹏等[53]利用高分辨率的 GOME-2 传感器和 SCIAMACHY 传感器观测的 HCHO 浓度数据，研究我国 2002—2009 年 NMVOC 空间分布的汇聚特征以及时间变化规律。

3. 温室气体卫星遥感探测

近年来，随着国际上温室气体探测方法趋于全球化、高时间和空间分辨率化、多尺度化等特点，我国也在这一领域进行了很多探索，并有相关项目予以支撑。

主要项目有："卫星遥感反演 CO_2 误差分析和低层大气 CO_2 模拟"（2012—2016）、"基于卫星遥感的林火碳排放模型研究"（2012—2015）、"星载紫外臭氧探测仪对扫描角依赖性订正方法研究"（2012—2015）、"GOSAT 卫星的 CO_2 气体浓度反演误差于算法优化研究"（2011—2013）、"中国地区整层大气甲烷柱总量及其垂直分布特征研究"（2010—2012）和"全球碳循环对气候变化影响的模拟研究"（2008—2011）等。这些项目重点研究了基于卫星遥感产品的温室气体反演方法、全球尺度碳循环与分布情况、温室气体气候效应等方面的内容。

取得的主要进展如下。

在温室气体的卫星遥感反演算法方面，国家卫星气象中心和中国科学院大气物理研究所、遥感与数字地球研究所等单位都开展了大量的研究工作。算法研究主要立足于 SCIAMACHY 的 SDOAS/WFM-DOAS、最优化选优策略等经典算法进行算法改进[54~58]，并应用到我国的 CO_2、CH_4 及其他温室气体在大气中的浓度和含量反演，并对反演过程中的参数以及精度等进行分析应用[59, 60]。我国利用基于卫星观测光谱的 DOAS 方法，已经反演获得了多种气体的气柱总量，并且成功地应用于对流层空气质量检测。韩英利用 SCIAMACHY 数据研究了 2003—2005 年中国大气 CH_4 分布格局并对各种影响因素进行分析[61]；戴铁等利用风云三号气象卫星红外分光计反演大气中 CO_2 的浓度并分析了 IRAS 测量值对反演结果的敏感性[62]。张国君等利用 SCIAMACHY 卫星数据资料分析了中国 CH_4 垂直柱浓度时空分布以及各省 CH_4 排放量的估算[63]，这对于政府有针对性地制定环保与减排政策、落实减排目标有重要的现实意义。白文广等利用地面本底站和飞机观测 CO_2 浓度数据对 AIRS 反演得到的 CO_2 产品进行了验证，并分析了我国对流层 CO_2 总量的分布规律及季节变化特征，为全面真实了解我国 CO_2 分布和特性的机理研究提供了科学依据[64]。

（二）水环境卫星遥感探测技术

1. 水环境遥感监测手段

自 20 世纪 80 年代，我国开始重视海洋卫星遥感事业的发展，在 FY-1 系列卫星遥感器上增配了海洋可见光和红外遥感载荷：1988 年 9 月和 1990 年 9 月发射的气象卫星 FY-1A/1B 上，安装了甚高分辨率扫描辐射计（VHRSR）；1999 年 5 月和 2002 年 5 月发射了 FY1C/1D 气象卫星，搭载的 VHRSR 在性能上有很大提高，用于海洋水色环境要素（如悬浮物浓度、叶绿素浓度、黄色物质等）和海洋水温的探测；2002 年发射了第一颗海洋卫星 HY-1A 卫星，携带有 10 通道的海洋水色扫描仪（COCTS）和 CCD 相机两个遥感器；2007 年 4 月，HY-1B 成功发射，在其有效载荷性能指标和工作能力方面做了大量技术改进和创新，水色探测能力相当于 A 星的 3 倍，可以对赤潮、泥沙等实施有效监测。HY-1 系列建立的业务化运行系统也能够满足日常监测需要。COCTS/HY-1B 的两个红外波段可以获取水体表面温度数据。除了专门的海洋水色卫星之外，中国气象卫星上也拥有一定的水环境遥感能力，在 FY-1 系列气象卫星上，还专门设置了海洋水色探测通道。风云系列卫星携带的红外和短波辐射计可以用来监测水体表面温度，MVISR-2/FY-1D 和 VIRR/FY-3A 有三个红外波段。MWRI/FY-3A 和 RAD/HY-2A 是 5 波段短波辐射计。同步卫星（VISSR-2/FY-2C、

VISSR-2/FY-2D、VISSR-2/FY-2E、MCSI/FY-4、GEO-MWRI）也可以提供高光谱分辨率的平均水体表面温度。

2008 年中国环境与灾害监测预报小卫星星座 A、B 两颗卫星（HJ-1A/1B）成功发射，给中国的水环境遥感监测带来了新的发展契机。HJ-1A/1B 卫星分别配置了两台宽覆盖多光谱 CCD 相机，具有 30m 空间分辨率、3 个可见光通道和 1 个近红外通道，711km 幅宽，重访周期达到 2 天，相比于 Landsat TM 等同类遥感器，水环境遥感动态监测能力大大提高。除宽覆盖 CCD 相机外，还装载了超光谱成像仪，具有 115 个谱段，平均谱段宽度为 5nm，空间分辨率 100m，幅宽 51km，重访周期 4 天，其成功发射对于提高中国陆域和近岸海域水环境遥感能力具有重要意义。HJ-1B 装载的红外相机具有 4 个红外探测通道，空间分辨率为 150m 和 300m，幅宽达 740km，重访周期 4 天，具有昼夜监测能力，对水体热污染、藻类等其他一些水环境参数也有探测潜力。

2011 年，我国第一颗海洋动力环境卫星——海洋二号卫星（HY-2）在太原卫星发射中心成功发射。HY-2 是继 HY-1A 和 HY-1B 之后，我国成功发射的第三颗海洋卫星。海洋二号卫星搭载着微波散射计、雷达高度计、扫描微波辐射计和校正微波辐射计 4 个微波遥感器，具有全天时、全天候、全球连续探测的能力，能够实现全球海洋高精度、多要素同步测量，可获取海面风场、海面高度、浪高、海流和海面温度等多种海洋动力环境要素，直接为灾害性海况预警和海洋科学研究提供实测数据，有效预报海洋灾害，提高海上活动的海洋环境保障能力，服务于海洋灾害监测预报、大洋极地科考、海洋维权执法、海洋资源开发和保护、海洋科学研究、国际合作与交流及国民经济和国防建设。

中国研制的实用型模块化成像光谱仪（OMIS）在 460～1250nm 光谱范围内分别具有 128 个波段，而机载推帚式超光谱成像仪（PHI）在 401～835nm 范围内有 244 个波段，光谱分辨率小于 5nm。这些高光谱和超光谱成像光谱仪获取大量窄波段连续光谱图像数据，能够分辨出具有诊断性光谱特征的水体物质，同时空间分辨率可以达到米级甚至更高，在陆域和近岸海域的水环境的快速详细调查中具有重要的应用潜力。中国研制的航空海洋多波段扫描仪（MAMS）在 2008 年青岛奥帆赛区浒苔监测中发挥了积极作用。

2. 水环境遥感的基础性研究

从 1999 年至 2008 年，国家自然科学基金设立了 17 项关于水色遥感的项目，研究涉及基于高光谱技术的湖泊富营养化监测遥感机理研究、水质指标的高光谱响应模型研究、典型有害赤潮生消过程中水体光谱变化行为研究、湖泊藻类不同色素组分的高光谱定量反演研究、水体石油类污染遥感探测机理与识别模型研究、高光谱遥感反演浅水水体光学性质及海底地形、水色遥感反演中不确定性的概率分析等内容。

国家 863 计划信息领域项目“中国典型地物标准波谱数据库”的水环境专题，制定了中国典型水体波谱和配套的非波谱参数测试的技术标准和规范、水体数据质量控制方案、典型水体的分类和目标特性描述、水体波谱与配套非波谱数据收集与汇总标准等；开展了针对滩涂、江河、海洋、湖泊等的波谱数据采集和分析，完成中国典型水体波谱库应用示范。

取得的主要进展如下。

（1）在水体光学特性模型方面　不同水质指标的光谱响应模型是遥感图像水质反演的基础。我国在这方面也逐步开展了研究：尹球等[65]分析了湖泊水环境指标的超光谱响应特征；疏小舟等[66]研究了内陆水体藻类叶绿素浓度与反射光谱特性的关系；李素菊等[67]进行了巢湖浮游植物叶绿素含量的高光谱定量估算；赵冬至等[68]研究了中国污染水体的光谱特征；吕恒等[69]利用反射光谱数据模拟 MERIS 数据的波段设置，建立了太湖悬浮物遥感定量模型。

水体固有光学特性是水体的两个基本光学特性之一。与水质参数反演中常用的表观光学特性不同，光束衰减系数、吸收系数、散射系数和散射相函数等固有光学量是水体光学性质的重要内容，是反演分析模型建立的基础。王晓梅等[70]通过水体总吸收系数光谱特性的分析，建立了总吸收系数的波段组合经验模型。李铜基等[71]建立了水体后向散射系数与水面之下遥感反射率的统计模型。宋庆君等[72,73]建立了颗粒后向散射系数和总散射系数的经验关系。孙德勇等[74,75]研究了太湖梅梁湾夏季水体组分光谱吸收特性，以及太湖水体散射特性及其空间分异。乐成峰等[76]（2009）建立了太湖水体漫射衰减系数与水面以上遥感反射率的遥感反演模型。张兵等[77]（2009）发展了基于生物光学模型和单位固有光学量数据库的水质参数反演分析方法。孙德勇等[78]（2009）利用神经网络模型基于实测高光谱研究了太湖水体悬浮物浓度的遥感估算。黄昌春等[79]（2010）研究了太湖“水华”优势藻类中的铜绿微囊藻和斜生栅藻生物光学模型。

（2）在水环境遥感大气校正与反演方法方面　卫星接收到的总能量中，唯一能反映水环境信息的只有来自水面的离水辐射率，仅占到总能量的 5%～15%，因此通过大气校正[80]，去掉来自大气的噪声和太阳反射噪声是水环境光学遥感的关键技术之一。有人通过海上多个航线的水光学剖面测量，首次获得了与国际接轨的中国海区的生物光学遥感数据集，并通过航空遥感试验配合以及 SeaWiFS、FY-1C/1D、SZ-3 和 HY-1 卫星资料接收处理，以海水地学-生物光学理论为基础建立的归一化离水辐射率的校准模型，利用蓝色通道（412 nm）与近红外通道对两类水体辐射敏感程度建立校正模式的技术取得了重大进展[81,82]。尹球等[83]提出了一种利用水面上标准反射板的反射光谱和遥感图像本身确定大气透过率和反射率，从而实现大气校正的水质指标卫星遥感反演方法。何贤强等[84]提出了海洋-大气耦合矢量辐射传输模型，得到适用于中国沿海大气校正的瑞利散射、气溶胶散射和大气穿透率的高精度查找表，并应用于我国自主卫星的 HY-1A 和 HY-1B 的 COCTS 的大气校正，针对高混浊水体蓝紫光波段离水辐亮度相对较小的特点，提出了一种利用蓝紫光波段辅助近红外波段的混浊水体大气校正算法。对于水体大气校正的信息提取，我国海洋卫星 HY-1B 系列已建立起一整套业务化运行的系统，卫星资料处理精度达到国际先进水平，目前系统已在国家卫星海洋应用中心运行。

而利用遥感方法估算水体污染参数和监测水质的变化情况，可以归纳为以下 3 类[85~89]：一是用生物光学模型描述水体组分与辐照度比之间的关系，并模拟水体的辐照度比的分析方法。这种方法有明确的物理意义，水质参数反演结果可靠，且不受时间和地域限制，适用性强。但于模型建立之初需要对水体的固有光学特性、表观光学特性及水质参数值等的较多数据参数定量测量，较难实现。二是通过建立遥感数据与地面监测的水质参数值之间的统计关系来反演水质参数值的经验方法。因水质参数与遥感数据之间的因果关系不能保证，使该方法成果缺乏物理依据，可信度不高且具有时间和空间特殊性。三是将已知的水质参数光谱特征与统计分析模型相结合，选择最佳的波段或波段组合作为相关变量估算水质参数值的半经验方法，具有一定的物理意义，但这种方法得到的算法只适用于当时的条件，对于不同时间和地域的水质参数估算需要进行参数校正。

3. 湖泊水质卫星与航空遥感研究

湖泊是中国重要的地表水资源，近年来湖泊富营养化和有毒藻类的暴发成为突出问题。国家 863 计划支持的高技术航天领域“卫星遥感水环境应用技术研究”通过系统性的星空地光谱测量与常规水质采样分析同步实验，分析了在轨卫星多通道遥感器遥感湖泊富营养化指标和总悬浮物浓度的优化通道组合以及新型成像光谱仪飞行遥感数据的辐射校正方法。通过人工培养藻，对藻类水体进行采样分析和光谱测量，研究藻的特性是否能在反射光谱上得到反映。建立了一种实用的卫星水环境遥感大气校正方法，利用多时相 TM 遥感数据解译了 20 世纪 80～90 年代滇池等湖泊富营养化变化情况和太湖流域若干湖泊面积的变化情况，考察了 FY-1C 遥感数据解译太湖流域悬浮物分布的能力，并就太湖水环境常规监测数据与遥感数据在 GIS 下的集成做了初步尝试。此外，国家 863 计划项目“成像光谱水质监测方法研究与应用”也利用地物光谱仪对太湖水体进行了光谱测量和同步采样分析，对获得的数据尝试用光谱分离法进行分析，从中分离出蓝藻和悬浮物的特征波峰，建立波峰高度与同步水质采样得到的叶绿素 a 浓度和悬浮物浓度的对应关系，得出其遥感定量反演算法，并实际应用在 OMIS 航空成像光谱仪图像信息反演上。中国科学院知识创新重要方向项目“内陆水体 3 种典型水质参数的高光谱遥感监测关键技术研究”以高光谱遥感数据为数据源，研究基于生物光学模型的内陆水质监测分析模型，以提高内陆淡水水体叶绿素、悬浮物和黄色物质的遥感反演精度。

4. 江河水质的高光谱遥感研究

江河由于对流经城市环境影响大，沿途易受支流污染，形状狭长，相对于湖泊水质而言，江河水质遥感更加复杂。上海市科技发展基金项目“空间信息在城市环境中的应用示范”应用高光谱高分辨率遥感技术，实现江河各种水质指标的遥感监测评价。建立了满足江河水质高光谱定量遥感需要的光谱测量与采样分析同步实验技术、航空遥感飞行与地面测量的同步实验技术与标准人工地物的设计等。建立多水质指标的特征光谱与特征光谱组合响应定量数学模型，9 个江河水质指标高光谱反演误差优于 1 级，体现了高光谱遥感在江河水质污染监测中的应用价值。

5. 近岸海域水环境遥感研究

随着流域污染物排海量的增加，邻近海域环境的变化，使得近海生物的多样性降低，海洋资源和环境的承载力下降等；另外，生态环境衰退、服务功能下降，可持续利用能力降低。我国沿海水质环境恶化、灾害（富营养化、赤潮和污染等）频发。国家 863 计划项目“海域赤潮灾害地物光谱提取技术及卫星遥感监测技术研究”在国内首次获得叉角藻赤潮生物的光谱曲线，采用气象卫星多通道的假彩色合成图像，利用地理信息系统技术制作了海域赤潮分区图，系统分析了多次赤潮天气过程，阐明了气象条件对赤潮的诱发作用。此外，国家 863 计划支持的“水层辐射校准技术和海水黄色物质信息提取研究”采用正演方法模拟出不同黄色物质浓度的水体光谱反射率，建立反演模型并应用于 SeaWiFS 卫星遥感资料提取珠江口及其邻近海域的黄色物质浓度，模型稳定性好，估算精度高，实现了从卫星遥感资料定量提取黄色物质浓度信息。科技联合攻关项目“长三角沿海水质遥感实时监视和速报的关键技术”、国家海洋局公益专项“基于 HY-1B 等海洋水色卫星的沿海水质实时监测和速报业务体系”以及国家 863 项目“海岸海洋环境遥感精准探测与应用系统”项目组经过多年的努力，开发了基于我国自主的 HY-1B 等海洋水色卫星测量沿海水质参数定量化遥感模型和水质分类技术，实现了从光化物质遥感到非光化物质遥感的跨越，填补了我国沿海水质遥感监测的空白，发展了适用于我国海域的水质遥感反演模型。

6. 水环境遥感应用服务于业务支撑

国家环保部致力于利用卫星遥感监测技术，建立适合我国实际情况的高时效的水环境遥感监测网络，实现准确、客观、动态、简便、快速的水环境状况评价和变化趋势分析，从而为环境管理和决策提供有力的技术支持。2008 年环境一号小卫星成功发射以来，其大范围、全天候、全天时、动态的灾害和环境监测能力凸显了遥感技术的优势，有效弥补了地面常规监测费用高、监测站点分散、缺乏时空连续性和难以全面、及时反映环境质量状况及其发展趋势的不足，为建立天地一体化的环境保护技术支撑体系奠定了坚实的基础，为完善环境污染与生态变化以及灾害监测、预警、评估、应急救助指挥体系提供了良好的平台。但是，目前我国可直接遥感监测的指标还不多，主要有水面积、水表温度、透明度等物理指标和叶绿素 a、藻类计数等生物学指标。

（三）生态环境卫星遥感探测技术

生态环境卫星遥感主要在以下几个方面开展研究工作。

1. 生态系统要素反演和监测关键技术研究

为使生态环境要素数据产品满足生态环境过程监测不同时空尺度的需求，973 计划“陆表生态环境要素主被动遥感协同反演理论与方法”项目围绕“协同反演”及“注重过程”等核心主题开展研究，探明了生态环境要素遥感可表征面状信息的物理意义和生态环境学意义。

为提高镇域生态环境动态监测水平、环境质量评价能力、预警能力和污染控制能力，“十一五”国家科技支撑计划“农村生态环境整治与监测关键技术研究”建立了适合我国不同代表性区域镇域生态系统的环境监测指标、技术标准或规范；通过技术集成创新，集中研发镇域生态环境快速监测技术、环境数据实时传输技术、污染物控制技术、生态植被和景观变化监测及建设技术等共性关键技术，开展镇域生态环境长期连续监测能力建设。

为满足国家区域生态动态监测、管理和决策的需要，国家科技攻关计划“基于遥感的宏观生态监控技术研究”通过对土地生态分类系统建立的原则和方法、基于遥感的土地生态分类分区框架、生态土地分类方法及生物物理参数提取等关键技术的预研究，结合环保生态监测业务，建立起一套以环境卫星遥感数据为主，综合国内外相关业务化遥感卫星数据的生态环境遥感监测技术系统与指南。

2. 生态环境遥感模型方法研究

国内学者利用遥感数据生态环境应用建立与完善了相关方法模型。廖克等从区域生态环境动态监测与管理系统角度出发进行了整体设计[90]；齐清文等探讨了基于 3S 进行生态环境监测与综合调控的方法和关键技术，包括方法和技术体系的建立、指标体系的建立、多尺度效应和尺度转换数学模型的建立、综合调控模式和决策方案的建立等[91]；廖克等利用遥感影像勾绘生态环境单元，据此生成生态环境系列图，并在此基础上进行了生态环境综合信息图谱的研究与探讨[92]；沙晋明等根据生态环境特点结合遥感与信息技术，提出了针对大范围的生态环境遥感技术实施措施，建立了生态环境遥感本底值，进行了生态环境征兆图谱研究[93]。

3. 生态环境状况遥感评价方法与指标体系研究

国内学者通过发展生态环境状况遥感评价方法与指标、生态环境的破坏与恢复程度给出了量化表达方式。王丹君等针对全国 46 个不同类型的重要生态功能区[94]，建立指标评估体系，分析不同区域、不同类型重要生态功能区在 2001 年、2004 年和 2006 年的生态状况和变化情况；李爱军等探讨和分析了生态环境和生态环境质量的内涵，明确了生态环境监测与评价指标体系所涵盖的内容，并详细探讨了如何建立特定区域生态环境动态监测与质量评价指标体系[95]；张增祥等利用多种来源的不同专题空间数据，通过建立生态环境背景指标体系，采用空间叠加分析方法，实现了大范围的生态环境状况的综合评价[96]；刘建军等应用遥感和GIS技术，采用综合指数评价法，对新疆各县市生态环境质量及其动态变化进行了系统的综合评价和对比分析[97]；张东东等对徐州土地利用、河流水库、植被、人均绿地等方面进行遥感动态监测，并对生态环境演变做了定量评价分析[98]；柳辉等运用CBERS-2影像处理、人工判读分类等过程，得到了宁夏土地利用类型数据库，并依此对宁夏生态环境质量现状及变化趋势进行了评价分析[99]。

4. 生态环境遥感监测应用研究

经过多年的生态环境遥感方法模型研究，国内学者已经将相关理论模型逐步应用到生态环境遥感监测应用的各个领域。廖克等用高分辨率遥感影像进行了土地利用动态变化研究，及时、精确地掌握土地资源的数量、质量分布及其变化趋势[100]；史志华等利用多时相Landsat TM/ETM影像、文献和野外调查资料，从土地利用类型与结构、植被覆盖度、土壤侵蚀等方面对三峡库区乐天溪流域生态修复效果进行了定量研究[101]；吴炳方等运用遥感技术对生态环境典型治理区的生态恢复情况进行了动态监测[102]；田贵全等利用遥感和GIS技术，对山东省生态环境现状及动态变化进行了监测，建立了山东省生态环境遥感监测数据库，分析了山东省生态环境时空变化特征[103]；王桥等运用西部生态环境现状遥感调查的成果，开展中国西部地区土地覆被和生态要素结构变化分析、生态脆弱特征及时空分布规律分析、基于遥感调查的生态环境质量评价、基于多时相遥感数据对比的典型区域生态环境遥感分析和生态环境变化成因对策分析等综合性研究[104]。黎治华等基于10年间MODIS的NDVI序列数据，通过植被覆盖率、土地覆盖面积、土地覆盖动态度及土地覆盖类型转变等内容的动态变化研究，分析评估了上海城市化进程及其生态环境转变的时空特征[105]；吴虹等基于TM/ETM+和MODIS遥感长、短周期结合的动态监测，调查了漓江流域近30年来的生态环境变化，得到了此区域的植被覆盖、城市扩展变化及河流水质变化信息[106]。

5. 生态环境调查研究

为获取西部地区生态环境规划、生态恢复和生态环境保护决策的科学依据，国家环境保护总局重大科技项目“中国西部地区生态环境现状遥感调查项目”（2001），利用遥感和GIS技术对西部地区生态环境现状进行一次全面摸底，全面反映西部地区生态环境的现状和动态变化。

为支持环境治理、灾害反应，广西科学基金课题“基于EOS-MODIS的广西全境岩溶生态环境整体动态监测、时间数据库与灾害快速反应研究”（2011）利用遥感数据对广西岩溶生态环境进行宏观监测。

6. 生态环境遥感评价应用研究

为了获取城市建设和开发中的环境质量综合考核的科学、准确、定量化的评价依据，广东省科技计划项目“城市生态环境的遥感定量监测及分析评价技术研究”，采用中高分辨率的多种遥感影像，结合GIS技术方法，通过对广东省城市发展过程中的生态环境的时空动态监测和分析评价，探索高分辨率卫星影像在城市生态环境、区域环境评价以及城市可持续发展规划中的应用技术，建立城市生态环境监测体系和评价指标。

7. 针对不同生态环境的研究

（1）流域生态环境　为支撑生态决策，国家自然科学基金重大项目“流域防洪系统非线性网络实时动态系统决策研究”（1998—2000）、“分布式流域洪水预报遥感信息模型试验研究”（2002—2004）、“松嫩平原洪水资源利用与湿地生态环境管理的研究”（2002—2005）等，利用遥感方法监测了流域生态情况。

（2）城市、农村等区域生态环境　为支撑区域发展决策，国家自然科学基金项目“城市群空间扩展的生态响应机理及紧凑度调控的计算实验系统”（2006），国家科技支撑计划“城市废弃工矿区土地再利用技术研究”（2007）、“十一五”国家科技支撑计划“农村生态环境整治与监测关键技术研究”（2007）等，分别对城市、农村等区域内生态参数利用遥感数段进行反演。

（3）生态功能区生态环境　为支撑不同生态功能区可持续发展，国家自然科学基金重大项目“泛北京地区不同生态功能区域内植被的页属性特征研究”、“华南海岸灌丛沙滩形成演变过程及其生态功能研究”（2012—2014）、“基于 MODIS 的重要生态功能区状况与生态功能动态的分类评估”（2008—2010）、“黄河源区景观空间格局变化的生态功能动态演变过程研究”（2003—2005）等，分别对生态功能区生态环境能力进行观察预测。

（4）生物多样性优先保护区生态环境　为获取生物多样性变化对生态环境的影响，国家自然科学基金重大项目“中国关键地区生物多样性保育的研究”（1998—2002）、“海南岛热带林生物多样性形成机制的研究”（1999—2002）、“中印区摇蚊生物多样性和生物地理学研究”（2002—2004）、“长白山暗针叶林生物多样性及其维持机制的研究”（1998—2000）、“黑河流域山地-荒漠-绿洲复合景观模式中小型哺乳动物生物多样性的空间格局研究”（2005）等，对生物多样性地区生态环境进行了监测。

四、环境保护卫星遥感学科发展趋势

（一）探测新技术和综合探测平台快速发展

1. 高光谱遥感应用

遥感在水环境监测中的效果很大程度上取决于遥感数据源的特点。目前经常被应用到水环境遥感监测中的卫星遥感数据主要包括地球资源卫星数据[7,107,109]和海洋水色卫星数据[9,110,111]，这些卫星遥感数据都不能很好地满足水质监测的需求。特别对于二类水体的内陆区域，水体光学特性复杂多变，只有高光谱分辨率遥感数据才能精确地捕捉其光谱特征。航空/航天高光谱遥感器的出现较好地满足了水环境监测的要求，以 AVIRIS 和 CASI 为代表的航空高光谱遥感器和以 Hyperion 和 CHRIS 为代表的航天高光谱遥感器在内陆水质监测中发挥了巨大作用，不但提高了监测精度，也为监测算法的发展奠定了基础[88,112,113]。美国、德国、加拿大、芬兰等发达国家利用其研制的航空/航天高光谱遥感器开展了大量的水质监测天地同步试验，建立了比较完善的水体参数反演模型[113~116]，高光谱遥感在内陆水质监测中发挥着巨大的作用。国际上常见的航空高光谱遥感器主要包括美国的 HYDICE、AVIRIS，加拿大的 CASI，澳大利亚 HyMap 以及芬兰的 AISA 等[117]。这些遥感器具有连续的波段设置，光谱分辨率达 10nm 级，可以捕捉到内陆水体复杂多变的光谱特性，而且航空高光谱遥感数据具有较高的空间分辨率，可以获取内陆水体比较精确的水质分布情况，也可以用于小型内陆水体的水质监测。

2. 天空地一体化探测与多源数据综合利用

目前已有的大气环境探测技术，主要包括卫星探测、航空飞机和热气球探测、地基观测和地面采样观测等，而使用单一的手段已经无法满足大气组分高效反演的要求。空基遥感具有大范围监测的能力，地基遥感可以进行更为精确的观测。因此，今后针对不同的应用需求，利用星基、空基、地基同步观测以及其他方面的辅助数据资料进行综合探测，将是本领域主要的发展趋势之一。

在水体信息探测方面，通常情况下卫星遥感的空间分辨率和时间、光谱分辨率难以同时满足要求，而在复杂水体区域许多现象和过程发生的尺度都非常小，水体观测需要多波段甚至是高光谱的遥感，而且必须有较高的重复观测频率；微波传感器不受制于天气的影响，但很难用于水质参数定量反演，也存在空间分辨率较低的缺陷。因此，迫切需要综合各种遥感数据的优势，发展多源遥感融合技术，包括陆地卫星和海洋卫星资料、航空及卫星资料以及微波与可见光资料的综合应用技术，实现水环境全面监测。另外，我国的常规监测以流域为单元，地面资料比较完整、数据质量高，监测结果准确可靠，但是环境监测数据仍限于点上，难以推及到面上；卫星遥感可以有效弥补地面环境监测缺乏时空连续性、费用高、监测站点分散、难以全面及时监测和预警环境状况及其发展趋势的不足，但是监测结果的可靠性不如地面观测。因此，地面和卫星遥感数据的充分融合，是解决实际水环境监测问题的重要途径。

目前生态质量遥感监测与评价的数据多为多光谱影像数据与可见-近红外影像数据，其他类型数据较少。由于短波红外、热红外、全谱段、雷达数据等在生态质量遥感监测中有着很重要的作用，现在正在逐步发展航空和航天高光谱、热红外、全谱段、雷达数据获取手段，同时配合地基遥感的成像光谱数据和场站网等的建设，更好地对生态环境进行遥感监测和验证与评价。对于不同的区域，选择不同遥感数据源进行协同监测：利用 SAR 数据、高光谱数据、多光谱数据协同监测土地利用状况；利用宽幅多光谱数据与雷达数据协同监测植被覆盖情况；利用红外与可见光数据协同监测水土流失状况；利用 SAR 数据、高光谱数据、高分辨率数据协同监测城市、农村生态环境变化等。

3. 偏振遥感探测

偏振遥感作为新型大气遥感探测手段，既能提供辐射强度数据，又能得到偏振信息，克服了传统遥感的不足，可以解决传统遥感所不能解决的大气探测问题，具有广阔的发展前景。尤其在气溶胶卫星遥感探测方面，偏振强度的测量对提取气溶胶的光学特性非常有效。

4. 主动式遥感探测

卫星联合激光雷达观测获取边界层污染物浓度。近地面 1～2km 是与人类密切相关的，因此研究近地面的污染浓度比研究整层大气的污染物浓度更有意义。激光雷达虽然是单点观测，但是可以获得边界层高度，卫星遥感可以提供大范围的观测，但只能获取整层大气信息，如果联合两者有望获取大范围的边界层内污染物浓度。

5. 静止水色卫星的兴起

随着对水环境监测需求的提高，静止水色卫星成为水色遥感发展的主要趋势之一。目前，专门用于观测水体、水环境调查和资源开发利用的水色卫星均以极轨的方式运行，这些在低地球轨道运行的水色传感器能够以 2～3 天的回归周期和高的光谱分辨率及空间分辨率提供相对较准确的离水信息，它们有相对较低的覆盖频率，加之云覆盖遮挡的影响，利用这些数据不能充分地分辨较短时间尺度的过程。静止卫星在复杂多变的水体区域的监测（赤潮、排污及随潮汐变化的悬沙浓度）等有很大的技术优势。与极轨水色卫星相比，静止水色卫星具有时间分辨率高的独特优点。使用静止卫星作为水色传感器的平台，以几小时为时间间隔来对目标区域进行观测，有利于发展新的估算初级生产力的模型，有利于了解沿岸水体浮游植物生理状况，有利于探测短时间尺度的生物物理现象。静止卫星对水体目标区域的观测将有助于改变国家现有的水体管理方式，从被动的响应到主动的管理。目前，韩国、美国等一些国家已经着手进行静止卫星的海洋观测计划。为了国家安全以及水环境监测的需要，我国也需要开展静止水色卫星的相关研究。

6. 地基遥感网络探测

地基遥感网络探测的主要问题在于其监测范围的局限性，它往往是以点代面，具有很大的片面性。未来的一个发展趋势就是建立区域甚至全球性的观测网络，随着地基观测网络的建立和逐步完善，地基遥感不仅可以在更大区域甚至是全球范围为卫星观测数据提供验证，还可以大范围地监测环境状况，获取遥感数据，这是未来环境监测和环境保护方面极为重要的手段和有力支持。例如，全球最大的气溶胶监测网络——AERONET，它在全球不同地区布置了500多个太阳天空辐射观测站，这些站点不仅可以获得全球气溶胶的分布，还可以用于研究气溶胶的大范围传输过程。

（二）增加探测目标与拓展探测能力

随着近年来各种高分辨率和高定标精度探测器的出现，卫星遥感无论是探测深度还是探测广度都有了极大的提高，卫星遥感产品也产生了多种多样的变化。以大气探测为例，随着光谱学与传感器技术的不断发展，综合利用紫外-可见光-近红外-短波红外-中远红外-微波的有关方法和技术，对越来越多的温室气体，包括氧化亚氮（N_2O）、氢氟碳化物（HFCs）、全氟碳化物（PFCs）及六氟化硫（SF_6）等，均能展开具有一定精度的探测与反演能力。随着观测技术的发展和技术研究的进步，气溶胶产品从反演气溶胶光学厚度，发展到了反演气溶胶粒子谱分布、折射率指数及气溶胶类型。

（三）时空分辨率的提高与数据精度的提升

进一步提高卫星遥感产品的时空分辨率是环境遥感监测的必然要求和的发展趋势。污染源探测、重点污染区域探测以及环境监测从“普查”向“普查”与“细查”相结合转变，对卫星遥感技术的针对性和精确性提出了更高的要求，需要从空间分辨率、光谱分辨率和时间覆盖周期上有所突破，以满足环境监测与环境保护领域对大气、水、生态环境各种尺度的探测需求和应用需求。

目前的卫星遥感探测精度与数据质量参差不齐，为了应对环保应用的“广泛化”和“精细化”趋势，不断提高探测精度，改善数据质量也将是重要的发展趋势之一。一方面要从传感器做起，除了提高分辨率，还需要优化改进卫星传感器的光谱通道设计，提高信噪比，能根据观测对象的不同来选择合适的探测通道和反演方法。另一方面，对于数据精度的提高要加大研究力度，数据定标技术和预处理技术都要有针对性地进行改进和发展。

（四）提高遥感环境监测机理、技术和应用针对性

1. 大气污染源汇探测与颗粒物监测

目前，利用卫星遥感技术反演颗粒物排放源、污染气体排放源、温室气体源汇等方面的研究日趋增多，未来对于这方面的关注度仍然会不断提高。对于颗粒物排放源监测，卫星遥感气溶胶可以细致描绘地面污染事件的形成过程，探索区域尺度输送和地形因素对城区空气质量的影响。高分辨率的卫星反演结果可以给出城区及周边地区气溶胶光学厚度的分布情况，这表明高分辨率卫星遥感在监测颗粒物排放源分布上具有潜在的应用价值。对于污染气体排放监测，可基于卫星数据获取的污染物浓度资料，评估一些污染物（如 SO_2、NO_2）的排放

量和空间分布及其变化，对一些短时期强排放的污染源（如沙尘暴和农作物秸秆焚烧）进行估算。

目前，城市的空气污染，首要污染物基本都是可吸入悬浮颗粒物，尤其是灰霾污染，正是由 $PM_{2.5}$ 等细粒子污染造成的，但由于 AOD 对其浓度的变化不敏感，如何利用卫星遥感实现重点城市、城市群的 $PM_{10}/PM_{2.5}$ 高精度持续监测还是一个有待研究的课题。利用卫星遥感技术获取 AOD 的时空分布，并进一步反演颗粒物分布情况，这为探测城市空气环境提供了有力的工具，并使检测气候变化成为可能。

2. 水体生物地球化学参数的遥感反演

早期水环境遥感数据应用产品种类比较少，只有可直接遥感的监测指标，距离环境状况评价、水污染防治、水生态和化学等研究应用还有一定差距，需要有针对性地开发非光学活性生物地球化学参数（营养盐、总氮、总磷、化学耗氧量、溶解氧含量等）的遥感反演模型。

在光学和生化特征复杂的陆域水体，由于影响因素较多，沿用以往的光谱经验拟合算法对生化参数进行估算，很难得到满意的精度及适用性。高精度的生化参数遥感反演主要涉及两方面的研究内容：①由于物质组成多样、来源复杂，需要进行水体细分物质的固有光学量遥感研究，获得不同物质的固有光学特征；②进行光学-生化参数同步试验，研究区域的光学和生物地球化学参数的相关性，建立光学-生化转换公式。目前国外在现场观测和遥感反演中，利用物质吸收、散射和衰减等光学性质估算生物化学参数都取得了较好的效果。而国内有关的光学和化学同步测量试验刚处于开展阶段，还需加深对其与光学参数之间的生化机制和遥感机理的研究，建立更合理有效的算法。

3. 生态遥感参数与产品的尺度转换与同化技术

研究多源遥感数据的空间和时间尺度效应，用各种数学方法对蕴含在遥感数据中的尺度属性进行量化描述和建模；得到针对各数据类型和要素如点群、面及面群、线及线群、空间图形（DEM、DLM）和图像的尺度空间模型，并在此基础上形成方法体系。对不同尺度的遥感产品进行尺度转换方法研究，将地面测量数据、高分辨率产品数据，以及待检验的中低分辨率产品数据之间进行尺度转换，以实现数据之间的可比性。

影响生态环境变化的参数诸多，采用遥感数据实现对生态环境变化状况的监测，针对性地提出影响生态环境变化的地表参数，进而建立描述相应规律的参数变化过程模型，将遥感模型与参数变化过程模型相结合，利用数据同化技术，实现对敏感参数及其随时间变化特征的估计。生态环境参数变化过程模型与遥感数据同化技术，要求根据对生态环境变化进行监测的需要，选择遥感数据，以及地面台站观测数据等不同时空分辨率的多种数据源，将遥感数据模型与表达这些生态环境参数随时间变化的过程模型相结合，采用长期环境监测站点的观测数据，研究发展遥感数据与站点数据同化的技术方法，获得基于遥感数据的生态环境参数数据。

4. 突发性环境灾害应急响应及跟踪监测技术

研发便携式环境遥感快速监测系统，研制生态环境、地表水环境、大气环境等环境信息快速采集仪器，研究环境生物物理参数快速处理与分析技术，建设便携式环境遥感快速监测系统，形成天地一体化的地面数据快速采集能力；研究突发性环境灾害应急响应及跟踪监测技术，研究重大环境事件应急预警与危险性评价方法，开展突发性环境污染事件应急响应及跟踪监测方法研究，发展重大环境事件影响后评估模型，为国家政府部门启动应急响应提供科学依据。

5. 遥感监测环境质量评价体系

深入研究遥感监测评价体系，发展基于遥感数据或遥感反演指标环境质量评价模型，进行环境质量评价技术规范，评价项目、评价范围和评价方法，环境质量分区、分级评价标准等方面的研究，重点结合公众健康、节能减排、全球环境变化等重大问题，构建有效的特色指标，能全面而有所侧重地反映我国环保领域现状和存在的问题，不断提升环境评价水平，是当前我国环境遥感监测体系研究的重要任务。

参考文献

[1] Stephens G L, Vane D G, Boain R J, *et al.* The cloudsat mission and the a-train - A new dimension of space-based observations of clouds and precipitation. Bulletin of the American Meteorological Society, 2002, 83(12): 1771-1790.

[2] Ichoku C, Kaufman Y J, Remer L A, *et al.* Global aerosol remote sensing from MODIS. Trace Constituents in the Troposphere and Lower Stratosphere, 2004, 34(4): 820-827.

[3] Johnson R W, Harriss R C. Remote sensing for water quality and biological measurements in coastal waters. Photogrammetric Engineering and Remote Sensing(United States), 1980, 46: 77-85.

[4] Viollier M, Deschamps P Y, Lecomte P. Airborne remote sensing of chlorophyll content under cloudy sky as applied to the tropical waters in the Gulf of Guinea. Remote Sensing of Environment, 1978, 7(3):235-248.

[5] Johnson R E. Mapping of chlorophyll-a distribution in coastal zones. Photogrammetric Engineering and Remote Sensing(United States), 1978, 44:617-624.

[6] Wezernak C T, Tanis F J, Bajza C A. Trophic state analysis of inland lakes. Remote Sensing of Environment, 1976, 5:147-164.

[7] Carpenter D J, Carpenter S M. Modeling inland water quality using Landsat data. Remote Sensing of Environment, 1983, 13(4):345-352.

[8] Verdin J P. Monitoring water quality conditions in a large western reservoir with Landsat imagery. Photogrammetric engineering and remote sensing, 1985, 51(3):343-353.

[9] Thiemann S, Kaufmann H. Determination of chlorophyll content and trophic state of lakes using field spectrometer and IRS-1C satellite data in the Mecklenburg Lake District, Germany. Remote Sensing of Environment, 2000, 73(2):227-235.

[10] Gould JR R W, Arnone R A. Estimating the beam attenuation coefficient in coastal waters from AVHRR imagery. Continental Shelf Research, 1997, 17(11):1375-1387.

[11] Vos R J, Hakvoort J H M, Jordans R W J, *et al.* Multiplatform optical monitoring of eutrophication in temporally and spatially variable lakes. The Science of the Total Environment, 2003, 312(1-3):221-243.

[12] Wang k, Franklin S E, Guo X L, *et al.* Remote Sensing of Ecology, Biodiversity and Conservation: A Review from the Perspective of Remote Sensing Specialists. Sensors, 2010, 10(11):9647-9667.

[13] Contreras S, Jobbagy E G, Villagra P E, *et al.* Remote sensing estimates of supplementary water consumption by arid ecosystems of central Argentina. Journal of Hydrology, 2011, 397(1-2):10-22.

[14] Naidoo R, Hill K. Emergence of indigenous vegetation classifications through integration of traditional ecological knowledge and remote sensing analyses. Environmental Management, 2006, 38(3):377-387.

[15] Smith W, Meredith T C, Johns T. Exploring methods for rapid assessment of woody vegetation in the Batemi Valley, North-central Tanzania. Biodiversity and Conservation, 1999, 8(4): 447-470.

[16] Chopra R, Verma V K, Sharma P K. Mapping, monitoring and conservation of Harike wetland ecosystem, Punjab, India, through remote sensing. International Journal of Remote Sensing, 2001, 22(1):89-98.

[17] Sancar C, Turan S O, Kadiogullari A L. Land use-cover change processes in Urban fringe areas: Trabzon case study, Turkey.

Scientific Research and Essays, 2009, 4(12):1454-1462.

[18] Davranche A, Lefebvre G, Poulin B. Wetland monitoring using classification trees and SPOT-5 seasonal time series. Remote Sensing of Environment, 2010, 114(3):552-562.

[19] Bhaskar B P, Baruah U, Vadivelu S, *et al*. Remote sensing and GIS in the management of wetland resources of Majuli Island, Assam, India. Tropical Ecology, 2010, 51(1):31-40.

[20] Rebelo L M, Finlayson C M, Nagabhatla N. Remote sensing and GIS for wetland inventory, mapping and change analysis. Journal of Environmental Management, 2009, 90(7):2144-2153.

[21] Asner G P, Alencar A. Drought impacts on the Amazon forest: the remote sensing perspective. New Phytologist, 2010, 187(3):569-578.

[22] Lefsky M A, Keller M, Pang Y, *et al*. Revised method for forest canopy height estimation from Geoscience Laser Altimeter System waveforms. Journal of Applied Remote Sensing, 2007, 1, doi:10.1117/1.2795724.

[23] 熊萍. 3S 综合调绘法在农村土地利用现状调查中的试验研究. 西安: 长安大学, 2010.

[24] 张学强. 基于 3S 的土地利用动态监测技术与应用研究. 济南: 山东师范大学, 2011.

[25] 张明阳. 基于 RS、GIS 和景观格局分析的白洋淀流域生态环境变化研究. 南京: 南京师范大学, 2004.

[26] 胡秀清, 卢乃锰, 邱红. FY-1C/1D 全球海上气溶胶业务反演算法研究. 海洋学报: 中文版, 2006, 2: 56-65.

[27] 李成才, 毛节泰, 刘启汉, 等. 利用 MODIS 研究中国东部地区气溶胶光学厚度的分布和季节变化特征. 科学通报, 2003,19:2094-2100.

[28] 王中挺, 陈良富, 张莹, 等. 利用 MODIS 数据监测北京地区气溶胶. 遥感技术与应用, 2008,3:284-288,237.

[29] 李晓静, 刘玉洁, 邱红, 等. 利用 MODIS 资料反演北京及其周边地区气溶胶光学厚度的方法研究. 气象学报, 2003,5:580-591,644.

[30] 孙林. 城市地区大气气溶胶遥感反演研究. 北京: 中国科学院研究生院（遥感应用研究所）, 2006.

[31] 李正强. 地面光谱多角度和偏振探测研究大气气溶胶. 合肥: 中国科学院研究生院（安徽光学精密机械研究所）, 2004.

[32] 唐家奎, 薛勇, 虞统, 等. MODIS 陆地气溶胶遥感反演——利用 TERRA 和 AQUA 双星 MODIS 数据协同反演算法. 中国科学(D 辑:地球科学), 2005,5:474-481.

[33] 段民征, 吕达仁, 崔克俭, 等. 利用云下阴影实现陆地上空气溶胶和地表反射率的同时反演——理论方法和模拟. 遥感学报, 2002,5:321-327.

[34] 李成才, 毛节泰, 刘启汉, 等. 利用 MODIS 光学厚度遥感产品研究北京及周边地区的大气污染. 大气科学, 2003,5: 869-880+951-953.

[35] 李成才, 毛节泰, 刘启汉. 利用 MODIS 资料遥感香港地区高分辨率气溶胶光学厚度. 大气科学, 2005,3:335-342.

[36] 李成才, 毛节泰, 刘启汉. 用 MODIS 遥感资料分析四川盆地气溶胶光学厚度时空分布特征. 应用气象学报, 2003,1:1-7.

[37] 何秀, 邓兆泽, 李成才, 等. MODIS 气溶胶光学厚度产品在地面 PM_{10} 监测方面的应用研究. 北京大学学报: 自然科学版, 2010,2:178-184.

[38] 郑卓云, 陈良富, 郑君瑜, 等. 高分辨率气溶胶光学厚度在珠三角及香港地区区域颗粒物监测中的应用研究. 环境科学学报, 2011,6:1154-1161.

[39] 张斌才. 大气边界层 SO_2 空间分布的 OMI 数据分析. 兰州: 西北师范大学, 2009.

[40] 王刚. 卫星反演二氧化硫的 BRD 算法研究. 北京: 中国气象科学研究院, 2009.

[41] 郭微. 基于遥感的浙江省大气 SO_2 时空动态与下垫面关系研究. 杭州: 浙江农林大学, 2010.

[42] 李莹. 地基 DOAS 观测反演的 NO_2 柱总量与 SCIAMACHY 卫星 NO_2 数据的比较及 NO_2 时空分布研究. 北京: 北京大学, 2006.

[43] Wang Y X, Mcelroy M B, Martin R V, *et al*. Seasonal variability of NO_x emissions over east China constrained by satellite

observations: Implications for combustion and microbial sources. Journal of Geophysical Research-Atmospheres, 2007,112(D6), doi:10.1029/2006JD007538/.
[44] 张兴赢, 张鹏, 张艳, 等. 近 10a 中国对流层 NO_2 的变化趋势、时空分布特征及其来源解析. 中国科学(D 辑: 地球科学), 2007,10:1409-1416.
[45] 陈姗姗, 束炯, 徐建中. 中国若干典型城市对流层 NO_2 时空分布特征. 长江流域资源与环境, 2010,12:1484-1490.
[46] 齐瑾. 利用 SCIAMACHY/ENVISAT 资料开展中国区域 NO_2 反演研究. 北京: 中国气象科学研究院, 2007.
[47] 王会祥, 唐孝炎, 邵可声, 等. 长江三角洲痕量气态污染物的时空分布特征. 中国科学(D 辑: 地球科学), 2003,2:114-118.
[48] 赵春生, 方圆圆, 汤洁, 等. MOPITT 观测的 CO 分布规律及与瓦里关地面观测结果的比较. 应用气象学报, 2007,1:36-41,130.
[49] 石麟. 大兴安岭林区一氧化碳浓度分布特征研究. 呼和浩特: 内蒙古农业大学, 2008.
[50] 白文广, 张鹏, 张兴赢, 等. 用卫星资料分析中国区域 CO 柱总量时空分布特征. 应用气象学报, 2010,4:473-483.
[51] 胡筱欣, 陆龙骅, 张凤英, 周秀骥. 南极春季臭氧的 TOVS 反演及其与 BREWER 观测的比较. 应用气象学报, 1996,4:437-442.
[52] 刘年庆, 黄富祥, 王维和. 2011 年春季北极地区臭氧低值事件的卫星遥感监测. 科学通报, 2011,7:2315-2318.
[53] 尉鹏, 苏福庆, 程水源, 等. 利用卫星观测 HCHO 柱密度研究中国 NMVOC 时空分布. 环境科学研究, 2010,12:1475-1480.
[54] 司福祺, 刘建国, 郑朝辉, 等. 差分光学吸收光谱系统中标准吸收截面数据处理方法研究. 量子电子学报, 2002,6:499-503.
[55] 齐锋, 刘文清, 张玉钧, 等. 差分吸收光谱法测量大气痕量气体浓度误差分析及改善方法. 光子学报, 2003,10:1234-1238.
[56] 宋炳超, 刘文清, 张玉钧, 等. DOAS 谱线波长配准存在的问题及解决方法. 量子电子学报, 2003,6:680-684.
[57] 周斌, 刘文清, 齐锋, 等. 差分吸收光谱法测量大气污染的测量误差分析. 光学学报, 2002,8:957-961.
[58] 周斌, 郝楠, 陈立民. 夫琅禾费线对差分光学吸收光谱法测量大气污染气体影响的研究. 物理学报, 2005,9:4445-4450.
[59] 于意仲, 周小玉, 张帆, 等. 紫外差分光学吸收法测量污染气体的实验研究. 环境科学学报, 2003,5:630-634.
[60] 王萍, 陈洪滨, 吕达仁. 地基曙暮光光谱观测反演平流层 O_3 和 NO_2 柱含量. 大气科学, 2003,6:1067-1076.
[61] 韩英. 基于卫星遥感数据分析中国区域大气 CH_4 垂直柱浓度时空特征. 南京: 南京大学, 2011.
[62] 戴铁. 利用风云三号气象卫星红外分光计反演大气 CO_2 浓度的理论研究. 南京: 南京信息工程大学, 2008.
[63] 张国君. 中国 CH_4 柱浓度时空分布及排量研究. 上海: 华东师范大学, 2011.
[64] 白文广, 张兴赢, 张鹏. 卫星遥感监测中国地区对流层二氧化碳时空变化特征分析. 科学通报, 2010,30:2955-2962.
[65] 尹球, 疏小舟, 徐兆安, 等. 湖泊水环境指标的超光谱响应特征分析. 红外与毫米波学报, 2004,23(6):427-435.
[66] 疏小舟, 尹球. 内陆水体藻类叶绿素浓度与反射光谱特征的关系. 遥感学报, 2000, 4(1): 41-45.
[67] 李素菊, 吴倩, 王学军, 等. 巢湖浮游植物叶绿素含量与反射光谱特征的关系. 湖泊科学, 2002,14(3): 228-234.
[68] 赵冬至, 刘玉机. 中国污染水体光谱特征. 北京: 海洋出版社, 2001:137-152.
[69] 吕恒, 李新国, 江南. 基于反射光谱和模拟 MERIS 数据的太湖悬浮物遥感定量模型. 湖泊科学, 2005,17(2):104-109.
[70] 王晓梅, 唐军武, 宋庆君, 等. 黄海, 东海水体总吸收系数光谱特性及其统计反演模式研究. 海洋与湖沼, 2006,37(3):256-263.
[71] 李铜基, 陈清莲, 杨安安, 等. 黄东海春季水体后向散射系数的经验模型研究. 海洋技术, 2004,23(3):10-14.
[72] 宋庆君, 唐军武. 黄海、东海海区水体散射特性研究. 海洋学报, 2006,11(4):56-63.
[73] 宋庆君, 唐军武, 马超飞. 黄东海区水体后向散射系数与总散射系数的关系[A]. 第十四届全国遥感技术学术交流会论文摘要集, 2003.
[74] 孙德勇, 李云梅, 黄家柱, 等. 太湖梅梁湾夏季水体组分光谱吸收特性. 生态学报, 2008,28(2):749-760.
[75] 孙德勇, 李云梅, 王桥, 等. 太湖水体散射特性及其空间分异. 湖泊科学, 2008,20(3):389-395.
[76] 乐成峰, 李云梅, 查勇, 等. 太湖水体漫射衰减系数的光学特性及其遥感反演模型. 应用生态学报, 2009, 20(2): 337-343.
[77] 张兵, 申茜, 李俊生, 等. 太湖水体 3 种典型水质参数的高光谱遥感反演. 湖泊科学, 2009, 21(2): 182-192.
[78] 孙德, 李云梅, 王桥, 等. 利用高光谱数据估算太湖水体 CDOM 浓度的神经网络模型. 武汉大学学报, 2009, 34(7): 851-855.
[79] 黄昌春, 李云梅, 王桥, 等. 铜绿微囊藻和斜生栅藻生物光学模型. 湖泊科学, 2010, 22(3): 357-366.

[80] 潘德炉, 王迪峰. 我国海洋光学遥感应用科学研究的新进展. 地球科学进展, 2004, 19(4):506-512.

[81] Delu P, Zhihua M. Atmospheric correction for China's coastal water color remote sensing. Acta Oceanologica Sinica,2001,20 (3): 343-354.

[82] Shujing L, Tianming M, Delu P. A study on quality and availability of COCTS images of HY-1 satellite by simulation. Acta Oceanologica Sinica,2002,21(4):495-504.

[83] 尹球, 巩彩兰, 匡定波, 等. 湖泊水质卫星遥感方法及其应用. 红外与毫米波学报, 2005,24(3):198-202.

[84] Xianqiang H, Delu P, Zhihua M. Atmospheric correction of SeaWiFS imagery for turbid coastal and inland waters. Acta Oceanologica Sinica,2004,23(4):609-615.

[85] 李炎, 李京. 基于海面-遥感器光谱反射率斜率传递现象的悬浮泥沙遥感算法. 科学通报, 2008,17:1892-1897.

[86] 杨顶田, 潘德炉. 水体中藻蓝蛋白的光谱检测. 仪器仪表学报, 2006,27(6):1033-1035.

[87] 周冠华, 柳钦火, 马荣华, 等. 基于半分析模型的波段最优化组合反演混浊太湖水体叶绿素 a. 湖泊科学, 2008,20(2):153-159.

[88] Kallio K, Kutser T, Hannonen T, *et al*. Retrieval of water quality from airborne imaging spectrometry of various lake types in different seasons. The Science of the Total Environment,2001,268(1-3):59-77.

[89] Koponen S, Pulliainen J, Servomaa H, *et al*. Analysis on the feasibility of multi-source remote sensing observations for chl-a monitoring in Finnish lakes. The Science of the Total Environment,2001,268(1-3):95-106.

[90] 廖克, 郑达贤, 陈文惠, 等. 福建省生态环境动态监测与管理信息系统的设计. 地球信息科学, 2003,5(1):22-27.

[91] 齐清文, 何大明, 邹秀萍, 等. 云南沿边境地带生态环境 3S 监测、评价与调控研究. 地理科学进展, 2005,24(2):1-12,131.

[92] 廖克. 生态环境遥感综合系列制图方法. 地理学报, 2005,60(3):479-486.

[93] 沙晋明, 林志垒, 李小梅. 浅议遥感本底值及生态环境征兆图谱. 水土保持研究, 2003,10(2):3.

[94] 王丹君. 基于 MODIS 的中国重要生态功能区生态功能评估. 北京: 北京林业大学, 2011.

[95] 李爱军, 朱翔, 赵碧云, 等. 生态环境动态监测与评价指标体系探讨. 中国环境监测, 2004,20(4):35-38.

[96] 张增祥, 杨存建, 田光进. 基于多源空间数据的中国生态环境综合评价与分析. 遥感学报, 2003,7(1):58-65,86.

[97] 刘建军, 高利军, 李新琪. 新疆生态环境遥感监测与综合评价. 中国环境监测, 2003, 19(6):37-39,54.

[98] 张东东, 杜培军, 夏俊士. 基于 RS 的徐州市区生态环境动态监测与评价分析. 中国环境监测, 2011,5:86-90.

[99] 柳辉, 郎勇设, 崔北祥, 等. 宁夏生态环境遥感监测与质量评价. 宁夏大学学报: 自然科学版, 2008,29(3):267-271.

[100] 廖克, 成夕芳, 吴健生, 等. 高分辨率卫星遥感影像在土地利用变化动态监测中的应用. 测绘科学, 2006,31(6):11-15,3.

[101] 史志华, 王天巍, 蔡崇法, 等. 三峡库区乐天溪流域生态修复效果的遥感监测研究. 自然资源学报, 2006,21(3):473-480,503.

[102] 吴炳方, 李苗苗, 颜长珍, 等. 生态环境典型治理区 5 年期遥感动态监测. 遥感学报, 2005,9(1):32-38.

[103] 田贵全, 张明才. 山东省生态环境遥感监测. 国土资源遥感, 2006,4:63-67.

[104] 王桥, 王文杰, 郑丙辉, 等. 中国西部地区生态环境现状遥感调查. 遥感学报, 2003,7(6):490-497, 529.

[105] 黎治华, 高志强, 高炜, 等. 上海近十年来城市化及其生态环境变化的评估研究. 国土资源遥感, 2011,2:124-129.

[106] 吴虹, 郭远飞, 郭建东, 等. 基于 TM/ETM+和 MODIS 的漓江流域生态环境遥感动态监测. 国土资源遥感, 2007,3:56-61,107.

[107] Lathrop R. Monitoring water quality and river plume transport in Green Bay, Lake Michigan with SPOT-1 imagery. Photogrammetric engineering and remote sensing,1989,55:349-354.

[108] Lathrop R G. Landsat Thematic Mapper monitoring of turbid inland water quality. Photogrammetric Engineering and Remote Sensing(United States),1992,58:465-470.

[109] 唐军武, 马超飞, 牛生丽, 等. CBERS-02 卫星 CCD 相机资料定量化反演水体成分初探. 中国科学: (E 辑), 2005,35(I):156-170.

[110] Tassan S. Local algorithms using SeaWiFS data for the retrieval of phytoplankton, pigments, suspended sediment,and yellow substance in coastal waters. Applied Optics, 1994, 33(12): 2369-2378.

[111] 吴敏, 王学军. 应用 MODIS 遥感数据监测巢湖水质. 湖泊科学, 2005,17(2):110-113.

[112] Dekker A G, Vos R J, Peters S W M. Comparison of remote sensing data,model results and in situ data for total suspended matter (TSM) in the southern Frisian lakes. The Science of the Total Environment,2001,268(1-3):197-214.

[113] Sabine T, Hermann K. Lake water quality monitoring using hyperspectral airborne data—a semiempirical multisensor and multitemporal approach for the Mecklenburg Lake District, Germany. Remote Sensing of Environment,2002,81(2):228-237.

[114] Hoogenboom H J, Dekker A G, Althuis I A. Simulation of AVIRIS sensitivity for detecting chlorophyll over coastal and inland waters. Remote Sensing of Environment, 1998, 65(3): 333-340.

[115] Hoogenboom H J, Dekker A G, De haan J F. Retrieval of chlorophyll and suspended matter from imaging spectrometry data by matrix inversion. Canadian Journal of Remote Sensing, 1998,24(2):144-152.

[116] Hamilton M K, Davis C O, Rhea W J, *et al*. Estimating chlorophyll content and bathymetry of Lake Tahoe using AVIRIS data. Remote Sensing of Environment,1993,44(2-3):217-230.

[117] 童庆禧, 张兵, 郑兰芬. 高光谱遥感: 原理, 技术与应用. 北京: 高等教育出版社, 2006:247-266.

重金属污染防治学科发展报告

摘要 本报告针对近两年来重金属学科发展的概况，系统归纳总结了土壤、大气、水体、固废等重金属污染治理在基础理论、新材料、新技术应用研究方面的进展，同时对重金属污染监测与评价进行了评述，强调重金属污染防控应该严格遵循：从源头预防和过程阻断入手，突出清洁生产，结合末端治理的方式。本报告旨在积极推动科学治理重金属污染，探索有效、可行的处理技术。

一、引言

在科学技术日益发展的当代社会，金属特别是重金属的生产量和消耗量不断上升，随之而来的是重金属对环境的污染日趋严重。当前，我国重金属污染事件频发，血铅、镉米等重金属污染事件反复挑战社会神经，严重威胁着人类健康和社会安定。为治理重金属污染，我国频出重拳。2011 年，国务院批复了《重金属污染综合防治“十二五”规划》(以下简称“《规划》”)，拉开了全面治理重金属污染的序幕。大量人力、物力和财力的投入，促进了重金属污染防治学科的进步，已经涌现了一批技术经济可行的治理技术，但要实现《规划》的目标，还需要一段比较艰难的路程，其核心问题仍然是技术。随着高新技术的发展，重金属污染的防治和处理技术也在向着环境友好型方向发展。在传统的处理技术的基础上，集成创新来解决重金属污染问题将是未来研究的一个方向。近年来，生物技术、纳米技术、光催化技术、新型介孔材料技术、等离子体技术、超声波技术、基因工程技术等被不断地应用到重金属污染治理中，这无疑为推动重金属治理技术进步提供了良好的契机。

本报告对重金属污染防治的新技术、新材料和新理论的发展与应用进行了系统的归纳总结，旨在积极推动科学治理重金属污染，探索有效、可行的防治技术。

二、重金属污染防治学科基础理论研究进展

（一）土壤重金属污染防治

土壤中重金属的生物活性及环境行为不仅与其总量有关，更大程度上由重金属在环境中的化学形态决定。重金属的有效态含量虽然能反映一定的生物有效性，但很难反映重金属的潜在危害及不同形态之间的迁移转化特性；而重金属形态的研究却能将重金属活性进行分级，揭示土壤重金属中的存在状态、迁移转化规律、生物有效性、毒性及可能产生的环境效应，从而预测重金属的长期变化和环境风险。因此，重金属在土壤中的形态分布及其影响因素对

于了解重金属的变化形式、迁移规律和对生物的毒害作用等具有十分重要的意义。

1. 土壤中重金属的赋存形态

重金属进入土壤后[1]，通过溶解、沉淀、凝聚、络合吸附等各种反应，形成总量可交换态、碳酸盐态、铁锰氧化物结合态、有机硫化物态和残留态等不同的化学形态。重金属可以因形态中某一个或几个方面不同而表现出不同的毒性和环境行为，尤其是重金属在土壤和沉积层中的形态具有更重要的意义，因为土壤和沉积层媒质理化性质非常复杂，与重金属可以发生多种类型的反应和作用。

重金属在土壤沉积物及悬浮物中赋存形态的分析，是重金属迁移转化规律研究中的一个重要组成部分。重金属进入土壤后不能为生物所降解，形成永久性潜在危害，这种危害的程度除与土壤质地、重金属元素种类和浓度等有关外，在很大程度上取决于该元素在土壤中的化学形态。许秀琴等[2]运用连续提取的方法，对土壤中 Pb、Cd、Cu 的水溶态、可交换态及碳酸盐结合态、铁锰氧化物结合态、有机硫化物结合态和残留态进行测定，结果表明：残留态所占的比例较大，最高的是残留态 Cu，其相对含量达 74.4%。从活性态总量所占比例来看，Cd 最大，其次是 Pb，最小的是 Cu。土壤中 Cd 对蔬菜有较高的活性，对蔬菜存在较大的潜在危害。

2. 土壤重金属迁移规律

重金属在土壤中的迁移不仅取决于污染元素间的化学性质、迁移系数，更取决于土壤的环境因素及其理化特性，其迁移过程是复杂的物理和化学过程。目前土壤重金属迁移研究多集中在垂直方向上[3]，该迁移过程主要由人类耕作翻土、灌溉、重力作用下水的淋溶等导致。对于在水平方向上的迁移规律研究较少，目前仅限于受河流侧向压力导致的重金属水平迁移，而在土层表面的迁移规律研究则未见报道。土壤重金属在地表水平方向上的迁移受地形、水、大气等自然因素影响较多，通过水土流失、扬尘降尘等方式使土壤重金属随土壤颗粒及水等载体产生迁移，但这种迁移难以跟踪，在技术上还有待突破。

3. 土壤重金属生物可给性

生物可给性这一概念的提出，无论在环境学或毒理学等方面都具有非常重要的意义，标志着人类对污染物污染效应的评估从单一的总量指标或生物表观生理效应向更深、更细的方向发展。土壤中重金属的化学行为非常复杂，影响其生物可给性的因素很多，目前也存在多种重金属生物可给性的评价方法，但是对不同环境中的重金属在土壤中的化学行为的研究还不够系统、全面，对各影响因素之间的相互关系缺乏正确的评价，生物可给性的评价方法不统一，工作之间的比较性不足。张玉涛等[4]研究发现目前对透膜过程中重金属形态等微观领域的研究相对不足，特殊环境（如库区消落带、滨河湿地等）中的重金属生物可给性研究重视不够，土壤重金属的生物可给性尚未建立普适性的标准评价方法，造成科研工作之间的参考性不足，今后还需对植物根际微观区域中重金属的化学行为展开进一步研究，同时重金属生物可给性普适性分析方法的探索，仍然是科研人员的重要任务。

4. 重金属与其他离子之间的相互影响效应

重金属污染通常以多元素共存，所造成的复合污染在土壤重金属污染中也作为主要表现形式，主要表现为重金属元素与非重金属元素间的相互作用、重金属之间的相互作用。利用重金属元素与非重金属元素间的相互作用可以适当控制重金属的污染，而重金属之间的相互作用通常会加大其污染效应，应减少其相互接触。程海宽等[5]利用膨润土、微生物菌肥、多聚磷酸铵、海藻、黄腐酸、风化煤六种改良剂对重金属污染的土壤进行改良，结果表明：膨润土与微生物菌肥对土壤中有效态 Pb 和 Cd 起到固化作用，并且膨润土对有效态 Pb 的固化能力强于微生物菌肥，而微生物菌肥对有效态 Cd 的固化能力强于膨润土；海藻、黄腐酸和风化煤对土壤中有效态 Pb 和 Cd 起到活化作用，活化顺序为黄腐酸＞风化煤＞海藻，且黄腐酸与风化煤活化能力相差不大，却远大于海藻的活化能力，黄腐酸、风化煤对土壤中的 Cd 的活化能力大于对土壤中 Pb 的活化能力。尹鹏等[6]依据硅酸盐矿物的结构性能，阐述了硅酸盐矿物及其改性材料修复重金属污染土壤的效果，并指出：原位修复后金属元素仍保留在土壤中，土壤环境条件（pH、Eh、有机质和微生物）改变可能会引起重金属的再次活化，因此应对改良剂修复的长期效果进行动态监测。

5. 重金属污染场地修复

重金属污染场地的环境污染已经成为国际社会广泛关注的环境问题之一，其环境危害的隐蔽性、严重性和长期性已经引起各国政府的高度重视。鉴于重金属污染场地污染特征的复杂性，其治理修复技术发展趋势已从单一技术应用向技术集成化和系统化应用转变。

沈阳环境科学研究院提出并建立了针对不同污染程度的复合重金属污染场地的分类方法及技术指标体系；开发了复合重金属污染场地治理修复关键技术，包括重污染土壤清理、转移、安全填埋技术，中度污染土壤化学固化和物理封存技术、轻污染土壤物理/化学稳定阻隔技术、砂性土壤化学淋洗技术，同时开展了场地后期物理/生物修复技术研究，其中部分指标达到国际先进水平；开发了典型复合重金属污染场地的治理修复集成技术并进行了应用示范，包括化学固化稳定化/阻隔系列药剂及工艺、装备的研究开发，形成了一整套典型复合重金属污染场地的治理修复集成技术，并在沈阳、重庆等地典型重金属污染场地进行了应用示范，实现了场地的治理修复目标。

针对有色金属矿冶区重污染场地，主要采用植被修复，如江西德兴尾矿废弃地采用杜仲-花生种植恢复污染场地；广东凡口铅锌矿在尾矿库区种植宽叶香蒲、湖南桃林铅锌矿尾矿区种植狗牙根和芒草等。中南大学自主开发的“铬渣堆场重污染土壤微生物浸出修复技术”在五矿（湖南）铁合金有限责任公司完成了半工业化试验，可应用于不同程度铬污染土壤的修复处理；同时，所研发的淋洗-稳定固化联合修复技术在甘肃白银地区进行重金属污染场地修复中试。

（二）水体重金属污染防治

1. 重金属在水环境中的迁移转化规律

由于重金属问题是物理、化学、生物等多种因素综合作用的结果，目前在研究水环境中重金属的迁移转化规律时仍然是以现场监测和实验室分析试验为主，辅之以数学模型。

现场监测和实验室分析试验是环境研究的基础，它们通过对水样的监测和检测分析研究重金属在水体中的形态和运动机理。尽管监测程序和检测分析方法已经完善并能得到可靠的结果，但它们仍有很多不足，比如不能进行实时测量，取水样时会对水体产生一定的破坏，取样和检测过程费力且监测检测设备费用昂贵等。

由于用数学语言很难精确描述各因素对重金属迁移转化的影响，加之对重金属在水体中的运动机理目前认识仍然不足，在建立数学机理模型时必须要做部分简化，即只考虑主要因素对重金属迁移转化产生的作用。尽管已对部分机理、影响因素做出简化，但是建立的模型的数学表达式和控制条件表达式仍然相当复杂，模型求解运行难以操作。另外，可利用的满足模型的实测数据严重缺乏，在应用中需要确定的多个参数由于缺少数据支持难以获得准确的数值，致使计算结果不够准确、精度不足。

神经网络（neural network，NN）为一种黑箱数学模型，能以相关的环境监测数据为驱动，通过合理地选择输入、输出因子和构建合适的网络结构建立起从输入因子到输出因子的非线性映射，模型简单且容易操作。在水环境中，NN 已经被成功应用于河流、湖泊、水库以及近海等的水质、富营养化和生态系统的预测模拟中，但多以常规监测物质为主，如总氮、总磷、溶解氧，BOD、COD、叶绿素 a 等，对重金属的预测模拟还很少见到。张明等[7]以大伙房水库为例，建立一个水环境中重金属迁移的神经网络模拟模型，用神经网络模型模拟了重金属镉、铜、汞和锌在水库中的浓度迁移过程，建模时依据水环境中重金属迁移转化机理并借鉴数学建模中边值问题的解决思想，确定了模型的输入因子和输出因子；对实际监测中重金属浓度低于检测方法的最低检出限的情况，将其浓度以 0 计算。模型对水库中镉和铜的浓度的模拟值与实测值的最大相对误差分别为 17.5%和 17.9%，对汞和锌的浓度的模拟值与实测值的确定系数分别为 0.741 和 0.762，而对镉和铜的确定系数更是达到了 0.96 以上。对各重金属的模拟结果表明用神经网络模拟水环境中的重金属迁移是可行的，能快速得到比较准确的结果。

2. 水体重金属污染物的生物学效应研究

水体重金属污染物的生物学效应研究一直在进行，近两年，此方面的研究成果不断涌现。王良韬等[8]采用水生生态系统中初级生产者（斜生栅藻）、初级消费者（隆线溞）、次级消费者（斑马鱼）三级食物链关键环节代表性生物为受试生物，研究重金属 Cu^{2+}对上述食物链关键环节生物在单一存在和共存条件下的毒性效应。结果表明低浓度的 Cu^{2+}对同一系统中的隆线溞具有较强的生物毒性，隆线溞是该生态系统中食物链中最脆弱的生物。王娟等[9]以毒害水花生愈伤组织为实验材料，通过研究 Pb 在其体内的富集、亚细胞分布、矿质元素在各亚细胞成分中的含量变化及其超微定位观察，以期系统阐明重金属的植物毒理。结果表明，水花生愈伤组织所富集的 Pb 主要分布在细胞壁中，而结合在细胞器上的较少，但对细胞器超微结构损伤明显。Pb 不但对细胞的结构造成损伤，破坏正常生命活动的结构基础，也影响了矿质元素在各亚细胞组分中的吸收，这些元素的含量变化打乱了愈伤组织体内的离子平衡，从而破坏生理生化反应，影响水花生愈伤组织的正常生命活动。苑旭洲等[10]以菲律宾蛤仔为实验生物，应用半静态双箱模型室内模拟了菲律宾蛤仔对混合暴露条件下 6 种重金属 Cu、Zn、Pb、Cd、Hg、As 的生物富集实验，通过对菲律宾蛤仔体内重金属含量变化进行非线性拟合，得到其对重金属的生物富集系数、生物富集动力学参数。结果表明，菲律宾蛤仔对这几种重金属的平均富集能力为 Pb＞Cu＞Cd＞Zn。混合暴露条件下，菲律宾蛤仔生物体内 Cu、Zn、Pb 和 Cd 最高含量随着外界水体浓度的升高而增大，Hg 的富集浓度呈先增后降趋势，而 As 在高、中、低 3 个浓度组中富集规律不明显。徐晓燕等[11]研究了不同形态的无机砷（三价砷、五价砷）对伊乐藻生理特性的影响，探讨了伊乐藻在三价砷和五价砷胁迫下的生理响应。结果表明，伊乐藻体内的砷含量随着处理天数的增加而增加，伊乐藻生命力旺盛，对砷具有一定的耐受能力，因此伊乐藻可以有效地从水体中吸收无机砷。在砷的胁迫下，随着砷浓度的升高，伊乐藻组织保护酶系 SOD、POD 和 CAT 的活性都受到了显著抑制。可见砷胁迫下，伊乐藻组织保护酶系统平衡受到破坏，影响植物的生长。研究还发现三价砷对伊乐藻保护酶活性的抑制作用要明显高于五价砷。

3. 固相物质对重金属的吸附作用

水环境中的重金属主要吸附在固相物质表面上，吸附作用是重金属迁移转化的重要环节，对研究重金属污染分布具有重要意义。天然水体中，由于对微量重金属起主要吸附富集作用的生物膜、悬浮颗粒物和沉积物等固相物质的形成条件和存在状态不同，因此对重金属的吸附规律也不同。水环境中的3种固相物质可相互影响，多相共存体系和单一固相体系中的同相物质吸附能力存在较大差异。固相物质吸附重金属的过程涉及多种影响因素，如pH值、温度和共存的重金属等。董会军等[12]利用生物膜、悬浮颗粒物和沉积物模拟水环境中多种固相物质共存体系（简称多相体系），研究共存金属对固相物质吸附镉和铜的影响，结果表明，各固相物质对镉的吸附均受共存金属（铜和铅）的抑制作用。当悬浮颗粒物吸附镉时，铜和铅的浓度增大，对镉吸附的抑制程度增强；当生物膜和沉积物吸附镉时，铅浓度的增加使得铅抑制镉的吸附作用增强。不同浓度的铜对镉吸附作用的抑制程度差别较小，共存铅对铜吸附有抑制作用，当铅浓度增加时，3种固相物质吸附铜所受的抑制作用均增强，而共存镉对铜的吸附影响较小，即在重金属总浓度较低时，重金属间的相互影响较小；随着重金属总浓度的增加，重金属间的相互影响增强。共存金属浓度变化对悬浮颗粒物吸附铜和镉受到的抑制程度影响较大，共存金属浓度越大，共存金属对悬浮颗粒物吸附镉和铜的抑制作用越强。

（三）大气重金属污染防治

大气中重金属对环境和人体健康的危害在于，一方面通过干湿沉降转移累积到地表土壤和地面水体、附着于植物叶片，再经一定的生物化学作用，最终转移到动植物进而进入人体内;另一方面通过人的呼吸作用直接进入人体内，颗粒物粒径的大小决定着颗粒物最终进入人体的部位，在粒径＜10μm 的可吸入颗粒物中粗粒子一般沉积在支气管部位，而细粒子更易于沉积在细支气管和肺泡，并可能进入血液循环。有研究发现，城市儿童铅中毒流行率达 51.6%，主要城市的工业区内，儿童血铅与大气铅的浓度相关系数最大，其次是土壤和灰尘。

1. 大气颗粒物中重金属的污染行为特征研究[13]

从研究元素来看，大气颗粒中主要有 Fe、Ca、Mg、Si 等地壳元素和 Cu、As、Pb、Cd、Zn、Hg 等污染元素。总体上，中国大气颗粒物中对人体有害的 Cu、Pb、Cd、As、Zn 等污染较严重，而 Cr、Mn、Co、Ni 等污染较轻。重金属元素在大气颗粒物中的时间分布变化显著，总体呈现冬季＞秋季＞春季＞夏季的特点。空间分布上，北方燃煤城市大于南方城市，城市内部一般工业区＞交通区＞居民区＞郊区。几乎所有的研究都显示，重金属元素（Pb、Zn、Cd、Cu、Ni、As、V 等）在不同粒径颗粒物中均有不同程度的富集。重金属在颗粒物中的分布除了具有时间、空间特征外，还与颗粒物的粒径有直接关系。大气颗粒物中的金属浓度总体上表现出在细颗粒（＜2μm）中高、在粗颗粒中（＞2μm）低的特点，75%～90%的重金属富集在 PM_{10} 上，粒径越小，金属含量越高，对人类健康威胁越大。大气颗粒物中金属元素的富集程度与元素种类、区域类型、季节变化、粒径大小等有关，主要通过重金属在大气颗粒物中的含量和富集因子来评价其污染状况。

2. 大气颗粒物中重金属的化学形态分析与生物危害性研究

重金属在大气颗粒物中往往以多种化学形态存在，形态不同决定了其在环境中的行为及毒性差异。已有研究表明，重金属对环境的危害首先取决于化学活性，其次才取决于含量。因此，了解颗粒物中重金属的化学形态对于评价其生物危害性起到非常重要的作用。在有关化学形态的研究中，如何进行形态的分类和提取相当重要，目前广泛采用的是 1979 年 Tessier 针对沉积物中金属元素分析提出的 Tessier 分级提取法。

3. **大气颗粒物中重金属的来源解析**

大气中颗粒物的来源及形成条件不同，会导致其物理化学性质上的差异，也会显示出不同的毒理特征。目前，源解析的方法可分为两类，一类是依据颗粒物中重金属元素的化学组分及形貌变化进行分辨，另一类是通过建立一定的数学模型完成对污染源的定性识别和定量计算过程。其中，前者主要的分析方法有显微分析方法（如 SEM-EDX、电子探针 X 射线能谱微区分析、中子活化分析法等）、元素示踪技术等。源解析数学模型可分为源模型和受体模型，目前广泛采用的是受体模型，包括化学质量平衡法（CMB）、因子分析法（FA）、富集因子法、目标变换因子法等。

4. **大气颗粒物中重金属的生物有效性研究**

研究大气颗粒物及重金属的生物（毒性）效应的方法主要有体内动物或人体实验、体外模拟体液溶出试验等。目前，国内重金属生物有效性方面的研究较少，且研究对象多数为土壤、沉积物等中的重金属。在研究方法上，很少采用试验的手段，通常仅利用重金属形态分析的结果计算生物有效性系数进行简单评价。

（四）重金属污染风险评估与预警

重金属污染生态风险评价方法主要有地累积指数法、富集系数法、污染负荷指数法、潜在生态风险指数法、生态学和毒理学等综合方法。它们在土壤、水体沉积物和大气沉降等介质重金属污染的定量化评价中得到了广泛应用。其中的累积指数法、潜在生态风险指数法和污染负荷指数法较为常用。此外，为了深入理解并评估、预测不同环境条件下重金属污染对生态环境的影响，一些具有实际物理机制、预测能力较高的风险评估实用模型得到了发展。如 BLM 模型（Biotic ligandmodels）和 Vink 等提出的重金属污染治理决策支持系统等。有学者还在更大尺度如欧盟内部讨论了建立跨越不同区域的、统一的土壤重金属污染管理生态风险评价系统的必要性和可能性。这些模型的发展或理论的探讨为构建基于重金属污染机理模型的、涵盖重金属污染全过程的生态风险管理系统奠定了基础。

1. **土壤重金属污染程度评价指标与评价方法**

当前土壤重金属污染的评价指标较多，可分为：①非生物指标，如重金属全量、有效态含量；②生物指标，如微生物生物量、酶活性；③数学模型指标，如单因子污染指数法、内梅罗指数法、地质累积指数法、模糊贴近度法等。这些方法各有优缺点，评价重点和适用条件也不同。

目前，关于土壤重金属污染评价的方法众多，如模糊数学法、潜在生态危害指数法、神经网络法等。这些评价方法都有各自的优缺点，如模糊数学法计算过程复杂、潜在生态危害指数法的毒性加权比较主观，神经网络法也存在知识瓶颈等问题。属性区间识别模型是李群教授在程乾生教授创立的属性识别理论的基础上，引入属性测度区间概念后构建的一种全新的系统评价方法，是一种基于最小代价原则、最大测度原则、置信度准则和评分准则的新型综合评价方法。针对土壤重金属污染评价方法不足的现状，将该模型应用于土壤重金属污染评价，尝试建立土壤重金属污染评价的属性区间识别模型。另外，在综合评价的过程中，评价指标的权重直接影响评价结果的精度。赵艳玲等[14]在属性区间识别理论的基础上，构建土壤重金属污染评价的属性区间识别模型：选取土壤重金属污染中普遍存在的 Hg、Cd、As、Pb、Cu、Zn 作为评价指标，采用均化系数将各评价指标的属性测度区间转化为综合属性测度；为避免主观因素，利用主成分分析法、熵权法、CRITIC 法对各评价指标进行 3 次客观赋权；最后根据置信度准则和分级标准进行土壤重金属污染的综合评价。对 3 种赋权法得到的权重和评价结果进行比较，结果表明：属性识别模型在土壤重金属污染评价中适用且有利于评价结果准确性的提高；3 种客观赋权法算得的权重合理，且其优异程度为主成分分析法＜熵权法＜CRITIC 法。

2. 高风险污染土壤的识别

由于土壤的空间异质性，识别土壤重金属空间格局和污染热点是一个很大的挑战。了解区域是否存在污染热点的土壤，热点污染土壤在统计上是否显著，对区域环境管理来说至关重要。因此，高风险污染土壤的探测问题已成为环境和土壤学工作者研究的热点，是土壤健康风险评价及风险管理的基础，也是有效地控制土壤污染、保障环境安全和农业可持续发展的重要前提。

根据高风险重金属污染土壤的特点[15]，在总结已有方法优缺点的基础上，可将高风险重金属污染土壤识别的难度归纳为两点：①高精度的土壤重金属插值是准确判别区域土壤重金属污染程度和范围的基础；②污染原因的识别对于分析土壤重金属污染的空间分布、迁移和转化具有重要意义。随着高精度曲面建模（high accuracy surface modeling，HASM）方法的不断完善，土壤属性的高精度曲面建模方法从精度、速度、尺度各个方面得到了长足发展。史文娇等[16]基于多重网格（MG）解法的 HASM 方法（HASM-MG），在保证精度的基础上，同时也提高了土壤属性插值的运算速度。将高精度曲面建模与 GIS 空间分析、多元统计分析以及空间统计分析相结合是今后高风险重金属污染土壤识别方法的研究方向之一，它可以直接服务于污染土壤的诊断、管理、修复和无公害农业发展，对推动区域环境质量改善和流域污染控制等环境保护理论和技术进步将起到重要推动作用。

3. 水质重金属评价方法

目前，水质评价的方法很多，但各方法均有其优缺点，密切值法作为一种较新的方法，相对单项污染指数法和内梅罗综合污染指数法，能够不受个别因素的影响和控制，更客观、准确、全面地反映出各待评价水样本的质量状况，该法不需要提供参考值，即从现有指标中选优，充分利用原始数据信息，评价更为全面，原理简明，计算简便，结果直观明了，容易理解，具有实用性和通用性，但仍然存在生态意义不明确、难以直接量化污染对生物的危害程度等不足。通过结合熵权法和综合指数评价法的使用，改进传统的密切值法，可使密切值法在污染的相对严重性判断方面更客观准确。

在水质评价中，“污染程度”是一个模糊概念，作为评价污染程度的分级标准也应该是模糊的，在原有评价中常采用一个简单的数字指标作为分界线，界线两边截然分为不同级别，这样的分级不太客观。近期的研究中，采用模糊概念，用隶属度来刻划要合理得多。在进行模糊综合评价时，以隶属度来刻划事物的模糊界限，具体通过隶属函数来计算，针对水质污染问题，在给定水质分级标准后，需要确立对该标准所表述之特征具有的程度，即建立各因子对相应水质级别的隶属函数，然后将实测值代入相应的隶属函数，经过模糊矩阵复合运算，得到综合隶属度，以此确定水体的水质级别。因此，模糊评价法中用隶属度来刻划模糊的水质分类界限，可避免水质分类不连续的缺点，不至于因某项参数超标而影响综合各指标的评价偏高，使评价结果更具有可靠性。

4. 沉积物重金属污染评价

目前国内外对沉积物重金属污染的评价已不少，但这些方法在应用过程中，仍然存在一些不足，沉积物重金属风险评价系统是一个集随机性、灰性、未确知性、模糊性等多种不确定性于一体的大系统。因此，常规的确定性评价方法不能准确反映沉积物中重金属污染程度的真实情况。盲数理论是由我国学者刘开第等建立和发展起来的，它可以处理至少两种以上的不确定性信息，因此对于多种不确定性共存的复杂系统，具有较好的适用性，已有学者将其用于水质综合指数评价、地下水开采量的研究、湖泊总磷负荷模型优化等方面。唐晓娇等[17]将盲数理论引入水体沉积物重金属污染评价研究中，建立水体沉积物重金属评价模型，将盲数理论与地累积指数评价方法相结合，用盲数表示沉积物污染物浓度和地球化学背景值，得出地累积指数的可能值区间及其相应的可信度，再根据基于BM模型的风险程度判别模型识别出各重金属对各污染等级的隶属度，最后对污染等级进行隶属度加权来确定各重金属的污染等级。将该模型应用于洞庭湖水系沉积物重金属污染评价中，结果表明，各种重金属的富集程度由高到低排列的顺序为 Cd＞Cr=Cu=Zn=Hg=As＞Pb，Cd 是洞庭湖水系沉积物污染的主要环境污染因子，应将其作为洞庭湖水系的重点污染控制对象。

三、重金属污染防治学科科学技术研究进展

（一）重金属污染防治技术研究进展

1. 重金属废水治理技术

目前国内外常见的重金属废水处理技术，如化学沉淀、萃取、离子交换等技术已广泛应用于重金属废水的常规处理，但处理水质往往达不到重金属废水排放新标准（如 GB 21900—2008 等）及部分发达地区的地方标准（如江苏等），且废水处理深度较低，回用率不高，一般在 50%以下；膜分离、蒸发浓缩等深度处理技术虽然处理效果较为理想，但投资较大，操作成本偏高，推广应用存在较大难度。

（1）以生物技术为核心的重金属废水深度净化与回用技术　随着环境科技的发展与应用，新型的生物处理技术日益受到人们的重视，一些限制生物技术的瓶颈问题不断得到突破与解决，尤其是在高浓度重金属废水（＞100mg/L）处理方面。通常情况下，即使金属离子低至 5～10 mg/L，也会对细菌的生长代谢及其生物活性产生影响。金属离子对细菌的毒害会影响生物法的处理效率。近几十年来，针对该问题，人们做了大量的工作，从游离细菌到固定化技术，从分离驯化高效菌到基因工程菌，从细胞到酶，从单一菌种到复合功能菌群。这些工作极大地拓展了生物法在重金属废水处理与回用领域的应用。

中南大学针对多金属复杂废水传统中和沉淀法深度净化难、出水硬度高、水力停留时间较长等问题，研究了基于微生物特异性的重金属废水深度净化新工艺。重金属废水通过水处理剂多基团的协同配合，形成稳定的重金属配合物，在 pH 3 左右便开始水解形成胶体颗粒，实现了低 pH 条件下的强化水解，pH 提高可进一步诱导重金属配位体胶团长大；由于水处理剂同时兼有高效絮凝作用，当重金属配合物水解形成颗粒后很快絮凝形成胶团，实现重金属离子和钙离子同时高效净化。深度净化重金属废水的多基团复合配位体生物制剂、含汞污酸生物制剂深度处理技术、高浓度重金属废水生物制剂“多基团配合—水解—脱钙—分离”一体化新工艺和装备已成功应用于株洲冶炼集团、河南豫光金铅股份有限公司等 10 多个企业的废水处理工程。

（2）以纳米复合材料为核心的重金属废水深度处理与回用集成技术　20 世纪 80 年代以来，纳米技术快速发展，众多纳米材料因其独特的纳米尺寸效应，对重金属等污染物显示出

了良好的深度处理性能。但由于纳米颗粒易自发团聚失活，且尺寸太小，难以经济高效地分离，纳米技术在环境领域的实际应用报道甚少。20 世纪末本世纪初，为提高纳米材料的实际应用性能，人们开始关注通过将纳米材料固定化来制备纳米复合材料，制得的纳米复合材料不仅可保留纳米颗粒小尺寸、高活性等特点，同时也可借助载体的大颗粒特性实现高效分离。

潘丙才等[18]研制成功系列专用纳米复合材料，解决了传统纳米复合材料扩散性能差、稳定性机制缺失等关键技术难题，为重金属废水的深度处理提供了基础。该材料对铅、铬、镉、铜、镍、砷、氟等重金属污染物具有吸附容量大、吸附选择性高、吸附速度快、再生性能优良等优点。以此新材料选择性分离与强化净化技术为核心，耦合化学沉淀（前处理）、活性炭吸附（有机物净化）、氧化（氨氮、有机质等的去除）、反渗透（脱盐）等处理单元，开发成功多项重金属废水的深度净化与回用技术，为矿冶、有色、电镀等典型行业清洁生产升级及废水提标排放提供技术支持。

张亚雷、张伟贤团队[19]研究了纳米零价铁（nZVI）对不同重金属离子的去除，结果发现纳米铁与水中金属离子的反应速率远高于普通零价铁材料，纳米铁与水中金属离子反应快（小于 30s），且吸附、处理容量是普通铁材料的 10～1000 倍。该研究团队已对纳米复合材料去除工业废水中重金属的规模化应用做了深入的研究，主要包括反应器在放大过程中存在的问题、设计及优化，研究规模化应用过程中的处理效率与系统长期稳定性及评价方法。开发的纳米复合材料技术已成功地应用于实际重金属工业水的处理，目前在运行的中试线包括江西某重金属废水处理中试研究、湖北某含重金属及砷废水的中试研究、湖南某有色金属集团有限公司纳米复合材料处理废水的中试研究等。

（3）高分子螯合剂在重金属废水处理中的应用　高分子螯合剂处理重金属废水是一种新型的水处理技术。它既有化学配位反应，也有物理吸附过程。其对于重金属离子的螯合作用远大于羟基，有很好的反应沉淀效果，可以有效解决多种金属共存的废水处理过程中同一 pH 点的重金属返溶问题。良好的高分子螯合剂不仅具有较宽的 pH 应用范围，而且可以形成良好的絮凝，有利于污泥沉降分离。结合传统的碱中和沉淀法，采用二次沉淀的方式进行处理，不仅可以使出水重金属离子含量降低至很低的程度，使企业排污总量大幅削减，还可以利用第一段的碱沉淀环节，大幅提高系统抗冲击能力。而且，由于出水的重金属离子含量比传统方法低得多，这同时也为后续的膜处理回用系统减轻了压力，使得污堵频率有所降低。王琦[20]利用高分子螯合剂，采取两段沉淀法处理电镀、有色冶炼废水取得很好的效果。

（4）离子交换纤维处理重金属废水　离子交换纤维是纤维状离子交换吸附材料，它的交换容量与树脂相当，但是由于纤维直径小，有效比表面积高，离子交换层薄，传质距离短，具有大的传质系数，吸附性能优于颗粒状离子交换剂。刘雄等[21]在中试研究的基础上，将离子交换纤维应用到线路板一般清洗废水中，进行了工程化运行研究。

一般清洗线废水处理采用传统的化学方法要消耗大量碱、酸、混凝絮凝剂等，出水重金属很难达标，而采用离子交换纤维系统工艺，出水有保证，碱量主要用在 pH 调整排放方面，大大省去了药剂费用。同时洗脱下来的铜浓缩液制成氢氧化铜含量较高，经济效益可观。

赵孔银等[22]通过伽马射线、高能电子束、等离子体和紫外辐射等手段，制备接枝聚丙烯酸的离子交换纤维，此材料对镉的吸附速度较快，对 Cu^{2+}、La^{3+}、Pb^{2+}的动态吸附选择性非常高。

2. 土壤重金属污染防治技术

目前，重金属污染土壤的治理方法分为两类：一是将污染物清除，即将污染物从一个地方移到另一个地方；二是将污染物固定，即从可溶态或可交换态转变为难溶态，减少在土壤中的迁移性和生物可利用性。土壤重金属污染的修复方法较多，包括物理方法、化学方法和生物方法，但各种方法都有一定的局限性。近两年植物修复是一项新兴的修复技术，具良好的社会和环境效益，并易被大众接受，但也存在植物生物量低、生长缓慢、修复效率不高等缺点。重金属污染土壤的修复是一个系统工程，单一的修复技术很难达到预期效果，以植物修复为主，辅以化学、微生物及农业修复，增加重金属的生物有效性，促进植物的生长和吸收，提高修复的综合效率。因此，生物修复综合技术将是近期及今后重金属污染土壤修复技术的主要研究方向。

（1）重金属污染土壤固化/稳定化修复技术　土壤固化/稳定化（solidification/ stabilization，S/S）技术也称为土壤钝化技术。郝汉舟、陈同斌等[23]研究论述了 S/S 修复效果评价方法，并指出需加强 S/S 技术中的分子键合技术、土壤聚合物以及我国的 S/S 技术导则制定等工作。分子键合技术（molecular bonding system）是将分子键合剂与重金属污染土壤(或污泥)混合，通过化学反应，把重金属转化为自然界中稳定存在的化合物，实现无害化，该技术可通过原位修复、异位修复和在线修复 3 种模式实施，重金属的浸出削减率高于 90%，单位污染物处理成本在 60～1000 元/m^3。土壤聚合物（geopolymer）是一种新型的无机聚合物，其分子链由 Si、O、Al 等以共价键连接而成，是具有网络结构的类沸石，对重金属有较强的固定作用，土壤聚合物有望成为新的处置含重金属离子废弃物的 S/S 体系。

目前，S/S 中的许多技术措施尚处在实验室研究阶段或中试阶段，应加快 S/S 技术示范、应用和推广，引导环保产业发展。我国应该在 S/S 技术的场地调查、技术筛选、工艺参数、风险评估、效益分析方面形成规范性的导则，以指导在实际工程中的应用。

（2）淋洗修复　淋洗修复作为重金属污染土壤的一种较为有效的修复方式。虽然效果明显，但工程投资较大，目前国内应用较少。而且对于淋洗剂的选择较为重要，所选的淋洗剂既要对土壤重金属的修复有效，又要不对土壤造成二次污染。新型淋洗剂的开发以及原有淋洗剂的改良，成为今后土壤重金属污染修复的研究重点。

高太忠等[24]通过室内土柱淋滤实验，选用北方最具代表性的褐土为供试样品，研究了垃圾渗滤液溶解性有机物（DOM）对重金属 Cu、Cd、Pb 和 Zn 在土壤中的迁移行为的影响。结果显示，DOM 对土壤中 Cd、Zn 的垂直迁移起着促进作用，而对 Cu、Pb 迁移起着一定的抑制作用；不同浓度的垃圾淋洗液 DOM 对土壤中重金属的迁移溶出效果不同，DOM 浓度越高，Cd、Zn 溶出的促进效果越明显，Cu、Pb 则恰好相反；垃圾淋洗液 DOM 对土壤重金属的平均迁移量随时间的延长而减少。朱清清等[25]通过振荡分离实验研究了烷基糖苷（APG）对土壤中 Cu、Zn、Pb 和 Cd 的去除作用，结果显示，当烷基糖苷淋洗液 pH 为 5.2、浓度为 85g/L 时，土壤中 Cd、Cu、Pb 和 Zn 的去除率分别达到 77.7%、40.5%、24.5%和 20.0%。而且 APG 对离子交换态和碳酸盐结合态重金属的去除效果最好，说明 APG 可有效降低土壤中重金属的毒性和生物可利用性。

多种淋洗剂的复合应用，可以提高淋洗剂的淋洗效果，同时可减少淋洗剂对土壤的破坏。平安等[26]以沈阳张士污灌区农田土壤为研究对象，利用振荡浸提技术筛选有机酸和表面活性剂组合，并确定了两者联合淋洗修复污染土壤的最佳配比。有机酸（酒石酸、乙酸、柠檬酸和苹果酸）中的酒石酸浓度为 0.5 mol/L 和表面活性剂（SDBS、鼠李糖和皂素）中的皂素质量分数为 0.7%时对土壤 Cd、Pb、Zn 的浸提效果较好；在酒石酸与皂素体积配比为 1∶1 时，对重金属 Cd、Pb、Zn 浸提效果最好，浸提率分别为 87.62%、36.30%、20.67%；单一有机酸、表面活性剂或者有机酸与表面活性剂的混合溶液，对土壤重金属的浸提效果均 Cd＞Pb＞Zn。虽然有机酸与表面活性剂联合浸提效果略低于酒石酸浸提，但其弱酸性对土壤性质影响较小，在原位淋洗修复工程中有较好的应用前景。郭晓芳等[27]研究了不同 pH 值混合螯合剂［柠檬酸∶Na_2EDTA∶KCl=10∶2∶3（摩尔浓度）］对重金属的盆栽淋洗实验，表明 pH 值为 5 和 7 的混合螯合剂，显著提高 Cd、Pb 和 Cu 的淋出率。在化学淋洗+植物提取联合技术中，Cd 和 Zn 主要靠植物提取去除，而 Pb 和 Cu 主要靠混合螯合剂淋洗去除。

（3）植物修复　与传统方法相比，植物修复技术费用少、治理效果好且美化环境，是一项很有发展前景的土壤重金属污染修复技术。但土壤环境较为复杂，单纯使用植物修复技术效率通常较低，周期较长，因此采取一系列物理化学方法、农艺措施，如通过添加有机螯合剂、表面活性剂等一系列调控措施来提高植物修复的效率，改良土壤理化特性，提高土壤重金属的生物有效性，使其易于被植物吸收。

目前，大多数学者都试图通过基因工程的方法来获得重金属超富集植物（如芸薹属植物）。如导入金属硫蛋白基因或引入汞离子还原酶的半合成基因，以及其他与重金属耐性有关的基因，以此来增加转基因植物对重金属的耐受性，最后规模种植这些超富集植物来回收土壤中的重金属元素。

（4）微生物修复　土壤中有些微生物可以通过分泌有机酸降低土壤的 pH，从而提高土壤重金属的生物有效性。因此，植物修复常与微生物联合强化重金属修复效果。此外，微生物还能够通过自身代谢，改变重金属的价态，影响重金属的溶解性、移动性以及生态毒性。如铬还原菌可将高价态高毒性的六价铬还原成低价态低毒性的三价铬，从而达到治理污染的目的。

杨志辉、柴立元等[28]从铬渣堆场土壤中分离驯化出一株具有高效还原六价铬的菌株 *Pannonibacter phragmitetus*，开发出铬污染土壤微生物循环浸出新工艺，修复后的土壤按国家危险废物浸出毒性检测（HJ/T 299—2007），浸出液中 Cr 浓度达到《铬渣污染治理环境技术规范》（HJ/T 301—2007）中用作路基材料和混凝土骨料的标准限值。

土壤复合污染普遍，污染程度差异大，同时地球表层的土壤类型多，其组成、性质的区域差异明显，而且修复后土壤再利用的空间规划要求不同。因此，单项修复技术往往很难达到修复目标，而开发复合修复模式就成为土壤污染修复的主要研究方向。

3. 大气重金属污染治理技术

结合国外研究进展，我国在今后一段时间的研究方向将主要集中于：①细粒子（特别是超细粒子，如 PM_1）大气颗粒物中重金属元素的分布规律和特征研究；②大气颗粒物中重金属的化学形态分析；③重金属在颗粒物中的状态结构与环境行为的关系、转化机制等；④以大气颗粒物为基质的重金属生物有效性及生物毒理研究；⑤环境体系中重金属的迁移转换规律研究；⑥科学、合理的大气重金属污染水平和环境危害性综合评价体系研究；⑦气候要素和环境条件的改变对重金属迁移转化的影响研究；⑧重金属污染的修复技术、治理方法和政策等。

4. 重金属固体废弃物治理技术

在各类危险废物中，重金属废物占很大的比重，处置方法基本是本着“无害化、减量化、资源化”的原则进行。

近年研究表明，垃圾焚烧过程中重金属的迁徙主要受到氯、硫、焚烧温度和焚烧气氛等条件的影响。于洁等[29]以 Cd 与 Pb 为研究对象，在流化床反应器上对模拟城市生活垃圾

Al_2O_3 热处理过程中重金属的动力学挥发特性进行了研究。分析了氧化还原条件、H_2O、HCl、SO_2 及基体 Al_2O_3 对重金属的挥发特性影响。研究结果表明，Cd 具有较强的挥发性，尤其是在通入 HCl 的情况下，而 Pb 的挥发程度则较低，同时氧浓度的增加会降低重金属的挥发。Al_2O_3 颗粒中重金属的物理化学吸附以及重金属的扩散效应则同样在一定程度上抵制了重金属的释放，而 SO_2 的通入则在一定程度上促进了 Cd 与 Pb 的释放。

由中南大学开发的“鼓风炉还原造锍熔炼清洁处置重金属（铅）废料新技术”，该技术主要用于从含铅重金属固废中富集回收重金属及贵金属。技术原理是：各种含铅等固体废弃物中的硫是以硫酸根或单质硫或复杂硫化物存在，在密闭熔炼过程中被碳分解、还原的同时与含氧化铁等造锍剂发生还原造锍反应，物料中的硫被以锍的形式固化下来，几乎不产生二氧化硫尾气，重金属及贵金属被还原富集综合回收。关键技术为将硫以锍的形式固化的技术。

重庆某企业“利用含铜废弃物制备高纯亚微米超微细铜粉”技术，该技术以含铜废弃物为原料，提取并制备硫酸铜或碱式碳酸铜，再采用硫酸湿法循环还原技术制备成高纯亚微米超微细铜粉。这种亚微米铜粉还具有质软、抗磨、无磁性、高分散稳定性、相容性、易合金化与铜基燃烧催化等特性，与其他辅助材料及基础润滑油按比例一起进行加工处理，开发生产亚微米铜基抗磨修复精华油系列产品，与原润滑油按比例直接混合使用，不但可以大大提升原润滑油的各项应用性能，延长原润滑油使用寿命 2 倍以上，同时可为纺织机械等工业运转设备提供世界最先进的流体自清洁、流体自修复与流体再加工技术，维护其高负荷、长周期、低成本、安全稳定运行。关键技术为超微细铜粉粒径与形状控制技术、水解晶种与钛白增白技术及铜粉的抗氧化技术。

“铬泥生产铬鞣剂技术”，该技术通过水解方法去除铬泥中大部分与铬盐结合的有机物，再通过氧化方法去除残余的有机物，然后通过碱度和浓度调整得到具有良好鞣性的铬鞣剂，干燥后得到铬粉产品，该产品可以代替商品铬粉用于制革生产。水解产生的蛋白液经过改性后可以制成用于制革的复鞣剂，回用于制革生产。关键技术为铬泥中杂质蛋白的去除和铬盐鞣性的恢复技术。该技术已经在福建省、江苏省、山东省和浙江省近十家企业得到应用。综合利用产品为铬鞣剂和复鞣剂，该技术既节约了危废物填埋的成本，又节约化工材料，为制革厂带来良好的经济效益。

“利用铬革屑生产再生纤维革技术”，该技术采用湿法开纤方法对铬革屑进行处理得到皮革纤维绒，再使用水力解纤得到真皮纤维的水分散液，然后通过染色加脂和混胶，得到真皮纤维浆料并使用连续生产线进行持续铺网、滤水、真空脱水、挤水、微波干燥、烘干后得到再生真皮纤维革坯，革坯经过熨压、磨革、移膜和压花后得到再生真皮纤维革产品。关键技术为铬革屑的湿法开纤、水力解纤、染色加脂和成型整理技术。该技术已经投入生产近两年，在河北省已建成年处理能力 10000t 的铬革屑生产线。将铬革屑制备成为再生纤维革产品，节约了危废物填埋的成本，又具有良好的经济效益。

低品位重金属固体废物无害化处理，一直是环保领域的一大难题。目前通用的技术，只能将含锌量在 10%以上、含铅量 25%以上的固体废物进行综合利用。新近开发的“低品位重金属固体废物无煤低燃值无害化处理技术”，则是将瓦斯灰、瓦斯泥、中和渣、铁渣等按合理比例混合后，经回转窑煅烧，可将固体废物中含量在 5%以下的锌、3%以下的铅实现高效回收，同时将固体废物中可能含有的铟、金、银等其他有价金属也同步回收，固体废物综合利用率实现翻番。且回转窑生产过程中，其燃料采用有色冶炼、钢铁等企业的废弃物瓦斯灰、瓦斯泥，不再消耗原煤。整个提炼过程可实现零排放，不产生二次污染，既变废为宝，又保护环境。该技术在应用中可帮助冶炼、化工、钢铁等企业处理含重金属固体废物，节约标准煤、减少二氧化硫排放，同时回收大量锌、铅、铟、金、银等有价金属，具有较显著的社会效益和经济效益。

（二）重金属污染清洁生产基础工艺理论研究进展

清洁生产是 21 世纪的环保战略，提倡通过工艺改造、设备更新、废弃物回收利用等途径，以实现“节能、降耗、减污、增效”，并带来环境和经济效益。清洁生产审核是促进企业实施清洁生产的主要手段。2011 年，《重金属污染综合防治“十二五”规划》（国函[2011]13号）将铅、铬、镉、汞和类金属砷等重金属污染物列为“十二五”污染防控的重点，将重有色金属采选业、重有色金属冶炼业、铅蓄电池制造业、皮革及其制品业、化学原料及化学制品制造业等列为重金属污染防治重点防控行业，并要求对重金属防控企业依法实施强制性清洁生产审核。可见“十二五”期间，大量的重金属防控企业将进行清洁生产审核。如何完成清洁生产审核，是广大重金属防控企业及其咨询机构即将面临的问题。下面以其中部分行业为例，归纳涉重行业的清洁生产进展状况。

1. 电镀行业

由于电镀属水资源和能源（电能）消耗大户，生产过程中使用有毒、有害原辅料，并排放大量重金属废水、酸碱废气等有毒、有害污染物，根据国家发展和改革委员会和国家环保部联合发布的《清洁生产审核暂行办法》和《电镀行业清洁生产评价指标体系》（试行）要求，电镀行业属于强制性实施清洁生产审核的行业。随着电镀工业的快速发展和环保要求的日益提高，电镀重金属治理已开始进入清洁生产工艺、总量控制和循环经济整合阶段。

目前[30]国内电镀行业基本采用末端化学沉淀处理法，但是由于工厂的工艺条件和生产布局等因素，存在混排现象，这样各种离子相互影响，造成化学法沉淀重金属离子效果并不理想，出水中重金属离子含量仍较高，无法达标排放。因此，化学法处理时就不可避免地出现处理不彻底的情况。

近年来[31]，纳滤（NF）、反渗透（RO）等膜分离技术快速发展，为电镀废水的回收利用创造了良好的条件。采用膜分离技术可回用大部分水，回用率可达 60%以上，从而减少污水排放总量。以集成膜技术将几种膜分离过程联合起来，或将膜分离与其他分离方法结合起来，在最适合的条件下，各自发挥其最大的效率，有实现电镀废水“零排放”的可能。随着集成膜分离技术的不断发展和完善，膜分离技术在电镀领域中将发挥更大的作用。

膜技术处理电镀废水作为一种很有前途的处理方法，与普通末端化学处理法相比，具有能耗低、无二次污染、无废渣、易实现自动化控制及实现闭路循环等优点，对附加值较高的金、银、镍等电镀废水，通过槽边闭路循环，能够减轻或杜绝对环境的污染，同时做到资源回收，产生良好的经济效益。

2. 电池行业

我国是电池生产大国，铅酸蓄电池行业发展迅猛的同时，随之带来的环境污染压力也是巨大的。铅酸蓄电池具有技术成熟、安全性好、成本较低等优势，目前的销售额仍居二次电池之首，产量在市场份额中超过 60%，所以在相当长一段时间内仍无法被取代。但由于我国铅蓄电池产品，特别是动力型蓄电池产品普遍采用传统含镉、砷配方及应用传统外化成工艺技术生产，造成重金属镉、砷含量超标及铅等污染物的产生，已成为制约我国蓄电池行业可持续发展的瓶颈。

针对铅蓄电池行业，林保红等[32]提议在铅酸蓄电池制造过程中可以采用源消减和现场再循环等措施，从而实现污染防治，最终达到清洁化生产的目的。具体措施如下。①产品的改进。改变产品的特性（如原材料的组成），减少原材料的使用量，延长产品寿命期。如已设计研发的泡沫石墨铅蓄电池，比普通铅酸蓄电池减少用铅 70%，在铅膏中加入红丹，增加电池的循环使用寿命。②投入代替。在保证产品质量的前提下，采用低污染原材料和辅助材料，如采用硫酸铅或碳酸铅替代铅粉作为原材料，减少了铅粉制造工序的铅污染。③技术革新。如工艺自动化、生产过程优化、设备重新设计和工艺代替。如采用冷切代替熔化铅锭制铅粉，用极板内化成工艺替代外化成工艺，减少污染物的排放。采取自动化程度高的装配生产线，提高生产效率，节约能源，减少铅尘、铅烟的排放。孙晓峰[33]经调查分析指出：铅蓄电池生产企业应积极采用清洁生产技术，促进节能减排，具体技术包括：①铅蓄电池无镉化技术（镉含量低于 0.002%）；②采用板栅浇铸减渣剂降铅耗技术，该工艺单位减渣剂物料消耗量约 0.1kg/（kVA·h），减少铅渣产生量 6%～8%；③铅蓄电池拉网极板工艺技术，该工艺耗铅量为 12.5～13.5kg/（kVA·h），板栅重量减少 20%～30%，与重力浇铸工艺相比，减少铅烟产生量 70%左右；④极板/电池快速充电技术；⑤采用铅钙合金配制工艺，配合使用少量的减铅渣剂，减少铅渣的排放等。当然要想使得这些防治措施能够顺利地实施，真正做到规范生产、节能减排、清洁生产，还需要具体的清洁生产管理对策加以保障。

此外，中国年消耗铅达 300 万吨以上，其中铅酸蓄电池行业耗铅量最大，达 70%以上。我国目前普遍采用传统再生铅回收方法，铅等重金属污染仍然严重。科学地做好铅酸蓄电池无害化处理，不仅可以有效提高再生资源利用率，而且还能避免环境污染，对经济、环境及社会效益各方面都具有现实意义。杨敬增[34]对废铅酸电池处理提出如下建议：①对整只废电池实行机械破碎分选，并对分选的废酸、板栅、铅膏、废塑料和废隔板等部分分别进行清洁生产处理，才能达到资源回收、节能降耗的目的；②采用以碳酸钠与铅泥反应实现化学脱硫方法，不仅可以去除铅泥中的硫酸，还可得到化工副产品硫酸钠，值得推荐。

张正洁等[35]以废铅酸蓄电池铅膏为原料，采用新型固相电还原工艺回收金属铅，先将铅膏脱硫，对脱硫工艺参数进行优化，以不锈钢为阴阳极，以弱碱性介质或酸性介质为电解液，通过周期性直流电实现高电流密度，将脱硫铅膏电还原得到活性铅粉，再经压实、熔炼生产精铅。脱硫固体物料直接进入电解工序，首先对常规固相电解工艺参数进行优化，然后集中对固相电解特殊工艺参数（如阴极结构、极板材质、复合弱碱性电解质、电解质添加剂的选择）进行优化。运行结果表明，阴极固相电还原法具有单位产品投资少、工艺流程短、生产过程清洁、产品附加值高等优点。

3. 制革行业

皮革行业在给国家带来巨大经济效益的同时，也给环境带来了严重的污染。重金属铬的污染威胁到制革行业的持续健康发展，成为亟待解决的问题。

由于铬鞣革具有耐湿热稳定性强、机械强度高等诸多优良的性能，尽管铬是制革工业重点污染源之一，铬鞣剂仍然是制革所需的最主要鞣制材料，并仍将在较长时间内占据制革用鞣剂的主导地位。因此，在目前仍无法放弃使用铬鞣剂的情况下，铬污染的控制与治理是当前制革业应重点解决的问题。

根据制革工业废水的特点，采取有效的防治措施，在进行末端治理的同时，结合技术改造推行清洁生产，及时把污染物削减在生产过程中，从根本上解决污染问题。王黎伟等[36]研究了清洁生产在制革业中的应用，提出高吸收铬鞣及其铬鞣废液资源化利用技术等铬鞣清洁生产技术。高吸收铬鞣技术是指通过在铬鞣初期添加新型高吸收铬鞣助剂材料，在不影响皮革品质的前提下实现高吸收铬鞣。高吸收铬鞣技术可减少铬用量 20%以上，保持鞣制终点 pH4.2 以下，不降低皮革等级率，铬鞣废液中铬含量低于 0.5g/L。铬鞣废液资源化利用技术，指低含铬量的铬鞣废液经沉淀处理，沉淀物无需板框压滤可直接将其转化为甲酸铬和乙酸铬，实现高值资源化利用。另外，废铬液沉淀成铬污泥，铬污泥经处理重新转化为铬鞣剂，也可实现再利用。

4. 有色金属行业

我国是有色金属生产和消费大国，同时，有色金属行业是重金属最主要的污染源，有色金属行业属于我国六大耗水行业之一，尽管近年来不断加大环境治理的力度，但是重金属污染问题远没有彻底解决，极大制约了有色重金属产业的可持续发展。

我国大型铜冶炼企业大多采用国际先进的冶炼工艺，但污染防治管理水平和企业的环境意识与发达国家相比尚有差距。铜冶炼产生的高酸性重金属废水多用石灰中和沉淀法处理，达标不稳定，1t 铜约产生 0.77t 废渣堆存，重金属排放总量大。

氧气底吹熔炼炉[37]具有投资省、能耗低、回收率高、清洁生产等显著特点，是铅冶炼中的常用设备。中国恩菲工程技术有限公司等单位成功地将氧气底吹熔炼炉技术嫁接到铜冶炼中，形成具有自主知识产权的“氧气底吹熔炼多金属捕集新技术”。该技术具有工艺先进、技术领先、设备安全可靠、节能环保、资源综合利用率高、原料适应性强、作业环境优良、投资省等优点。

为配合国家重金属污染防治政策落实及有色金属产业的振兴，针对目前铅锌冶炼存在的问题，我国在铅锌冶炼清洁生产技术的研发及应用方面投入了大量的人力、物力。通过优化改进还原工艺，不断发展和创新了富氧熔池炼铅工艺，如豫光金铅股份有限公司的液态高铅渣底吹炉直接还原、济源金利冶炼有限责任公司的液态高铅渣侧吹炉直接还原、济源万洋冶炼有限公司的“三联炉”、安阳岷山的底吹电热还原工艺等。株洲冶炼集团引进的基夫赛特直接炼铅项目基本建成，云锡集团的 10 万吨“富氧顶吹一炉三段炼铅工艺”已达生产达标。株洲冶炼集团引进的 10 万吨常压富氧直接浸出炼锌工艺、中金岭南公司引进的 10 万吨氧压直接浸出炼锌工艺顺利进行；针对复杂低品位氧化锌矿和锌浸出渣，云南祥云飞龙公司成功开发了低成本、高回收率的溶剂萃取技术，目前已建成年处理浸出渣量 50 万吨的生产规模，还投产了年产电锌 1.5 万吨的直接浸出萃取处理高氟氯氧化锌矿和锌二次物料的生产线，为锌冶炼技术升级和工艺创新注入了新活力。

有色重金属废水的主要处理方法有化学沉淀法、吸附法、生物法、膜法等。石灰中和沉淀法是目前应用最广的重金属废水处理方法，它能快速去除废水中的金属离子，工艺过程简单，但出水重金属离子浓度偏高，往往难以达到国家污水排放标准。此外，净化水中钙离子浓度偏高，废水回用困难，而且沉淀渣量大，污泥的处理处置负担较重。膜法是实现废水深度净化的重要方法，但是对高浓度重金属冶炼废水的处理存在工艺难以适应、成本过高等瓶颈问题。

生物法是目前国内外的重点研究方向，采用硫酸盐还原菌（SRB）处理重金属废水取得了初步成功，并在厦门紫金矿业集团建立了处理重金属废水的工程示范。中南大学率先研发了“重金属废水生物制剂法深度处理新技术”，处理后出水汞、镉、砷、铜、铅、锌等重金属浓度优于《铅、锌工业污染物排放标准》（GB 25466—2010），废水回用率达到 95%。已推广应用于株洲冶炼集团、河南豫光金铅股份有限公司等二十多家企业。

重金属固废主要是选矿尾砂、冶炼化工过程产生的含重金属较高的废物，常含有砷、镉、汞、铅等多种有毒重金属。重金属固废类型多、分布广、数量大，所遵循的处理处置原则主要是减量化、资源化与无害化。不同类型废渣的处理方法和利用途径不尽相同，可归纳为以下几类。

① 重金属废物中回收有价金属：目前有许多金属提取技术如磁选、浮选、湿法浸提和高温焙烧等技术可从废渣中回收有价金属，但这些工艺存在经济效益低和二次污染严重等问题。

② 重金属废渣综合利用：将重金属废渣作为井下充填材料、玻璃工业原料、墙体材料、水泥材料、路基材料、陶瓷材料等均有一定的研究，但目前重金属固体废物资源化利用还非常有限，大多数含重金属的固体废弃物由于含有重金属而导致其很难处理和利用。

③ 重金属尾砂处置：国内选矿尾砂大多通过管道输送到尾砂库堆存，由于含水率很高，浆状尾砂库常发生坝堤渗漏塌陷而垮堤等安全事故。我国在尾矿脱水浓缩技术和装备方面仍然存在技术瓶颈，尾砂脱水成本较高。

国外主要通过先进的清洁生产工艺及其装备控制气型重金属污染物的排放。国内由于缺乏气型污染物的在线监测系统，导致气型重金属污染物排放严重。目前主要通过布袋除尘、电除尘、旋风除尘及湿式石膏脱硫、氨法脱硫等方法进行脱硫除尘，效果不够理想；对于特殊重金属汞的净化，采用瑞典引进的玻利顿脱汞技术可基本解决锌冶炼过程气型汞的污染问题，但对无组织排放气型污染物缺乏有效的控制技术及措施。

（三）重金属监测技术方法研究进展

目前，金属离子常用的检测方法根据检测原理的不同可以划分为化学法、物理法和生物检测法等。近几年，由于环境和食品安全成为全球关注的热点，中国学者开始着手研究重金属的免疫学检测方法。

1. 重金属快速免疫学检测方法[38]

金属离子的种类繁多、含量低、样品组成复杂、具有流动性和不稳定性，根据环境中金属离子的特点，决定了重金属分析技术和方法需要灵敏、准确、实时、快速分析。传统的检测方法的测试样品需有代表性地采集、运输到实验室进行分析，因此要严格保证样品的完整性，如水样通常加入保存酸，使样品 pH 低于 2，以避免容器吸附金属离子，防止金属沉淀。为了减少中间环节，测得重金属在环境中的含量和污染程度，要实时对污染物进行定量检测。目前国际上环境检测的发展方向为：在线、实时、简便、易携、灵敏度高、检出限低、选择性好、可用于复杂样品的测量、可供大批量的检测、能用于不同来源的环境样品。原子吸收光谱分析法、电感耦合等离子发射光谱法或电化学方法等检测成本高、耗时长，难以适应环境及市场产品的现场抽查及产品进出口快速通关的要求。重金属快速免疫学检测方法检测速度快、费用低、仪器简单易携，可用于重金属的现场检测。抗金属-螯合剂抗体的分离和纯化与自动化和小型化便携式传感器的研究同时进行，而传感器的研究以这些抗体作为识别元素，传感器的使用能明显地降低场地监测的费用并极大地提高风险评估效果，为重金属污染物的检测提供了另一种途径。目前，重金属快速免疫学检测主要集中在环境水样和液体样本的快速检测，用于快速检测农畜产品中重金属的快速高效免疫学检测方法仍需进一步研究；另外，重金属免疫检测方法仍有许多改进途径和扩展方法。

因为免疫检测的灵敏度和特异性取决于抗体的结合属性，其性能的提高可能来自具有新的结合特性的抗体的产生。近年来，重组单克隆抗体的建构技术、基因工程抗体和蛋白质工程技术为重金属特异性单克隆抗体的制备提供了新的机遇，为重金属离子的免疫学检测提供了广阔的前景。

2. 拉曼光谱技术[39]

人们对重金属污染的关注程度也逐渐影响到重金属离子的痕量检测技术的发展。拉曼光谱技术由于能提供分子的结构信息，有较高的灵敏度，因此有望在重金属分析领域得到越来越广泛的应用。尤其是表面增强拉曼技术新型基底的制备、合成以及机理的研究，大大增强了拉曼光谱在分子领域研究中的能力，无论是混合物的定性分析，还是特征分子的定量分析，拉曼光谱技术始终都是强有力的分析工具。然而，拉曼光谱技术同样也有待改善的地方，如随着分子浓度的下降，拉曼特征峰将会被淹没，从而可能会对某些微小成分漏检；激光功率的增强在给拉曼信号带来提升的同时，为防止发生样品被灼烧、击穿等现象，也对某些被测物熔点的高低提出了要求。但是，随着表面增强、显微拉曼技术的逐渐成熟，拉曼信号的信噪比也将得到逐步提高，对低浓度样品的检测也将成为可能。此外，由于激光技术的发展，尤其是超脉冲激光技术的出现，对拉曼光谱检测如重金属离子与分子之间化合、分解的瞬态过程，提供了一种技术支持。同时随着重金属络合物研究的不断发展，结合定量分析法和化学计量学等相关理论，拉曼光谱对重金属的定量分析将会越来越完善。

3. 基于 XRF 技术的大气重金属在线分析仪

叶华俊等[40]针对大气中铅、铬、镉等重金属在线监测的应用需求，研制了基于 X 射线荧光分析技术的大气重金属在线分析仪。该仪器具有可同时监测 20 多种元素、检出限低、无损快速、使用方便和维护成本低等优点。该分析仪监测大气中铅元素浓度结果与 ICP-MS（inductively coupled plasma mass spectrometry）分析仪结果对比相对误差在4%以内。将该分析仪应用于杭州某大气监测站，连续监测大气重金属变化情况，实验结果表明该分析仪可靠性高、具有较强的现场应用能力，满足现场应用需求。

四、重金属污染防治学科重大成果及应用

（一）重金属污染防控政策、规划

当前重金属污染的形势严峻，环境风险依然很大，2011 年《重金属污染综合防治“十二五”规划》的颁布拉开了政府下决心整治重金属污染的序幕，规划中提出“力争在 2015 年前开发和示范一批重金属污染治理技术”。为配合此规划的完成与实施，政府陆续出台了一系列的整治方案与规划，如《国务院办公厅转发环境保护部等部门关于加强重金属污染防治工作指导意见的通知》《关于加强铅蓄电池及再生铅行业污染防治工作的通知》，2012 年环保专项行动重点整治重金属污染，重新发布《再生铅行业准入条件》《铅蓄电池行业准入条件》；针对突出的污染地域，有针对性地出台规划，如《湘江流域重金属污染治理实施方案》；在“十二五”国家战略性新兴产业发展规划中，加大技术创新和集成应用力度，以解决危害人民群众身体健康的突出环境问题为重点，其中重金属废水污染防治、重金属污染治理与土壤修复等成套技术及装备作为重点行动被提出；2012 年公布的国家先进污染防治示范技术目录中，涉及重金属污染治理技术 34 项，国家鼓励发展的环境保护技术目录中，重金属污染防治技术

23 项；在国家“十二五”节能环保产业发展规划中指出要重点攻克重金属废水污染防治处理技术，推动重金属污染防治核心技术产业化。

（二）重金属污染防控技术成果

1. 重金属冶炼废水生物制剂深度处理技术

柴立元等开发了净化不同种类重金属冶炼废水的生物制剂深度处理技术，攻克了污酸治理这一世界性难题，实现了重金属废水的回用零排放。该技术已在株洲冶炼集团、株洲清水塘工业废水处理工程中得到应用。

2. 电解锰工艺废水减排技术

由中国环境科学研究院开发的“电解锰工艺废水减排技术”，在电解锰阴极板出槽—后处理—入槽过程中，通过刷沥减少电解液和钝化液挟带实现污染物减量，电解液回收入电解槽，钝化液回收入钝化工序，废水全部回用于制液，实现全过程自动化控制，消除了电解锰废水中锰、铬、氨氮污染。采用该技术清洗用水量削减 80%；废水中锰和铬的回收率均大于 97%，高浓度氨氮废水可全部回用。该技术适用于电解锰行业铬、锰、氨氮污染防治。

3. 高浓度泥浆法处理重金属废水技术

由中国矿冶研究总院等单位开发的“高浓度泥浆法处理重金属废水技术”，采用高浓度泥浆法（HDS），向重金属废水中加入石灰浆调整 pH 值，然后加入絮凝剂，在浓密池中进行固液分离，清水回用或排放，部分底浆返回反应池，污泥不需浓缩直接压滤。与常规石灰法（LDS）处理重金属污水相比，该技术处理能力提高 1～2 倍，排泥体积减小，运行费用减少 10%以上，管道结垢现象明显改善。该技术有效解决了我国在酸性重金属废水处理过程中污泥处理难、易结垢、操作维护不便、运行费用高、水回用率低等一系列共性问题，实现有色金属废水中有价金属的回收，废水全部回用，并在部分铜矿山酸性废水以及锌厂冶炼废水处理中成功应用。

4. 应用纳米技术去除饮用水中微污染物的基础研究

依托科技部国家重大研究计划，中科院合肥物质科学研究院智能所等开发了用于去除饮用水中微污染物的纳米材料及其处理程序。该项目关键是：利用设计合成了一系列同时具有微米级材料的易处理性和纳米级材料高效率、高活性等优点的三维微纳分级结构材料，包括花状镁铝双氢氧化物、花状氧化镁、类棉花糖状氧化铜、铁基金属有机骨架等，富有活力的纳米材料具备常规材料无法比拟的高吸附效率等优势，对于砷、氟等微污染物具有快速吸附动力和超大吸附容量。此项技术在内蒙古呼和浩特市托克托县伍什家镇兴旺庄村建立了纳米技术去除饮用水中微污染物的示范基地。科研人员在兴旺庄村实现了对饮用水中的砷、氟以及有机物的有效去除，经过处理的饮用水基本达到国家生活饮用水卫生标准（GB 5749—2006）。

5. HMA-2000 水质重金属在线分析仪

HMA-2000 系列重金属在线分析仪主要基于电化学伏安溶出分析方法，可检测锑、砷、镉、铬、汞、铊等多达 20 多种元素，满足微克/升（μg/L）数量级的检测需求，精度高；采用对环境无害的电极代替传统的汞电极，克服传统弊端；适用于测定多种水样，如饮用水、河水、湖水中重金属在线监测等，并能根据用户需求对监测项目进行定制，满足各种应用场合的需求，检测快速，抗干扰能力强。

五、重金属污染防治学科能力建设进展

（一）学术团体与学术交流

1. 中国环境科学学会重金属污染防治专业委员会

重金属污染防治专业委员会成立于2011年，是中国环境科学学会下属的二级分会，业务主管单位是中国环境科学学会，业务挂靠单位为北京理工大学。专业从事重金属污染的预防与治理等相关工作，是国内从事重金属污染防治工作的第一家社团组织，主要由全国环境治理方面，尤其是有关重金属治理、水处理方面的科技工作者、工程技术人员、教育工作者和环境管理工作者志愿结合组成。

重金属污染防治专业委员会集中了一批学术上有造诣、技术上有专长、管理上有经验、社会上有影响的专家学者，包括各类专业人才、经营管理人才和社会知名人士。这支队伍在学术上和技术方面的成就基本代表了我国重金属污染治理技术领域的最高水平。重金属污染治理作为“十二五”国家重点规划项目，国家在加大监管力度的同时，依靠科技进步，是解决长期困扰重金属污染治理的一个有效途径。强有力的科技支撑是法规、政策制定、执行的重要依据。为此重金属污染防治专业委员会本着实事求是的科学态度和优良学风，积极倡导“创新、求实、协作”的精神，全力投入重金属污染治理、废弃物回收、水处理等工作中，为子孙后代造福。

2. 重金属污染防治技术及应用成果交流

自国家颁布《重金属污染综合防治“十二五规划”》以来，促进了重金属污染防治技术的研发，一批新技术、新成果不断涌现，实用技术推广也取得了一定的成效，为了推动重金属污染防治工作健康快速发展，中国环境科学学会、重金属污染防治专业委员会力求以各种形式积极展开对重金属污染防治技术的交流与应用推广，“重金属污染防治技术及风险评价研讨会”每年召开，会议涉及重金属污染相关政策措施的解析、污染防控对策及风险评价、污染治理工程实践案例等领域，会议论文集与大会报告对重金属污染防治的新技术、新材料和新理论的发展与应用进行了探索，对促进科研成果的交流和传播、科学治理重金属污染起到了积极作用，为产、学、研、用紧密结合进行了有效探索。

（二）平台建设与人才培养

1. 重金属污染防治工程技术中心、重点实验室及研究基地

（1）国家重金属污染防治工程技术研究中心　该中心是我国首个重金属污染防治领域的国家级科技创新平台，近2年来，该中心在重金属污染防治技术研究开发方面，承担国家和省部级下达的科研项目30多项，其中“重金属废水生物制剂深度净化与回用技术”成功应用于亚洲最大的铅锌选矿厂、铅锌冶炼企业等大型涉重金属企业30多家，获2011年度国家技术发明二等奖；“冶金化工固体废物安全利用技术”在10多家大型企业成功应用；“高铁含铅固废处理技术”获国家环保部科技进步三等奖。该中心围绕重金属清洁减污、重金属“三废”污染物治理与利用、重金属重污染场地修复等方面申请国家专利59项，获授权40项。在人才培养上，自2011年组建以来，中心共毕业硕士生71人，博士生22人。目前在读硕士生126人，博士生25人，在站博士后19人。

（2）中国环境科学研究院重金属清洁生产工程技术中心　中国环境科学研究院重金属清洁生产工程技术中心多年来以源头预防、过程阻断和原位回用为技术途径，开发重金属污染控制的清洁生产工程技术。自成立以来，紧密围绕电解锰行业重金属污染控制清洁生产的关键共性技术问题，开展了系统的技术研发、工程示范和产业化应用推广，技术储备较为雄厚；牵头成立了“全国电解锰行业清洁生产技术创新战略联盟”，初步建立了产学研一体化的创新平台。

（3）国家环境保护重金属污染监测重点实验室　2012 年 9 月，国家环境保护重金属污染监测重点实验室由环保部批准建设。该实验室围绕重金属污染监测技术研究与标准化、重金属形态监测和生物有效性研究、重金属污染监测新技术研发与应用示范等方向开展研究，同时创新不同环境介质重金属监测分析方法，构建重金属污染监测技术体系，为国家重金属污染防治与管理提供技术支持与服务。

（4）国土资源部生态地球化学重点实验室——江西重金属污染与生态环境修复中心　2012 年 8 月 21 日，“国土资源部生态地球化学重点实验室——江西重金属污染与生态环境修复中心”（以下简称“中心”）正式成立。该中心拟既为矿产资源合理开发利用和生态环境协调可持续发展提供了实际的技术支持平台，又为推进重金属污染和生态环境修复的理论创新、加快成果转化创造一种新模式，即缩短理论研究到推广应用的转化周期，实现产学研一体化。

2. 重金属污染防治网络平台

重金属污染防治专业委员会主网站（www.zhongjinshu.org.cn）主要传递重金属污染防治方面的科技与市场信息，发挥产学研交流平台作用，推动多学科学术交流；引进、开发、推广、宣传、推荐重金属污染治理方面的技术和产品，为企业的重金属污染防治提供中介服务。

（三）重金属污染防治期刊

《重金属污染防治》期刊是由中国环境科学学会重金属污染防治专业委员会主办，是第一家以重金属污染防治的新技术、新装备介绍和新成果交流为主要内容的内部刊物。2011 年成立以来，共计发行两期，发表 10 篇学术文章，推广介绍实用工程案例 4 项，其他涉及重金属污染防治政策、科普常识若干，发行量 3000 余本。

六、重金属污染防治学科发展趋势及展望

（一）重金属污染防治政策与监管

1. 重金属污染防治学科发展趋势

由于重金属污染涉及化学、物理学、生物学、毒理学、生态学等多学科内容，而植物富集和提取重金属的过程、机理非常复杂，加上后处理技术尚不完善，未来一段时间内，重金属污染和治理研究，应重点解决以下问题[41]。

（1）基于重金属植物提取的生态修复　基于单体植株的重金属富集研究，将随着技术发展而逐步深入，寻找或培育具有富集能力强、生物量大的重金属提取植物，将是重金属生态修复的长期任务。在宏观尺度上，发展流域重金属植物提取的定量化衡量方法，将是精确把握重金属污染程度、治理方向的迫切需求；而探索重金属植物提取的后处理方法与技术，将完善重金属生态修复理论，进一步促进重金属污染的治理进程。

（2）重金属元素循环迁移的尺度转换　重金属元素循环迁移过程中有分子、微粒（有机质、胶体、沉积物颗粒等）、细胞、植物（部分及植株）、河流（或湖泊或湿地）等多种承载体，涉及到分子-生物组织-生物个体-生态系统-景观-流域等多种尺度和土壤（或沉积物）-水体-植物-大气等多种转换界面。搞清楚重金属元素在这些承载体之间的循环转移和生物放大、累积、致毒等作用，将是进行重金属污染治理的基础研究。当前，在分子、生物组织、生物个体、生态系统尺度和沉积物-水体、土壤-植物、植物-大气、大气-土壤等两相界面间的重金属污染问题得到了充分研究，但在景观、流域等大尺度和土壤（或沉积物）-水体-植物等三相界面间的重金属研究还相对较少。

（3）重金属污染大尺度监测　以往重金属污染监测多局限于区域单一或几种元素的点监测，时间间隔长，时空代表性受到一定限制。新兴观测手段，如航天、航空遥感和移动巡视系统等具有空间覆盖范围广、数据更新快、成本优势明显等特点得到了飞速发展，如何将这些现代化技术应用到重金属污染治理研究中，形成大尺度、空间连续、高密度时间监测的立体监测系统，将是重金属污染治理的重要发展方向。

（4）重金属污染治理模型模拟　当前，重金属污染多采用点监测数据进行定性或定量化描述，多集中于微观尺度重金属迁移转化过程模拟，对于重金属全循环过程、重金属污染的生态响应、变化环境下的重金属元素循环迁移等的模拟模型较少。如湿地作为流域重金属释放（累积）的源（汇），其周期性的水文情势、土壤湿度和生态条件，必将对区域和流域尺度的重金属循环迁移产生重大影响，而类似的研究尚不多见。

（5）重金属污染生态风险管理系统建设　风险管理涉及风险评估、风险监测、风险源控制、应对措施及执行等一系列有机联系的问题，是控制、减轻、治理、恢复重金属污染的必要手段。在以往的研究中，重金属形态分析技术以及基于形态分析的生物有效性分析，已经得到了较为充分的发展，重金属污染的生态风险评价方法也得到了发展与完善，重金属污染植物修复技术，特别是极具发展潜力的植物提取技术，日益受到重视。然而，由于重金属污染涉及化学、物理学、生物学、毒理学、生态学等多学科内容，植物富集和提取的过程、机理非常复杂，后处理技术尚不完善。基于重金属污染防治已有研究成果，完善植物修复理论和技术，加强流域尺度河流-土壤-植被-大气系统的重金属污染宏观研究，开展重金属元素循环迁移过程研究，利用遥感和GIS等技术建设重金属污染现代化立体监测系统，构建重金属污染生态风险管理系统，将是重金属污染研究的未来发展方向。

2. 完善重金属污染防治政策与监管

《重金属污染综合防治“十二五”规划》（简称《规划》）的提出，充分体现了党中央、国务院对重金属污染防治的高度重视。环境保护部有关负责人就重金属防治的目标、措施等提出如下要求。

（1）建立三大体系、解决一批问题　《规划》遵循源头预防、过程阻断、清洁生产、末端治理的全过程综合防控理念，明确了重金属污染防治的目标：到2015年，从改善民生出发，“建立三大体系、解决一批问题”，即建立起比较完善的重金属污染防治体系、事故应急体系和环境与健康风险评估体系，解决一批损害群众健康和生态环境的突出问题。

（2）重点区域不再建立增加重金属排放的项目　《规划》对于重点监控污染物排放量控制属于“硬性指标”，要求极其严格，重点区域原则上不再建立增加重金属排放的项目。《规划》要求环境保护部会同有关部门，制定重金属污染防治的考核办法，明确地方政府和相关部门责任。要求各地要把重金属污染防治成效纳入经济社会发展综合评价体系，并作为政府领导干部综合考核评价和企业负责人业绩考核的重要内容。

（3）发生重金属污染事件要及时报告妥善处置　一是突出重点，从严惩治；二是源头防范，严格准入；三是妥善处置，维护稳定。

刘冬梅等[42]分析了排放 5 种重金属（Ph、Hg、Cd、Cr、As）类有毒空气污染物的重点行业，然后基于行业分析结果，提出我国重金属类有毒空气污染物的优先控制政策，为相关管理部门决策提供参考。具体建议如下：第一，优先控制 5 种重金属类有毒空气污染物；第二，制定重金属类有毒空气污染物排放标准；第三，排放源分类管理；第四，多污染物协同控制；第五，提升监管能力；第六，加强宣传教育，鼓励公众监督。

（二）风险指标与标准的界定

我国重金属的质量标准、排放标准体系尚不完备，且标准值间存在一些问题，亟待完善。比如《环境空气质量标准》对铅年均浓度、季均浓度限值高于《大气中铅及其无机化合物的卫生标准》。最新国家重金属排放标准的个别指标宽松于有些省的地方老标准，且标准本身并未覆盖所有污染物，有可能存在交叉执行的问题。薛志钢则举例称，最新版《燃煤电厂大气污染物排放标准》已将汞纳入标准体系，但铅、类金属砷等其他重金属污染物尚未纳入该标准，应该引起高度重视。

（三）清洁生产，源头控制

清洁生产可以认为是人们对环境保护认识观念上的一种转变，它从源头上消除污染，提高资源利用效率，减轻对人类环境和健康的危害。应该说，清洁生产使得企业对资源的利用效率明显提高，大大减少了各种污染物质的排放，获得了很好的环境和经济效益，增强了企业在经济活动中的综合竞争力。不过应该承认的是，我国实行清洁生产的企业总数所占比例仍然很低，与欧美发达国家相比，各种技术、管理层面上的差距依然很大。受到传统生产模式的影响，多数中国企业的指导思想尚未从末端治理的观念中走出来，而且相关的政策和法规急需进一步完善。实现长久、可持续发展的清洁生产还有相当难度。

国内许多企业，尽管对清洁生产有一定的认识，并非常愿意实施清洁生产的中高费方案，但由于无法筹集资金而不得不放弃或推迟实施时间。目前，虽然有几十项国家清洁生产标准颁布，但不能满足清洁生产审核工作发展的需要，应加快制定标准的力度和审核的技术导则，使清洁生产审核人员有章可循、有据可依。“十二五”期间，国家进一步加大环境保护力度，明确了主要污染物总量减排约束性指标，并对重金属污染防治提出要求。为从源头减少污染物产生量，尽可能降低末端治理压力，促进国家“十二五”规划纲要提出的各项资源节约和环境保护指标的完成，必须进一步加大推行清洁生产力度，全面提升清洁生产水平。

参考文献

[1] 黄思宇, 彭晓春, 吴彦瑜, 陈志良. 土壤中重金属形态分析研究进展. 广东化工, 2012,39(2):86-87,97.

[2] 许秀琴, 朱勇, 孙亚米, 陈国, 王立君. 土壤重金属的形态特征及其对蔬菜的影响研究. 安徽农学通报, 2012,18(09):91-92.

[3] 刘剑锋, 谷宁, 张可慧. 土壤重金属空间分异及迁移研究进展与展望. 地理与地理信息科学, 2012,28(2):99-103.

[4] 张玉涛, 王修林, 李琳, 张玉波. 土壤中重金属元素生物可给性研究进展. 中国农学通报, 2011,27(27):39-44.

[5] 程海宽, 杨素勤, 景鑫鑫, 何冠华. 不同改良剂对重金属污染土壤中铅镉有效性影响研究. 第二届重金属污染防治及风险评价研讨会论文集, 152-157.

[6] 尹鹏, 石林, 段文静. 磷酸盐矿物及其改性材料对土壤重金属污染修复的研究进展. 第二届重金属污染防治及风险评价研讨会论文集, 158-162.
[7] 张明, 沈永明, 甄宏, 冯宇, 尚宏志. 水库中重金属迁移的神经网络模拟. 环境科学与技术, 2012,35(11):63-70.
[8] 王良韬, 吴永贵, 廖芬,黄波平, 申万暾, 陈程. Cu^{2+}对水生食物链关键环节生物的毒性效应. 贵州农业科学, 2011,39(5):226-230.
[9] 王娟, 施国新, 张乐乐, 康宜宁, 徐小颖, 丁春霞. 水花生愈伤组织对 Pb 胁迫的响应. 湖泊科学, 2011,23(2):281-286.
[10] 苑旭洲, 崔毅, 陈碧鹃, 崔正国, 杨凤. 菲律宾蛤仔对 6 种重金属的生物富集动力学. 渔业科学进展, 2012,33(4):49-56.
[11] 徐晓燕,刘玉升. 无机砷胁迫下伊乐藻的生理响应. 第二届重金属污染防治及风险评价研讨会论文集, 增 749.
[12] 董会军, 花修艺, 贺丽, 董德明, 徐志璐, 梁大鹏, 郭志勇. 水环境中共存重金属对不同固相物质吸附镉和铜的影响. 吉林大学学报：理学版, 2012,50(4):822-827.
[13] 姚琳, 廖欣峰, 张海洋, 凌晨, 于志勇. 中国大气重金属污染研究进展与趋势. 环境科学与管理, 2012,37(9):41-44.
[14] 赵艳玲, 何厅厅, 李建华, 付馨, 王亚云, 曾纪勇, 侯占东. 重金属污染土壤属性区间识别模型的赋权分析. 生态环境学报, 2012,21(9):1624-1629.
[15] 史文娇, 岳天祥, 石小丽, 宋伟. 高风险重金属污染土壤识别研究方法综述. 土壤, 2012,44(2):197-202.
[16] 史文娇, 杜正平, 宋印军, 岳天祥. 基于多重网格求解的土壤属性高精度曲面建模研究. 地理研究, 2011,30(5):941-950.
[17] 唐晓娇, 黄瑾辉, 李飞, 梁婕, 祝慧娜, 谢更新, 曾光明. 基于盲数理论的水体沉积物重金属污染评价模型. 环境科学学报, 2012,32(5):1104-1112.
[18] 潘丙才, 张炜铭, 吕路, 张淑娟, 吴军. 新型纳米复合材料深度处理重金属废水及其资源化新技术. 第二届重金属污染防治及风险评价研讨会论文集：319-322.
[19] 李钰婷, 张亚雷, 代朝猛, 张伟贤. 纳米零价铁颗粒去除水中重金属的研究进展. 环境化学, 2012, 31(9):1349-1354.
[20] 王琦, 等高分子螯合剂在重金属废水处理工程中的应用. 第二届重金属污染防治及风险评价研讨会论文集, 340-346.
[21] 刘雄, 离子交换纤维用于线路板清洗铜废水的工程实践. 第二届重金属污染防治及风险评价研讨会论文集, 425-427.
[22] 赵孔银, 魏俊富, 孔志云, 李永花. 聚烯烃离子交换纤维的制备及对重金属离子的吸附研究. 第二届重金属污染防治及风险评价研讨会论文集, 482-486.
[23] 郝汉舟, 陈同斌, 靳孟贵, 雷梅, 刘成武, 祖文普, 黄莉敏. 重金属污染土壤稳定/固化修复技术研究进展. 应用生态学报, 2011,22(3):816-824.
[24] 高太忠, 余国山, 杨柳, 庞会从. 垃圾渗滤液中溶解性有机物对土壤中重金属迁移的影响. 环境工程学报, 2011, 5(5):1176-1180.
[25] 朱清清, 邵超英, 侯书雅,等. 烷基糖苷对土壤中重金属的去除研究. 环境科学与技术, 2011, 34(8):120-123.
[26] 平安, 魏忠义, 李培军, 李晓军, 金京华. 有机酸与表面活性剂联合作用对土壤重金属的浸提效果研究. 生态环境学报, 2011,20(6):1152-1157.
[27] 郭晓芳, 卫泽斌, 许田芬, 史学峰, 吴启堂. 不同 pH 值混合螯合剂对土壤重金属淋洗剂植物提取的影响. 农业工程学报, 2011,27(7): 96-100.
[28] 杨志辉, 柴立元, 王兵, 廖映平, 王洋洋, 王庆伟. 铬污染土壤的微生物修复工艺及中试研究. 第二届重金属污染防治及风险评价研讨会论文集, 711-718.
[29] 于洁, 孙路石, 向军, 胡松, 苏胜, 邱建荣. 模拟城市生活垃圾热处理过程中 Cd 与 Pb 挥发特性研究. 燃料化学学报, 2012,40(8):1019-1024.
[30] 解建云, 裴志超, 卢建昌. 电镀废水传统处理法与膜技术处理法比较. 科技传播, 2012, (5):175-176.
[31] 肖敏. 电镀行业清洁生产技术探讨与实践. 科技传播, 2012,(8):25-30.
[32] 林保红, 魏立安, 肖颂娜. 铅酸蓄电池行业清洁生产管理之探讨. 科技广场, 2012,(6):110-112.
[33] 孙晓峰, 铅蓄电池行业重金属污染防治研究. 中国环保产业, 2012,(12):8-11, 15.

[34] 杨敬增, 废铅酸蓄电池无害化处理与循环产业链. 有色金属, 2012,64(4):1-9.

[35] 张正洁, 中国铅回收污控可行技术指标体系构建与评估. 蓄电池, 2012,49(2):85-90.

[36] 王黎伟, 王海勇, 吴维俭. 清洁生产在制革行业中的应用. 农业与科技, 2012,32(2):142-143.

[37] 胡立琼, 李栋. 氧气底吹熔炼炉的研发与应用. 有色设备, 2011,(1):34-37,53.

[38] 孔涛, 郝雪琴, 赵振升, 周变华, 王国永. 重金属残留分析技术研究进展. 中国畜牧兽医, 2011,38(11):109-112.

[39] 刘燕德, 施宇, 蔡丽君. 拉曼光谱在重金属分析中的研究进展. 食品与机械, 2012, 28(4): 1-4.

[40] 叶华俊, 郭生良, 姜雪娇, 夏阿林, 王健. 基于 XRF 技术的大气重金属在线分析仪的研制. 仪器仪表学报, 2012,33(5):1161-1166.

[41] 刘梅, 李发鹏, 卢善龙, 乔玉霜, 刘焕焕. 流域系统重金属污染研究进展. 安徽农业科学, 2011,39(25):15622-15626,15637.

[42] 刘冬梅, 沈庆海, 陈颖. 基于重金属类有毒空气污染物重点行业分析的优先控制政策研究. 环境与可持续发展, 2012,(1):79-83.

绿色包装学科发展报告

一、引言

几乎所有的产品在进入流通领域之前都要进行包装。包装可以起到保护产品少受或免受环境介质中的氧气、水蒸气、紫外线、细菌、灰尘等的破坏，便于产品的储存、运输及促进销售的作用。另外，科学的包装还可以增加产品的附加值，产生更大的经济效益。所以各国都非常重视包装工业的发展，发达国家对产品的包装尤为重视。我国也已从改革开放初期包装落后的国家，发展成了包装大国，并开始进入了包装强国的快车道。2011 年，我国包装工业的总产值为 1300 亿元，仅次于美国，占全国 GDP 的 2.76%。中国包装容器的产量连续增长，已达到世界增长量的 25%。2012 年，我国仅包装标签印刷工业的产值就达到 260 亿元。我国包装工业近五年平均增长 18%，远远超过国民经济的增长速度。

但是，在包装工业大发展的同时，也带来了不能忽视的环境污染问题，如过度包装造成的资源浪费，以及由于不合格包装材料对内装食品污染所造成的食品安全等。随着 20 世纪 90 年代绿色设计理念的产生，绿色包装的理念也应运而生。

绿色包装（green package）又称无公害包装、环境之友包装（environmental friendly package），是指对生态环境和人类健康无害，能重复使用和再生，符合可持续发展的包装。其理念是保护环境和节约资源，两者相辅相成。

从技术角度讲，绿色包装是指以天然植物和有关矿物质为原料研制成对生态环境和人类健康无害，有利于回收利用，易于降解、可持续发展的一种环保型包装。也就是说，其包装产品从原料选择、产品的制造到使用和废弃的整个生命周期，均应符合生态环境保护的要求，并应从绿色包装材料、包装设计和大力发展绿色包装产业三方面入手实现绿色包装。

（1）包装材料　应尽量开发对产品保护功能良好并可自然降解的材料；采用天然原料取代以石油为原料的合成高分子包装材料；以无机材料部分取代有机高分子材料；采用活性包装材料和纳米包装材料等新型高科技材料取代传统的包装材料。

（2）容器的造型和结构设计　在保证强度和保护功能要求的前提下，要尽量减少包装材料的用量。要提高包装容器的利用率，即减少包装容器的剩余空间，杜绝过度包装。

（3）推广智能包装技术、活性包装技术等新型包装工艺。

（4）包装废弃物的处理　尽量采用可自然降解材料，或可食用的包装材料。而对塑料、金属、纸张、玻璃等包装材料，则一定要采用回收和循环再利用。

二、绿色包装学科基础研究进展

绿色包装是一种融自然科学和社会科学为一体的科学。循环经济理论与产品生命周期环境评价是绿色包装的理论基础[1]。其研究对象包括绿色包装人才培养、包装材料、包装结构设计、包装印刷工艺，以及包装表面装潢等，涵盖包装原材料采用、原材料加工、产品生产、运输销售、产品使用和回收处置的包装制品生命周期全过程。

随着世界经济、科学技术和社会科学的发展，绿色包装基础理论也在快速发展，“整体包装解决方案”（complete packaging solutions，CPS）理念[2]、“生命周期评价”（life cycle analysis，LCA）理念以及“包装循环经济”的“系统工程”观点[3]等对绿色包装提出许多新要求。

（一）“整体包装解决方案”理念

在世界经济重视保护环境与节约资源、大力发展物流的新形势下，基于供应链管理，国际包装业提出了包装供应商应向“整体包装解决方案”（CPS）供应商转变的新理念[4,5]，即包装供应商向用户提供从包装材料的选取、材料供应商的遴选，到包装方案设计、制作到物流配送直至到终端用户的一整套系统服务，涵盖包装设计、包装制造、产品包装、运输、仓储、发运直至到产品安全到达目的地等各个环节。这种新理念是营销整合与供应链管理在包装行业的新应用。近年来，该先进包装理念已进入我国。

CPS 必须同时考虑经济性与环境，而不能单纯以经济性为目标。CPS 策划的原则包括：① 包装总成本最低，不仅包括包装制品的成本，还包括包装生产成本、使用成本和使用包装后的流通成本；② 包装材料对人体和生物无毒无害及减量化；③ 包装可重复利用或可再生。

（二）“包装循环经济”理念

包装循环经济是新世纪经济发展的重要趋势，其本质是生态经济[6]。包装生态经济学是以生态学原理为基础，以经济学原理为主导，以人类经济中包装产业活动为中心，运用系统工程方法，从最广泛的范围研究生态和包装经济的结合，从整体上去研究生态系统和包装生产力系统的相互影响、相互制约和相互作用，揭示自然和社会之间的本质联系和规律，改变包装生产和消费方式，高效合理利用一切可用资源。简言之，包装生态经济就是一种尊重生态原理和经济规律的经济。包装循环经济遵循绿色包装的减量化（reduce）、再利用（reuse）、再循环（recycle）的“3R”原则。包装工业发展循环经济的必要性及可操作性，包装循环经济的形成和实施，以及实施包装循环经济的对策等基础研究一直是我国的研究热点，并不断发展。

根据循环经济模式的特点，包装循环经济应由包装工业清洁生产、包装资源循环利用和包装废弃物高效回收利用三个部分组成。包装工业是一个大行业，将循环经济理念融入到包装工业中，必将牵涉到企业内部间、企业与企业间、企业与社会间的相互联系，需要从组成、运行、联系三个方面进行研究。在企业内部循环层面，必须以发展清洁生产型的包装企业、加快实施 ISO 14000 国际环境管理体系认证、生产达到环境标志标准的包装产品为共同目标共同努力。在企业之间循环层面，要大力发展产品上下游间的生态工业链和生态产业园区，即把上游企业的废弃物整合成一个企业的资源材料，再把这个企业的废弃物整合成下一个企业的原材料，如此周而复始的循环，就能取得最明显地减少自然资源消耗和对环境产生污染的实效。在企业与社会间的循环层面，应大力发展旧包装资源回收利用产业，以及大力推行重视环境保护、重视节约资源、采用适度包装和简化包装、使用后自觉分类回收的绿色消费观和绿色消费市场。

目前，世界各国包装组织都在积极向环保包装 ISO 14000 等标准和法规所要求的方向努力。相比之下，中国环保包装滞后了一步，主要表现在绿色包装材料研发不强、在绿色包装设计方面还做得不够好、高档次高功能的包装材料和自动化及配套程度高的包装机械主要依赖国外进口、包装回收率还有待提高等方面。绿色包装在中国还需有更大的发展。

（三）“生命周期评价”理念

包装工业同其他工业一样，在促进商品繁荣、推动市场经济发展、提高人们生活水平的同时，大量包装废弃物也给人类健康和自然环境带来了一系列严重的负面效应影响。为此，必须运用“生命周期评价”（LCA）理论 [7]，从实现绿色包装，让包装与环境相容，从根本上解决包装工业发展所带来的这些负面效应。研究者把从原材料选择到最终废弃物的处理的整个过程作为研究对象，进行量化分析和比较，以评价包装产品的环境性能。这种方法的全面性、系统性和科学性已经越来越多得到人们的承认，并作为 ISO 14000 中的一个重要的子系统存在。

2011 年以前，LCA 已在国际上引起重视，在一些发达国家（如日本、美国、德国等）已用这种分析法来评估包装。在这些包装研究中，应用 LCA 来比较不同物品运用不同的包装方式，以及包装废弃物采用不同处理方法给环境带来的影响。通过 LCA 技术可对这些影响进行量化评估，并制定出相应的改进措施，能有效地减小包装对环境的危害程度。

A. Zabaniotou[8]用 LCA 理论评价了用聚苯乙烯和用再生纸对鸡蛋进行包装所产生的环境影响。结果表明：聚苯乙烯包装对环境的影响主要是导致温室效应、酸化和冬季、夏季烟雾，而再生纸鸡蛋包装则主要释放出金属和致癌物质。特别强调的是，评价包括产品或行为的整个生命周期，即包括原材料的采集和加工，产品的制造、产品营销、使用、回收、维护、循环利用和最终处理，以及涉及的所有运输过程。它关注的环境影响包括生态系统健康、人类健康和能源消耗三个领域，但很少关注经济或社会效益。

J.Pasqualino[9]研究了饮料（果汁、水、啤酒）的包装材料（塑料、无菌纸、玻璃、铝罐）以及包装废弃物后处理方式（填埋、焚烧和回收）与碳足迹的关系。研究表明，无论何种包装材料，回收包装材料是最环保的处置方案，这样既节能，也节省原材料，而焚化或填埋被认为是第二选择；最佳的环境友好饮料包装是尺寸大于 1L 的无菌纸盒和塑料包装；啤酒包装的影响类似于啤酒生产；果汁与水的包装行为对环境的负荷要明显高于生产过程。

E.Sanyé [10]通过研究获得了城市中心超市与郊区超级卖场工人和客户的运输、包装能量消耗量的数据。结果表明：与城市中心超市（0.57kW・h）相比，在郊区超级卖场购买一个标准购物篮的商品需要 20 多倍于城市中心超市的能耗（11.1kW・h）。其中，在超级卖场客户运输商品能源消耗占 83.2%，而中心超市主要能量消耗源于其本身（49.5%）和工人的运输（40.4%）；在郊区超级卖场包装标准购物篮商品的包装材料使用量（253g）明显高于城市中心超市（102g）。LCA 对两种售卖行为相关的环境负荷进行量化评价表明，购买一样的标准购物篮的商品，在郊区超级卖场的相关整体环境影响比在城市中心超市平均高 10 倍，郊区超级卖场和市区超市碳足迹分别是 3.8kg 和 0.4kg 二氧化碳；根据敏感性分析，郊区超级卖场减少塑料袋包装的应用反响较小（相对重量在整体包装中仅为 7%），而在市区超市有显著影响（塑料袋占包装使用的25%）；如果客户在郊区大卖场，选择最简洁、不过度包装的产品，每个标准购物篮的产品可以减少包装重量的 47.2%和减少介于 15.4%～59.0%之间的环境影响。

M. Levi[11]考虑生产和销售地点、具体运输路线和多种不同组合包装方案，运用 LCA 研究了单向瓦楞纸箱和可重复使用的塑料容器包装意大利水果和蔬菜，以及分销系统对环境的影响。

M. Meneses[12]从全球变暖和酸化的角度，运用 LCA 方法对西班牙市场上最常见的牛奶包装的材料、尺寸及其最终处置（填埋、焚烧和回收）进行了环境评估。结果表明，较大的无菌纸盒包装和回收处置对环境有最好的影响；牛奶生产阶段是影响牛奶生命周期的最大因素，对全球变暖和酸化有显著影响。此研究可以提示我们，如果运用新工艺、新技术来改变或改善牛奶生产方式，降低能耗，可以减缓全球变暖和酸化。

德国海德堡能源与环境研究所（IFEU）[13]在欧洲范围内进行的生命周期评估（LCA）已经证实：与一次性高密度聚乙烯瓶以及聚酯瓶相比，超高温灭菌奶纸盒包装的环保属性明显具有更大优势，尤其在 CO_2 排放、化石资源的使用以及一次能源的消耗方面优势明显。与高密度聚乙烯多层瓶相比，1L 规格的纸盒包装的 CO_2 排放、化石资源使用和一次能源消耗分别减少 34%、56%和 30%；与一次性聚酯瓶相比，其相应数值分别减少 45%、57%和 36%。与其他包装解决方案相比，复合结构纸盒包装在环境生命周期评估方面具有明显优势，研究结果也证实可再生原材料的良好环保性能。该研究为政府部门、国际环保组织、德国联邦环保机构以及各类公司和企业提供了有益的科学参考。

包装材料生产过程中所使用的各种主、辅材料的来源与性质是影响 LCA 分析结果的主要因素。由于包装材料不断推陈出新，除传统的纸、塑料、金属、玻璃及复合材料外，目前国内外都在研究改性淀粉和纤维素，化学合成的脂肪族聚酯（如 PLA、PBS、PCL）以及聚碳酸酯，生物合成的脂肪族聚酯（如 PHA/PHB）以及纳米共混包装材料、生物可降解塑料[14]等新材料，这些新材料的出现促使绿色包装“生命周期评价”理论和应用进一步发展。如何评价这些新材料对环境学和生态学，对包装材料加工工艺、包装设计以及包装检测技术的改进等的影响，是国内外绿色包装所面对的问题。

2011 年，英国帝国理工大学的 R.J. Murphy[15]用生命周期评价理论研究了厌氧消化淀粉-聚乙烯醇生物聚合物包装的生物降解性和环境影响。2011 年 V.Siracusaa[16]对用于食品包装的多层聚合物膜——低密度聚乙烯/聚酰胺系统（LDPE/PA）进行了生命周期评价。为了减小环境压力，作者研究了如何通过提高包装材料回收技术来提高材料流通量，如何利用再生 LDPE 和 PA 聚合物粒料来减少包装对环境的影响。

要实现绿色包装，就要实现包装上的绿色印刷。J.H. Wang 研究了彩色盒包装上的平版印刷对环境的影响[17]。这项研究采用层次分析法（AHP）优化改进方案，量化了彩色盒包装的印刷工艺、包装焚烧的能源消耗和二氧化碳排放总量，研究发现，综合专家的意见与 LCA 方法一起使用，通过改变打印流程，可以减轻包装打印对环境的影响。

此外，随着市场经济的发展和技术的进步，人们在包装中加入更多的智能化技术成分，以满足日益复杂的流通系统的要求和用户对产品功能的需求，使其具备传统的包装技术无法达到的功能。包装原材料、废弃物处理过程的改变，以及如何评价新技术中出现的抗氧薄膜、气味吸收和释放系统、抗黏结薄膜、防雾薄膜、阻光和调节光的组分以及电子标签的环境性能，都是发展“生命周期评价”理论、指导建立绿色智能包装设计原则的研究者所要面对的新课题。绿色包装生命周期评价理论必然随着新的智能包装技术的发展而发展。

综上所述，尽管绿色包装“生命周期评价”近年来取得较大进展，但尚处于发展与完善阶段，还存在很多局限性，如作为一种环境管理工具，生命周期评价广泛涉及包装对生态环境、人体健康、资源消耗等方面，但对技术、经济、社会效果等方面的问题还涉及很少。

三、绿色包装新材料研究进展

（一）生物降解塑料研究进展

生物降解塑料是指一类由自然界存在的微生物如细菌、霉菌（真菌）和藻类的作用而引起降解的塑料。按降解机理的不同，生物降解塑料可分为不完全生物降解塑料（破坏性降解塑料）和完全生物降解塑料。不完全生物降解塑料是指在常规塑料中混入一定量具有特定降解性的物质，而不能被大自然完全降解的塑料。完全生物降解塑料由天然高分子或农副产品经微生物发酵合成具有生物降解性的高分子制得，且废弃后能被自然界中的细菌、真菌等微生物完全降解，最终分解成水和二氧化碳。所以完全生物降解塑料又被称为“绿色塑料”。根据塑料制备的原料组成和制备的方法[18]，完全生物降解塑料又可分为微生物合成降解塑料、化学合成降解塑料和天然高分子共混降解塑料三类。这类塑料除具有可降解性外，还有易于加工、满足使用要求的性能，是一种新型的环境友好型材料。

1. 微生物降解塑料研究进展

聚羟基脂肪酸（酯）（polyhydroxyalkanoates，PHAs）是一类由多种细菌合成的脂肪酸聚酯。自然界中，包括革兰阳性菌和革兰阴性菌在内的近百个属，300 多个种，都能够积累 PHAs，不同种类的微生物可利用不同的底物积累出不同的单体和不同量的 PHAs，其中，含量比较高的主要有产碱杆菌属、固氮菌属、红细菌属、根瘤菌属、嗜盐杆菌属等。第一种被发现和确定的 PHAs 是来自于 *Bacillus megaterium* 的 poly（3-hydroxybutyrate）[P（3HB）]，到目前为止，已经发现了 150 多种不同类型的羟基脂肪酸单体[19]。

（1）PHAs 的生物合成途径　PHAs 的生物合成途径有多条，不同的菌种有不同的合成途径。途径Ⅰ由糖类碳源起始合成，通过 2 分子乙酰辅酶 A 缩合反应产生 3HB 单体，最后由 PHAs 合成酶将其聚合到 PHAs 碳骨架上，这是最常见的合成途径。*R. eutropha* 所产生的 scl-PHAs 就是利用途径Ⅰ合成，当同时添加丙酸时，细胞会形成 3-羟基丁酸-3-羟基戊酸共聚物（P3HB3HV）[20]。途径Ⅱ中，长链脂肪酸作为碳源，经过β氧化产生的中间产物可以通过不同的代谢途径合成各种羟基脂肪酸单体，用于 PHAs 合成。*Pseudomonas* 属所代表的 mcl-PHAs 合成主要利用途径Ⅱ，许多 *Pseudomonas* 属菌能够利用糖类和结构非相关底物合成 mcl-PHAs，前体由脂肪酸重新合成途径（途径Ⅲ）提供。

（2）高产菌株的筛选　能够合成 PHAs 的细菌分布于多种不同的分类群，包括光能利用菌、古细菌、革兰阳性菌和革兰阴性菌，以及好氧菌和厌氧菌[21]。依据 PHAs 合成所需求的条件，用于生产 PHAs 的菌种分为两种：一种菌在必需元素如氮、磷、镁、钾、氧或硫缺乏而同时碳源过剩时开始积累 PHAs；第二种菌的 PHAs 积累和细胞生长是相关的，不需要营养限制。*Ralstonia. eutropha* 和 *Alcaligenes latus* 是产生 scl-PHAs 的主要菌株，*Protomonas oleovorans* 和 *Protomonas putida* 是产生 mcl-PHAs 的主要菌株。另一些菌株如 *Aeromaonas hydrophila* 则能够产生长短链 PHAs 共聚物。代谢工程技术将新的 PHAs 代谢途径引入到细菌中或对已有的代谢途径进行改造，使之更高效地生产各种 PHAs，对重组 *E. coli*、*Ralstonia. eutropha* 和 *Protomonas oleovorans* 的研究较多。有研究将野生菌的 PHAs 合成基因 *pha*CAB 操纵子转入大肠杆菌使之成为具有 PHAs 合成能力的重组菌，重组大肠杆菌因为其利用碳源广泛，生长快速，能够积累大量 PHAs（超过 80%细胞干重），提取简单，并且不含有胞内 PHAs 降解酶等优势，被认为是最适合生产 scl-PHAs 的菌种[22]。

（3）PHAs 发酵过程优化　PHAs 是胞内产物，因此发酵能力的提高既取决于胞内 PHAs 的含量，又依赖于提高细胞的密度。通常影响 PHAs 产量提高的 3 个主要因素是菌种、底物和营养条件以及发酵过程控制技术。因此，为了提高 PHAs 的生产能力，对于不同种类的微生物要采用不同的营养条件和发酵策略。对于营养限制条件下积累 PHAs 的菌种，一般采用两阶段分批发酵方式，首先使菌体生长达到预期水平，然后限制某种营养或培养条件使细胞开始大量积累 PHAs，而此阶段细胞浓度保持稳定。对于与生长相关的 PHAs 菌种来说，通常采用优化的补料方式使细胞生长的同时积累 PHAs。另外，有研究采用了连续培养方式，通过调整稀释率产生不同 HB∶HV 摩尔比的 PHBV，在稀释率为 0.093/h 时，PHBV 最高产率为 0. 252 g /（L·h）[23]。

利用不同菌混合培养是另一种有用的发酵策略。一些研究者[24]将 *Lactobacillusdelbrueckii* 和 *Alcaligenes eutrophus* 进行混合发酵，在同一反应器中利用 *Lactobacillus delbrueckii* 将葡萄糖转化为乳酸，*Alcaligenes eutrophus* 将乳酸转化为 PHB。另一些研究者将 *Lactobacillus delbrueckii* 和 *Ralstonia eutropha* 进行混合培养，利用葡萄糖生产 PHB。张圆等[25]将圆褐固氮菌（*Azotobacter chroococcum*）与巨大芽孢杆菌（*Bacillus megaterium*）混合培养，通过芽孢菌向胞外分泌的多糖酶，及时降解发酵液中的荚膜多糖，解决了固氮菌发酵生长过程中发酵液黏度高、传质较差、生长速度过低、糖的转化率不高等问题。通过培养活性污泥中的混合微生物生产 PHAs 近年受到广泛关注。Dionisi 等[26]报道了利用活性污泥在动态底物流加条件下，产生的 P（3HB-*co*-3HV）含量达到 62 %。由于成本较高，PHAs 目前仍然未能进行广泛的工业化生产。

（4）PHAs 的提取和产业化前景　当 PHAs 发酵水平提高至较高阶段，发酵成本显著降低后，提取纯化工艺将成为制约商品化开发 PHAs 产品的关键性因素。从细胞中提取 PHAs，可以使用许多溶剂提取的方法。一般使用的溶剂有三氯甲烷、二氯甲烷、己烷或丙酮。利用 PHAs 不溶试剂如甲醇沉淀的方法也可提取得到较高纯度的聚合物。另一种常用的方法是使用次氯酸盐消化细胞的非 PHAs 部分，然后离心将产物 PHAs 和溶液分离，但这种方法会因为次氯酸盐的强氧化性而降低聚合物的分子量[27]。也可以使用较为温和的酶解法和简单碱裂解除去细胞部分[28]。目前已经有 4 种 PHAs 商业品牌: Biopol™（PHBV 共聚物）、Biomer™（PHB）、Nodax™（$PHBHH_x$ 共聚物），以及 Biocycle™（PHB，PHBV）[29]。但和石油塑料产品相比，由于较高的成本，生物可降解的 PHB 和 PHBV 仅占极小的市场。因此，采用廉价的底物来降低生产成本，将是 PHAs 商业化规模生产的方向。在国内，宁波天安生物材料有限公司与清华大学、中国科学院微生物所合作开发的 PHBV 已经建成 2000 t/年的生产线，成为当时全球最大的 PHAs 类原材料生产供应商。随着山东意可曼 3000t/年 PHAs 生产线的建成和天津国韵生物科技有限公司 2009 年 10 月万吨 PHA 工厂开工投产，中国已成为 PHAs 生产大国。应用领域已经从最初的包装领域跃迁至涵盖纸、纸箱、牛奶包装盒（膜）、卫生纸巾保湿层、梳子、子弹及大宗化学品制造领域。PHAs 的医学用途最近成为关注的一个热点，

PHAs 作为食品香味传递剂、奶酪替代品等用途吸引了国内外食品行业的广泛关注[30]。

（5）PHAs 产业发展趋势　国内利用微生物合成法大规模工业化生产生物高分子聚合物的产品仅有少数几种，且在产率、生产成本和产品质量控制等方面与欧、美、日等国相比差距较大，绝大部分产品以粗品出口。为弥补此方面的不足，今后应从以下方面着重进行研究：①进一步探索特定天然高分子聚合物的生物合成途径，为构建具有工业化生产前景的工程菌株和过程优化提供指导；②进一步尝试以非粮原料及其他廉价物质为基质的高分子微生物法合成工艺，并对生物反应器进行合理设计和改造；③进一步摸索膜过滤、固定化蛋白酶等微生物细胞灭活和清除技术，建立与特定规格产品相对应的提取精制工艺流程；④进一步探索生物高分子聚合物在食品、医药和工程材料等领域的新用途，为产业链拓展打下基础。

2. 化学合成降解塑料研究进展

（1）PLAs 型降解塑料　PLAs 是以有机酸乳酸为原料进行生产的新型聚酯材料，性能比聚乙烯、聚丙烯等材料要优越。近年来，国内外研究其合成工艺可分为间接合成二步法和直接合成一步法[31,32]。间接合成二步法以乳酸或乳酸酯为原料，经脱水二聚合成丙交酯，丙交酯再开环聚合，两步制得 PLAs。此方法工艺成熟、易控制。缺点是流程长、操作复杂、生产成本高。直接缩聚法（直接合成一步法）是通过乳酸分子间脱水、酯化，逐步缩聚成聚乳酸。其缺点是在反应后期，聚合物可能会降解成丙交酯，从而限制 PLAs 相对分子质量的提高。由于 PLAs 质地比较脆硬，所以工业上需要经过进一步改性后才能加工使用。一般 PLAs 的改性方法包括物理改性和化学改性[33]。

我国从 2000 年前后开始研发 PLAs 生产工艺，截止到 2010 年 4 月，国内 PLAs 产能达到年产 1.2 万吨左右。目前我国 PLAs 的生产仍属起步阶段，大部分企业还处于研发阶段和试生产阶段，建成投产的生产装置数量少、规模小。

① PLA 开发和应用进展　根据国家重大科技项目要求，PLAs 研究要重点研制用于制备聚 L-乳酸的催化体系和聚合方法，解决聚合过程中的结构控制和聚合及后处理过程的传质和传热问题，完善一步法合成 PLAs 的新工艺，建立连续本体聚合的生产线，提出改善 PLAs 热力学性能的实时改性方法。华东理工大学研究出密闭体系中利用脱水剂进行固相缩聚以制备高分子量 PLAs 的新工艺。清华大学、长春应用化学研究所、天津大学和同济大学等在 PLAs 和 PHA 研发领域已形成 10 万吨/年乳酸、100t/年 PHA 的生产能力，为加快 PLAs 和 PHA 研发与生产做好了技术储备。目前国内越来越多的大型生物发酵和塑料加工企业参与 PLAs 和 PHA 的研发和生产，为 PLAs 和 PHA 产业化发展提供了强大的物质基础。

中科院长春应用化学研究所以实现合成 PLAs 所需的 L-丙交酯国产化为突破口，先后解决了提高 L-丙交酯收率、纯化、聚合反应等制备 PLAs 的三大瓶颈问题；突破了乳酸脱水时间、PLAs 分子量分布、裂解催化剂反应条件、单体高温消旋化、精馏和聚合工艺等产业化关键技术；乳酸低聚裂解、L-丙交酯提纯、绿色无溶剂本体聚合等具有自主知识产权的核心技术。产品性能达到国外 PLAs 先进标准。

常熟市长江化纤有限公司和中科院长春应用化学研究所联合研发成功玉米淀粉纺出纤维材料的技术，首创的“一步法纺丝”新工艺与美、日采用的“切片纺丝”技术相比，缩短了工艺流程，减少了熔体降解热，降低了生产成本，保证了纤维质量。

华东理工大学材料科学研究所采用专利技术，于 2008 年年底实现了 PLAs 薄膜的稳定生产，得到了厚度不大于 $4\mu m$ 的可完全降解超薄塑料薄膜。该薄膜为目前世界最薄的完全降解薄膜，且单位面积价格接近 PE 地膜价格。并且，通过分子设计，采用低渗出、非石油基、可完全降解改性剂对脆性 PLAs 进行改性，在增加柔性的同时，改善了加工性能，并具有良好的强度，具有优良的透光性、拉伸强度、导热性、渗水性、抗紫外线性和无滴性，且有一定的价格竞争力。

拜耳材料科技公司与四川大学合作开发了混合工艺聚碳酸酯（PC）与 PLAs 新产品。该产品部分基于玉米等可再生资源，改善了原有共混物的性能，能与适配阻燃剂相结合兼具阻燃性，可应用于汽车、电子等领域。

浙江海正生物材料股份有限公司推出一种耐热可达 80℃的新级别热聚乳酸（PLAs）树脂。

中科院长春应用化学研究所发明的“四元复配完全生物降解 PLAs 型复合材料及应用”技术，以可再生植物为原料，人工合成的热塑性脂肪族聚酯，不仅具有良好的生物降解性和生物相容性，同时也具有可比拟通用塑料的力学强度。该发明针对 PLAs 的缺陷，通过多相共混体系改善了 PLAs 的流变行为，制备适合于通用设备加工的、具有良好柔韧性和抗撕裂强度的 PLAs 复合材料。该复合材料将 PLAs、聚亚丙基碳酸酯（PPC）、聚己内酯（PCL）及聚 3-羟基丁酸酯（PHB）作为基体树脂，添加相关的加工改性剂，进行复配共混，改善了 PLAs 制品的成型加工性、耐热性、撕裂强度及制品的尺寸稳定性。

山西省化工研究院在生物基塑料配套助剂研究中取得重大突破，开发出 TMC 系列生物基塑料和生物可降解塑料专用成核剂，在生物基塑料和生物可降解塑料配套助剂研究领域取得了重大进展。应用这种新型助剂，能显著提高结晶性聚酯的结晶度，改善制品的耐热变形性、透明性、抗冲击性等，同时缩短制品的成型周期，提高生产效率。

② PLAs 的改性研究进展

a. 共混改性　共混改性是提高聚合物性能、降低高分子材料成本的有效途径。PLAs 作为完全降解高分子材料，与其共混的组分必须也是能完全生物降解的聚合物，从而在根本上解决塑料消费后造成的污染问题。既满足完全生物降解，又能改善 PLAs 的力学性能、降解性能以及亲水性的聚合物主要有甲壳素类、聚 3-羟基丁酸酯（PHB）、聚己内酯 （PCL）、聚己二酸-对苯二甲酸丁二酯（PBAT）等几种材料。

Ⅰ. 甲壳素类材料：刘正尼等[34]采用 1%戊二醛交联的明胶作为支架内芯，PLAs 和甲壳素以 7∶1 比例纺丝编织构建支架的外网套，将明胶嵌入外网套，以构建生物可降解性复合支架，支架具有良好的机械性能、降解性、生物相容性。周建等[35]报道了甲壳素与 PLAs 的共混物应用在临床医学领域。刘预等[36]利用各种脱乙酰程度的壳聚糖生成壳聚糖与聚乳酸的接枝共聚物，纺制成高性能的壳聚糖纤维，用作生物复合材料。

Ⅱ. 聚 3-羟基丁酸酯 （PHB）：PHB 是一类由微生物合成的脂肪族聚酯材料，PHB 由于具有和通用塑料相似的热塑性，又具有完全降解性，可在环境中完全降解为水和二氧化碳。葛骏等[37]利用掠入射 X 射线衍射法（GIXD）对 PLAs 和 PHB 混合制成的薄膜进行研究，PHB 的加入明显地提高了混合薄膜中 PLAs 的结晶性，同时还降低了 PLAs 的结晶温度并提高了熔融温度。薛丹[38]将 PHB 和 PLAs 两种可降解材料复合纺丝，通过调整 PHB、PLAs 的复合比例，达到控制降解速率和改善材料脆性的目的；分别用具有亲水性、生物相容性的聚氧乙烯和聚乳酸-氨基酸共聚物进行共混，对复合纤维进行亲水性设计。

Ⅲ. 聚己内酯（PCL）：PCL 是一种半结晶型聚合物，具有很好的柔韧性和加工性，同时这种材料具有很好的生物相容性，将 PLAs 与 PCL 共混以很好地综合两者的优点。为了改善 PLAs 与 PCL 不相容组分相界面之间的黏结力，在混合过程中可以加入催化剂，通过组分之间发生化学反应来改善不相容共混体系的相容性。

Ⅳ．聚己二酸-对苯二甲酸丁二酯（PBAT）：PBAT 属于热塑性生物降解塑料，是己二酸丁二醇酯和对苯二甲酸丁二醇酯的共聚物，兼具 PBA 和 PBT 的特性，既有较好的延展性和断裂伸长率，也有较好的耐热性和冲击性能；此外，还具有优良的生物降解性。朱兴吉等[39]用双螺杆挤出机熔融挤出制备了 PLAs/PBAT 复合材料，并研究了聚乙二醇（PEG）对复合材料的增容作用。结果表明，少量 PEG 的加入使复合材料的拉伸、弯曲强度和模量都得到了显著改善，冲击强度略有增加；PEG 增加了复合材料中 PLAs 与 PBAT 链段的相互作用，使复合材料相容性有所提高。

Ⅴ．其他生物质聚合物：除以上几种方法，一些专家也尝试了一些其他的方法，如苏璇等[40]采用熔融共混的方法制备了聚乳酸/聚亚丙基碳酸酯（PPC）共混物。

b．填充改性　PLAs 的填充与增强改性是指通过物理共混的方法，在 PLAs 树脂中，加入其他有机或无机填料如淀粉、羟基磷灰石、磷酸三钙、碳酸钙、硅藻土、滑石粉等，以达到增强增韧，同时降低 PLAs 制品生产成本的目的。

Ⅰ．淀粉：将 PLAs 与淀粉共混可以大大降低成本，同时还保证复合材料具有良好的生物降解性，但是，由于 PLAs 与淀粉的相容性较差，因而近来有很多关于改善淀粉与 PLAs 界面相容性的研究。方显力[41]等用乙酰柠檬酸三丁酯作为增塑剂，通过熔融共混制备了增塑改性的聚乳酸/淀粉复合材料。Sun 等[42]在 PLAs/淀粉的共混物体系中加入二苯亚甲基二异氰酸酯（MDI）等，结果表明 MDI 可以显著提高共混物体系的相容性。吴景梅等[43]采用接枝共聚-共混法，制备了乳酸接枝淀粉/聚乳酸复合材料。

Ⅱ．羟基磷灰石：羟基磷灰石（HA）具有极好的生物活性，但它的脆性大、强度较低、易断裂。将其与 PLAs 类聚合物复合制成生物降解复合材料，是希望把两者的优点集于一体，使该复合材料不仅具有提高材料韧性、机械强度，而且符合骨组织工程的生物学要求。魏俊超等[44]利用溶剂复合的方法制备了具有良好生物相容性的表面接枝聚（γ-苄基-L-谷氨酸）的改性羟基磷灰石/聚乳酸纳米复合材料。钟金晟等[45]将第 3 代人羊膜基质细胞培养于含聚乳酸和聚乳酸/羟基磷灰石膜的成骨诱导培养液中，进行组织学检查及免疫荧光细胞化学染色检测。说明电纺聚乳酸/羟基磷灰石膜与人羊膜基质细胞可以共同构建成细胞/支架复合体，具有应用于骨组织工程的潜力。张胜民等[46]将经过修饰的羟基磷灰石与相对分子质量较高的聚乳酸基体进行复合，得到的复合材料初始弯曲强度高达 114～210.2 MPa，生物相容性好。

Ⅲ．β-磷酸三钙（β-TCP）：与羟基磷灰石 HA 相比，β-TCP 具有更好的溶解性、生物相容性和骨诱导能力，并且β-TCP 的降解速率要远高于 HA，用β-TCP 改性 PLAs 以满足医学方面的应用，近年的研究也比较多。徐建强等[47]通过对比实验研究复合骨形态蛋白-2 的聚乳酸-乙醇酸共聚物/磷酸三钙（PLGA-TCP-BMP-2）人工骨结合自体带血供尺骨骨膜移植修复大段骨缺损的效果。结果表明 PLGA-TCP-BMP-2 人工骨结合自体带血供尺骨骨膜移植能够很好地修复绵羊桡骨 30mm 的骨缺损。

最近几年，由于 PLAs 在通用塑料方面的应用，人们开始将研究的目光放在其他无机填料如碳酸钙、层状硅酸盐类填料上，通过制备纳米复合材料达到高性能化的目的。张竞等[48]以 KH560 处理后的超细滑石粉为增强相，PLAs 为基体，制备了超细滑石粉/PLAs 复合材料。任杰等[49]采用阳离子交换法将层状钠基蒙脱土与有机插层剂（包括各种氨基酸及长链烷基铵盐）进行阳离子交换，然后将丙交酯与有机改性蒙脱土在适当的催化剂作用下进行原位聚合，形成插层型或剥离型聚乳酸/蒙脱土纳米复合材料。

c．增塑改性　增塑改性是在高聚物中添加一定量的高沸点、低挥发性的低相对分子质量物质，从而改善其机械性能与加工性能。目前，许多学者研究了柠檬酸酯醚、低聚物聚乙二醇（PEG）、丙三醇、聚丙二醇等增塑剂改善聚乳酸的柔韧性和抗冲击性能。尹静波等[50]选用柠檬酸酯系列增塑剂改性聚乳酸，通过相关测试表明，柠檬酸酯类增塑剂均能有效降低聚乳酸的玻璃化转变温度，克服脆性断裂，改善加工性能。

d．共聚改性　共聚改性是通过调节乳酸和其他单体的比例改变聚合物的性能，或由第二单体赋予聚合物特殊性能。曲萍等[51]采用溶液浇铸法制备纳米纤维素/聚乳酸/聚乙二醇三元复合材料，与纯聚乳酸相比，该复合材料的拉伸强度和断裂伸长率分别提高41.2%和38.4%。何柄林等[52]将 L-丙交酯与 D，L-丙交酯按一定比例均匀混合，真空干燥，熔化，加入引发剂，进行聚合，将 P-（L，D）-LA 溶于 5%氯仿溶液，用甲醇沉淀过滤真空干燥，加工成片材或棒材经拉伸自增强加工成型。

e．交联改性　交联改性是指在交联剂或者辐射作用下，通过加入其他单体与 PLAs 发生交联反应生成网状聚合物以改善其性能的过程。刘春栋等[53]采用盐析法制备出高孔隙率聚乳酸支架，采用低浓度 NaOH 进行表面轻度水解后，利用碳二亚胺（EDC）和透明质酸进行支架的改性。结果表明，透明质酸改性聚乳酸多孔支架仍保持多孔的三维结构，其水亲和力、吸水能力、保水能力和细胞相容性均得到明显改善。

f．复合改性　使用天然植物纤维与 PLAs 复合制备出低成本、高性能的完全可生物降解的工程材料是改善 PLAs 性能的有效方法。于涛涛等[54]选用经偶联剂和阻燃处理的黄麻短纤维与 PLAs 熔融共混后反应挤出，得到了黄麻/PLAs 复合材料。测试结果表明，经偶联剂处理的黄麻纤维可以提高黄麻纤维与 PLAs 之间的界面结合程度和复合材料的力学性能，也明显提高了复合材料的耐热性能；阻燃处理可以提高复合材料的阻燃性能。

（2）PCL 型降解塑料　聚己内酯（PCL）具有良好的生物分解性，其生物降解速度仅次于 PHB 和纤维素。但是，PCL 熔点低（63℃），难以加工，不能单独作塑料，但与 PE、PP、ABS、PC 等多种树脂能够良好相容。

对于 PCL 的合成而言，一般工艺多采用价格昂贵的辛酸亚锡或双金属氧桥烷氧化物为引发剂开环聚合[55]，从而使得聚己内酯价格居高不下。胡芸等以乙二醇-钛酸丁酯作为引发剂，得到的聚己内酯与用其他方法所得的聚合物在结构上并无根本差异[56]。赵义平等研究 PCL 活性聚合发现，钛酸丁酯催化体系能够加速 ε-己内酯单体的开环聚合，随着钛酸丁酯用量的增加，产物相对分子质量亦明显升高[57]。目前，PCL 凭借其良好的热稳定性、力学性能、药物通过性、生物相容性，且降解产物对人体无毒等性能，已广泛应用于骨折固定材料、手术缝线、药物控制和组织工程支架材料等领域[58]。

（3）PBS 型降解塑料　聚丁二酸丁二醇酯（PBS）共聚酯改性一般分为 PBS 与脂肪族共聚酯和 PBS 与芳香族共聚酯的研究。中科院理化技术研究所工程塑料国家工程研究中心与山东汇赢建成年产能力为 2 万吨的 PBS 生产线。广东金发公司建成年产 1000 t PBS 共聚物 PBSA（聚丁二酸/己二酸-丁二醇酯）的生产线。

（4）天然高分子共混降解塑料

① 淀粉型降解塑料：淀粉是一种多羟基化合物，具有很强的吸水性，一般分为直链淀粉和支链淀粉 2 种。由于直链淀粉制成的薄膜具有好的透明度、柔韧性、抗张强度和水不溶性，且无毒、无污染，所以，国内外研究多以直链淀粉为主。

邱礼平等对高直链交联变性淀粉结构及糊化性质进行分析，结果表明，直链淀粉含量越高，分子间越易结合，糊化越难，而高直链淀粉经交联形成的交联变性淀粉分子量要比高直链淀粉大得多，剪切力更强，更易凝沉、不易膨胀[59]。目前，从事淀粉降解塑料研究方向主要有淀粉与可降解聚酯共混材料和全淀粉塑料 2 种[60]。前者一般是将淀粉与可降解聚酯如 PCL、PVA、PHB 或天然高分子纤维素等共混制备。由于聚酯类的化合物本身能够进行生物降解，所以，此类材料也可以完全降解，对环境不会造成污染。杨冬芝等利用水、甘油和聚乙二醇复配作为淀粉-PVA 共混体系的增塑剂，试验结果表明，共混物具有很强的拉伸强度，可以达到 20 MPa 以上，断裂伸长率也可达 100%，经过增塑后的淀粉容易与 PVA 发生羟基交联，从而呈现出接近通用塑料的性能[61]。那海宁等通过先糊化、后共混、再交联的方法，制备了高填充量淀粉/PVA 全生物降解塑料薄膜[62]。打破了淀粉颗粒的原有形态结构，促使淀粉与 PVA 的共混相容，从而使薄膜具有优良的力学性能。

全淀粉塑料指的是主要以淀粉为基本材料，在其中添加少量的助剂制备而成。由于淀粉自身结晶温度高，难以直接进行加工，通过加入一些增塑剂后，可以改变其分子结构，对物理性质和化学性质进行改性加工，从而可以提高材料的性能。熊汉国等通过在淀粉中加入增塑剂，经过高速加热混合、双螺杆挤粒、注塑等步骤，制备出一次性碗、餐盒、盘子等餐具[63]。

② 纤维素型降解塑料：纤维素分子是由葡萄糖经 β-1，4-糖苷键连接成的链式分子，通过同向平行排列折叠，并在范德瓦尔力的作用下，相互聚集形成高度结晶的多层堆砌结构基纤维，聚集成纤维素纤维。

目前，对于植物纤维为主体的复合材料一般集中在纤维板材和纤维素薄膜上。由于纤维素间具有很强的氢键，难以塑化，不易成膜，所以在进行合成材料之前要对其进行改性。改性的方法主要有酯化、醚化以及氧化成醛、酮、酸等[64]，通过改性以后，便可以进行挤塑、流延、吹膜等工艺制作。

近几年，天津科技大学王立元等以马铃薯淀粉和植物纤维为主体，加入增塑剂、交联剂，与 PVC 溶液混合，最终开发出一种新型的厚度为 1.6 mm 的片材可降解包装材料[65]。宁波“贝发”从玉米棒中提炼出植物塑性纤维用来制笔。

③ 甲壳素型降解塑料：甲壳素又名甲壳质、几丁质、壳多糖，是由 *N*-乙酰基-D-葡胺糖通过 β-1，4-糖苷键连接而成的大分子直链状多糖。随着对甲壳素、壳聚糖及相关产品研究的深入[66]，甲壳素在医药、保健、农业、化工、环境、纺织、化妆品等诸多领域已经和正在显示出有效的应用潜能，出现了蓬勃发展的势头。

④ 蛋白质型降解塑料：蛋白质是由许多氨基酸通过肽键连接起来的大分子化合物。蛋白质分子间有很强的氢键、离子键及二硫共价键，导致材料在硬度、脆性、流动性等物理特性上不理想，可塑性不好是影响其在塑料方面的一个重要因素。湖北大学方尚勇等[67]以明胶作为蛋白质，加入无机填料和复合增塑剂的水溶液，用流延法成膜，制得了蛋白质基可降解塑料薄膜。Jane 等的研究揭示了多数还原剂（如硫醇、亚硫酸盐等）在大豆蛋白质注塑、挤出传统加工产品时，可以减少蛋白质内的二硫键（—S—S—）而形成—SH 基团，通过断裂蛋白质内多肽链的交联性，使得蛋白质的溶解性增加，在与其他增塑剂一起共混时，有较好的加工流动性[68]。Otaigbe 等研究了大豆蛋白/聚磷酸盐复合材料的强度及耐水性，结果表明，在大豆蛋白中添加 20%的聚磷酸盐，可将该塑料的弯曲模量从 1.7 Gpa 提高到 2.1 Gpa，而吸水率则稳定在 57%左右[69]。王学智等将玉米朊加工成一种全新的生物降解塑料———玉米塑料[70]。该塑料无害无毒，属纯天然“绿色产品”。

（二）可食性包装材料

可食膜是以可食性生物大分子物质及其衍生物为主要基质，辅以可食性增塑剂，经过混合、加热、加压、涂布和挤出等工艺[71]，使各成膜剂分子相互作用，干燥后形成一种具有一定工程性质和选择透过性的薄膜。通常把预先制备好的独立膜称为薄膜，把涂布、浸渍、喷洒在食品表面而成的薄膜称为涂层。它主要用于食品内包装和新鲜食品的表面包装，以阻止食品吸水或失水，防止食品氧化等化学反应，调节生鲜食品呼吸强度，提高食品表面机械强度，改善食品表现，减少油炸食品吸油量等[72]；也常作为食品特殊成分如防腐剂、色素、风味物质等的载体，使这些成分在食品表面或界面上发挥作用[73]。可食膜具有以下特点[74~80]：可以接受的感官特征，具有使用安全性和卫生性，可与被包装食品一起食用，对食品和环境无污染；适当的阻隔性能，可延缓食品中水、油及其他成分的迁移和扩散，与不可食用薄膜构成多界面、多层次的复合包装，提高了整体阻隔性能；较好的物理、机械性能，可提高食品表面机械强度，使其易于加工处理；作为食品色、香、味、营养强化剂（维生素或矿物质）、抗氧化剂或抑菌剂等添加剂的载体，并可控制其在食品中的扩散速率；可选择的透气性，适合各种不同需求的包装，如降低果实的呼吸速率（通过降低果实外部微环境中的 O_2 含量，增加 CO_2 浓度以及控制乙烯释放量[81]）来延缓果实的衰老过程；可用于食品小量包装和单体包装，防止因食品组分间水分和其他物质的迁移而导致的食品变质。

1. 蛋白质类可食膜

蛋白质分子在溶液中呈卷曲的紧密结构，表面被水化膜包围，依靠分子中的氢键、离子键和疏水相互作用、偶极相互作用、二硫键来维持结构的稳定性。通过一定的方法处理，破坏蛋白质内部的相互作用，使蛋白质三维构象发生变化，分子得到一定程度的伸展，内部的疏水基团、巯基暴露，分子间的相互作用加强，同时分子内的一些二硫键断裂，形成新的二硫键，蛋白质从二维单分子层变成三维立体网络结构，从而得到具有一定强度的阻隔性薄膜[82]。

蛋白质类可食膜按蛋白质来源分为谷物薄膜、乳基薄膜和胶原薄膜 3 类。蛋白质类可食膜具有优良的阻气性，但由于其具有亲水基团，故而阻水性有限。姜燕等研究了谷氨酰胺转移酶对大豆分离蛋白、酪蛋白酸钠及明胶三类蛋白质成膜特性的影响[83]，结果表明，在成膜液中加入谷氨酰胺转移酶，可使大豆分离蛋白、酪蛋白酸钠及明胶 3 类蛋白质膜的抗拉强度和表面疏水性有不同程度的改善。Anker 等通过在乳清蛋白膜中加入乙酰单甘酯，提高了乳清蛋白膜的阻湿性[84]。马越等研究了含花青素可食性大豆蛋白膜对油脂贮藏过程中品质的影响，得出添加有花青素的大豆蛋白膜的包装材料可有效延长油脂的贮藏期[85]。王若兰等通过微波处理以谷朊粉和大豆分离蛋白为主要成膜原料的可食保鲜膜的研究结果表明，微波处理能有效改良 3 种膜的机械性能、感官性能及通透性[86]。Micard 等通过高温或添加甲醛处理小麦面筋膜，提高了该膜的机械性能[87]。翁银武等以鲢鱼肉为主要原料制备蛋白可食膜，研究了迷迭香抗氧化剂的添加对膜理化性质和抗氧化性能的影响[88]。

2. 多糖类可食膜

多糖类可食膜是以动植物多糖和微生物多糖为主要原料制成的薄膜，它具有良好的机械性能和透明度[89]。常用的原料有淀粉、纤维素、壳聚糖、葡甘聚糖和茁霉多糖等。

壳聚糖膜具有清晰、坚韧、阻氧性好等特点，可用在果蔬的气调储藏保鲜中。还可根据其阻氧、阻二氧化碳、抗菌、透明、耐油、防水防湿、柔韧性好等特点，壳聚糖在果蔬表面形成聚合物薄膜，显著抑制果蔬呼吸作用、蒸腾作用、水分蒸发、物质代谢和果色转化等生理生化过程，推迟生理衰老，延长贮藏期，起到保鲜作用，并具有天然抑菌性，可抑制食品表面的多种真菌、细菌[90]。

茁霉多糖又称普鲁蓝多糖，其最特殊的性质是比其他高分子膜的透气性低，氧、氮、二氧化碳和香气等气体几乎不能透过[91]，投入水中能迅速溶解，在高温、低温时均稳定。还具有耐油性（不溶于油中）、耐有机溶剂性（不溶于乙醇、乙醚等有机溶剂）、印刷适应性、防带电性，气体遮盖性、保香性能优良，在含适度水分时有很强的黏结性，极适合做食品包装膜[92]。

成膜性能较好的变性淀粉[93]有酸变性淀粉、氧化淀粉、磷酸酯淀粉、醋酸酯淀粉、羟丙基淀粉、 羟烷基淀粉等。

为改进多糖可食膜的性能、品质，研究者进行了一系列实验研究。孙万海等以羟丙基交联淀粉为原料、甘油为增塑剂，采用双螺杆熔融挤出共混技术制备热塑性淀粉 [94]。吕春林等比较了以马铃薯原淀粉和交联淀粉为原料制备的可食膜的抗拉强度、伸长率、透水蒸气性和透光度等性能，得出马铃薯交联淀粉可食膜在各方面性能均优于马铃薯原淀粉可食膜[95]。赵国华等研究了大蒜油的添加对木薯淀粉膜抗菌性能的影响[96]。杨郦等研究了以邻苯二甲酸二丁酯为致孔剂制备多孔壳聚糖膜，研究了多孔壳聚糖包膜对尿素包膜及包膜尿素对氨氮的缓释溶出[97]。丁纯梅等研究了壳聚糖（CTS）和壳聚糖膜（Cd^{2+}-CTS）对 Cd^{2+}的吸附性能以及不同时间、不同温度、不同 Cd^{2+}初始浓度下，CTS 和 Cd^{2+}-CTS 对 Cd^{2+}吸附率和吸附量的影响[98]。Durango 等研究表明，添加 1.5%壳聚糖的甘薯淀粉膜液可以阻止胡萝卜片在 15 天内大肠杆菌和乳酸菌的生长[99]。研究发现，草莓涂敷 0.5%海藻酸钠溶液后进行渗透脱水，有利于水分的排出并保持较好的感官效果。刘传刚等研究了不同添加剂对壳聚糖膜的机械性能、吸附性和生物可降解性等的影响[100]。

3. 脂质类可食膜

脂质类可食膜的制作材料有蜂蜡、石蜡、硬脂酸和软脂酸等，由于脂质类具有相对低的极性，其形成的膜具有很好的阻水性，但其力学性能较低，故而很少单独以脂质类材料制作可食膜，通常将脂质类物质作为阻水组分与蛋白质及多糖等制成复合膜，以提高膜的综合性能[101]。

李欣欣等在马铃薯淀粉基可食膜中加入硬脂酸和软脂酸，提高了马铃薯淀粉基可食膜的阻隔性能[102]。Sapru 等用硬脂酸等制备了可食膜，并且可食膜的水蒸气透过率随着硬脂酸比例的上升而不断增大[103]。Kamper 等的研究表明，在几种脂质中，蜂蜡具有最大的阻水性能，硬脂醇具有最大的阻氧性能[104]。李升锋等研究了在大豆分离蛋白膜中加入硬脂酸、月桂酸以及液体石蜡后对其透湿性的影响[105]。

4. 复合型可食膜

复合型可食膜是指以 2 种或 2 种以上的材料为基材制备的复合膜或采用 2 层或 3 层以上的复合制膜[106]。由于单一组分形成的可食膜在性能上有一定的局限性，因而可食膜已由单材料向多材料、由单层膜向多层膜的方向发展[107]。通常，蛋白膜及多糖膜可以有效阻隔 O_2 及 CO_2，但由于其具有亲水基团，阻水性有限；脂质膜具有较好的阻水性，但其力学性能低于蛋白膜及多糖膜[108]。复合型膜以脂质作为阻水组分，以蛋白或多糖作为脂质的支持介质，保持膜的良好完整性，通过不同分子间的相互作用形成一种稳定的乳状液，干燥后溶剂挥发而形成具多孔网络结构的膜，使可食膜具明显的阻水性及一定的选择透气性[109,110]。复合材料膜克服了单一组分可食膜在应用中存在的问题，如机械强度低、阻隔能力稳定性差等，使可食膜具有更加广泛的功能性以满足不同食品的包装功能。吴俊红等将壳聚糖和羟丙基纤维溶液共混制备可降解包装共混膜[111]。L. Atares 等将姜精油与酪蛋白酸钠混合制备可食膜[112]。李慧等研究了黏合剂浓度、封合压力、封合温度和封合时间对用溶液共混法制备的海藻酸钠/羧甲基纤维素钠/明胶可食性包装膜封合强度的影响[113]。Seyed M ahdi O jagh 等研究了肉桂精油含量 0.4%、0.8%、1.5%和 2.0%的壳聚糖膜的抗菌、物理和力学性能[114]。宋臻善等研究了甲基纤维素（MC）对以甘油为增塑剂的大豆分离蛋白（SPI）膜物理性质的影响[115]。

5. 可食膜的应用现状

目前，可食膜在果蔬保鲜、加工肉制品保鲜和方便类食品的包装等方面都得到广泛应用。蓝炎阳等通过研究澳大利亚可食膜保鲜技术和方法在蜜柚上的应用，筛选出了最佳的膜配方和保鲜方法，用过滤水+杀菌剂+膜剂涂膜处理后结合低温冷藏保鲜，贮藏 120 天后损失率不到 10%，可食率高于 75%[116]。孙庆申等以配方为 5%的大豆分离蛋白、0.3%的亚油酸钠、0.2%的 Tween80、3%的甘油和 1%的油酸制备复合膜，研究了该膜对草莓的保鲜效果，得出该膜能显著减弱草莓的蒸腾作用，降低了烂果率[117]。王晓琴进行了玉米淀粉保鲜膜在樱桃番茄保鲜中的应用研究，优化了玉米淀粉保鲜膜制备的工艺参数，并将该膜与澳大利亚壳聚糖膜的保鲜效果作了比较，得出两种膜的保鲜效果相差不大，但是玉米淀粉保鲜膜的成本要比澳大利亚壳聚糖膜的成本低得多[118]。石磊等通过对葡萄进行壳聚糖涂膜处理，研究了贮藏期间葡萄的主要生理指标和品质的变化，得出该处理可降低葡萄的鲜重损失和腐烂率，保持葡萄的色泽和亮度，延缓可溶性固形物和可滴定酸的降解[119]。何晓霞等用罗伦隐球酵母和海藻酸钠等可食性材料制备了一种生物可食膜[120]，得出该膜有助于提高苹果采后贮藏的品质，如显著降低失重率，提高果皮彩度，延缓硬度和维生素 C 的下降及丙二醛的上升，保持较高的可溶性固形物、总糖和可滴定酸含量，并有效抑制霉菌生长，提高苹果的感官可接受度。J.Gmez-Estaca 等研究了丁香、茴香、柏树、薰衣草、百里香、马鞭草、松木和迷迭香对 18 属细菌的抗菌活性，其中包括一些重要的食品致病菌和腐败菌的抗菌活性测试[121]。结果得出，丁香精油具有最好的抑制效果，随后是迷迭香和薰衣草。在进一步的试验中，利用加入丁香精油的明胶-壳聚糖复合膜应用于冷冻储存期间的鱼类，革兰阴性菌微生物的生长被大大降低，尤其是肠杆菌，而实际上乳酸细菌在贮存期的大部分时间保持不变。在这期间，对微生物的影响与生化指标的质量表明了这些膜对鱼保鲜的可行性。

目前国内外的可食膜普遍存在机械强度不足、热封性较差、耐水和阻油性较差、抑菌效果不佳等缺点，为了改进可食膜的性能，目前国内外可食膜研究呈现由单材料向多材料方向发展、由单层膜向复合型膜方向发展和开发多功能可食膜的趋势。

（三）纳米技术在包装材料中的应用

纳米包装材料主要指应用纳米技术，通过对包装产品进行纳米合成、纳米添加、纳米改性，使其具有某一特性或功能的一类食品包装材料的总和。目前，国内外研究的纳米包装材料都是可生物降解的聚合物基纳米复合材料，即将纳米材料分散在柔性高分子聚合物中。可食性包装一般是通过刷涂、喷、蘸浸或液化等方式直接生成在食品表面。有试验结果表明，在可食性膜中加入纳米材料能够增强材料的物理性质[122]。

刘刚等[123]和颉敏华等[124]研制的纳米 SiO_x 保鲜果蜡，对 CO_2 和 O_2 通透性的调控能力强，能有效调节果品呼吸作用，抑制水分蒸发，具有较好的保鲜效果。水晶梨和黄瓜在采用含有纳米 SiO_x 的涂膜剂处理后，果实贮藏期得到有效延长，保鲜效果良好[125,126]。王朝宇等[127]将表面共价接有杀菌活性官能团的纳米 SiO_x 配制成保鲜涂膜剂，并用于芒果的贮藏。将纳米 SiO_x 添加到淀粉类可降解薄膜中，可以提高薄膜的机械性能，防水性与透明度也会有一定的改善[128]。纳米 TiO_2 颗粒作为一种新型材料，因其稳定、长效、安全和广谱的抗菌特性已经得到越来越多的关注。叶盛英等[129]利用添加纳米 TiO_2 的保鲜包装塑料薄膜对龙眼进行保鲜试验；陈丽等[130]研究发现添加纳米 TiO_2 的保鲜膜，其抗拉强度显著提高，氧气与水蒸气的透过量明显降低，对富士苹果的保鲜效果显著。研究发现，添加纳米 Ag 的保鲜膜，其抑菌效率可以得到显著提高，有利于果蔬贮藏保鲜[131,132]。Damm 等的研究结果证实含有纳米银的聚酰胺 6 复合材料，对大肠杆菌有很好的抑制作用 [133]。李红梅等[134]研制的含有纳米 Ag 和纳米 TiO_2 的包装材料，保质期得到延长，产品的色泽和风味保持较好。李喜宏等[135]研制的钠米 ZnO/PVC 膜，对大肠杆菌和金黄色葡萄球菌均有抑制作用。边晓琳等[136,137]研究发现，利用纳米材料包装金针菇后可以调节气体浓度，维持较高营养成分和良好的外观品质，对金针菇的酶活力也有积极的影响，贮藏期得到显著延长。

1. 食品纳米包装材料的安全性

纳米技术在食品包装产业中发展迅速，主要是由于人们普遍认为传统包装材料中的纳米材料（NMs）不会影响食品安全。然而，材料物质在大粒径状态下，其特性和安全性通常都很清楚，但在纳米尺度下一般会表现出不同的一面。目前的理论和试验研究结果证明，纳米颗粒（NPs）在包装材料中有向食品迁移的动力和趋势[138]。纳米颗粒潜在的毒性一般归因于其化学组成（如重金属） 或者纳米尺寸特性[139]。

纳米材料粒径小，比表面积大，故具有较强的吸附性和扩散性，有极高的表面反应活性和催化活性。这些性质在给食品包装材料带来某些特定性能的同时也很可能对生物安全带来较大的负面影响[139~144]]。

2. 未来纳米技术在包装材料中应用展望

纳米技术在食品包装领域的应用不仅给日常生活带来方便，同时也推动了纳米技术在应用领域中的基础研究。纳米技术经过多年的发展，已经取得了巨大的进步。由于纳米材料的特殊性能，不仅能够生产出更加优越的食品包装，同时还可以通过改善包装材料以进一步提高食品的安全性。例如，在食品纳米抗菌包装方面值得深入研究开发，以抑制或消除食品保鲜中存在的抗多种药物的细菌，实现安全贮藏。

目前，对于纳米材料的安全性尚缺乏完善的系统研究，没有适宜的研究模型，更缺乏高通量的筛选方法[145]。同时，关于纳米粒子的迁移、暴露性危害和毒性的科学数据相对缺乏，正确认识纳米粒子性质仍存在许多困难和问题[146]。随着新检测技术的进步，对纳米材料的安全评价必将合理而公正，为人们放心消费食品工业高新科技产品提供可靠的保证。

四、绿色包装新技术研究进展

（一）活性包装

活性包装是指采用去氧剂、抗菌剂、异味（腐味）消除剂、水分和二氧化碳控制剂等来延长食品的货架期，提高其安全性和改善感官性状的包装技术。

1. 食品活性包装进展

（1）除氧和能产生或吸收CO_2的活性包装系统　实验研究表明，用活性脱氧技术包装的焙烤食品30天内不会出现霉菌生长现象；活性包装也能大大改善包装奶酪的质量。另外，用脱氧剂来抑制植物油的氧化酸败也较常使用。

（2）乙烯脱除剂和湿度调节活性包装系统　乙烯气体能加速水果和蔬菜的成熟与衰老。水果与蔬菜自身能释放一定量的乙烯，在包装内部加入少量的乙烯脱除剂可消除此影响。现已开发了以下几种脱乙烯剂：①含高锰酸钾的硅胶，果蔬释放出的乙烯透过包装材料被高锰酸钾氧化，以达到脱除乙烯的目的；②含钯的活性炭，它能吸收乙烯而将其降解；③多孔性的无机矿物质（如沸石），将粉末状或多孔性无机物质直接混入聚乙烯或聚丙烯的塑料材料内挤压成薄膜，就具有吸收乙烯气体的功能[147]。

包装食品在流通过程中，如果表面冷凝结水，会造成营养物质流出溶于水中，使得霉菌和细菌繁殖加快。采用硅胶、石灰、氧化钙等干燥剂可降低湿气含量，可以通过控制干燥剂用量及干燥剂小包装袋的透湿率等，控制包装空间的湿度。现已研制开发出吸水薄膜，用来降低冷冻食品表面的水分活度，延长保质期[148]。

（3）能产生抗菌剂的活性包装系统　抗菌包装能杀死或抑制食品在加工、储运和处理过程中表面的微生物，延长食品的货架期和增加安全性。抗菌包装中的有效成分是抗菌剂。抗菌剂通常被物理涂敷或添加于包装材料中。根据抗菌剂的种类，抗菌包装可分为无机体系和有机体系。

无机体系抗菌剂成分主要为银、铜、锌及其离子状态的化合物，最常见的是银沸石及纳米氧化锌。其中银系抗菌剂有极其优越的抗菌性能，一般抗菌寿命可达5～10年[149]。无机金属抗菌剂具有无毒、高安全性、高耐久性、广谱抗菌性、耐高温、加工方便等特点，是目前抗菌制品的主要添加成分。

有机体系抗菌剂包括有机酸及其盐（如山梨酸盐、丙酸盐、苯甲酸盐）、抗生素（如乳链球菌肽）、酶（如溶菌酶）和杀真菌剂（如抑霉唑）等。其中，乙醇是一种非常理想的抗菌剂，它的蒸气可抑制10种霉菌、15种细菌及3种致腐败的酵母菌，而且少量乙醇对食品安全性没有任何影响。

（4）气调包装及温度监控系统　欧洲市场近年出现一种用于果蔬食品包装的气调包装袋。这种高氧自发性气调包装袋，袋内O_2、CO_2和N_2的组合比例，可根据不同果蔬食品的生理特性调节，如对易腐果蔬食品可用80%～90%氧和10%～20%CO_2[150]。

温度控制系统能减少冷冻食品在贮藏过程中由于温度控制不当而导致的品质劣变。因此，在包装上配有能反映食品在贮运过程中温度变化的装置就很重要，它能向消费者指示食品在贮运过程中温度控制是否恰当，保质期还有多长。

（5）用于微波处理的包装　微波“感受体”是最典型的一种活性包装辅助材料，是由聚酯膜真空涂铝膜制成，它在微波炉中可吸收微波，并将其转变成热能，以升高自身温度，从而加热包装内的食品，主要用于微波爆米花，也可做焦脆的比萨饼、果馅饼、法式面包。近几年还研究开发了镀SiO_x材料，它是在PET、PA、PP等基材上镀一层硅氧化物，这种镀膜具有高阻隔性、高微波透过性、透明性，可用于高温蒸煮、微波加工等食品软包装，也可制成饮料和食用油的包装容器。由于其特殊的优越性，将成为21世纪一种引人注目的包装材料[151]。

2. 食品活性包装的发展趋势

食品活性包装发展趋势主要表现在以下几个方面：发展控制包装气氛的包装材料，即可以控制包装袋内的环境，延长食品的保鲜期的新型材料；抗微生物包装材料，即具有抑制、减少食品包装中的微生物，使其停止生长或失活的功能的包装材料；抗微生物天然香料物质利用，即很多香料、药材、水果等含有挥发性抗微生物化合物，可以减少包装材料迁移或延缓面包中微生物的成长，以及包装的气体释放、去除与包装损害显示技术等。

（二）智能包装

智能包装就是利用新型的包装材料、结构与形式对商品的质量和流通安全性进行积极干预与保障，利用信息收集、管理、控制与处理技术完成对运输包装系统的优化管理等。

1. 智能包装分类

智能包装按工作原理来分类，分为功能材料型智能包装、功能结构型智能包装及信息型智能包装[152]。

（1）功能材料型智能包装　功能材料型智能包装是指通过应用新型智能包装材料，改善和增加包装的功能，以达到和完成特定包装的目的。目前，研制的材料型智能包装，通常采用光电、温敏、湿敏、气敏等功能材料，对环境因素具有“识别”和“判断”功能的包装。包装材料复合制成，它可以识别和显示包装微空间的温度、湿度、压力以及密封的程度、时间等一些重要参数。如美国光学涂料试验中心和 PA 技术公司研制出一种在外力作用下会变色的塑料薄膜；以色列能量纸公司（Power Paper）的可“印刷”在产品包装上的一种超薄柔软电池，使之增加灯光、声音以及其他一些特殊效果等智能包装材料。

（2）功能结构型智能包装　功能结构型智能包装是指通过增加或改进部分包装结构，而使包装具有某些特殊功能和智能型特点。功能结构的改进往往从包装的安全性、可靠性和部分自动功能入手进行，这种结构上的变化使包装商品的使用更加安全和方便。

功能结构型智能包装最有代表性的如自动加热和自动冷却包装，这两种智能自动型包装产品适合野外作业人士使用，例如探险、单车、钓鱼爱好者等；智能啤酒密封罐技术，可以起到既可以保鲜又可以冰镇的作用。

（3）信息型智能包装　信息型智能包装技术主要是指以反映包装内容物及其内在品质和运输、销售过程信息为主的新型技术。

这项技术包括两方面：其一，商品在仓储、运输、销售期间，周围环境对其内在质量影响的信息记录与表现；其二，商品生产信息和销售分布信息的记录。当前，在物流领域信息型智能包装中前景最大的当属 RFID 技术，应用较广的还有 QR 码技术。

2. 智能包装技术的应用

智能包装在保护、服务、信息等方面的强大功能使其在药品、食品、日用化学品、物流等领域的运用越来越广泛。除了要延长食品、饮料、药品和其他产品的保质期以外，这些智能包装还承担着提高产品可追溯性的重任。

（1）食品智能包装　为了保证食品安全，使消费者不误食变质食品，科学家研究出能指示食品是否变质以及能延长食品保鲜期的包装技术。

① 食品品质指示型智能包装：在食品包装中，一些智能包装能够指示食品的新鲜程度，同时还能人性化地显示产品的生产期和保质期。法国的“不二价”超市连锁店正在许多新鲜食品上使用一种被称为“时间温度指示”的包装技术，简称 TTI[153]。实际上它是一个标签，

可以显示食品在某一温度下保存了多长时间。这种标签像射击用的靶子，有许多圈套圈的透明圆环，中心的环含有一种化学物质。当内圈变黑时，就意味着食品不再新鲜。消费者可以根据这种标签颜色的变化判断食品保鲜程度来选购食品。还可以作为因食品变质而要求退货的凭证。

另一种食品安全指示包装技术，是一种掺杂染料的塑料圆片，它通过与包装袋内食品释放的气体发生作用，显示肉类和蔬菜是否变质[154]。

② 微生物敏感型智能包装：食品是营养物质的综合载体，当其暴露于自然环境中时，环境中的微生物会使食品发生水解和氧化反应，进而导致食品腐败。因此，针对特定微生物的检测，可以及时反应各类食品遭受微生物侵害的情况，进而指示食品的新鲜程度。

美国劳伦斯伯克莱国家实验室利用 DNA 聚合酶反应原理检测大肠杆菌。William T. Bodenhamer 在此研究基础上，将抗体固定在琼脂糖及聚乙烯等基材上，并且用于食品包装内特定细菌的检测[155]。加拿大 Toxin Alert 公司研发了可用于致病菌（沙门菌、弯曲杆菌、大肠杆菌、李斯特菌等）检测的 Toxin Guard™ 产品，并将其成功应用于牛奶包装上。应用这一技术，可直观地监测到牛奶的品质变化[156]。R. M. Goldsmith[157]基于同样的生物反应原理，采用了不同的应用形式，将抗体印刷在包装外的条形码上。当食品感染细菌时会释放出毒素，而当释放出的毒素与抗体接触时，条形码颜色会发生变化，从而使得条形码无法读取，因而可避免消费者购买到变质食品。随后，美国加利福尼亚州的 Sira Technologies 公司将这一发明进行商业化运作，研制了 Food Package Sentinel System™ 产品，用于海产品的新鲜度指示。

③ 二氧化碳敏感型智能包装：对二氧化碳的检测可有效指示食品的新鲜程度。Ray F. Lawdermilt[158]介绍了一种用于指示奶制品新鲜度的标签。当奶制品中的乳酸菌发酵时，其释放的二氧化碳进入指示标签内，并被吸收，从而引起标签内的 pH 改变，表现为标签的颜色变化。

以物品的酸碱度改变引起的颜色变化作为指示剂指示食品腐败的应用越来越多。根据不同食品释放二氧化碳的规律不同，采用多种 pH 指示剂，如溴百里酚蓝、溴甲酚绿、溴甲酚紫、甲基红、二甲酚蓝等，并采用了更加灵敏、快捷的共混挤出吹塑成型法、涂膜法、浸渍法等制备方法[159~161]。

④ 挥发性含氮化合物敏感型智能包装：挥发性含氮化合物是动物性食品由于本身存在的酶类使其中的蛋白质分解为多肽，并进一步分解为氨基酸；同时，在自身所含的及外界侵染的微生物作用下引起蛋白质分解，发生脱氨脱羧等作用，最终形成的一类碱性物质，其主要成分是含氮的酸和脂肪酸以及少量胺类等[162]。挥发性含氮化合物的测定，是国际通用的评价肉类及鱼类等食品新鲜度的经典方法。挥发性含氮化合物一般呈碱性，对 pH 值影响较大，因此，很多公司及学者均选择采用 pH 指示剂来检测食品中的挥发性含氮化合物。

美国国家毒理学研究中心研制、COX 科技公司负责发行了 fresh tag™，它能够用于各种储运条件下的食品新鲜度检测[163]。爱尔兰都柏林大学的学者选择适用于不同 pH 范围的指示卡基材，并在指示卡上增加了疏水透气膜，以排除水蒸气的干扰[164~166]。

有些学者在这类智能包装中采用了可以特异性识别胺类气体的指示剂，用于排除其他环境气体的干扰，因而能进一步提高指示卡的精确度。Teresa Grady[167]等应用显色环芳烃检测气体氨，并且通过限定加入的锂离子与环芳烃的摩尔比来控制其灵敏度。M. Loughran[168]等在此研究基础上，制作了鱼类新鲜度试纸薄膜，通过试纸中的环芳烃与鱼类腐败后释放的挥发性胺类发生反应而使得试纸变色，从而指示鱼类的新鲜度。Bambang Kuswandi[169]等亦研制了鱼类新鲜度指示薄膜，通过合成的聚苯胺薄膜与鱼类腐败过程中释放的挥发性含氮物质发生反应，使得薄膜由绿色变为蓝色，可清晰地指示鱼类的腐败程度。Craig A. Kelly[170]发明了一种可指示食品变质的聚合物指示剂，使用大环过渡金属配合物（1，4，8，11-四氮杂环十四烷镍配合物）作为指示剂，指示剂中的金属离子有很强的配位作用，能与肉类腐败释放的挥发性胺类反应，由四维配合物生成六维配合物，从而引起指示剂发生颜色变化。利用分子印迹技术将该指示剂加入高分子材料中，可制作成食品腐败指示聚合物包装材料。

⑤ 硫化氢敏感型智能包装：有研究表明，硫化氢和其他硫化物是肉类被假单胞菌和交替单胞菌等微生物分解后所产生的。在真空包装的肉类产品中，硫化氢还可显示某种乳酸菌的生长情况[171]。挥发性硫化物被认为是鸡肉类食品产生腐臭气味的主要原因。因此，硫化氢的含量可以表示肉类食品的新鲜度。

Maria Smolander[171]等研发了一种气调包装内禽类新鲜度的智能指示包装。他们把浓缩的商用肌红蛋白液吸附在琼脂糖方块上，然后将其密封于透硫化氢的薄膜内，以其作为硫化氢含量的指示剂。肌红蛋白与禽类腐败后产生的硫化氢反应，生成绿颜色的硫化肌红蛋白，通过该颜色变化，消费者可得知产品的新鲜程度。Otto S. Wolfbeis[172]等将含有硝酸铅的乳液涂覆到包装材料上，当其遇到食品腐败释放出的硫化氢时，指示剂会由棕色变为黑色。M.Smolander[173]在专利中提到，涂覆或印刷金属银或铜层到纸、木板、塑料等基质上，可通过金属与禽类腐败时释放的硫化氢反应，发生颜色变化，以指示肉类是否变质。

⑥ 乙烯敏感型智能包装：乙烯广泛存在于植物的各种组织和器官中，它是由蛋氨酸在供氧充足的条件下转化而成的。水果成熟的过程中会释放出乙烯，因此，乙烯在某种程度上可以指示水果的成熟度。

新西兰 Pro-Pressive Enterprises 超级市场推出了 Ripe Sence™ 洋梨新包装，Ripe Sense™ 标签可通过检测水果果实成熟后所产生的天然芳香味成分来判断其成熟度。当果实坚硬而不成熟时，标签会呈现出红色；当水果完全成熟时，标签就会由红色变成黄色[174]。目前，该智能包装已经应用于猕猴桃、甜瓜、芒果、鳄梨和核果等水果的包装上[175]。

⑦ 延长保鲜期的智能包装：智能包装技术是通过调节包装材料与包装体内部的气体及食品之间的相互作用，有效地延长食品的货架寿命和新鲜食品的新鲜品质，最大限度地保持食品的质量和营养价值的一种包装技术。目前在西方发达国家，该技术已较普遍地应用于新鲜食品和加工食品领域。

包装内的氧气会加速许多食品的氧化，促进大多数细菌的繁殖，降低货架寿命。采用脱氧包装技术，可使包装内氧气浓度降至 0.01%。日本的 Mitsubishi Gas Chemicals 公司已经推出了二价铁类的内贴式去氧剂产品，将该产品贴于包装内侧或固定在内置标签上即可有效地去除包装内的氧气成分。

美国新泽西州的一家密封气体公司正在生产一种本身可以清除氧气的包装袋材料。这种材料有一个可氧化的聚合物内层，它能像铁粉一样捕获并消耗包装袋内的氧气。CO_2 有抑制食品表面细菌生长的作用，并能降低鲜活果蔬的呼吸速率。因此，在一些食品包装内部保持较高浓度的 CO_2 对保持食品的品质非常有利，如鲜肉、禽肉、鱼肉、奶酪、草莓等，因为高 CO_2 能抑制许多微生物的生长。

乙烯气体能加速水果和蔬菜的成熟与衰老，因此包装内产生的乙烯必须清除。含有高锰酸的硅胶可以氧化乙烯，这种技术已经在许多水果储藏体系中得到成功运用，该清除体系放在一个具有乙烯高渗性的小包装袋中，与脱氧剂一起存在于食品包装袋中。

食品在流通过程中，会造成营养物质流出溶于水中，降低货架寿命。采用硅胶、石灰、氧化钙等干燥剂可降低湿气含量，可以通过控制干燥剂用量及干燥剂小包装袋的透湿率等，控制包装空间的湿度。这种包装可使鱼类的货架寿命延长3～4天。

抗菌包装能杀死或抑制食品在加工、储运和处理过程中表面的微生物，延长食品的货架期和增加安全性。荷兰 Moeimura Bros（Europe）公司首次在欧洲展示的来自日本的抗菌材料“Zeomic”是一种由离子工艺开发的无气味白色细粒无机粉末。该沸石阳离子被银离子交换，抑制了细菌的繁殖。此方法可用于饼干、奶酪、半干鱼类等食品的保藏，特别适合鱼类的保藏。

（2）药物智能包装技术　药品服用关乎人类健康，药品智能包装的应用可以大幅度提高患者服用药品的准确性和方便性，如今，智能包装在欧美一些发达国家已经得到了较广泛的应用。各种保证药品质量、提高服药的准确性和方便性等先进的药品智能包装研究在欧美各国都已经开始普及，但其在国内的发展仍处于起步阶段，发展潜力很大。

（3）日化用品智能包装技术　随着人们健康意识的不断提高和消费结构的改变，日化和护理用品中智能包装的使用会越来越多。对日化产品的健康、安全性要求的提高是未来包装发展的一大突破口。日化用品包装属于高附加值包装，与其他产品的包装相比，具有更大的利润空间。现在已有一些品牌化妆品应用了智能包装方法，例如防晒护肤产品的包装盒可以测试紫外线的强度，根据紫外线强度，指示消费者选用防晒程度不同的护肤品。

（4）RFID 技术　RFID（射频识别）是一种非接触式的自动识别技术，它通过射频信号自动识别目标对象并获取相关数据，识别工作无须人工干预，可在各种恶劣环境中工作。RFID 技术可识别高速运动物体并可同时识别多个标签，操作快捷方便。

RFID 技术在包装上主要应用在物流和防伪两大领域[176]。由标签厂商制作好的 RFID 标签流通到包装生产加工企业，或者在传统的包装加工生产线上连线增添安装 RFID 标签的相关设备，在商品包装环节将写入商品代码信息和生产日期等数据的电子标签置入商品包装的内侧，从而实现包装和标签的附和。

RFID 智能标签可以实现仓储信息的高效准确管理，统计商品的进出货数量，及时更新库存信息。在物流、销售等整个环节都可以实现信息的定位和反馈，及时了解商品物流动向和销售情况。对于生产厂家则可以根据阅读器对数据库的访问量来了解产品的所有销售终端分布和销售数量等状况，从而有针对性地进行销售管理，更加高效且智能地促进产品的生产和推广。

另外，当消费者购买商品时，可以通过后台数据库来辨别商品真伪以及了解产品相关信息，从而保证商品的质量。这在酒类包装、药类包装以及票务证件上都得到了较为广泛的应用。

（5）QR 码技术　QR 码是二维码的一种，与传统的一维码（如商品条形码）相比，其可以在横纵两个方向上同时存储信息，因此携带的信息量有极大增加。

包装品上的 QR 码能承载大量的信息，帮助品牌商在企业形象、产品概念上进行丰富的拓展[177]。同时，能让消费者获得那些不能通过传统包装有效呈现的产品信息，比如原料来源地、物流过程等，做到了然于心。

参考文献

[1] 李翼. 基于循环经济视角的我国绿色包装发展前景展望. 中国包装, 2006,01:35-37.

[2] 戴宏民. 在提供整体包装解决方案中的绿色包装. 重庆工商大学学报: 自然科学版, 2008,(6):13-15.

[3] 戴宏民. 绿色包装. 北京: 化学工业出版社, 2002.

[4] 鄂玉萍, 王志伟.整体包装解决方案理念之辨析. 包装工程, 2008,10(29):223-225.

[5] 彭国勋, 徐颖.第三方物流包装与整体包装解决方案. 物流技术与应用, 2007,(1):94-95.

[6] 程红等. 绿色流通引论. 北京: 中国人民大学出版社, 2005.

[7] Guinee J, Heijungs R, Huppes G. Life Cycle Assessment: Past, Present, and Future,Environ. Sci. Technol, 2011, 45: 90-96.

[8] Zabaniotou A, Kassidi E. Life cycle assessment applied to egg packaging made from polystyrene and recycled paper. Journal of Cleaner Production, 2003, 11: 549-559.

[9] Pasqualino J, Meneses M, Castells F. The carbon footprint and energy consumption of beverage packaging selection and disposal. Journal of Food Engineering, 2011, 103, 357-365.

[10] Sanyé E, Oliver-Solà J, Gasol CM, Farreny R, Rieradevall J, Gabarrell X. Life cycle assessment of energy flow and packaging use in food purchasing. Journal of Cleaner Production, 2012, 25: 51-59.

[11] Levi M, Cortesi S, Vezzoli C, Salvia G. A Comparative Life Cycle Assessment of Disposable and Reusable Packaging for the Distribution of Italian Fruit and Vegetables, Packag. Technol. Sci, 2011, 24: 387-400.

[12] Meneses M, Pasqualino J, Castells F. Environmental assessment of the milk life cycle: The effect of packaging selection and the variability of milk production data. Journal of Environmental Management, 2012,107:76-83.

[13] http://www.dac.com.cn/html/gjpd-20121009120245146139.jhtm.

[14] http://www.gdpia.com/lanyi/lan1_3/2012/0403/8624.html.

[15] Guo M, Trzcinski A, Stuckey D, Murphy Rj. Anaerobic digestion of starch-polyvinyl alcohol biopolymer packaging: Biodegradability and environmental impact assessment. Bioresource Technology, 2011,102:11137-11146.

[16] Siracusaa V, Rosa M, Romani S, Rocculi S, Tylewicz U. Life Cycle Assessment of multilayer polymer film used on food packaging field. Procedia-Food Science, 2011, 1, 235-239.

[17] Wang JH, Hou C, Lin P. Two-phase assessment for the environmental impacts from offset lithographic printing on color-box packaging. Journal of Cleaner Production ,2013, in press.

[18] 郭子耕, 苑静. 完全生物降解塑料的发展. 包装工程, 2010,5(9):127.

[19] Steinbüchel A. Perspectives for biotechnological production and utilization of biopolymers: metabolic engineering of polyhydroxyalkanoate biosynthesis pathways as a successful example. Macromolecular Bioscience, 2001, 1: 1-24.

[20] Luzier W. Materials derived from biomass, biodegradable materials. Proceedings of the National Academy Sciences, 1992, 89: 839-842.

[21] Kim Y, Robert W. Polyesters from microorganisms. Advances in Biochemical Engineering/ Biotechnology, 2001, 71: 51-79.

[22] Choi J, Lee S. Efficient and economical recovery of poly（3-Hydroxybutyrate）from recombinant Escherichia coli by simple digestion with chemicals. Biotechnology and Bioengineering, 1999, 62: 546-553.

[23] Yu S, Lin C, Too J. PHBV production by Ralstonia eutropha in a continuous stirred tank reactor. Process Biochemistry, 2005, 40: 2729-2734.

[24] Ganduri V, Ghosh S, Patnaik P. Mixing control as a device to increase PHB production in batch fermentations with cocultures of Lactobacillus delbrueckii and Ralstonia eutropha. Process Biochemistry, 2005, 40: 257-264.

[25] 张圆, 孙雪南, 陈邦, 等. 利用微生物混合培养技术生产聚羟基烷酸（PHA）研究. 微生物学报, 2003,43(6): 799-804.

[26] Dionisi D, Majone M, Tandoi V, *et al*. Sequencing batch reactor: influence of periodic operation on performance of activated sludges in biological wastewater treatment: novel reactor engineering for the new millennium. Industrial and Engineering Chemistry Research, 2001, 40: 5 110-5 119.

[27] Berger E, Ramsay B, Ramsay J, *et al*. PHB recovery by hypochlorite digestion of non-PHB biomass. Biotechnology Techniques, 1989, 3: 227-232.

[28] Yasotha K, Aroua M, Ramachandran K, *et al*. Recovery of medium-chain-length polyhydrox- yalkanoates(PHAs) through enzymatic digestion treatments and ultrafiltration. Biochemical Engineering Journal, 2006, 30: 260-268.

[29] Lemos P, Serafim L, Reis M. Synthesis of polyhydroxyal-kanoates from different short-chain fatty acids by mixed cultures submitted to aerobic dynamic feeding. Journal of Biotechnology, 2006, 122: 226-238.

[30] Philip S, Keshavarz T, Roy I. Polyhydroxyalkanoates: biodegradable polymers with a range of applications. Journal of Chemical Technology and Biotechnology, 2009, 82: 233-247.

[31] 朱久进，王远亮，全学军，等. 乳酸合成丙交酯的研究现状. 化学世界, 2005,(3):173-176.

[32] 马萌萌，元英进，曾安平. 缩聚法合成生物可降解聚酯研究进展. 化学工业与工程, 2005,22(3):220-223.

[33] 马靓. 生物降解塑料聚乳酸（PLA）的研究及其在包装领域的应用. 包装工程, 2010,2(3):119-123.

[34] 刘正尼，汤睿，周致园，等. 构建生物可降解性复合支架修复腹壁缺损的可行性研究. 外科理论与实践, 2010,(6):603-607.

[35] 周建，杨秀滨. 生物可降解材料在医学领域的应用. 北京生物医学工程, 2011,30(3):326-330.

[36] 刘预，田丰，陈刚，等. 壳聚糖接枝聚乳酸熔致液晶的合成方法: 中国, 02112483. 3[P]. 2002-11-24.

[37] 葛骏，李志兵，高橋功. 可生物降解高分子 PLLA/PHB 混合薄膜结晶性的研究. 中山大学学报: 自然科学版, 2011,50(5):44-49.

[38] 薛丹. 聚羟基丁酸酯基纤维改性及酶降解动力学研究. 西安: 西北工业大学, 2006.

[39] 朱兴吉，顾书英，任杰，等. PEG 对 PLA/Ecoflex 复合材料性能的影响. 塑料工业, 2007,(7):19-21.

[40] 苏璇，韩常玉，庄宇刚. 聚乳酸与聚丙撑碳酸酯共混体系的性能. 应用化学, 2007,24(4):480-482.

[41] 方显力，项尚林. 柠檬酸酯增塑聚乳酸/淀粉复合材料的研究. 塑料工业, 2011,39(11):87-90.

[42] WANG Biaobing, SUN Susan, KLABUNDE K. Poly (lactic acid) /multi-hydroxyl magnesium oxide nanocomposites prepared by melt compounding. J Biobased Mater Bioenergy, 2009, 3(2): 130-138.

[43] 吴景梅，郘燕芳，秦英月. 改性淀粉/聚乳酸共混物的制备. 化工新型材料, 2011,39(6):125-126.

[44] 魏俊超，马丽莉，戴延凤，等. 改性羟基磷灰石/聚乳酸纳米复合材料的结晶行为. 高等学校化学学报, 2011,32(11):2674-2679.

[45] 钟金晟，梅芳，齐伟宏，等. 聚乳酸/羟基磷灰石膜与人羊膜基质细胞联合构建骨组织工程细胞/支架复合体. 中国组织工程研究, 2012,16(8):1851-1851.

[46] 张胜民，李世普，朱智勇，等. 聚乳酸自修饰羟基磷灰石/聚乳酸复合材料及制备方法: 中国, 03119058.8[P]. 2003-11-09.

[47] 徐建强，周密，李长庚，等. 复合骨形态蛋白-2 的聚乳酸-乙醇酸共聚物/磷酸三钙人工骨结合带血供骨膜修复羊大段骨缺损. 中华显微外科杂志, 2012,35(1):6281-6284.

[48] 张竞，程晓春，徐青海，等. 超细滑石粉/聚乳酸复合材料的制备与表征. 塑料工业, 2011,39(12):76-79.

[49] 任杰，杨爽. 一种原位聚合制备聚乳酸/蒙脱土纳米复合材料的方法: 中国, 200510023647.7[P]. 2005.10.02.

[50] 尹静波，鲁晓春，曹燕琳. 柠檬酸酯增塑改性聚乳酸. 高分子材料科学与工程, 2008,24(1):151-154.

[51] 曲萍，高源，白露，等. 聚乙二醇增容纳米纤维素/聚乳酸共混体系的研究. 功能材料, 2011,42(z1):69-72.

[52] 何柄林，张政朴，胡玉山，等. 高分子量聚乳酸制备生物可降解骨折内固定物的方法: 中国, 00134147.2[P]. 2012-03-04.

[53] 刘春栋，张志光，苏凯，等. 透明质酸改性的聚乳酸支架. 中国组织工程研究, 2012,16(3):484-488.

[54] 于涛涛，李岩，任杰. 阻燃级黄麻短纤维/聚乳酸复合材料的制备及性能研究. 材料工程, 2009,(2):294-297.

[55] Brode G L. Lactone polymerization and polymer properties. J Macromol Sci Chem, 1972, 6(6): 1109-1144.

[56] 胡芸，谢凯，陈一民，等. ε-己内酯聚合反应的研究. 高分子材料科学与工程, 2002,18(6):48-54.

[57] 赵义平, 陈莉, 李鹏. 可降解塑料 PCL 的活性聚合研究. 天津工业大学学报, 2005,24(6):43-46.

[58] 贾骏, 段嫄嫄. 聚己内酯电纺纤维支架材料对骨髓基质细胞增殖及分化的影响. 第四军医大学学报, 2007,28(13):1153-1155.

[59] 邱礼平, 温其标. 高直链交联变性淀粉结构及糊化性质的研究. 粮油食品科技, 2004,12(1):8 -10.

[60] 任崇荣, 任凤梅, 周正发, 等. 淀粉基生物降解塑料的研究现状综述及展望. 塑料制造, 2008,(6):86 -90.

[61] 杨冬芝, 胡平. 淀粉基生物可降解塑料的制备与表征. 塑料, 2005,34(3):51-55.

[62] 那海宁, 秦航, 李丽, 等. 淀粉基聚乙烯醇完全生物降解塑料薄膜的结构与性能. 塑料工业, 2005,33(10):50-52.

[63] 熊汉国, 李建林, 刘有明, 等. 淀粉的塑化机理及其在生物降解餐具上的应用研究. 食品科学, 2001,22(10):37-39.

[64] 鹿保鑫, 周睿, 王霞. 天然纤维素基降解塑料地膜的现状与发展趋势. 农机化研究, 2008,(12):207-210.

[65] 王立元, 王建清. 淀粉-纤维降解包装材料的性能研究. 包装工程, 2005,26(2):7-9.

[66] 董静, 刘群. 甲壳素及其衍生物的最新应用进展. 医学综述, 2011,17(6):921 -922.

[67] 方尚勇. 明胶蛋白质基可降解塑料薄膜的研究. 塑料科技, 2007,35(11): 60-63.

[68] JANE J L, WANG S H. Soy protein-based thermoplastic composition for preparing molded articles. United States, 5523293[P]. 1996.06.04.

[69] OTAIGBE J, ADAMS D. Bioabsorbable soy protein plastic composites: Effect of polyphosphate fillers on water absorption and mechanical properties. J Env Polym, 1997, 5(4): 199-208.

[70] 王学智, 任桂久, 吴之传, 等. 研制玉米蛋白基生物降解性塑料的初步结果. 安徽机电学院学报, 2000,15(1):10 -14.

[71] HERNANDEZ-IZQUIERDO V M, KROCHTA J M. Thermoplastic processing of proteins for film formation-A review. Journal of Food Science, 2008, 73(2): 30-39.

[72] 刘邻渭, 王光慈, 陈宗道. 含脂改性纤维素可食膜工艺和性质研究. 食品科学, 1995,16(7):48-51.

[73] KESTER J J, FEMMEMA O R. Edible films and coatings: A review. Food Technology, 1986, 40(2): 47-59.

[74] 姜燕. 大白菜纤维的形态及其与大豆分离蛋白复合可食膜的研究. 长春: 吉林大学, 2008.

[75] SCHOU M,LONGARES A, MONTESINOS-HERRERO C, *et al*. Properties of edible sodium caseinate films and their application as food wrapping. LWT, 2005, 38(6): 605-610.

[76] CHENG L H,KARIM A A,SEOW C C. Effects of acid modification on physical properties of konjac glucomannan (KGM) films. Food Chemistry, 2007, 103(3): 994-1002.

[77] BAMDAD F, GOLI A H, KADIVAR M. Preparation and characterization of proteinous film from lentil (Lens culinaris). Food Science and Technology, 2006, 39(1): 106-111.

[78] MATUSKA M, LENART A, LAZARIDES H N. On the use of edible coatings to monitor osmotic dehydration kinetics for minimal solids uptake. Journal of Food Engineering, 2006, 72(1): 85-91.

[79] 安晓琼, 李梦琴, 张剑, 等. 可食性膜改性研究进展. 安徽农业科学, 2007,35(21): 6583-6584.

[80] PAZ H M, GUILLARD V,REYNES M, *et al*. Ethylene permeability of wheat gluten film as a function of temperature and relative humidity. Journal of Membrane Science, 2005, 256(1): 108-115.

[81] 敖利刚, 吴磊燕, 赖富饶. 植物蛋白膜的应用及研究进展. 现代食品科技, 2007,23(8): 86-90.

[82] SORRENTINO A, GORRASI G, VITTORIA V. Potential perspectives of bio-nanocomposites for food packaging applications. Trends in Food Science&Technology, 2007, 18(2): 84-95.

[83] 姜燕, 唐传核, 温其标, 等. 谷氨酰胺转移酶处理对大豆分离蛋白、酪蛋白和明胶可食膜特性的影响. 化工进展, 2006,25(3):324-328.

[84] ANKER M,BERNTSEN J, HERMANSSON A M, *et al*. Improved water vapor barrier of whey protein films by addition of an acetylated monoglyceride. Innovative Food Science&Emerging Technologies, 2002, 3(1): 81-92.

[85] 马越, 张超, 赵晓燕, 等. 含花青素大豆蛋白可食膜对油脂贮藏的影响. 中国粮油学报, 2010,25(3):22-25.

[86] 王若兰. 汴科. 微波处理对植物蛋白基可食膜特性改善效果的研究. 食品科学, 2002,23(11):93-97.

[87] MICARD V, BELAMRI R, MOREL M H, *et al*. Properties of Chemically and Physical Treated Wheat Gluten Films. J Agric Food Chem, 2000, 48(7): 2948-2953.

[88] 翁银武, 陈亨莉, 刘光明, 等. 迷迭香添加鱼肉蛋白可食膜的制备与特性. 食品工业科技, 2011,32(8):331-335.

[89] 王海鸥. 可食性膜及其在食品工业中的应用. 食品与机械, 2002,23(5):4-8.

[90] 王博. 大豆分离蛋白、壳聚糖可食膜形状记忆性的研究. 长春: 吉林大学, 2009.

[91] 杨婷婷, 董群义. 普鲁蓝可食膜辐照灭菌后性能变化及储藏稳定性研究. 食品工业科技, 2009(10):282-284.

[92] 付湘晋, 童群义. 短梗霉多糖的研究. 食品研究与开发, 2005,26(2):16-21.

[93] 张友松. 变性淀粉生产与应用手册. 北京: 中国轻工业出版社, 1999:26-29.

[94] 孙万海, 董海洲, 侯汉学, 等. 熔融挤出法制备热塑性羟丙基交联淀粉可食膜的研究. 食品与发酵工业, 2010,36(11):53-56.

[95] 吕春林, 海棠, 仁庆考日乐. 马铃薯原淀粉与交联淀粉可食膜的制备及其性能的比较. 中国食品添加剂, 2010,(3):215-217.

[96] 赵国华, 郑刚, 刘丽丹, 等. 抗菌木薯淀粉可食膜的研究. 食品与发酵工业, 2010,36(4):84-86.

[97] 杨郦, 杨铁金. 多孔壳聚糖膜的制备研究. 齐齐哈尔大学学报, 2007,23(l):30-32.

[98] 丁纯梅, 苏云平, 章筱婷, 等. 壳聚糖及壳聚糖膜对水中镉的吸附性能的研究. 环境与健康杂志, 2007,24(6):393 -395.

[99] DURANGO A M, SOARES N F F. Microbiological evaluation of an edible antimicrobial coating on minimally processed carrots. Food Control, 2006, 17(4): 336-341.

[100] 刘传刚, 高林. 添加剂改性壳聚糖膜性能的研究进展. 化工中间体, 2008,(8):64-66.

[101] 姜燕, 刘丽华, 李欣欣, 等. 玉米磷酸酯淀粉基可食膜的研究. 中国粮油学报, 2007,22(6):74 -76.

[102] 李欣欣, 宋艳翎, 马中苏, 等. 脂质-马铃薯淀粉基可食包装膜的研究. 食品工业科技, 2004,25(12):101-104.

[103] SAPRU V,LABUZA T P. Dispersed phase concentration effect on water vapour Permeability in composite methyl cellulose-stearic acid edible films. Journal of Food Processing and Preservation, 1994, 18: 359-368.

[104] KAMPER S L, FENNMA O R. Water vapor permeability of edible bilayer films. Journal of Food Science, 1994, 49: 1478-1481.

[105] 李升锋, 周瑞, 曾庆孝. 含脂大豆分离蛋白复合膜研究. 山地农业生物学报, 2001,20(5):353-356.

[106] 郭新华, 张子勇, 欧仕益, 等. 大豆复合蛋白膜的性能研究. 包装工程, 2005,26(1):62-64.

[107] 李梦琴, 安晓琼, 张剑, 等. 谷朊粉-大豆分离蛋白可食性复合膜制备工艺优化研究. 粮油食品, 2007(1):78-81, 84.

[108] CAO N, FU Y H, HE J H. Preparation and physical properties of soy protein isolate and gelatin composite films. Food Hydrocolloids, 2007, 21(7): 1153-1162.

[109] 汤虎, 徐志宏, 孙智达, 等. 可食性膜的研究现状与展望. 农产品加工学刊, 2007,91(2):20-25.

[110] 姜燕, 唐传核, 温其标, 等. 蛋白质膜的研究进展. 食品研究与开发, 2006,27(9):185-188.

[111] 吴俊红, 王家俊, 厉依俏, 等. 壳聚糖/羟丙基甲基纤维素包装薄膜的结构与性能. 浙江理工大学学报, 2010,27(1):64-68.

[112] ATARES L A, BONILLA J, CHIRALT A. Characterization of sodium case inate-based edible films incorporated with cinnam on or ginger essential oils. Journal of Food Engineering, 2010, 100(4): 678-687.

[113] 李慧, 王利强, 卢立新, 等. NaAlg/CMC/GLE 可食膜封合工艺参数的研究. 食品与包装机械, 2009,27(5):32-35.

[114] OJAGH S M, REZAEI M, RAZAVI S H, *et al*. Development and evaluation of a novel biodegradable film made from chitosan and cinnamon essential oil with low affinity toward water. Food Chemistry, 2010, 122: 161-166.

[115] 宋臻善, 熊犍. SPI/MC 共混可食膜的性能研究. 包装与机械, 2009,30(8):277-279.

[116] 蓝炎阳, 吴士彬, 陈毅勇, 等. 可食膜保鲜剂在蜜柚上的应用研究. 福建热作科技, 2011,36(1):1-4.

[117] 孙庆申, 王璞, 贺阳, 等. 大豆分离蛋白膜对草莓保鲜效果评价. 食品工业科技, 2010,31(1):327-329.

[118] 王晓琴. 可食膜在樱桃番茄保鲜中的应用研究. 福州: 福建农林大学, 2009.

[119] 石磊, 王世平, 顾介明. 在不同浓度壳聚糖膜对葡萄保鲜效果的研究. 山东农业科学, 2009,(8):99-101.

[120] 何晓霞, 徐莹, 李晓东, 等. 生物可食膜的特性及其对嘎啦苹果采后贮藏的影响. 食品与发酵工业, 2010,36(4):201 -205.

[121] GMEZ-ESTACA J, de LACEY A L, LPEZ-CABALLERO M E, *et al.* Biodegradable gelatine-chitosan films incorporated with essential oils as antimicrobial agents for fish preservation. Food Microbiology, 2010, 27(7): 889-896.

[122] 陈荔红. 纳米食品包装材料的研究与应用现状. 福建轻纺, 2008,(10): 51-54.

[123] 刘刚, 张永茂. 纳米 SiO_2/果蜡共复合研究. 食品科技, 2003,(7):96-98.

[124] 颉敏华, 刘刚, 张永茂, 等. 纳米 SiO_x 保鲜果蜡研制. 食品科学, 2003,24(7):146-149.

[125] 马李一, 甘瑾. 纳米 SiO_x 在涂膜保鲜剂中的应用. 北京林业大学学报, 2004,26(6):98-101.

[126] 沈丹, 陈汝财, 王明力, 等. 壳聚糖/纳米 SiO_x/单甘酯复合涂膜对黄瓜保鲜的研究. 食品与发酵工业, 2006,32(12):164-166.

[127] 王朝宇, 邱树毅, 吴远根. 纳米抗菌粉体在芒果保鲜中的应用研究. 食品科学, 2005,26(10):246-249.

[128] TANG S W, ZOU P, XIONG H G, *et al.* Effect of nano-SiO_2 on the performance of starch/polyvinyl alcohol blend films. Carbohydrate Polymers, 2008, 72(3): 521-526.

[129] 叶盛英, 刘诗乐. 纳米二氧化钛闪照强光光催化杀菌与保鲜技术初探. 农业工程学报, 2003,19(4):180-183.

[130] 陈丽, 李喜宏, 胡云峰, 等. 富士苹果 PVC/TiO_2 纳米保鲜膜研究. 食品科学, 2001,22(7): 74-76.

[131] 张方洪, 董传万, 张颖, 等. 杨梅保鲜问题中的功能性包装设计. 包装工程, 2004,25(4): 142-143.

[132] 李喜宏, 陈丽. PE/Ag 纳米防霉保鲜膜研制. 食品科学, 2002,23(2):129-132.

[133] DAMM C, MUNSTEDT H, ROSCH A. The antimicrobial efficacy of polyamide 6/silver-nano-and microcomposites. Materials Chemistry and Physics, 2008, 108(1): 61-66.

[134] 李红梅, 吴娟, 胡秋辉. 食品包装纳米材料对酱牛肉保鲜品质的影响. 食品科学, 2008,29(5):461-464.

[135] 李喜宏, 李伟丽, 张培培, 等. 纳米 ZnO/PVC 保鲜膜抑菌性能及应用研究. 包装工程, 2009,30(10):5-7.

[136] 边晓琳, 张艳芬, 冯莉, 等. 不同包装材料自发气调对冷藏金针菇活性氧代谢的影响. 园艺学报, 2010,37(11):1851-1856.

[137] 边晓琳, 刘扬, 冯莉, 等. 纳米包装材料对冷藏金针菇品质的影响. 江苏农业科学, 2010,(6):463-465.

[138] 韩伟, 于艳军, 李宁涛, 等. 纳米复合材料在食品包装中的应用及其安全评价. 科学通报, 2011,(3):198-209.

[139] DERFUS A M, CHAN W C W, BHATIA S N. Probing the cytotoxicity of semiconductor quantum dots. Nano Letters, 2004, 4(1): 11-18.

[140] 闻燕, 杜予民. 壳聚糖/纳米 TiO_2 复合膜的制备和性能研究. 武汉大学学报, 2002,48(6):701-704.

[141] 于燕, 颜虹, 胡森科. 纳米材料的安全性评价. 中国临床康复, 2006,10(1):151-153.

[142] 孙晓宁, 孙康宁, 朱广楠. 纳米颗粒材料的毒性研究与安全性展望. 材料导报, 2006,20(5):5-7.

[143] KIRCHNER C, LIEDL T, KUDERA S, *et al.* Cytotoxicity of colloidal CdSe and CdSe/ZnS nanoparticles. Nano Letters, 2005, 5(2): 331-338.

[144] CHAU C F, WU S H, YEN G C. The development of regulations for food nanotechnology. Trends in Food Science & Technology, 2007, 18(5): 269-280.

[145] 张静姝, 乔珊珊. 纳米材料风险评价影响因素的研究进展. 中国卫生工程学, 2007,6(4):244-246.

[146] HAN W, YU Y J, LI N T, *et al.* Application and safety assessment for nano-composite materials in food packaging. Chinese Science Bulletin, 2011, 56(12): 1216-1225.

[147] 张唯一. 果蔬采后生理学. 北京: 农业出版社, 1993:106-109,190-191.

[148] Brown William E. Plastics in Food Packaging:Properties,Design and Fabrication. New York:Marcel Dekker Inc,1992:453-486.

[149] 张宁, 彭志英, 徐建祥. 抗菌食品包装研究进展. 食品工业, 2002,(4):39-41.

[150] 邱伟芬. 食品的活性包装. 食品科学, 1999,8(11):11-14.

[151] 王润如. 与时俱进的新世纪食品包装(一). 食品科技, 2002,(8):1-2.

[152] 胡兴军, 林燕. 智能包装的分类、应用及前景. 印刷工业, 2010,(3):24-27.

[153] Taoukis P S, Labuza T P. Applicability of tine tempenatmeiudicators as shelf lifemouitors of food products. Food Science, 1989, 54(4): 783-788.

[154] 宋宝丰. 信息型智能包装技术的研发. 包装世界, 2008,(5): 21-22.

[155] Bodenhamer William T. Method and Apparatus for SelectiveBiological Material Detection: US, 6051388[P]. 2000-04-18.

[156] Otles S, Yalcin B. Intelligent Food Packaging. Log Forum, 2008,4(4):1-8.

[157] Goldsmith R M. Detection of Contaminants in Food: US, 6190610B1[P]. 2001-02-20.

[158] Lawdermilt Ray F. Spoilage Indicator for Food Containers:US, 3067015[P]. 1962-12-04.

[159] Eaton J, Kilgore M B, Livingston R B. Visual SpoilageIndicator for Food Containers: US, 4003709. 1977-01-18.

[160] Horan T J. Method for Determining Deleterious BacterialGrowth in Packaged Food Utilizing Hydrophilic Polymers:US, 6149952[P]. 2000-11-21.

[161] Atchareeya Nopwinyuwong, Sudsai Trevanich, PanuwatSuppakul. Development of a Novel Colorimetric IndicatorLabel for Monitoring Freshness of Intermediate-MoistureDessert Spoilage. Talanta, 2010,81:1126-1132.

[162] 张敬平, 钮伟民, 叶扣贯. 肉类分解产物及检测现状. 中国卫生检验杂志, 2006,16(11): 1405-1408.

[163] Miller D W, Wilkes J G, Conte E D. Food Quality Indicator Device: WO, 9904256[P]. 1999.01.28.

[164] Byrne L, Lau K T. Diamond D. Monitoring of Headspace Total Volatile Basic Nitrogen from Selected Fish Species Using Reflectance Spectroscopic Measurements of pH Sensitive Films. Analyst, 2002,127(10):1338-1341.

[165] Pacquit A, King Tong Lau, Diamond D. Development of a Colorimetric Sensor for Monitoring of Fish Spoilage Amines in Packaging Headspace. Sensors, 2004,(24): 365-367.

[166] Alexis Pacquita, King Tong Laua, Henry McLaughlinb, *et al*. Development of a Volatile Amine Sensor for the Monitoring of Fish Spoilage. Talanta, 2006,69: 515-520.

[167] Grady Teresa, Butler Thomas, MacCraith Brian D, *et al*. Optical Sensor for Gaseous Ammonia with Tuneable Sensitivity. Analyst, 1997,(122): 803-806.

[168] Loughran M, Diamond D. Monitoring of Volatile Bases in Fish Sample Headspace Using an Acidochromic Dye. Food Chemistry, 2000,69(1): 97-103.

[169] Bambang Kuswandi, Jayus, Anggi Restyana, *et al*. A Novel Colorimetric Food Package Label for Fish Spoilage Based on Polyaniline Film. Food Control, 2012,25(1):184-189.

[170] Kelly Craig A. Method of Making A Polymeric Food Spoilage Sensor: US, 6924147B2[P]. 20050.08.02.

[171] Smolander Maria, Hurme Eero, Latva-Kala Ky sti, et al. Myoglobin-Based Indicators for the Evaluation of Freshness of Unmarinated Broiler Cuts. Innovative Food Science & Emerging Technologies, 2002,3(3): 279-288.

[172] Wolfbeis Otto S, Helmut List. Method for Quality Control of Packaged Organic Substances and Packaging Material for Use with This Method: US, 5407829[P]. 1995.04.18.

[173] Smolander M. Package for Enclosing Food: US, 7785894B2[P]. 2010.08.31.

[174] 盛国华. 食品智能包装的新典型[EB/OL].[2012-04-10].http://news.pack.cn/hydt/xzyc/ 2007- 02/2007020211002659.shtml.

[175] Ripesense. The Next Revolution in Fresh Produce Marketing [EB/OL]. [2012-04-20]. http://www. ripesense. com/.

[176] 吕玲. 当包装与智能相遇. 印刷技术, 2012,(20):9-11.

[177] 庄孜. QR 码: 给智能包装添儿“料”. 包装财智, 2012,(1):66-68.